高等院校石油天然气类规划教材

油气田开发地质基础

（第五版·富媒体）

刘吉余　赵　荣　主编

石油工业出版社

内 容 提 要

本书全面、系统地介绍了油气田开发过程中的地质基础知识、地质研究的基本原理和方法,包括动力地质学、矿物学、岩石学、古生物地层学、构造地质学、沉积相、石油地质学(油气生成、运移、聚集成藏、分布的规律)、油气田勘探地质、油气开发地质等方面的内容。本书配备了丰富的富媒体资源。

本书主要作为高等院校石油工程专业、海洋油气工程专业、勘查技术与工程专业的本科教材,也可作为其他相关专业的选用教材或供有关科研、生产人员参考。

图书在版编目(CIP)数据

油气田开发地质基础:富媒体/刘吉余,赵荣主编. —5版. —北京:石油工业出版社,2020.11 (2025.1重印)
高等院校石油天然气类规划教材
ISBN 978-7-5183-4265-5

Ⅰ.①油… Ⅱ.①刘… Ⅲ.①石油天然气地质—高等学校—教材 Ⅳ.①TE1

中国版本图书馆CIP数据核字(2020)第193921号

出版发行:石油工业出版社
(北京市朝阳区安定门外安华里2区1号楼 100011)
网 址:www.petropub.com
编辑部:(010)64251362 图书营销中心:(010)64523633
经 销:全国新华书店
排 版:北京乘设伟业科技有限公司
印 刷:北京中石油彩色印刷有限责任公司

2020年11月第5版 2025年1月第3次印刷
787毫米×1092毫米 开本:1/16 印张:31
字数:785千字

定价:78.00元
(如发现印装质量问题,我社图书营销中心负责调换)
版权所有,翻印必究

第五版前言

"油气田开发地质基础"是高等院校石油工程、海洋油气工程、勘查技术与工程等专业必修的一门专业基础课,为核心课程。

由东北石油大学(原大庆石油学院)编写的《油气田开发地质基础》教材已经先后出版了四版,该教材既是高等院校相关专业的本科生、研究生指定教材,也是油田开发技术人员培训的选用教材,影响了大批石油工程等相关专业的技术人才。本次编写是在第四版的基础上,结合近几年地质学科的研究进展、油气田开发过程中所需要的地质研究、教学和培训过程中师生的反映等,针对教材内容进行了系统的修订。本版教材的内容可以分为两大部分:第一部分为基础地质,包括动力地质学、矿物学、岩石学、古生物地层学、构造地质学和沉积相等内容;第二部分为油气地质,包括石油地质学(油气生成、运移、聚集成藏和分布规律)、油气田勘探地质和开发地质等内容。本教材与第四版相比,各章的内容都进行了更新,基础地质部分除了各章的名称有变化外,将原第四章岩浆岩与变质岩、第五章沉积岩合并为岩石学,将原第六章古生物基础知识、第七章地层学的基本原理和方法合并为古生物地层学;油气地质部分将原第十五章油气层压力和温度删除,将相关内容分散至各相关章节,增加了非常规油气一章。

为了充分反映油气田开发地质基础的教学经验和基础地质、油气地质的科研成果,成立了以东北石油大学为主的教材编写组,编写组人员广泛征集各高校开设相关课程使用的教材和教学内容,经过多次反复讨论,确定了编写大纲,组织相关人员编写。本教材由刘吉余、赵荣任主编,文慧俭、朱焕来任副主编。其中绪论由刘吉余编写,第一章、第二章由赵荣编写,第三章由马凤荣编写,第四章由张景军、文慧俭和柳成志编写,第五章由文慧俭编写,第六章由赵荣和王有功编写,第七章由张景军、文慧俭和柳成志编写,第八章、第九章、第十章、第十一章、第十二章由刘吉余编写,第十三章由朱焕来和魏华彬编写,第十四章由魏华彬和朱焕来编写,第十五章由王有功编写,第十六章由马世忠和刘吉余编写,第十七章由刘吉余编写。刘吉余完成了全书的统稿工作。

本教材的立项和编写得到了东北石油大学地球科学学院的大力支持和帮助;东北石油大学的张绍臣教授提出了宝贵的修改意见;东北石油大学的杨霄宇、杨文婷、张欣在图表整理方面做了一些具体的工作,在此谨向在全书编写过程中提供帮助的所有单位和个人表示衷心的感谢!另外,教材编写过程中参阅、引用了大量前人的研究成果,这些成果为本教材的完善奠定了基础,在此一并表示感谢。同时,真诚感谢使用过本教材前四版的教师、学生和广大读者。

由于水平所限,书中一定还有许多不当之处,在此恳请使用本教材的广大师生和阅读本书的读者批评指正,提出宝贵意见。

刘吉余
2020 年 4 月

第四版前言

本书是根据中国石油教育学会和石油工业出版社组织的石油地质与勘探专业教学与教材规划研讨会的决定，根据各石油院校石油工程专业、勘查技术工程专业的教学计划，由大庆石油学院牵头，在广泛征求其他石油院校的意见后，组织编写、修订的第四版《油气田开发地质基础》教材。

由于石油工程专业、勘查技术与工程专业地质课门数较少，而石油工程专业、勘查技术与工程专业和石油地质的关系又很密切，所以，书中除强调动力地质学基础理论、基本知识、基本技能等方面的内容外，还加强了碳酸盐岩、构造地质、沉积相、油气田地质等问题的研究。为后续课程进一步深入和提高打下了必要的基础。本书一至九章（基础地质）注重于内容的科学性、系统性和完整性，立足于打好基础；十至十八章的各章节则按生、储、盖、运、聚进行专题叙述，注重于内容的针对性和实用性，立足于适应油田开发的生产实践和科学研究工作的需要。

本书由大庆石油学院刘吉余主编。

参加本书编写的人员有：大庆石油学院的白新华（绪论、第十章），赵荣（第一章、第二章），马凤荣（第三章），柳成志（第四章、第五章第一、第二、第四节、第九章第一至第七节），文慧俭（第五章第三节、第九章第八节），曲淑琴（第六章、第七章），张绍臣（第八章），马世忠（第十七章第一节至第四节），刘吉余（第十一章、第十二章、第十三章、第十四章、第十五章、第十六章、第十八章）；西南石油学院的伍友佳（第十七章第五节、第六节）。刘吉余对全书进行了统编和必要的修改。

本书由大庆石油学院黎文清主审，并提出了一些宝贵的修改意见。第三版副主编白新华对全书的编写提出了可贵的建议。本书能够修订再版，黎文清给予了大力帮助和支持，在此表示衷心的感谢。

在本书编写过程中，中国石油大学（北京）王贵文提出了宝贵的修改意见；石油工业出版社张传英、大庆石油学院地球科学学院的领导给予了很大关切和支持；杨玉华、郭晓博、马志新、王立东在文字录入、打印等方面做了许多工作，在此一并表示感谢。

由于水平有限，书中一定存在不少缺点和不妥之处，欢迎读者批评指正。

编　者
2005 年 10 月

第三版前言

根据原中国石油天然气总公司人事教育局"九五"期间石油普通高等教育重点建设的精神,我们编写了1993年出版的《油气田开发地质基础》第三版修订本。

在这次修订中,我们对教材的章节进行了必要的调整和简化,内容作了适度精简,增加了新的内容,保持并发挥了原版长期使用中被公认的优点和特色。

本版教材内容丰富、层次分明、论述清楚、理论结合实际、文图并茂,力求具有科学性、系统性、完整性、针对性,并着眼于实用性;同时,对当前国内外油气田开发地质的各种新成就、新动向,给予了适当的反映。部分章节引用了国外资料,其中保留了原英制单位。

本书由大庆石油学院黎文清任主编,白新华任副主编。

参加本版编写的人员有:大庆石油学院的黎文清(前言、绪论、第二章第一节),白新华(第六章和第八章),陈秉麟(第三章),曲淑琴(第二章第四节和第十章),罗笃清(第一章和第五章),云金表(第四章、第二章第二节和第三节),鲁兵(第七章第一、二、四节,并负责全书的文字、图幅、常用参数符号、计量单位的规范和标准的核对),马世忠(第七章第三节和第九章)。黎文清、白新华对全书进行了统编和必要的修改。

本书由石油大学(北京)彭仕宓、吴元燕主审,并提出了一些宝贵的修改意见;第二版主编之一李世安对第九章的修订提出了宝贵的建议。

大庆石油管理局采油工艺研究所周望为本书编写提供了技术指导。在本次修订过程中,大庆石油学院教务处及勘探系领导给予了很大关切和支持。赵晓秋、董方晓承担了绘图工作,庞庆山、韩娟、姚秀敏、冯丽在稿件的录入和打印方面做了许多工作,在此一并表示感谢。

编 者
1998年10月

第二版前言

根据石油工业部1985年在固安召开的石油高等院校教材工作会议的决定，本书是1981年出版的教材《油气田开发地质基础》第二版修订本。

由于开发专业的地质课程门数较少，而地质、开发两专业的关系又很密切，所以，书中除强调动力地质学基础理论、基本知识、基本技能等方面的内容外，还加强了碳酸盐岩、构造地质、沉积相、油气田地质等问题的研究，增加了油气层的压力和温度及油气田勘探概论两章。为后续课程进一步深入和提高打下了必要的基础。本书前半部分（基础地质）注重于内容的科学性、系统性和完整性，立足于打好基础；后半部分的各章节则按生、储、盖、运、聚进行专题叙述，注重于内容的针对性和实用性，立足于适应油田开发的生产实践和科学研究工作的需要。全书内容比课程计划要多一些，授课教师可根据教学大纲基本要求和实际学时酌情取舍。

本书由大庆石油学院勘探系黎文清、李世安主编。参加编写的人员和分工如下：

黎文清：绪论及第一至第四章、第九章；

陈秉麟：第六章、第七章；

李世安：第八章、第十七章；

李茂林：第十章；

白新华：第十一章、第十二章；

郝书翰：第十三章至第十六章；

曲淑琴：第五章、第十八章。

本书由石油大学张家环教授主审，并提出了许多宝贵的修改意见；梅曦、高瑜、赵晓秋同志承担了本书的绘图工作；在改编过程中，庞雄奇、王岫岩、吕延防、张绍臣、李椿等同志都给予了大力支持，做了许多具体工作，在此一并表示衷心感谢。

由于水平所限，本书的错漏和问题定会不少，恳请读者批评指正。

编　者
1992年8月

第一版前言

一、本书是根据石油化工部1977年5月"东营教材会议"分配的任务而编写的,为石油高等院校采油、油气田开发专业通用教材。

二、全书共分十四章,内容包括基础地质、石油地质、油气田地质研究、石油及天然气储量计算等,涉及的地质学科较多。本书注意加强基础理论、基本知识和基本技能等方面的内容,不论内容的深度和广度方面,都较实际学时所规定的深一些和广一些。书中共附有图表380幅。有些章节(如地球基本知识、地质作用、古生物、岩浆岩、变质岩、地球物理测井)教师只需做简要讲解,余者留给学生自学即可。

三、本书以自编《油气田开发地质基础》上、中、下三册油印教材为基础,从有关院校和现场编写的书刊中选用了一部分内容,还收录了国内几个主要油田的现场实际资料和地质理论研究成果。针对专业需要,本书加强了碳酸盐岩、沉积相、地层对比、油层地质结构研究、储集岩等方面的内容,注意理论联系实际,立足于培养学生分析问题和解决问题的能力。本教材除适用于采油、油气田开发专业外,钻井、物探、测井诸专业也可选用,还可供其他地质工作者参考。

四、本书由大庆石油学院勘探系石油地质教研室李茂林、黎文清主编,由杜博民教授主审。书中第一至第七章由黎文清编写;第九、十、十二、十四章由李茂林编写;第十一章由李茂林、王子文、郝书翰编写;第八章由李世安、李茂林编写;第十三章由李世安编写;附图由梅熹、郭鹏英描绘。在编写过程中,普通地质教研室和石油地质教研室的有关教师参加了初稿讨论和初审工作,还有一部分同志参加了缮写工作。

五、本书的初稿承西南石油学院勘探系老师颜婉荪、官鸿本同志审阅并提出了宝贵意见,在此表示深切的感谢。

由于编者水平有限,书中缺点错误在所难免,请读者批评指正。

编 者
1979年12月

目 录

绪论 …………………………………………………………………………………… (1)
    思考题 …………………………………………………………………………… (4)

第一章 地球 …………………………………………………………………… (5)
    第一节 地球概况 ………………………………………………………………… (5)
    第二节 地球的物理性质 ……………………………………………………… (11)
    第三节 地球的圈层结构 ……………………………………………………… (16)
    思考题 …………………………………………………………………………… (23)

第二章 动力地质学 ……………………………………………………………… (24)
    第一节 地质作用概述 ………………………………………………………… (24)
    第二节 内动力地质作用 ……………………………………………………… (26)
    第三节 外动力地质作用 ……………………………………………………… (35)
    思考题 …………………………………………………………………………… (75)

第三章 矿物学 …………………………………………………………………… (77)
    第一节 矿物的化学成分和晶体结构 ………………………………………… (77)
    第二节 矿物的形态 …………………………………………………………… (79)
    第三节 矿物的主要物理性质 ………………………………………………… (84)
    第四节 矿物分类及常见的矿物 ……………………………………………… (89)
    思考题 …………………………………………………………………………… (94)

第四章 岩石学 …………………………………………………………………… (95)
    第一节 岩浆岩 ………………………………………………………………… (95)
    第二节 变质岩 ………………………………………………………………… (105)
    第三节 沉积岩 ………………………………………………………………… (110)
    思考题 …………………………………………………………………………… (148)

第五章 古生物地层学 …………………………………………………………… (149)
    第一节 古生物 ………………………………………………………………… (149)
    第二节 地层学的基本概念和地层单位 ……………………………………… (152)
    第三节 地层划分与对比 ……………………………………………………… (156)
    思考题 …………………………………………………………………………… (167)

第六章 构造地质学 ……………………………………………………………… (168)
    第一节 岩层及其产状 ………………………………………………………… (168)
    第二节 地层的接触关系 ……………………………………………………… (172)
    第三节 褶皱构造 ……………………………………………………………… (175)
    第四节 断裂构造 ……………………………………………………………… (183)

第五节　同沉积构造及底辟构造 (191)
　　第六节　大地构造简介 (195)
　　思考题 (200)
第七章　沉积相 (202)
　　第一节　沉积相的概念及分类 (202)
　　第二节　陆相组 (204)
　　第三节　海相组 (217)
　　第四节　海陆过渡相组 (236)
　　思考题 (260)
第八章　石油、天然气和油田水的成分和性质 (262)
　　第一节　石油的成分和性质 (262)
　　第二节　天然气的成分和性质 (267)
　　第三节　油田水的成分和性质 (271)
　　思考题 (277)
第九章　石油和天然气的生成 (278)
　　第一节　油气生成 (278)
　　第二节　生油层研究 (286)
　　思考题 (289)
第十章　储集层和盖层 (290)
　　第一节　岩石的孔隙性和渗透性 (290)
　　第二节　碎屑岩储集层 (294)
　　第三节　碳酸盐岩储集层 (297)
　　第四节　其他岩类储集层 (303)
　　第五节　盖层 (305)
　　第六节　生储盖组合及其类型 (308)
　　思考题 (308)
第十一章　石油和天然气的运移 (310)
　　第一节　油气运移的概念及方式 (310)
　　第二节　油气的初次运移 (311)
　　第三节　油气的二次运移 (316)
　　思考题 (319)
第十二章　油气藏形成和油气藏类型 (321)
　　第一节　圈闭和油气藏的概念 (321)
　　第二节　油气藏形成 (325)
　　第三节　油气藏类型 (336)
　　思考题 (355)
第十三章　非常规油气 (356)
　　第一节　致密油气 (356)

第二节	页岩油气	(361)
第三节	煤层气	(366)
第四节	其他类型非常规油气	(370)
思考题		(373)

第十四章　油气分布规律 (375)

第一节	油气田	(375)
第二节	油气聚集带及含油气区	(379)
第三节	含油气盆地	(380)
第四节	油气资源分布特征	(385)
思考题		(392)

第十五章　油气田勘探地质 (393)

第一节	油气田勘探研究内容	(393)
第二节	油气田勘探程序和阶段划分	(394)
第三节	油气田勘探技术方法	(396)
第四节	油气田勘探实例——松辽盆地勘探	(404)
思考题		(408)

第十六章　油气田开发地质 (409)

第一节	油气田开发地质研究内容	(409)
第二节	油层对比	(412)
第三节	储集层非均质性	(425)
第四节	油藏地质模型	(442)
第五节	油藏开发过程中油层性质变化	(447)
第六节	剩余油研究	(458)
思考题		(464)

第十七章　油气储量计算 (465)

第一节	油气储量及资源量分类	(465)
第二节	油气储量计算及评价	(469)
思考题		(481)

参考文献 (482)

富媒体资源目录

序号	名称		页码
1	动图	火山喷发	28
2	动图	河谷形态要素	41
3	动图	层流和紊流	42
4	彩图	单向环流	42
5	彩图	地下水的类型及其运动	53
6	彩图	花岗结构	100
7	彩图	辉长结构	100
8	彩图	气孔状构造和杏仁状构造	101
9	彩图	玄武岩	103
10	彩图	闪长岩	103
11	彩图	变晶结构	107
12	彩图	片状构造	108
13	彩图	片麻状构造	108
14	彩图	交错层理	118
15	彩图	滑塌构造	120
16	彩图	褶曲基本类型（野外照片）	175
17	彩图	褶曲的轴面和两翼产状分类	178
18	视频	正断层	188
19	视频	逆断层	188
20	视频	平移断层	188
21	彩图	地垒和地堑立体图	189
22	彩图	冲积扇	205
23	彩图	河流体系	208
24	彩图	曲流河	209
25	彩图	曲流河截弯取直及废弃河道	209
26	彩图	辫状河	209
27	彩图	鸟足状三角洲	243
28	彩图	朵叶状三角洲	244
29	彩图	碳酸盐岩孔隙类型	297

绪　　论

油气田开发指的是在认识和掌握油气田地质特征及其变化规律的基础上，在油藏上合理地分布油井和投产顺序，以及通过调整采油井的工作制度和其他技术措施，将地下石油资源采到地面的全过程。而地质特征则属于地质学研究范畴，要将油气田开发好，采出更多的油气，就必须掌握油气田开发所必要的地质基础。油气田开发地质基础是石油工程专业必修的专业基础课，其任务是为后续课（测井解释、油层物理）及专业课（钻井工程、采油工程、油藏工程）奠定地质学的基本理论、基本知识、基本技能。这是学好后续课及专业课的前提，也是今后工作的需要。

一、地质学的研究对象及内容

地质学是一门关于研究地球的科学。人类生活在地球上，与地球息息相关，了解和探索人类赖以生存的地球是地质学的研究任务。由于人类历史与地球漫长的历史有巨大的差距，人类能触及的范围与地球庞大空间也有相当的差距，所以地质学的研究对象目前局限于地球的表层——地壳或岩石圈，且主要是地壳，其中包括地壳或岩石圈的物质组成和分布；现代地质作用及圈层构造的形成；地球的起源、发展历史和演变规律；合理开发和利用地球资源、地球环境以及保护地球的理论和方法。

地质学的内容包罗万象，它广泛运用近代物理学、数学、化学、天文学、地理学、生物学及生物地球化学等自然科学的理论及现代科学技术手段，针对不同任务和内容进行研究。由于研究范围广泛，因而出现了如下分支：

（1）在地球的物质成分、组成、结构及其变化规律和成因方面，包括矿物学、结晶学、岩石学及地球化学等。

（2）在地球结构、构造、地表形态变化和各种地质作用及其成因方面，包括动力地质学、地球动力学、火山学、地震地质学、构造地质学、大地地质学、区域地质学、板块构造学、构造物理学、地貌学、地质力学、深部地质学等。

（3）在地球历史及演变规律方面，包括古生物学、地史学、同位素年代学、地层学、地震地层学、古气候学、古地理学、第四纪地质学等。

（4）在地球资源和环境方面，包括矿床学、煤田地质学、石油地质学、天然气地质学、放射性地质学、水文地质学、环境地质学、工程地质学、油矿地质学、实验地质学等。

（5）在地球矿产资源调查勘探的理论和方法方面，包括地质制图学、矿产调查与勘探、地球物理勘探、地球化学勘探、探矿工程学、油气田开发地质学等。

随着科学技术的高速发展，新的任务需要与其他学科渗透与联合，从而形成了一系列的边缘学科，如同位素地质学、数学地质学、地球物理学、航空地质学、宇宙地质学、遥感地质学、海洋地质学、行星地质学、旅游地质学等。可以预见，随着地质学和各种科学的发展，地质学将会开拓更多的新领域，形成更多、更新的学科分支。

本书全面介绍了地球及地质作用，矿物及岩石，古生物地层，沉积相，构造运动及地质构造,生油层、储集层及盖层,油气运移、聚集,勘探地质、开发地质研究以及石油、天然气储量计算的基本理论和基本知识。

二、地质学研究特点

地质学的研究对象及其内容既不同于数学,也不同于物理学和化学,而是具有它自己的特殊性。

(一)地质学的研究对象涉及悠久的时间和广阔的空间

地球自形成以来已经有46亿年的历史,在这样漫长的时间里,地球曾发生过沧海桑田、翻天覆地的重大变化,而其中任何一个变化和事件、任何一粒矿物和一块岩石的形成和演化,往往要经历数百万年甚至数千万年的周期。对这些变化和事件,无法像研究人类历史那样,可以借助文字和文物;也不能像研究物理那样,可以单纯依靠在实验室中做实验。地质学必须靠分析地球本身发展过程中所遗留下来的各种地质信息来进行研究。

同时,地球具有巨大的空间,在不同地点和不同深度,具有不同的物质基础和外界因素,因而有不同的发展过程。海洋和大陆、大陆的各部分、地球表层和深部,都有各自不同的发展过程。因此,既要研究它们的共性,更要研究它们的差异性和相关性,才能全面、深入地找出地球的发展规律。

(二)地质现象具有多因素互相制约的复杂性

地质学所研究的对象和内容,小到矿物组成的微观世界,大至整个地球以及宇宙的宏观世界,从矿物岩石等无机界的变化到各种生命出现的演化,从常温常压环境到目前还不能人为模拟的高温高压环境,从各种变化的物理过程、化学过程到生物化学过程,从地球本身各个部分的物质能量转化到地球与外部空间的物质能量交换等等,充满着各种矛盾和相互作用的复杂过程。任何一种地质过程,都不可能是单一的物理过程或化学过程。地球自诞生以来,不仅形成了多姿多彩的矿物世界、岩石世界、海洋大陆、高山深谷,也出现和演化成了种类繁多的生物世界。众所周知,目前在实验室中即使合成最简单的生命物质也是非常不容易的。地球演化到今天,产生出如此面貌,固然与其具有人类历史所不能比拟的充分时间有关,同时也说明地球演化的地质过程是一个十分复杂的过程。

(三)地质学是来源于实践而又服务于实践的科学

地质学首先以地球为大课堂,以大自然为实验室,进行野外调查研究,大量掌握实际资料,进行分析、对比、归纳,得出初步结论,然后再用以指导生产实践,并不断修正补充和丰富已有的结论。远在数十万年前的旧石器时代,人类的祖先就是在制造石器的过程中逐步掌握了一些岩石的特性;后来在铜器时代、铁器时代,人类又在生产活动中逐步掌握了寻找有用矿产的某些规律。近代以来,由于工矿业的发展,特别是科学和现代技术的进步,又推动了地质学的突飞猛进,不断形成新的理论。

三、地质学的研究方法

地质学是一门探索性很强的科学。人类认识自然规律总是从小到大、由浅入深、从局部到整体、由个别规律的研究到整体规律的归纳。地球是一个巨大而复杂的星体。由于它具有历史久远、空间庞大、地质过程复杂等特点,因此,地质学在研究方法上也有其自身的特点,这就是开展地质考察和调查,并在室内进行综合研究。

(一)野外地质调查

为了认识地壳发展的客观规律,了解一个地区的地质构造和矿产分布情况,除了搜集和研究前人的资料外,必须进行野外调查研究和地质测量,积累大量感性资料,分析对比,归纳分类。通过"实践、认识、再实践、再认识"循环往复的形式,得出反映客观事物本质的结论。从本质上来说,地质学理论的产生与发展源于野外第一手地质资料,源于地质调查的新发现,源于地质调查数据的原始积累。

要重视野外地质调查,收集可靠的原始资料。只有观察、收集到大量的反映自然界客观规律的地质现象,并加以综合分析研究,才能建立正确的地质理论。地球自形成以来,经历了漫长的发展历史。在地质历史时期,曾发生过许多的地质事件,在地层和岩石留下各种痕迹和地质现象,如岩石特征、地质构造特征、古生物化石特征等。这些地质记录,通过地面露头观察和钻探手段,可以直接在地壳的上部观察,其深度一般不超过15km。关于地球深部的情况,主要是应用地球物理勘探方法,进行间接推断。

(二)室内实验和模拟实验

室内实验也是进行地质调查研究的重要手段。在野外采集的各种样品、取回的岩心,都要带回室内进行实验、分析和鉴定,例如岩矿鉴定、岩石定量分析、化石鉴定、同位素年龄测定等,以便了解化石的种类和时代,分析矿物、岩石、矿产的成因、产状,以及各种沉积构造的形成条件,借以揭示地壳的构造特征。

为了生产的实际需要和探讨某些地质现象的成因和发展规律,有时需要利用已知岩矿的各种参数及物理、化学过程进行模拟实验。虽然这种实验结果的可靠性是相对的,但其重要性却日益增加。如目前可以制造出红宝石、石英、金刚石等,既有实用价值,又有助于了解自然界矿物、岩石、矿床的形成和分布规律;又如,在室内进行地质力学模拟实验,可以得出各种构造类型的形成条件和展布情况,近似地模拟某些地质构造的形成和发展演变历史,再现地质作用过程。

(三)历史比较法

历史比较法是指根据保留在地层和岩石中的各种痕迹和地质现象,综合现代正在发生的各种地质作用所出现的现象和造成的结果,"将今论古"与"古今结合",分析和推断各个地质历史时期各种地质事件的存在及其特征。"将今论古"原则是由地质学创始人之一的 C. 莱伊尔(1797—1875)提出并广泛应用于地质学研究中的,在一定程度上推动了早期地质学的形成和发展。但这种简单的地质学思维方法,是建立在地质环境始终不变的假设之上的。事实上,在地球历史中,地球内部结构及外部圈层都有过重大的改变,说明古代和现代的地质作用可能处在完全不同的地质环境之中。因此,应当用历史比较法,根据地质记录去反推地球历史的过去、恢复地质事件的历程时,必须考虑到诸多条件的复杂性以及事物之间的联系与区别,不能用局部代替整体。

(四)类比法

类比法是指将野外所采集的各种地质资料,进行整理、对比和综合分析,找出各种地质现象之间的异同点和内在联系,划分成不同的类别和单元,总结出合理的规律和结论,最后查明工作区域的地质情况和发展历史。

四、地质学与油气田勘探开发的关系

近代创立并发展的石油地质学,在推动石油、天然气工业发展中发挥了重要的作用:一是在油气田发现以前,通过研究油气生成、运移、聚集和油气藏特点及油气分布规律,指导油气田勘探工作,力求以最快的速度、最有效的手段找到具有工业开采价值的油气田;二是在油气田投入开发之前通过研究油气藏类型、储集层和地下流体的原始状态及物理性质、储量分布及估算,为优化开发方案和优选开采方式提供必要的地质基础;三是当油气田投入开发后,通过研究开发过程中的油气藏结构、油层及流体的物理性质、油层压力系统、剩余油分布等动态变化规律,为制定开发调整措施、增加可采储量及改善总体开发效果,提供重要的地质依据。可以说,油气田勘探到开发的整个过程中,石油地质学始终发挥着十分重要的指导作用。

就世界范围来看,目前石油和天然气资源(常规油气资源和非常规油气资源)仍然是十分丰富的,而且剩余可采储量仍然不断增加。中国蕴藏着丰富的石油和天然气资源,即使按目前的认识水平和技术水平,石油和天然气资源也仍然处于不断上升阶段。随着勘探开发工作的深入、科技的进步,油气可采储量必定会大幅度地增长,中国的石油工业仍然会继续蓬勃发展。

油气资源的增长靠的是技术进步,美国著名石油地质学家笛克曾总结道:"我们运用老思路经常能在新区发现石油,同样,有些时候我们运用新思路能在一个老油区内发现新石油,但是,在一个老区内运用老思路就很少能发现大量石油。在过去的年代里,我们曾经认为无油可找,而实际上,我们只是缺乏新的思路而已。"科学技术对石油工业的发展影响是巨大的。所以,发展科学技术、依靠科学技术必将是中国石油工业继续蓬勃发展的根本之道。

思 考 题

1. 什么是地质学?地质学的研究内容包括哪些方面?
2. 如何理解"随着科学技术的发展,地质学的研究对象也在发生变化"?
3. 试述地质学研究的特点和方法。
4. 如何理解"将今论古"和"古今结合"?

第一章 地球

地球是浩瀚宇宙中的一颗璀璨的行星,是亿万种生命的摇篮,是唯一适合人类生存的美好家园,它给人类提供了空间、环境和资源等一切赖以生存和发展的条件。地球具有一定的形状、大小以及圈层结构。地球是地质学的研究对象,也是地质作用的发生场所。因此,要想深入学习地质学,弄清地球与地质作用的内在关系,首先应对地球有一个初步的了解。

第一节 地球概况

一、地球在宇宙中的位置

宇宙是天地万物的总称。宇是空间概念,宙是时间的概念,宇宙是一个空间上无边无际、时间上无始无终的物质世界。宇宙是有层次结构、物质形态多样、不断运动发展的天体系统(图1-1)。

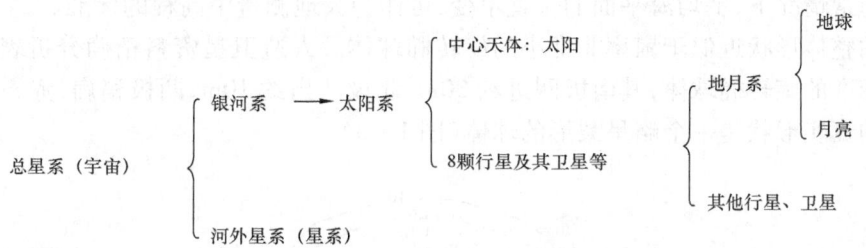

图 1-1 天体系统结构(据柳成志等,2006)

在广阔无垠的宇宙中,人类现在观测能力所及的可见宇宙称为总星系,总星系之外还会有更大的星系。地球是围绕太阳运行的一颗不大的行星;太阳只是银河系中的一颗普通的恒星;而银河系在目前人类所能观测到的总星系中,也是一个级别不高的天体系统,银河系之外还有众多的河外星系,如仙女星系、三角座星系等。在宇宙中类似银河系的星系在10亿个以上,银河系中类似太阳这样的恒星约有1500亿颗。太阳系由一颗恒星——太阳和围绕其运转的8颗大行星(水星、金星、地球、火星、木星、土星、天王星和海王星)以及矮行星、卫星、小行星、彗星、流星、星际物质等组成(图1-2)。其中离太阳较近的水星、金星、地球及火星称为类地行星,木星、土星、天王星及海王星称为类木行星。地球有一颗卫星,即月球。地球仅仅是太阳系的一个普通成员,在茫茫宇宙中,不过沧海一粟,但却是人类生存的家园,是地质学研究的对象。

图1-2 太阳系的组成(据柳成志等,2006)

二、地球的形状与大小

(一)地球的形状

通常所说的地球的形状是指大地水准面所圈闭的形状。所谓大地水准面是指由平均海平面所构成,并延伸通过陆地的封闭曲面。海平面在重力作用下是一个等位面,面上各点的重力相等。在通常情况下,平均海平面的位置不变,可作为大地测量中高程的标准。

地球的整体形状近似于扁率非常小的旋转椭球体。人造卫星资料精确分析表明,地球并不是一个标准的旋转椭球体,其南极凹进约30m,北极凸出约10m,两极稍扁,赤道略鼓,也可认为地球的真实形状是一个略呈梨形的球体(图1-3)。

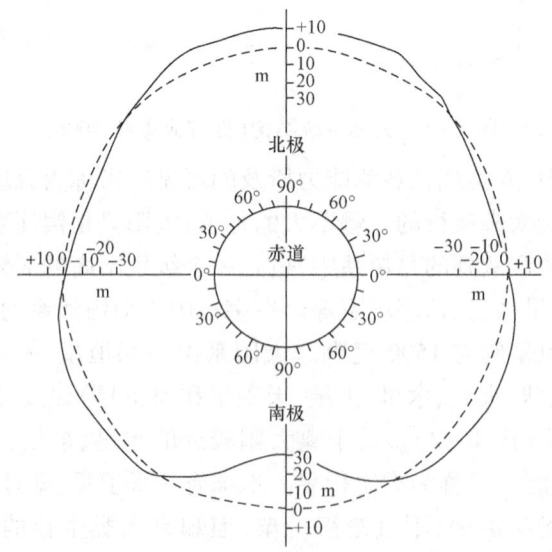

图1-3 地球的形状示意图(据D. G. King-Hele等,1969)
实线为大地水准面(比例尺已夸大),点线为地球理想扁球面

（二）地球的大小

1980年国际大地测量和地球物理联合会修订和公布的关于地球大小的主要数据如下：

赤道半径	a	6378.137km
两极半径	c	6356.752km
平均半径	$R = \sqrt[3]{a^2 c}$	6371.012km
扁率	$(a-c)/a$	1/298.257
赤道周长	$2\pi a$	40075.7km
子午线周长	$2\pi c$	40008.08km
表面积	$4\pi R^2$	$5.101 \times 10^8 \text{km}^2$
体积	$\frac{4}{3}\pi R^3$	$1.0832 \times 10^{12} \text{km}^3$
质量	M	$5.976 \times 10^{24} \text{kg}$

三、地球的表面形态

地球表面分为陆地和海洋两大部分。其中陆地面积约为 $1.49 \times 10^8 \text{km}^2$，海洋面积约为 $3.61 \times 10^8 \text{km}^2$，分别占地球表面积的29.2%和70.8%。海陆分布极不均匀，65%以上的陆地集中在北半球。各大陆的轮廓有某些相似性，所有大陆的北端宽、南端窄，大致呈倒三角形，并多在北端与其他大陆相连（图1-4）。

图1-4 地球上大陆的分布

地球表面起伏不平。地表的最高点在亚洲喜马拉雅山脉的珠穆朗玛峰，海拔8844.43m（中国国家测绘局，2005）；最低点位于太平洋西侧的马里亚纳海沟，在海面以下约11033m；因此，地表最大垂直起伏约20km。陆地的平均高度为875m，海洋的平均深度为3729m。地表有二级面积较大、起伏较小的台阶，其一是海洋中深4000~5000m的大洋盆地，占地球总面积的22.6%；其二是大陆上海拔低于1000m的平原、丘陵和低山，占地球总面积的20.8%（图1-5）。

（一）陆地地形

按照高程和起伏特征，陆地地形可分为山地、丘陵、平原、高原、盆地、洼地等类型。

1. 山地

通常将陆地上海拔高度在500m以上、地形起伏高差在200m以上的隆起高地称为山地。山地按海拔高程分为低山（500~1000m）、中山（1000~3500m）、高山（3500~5000m）和极高山（>5000m）。呈线状延伸的山地称为山脉，在成因上相联系的若干相邻的山脉总称山系。大陆上现代最高、最雄伟的山系主要有两条：阿尔卑斯—喜马拉雅山系和环太平洋山系。

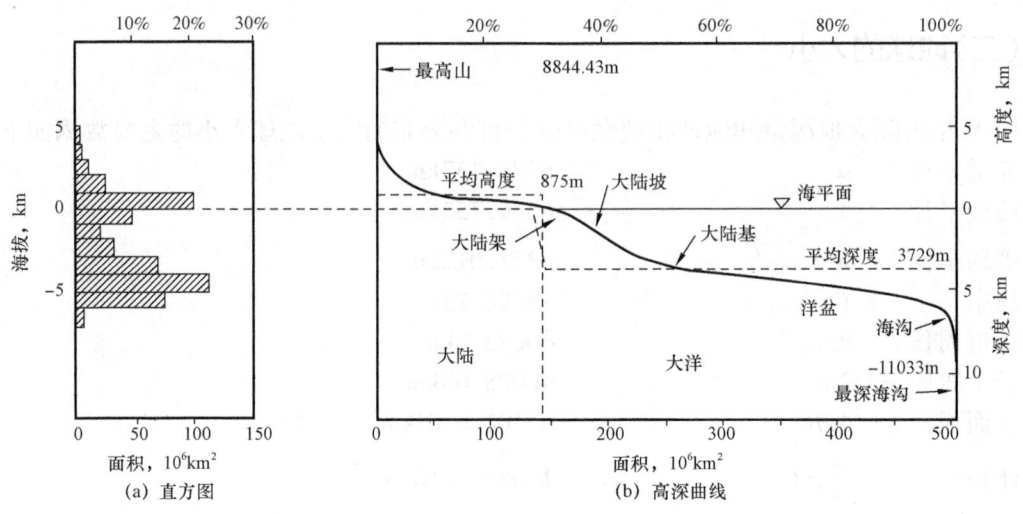

图1-5 地表各高程间的面积分配

2. 丘陵

海拔小于500m,高低不平、连绵不断、相对高程在200m以下的低矮浑圆的小山丘称为丘陵,如我国的川中丘陵、东南丘陵等。

3. 平原

海拔一般低于200m,宽广平坦或略有起伏的地区称为平原,如我国的松辽平原、华北平原、长江中下游平原等。世界上最大的平原是南美的亚马孙平原。

4. 高原

海拔高程一般在500m以上,相对面积较大,地表较为平坦或略有起伏的地区称为高原。全球最高的高原为青藏高原(海拔超过4000m),面积最大的高原为南美洲的巴西高原(面积为$5 \times 10^6 km^2$)。

5. 盆地

四周是高原或山地、中央低平(平原或丘陵)的地区称为盆地,如我国四川盆地、塔里木盆地等。世界上最大的盆地是非洲的刚果盆地(面积为$337 \times 10^4 km^2$)。

6. 洼地

大陆内部海拔高程在海平面以下的地区称为洼地。如新疆吐鲁番盆地的克鲁沁地区,海拔低于海平面约155m。

(二)海底地形

根据海底地形的成因与特征,把海底地形划分为大陆边缘、大洋盆地和大洋中脊三个大型地形单元(图1-6)。其中,大洋盆地的面积约占海洋面积的二分之一,大洋中脊则约占三分之一(表1-1)。

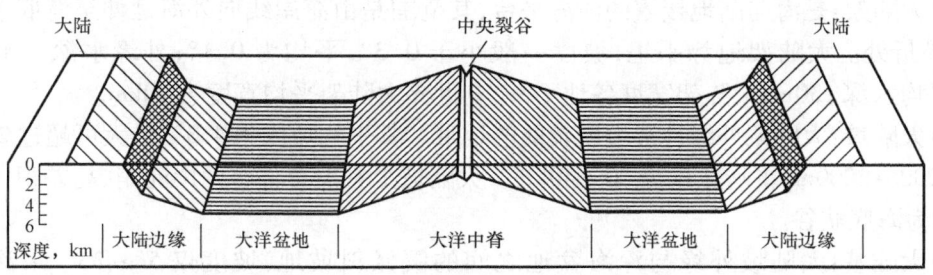

图 1-6 海底地形单元的划分(据 J. A Steers,1977)

表 1-1 大型海底地形单元及其面积

名称	面积,$10^6 km^2$	占海洋面积比例,%	占地球表面积比例,%
大陆边缘	80.1	22.3	15.8
大洋盆地	162.6	44.9	31.8
大洋中脊	118.6	32.8	23.2

1. 大陆边缘

大陆边缘是指大陆与深海盆地之间被海水淹没的地带。大陆边缘包括大陆架(陆棚)、大陆坡、大陆基(大陆裙或大陆隆)、海沟和岛弧(图 1-7,图 1-8)。

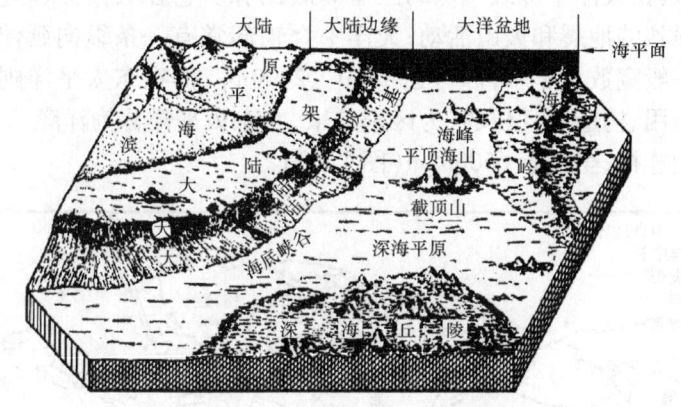

图 1-7 大陆边缘地形单元示意图

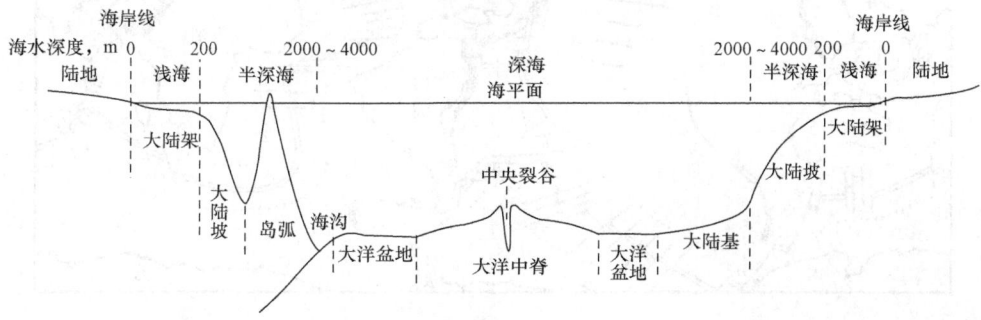

图 1-8 海底地形剖面图

(1)大陆架:是海与陆地接壤的浅海平台,其范围是由海岸线向外海延伸至海底坡度显著增大的转折处。大陆架地势平坦,坡度一般小于0.3°,平均为0.1°;外缘水深一般不超过200m,平均水深130m;大陆架宽度各地不一,全世界大陆架平均宽度为70km。

(2)大陆坡:大陆架外缘地形坡度较陡的地带。其平均坡度为4.3°,最大可超过20°;水深一般为200~2000m;平均宽度为20~40km。大陆坡上常发育许多两岸陡峭、高差很大的巨型槽谷,称为海底峡谷。

(3)大陆基:大陆坡外缘与深海盆地之间的缓倾斜坡地,坡度仅5′~35′,水深一般为2000~4000m,展布宽度可达1000km。大陆基主要分布于大西洋和印度洋边缘,在海沟发育的太平洋边缘不发育。

(4)海沟和岛弧:岛弧是大洋边缘靠近大陆一侧呈弧形延伸很长的火山列岛。海沟是大洋边缘的巨型带状深海凹槽,其长度常达1000km以上,宽度近100km,深度多在6000m以上。海沟常与岛弧平行伴生,发育在岛弧靠大洋一侧的边缘,与岛弧组成一个统一的海沟—岛弧系。海沟也可以与大陆海岸的弧形山脉相邻,形成海沟—山弧系。

按地表形态通常把大陆边缘分为两类:一类是由大陆架、大陆坡和大陆基组成,这类大陆边缘以大西洋为代表,称为大西洋型大陆边缘;另一类是由大陆架、大陆坡、海沟和岛弧(山弧)组成,以太平洋为代表,称为太平洋型大陆边缘。

2. 大洋中脊

大洋中脊是绵延在大洋中部或一侧的巨型海底山脉。它在大西洋、印度洋和北冰洋一般构造运动活跃,有强烈的地震和火山活动;大洋中脊轴部常有一条纵向延伸的裂隙状深谷,称中央裂谷,该裂谷一般宽数十千米,深可达1000~2000m。而在东太平洋则不同,大洋中脊无明显的裂谷,地震作用、构造运动较弱,为区别开来,在东太平洋称为洋隆。大洋中脊在各大洋中均有分布,且互相连接,全长近65000km(图1-9)。

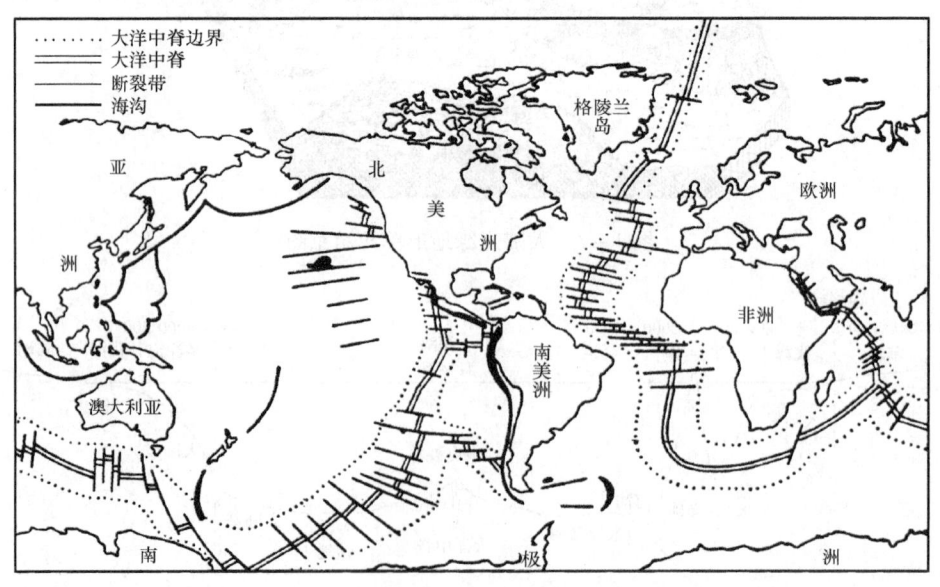

图1-9 全球大洋中脊和海沟的分布

3. 大洋盆地

大洋盆地是介于大陆边缘与大洋中脊之间的较平坦地带，平均水深4000~5000m。有深海丘陵、深海平原和海山三种主要次级地形。

（1）深海丘陵：由高度在几十米到几百米的圆形或椭圆形山丘组成，集中分布在大洋中脊或岛屿附近，由火山活动形成。

（2）深海平原：坡度很小的洋底平缓地形。水深一般在4000~5000m，平均坡度小于千分之一，甚至小于万分之一。

（3）海山：大洋盆地中规模不大、地势比较突出的孤立高地。有些海山呈链状分布，延伸可达上千千米，称为海岭。

第二节　地球的物理性质

目前的技术水平，还不具备直接观察地球内部的手段，因而对地球深处的了解，主要靠地球物理的工作成果。地球的物理性质包括地球内部的重力、密度、压力、地球的温度、地球的磁性及地球的弹塑性等。通过研究上述特性的变化规律，可推测地球内部的物质成分、温度、压力状态及其变化规律，并作为了解和划分地球内部的圈层结构的依据。

一、地球的重力

地球上某处的重力是该处所受地心引力与地球自转而产生的惯性离心力的合力（图1-10）。根据万有引力公式可知，地球的引力与质量成正比，与地心距离的平方成反比，地心引力在赤道最小，两极最大；离心力与其到地轴的距离和地球转动的角速度平方成正比，在赤道区最大，两极最小。由于地球自转产生的惯性离心力相对地心引力来说是相当微弱的，即使在惯性离心力最大的赤道地区，也不超过引力的1/288（0.347%），因此重力方向仍大致指向地心。所以在一般情况下，引力可近似代表重力。地面重力场的变化是随纬度增加而增加的，随海拔高度增加而减小的。

重力是用加速度来表示的，地球内任何一点的重力近似为 $g = GM/R^2$（G 为常数，其值为 6.672×10^{-13} $N \cdot cm^2/g^2$，M 为地球质量）。重力在地球内部随深度而有不甚规则的变化，在2900km深度内，大致是逐渐增加，但有波动（图1-11）。再往深处就迅速减小，到地心处地球质量可认为为零，故重力也为零。这种变化反映了地内物质密度变化的情况。

在进行重力研究时，假定地球为一均质体，以海平面为基准计算可得出的地面重力为标准重力值，重力的标准值随纬度而不同，计算公式为

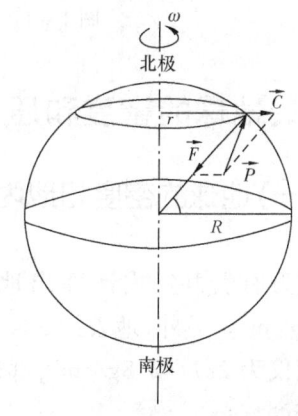

图1-10　重力与地心引力和离心惯性力关系示意图

C—惯性离心力；P—重力；
F—地心引力；r—纬度圆半径；
R—地球半径；ω—自转角速度

$$g = 978.0318 \times (1 + 0.0053024\sin^2\varPhi - 0.0000059\sin^2 2\varPhi) \quad (1-1)$$

式中　$\varPhi$——纬度,(°)。

计算出赤道处 g 值为 978.0318cm/s²;两极处 g 值为 983.2177cm/s²。

实际上,地球物质密度分布不均,测站的高度不同,各测量地区的岩石种类不同等因素,会使实测值和标准值不一致,将实测值进行校正,校正到相当于海平面高度的校正值,如果与标准值仍有差异,其差值称为重力异常。引起重力异常一般和地下物质的密度大小有关。实测值大,为正异常,表明地下埋藏着密度大的物质,如铁、铜、铅、锌等金属矿产;实测值小,为负异常,地下可能有石油、煤、盐、地下水等低密度物质。因此,重力勘探就是利用这个原理,通过寻找地壳中局部重力异常区的办法,来找矿和了解地下地质构造。

地球的重力无疑是一个极为重要的物理性质,它主宰着地球上一切物体的向心运动。地球内部的物质分异、地球的圈层结构、水和大气不致于离开地球而去都与重力相关,重力直接和间接地促使水和大气以及岩石的运动和循环等。因而重力对维持地球的"生命"起着决定性的作用。本书所讨论的地质作用都是在重力参与的背景下发生和发展的。

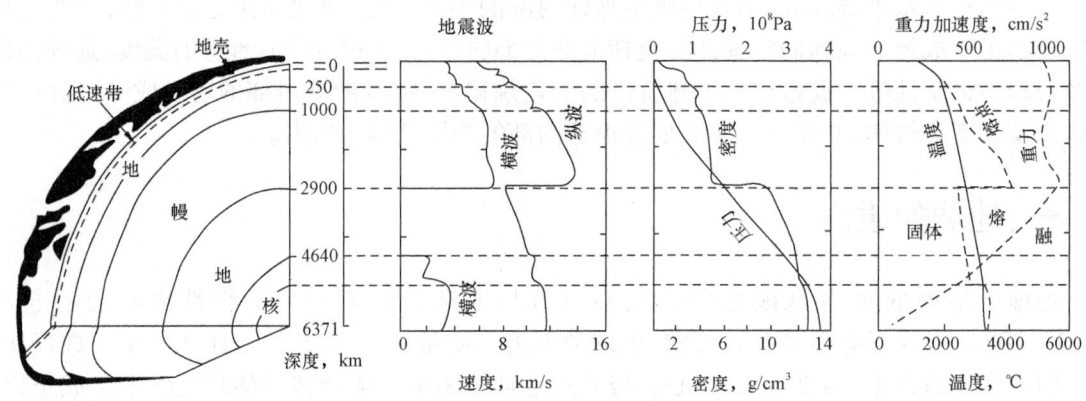

图 1-11　地球物理性质变化曲线(据柳成志等,2006)

二、地球的密度和压力

(一)地球的密度和地内密度的变化

据万有引力公式计算出地球质量为 5.976×10^{24} kg,除以地球体积得到平均密度为 5.517g/cm³。另外,地表约 3/4 面积为海水覆盖,海水的平均密度为 1.028g/cm³,地表岩石平均密度仅为 2.7~2.8g/cm³,都远小于地球的平均密度,由此可推测,地球内部物质应具有更大的密度。

根据地震波速、地内重力、转动惯量等推算结果,地球内部密度随深度增加而增加,但不是均匀增加,而是存在几个明显变化的界面,这反映出地球内部物质具有圈层特征(图 1-11)。这些变化同时也反映了地球内部物质成分和存在状态的变化。

(二)地球内部压力及其变化

地球内部的压力是上覆物质的重量产生的静压力,其计算公式为:

$$p = \rho h g \tag{1-2}$$

式中　　p——静压力,10^5Pa;

　　　　h——深度,m;

　　　　ρ——上覆物质的密度,g/cm^3;

　　　　g——重力加速度,m/s^2,取值为9.80m/s^2。

按静压力平衡公式计算出来的数值大致为一条平滑的曲线(图1-11),地球内部的压力总体随深度增加而增大。

地层压力是油田的灵魂,油井能自喷采油,主要依靠地层压力,保持油层的地层压力是合理开发油田的关键之一。

三、地球的温度

深矿井温度增高,地下流出温泉和火山喷出炽热物质,都说明地内是热的。但从地面向地下深处,地热增温的现象随着深度的改变是不均匀的。根据地内温度分布状况可以分为外热层、常温层和内热层。

(一)外热层(变温层)

外热层位于固体地球的最表层,年变化影响深度一般为10~20m,内陆或沙漠地区可达30~40m。本层热量来自太阳辐射,太阳到达地面的热量绝大部分通过反射或散射又回到空中,只有极少一部分(约5%)透入地下使地面温度升高,温度随季节、昼夜等的变化而变化。由于组成地表的岩石或土层热导率小,温度向下迅速降低。到一定深度,温度变化开始不明显,而且趋于与当地的年平均温度一致,此处即为外热层的下界。

(二)常温层(恒温层)

常温层是在外热层以下一个厚度不大的层带。由于年变化幅度为零,温度常年保持不变,与当地的年平均温度相同,不受季节性变化的影响,故称常温层。常温层深度大约为20~40m,常温层在中纬度及内陆区位置较深,在海滨地区及高纬度地区位置较浅。

(三)内热层(增温层)

在常温层以下,热量由地球内热提供,温度随深度增大而增加,而且很有规律,即每向下加深一定深度便增加一定温度,不受太阳辐射热的影响。计量这种增温的幅度通常有两种方法:

(1)地温梯度(地热增温率):在内热层里,深度每增加100m所升高的温度数值。一般地温梯度为0.9~5.2℃/100m,平均为2.5℃/100m。

(2)地温深度(地热增温级):在内热层中温度每升高1℃所增加的深度,单位为m/℃。

地温梯度与地温深度两者互为倒数关系,常用的是地温梯度。地球上不同地区的地温梯度不同,从0.9~5.2℃/100m不等。地温梯度的高低与热源及岩石热导率等条件有关。若地下存在较高的热源,离热源较近,如火山地震区和年轻山区,地温梯度较高。在同一热源条件下,热导率小的地区地温梯度较高。地温梯度在不同深度亦不同,在地表至地球内部70km范围内,地温梯度平均为2.5℃/100m,再往深部地温梯度逐渐变小,一般为0.5~1.2℃/100m。

地温梯度高的沉积盆地有利于有机质向油气转化,也有利于油气生成。地层温度直接影响到油层物理性质,也是优选油田开发方案的决定因素之一。

四、地球的磁性

地球是一个磁化的球体,地球磁性的作用空间即地球磁力线分布的范围称为地磁场,地磁场近似磁偶极子的磁场,它具有两个地磁极(偶极子磁轴与地面的交点),地磁场的南北极和地理两极并不一致,两者相差1280km。这是因为地磁轴和地球自转轴有11.5°交角(图1-12)。地磁极的位置也不是固定的,它逐年发生一定的变化。例如,磁北极的位置1961年在(74°54′N,101°W),位于北格陵兰附近地区,1975年已漂移到了(76.06′N,100°W)的位置。

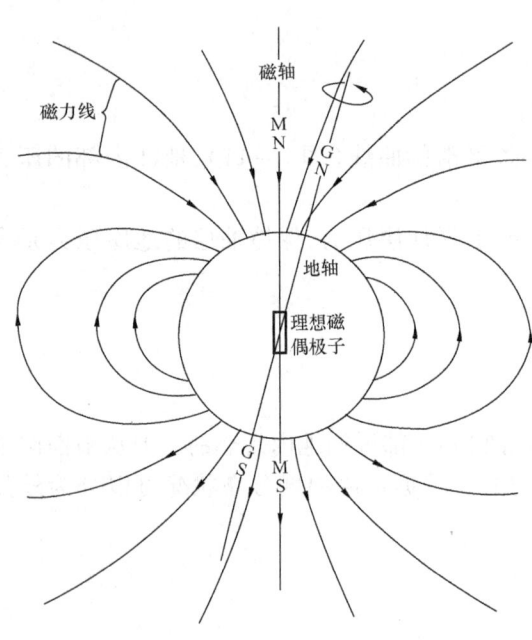

图1-12 地球的磁场(据W.K.汉布林,1980)

(一)地磁要素

地磁场由磁偏角、磁倾角和磁场强度三个地磁要素来表示。在地球表面,通过两个地理极的大圆或经线称为地理子午线;通过两磁极的磁力线称为地磁子午线。地磁子午线与地理子午线之间的交角称为磁偏角。正是由于磁偏角的存在,磁针所指不是地理南北,而是地磁南北,所以当使用地质罗盘在地形图上定方位时,需要对地质罗盘进行磁偏角校正,从而得到地理方位。以指北针为准,指北针偏在经线东边的叫东偏角,符号为正(+);指北针偏在经线西边的叫西偏角,符号为负(-)。不同地区磁偏角不一样,故磁偏角校正要因地而异。磁针与水平面之间的夹角称为磁倾角。以指北针为准,下倾者为正(在北半球),上仰者为负(在南半球)。在赤道附近,磁针水平,磁倾角为0°;纬度越高,磁倾角越大,在磁极上,磁针竖立,磁倾角为90°。地面上的每一点都可以从理论上计算出对应的磁偏角和磁倾角。磁场中磁力的大小称为磁场强度。

(二)地磁异常

将地磁场看成是一个均匀的磁化球体产生的磁场,这种磁场称为正常磁场;如果某地区实测到的地磁场与正常磁场不一致,则称为磁异常。同重力异常类似,如果实际测得的磁场大于正常磁场,称为正异常,表明地下赋存着高磁性的矿物或岩石,如磁铁矿、镍铁矿、超基性岩体等;若实际测得的磁场小于正常磁场,称为负异常,表明地下赋存有石油、盐矿、铜矿和花岗岩等低磁性或反磁性矿物或岩石。

地磁异常是地下磁性物质有局部变化的标志,可以据此勘探出地下的磁性岩体和矿体,这种利用磁异常来探测地下矿产的方法称为磁法勘探。磁法勘探利用这个原理寻找磁力异常区,勘探有用矿物,还可以利用它来预测地震。

五、地球的弹塑性

(一)固体地球的弹塑性表现

地球具有弹性,表现在能传播地震波,因为地震波是弹性波。另外,用精密仪器可观测到地球固体表层在日月引力下也有潮汐现象,就和地表海水在日月引力下所发生的潮汐现象一样,可以摄引地壳升降7~15cm,称为固体潮,也说明固体地球具有弹性。

固体地球在一定条件下还表现为塑性体。地球是一个旋转椭球体,这表明地球并不是完全的刚体。我们在野外看到很多岩石发生剧烈而复杂的弯曲却没有断裂开,这也是岩体的塑性表现。

因此,固体地球具有弹性也具有塑性,两种性质在不同条件下可以转化:在作用速度快、持续时间短的力(如地震波、潮汐力)的条件下,地球表现为弹性体,在作用缓慢、持续时间长的力(如地球旋转力、重力)的条件下则表现为塑性体。这种条件是相对的,与地球物质的松弛时间有关。固体从弹性变形完全转变为塑性变形所需的时间叫松弛时间。如果作用力时间比该物质的松弛时间短则表现为弹性,如果作用力时间比该物质的松弛时间长则表现为塑性。

(二)地球内部的弹性和塑性

物体弹性特征通常用两种基本弹性系数来表示,一是体积弹性模量(或称为体变模量),一是刚性模量(或称为切变模量)。

体变模量是物体在围压下体积抗缩小的程度。体变模量值越大的物体其体积越难缩小。液体很难压缩体积,所以体变模量很大。

切变模量是物体在定向压力下形状抗改变的程度,切变模量越小的物体其形状越易改变。液体没有反抗变形的能力,所以切变模量为零。

地球内部的弹性状况是通过地震波在地球内部传播速度来确定的。地震波有体波和面波,都是弹性波。体波又分为纵波和横波两种。它们的质点振动都是直线运动。质点振动方向与地震波传播方向平行的叫纵波(P波),质点振动方向与地震波传播方向垂直的叫横波(S波),它们都在介质体中传播,所以叫体波。在地表介质中,纵波的传播速度为横波的1.73倍。当体波传播到介质表面或两介质间的界面时就会反射或折射,同时有一部分转化为沿界面或表面传播,便是面波。

地震波波速的大小与介质的密度和弹性关系可用以下两式表示:

$$v_{\mathrm{p}} = \left(\frac{k + \frac{4}{3}\mu}{\rho}\right)^{\frac{1}{2}}; v_{\mathrm{s}} = \left(\frac{\mu}{\rho}\right)^{\frac{1}{2}}$$

式中,v_{p}、v_{s}分别为纵波、横波的波速;ρ为密度;K为介质的体变模量;μ为切变模量。

在液体中纵波速度较慢,而横波则不能通过。波速在刚性物质中比在塑性物质中传播速度快。地球内部的物质密度因重力及上层静压力而增加,地震波在地球内部传播时波速加快。根据不同深度波速值的变化可将地球内部划分出许多圈层,再根据模拟地球内部物质成分和密度及其与波速的关系的实验,从而定性地确定地球内部的物质成分和物态。

地震波作为传播信息的使者,不仅在探索地球内部分带、物质组成和物态以及其他方面的特点起着重要的作用,而且在对地球表部有用矿产勘探,特别是石油勘探方面也是重要的手段。

第三节　地球的圈层结构

地球并非是一个均质体,具有同心状的圈层结构。地球的圈层大致以地表为界可以分为内部圈层和外部圈层,简称为内圈和外圈。内圈包括地壳、地幔和地核,外圈包括生物圈、大气圈和水圈。每个圈层都有自己的物质组成、运动特点和物理化学性质,对各种动力地质作用均有不同程度的直接或间接的影响,所以必须了解它们的基本特征,才能更深刻地理解动力地质作用的原理。

一、地球的外圈

从地表到地球大气的边界部位统称为地球的外圈。外圈根据物质性质和状态,分为大气圈、水圈及生物圈三个不同的圈层。

(一)大气圈

大气圈是由包围在固体地球外面的大气构成的连续圈层。它是地球最外面的一个圈层,厚度可达几万千米以上。大气圈是多种气体的混合体,主要成分是氮气和氧气。氮气约占78%、氧气约占21%;其次还有二氧化碳、水蒸气、惰性气体和尘埃微粒等,约占1%。大气圈的总质量为5.136×10^{18}kg,其中3/4集中在地面以上10km范围内。大气圈的密度随高度而减小,越高空气越稀薄,逐渐过渡为宇宙气体,大气圈没有明显的上界。

根据大气的温度、密度等物理性质及运动特点在垂直方向上的变化,大气圈自下而上依次进一步分为对流层、平流层、中间层、热层和散逸层(图1-13)。

1. 对流层

对流层是大气圈的最底层,从地面起至温度下降到最低处,其高度在赤道为17~18km,两极为8~9km,平均厚度约11~13km,其厚度随纬度、季节等条件而变化,在赤道最厚,两极最

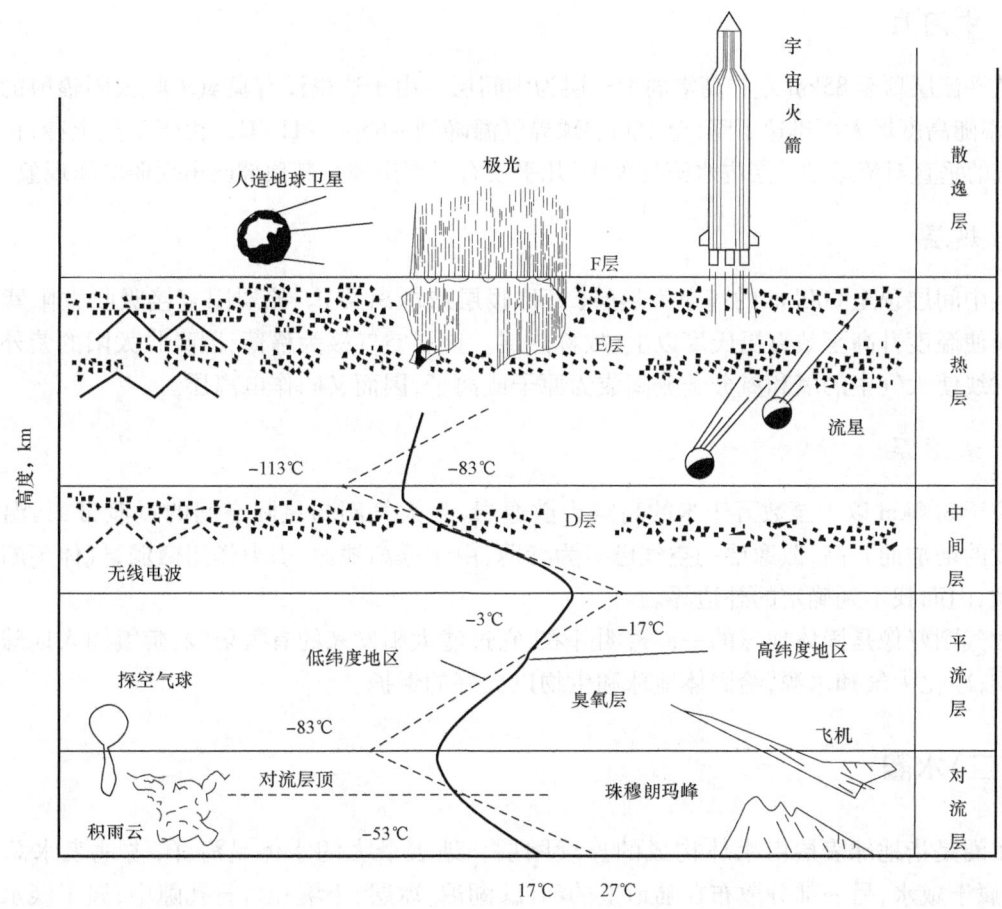

图1-13 大气圈的垂直分层(据张琴,2008)

薄,可随夏季升温而增厚,冬季降温而减薄。受地心引力的影响,对流层的密度最大,其质量占大气圈总量的79.5%。由于温度主要来自地面反射回来的太阳辐射热,所以近地面的温度高,气温随高度上升而递减,平均每升高1km,气温下降6℃,称为大气降温率。气温、气压和密度在不同高度、不同纬度具有一定差异,因而形成空气的对流,故该层有风、云、雷、电、雨、雪等气象现象,尘埃也主要散布于这一层中。该层受人类活动影响最显著,污染严重。

2. 平流层

从对流层顶到35~55km高度的范围内为平流层,其厚度在赤道小于两极。尽管厚度是对流层的两倍,但质量却只占大气圈总质量的20%,空气较为稀薄。平流层的大气下重上轻,只能随地球自转产生的温差而进行水平流动,故平流层最显著的特点是气流的运动以水平方向为主,平流层也因此而得名。平流层基本不含水蒸气和尘埃物质,不存在对流层中的各种天气现象,这里总是晴空万里,飞机可在该层平稳飞行。

平流层的气温随高度上升而增加,甚至到0℃以上。这表明平流层的气温不受地面辐射热的影响,增温的原因是平流层中臭氧层的存在。臭氧层大量吸收太阳紫外线辐射热,致使气温升高,它吸收了太阳紫外线的90%,成为地面生物的防护罩。

3. 中间层

从平流层顶至85km左右高空的大气层为中间层。由于这里没有臭氧吸收太阳辐射的紫外线,气温随高度增大而迅速下降,至中间层顶界气温降到-83～-113℃。由于下热上冷,再次出现空气的垂直对流运动。层内水蒸气极少,几乎没有云层出现。其顶部已出现弱电离现象。

4. 热层

从中间层顶至800km的高空为热层(又称暖层或电离层)。该层因直接吸收太阳紫外线辐射而使温度升高至数百摄氏度以上,故称热层。该层空气极为稀薄,因吸收太阳的紫外线和宇宙射线使大气中的氧和氮分子分离成为原子或离子,因而又叫作电离层。

5. 散逸层

位于800km以上至数万千米的高空为散逸层,是大气圈与星际空间的过渡带,其温度也随高度的增加而升高,散逸层的空气已极为稀薄,由于远离地面,引力作用微弱,气体不断向太空逸散,因而找不到确定的外边界。

大气圈好像是固体地球的一件透明外衣,它过滤太阳发来的有害射线,焚毁闯入地球的宇宙尘埃;净化大气和水源,给固体地球和生物以良好的保护。

(二)水圈

水圈是指地球表层由水体构成的连续圈层。地表最大的水体是海洋,占地表水总量的97%,属于咸水,另一部分散布在陆地上的河流、湖泊、冰层、土壤和岩石孔隙中,属于淡水。即使是在沙漠里,地下较深处也有水。此外,在大气下层和生物中也含有水(表1-2)。

表1-2 地球上水圈的组成和分布(据李叔达等,1994)

水的分布			体积,1000km^3	占比,%
海洋水			1350000	97.16
陆地水	地面水	湖泊、河流	2000	0.14
		冰层	29000	2.09
	地下水		8400	0.6
生物圈水			0.6	0.00004
大气圈水			13	0.0009
水圈总计			1389413.6	100

在太阳系八大行星中,水圈是地球所特有的,它是一切生命发生和繁衍的前提。现在认为水圈的总量是不变的,但在不同的条件下以固、液、气三种状态不断地相互转化着,同时也以蒸发、运移、降水等方式经久不息地循环着(图1-14)。水圈的循环作用产生了三个重要结果:(1)源源不断地制造淡水供给陆地;(2)净化了空气和大自然;(3)通过河流将陆地表面的松散泥沙及溶解物质送入海洋。水体的运动是塑造地表形态,促进地表元素的迁移和富集的重要动力之一。

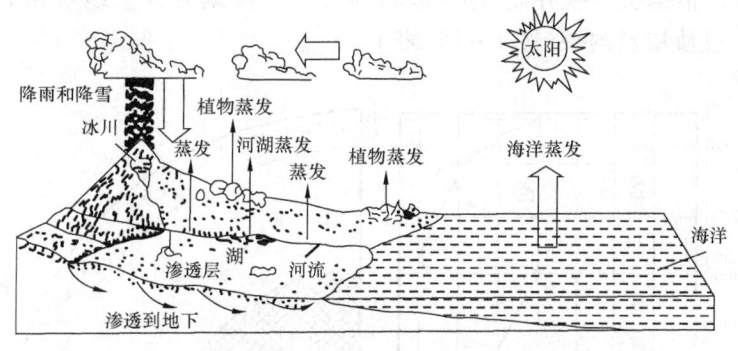

图 1-14 水圈的循环示意图（据黎文清等，2001）

（三）生物圈

生物圈是指地球表层由生物及其生命活动的地带所构成的连续圈层，是地球上所有生物及其生存环境的总称。它同大气圈、水圈和岩石圈的表层相互渗透、相互影响、相互交错分布，它们之间没有一条绝对的分界线。生物圈所包括的范围是以生物的生存和生命活动为标准的，从现在研究现状来看，从地表以下 3km 到地表 10km 以上的高空以及深海的海底都属于生物圈的范围，但是生物圈中的 90% 以上的生物都活动在地表到 200m 高空以及从水面到水下 200m 的水域空间内，这部分是生物圈的主体。

据估计，生物圈中的生物和有机体总量约 11.4×10^{12} t，为地壳总质量的 $1/10^5$。生物数量虽少，但在促使地壳演变的地质作用中却起着重要的作用。生物通过活动、新陈代谢及死后遗体分解有机酸等方式对地表岩石进行风化和破坏，是改造地表面貌的重要动力之一。生物遗体被埋藏、保存和演化，可形成大量有机可燃性矿产，如石油、天然气、煤、油页岩等。古生物化石是确定相对地质年代、研究生物起源和演化、地球的形成及地球演化历史的重要依据。

二、地球的内圈

由于现今技术手段的限制，到目前为止，人们还不能直接观察地球的内部情况，因此，目前对地球内部物质和结构的认识主要依靠各种间接的依据。其中通过地震方法所获得的信息最为丰富，地球内圈的划分主要依据地震波波速的变化特征。地震波速变化明显的深度，反映该深度上下的地球物质在成分上或物态上有改变或两者都有改变，这个深度就可作为上下两种物质的分界面，地球物理学上称其为不连续面或界面。地球内部存在两个重要的一级不连续面，即莫霍面和古登堡面，以及一些次级不连续面。

莫霍面由前南斯拉夫地震学家 A. 莫霍洛维奇（Andrija Mohorovcic，1857—1936）于 1909 年首次发现，又称 M 间断面。莫霍面是地表向下的第一个一级不连续面。该界面上下纵波波速由 7.6km/s 增至 8.0km/s，横波波速由 4.2km/s 增至 4.4km/s。古登堡面由美国地球物理学家 B. 古登堡（Beno Gutenberg，1889—1960）于 1914 年发现。古登堡面在地表以下约 2900km 深处，界面上下纵波波速由 13.64km/s 骤降为 7.98km/s，横波则不能通过该界面（图 1-15）。以一级界面莫霍面和古登堡面为界，将地球内部划分为地壳、地幔和地核三个一级圈层(图1-16),根据次一级界面,还可以将地幔进一步划分为上地幔和下地幔,将地核进一步划分为外核、过渡层及内核(图1-15,表1-3)。

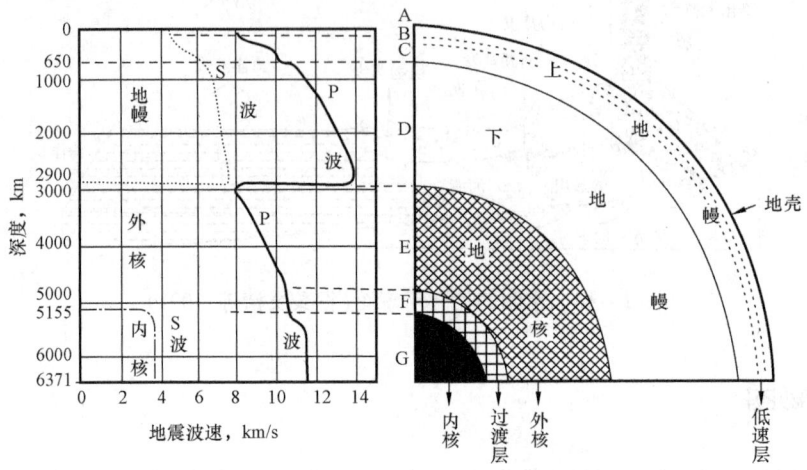

图1-15 地球内部结构及地震波波速的变化

P波—纵波;S波—横波;A~G—各二级圈层(据汪新文等,1999)

表1-3 地球内部圈层及物理数据(据刘吉余,2006)

圈层			地震波速度,km/s		密度 g/cm³	重力加速度 cm/s²	压力 10¹⁰Pa	温度 ℃	附注
名称	代号	深度 km	纵波	横波					
地壳	A	0	5.6	3.4	2.6	981	0.0	14	岩石圈
		10	6.0	3.6	2.7	983	0.3	180~300	
			6.6	3.8	2.9				
莫霍面		33	7.6	4.2	3.0	984	1	400~1000	
			8.0	4.4	3.32				
地幔	上地幔	B	60	8.2	4.6	3.34	984.7	1.9	500~1400	
		低速带	150	7.7	4.0	3.5	987.5	4.9	800~1400	软流圈
			250	8.2	4.55	3.6	989	6.8	1000~1600	
			400	9.0	4.98	3.85	994	14	1200~2000	
	下地幔	C	984	11.43	6.35	4.6	994	40	1850~3000	物质不均匀
		D								
古登堡面		2898	13.64	7.11	5.7	1030	150	2850~4400	
			7.98	0.0	9.7				液态
地核	外核	E	4640	10.4	2.07	12.0	610	298	4500~5000	
	过渡层	F	5155	11.0	3.6	12.7	430	332	4720~5720	
	内核	G	6371(地心)	11.3	3.7	13.0	0	370	5000~6000	

(一) 地壳

地壳(A层)是指地表至莫霍面之间的固体地球部分,是固体地球最外一个圈层。地壳由各类岩石组成,厚度变化大,大洋区较薄,最薄者不足5km;大陆区较厚,最厚超过70km。全球地壳平均厚度约16km,只有地球半径的1/400。地壳体积占地球总体积的0.8%,质量约24×10^{21}kg,占地球总质量的0.4%。

地壳的大陆部分和大洋部分在结构及演变历史上均有明显差异,据此可将地壳分为大陆地壳和大洋地壳两种类型(图1-17)。

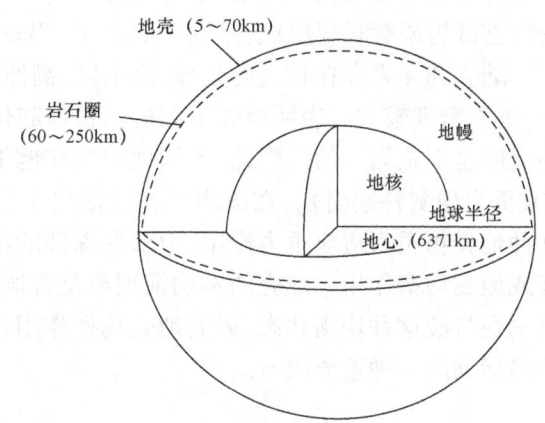

图1-16 固体地球内圈一级圈层划分
(据黎文清等,2001)

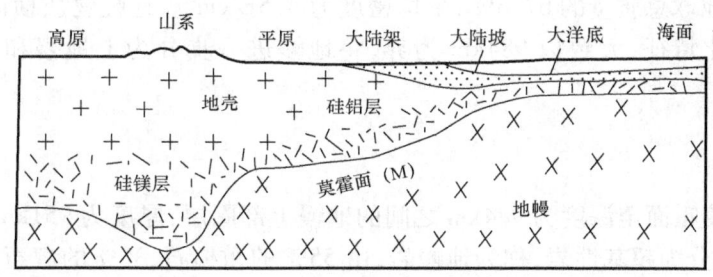

图1-17 地壳结构示意图(据徐成彦等,1988)

1. 大陆地壳

大陆地壳,简称陆壳,分布在大陆和大陆边缘地区。陆壳厚度较大,平均33~36km,但厚度很不均匀。总体上陆壳厚度与地表地形起伏呈镜像关系。高山区和高原区地壳较厚,可达50~70km;丘陵和平原区较薄,厚度为30~40km,并向大陆架、大陆坡减薄为10~20km。陆壳由沉积岩层、硅铝层和硅镁层组成。沉积岩层分布在地壳最表层,由各种沉积岩或沉积物组成,平均厚度为1.8km,最大厚度达10km以上(如珠穆朗玛峰),在部分地区缺失。硅铝层位于地壳上部(或上地壳),主要由酸性岩浆岩和变质岩组成,主要成分为氧、硅、铝等轻元素;岩石成分相当于花岗岩成分,故又称为花岗质层,平均厚度为15~20km,平均密度为2.6~2.7g/cm³。硅镁层位于地壳下部(或下地壳),主要由氧、硅、铁、镁等元素组成;岩石成分相当于玄武岩成分,故又称为玄武质层。平均厚度为15~20km,平均密度为2.9~3.0g/cm³。

2. 大洋地壳

大洋地壳,简称洋壳,分布在大洋盆地和大洋中脊等洋底地区。洋壳厚度较小,平均厚度为6~8km,厚度较稳定,变化较小,一般大洋中脊地壳最薄,有的小于5km;大洋盆地的地壳厚度较均匀,接近平均值,并向大陆方向增厚,在大陆斜坡下部向大陆地壳过渡。洋壳由沉积层和硅镁层组成,缺失在陆壳普遍发育的硅铝层。沉积层主要由0~2km厚的松散沉积物组成,洋中脊轴部一般缺失沉积层,平均密度2.2g/cm³。硅镁层是洋壳的主要组成部分,由玄武岩、变质玄武岩或辉长岩组成,厚度一般为4~7km,密度约为2.9~3.0g/cm³,成分较单一、稳定。

陆壳和洋壳存在较大的差异,高山区、高原区地壳厚度大,地壳密度较小;大洋区地壳厚度小,地壳密度较大。表明地壳下面的莫霍面起伏不平,使地壳的厚度各处不同,在横向上地壳的密度也不是均一的。因此,不同地形区在地下某一深度上,都存在着一个统一的重力等压面(或重力均衡补偿面)。在该均衡补偿面之上的地壳物质总质量大致相等,以达到重力平衡。这种地壳物质为适应重力作用,力求在深部的物质上达到平衡状态的现象,称为地壳的重力均衡或地壳均衡作用。地壳的不均衡现象是普遍存在的,而且均衡是暂时的、相对的,地质作用时刻在打破这种均衡状态,因而地壳均衡作用在地史时期不断处于破坏和调整中,是引起地壳升降运动的一种重要因素。

(二)地幔

地幔为莫霍面与古登堡面之间的地球部分,厚度达2865km,占地球体积的83%,质量约4030×10^{21}kg,占地球总质量的67.6%,平均密度为4.5g/cm³。地幔物质横向变化比较均匀,根据地震波速变化特征,大致以984km为界,将地幔进一步分为上地幔和下地幔两个次级圈层。

1. 上地幔

上地幔是指莫霍面至深度为984km之间的地幔上部圈层,厚度为951km,平均密度为3.5g/cm³。其主要成分为超基性岩,称为地幔岩,由55%的橄榄石、35%的辉石和10%的石榴子石组成。上地幔内地震波传播速度是不均匀的,在60~250km范围内,地震波波速不仅未随深度而增加,反而降低,尤以在100~150km深度间波速降低较多,以后又逐渐增加,这个带称为低速带。低速带没有明显的界面,其波速的变化是渐变的。一般认为,低速带内岩石接近熔点,但并未完全熔化,只有部分熔融物质,比例可达10%。在低速带内物质可以缓慢流动和对流,岩石强度也大大减小,故又称为软流圈,是岩浆的发源地。软流圈之上到地表,为地壳和上地幔岩石层,由固体岩组成,故称岩石圈。它包括沉积岩层、花岗质层、玄武质层和超基性岩层。岩石圈是板块构造活动和地质作用的最大场所,也是现代地质学研究的主要对象。

2. 下地幔

下地幔是指上地幔底部至古登堡面之间的地幔下部圈层,深度自984km至2898km,厚度达1914km,平均密度为5.1g/cm³。地震波波速增加较慢,成分均匀,铁含量稍增,主要化学成分为MgO,FeO,SiO_2。一般认为下地幔与上地幔化学成分相似,但物质密度增加,主要是由于压力增大、物质被压缩,另外铁的含量增加可能是另一个重要原因。

(三)地核

地核包括古登堡面以下至地心的地球圈层部分,深度自2898km至6371km,厚度为3473km,占地球体积的16.2%,质量为1900×10^{21}kg,占地球总质量的32%。根据地震波波速变化情况,可分为外核、过渡层和内核三部分。

1. 外核

深度自 2898km 至 4640km，厚度为 1742km，平均密度 10.5g/cm³。纵波速度急剧下降，横波不能传播，波速为零，反映外核为液体状态，推测是地内温度超过物质的熔点所致。

2. 过渡层

自 4640km 至 5155km，厚度为 515km。纵波波速变化复杂，横波可观测到，波速值不大，反映由液态向固态过渡状态。

3. 内核

由 5155km 至地心，厚度 1216km，平均密度为 12.9g/cm³。纵波和横波都存在，横波由纵波转换而来，反映内核为固体状态。

地核的成分主要是铁，含 5% ~ 20% 的镍，除铁、镍之外，还混有少量较轻的硅、硫等元素，相当于铁陨石成分，由高磁性物质组成，因此地磁来源于地核。

综上所述，从地表到地心，随着密度、压力、温度的增加，物质的成分也有显著的变化。地壳和上地幔的顶部，基本上由已知岩石组成。再往下，由于温度增高到已接近岩石的熔点，塑性增大，形成低速层。低速层以下，物质的化学成分并无重大改变，但矿物结构更加紧密，刚性增强。这种高温、高压条件下的固体物质，与一般岩石不同。地核的物质成分和地幔差别很大，以铁、镍金属为主。地球外核处于特殊的液体状态。

思 考 题

1. 地球表面形态有什么特点？陆地和海洋各有哪些主要地形单元，它们具有什么特点？
2. 固体地球有哪些主要物理性质？它们在地球内部有什么变化？利用其异常情况可以寻找矿产吗？
3. 论述地球圈层划分的依据和地球各个圈层的特征。
4. 对比对流层和平流层的差异。
5. 大陆地壳和大洋地壳是如何划分的，二者有什么差别？
6. 简述地球重力的特点，阐明重力异常产生的原因、类型及其应用。
7. 论述地球的温度分层、地温梯度的特点及其主要应用。
8. 论述地球的磁性要素及其在地质上的应用。
9. 地质罗盘为何要进行磁偏角的校正？
10. 地质罗盘中磁针为什么要缠铜丝？
11. 固体地球内部有哪几个主要圈层？其物质状态怎样？这些信息是如何得知的？

第二章 动力地质学

动力地质学是研究地球表面和地球内部所发生的各种地质作用的科学。地质作用对于解释地表形态、恢复地球的演化史以及查明矿产的分布等具有重要的意义。

第一节 地质作用概述

一、地质作用的概念

地球自形成以来就一直处于不断地运动、发展和演变过程中,例如地表形态和景观会发生"沧海桑田"的变化,裸露地表的岩石会变得破碎、松散,火山活动喷发出大量的高温熔融物质,地震产生山崩地裂等。这些现象都与自然动力密切相关。地质学将这种由自然动力引起地球(最主要是地壳和岩石圈)的物质组成、内部结构、构造和地表形态变化与发展的作用称为地质作用,将引起这些变化的各种自然动力称为地质营力。而传播能量的媒介称为介质。

地质作用是一个极其复杂的过程。地质作用一方面对已有矿物、岩石、地质构造和地表形态等进行破坏和改造,另一方面又不断形成新的矿物、岩石、地质构造和地表形态。地质作用既有破坏性,又有再造性,是在破坏中再造,在再造中破坏,这对矛盾的统一体在其发展过程中不断改造着地壳或岩石圈,使其总是处于一种新的状态。

二、地质作用的能

所有地质营力来源于能,力是能的表现。引起地质作用的能量根据来源不同,分为内能和外能两类。

内能是指来源于地球本身的能量,主要包括旋转能、重力能、热能,此外尚有结晶能与化学能等。

外能是指来源于地球以外的能量,主要是太阳辐射能、日月引力能和生物能,此外尚有恒星及行星的辐射能、宇宙射线能等,但这部分能量一般相当小。

三、地质作用的分类

根据地质作用的能量来源和作用部位的不同,可将其分为内动力地质作用和外动力地质作用两种类型,又可进一步划分次一级的作用(表2-1)。内动力地质作用能量来源于内能,主要发生在地球的内部和表层,而外动力地质作用能量来源于外能,主要发生在地壳的表层或浅层。

表 2-1 地质作用分类表

地质作用	内动力地质作用	构造运动	水平运动	
			升降运动	
		岩浆作用	侵入作用	
			喷出作用	
		变质作用	接触变质作用	
			动力变质作用	
			区域变质作用	
			混合岩化作用	
		地震作用	构造地震	
			陷落地震	
			火山地震	
			其他诱发地震	
	外动力地质作用	风化作用	物理风化作用	
			化学风化作用	
			生物风化作用	
		剥蚀作用	河流地质作用 地下水地质作用 冰川地质作用 风力地质作用 海洋地质作用 湖泊地质作用	机械作用
		搬运作用		化学作用
		沉积作用		生物作用
		成岩作用	压实作用	
			胶结作用	
			重结晶作用	
			交代作用	
			溶解作用	

(一) 内动力地质作用

由内能引起岩石圈甚至地球的物质成分、内部结构、构造和地表形态变化与发展的作用称为内动力地质作用。内动力地质作用的能量来源于内能,主要发生在地球内部和地壳深部,其中除变质作用不直接影响地表形态外,其他内营力都可以直接作用于地表,是形成地表形态的重要地质营力。内动力地质作用分为构造运动、岩浆作用、地震作用和变质作用等类型。

(1) 构造运动:由地球内动力引起的地壳或岩石圈物质的机械运动。
(2) 岩浆作用:岩浆从形成、活动直至冷凝成岩,岩浆本身发生的变化以及对周围岩石影响的全部地质作用过程。
(3) 地震作用:由地震引起岩石圈的物质成分、结构、构造和地表形态变化的地质作用。
(4) 变质作用:原岩处在特定的地质环境中,由于物理化学条件的改变,使其在固态下改变其矿物成分、结构和构造,从而形成新岩石的过程。

(二)外动力地质作用

主要由外能引起地壳表层形态、物质成分变化的作用,称为外动力地质作用。外动力地质作用按照外营力作用的介质类型,可以分为河流地质作用、地下水地质作用、冰川地质作用、湖泊地质作用、风力地质作用和海洋地质作用等;按照其发生的序列和作用性质,分为风化作用、剥蚀作用、搬运作用、沉积作用、成岩作用等类型。这些作用直接作用于地表,是改变地表形态的主要地质营力。

(1)风化作用:指由于温度、大气、水和水溶液以及生物的生命活动等因素的影响,使地壳表层的岩石、矿物在原地发生物理或化学变化,从而形成松散堆积物的过程。

(2)剥蚀作用:自然界中的各种介质(流水、风、海水、冰川等)在运动状态下对地表岩石、矿物产生破坏作用,并将破坏的产物搬离原地的作用。

(3)搬运作用:是指各种外动力将地表岩石的风化剥蚀产物从原地搬到别处的过程,将风化、剥蚀作用的产物搬离原地、移到他处的过程。

(4)沉积作用:是指由于搬运介质的动能减弱,或搬运介质的物理和化学条件的改变,或在生物作用下,被搬运的物质在适当的环境中堆积下来的过程。

(5)成岩作用:是指松散沉积物转变为坚硬岩石的过程。

尽管内、外动力地质作用的能源和作用部位不同,但在促使地壳演化中所起的作用是相互联系、紧密配合而又相互制约的。在地壳演化过程中,内动力地质作用起着主导作用,它形成了地表的高低起伏,决定了地壳表面的基本特征和内部构造,而外动力地质作用则是进一步加工和塑造地表形态,破坏内动力地质作用形成的地形和产物,总是削平凸起的地势,而在低凹的地区进行沉积,力求使地表夷平。内动力地质作用进行得越强烈,外动力地质作用进行得也越强烈;整个作用的发展表现为破坏(改造)和沉积(建造)的矛盾统一。在地壳中和地表上,内部的变化主要是建造性的,而外部的变化,在大陆上主要是破坏性的,在海洋里主要是建造性的。

第二节 内动力地质作用

由内能引起岩石圈甚至地球的物质成分、内部结构、构造和地表形态变化与发展的作用称为内动力地质作用。内动力地质作用包括构造运动、岩浆作用、地震作用和变质作用等。各种内动力地质作用都是相互关联的,构造运动可以在地壳内形成断裂,并引起地震的发生,而且为岩浆活动创造了移动的通道,而构造运动和岩浆活动,都可引起变质作用。总的来说构造运动在内动力地质作用中起主导作用。

一、构造运动

(一)构造运动的概念

构造运动主要是指由地球内动力引起的地壳或岩石圈物质的机械运动。它是产生地壳褶皱变形、岩层断裂变位等各种地质构造,引起海、陆分布变化,地壳隆起、拗陷以及形成山脉海沟的基本原因。

构造运动不但引起地震活动、岩浆作用和变质作用，而且还决定着地表外动力地质作用的类型、方式和强度，控制着许多地貌形态的发育过程。同时还控制着内生和外生矿床的形成与分布。所以构造运动是使地壳不断变化发展的最重要的一种地质作用。

(二)构造运动的类型

按照方向构造运动可分为垂直运动和水平运动两种基本类型。

(1)垂直运动：又称升降运动或垂直升降运动，是指地壳或岩石圈物质沿地球半径方向或垂直大地水准面方向的运动。一般表现为大规模上升与下降运动，垂直运动可以引起海陆变迁，地势高低的改变、岩体的垂直位移以及层状岩石形成大型平缓弯曲。

(2)水平运动：指地壳或岩石圈物质沿大地水准面的切线方向的运动，表现为大规模的水平位移，它主要引起地壳的拉张(大洋中脊的扩张)、挤压(板块的消减、碰撞)、平移甚至旋转等，从而使岩层发生弯曲和断裂，地形上则形成山脉和盆地。

需要强调的是，垂直运动与水平运动是构造运动在两个方面的表现形式，是相辅相成的、相互联系的、不能割裂开来的。以水平运动为主时，局部可有垂直运动，反之，以垂直运动为主时，局部可有水平运动。地壳运动是整体的，同时包括了垂直运动和水平运动，两者在不同地区、不同时间只有主次之分而已。

二、岩浆作用

岩浆是地下深处形成的、以硅酸盐为主要成分的炽热、黏稠、含有挥发分的高温熔融体。从岩浆的形成、演化直至冷凝，岩浆本身发生的变化以及对周围岩石影响的全部地质作用过程称为岩浆活动或岩浆作用。根据岩浆活动的特点，可分为两种活动方式，一种方式是岩浆从深部发源地上升但没有达到地表就冷凝形成岩石，这种作用过程称为侵入作用，冷凝后形成的岩石称为侵入岩；另一种活动方式是岩浆直接溢出地面，甚至喷到空中，这种作用过程称为喷出作用或火山作用。岩浆喷出地表，大部分挥发组分逸散后的熔融体称为熔浆，其冷却后所形成的岩石称为熔岩。

(一)喷出作用

1. 火山概述

岩浆沿地壳一定通道喷出地表的现象，称为火山喷发。火山喷发是一种极为壮观而又令人生畏的自然现象。

习惯上把火山分为：活火山——现在仍继续活动的火山；休眠火山——人类历史上喷发过近代处于相对稳定的火山；死火山——没有活动能力的火山，这些火山在人类历史前喷发过，在人类历史上没有再喷发的记载，只保留有火山形态和遗迹。

火山喷发的固态和液态物质常堆积成圆锥形，称为火山锥。火山物质从地下涌出地面的通道，称为火山喉管。喉管中充填的是由岩浆冷凝成的柱状岩体，称为火山颈。火山物质溢出地面的位置，称为火山口。火山口中积水成湖的称为火山湖，如位于长白山顶的天池，就是有名的火山湖。火山喷发结束后,火山口的熔浆冷凝收缩或塌陷,形成锅状或漏斗状的地形。当火山再次猛烈喷发时可将原有的火山口炸毁,或者由于岩浆收缩塌陷等可形成更大的圆形或椭圆形洼地,称为破火山口。火山锥、火山口、火山喉管为火山的基本组成部分,称为火山机构(图2-1)。

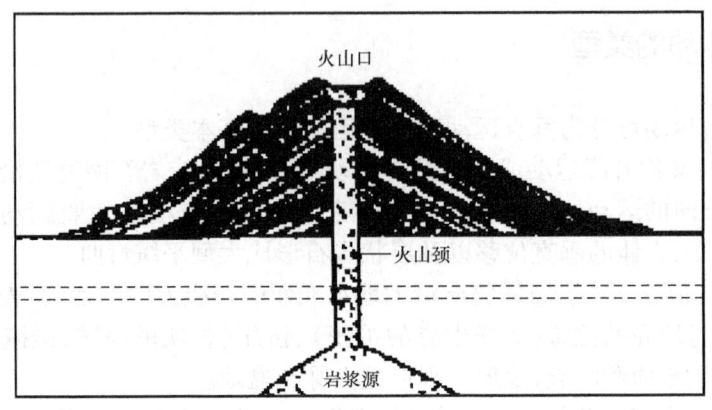

图2-1 火山锥剖面示意图(据徐成彦,1988)

动图 火山喷发

2. 火山喷出物

火山喷出物按其性质可分为气态、液态和固态三种。

1) 气态喷出物——火山气体

火山喷发过程中,始终都有气体喷出,但气体喷出量相对集中在火山喷发的初期和晚期。主要以水蒸气为主,约占气体总量的70%,其次有CO_2、N_2、Ar和SO_2,以及少量的CO、H_2、F_2、S_2、Cl_2等。

2) 液态喷出物——熔浆

熔浆是火山喷出物的主体,根据其中SiO_2的百分含量可以分为超基性熔浆(SiO_2含量<45%)、基性熔浆(SiO_2含量45%~52%)、中性熔浆(SiO_2含量52%~65%)和酸性熔浆(SiO_2含量>65%)四种类型。各种熔浆的性质不同,导致火山喷发的方式差异较大。其中最为典型的是酸性熔浆和基性熔浆。

基性熔浆SiO_2含量较低,挥发分少,其Fe、Mg含量高,颜色深,温度高达1000~1200℃,有时更高。其黏性小、流动性大、冷却缓慢。喷发时熔浆中的挥发分能从容而自由地逸散,无固体抛出物,常形成基座很大、坡度平缓(3°~10°)的盾形火山锥,主要为宁静式喷发。酸性熔浆则富含SiO_2和挥发组分,K、Na含量比Fe、Mg含量高、颜色浅,温度较低,一般为700~900℃,冷却快、黏性大、难于流动,火山喷发主要为爆裂式喷发,在火山口附近形成坡度较陡的碎屑火山锥(图2-2)。多数火山在不同时期可属于不同的喷发类型,常以宁静式和爆裂式喷发交替进行,称为递变式喷发,从而常形成火山碎屑和熔浆互层的层状火山锥(图2-2)。

3) 固态喷出物——火山碎屑

当岩浆由地下深处运移至地壳表层时,因围压骤降,挥发分聚集并以猛烈爆炸的方式冲破上覆岩层,连同原有火山锥及火山颈的部分或全部以及熔浆等一并喷射到空中,然后以大小不

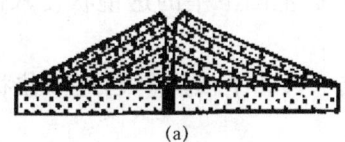
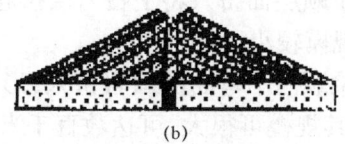

图 2-2　碎屑火山锥(a)和层状火山锥(b)(据李叔达等,1994)

同、形状各异和不同结构的碎块降落到地面,这种火山喷出的固体物质,称为火山碎屑。火山碎屑可分为两大类。

(1)喷出时已固结或半固结的物质,它们无一定的形态与结构,按其大小可分为火山集块(粒径>100mm)、火山角砾(粒径100~2mm)、火山灰(粒径2~0.01mm);火山尘(粒径<0.01mm)。

(2)喷出时还保持一定流动性的熔浆,因喷发时它们尚未冷凝成固体,在空中运行时才形成固体,故常形成纺锤形、条带形或各种扭动形状,称为火山弹(图2-3)。也有一些在其降落到地面时与地面冲撞成扁平状的火山饼。有时熔浆也可在运行中被拉长成丝状的火山毛等。喷出的熔浆由于温压急剧降低,挥发分大量逸出,形成众多的不规则气孔。

图 2-3　麻花状火山弹

其中基性熔浆冷凝形成黑、褐等色的火山渣;酸性熔浆可冷凝形成色浅、质轻、多孔、能浮于水的玻璃质岩石,称为浮岩。

通常情况下,火山固体喷出物大部分降落在火山口附近,呈环状或扇状分布,由火山口向外一般由粗变细,每一阶段喷出物形成的片区之间显示出粗略界线,据此可追寻火山口位置或研究火山活动的期次。

(二)侵入作用

岩浆沿地壳薄弱带侵入地壳上部岩层,随着温度降低,在未到达地表就冷凝成岩石的地质过程,称为侵入作用。岩浆侵入作用包括以机械力挤入围岩为主的浅成侵入作用和以热力熔化围岩为主的深成侵入作用两种形式。岩浆在地壳中不同深度冷凝后,则形成各种各样的岩浆岩体,也叫侵入体。侵入体周围的岩石称为围岩。

1. 浅成侵入作用

在地壳浅部(3~6km以内),岩层承受的静压力较小、脆性大,在断裂发育的部位,由于层间结合较松散,岩浆可以机械力为主挤入围岩。这种侵入作用形成的岩体一般较浅,称为浅成侵入作用。其所形成的岩体,称为浅成侵入体。

当岩浆以巨大的机械力为主沿围岩层面、片理面挤入并占据一定空间,冷凝后形成与围岩产状协调一致的关系时,称该体系为整合侵入体。常见的整合侵入体有4种。

(1)岩床:是岩浆顺围岩层面挤入并形成与围岩平行一致的板状岩体(图2-4),其厚度由几厘米到几百米甚至更厚。

(2)岩鞍:是岩浆顺岩层或不整合面侵入褶皱弯曲岩层虚脱部位而形成的马鞍状小岩体(图2-5)。它在平面上或剖面上多呈新月形,其成因与强烈褶皱作用有关。

(3)岩盘:岩浆顺层面挤入将上覆岩层拱起形成上凸下平的透镜状侵入体称为岩盘(图2-6)。岩盘一般规模较小。

(4)岩盆:岩浆顺向下弯曲的围岩挤入,形成中央凹下四周高起形似盆状的侵入体,称为岩盆(图2-7)。其规模可很大,可达数百千米。

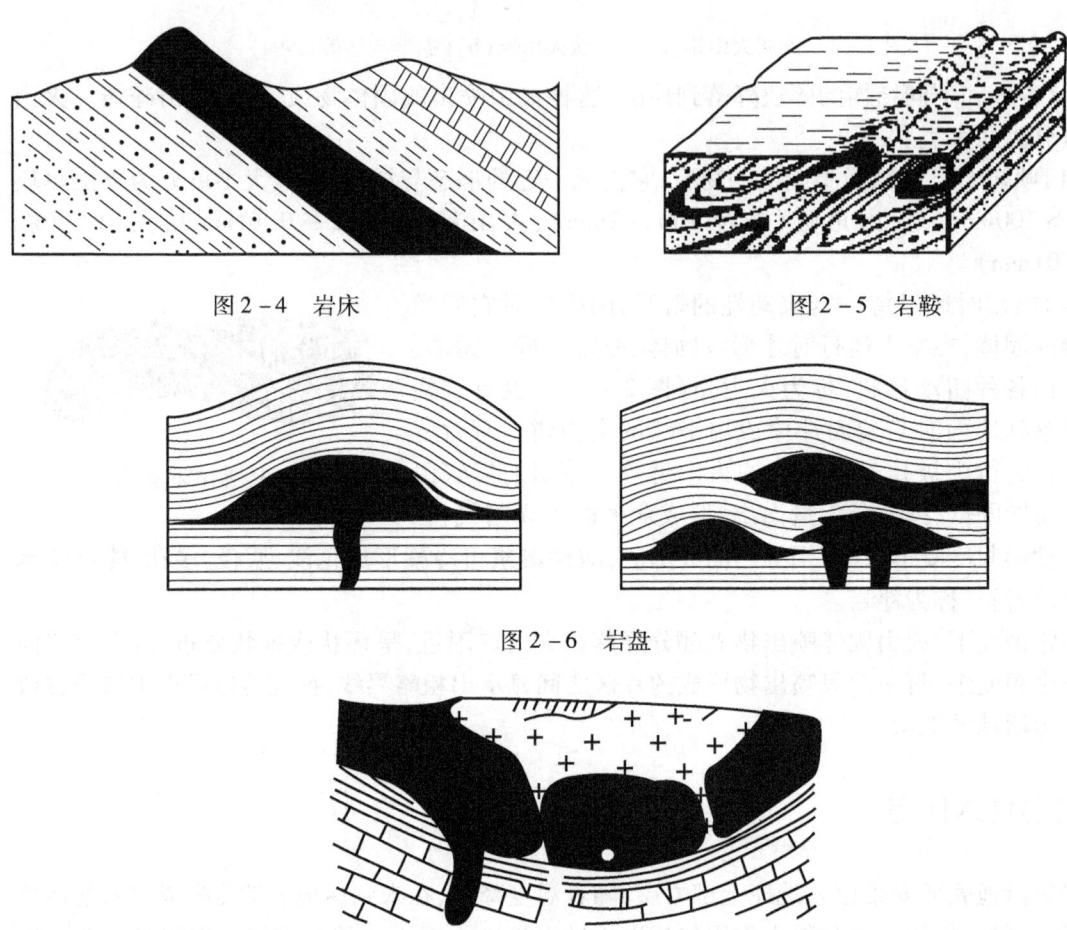

图2-4 岩床　　　　　　　　图2-5 岩鞍

图2-6 岩盘

图2-7 岩盆

(5)岩墙和岩脉:岩浆沿断裂机械挤入并占据一定的空间,形成与围岩产状不一致的侵入体,称为不整合侵入体。这类侵入体中最常见的是岩墙(图2-8)或岩脉。其厚度变化较大,厚度可从几厘米至几百米,长可从数十米至数百千米,通常将厚而较规则的称为岩墙,薄而较复杂的称为岩脉,但是其间并无严格界线。

2. 深成侵入作用

深成侵入作用多发生在地壳的较深处(3~6km以下)。这里压力和温度均较高,岩浆冷却缓慢,因而矿物为全晶质,呈等粒状的粗粒和中粒结构。形成的岩体称为深成侵入体,主要呈岩基、岩株产出(图2-9)。

(1)岩基:一种规模巨大的侵入岩体,其横截面积大于100km²,甚至上万平方千米,深度可达10~30km。形态不规则,通常向一个方向延伸,与褶皱山脉走向一致。其边缘常有岩脉或岩株穿插于围岩中。这种大规模的岩基主要见于花岗岩类,故有花岗岩基之称。岩基的边界与围岩产状在局部地方可以是平行的,但从整体看来是不平行的,所以为不整合侵入体。

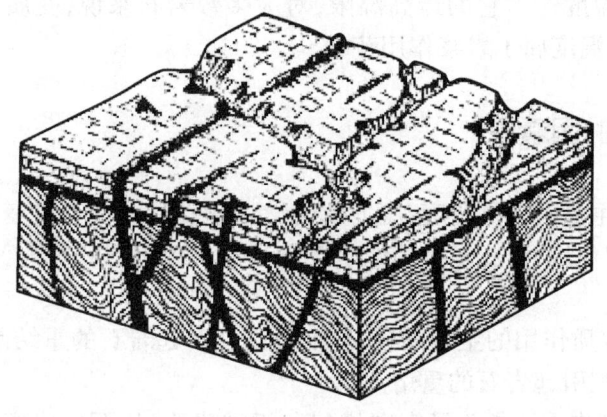

图 2-8　岩墙立体图

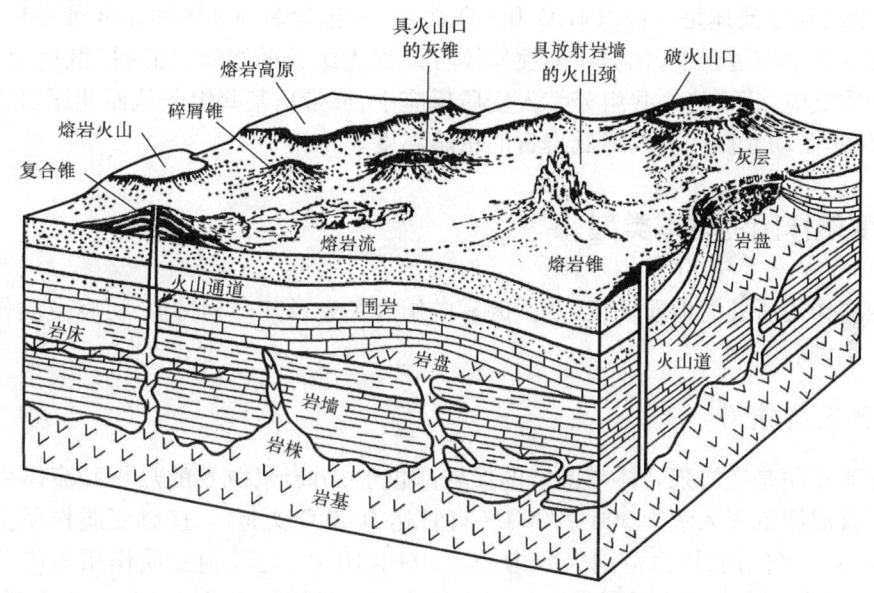

图 2-9　火山机构、火山地貌和侵入体的产状(据张宝政等,1983)

（2）岩株:深处的岩浆穿入地壳薄弱地带,如大断裂的深部以及褶皱轴部地带而形成的侵入体。其规模比岩基小,面积小于 100km。岩株的根部可能与岩基相连,是一种常见的侵入体。它的平面形状往往近圆形或不规则状,与围岩接触面比较陡,也是呈不整合接触的。

三、变质作用

变质作用是指原岩处在特定的地质环境中,由于物理化学条件的改变,使其在固态下改变其矿物成分、结构和构造,从而形成新岩石的过程。经受变质作用所形成的新岩石,称为变质岩。

原岩可以是沉积岩、岩浆岩或早先的变质岩。岩石是否发生变质,要以其中有无重结晶现象或有无变质矿物出现为标志。变质作用通常在高压和高温条件下进行,变质作用的温度一般大于150℃。低于这个温度属于沉积岩的成岩作用范畴。变质作用是在固态下进行的,可以将岩石的初始熔融温度作为它的最高温限,对大多数岩石来说,变质作用的高温限大致在700~900℃,高于这个温度属于岩浆作用范畴。

(一)变质作用的因素

引起岩石变质的主要因素是温度、压力及化学活动性流体。有时变质作用以某种因素为主,有时是多种因素起作用,形成复杂的地质环境。这些因素互相配合又互相制约,共同改造着岩石。

(1)温度是引起变质作用的主导因素,温度升高会引起岩石的重结晶、加速变质反应和交代作用。温度再升高则引起岩石的重熔。

(2)压力可以使矿物重结晶并呈定向排列和机械改造,从而形成变质岩特有的结构和构造,因而是引起变质的另一个重要因素。变质压力包括静压力、定向压力和流体压力。

(3)化学活动性流体是一种以 H_2O 和 CO_2 为主,并包含多种金属和非金属如 F、Cl、B、P 等组分的溶液。在变质过程中,化学活动性流体可以促进组分的溶解,加速扩散速度,增强重结晶作用及变质反应,还可将一些组分带入变质反应中,或带出某些组分从而使原岩成分发生变化。另外,化学活动性流体可以降低岩石的重熔温度。

(二)变质作用的基本类型

根据变质作用所处的地质环境、变质因素的组合关系及其产物特征,可将变质作用分为以下几种主要类型。

1. 接触变质作用

接触变质作用是在岩浆岩体与围岩的接触部位上,由岩浆散发的热量和流体引起的一种变质作用。其温度范围大致为300~800℃(有时达1000℃以上)。接触变质作用主要发生在地表至8km深度区间内,压力范围大致为 $(2~30) \times 10^7 Pa$,与其他变质作用相比其规模是较小的。所以,通常认为接触变质属高温低压变质作用。温度和活动性流体是主要因素。

按变质作用的因素及围岩变质特征,可进一步划分为热接触变质作用和接触交代变质作用。

(1)热接触变质作用:是围岩受到岩浆热量的烘烤而产生的变质作用,如泥质岩石变质形成各种角岩,石灰岩可变质形成各种大理岩等。

(2)接触交代变质作用:在岩浆岩体与围岩接触时,岩浆中的挥发性组分与围岩之间发生物质交换的变质作用。夕卡岩往往是这种成因的。

2. 动力(碎裂)变质作用

动力(碎裂)变质作用是由构造运动所产生的定向压力引起岩石发生的破碎、变形和重结晶等的一种变质作用。通常发生在地表或近地表环境。在其变质过程中化学效应极微弱,主要为机械过程。

3. 区域变质作用

区域变质作用是指岩石变质范围很广、规模异常巨大的变质作用。区域变质带长达数百至数千千米，宽数十至数百千米。区域变质作用广泛地发育在古老的大陆中心、古生代以来的造山带以及汇聚型板块边界上。总体看来，区域变质带中的温度和压力具有区域性和稳定性，因而同一种级别的区域变质岩常呈大面积单调地分布。

4. 混合岩化作用

当变质温度逐渐升高，在接近高温极限时，岩石产生部分重熔现象，这种原岩由高度变质作用形成的岩石和局部熔融的岩石互相交叉混合的作用，称为混合岩化作用。显然这是变质作用和岩浆作用的交替过渡阶段。如果岩石的部分重熔到此停止，即继续升温条件遭破坏而变为退温过程，则可形成混合岩。在自然界中这类岩石保存较多，它是一种最高级的变质岩，兼有变质岩和岩浆岩的双重特征。如果继续升温，变质作用阶段即告终结。

四、地震作用

地震是地球岩石圈物质的快速震动，它是构造运动的一种激烈的表现形式。这种震动常在几秒钟至几分钟内停止。据统计，全世界每年发生的地震约500万次，其中大部分是人们不易察觉到的小地震。从全世界地震历史记录来看，七级以上的破坏性地震，平均每年约有20次。

(一) 地震的度量

地震经常用震源、震中(图2-10)、震源深度、震级与地震烈度等度量。

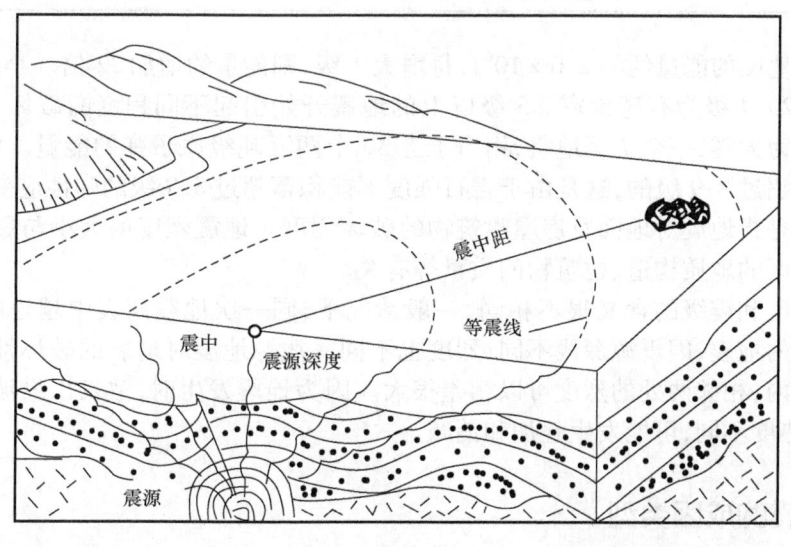

图2-10 震源、震中、震中距和等震线(弧形虚线表示等震线)

1. 震源、震中和震中距

地表以下始发震动的位置称为震源,它是地震能量积聚和释放的地方。震源是具有一定空间范围的区间,称为震源区。震源垂直投影在地面上的地点称为震中。震中也是有一定范围的,称为震中区。震中附近震动最大,远离震中震动减弱。震中到震源的距离称为震源深度。震源深度一般为几千米至300km不等。最大深度可达720km。地表上任何一个地点到震中的水平距离称为震中距。从震源到地面任一点的距离,称为震源距。

按震源深度的不同,可将地震分为浅源地震(深度<70km)、中源地震(深度70~300km)和深源地震(深度>300km)。

2. 地震震级和地震烈度

地震震级是表示一次地震释放能量大小的量度。一次地震只有一个震级,以该次地震中的主震震级为代表。震源发出的能量越大,震级就越大。震级是以地震仪记录的地震波的最大振幅来计算的。

震级(M)和震源发出的总能量(E)之间的关系是:

$$\log E = 11.8 + 1.5M \tag{2-1}$$

其中 E 的单位是焦耳,M 和 E 的关系如表 2-2 所示。

表 2-2　震级与地震能量的关系表(据《地震问答》编写组,1977)

震级 M	能量 E,J	震级 M	能量 E,J
1	2.0×10^6	6	6.3×10^{13}
2	6.3×10^7	7	2.0×10^{15}
3	2.0×10^9	8	6.3×10^{16}
4	6.3×10^{10}	8.5	3.6×10^{17}
5	2.0×10^{12}	8.9	1.4×10^{18}

一个1级地震的能量约为 2.0×10^6J,每增大1级,则能量约增加32倍。小于2级的地震为无感地震。2~4级为有感地震。5级以上的地震开始引起不同程度的破坏,称为强震。7级以上的地震为大震,一个7级地震,相当于近30个两万吨级原子弹的能量。已记录的最大地震震级没有超过8.9级的,这是由于岩石强度不能积蓄超过8.9级的弹性应变能的缘故。

地震烈度是指地震对地面及房屋建筑物的破坏程度。地震烈度的大小与震级大小、震源深浅以及该地区的地质构造、建筑物的质量等有关。

地震的烈度和震级的含义很不相同,一般情况下,同一次地震离震中越近的地方烈度越大。震级相同的地震,因震源深浅不同,烈度也不同。浅源地震对地表的破坏性大,甚至在同一个受震区域内,相邻两处的烈度可以相差很大。因为地震发生时,散发出纵波、横波和表面波,波的传播热度不同,可能发生叠加和消减。

(二)地震的成因类型

地震有多种成因,早在1873年 R. 海尼斯(Hoernes)将其按成因分为构造地震、火山地震、陷落地震三种类型。此外,人工爆炸、水库蓄水、深井注水和矿山开采等也可以诱发频繁的地震活动,但这些不属于自然地震之列。

1. 构造地震

构造地震是由构造运动所引起的。它是地球上数目最多的一类地震,约占地震总数的90%,规模可以很大。其特点是活动频繁、分布普遍、延续时间长、影响范围广、破坏性强,造成的灾害大。世界上大多数地震特别是震级大的地震均属此类。这类地震与构造运动有密切联系,常分布在活动断裂带及其附近。一般认为它与断层活动、岩浆活动以及地下深处物质的相变有关。

2. 火山地震

火山活动引起的地震称为火山地震。这类地震为数不多,只占地震总数的7%。其特点是震源常限于火山活动地带,一般为震源深度不超过10km的浅源地震,震级较大,但其影响范围很小。现代的火山带较易发生火山地震。

3. 陷落地震

陷落地震是由于岩层大规模崩塌或陷落而引起的地震。这种地震为数很少,只占地震总数的3%左右,一般震级较小,影响范围也不大。地震能量主要来自重力。主要发生在石灰岩或其他易溶岩石(如石膏岩、岩盐等)出现的地区。此外,在高山地区,大规模山崩和滑坡也可导致地震。

第三节 外动力地质作用

主要由外能引起地壳表层形态、物质成分变化的作用,称为外动力地质作用。按照其发生的序列和作用性质,分为风化作用、剥蚀作用、搬运作用、沉积作用、成岩作用等;按照地质营力作用的介质类型,可以分为河流地质作用、地下水地质作用、湖泊和海洋地质作用、冰川地质作用和风的地质作用等;按作用方式分为机械作用、化学作用和生物作用。外动力地质作用的营力类型多样,介质条件复杂,各种地质作用的作用方式和特点各不相同,因此整个外动力地质作用实质上是一个相当复杂的过程,各种作用是相互联系、相互影响的,外动力地质作用的序列也是交错进行的。

外动力地质作用主要在地球表面进行,一方面通过风化、剥蚀作用破坏地球表层出露的岩石,另一方面通过搬运、沉积和成岩作用形成新的岩石——沉积岩。同时形成丰富的沉积型和风化型矿产,如铁、锰、铜、铅、锌等金属矿产,石英砂岩、碳酸盐岩、盐岩等非金属矿产,煤、石油、天然气和油页岩等可燃性有机矿产。

一、风化作用

风化作用是指由于温度的变化,大气、水和水溶液以及生物的生命活动等因素的影响,使地壳表层的岩石、矿物在原地发生物理的或化学的变化,从而形成松散堆积物的过程。它为剥蚀作用创造条件,是外动力地质作用的前导。

风化作用是地表广泛存在的自然破坏现象,如木头腐朽、铁刀生锈、象征着人类文明的古代建筑和石刻(诸如埃及的金字塔和狮身人面像,中国的长城和乐山大佛等)在风雨的摧残中日渐被破坏等都是风化作用的结果。

(一)风化作用类型

根据风化作用的因素与性质,可将其分为物理风化作用、化学风化作用和生物风化作用三种类型。

1. 物理风化作用

由于温度的变化、岩石空隙中水和盐分的物态变化以及重力等因素的影响,使地壳表层的岩石、矿物在原地发生机械破碎而不改变其成分的过程称为物理风化作用。其特点为成分不变,仅体积、形态有变化,即岩石、矿物由大变小。

图2-11 风化层裂现象

1)物理风化作用的方式

岩石释重:岩石由于负荷减轻、体积膨胀而发生的破坏,引起的剥落或崩解作用。地下深处的岩石都承受着上覆岩层的巨大静压力。如深成侵入岩因为是在强大的均压封闭环境中形成的,岩石内部质点在围压禁锢之中处于紧密状态。一旦升至地表,上覆岩层遭受剥蚀,岩石因卸荷而释重,表层体积膨胀,因而可形成与表面平行的裂隙,从而可使岩石表层产生层状剥落或发生崩解(图2-11)。

温差风化:由于温度的变化,引起岩石、矿物表里发生胀缩差异而崩解破坏的作用。地表岩石在白天的阳光直射下,表层升温很快,因岩石是热的不良导体,热量向内部传递缓慢,造成岩石内外出现温差,由于膨胀而产生与表面平行的微裂纹。夜晚岩石表面迅速散热降温,体积收缩,而内部仍受到表面传入的热量的影响,仍处于膨胀之中,岩石表层受张力的作用可形成与表面垂直的微裂纹。这样天长日久,裂纹日益扩大、增多,岩石表面便会产生层层剥落现象,从而坚硬完整的岩石崩解成为碎块(图2-12)。

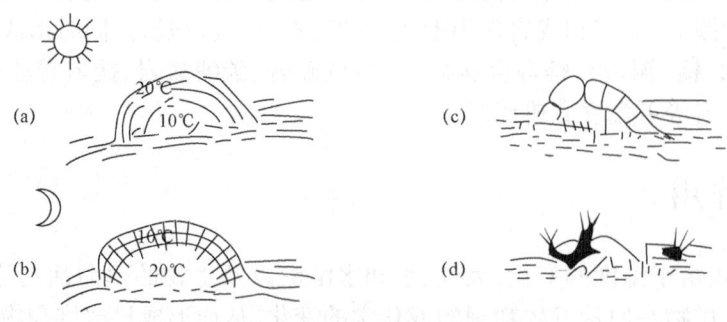

图2-12 岩石温差风化过程示意图

冰冻风化：岩石空隙中水的冻结与融化引起的冰劈作用（图 2-13）。这是因为水结冰时，体积可增大 1/11。岩石空隙中的水在温度降至冰点以下而结冰时，由于体积增大，可对岩壁产生约 $9.4 \times 10^7 \sim 5.9 \times 10^8$ Pa（很大的）的压力。这种压力可促使岩壁空隙扩大；温度增至冰点以上时，冰重新融化并向下渗透填满空隙。再冻结时，又可使裂隙扩展。如此反复进行，空隙会不断扩大，从而使岩石崩解。在较高纬度和中纬度的高山地区，昼夜温度变化在 0℃ 上下，冰冻作用频繁，是岩石风化的主要原因，冰冻作用的结果是岩石破裂崩解。

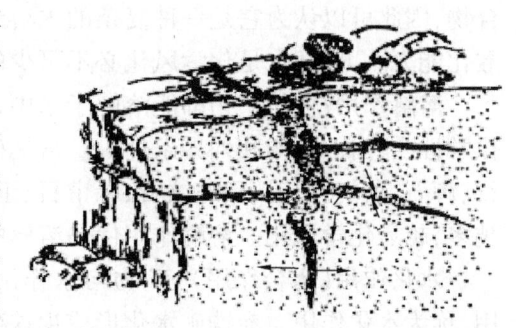

图 2-13　冰劈作用（据 W.K. 汉布林，1980）

结晶撑裂作用：岩石由于其中盐分（如石盐、钾盐等）结晶而遭受的破坏作用。在降水量少、蒸发剧烈的干旱、半干旱地区，地壳表层岩石空隙中含盐分较多。白天，烈日烤晒气温升高，水分蒸发，当盐分浓度增加至过饱和时，会发生结晶，结晶时由于体积膨胀，会使孔隙扩大；夜晚气温降低，盐分从大气中吸收水分而潮解、下渗，同时也将沿途盐分溶解下渗到新产生的空隙中，如此反复进行，同样会导致岩石崩解。

2）物理风化作用的产物

物理风化作用是一种纯机械破碎作用，它使完整的岩石在原地破碎形成大小不等、棱角显著、没有层次、与下伏基岩碎屑成分一致的松散碎屑物。在陡坡上产生的物理风化产物坠落到坡坎下，常堆积成锥形地形，称为倒石锥。倒石锥内上部碎屑颗粒较小，下部碎屑粗大。坠落的大岩块常滚离基岩很远，被称为转石（或滚石）。

2. 化学风化作用

受氧、水和水溶液等因素的影响，使地壳表层的岩石、矿物在原地发生化学变化并产生新矿物的过程叫化学风化作用。

1）化学风化作用的进行方式

化学风化作用主要通过以下几种方式进行。

氧化作用：氧化是一种极为普遍的自然现象，特别是潮湿空气中氧的化学活动性非常活跃。地壳表层氧化作用进行的范围称为氧化带。在地下水位较低、地形起伏较大、岩石节理发育及气候温湿的地区氧化带较厚。在沼泽和终年冻结的地区，氧化带只限于地面附近。自然界中的有机物、低价氧化物及硫化物容易发生氧化作用。黄铁矿在表生条件下极易风化为褐铁矿就是一例，其反应式为

$$4FeS_2（黄铁矿）+ 15O_2 + mH_2O \longrightarrow 2Fe_2O_3 \cdot nH_2O（褐铁矿）+ 8H_2SO_4$$

风化产物中的褐铁矿与黄铁矿相比较，不仅成分改变了，硬度、相对密度也相应变小，而且通过这种变化，还能生成腐蚀性极强的硫酸，促使岩石中某些矿物分解形成一些洞穴与斑点，降低了原岩强度，更易使岩石发生机械破坏。许多金属硫化物矿床常伴生有黄铁矿，其露头经风化后常呈红褐色或黑褐色，主要由疏松的褐铁矿及其他混合物组成，覆盖在原生矿床之上，称为"铁帽"，是寻找原生硫化物矿床的标志。

水溶液的作用：自然界的水中溶解有多种气体（如 O_2、N_2、CO_2 和 NO_2 等）和酸、碱、盐等化合物，因此可以认为它是一种复杂的水溶液。它除具有溶解、水化和水解等性能外，还具有碳酸化能力。可见，水是化学风化必不可少的要素。

溶解作用：任何矿物都能溶解于水中，只是溶解度大小不同。矿物的溶解度决定于矿物的化学性质、内部结构和外界条件等。常见矿物溶解度从大到小顺序为石盐、石膏、方解石、橄榄石、辉石、角闪石、滑石、蛇纹石、绿帘石、正长石、黑云母、白云母、石英。岩石中易溶矿物成分越多，越易化学风化。溶解作用使易溶解的成分随水流失，难溶成分留在原地，形成残积物。

水化作用（水合作用）：矿物与水作用吸收一定量的水到矿物中形成新的含水矿物的作用，称为水化作用。赤铁矿水化形成褐铁矿，其反应式为

$$Fe_2O_3 + nH_2O \longrightarrow Fe_2O_3 \cdot nH_2O$$

水化作用形成的含水矿物改变了矿物的原有结构，硬度也相应降低，溶解度增大，减弱了岩石抗风化的能力。水化作用常使矿物体积膨胀，如硬石膏变成石膏后体积增加 60%。体积增大将对围岩产生挤压力，促使岩石发生机械破坏。

水解作用：矿物遇水后引起分解，形成含 OH^- 新矿物的作用，称为水解作用。地壳中广泛分布的正长石水解后形成高岭石、氢氧化钾和二氧化硅，其反应式为

$$4KAlSi_3O_8 + 6H_2O \longrightarrow Al_4(Si_4O_{10})(OH)_8 + 8SiO_2 + 4KOH$$

（正长石）　　　　　　　（高岭石）

其中氢氧化钾呈真溶液、二氧化硅呈溶胶状态随水流失，只有松散的高岭石残留原地。

碳酸化作用：当水中溶有 CO_2 时，水溶液中除 H^+ 和 OH^- 外，还有 CO_3^{2-} 和 HCO_3^-，它们遇碱金属及碱土金属后形成碳酸盐。硅酸盐矿物发生碳酸化作用时，其中碱金属（K、Na、Ca、Mg 等）也形成易溶于水的碳酸盐随水流失，使原有矿物分解并形成新矿物，如

$$4KAlSi_3O_8 + 2CO_2 + 4H_2O \longrightarrow Al_4(Si_4O_{10})(OH)_8 + 8SiO_2 + 2K_2CO_3$$

（正长石）　　　　　　　　　　（高岭石）

在湿热气候条件下，高岭石仍不稳定，它还会继续变化，最后形成铝土矿和二氧化硅，二氧化硅呈胶体溶液淋失，残留下铝土矿，有

$$Al_4(Si_4O_{10})(OH)_8 + mH_2O \longrightarrow 2Al_2O_3 \cdot nH_2O + 4SiO_2 + 4H_2O$$

（高岭石）　　　　　　　　（铝土矿）

长石是岩浆岩中最主要的矿物之一，容易受水解和碳酸化作用形成黏土矿物，因此岩浆岩是很容易被风化的一种岩石。

2）化学风化作用的产物

化学风化作用的最终产物包括两部分：一是能溶于水中的可迁移物质（溶解物质）；一是难于迁移，堆积在原地的残积物。能溶于水的可迁移物质包括各种易溶盐类，K^+、Na^+ 的氢氧化物和少部分难溶物质（如含 Si^{4+}、Al^{3+}、Fe^{3+}、Mn^{4+} 等的氧化物或氢氧化物胶体），易溶物质在水中常以真溶液形式迁移，而部分难溶物质常以胶体的形式被迁移。残积物主要为难溶物

质、岩石碎屑和风化形成的矿物,如石英碎屑、蒙脱石、高岭石、铝土矿、蛋白石、褐铁矿等。

3. 生物风化作用

生物风化作用是指生物的生命活动及其分解或分泌物质对岩石、矿物的破坏作用。这种作用可以是机械的,也可以是化学的。由于生物广泛分布,因此生物风化作用十分普遍。

1)生物风化作用的进行方式

生物机械风化作用:生物的机械风化作用是由于生物的生命活动使岩石发生的机械破碎作用。例如生长在岩石裂隙中的植物随着根系长大使岩石裂隙不断扩大而崩解(根劈作用)(图2-14);穴居动物(田鼠、蚂蚁和蚯蚓等)不停息地挖洞掘穴;有蹄类动物对地表岩石的践踏……都是生物机械风化作用的表现。随着人类广泛开发大自然,利用工具、大型机械或爆炸手段等对岩石破坏的速度和规模都极为可观,实质上也应归入生物的机械风化作用。

图2-14 石门寨黑山窑后村石千峰组根劈作用

生物化学风化作用:生物的化学风化作用是通过生物的新陈代谢和遗体的分解物进行的风化作用。如植物和细菌在新陈代谢中常常析出有机酸、硝酸、碳酸、亚硝酸和氢氧化铵等,溶液腐蚀岩石。生物遗体在还原环境下经过缓慢的腐烂分解形成一种暗色胶状物质——腐殖质,它一方面可为植物生长提供不可缺少的钾盐、磷盐、氮的化合物和各种碳水化合物;另一方面腐殖质所具有的有机酸对岩石、矿物可产生腐蚀作用。

生物,特别是微生物的化学风化作用是很强烈的。据统计,每克土壤中可含有几百万个微生物,它们都在不停地制造各种酸类,从而强烈破坏岩石。

2)生物风化作用的产物

生物风化作用的产物包括两部分:一部分是生物物理风化作用形成的矿物、岩石碎屑,在成分上与原岩相同;另一部分是生物化学风化作用的产物,其特征是在物质成分上与原岩不一样。生物风化作用的一种重要产物就是土壤,确切地说,它是物理、化学和生物风化作用的综合产物,但尤以生物风化作用为主,使其富含腐殖质。土壤一般为灰黑色、结构松软、富含腐殖质的细粒土状物质,与一般残积物的主要区别在于含有大量腐殖质,具有一定的肥力。

综上所述,物理风化作用只能形成机械碎屑物,而化学风化作用可形成不溶于水的残积物和溶解物。物理、化学和生物综合风化作用形成富含腐殖质的土壤。风化作用为各种搬运和沉积作用提供了物质来源,为风化和沉积矿产的形成创造了条件。

(二)风化壳

岩石的风化产物,除一部分易转移的成分转移到别处外,还有一部分残留在原地,形成残积物。由风化产物覆盖在地表上构成一层不连续的薄壳,称为风化壳。风化壳风化作用的程

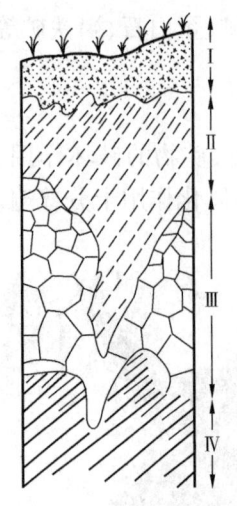

图 2-15 风化壳剖面
Ⅰ—土壤层；Ⅱ—残积层（亚土壤层）；
Ⅲ—半风化岩石；Ⅳ—基岩

度由地面向下逐渐减弱,向深部逐渐过渡为未风化的岩石。风化壳下面的未风化的岩石称为基岩,出露地表的基岩称为露头。风化壳剖面具有一定的层次,自上而下分为土壤层、残积层、半风化岩石和基岩,但层次之间没有截然的界线(图2-15)。

地质时期形成的风化壳称为古风化壳。研究古风化壳具有重要的理论意义和实际意义。古风化壳代表一个长期的沉积间断,是当时地壳上升时经受过强烈风化的标志,也是地层不整合的证据之一。古风化壳中通常有铁矿、铝土矿、高岭土矿等残积型矿产形成。古风化壳由于岩层疏松多孔,常是石油和天然气聚集的场所。风化壳对工程地质和水文地质有一定影响。因为风化壳是由松散物质组成的,它直接影响到水利工程建筑的稳固性和渗漏性,同时也为人们生活用水提供含水层空间。研究古风化壳有助于了解形成古风化壳时期的古地理古气候条件及地壳构造的发育历史。

二、河流地质作用

（一）河流概述

河流是陆地表面有固定水道的常年水流,是塑造陆地面貌的重要地质营力。

1. 河谷的横剖面

1）河谷形态三要素

一条河流在地面上是沿着狭长的谷地流动的,这个被流水所开凿或改造的线状谷地称为河谷,主要由谷坡、谷底、河床组成,称为河谷形态三要素(图2-16)。其中河谷两侧的斜坡称为谷坡,谷坡所限定的底部较平坦的部分称为谷底,谷底中常有水流的部分称为河床或河槽。

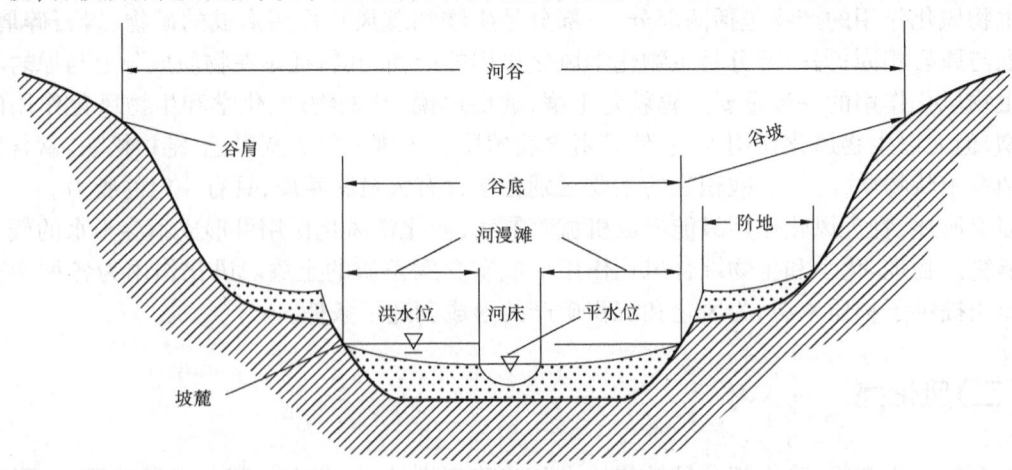

图 2-16 河谷的形态要素（据徐成彦等,1988）

2）河谷形态

河谷横剖面形态按谷坡的斜度、高度，以及谷坡高度和谷底宽度之间的比例大体可分为V形谷（或峡谷）、U形谷和碟形谷三种（图2-17）。

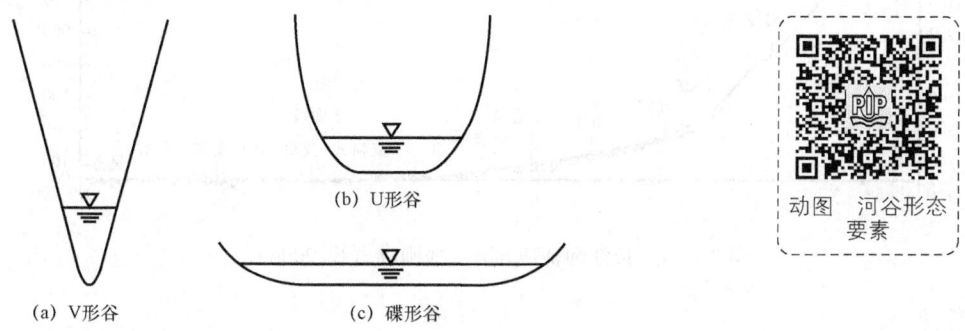

图2-17 河谷横剖面形态类型

V形谷（或峡谷）：谷坡陡峻，谷底狭窄，甚至无平坦的谷底，河床直接嵌在谷坡之间。很深的V形河谷称为峡谷。

U形谷：谷底较宽，谷坡较陡，坡麓明显。

碟形谷：谷底平坦而宽阔，谷坡较缓，没有明显的坡麓。

谷底很窄的V形谷和U形谷为上游河谷的特征；谷底较宽的V形谷和U形谷为中游河谷的特征；碟形谷是下游河谷的典型特征。

2. 河流纵剖面

河流的发源地称为河源，大河都发源在山区里；河流流入海洋、湖泊或较大河流的地方称为河口。从河源至河口，较大河流一般分为上游、中游、下游。河水因重力驱动向下游流动。从源头至河口可将河床水面连成一条弧形曲线，称为河流纵剖面。河流的纵剖面呈中间下凹形曲线，即从上游向下游其河底高度是渐次降低的（图2-18）。如果从源头至河口沿河床底面也连成一线，则称为河底纵剖面。河底纵剖面不是平滑的曲线，而是一条波状或锯齿状的曲线。在纵剖面上，单位水平投影长度水面降低的高度称为河床的纵比降。纵剖面和纵比降是一条河流的重要特征之一。上游的特点是紧邻河源，水量小，河谷深窄，多呈V形，河床纵剖面呈阶梯状，坡降和流速大，多急流、瀑布，河流下蚀作用强；到了中游，水量逐渐增加，河床纵剖面逐渐变缓，阶梯消失，没有急流、瀑布，河流下切力量减弱，以侧蚀作用为主；下游河床纵剖面更加平缓，河谷宽广，地形平坦，河道弯曲，河水流速很小，流量大，以沉积作用为主。

3. 流水质点的运动方式

根据实际观察与室内试验研究，流水的质点具有层流、紊流、环流、涡流等运动方式。

1）层流

水质点在流动过程中相对位置保持平行的水流为层流［图2-19（a）］。在水浅、流速慢、河床平滑的河段可见层流。

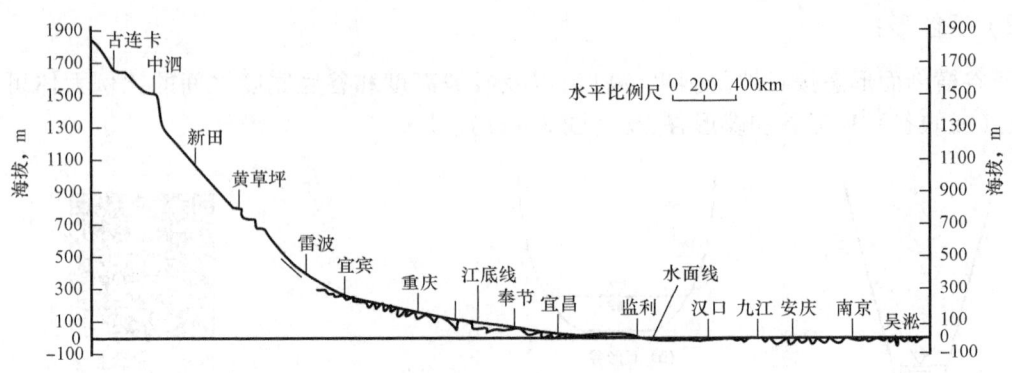

图 2-18 长江河流纵剖面(据柳成志等,2006)

2) 紊流

水质点在流动过程中彼此间相对位置随时变换的水流为紊流[图 2-19(b)]。在河流中主要为紊流运动,仅局部见层流。

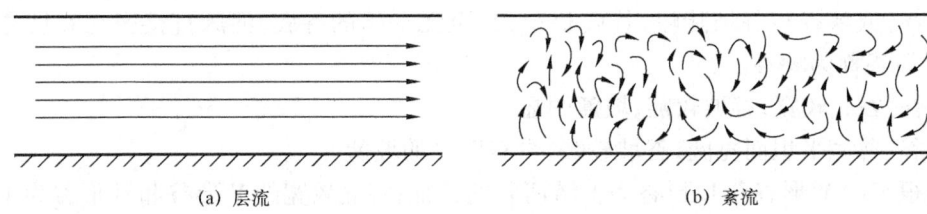

(a) 层流　　　　　　　　　　　　(b) 紊流

图 2-19 层流和紊流

3) 环流

水质点作螺旋形的运动,在过水横切面上的投影为环状,故名环流。环流按成因分为单向环流和双向环流。

单向环流:水质点的运动轨迹在过水横断面上的投影为单向的环(图 2-20)。单向环流普遍存在于自然界河流的转弯处。当水流循弯道转弯时,水质点在惯性离心力作用下,朝弯道的凹岸方向偏离,即水质点从弯道的凸岸流向凹岸,从而使凹凸岸之间产生水位差。在此水位差作用下,凹岸处水体被迫下沉,水从河底流向凸岸,于是出现了单向环流。水流向下游流动,单向环流水质点的运动轨迹是单向螺旋流。单向环流是使河流在凹岸进行冲刷并将冲刷下来的产物携往凸岸沉积的动力(图 2-21)。即使在平直河段,在科里奥利力影响下,水流也会向一侧偏离,同样形成单向环流。

动图　层流和紊流

彩图　单向环流

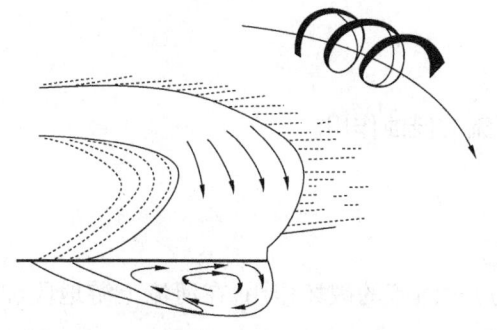
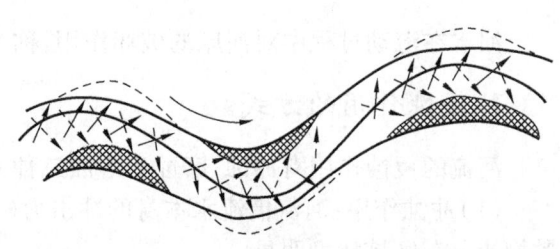

图 2-20　单向环流(据 W.K.汉布林,1980)　　　　　图 2-21　曲流段环流

双向环流：水质点的运动轨迹在过水横断面上的投影为两个环,它们是旋转方向相反的两股螺旋流(图 2-22)。双向环流的产生完全是由于河水较深的平直河流因水位涨落或过水横切面面积改变引起的。由于河水和河岸泥砂砾石之间有黏附力,加之河心流速快、上游水量突变时,导致河水出现暂时涨水或暂时消水的现象,此时河心水面比河岸水面变化快。当水位上涨时,河心出现涨水现象,横剖面上河面呈上凸形;当水位下落时,河心出现消水现象,横剖面上河面呈下凹形。水面不平而出现横比降,从而引起水质点的双向环流。由于河水向下游流逝,这种环流表现为两股旋向相反的螺旋流。双向环流是河床发生冲刷或泥沙沉积的原因之一。

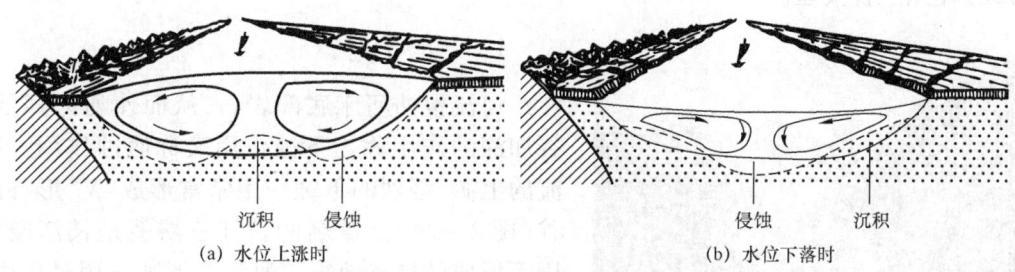

图 2-22　双向环流(据柳成志等,2006)

4) 涡流

河流中水质点绕轴旋转的现象(图 2-23)。旋转轴有竖直的和水平的两种。河流中产生涡流的地方比较多,如河床不平会产生轴近水平的涡流,河道急转弯、支流的注入以及桥墩、沉船的阻挡,均可产生轴近竖直的涡流。

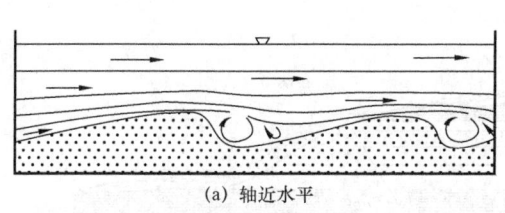
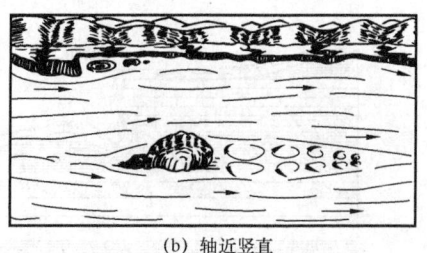

图 2-23　涡流

(二)河流的侵蚀作用

河水在流动过程中对河床的破坏作用,称为河流的侵蚀作用。

1. 侵蚀作用的方式

河流的侵蚀作用有冲蚀、磨蚀和溶蚀三种方式。

(1)冲蚀作用:河流借流水本身的冲击力(水力)对河床的破坏作用,在河流上游地段和松散物质分布区域特别明显。

(2)磨蚀作用:河水以水流所携带的泥砂砾石作为工具对河床的撞击磨损作用,能将坚硬的基岩磨成深沟,在上游地段和暴雨洪水期最为明显。

(3)溶蚀作用:河水以溶解方式对河床的破坏作用。在石灰岩分布地区,地表流水沿裂隙流动,溶解石灰岩常形成奇特的岩溶地貌。

在以上三种作用中,前两种是机械侵蚀作用,后者是化学溶蚀作用。它们共同破坏河床,但总的来说,以机械侵蚀作用为主。

2. 侵蚀作用的类型

河流的侵蚀作用按照侵蚀作用的方向可分为下蚀(底蚀)作用、向源(溯源)侵蚀作用和侧蚀(旁蚀)作用三种类型。

1)下蚀作用

河流侵蚀河床底部岩石,从而使河床降低、河谷加深的作用称为下蚀作用又称底蚀作用。在河流的上游,强烈的下蚀作用常常形成"V"形谷或峡谷(图2-24)。著名的长江三峡就是长江侵蚀作用而形成的峡谷地貌。河流在下蚀作用过程中,往往由于岩性、构造条件的影响,使谷底变成波状或阶梯状,在河床中形成急流或瀑布(图2-25)。急流是河床中纵坡降大、水流湍急的地段;瀑布则是河床纵剖面上的阶梯,落差大,是一种明显的跌水现象,如我国贵州的黄果树瀑布(图2-26)。

图2-24 长江上游金沙江的虎跳峡

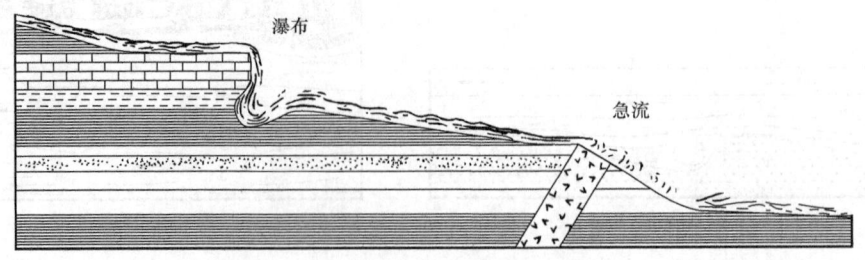

图2-25 河床岩层软硬相间形成的急流和瀑布(据夏邦栋,1995)

河流的下蚀作用不断使河谷加深，但这种作用不是无止境的。河流下切到一定的深度，当河水面与河流注入水体（如海洋、湖泊等）的水面高度一致时，河水不再具有势能，下蚀作用也相应停止。因此，注入水体的水面就是控制河流下蚀作用的极限面，常将该极限面称为河流的侵蚀基准面。河流的侵蚀基准面可分为最终侵蚀基准面和局部侵蚀基准面。陆地上大多数河流最终都注入海洋，所以海平面应是河流的最终侵蚀基准面。局部侵蚀基准面很多，如一些支流汇入主流或湖泊，则主流水面或湖泊水面即为其局部侵蚀基准面（图2-27）。

图2-26　贵州黄果树瀑布

河流侵蚀基准面位置稳定不变，河流长期下蚀作用，使河床纵坡降减小，陡坎阶梯消失，下蚀作用和沉积作用达到动态平衡，这时河流的纵剖面称为河流的平衡剖面。

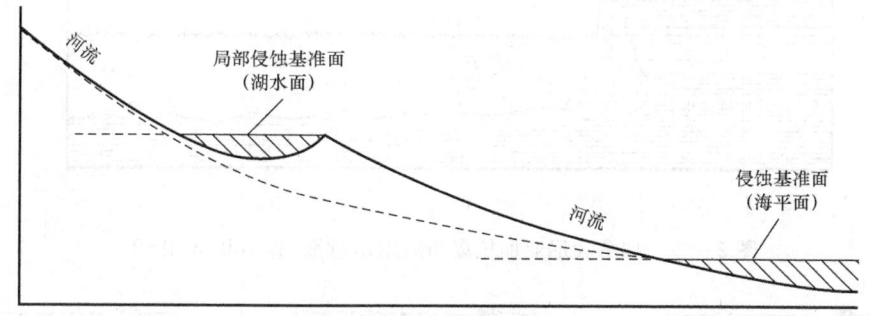

图2-27　侵蚀基准面和局部侵蚀基准面的关系（据夏邦栋，1995）

2）向源侵蚀作用

河流向源头方向侵蚀延伸的作用称为向源侵蚀作用（图2-28）。向源侵蚀作用主要发生在源头落差比较大的地带，瀑布向上游的后退现象就是典型的实例，瀑布并不是永存的，从陡坎跌落的河水和沙石不断侵蚀陡坎底部的基岩，使底部岩石逐渐被掏空，形成壁龛。当壁龛不断扩大，上部岩石由于失去支撑力而崩塌，便形成新的陡坎，于是瀑布陡坎的位置不断向上游移动，急流消失也是这个原理（图2-29），类似瀑布后退原理，源头后退，河谷伸长，直至分水岭。

从瀑布和急流向上游发展并逐渐消失的现象不难看出，向源侵蚀作用的结果是使河谷不断增长，河床纵比降不断减小，分水岭不断变窄，有时甚至还可引起河流的袭夺现象。由于自然界种种因素（如水量、地形、岩性、构造等）的影响，使河流向源侵蚀速度不同。当两条河流向同一个分水岭侵蚀时，有可能发生一条河流侵蚀到另一条河流中，并将河水夺走的现象，称为河流的袭夺（图2-30）。河水被夺走的河流被称为被袭夺河；夺走河水的河流被称为袭夺河。

图 2-28 河流的溯源侵蚀

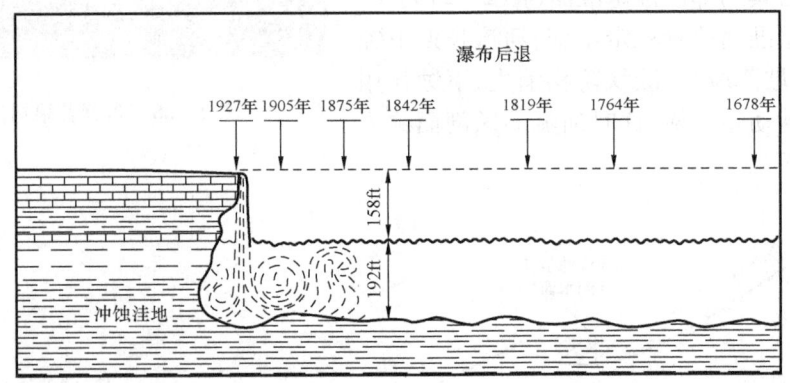

图 2-29 加拿大尼亚加拉瀑布后退示意图(据 Gilbert,1969)

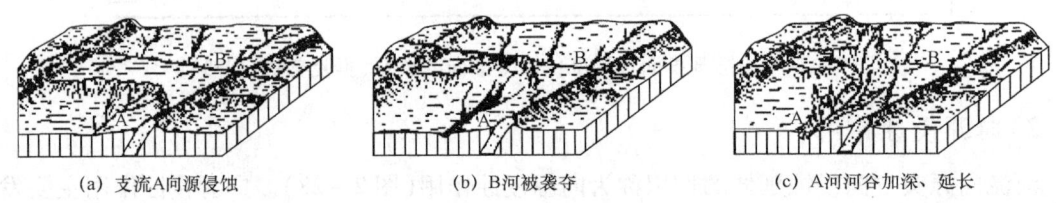

(a) 支流A向源侵蚀　　　　(b) B河被袭夺　　　　(c) A河河谷加深、延长

图 2-30 河流的袭夺示意图(据 W. M. Davis,1983)

3) 侧蚀作用

河流对河床两侧或河谷谷坡的破坏作用称为河流的侧蚀作用,又称旁蚀作用。侧蚀作用的结果是使河谷展宽、河床变弯曲,形成曲流和牛轭湖。产生侧蚀作用的主要原因是单向环流作用和科里奥利力作用。

科里奥利力作用:科里奥利力是由地球自转引起的,又可称为地转偏向力(图 2-31)。地球上一切运动着的物体,都将产生运动方向上的偏离,北半球向右岸,南半球向左岸。流向近于南北向的河流,因科里奥利力的作用,北半球河流的侧蚀中的水流总是偏向右岸,南半球总是偏向左岸。

单向环流作用:在单向环流的作用下,河床的凹岸不断侵蚀后退,而凸岸不断堆积前伸,河道的曲率逐渐增加,使原来弯曲较小或较平直的河床变得更弯曲,形成河曲或曲流(河床的连续弯曲)。凹岸后退、凸岸前伸的同时,由于主流线冲击凹岸的点偏向弯顶的下方,而不是凹岸的最大弯曲点,单向环流又是一种螺旋状的流水,所以河弯(曲)的最大弯曲点的位置也不断向下游移动。由于河曲不断向下游移动,河谷的凸出地形不断被削直,其结果使河谷变得越来越宽和越来越直。最后,河床只在宽阔的谷底上迁徙摆动(达不到谷坡),形态变得极度弯曲,这种河流称为蛇曲或自由曲流(图2-32)。蛇曲的出现,代表着河流侧蚀作用已达到晚期,这时河床只占谷底的一小部分。

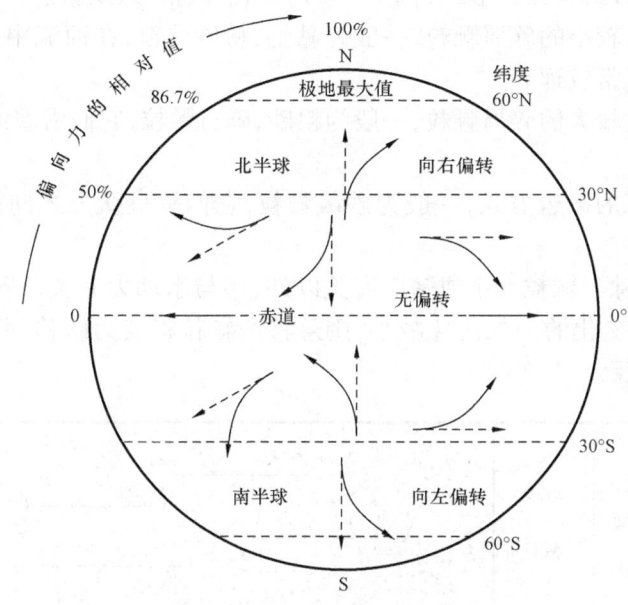

图 2-31 地转偏向力

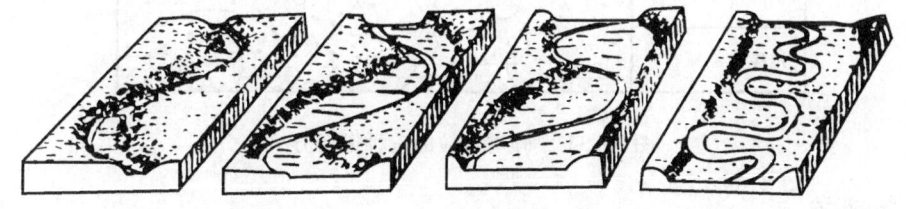

图 2-32 侧蚀作用使河谷加宽和形成河曲、蛇曲的过程(据 C. R. Longwell 等,1956)

随着河床的摆动,蛇曲河床相邻两个弯曲的距离不断靠近,形成细颈状。在洪水期,由于水量猛增,冲击力加大,河水冲溃曲颈,河水从上一个河弯直接流入相邻的下一个河弯,这种现象称为河流的截弯取直。被遗弃的弯曲河道由于河水受阻发生沉积作用,被泥沙淤积、堵塞,演变形成牛轭湖,在黄河和长江的下游这种现象很常见。

(三)河流的搬运作用

河流的搬运作用是指河流将其携带的物质从一个地方搬运到另外一个地方的过程。河流搬运的物质除河流自身侵蚀河谷的产物外,还有冰川、风、滑坡、洪流和地下水等外动力携带来的物质。

1. 搬运作用的方式

河流的搬运作用既有机械搬运，也有化学搬运。但以机械搬运作用为主。

1）机械搬运

机械搬运指河流对砾石、砂、粉砂、黏土等各种粒径的机械碎屑物的搬运。

河流的机械搬运方式有三种形式（图2-33），即悬移、推移、跃移。

悬移：细小或密度较小的碎屑颗粒，一般为黏土、粉砂颗粒，在河流中呈悬浮状态搬运，又称悬运，其搬运距离通常较远。

推移：粒度或密度较大的碎屑颗粒，一般为粗砂、砾石颗粒，它们沿着河床滚动或滑动着被搬运，又称推运。

跃移：呈中间状态的搬运方式，一般为砂级颗粒，它们呈跳跃方式向前移动，又称跳运或跃运。

这三种搬运方式除与颗粒大小或密度有关以外，还与水动力有关。颗粒的搬运形式是随着流速的变化而发生变化的。如流速减小，则悬移的颗粒将变为跃移，跃移的颗粒将变为推运；流速若增加，则相反。

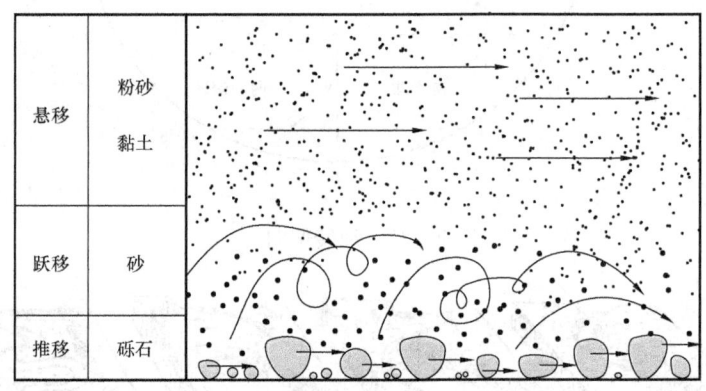

图2-33　碎屑颗粒的三种搬运方式

2）化学搬运

化学搬运又称为溶运，为河流对呈溶解状态的真溶液和胶体溶液的搬运。

真溶液搬运：一般是易溶盐类，如钾、钠、钙、镁的卤化物和硫酸盐呈离子状态被搬运，称为真溶液搬运。

胶体溶液搬运：一般难溶的铁、镁、铝、硅等的氧化物和氢氧化物多以胶体状态被搬运，称为胶体溶液搬运。

2. 机械搬运能力和搬运量

1）机械搬运能力

机械搬运能力是河流能够搬运最大粒径碎屑的能力。它取决于河流的流速，流速越大，搬运能力越强。据实验知，一般河流搬运物的粒径与流速的平方成正比。

2）机械搬运量

机械搬运量是河流能够搬运碎屑物质的总重量。它取决于河流的流速和流量,尤其是流量。随着流量、流速增加,机械搬运量将增加。河流的机械搬运量还与流域内的自然条件有关。一般岩石松散、粒度较细小、气候干燥、地面缺少植被的地区,河流搬运量大。

3. 机械搬运中的碎屑物变化

在长距离搬运过程中,由于颗粒间的碰撞和摩擦,流体对颗粒的分选作用以及持续进行的化学分解和机械破碎,使得碎屑物质的矿物成分、粒度、分选性(颗粒大小趋向均一的程度)和外形都发生变化。一般来说,在流水搬运过程中,随着距离的增加,碎屑物质的不稳定成分(化学性质不稳定或质软成分)逐渐变少,粒度和密度逐渐变小,圆度逐渐变好,分选程度越来越高,这是变化的总趋势。

（四）河流的沉积作用

在河流流速降低、动能减小或化学条件改变时,河流搬运物堆积下来的过程称为河流的沉积作用。

河流的化学沉积在河床内几乎不发生,仅在河口处(河流入海、入湖处)有沉积产生。河流中的生物堆积则由于河流中的生物堆积量有限,河床上也不易保存,所以可忽视。河流的沉积作用以机械沉积作用为主。河流的沉积物称为冲积物。

1. 冲积物的特点

（1）以机械碎屑物沉积为主,主要为沙、粉沙和黏土,在山区河流有时可见较多砾石沉积。

（2）具有良好的分选性(粗大的先沉积,细小的后沉积):这是由于流水搬运能力的变化比较有规律。长时间稳定的河流水动力,可使各种粒级的物质充分分开。

（3）具有较好的磨圆度,在搬运过程中,由碎屑物质的摩擦、碰撞、磨蚀所致。

（4）成层性较清晰(层理发育),这是由于河流的沉积作用具有规律性的变化。就同一地点而言,洪水期沉积物粗而多,枯水期沉积物细而少;夏季沉积物颜色较浅,冬季沉积物颜色较深,不同时期沉积物的成分也会有差别等等,因而在沉积物剖面上表现了成层现象。

（5）常具有韵律性二元结构:表现为下部为河床沉积(砾石、砂砾),上部为河漫滩沉积(泥质和粉砂),在坡面上有规律地交替出现,为河床侧向摆动所致。

（6）具有流水成因的沉积构造,表现为常具有波痕、交错层理等原生构造。

（7）河流粗大砾石的最大扁平面的位置多数是向河流上游方向倾斜的,并呈紧密地叠瓦状排列。大砾石的长轴在主流线附近可平行于流向,而在主流线以外的地方大多垂直于流向。

（8）冲积物中常含有有用的矿物,如铂、金、金刚石、锡石和黑钨矿等。它们因化学性质稳定、硬度大而保存下来。

2. 河流沉积地貌（冲积地貌）

河流的不同河段或同一河段的不同部位,沉积地貌和沉积特征均不相同,常见的地貌类型有山口区沉积形成的冲积扇;河流谷底的边滩、心滩等河床内沉积,天然堤、决口扇等堤岸沉积,河漫滩、河漫湖泊和河漫沼泽等河漫沉积;河口区形成的三角洲沉积;还有发育在谷坡上的河谷阶地。

1) 山口沉积

山区河流流出山口后,由于地势平缓、水流分散,搬运物发生大量堆积,常形成的扇形堆积体称为冲积扇(图2-34)。

2) 河床沉积

心滩:心滩形成于洪水期,此期间形成双向环流,表流从中央向两侧流动,底流从两岸向中央汇聚,碎屑物堆积在河床中央,形成心滩(图2-35)。心滩不断增长,其露出水面时成为江心洲。

图2-34 冲积扇示意图(据A. N. Strahler,1981)

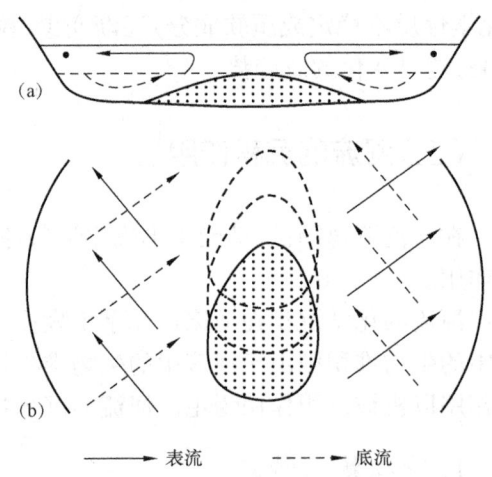

图2-35 心滩沉积(据黄定华,2004)
(a)剖面图示双向环流;(b)平面图示心滩沉积

边滩:在弯曲河段,单向环流作用在河曲的凸岸侧向加积形成的新月形沉积体,又称点沙坝(图2-36)。

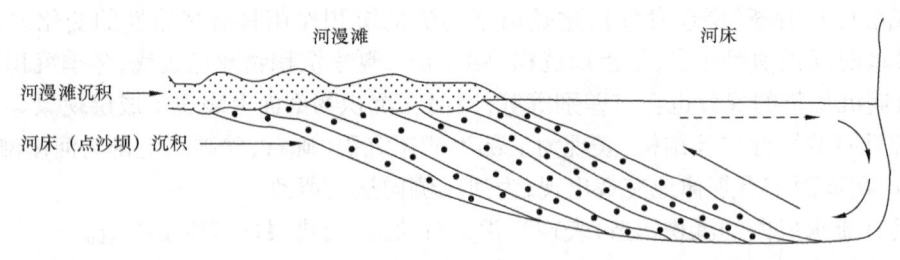

图2-36 河漫滩及河床点沙坝沉积

3) 堤岸沉积

天然堤:河流在洪水期因水位较高,河水携带的细砂级、粉砂级物质溢出河道沿河床两岸堆积,形成平行河床的沙堤,称为天然堤(图2-37)。

决口扇:洪水期河水冲决天然堤,部分水流由决口流向河漫滩,砂、泥物质在决口处堆积成扇形沉积体,称为决口扇(图2-37)。

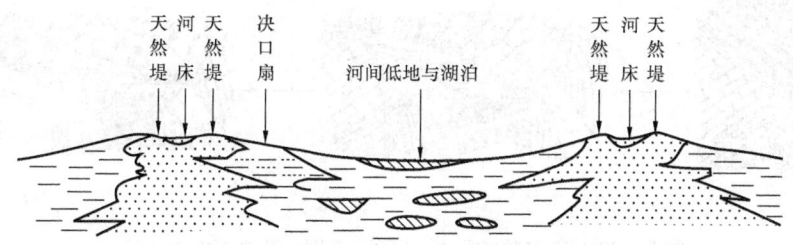

图 2-37 天然堤、决口扇与河床、河漫滩之间的关系横剖面示意图

4) 河漫沉积

天然堤外侧平坦谷底部分,称为河漫滩。河漫滩沉积是洪水期河水漫出天然堤,流速降低,使河流细粒悬浮沉积物垂向加积形成(图 2-36)。

河漫湖泊和河漫沼泽(岸后沼泽):河漫滩凹凸不平,河漫滩上长期积水的低洼地带,称为河漫湖泊(图 2-37),在潮湿气候区,植物繁茂,可进一步淤积形成具有泥炭堆积的河漫沼泽。

5) 三角洲

河流入湖或入海的河口区,因坡度减缓、水流扩散以及受海水(或湖水)的阻滞,流速迅速降低甚至停止,水流携带的大量碎屑物快速沉积,河床淤高,分流很强烈,形成一个顶端向陆的三角形沉积体,故称为三角洲(图 2-38)。

图 2-38 博茨瓦纳北部奥卡万戈三角洲(Okavango Delta)

6) 河谷阶地

河谷阶地是发育在谷坡上的阶梯状地形。阶地是地壳稳定时期的侧蚀(塑造河漫滩),与地壳上升时期的下蚀(刻切出阶坎)交替发生而成的(图 2-39)。有时可发育多级阶地,阶地位置越高,其年代越老。习惯上将离河漫滩最近的阶地称为 1 级阶地,向上依此类推 2 级阶地、3 级阶地。

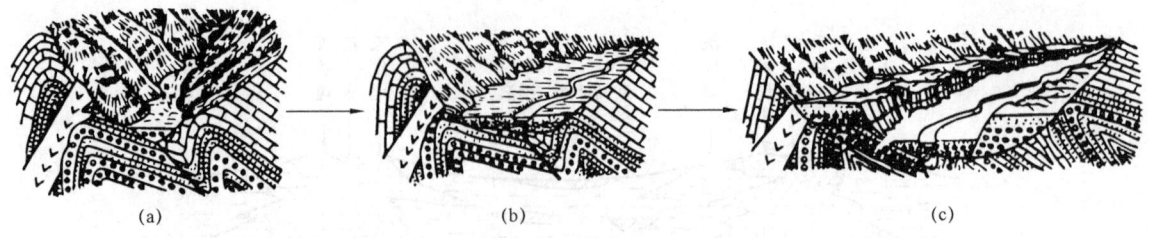

图 2-39 河谷阶地形成过程示意图(据柳成志,2006)

三、地下水的地质作用

(一)地下水概述

地下水是埋藏在地表以下岩石和松散堆积物空隙中的水体。

1. 地下水来源

地下水的来源主要是由降水、冰雪融水和地面流水下渗而形成的渗入水,次要来源有大气的凝结水、埋藏水或岩浆水等。

2. 地下水类型

一般根据地下水的运动状态、埋藏条件将地下水分为包气带水、潜水、承压(层间)水这三种基本类型(图2-40)。

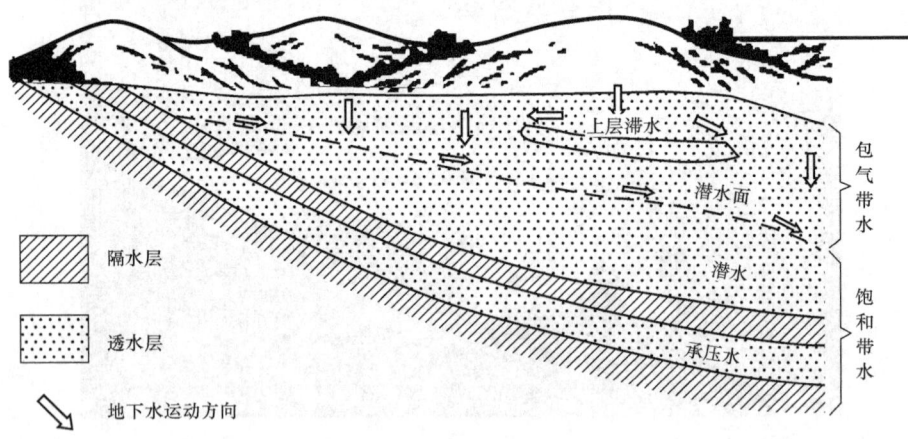

图 2-40 地下水的类型及其运动示意图(据李亚美,1994)

地表水在重力作用下顺岩石空隙进入地下,在隔水层以上透水层岩石空隙中集中、汇合。岩石空隙充满水的地带称饱和带,这个带的水称为饱和带水。在饱和带以上岩石空隙中,未被地下水充满的地带称为包气带或未饱和带,包气带中的地下水称为包气带水。其中饱和带水可根据水体的埋藏条件和水特征,划分为潜水和层间水两种基本类型。潜水是埋藏在地表以下第一个稳定隔水层以上,具有自由表面的重力水。其自由水面称潜水面,潜水面通常不是一个平面,一般情况下,常随地形的起伏而起伏(图2-41)。层间水是埋藏在地下两个稳定隔水层之间的透水层内的重力水,又称承压水。

图 2-41 潜水面与地面的关系（图中虚线为潜水面）（据徐成彦,1988）

（二）地下水的剥蚀作用

地下水在运动过程中对周围岩石的破坏作用称为地下水的剥蚀作用，因其发生于地下，故又称为地下水的潜蚀作用。

彩图 地下水的类型及其运动

1. 地下水潜蚀作用的方式

地下水的潜蚀作用主要有机械潜蚀作用和化学溶蚀作用两种方式，以化学溶蚀作用为主。

1）机械潜蚀作用

地下水对岩石的冲刷破坏作用称机械潜蚀作用。地下水主要在岩石空隙中渗流，流速慢、水量分散、冲击力小，所以其机械潜蚀作用很弱，它仅仅能冲走松散堆积物中颗粒细小的粉砂，使其结构变得疏松，空隙扩大，甚至引起地面陷落，这种现象在黄土区比较常见。在岩石洞穴或较大裂隙中流动的地下水，可以有较大的流速和流量，动力较大，机械侵蚀作用较强，如暗河，其机械剥蚀作用与河流相似。

2）化学溶蚀作用（岩溶作用）

地下水对岩石、矿物的溶解破坏作用，称为化学溶蚀作用，在我国称为岩溶作用，在国外多称为喀斯特作用。由于地下水的化学成分较复杂，常含有较多 CO_2 和各种溶剂，因而化学溶蚀作用显著。

2. 岩溶（喀斯特）地形

岩溶作用常常形成一些独特的地形形态和沉积物。岩溶作用形成的地形称为岩溶地形（又称为喀斯特地形）。

由于岩溶作用的方向受地下水运动方向影响，因此在不同的地下水分布带具有不同特征

的岩溶地貌。根据地下水的运动特征和岩溶地形的延伸方向,大致可分为以下两类:

1)地下水的垂直运动与岩溶地形

在包气带,地下水主要作垂直运动,因而岩溶地形沿垂直方向发育,常发育有溶沟、石芽、落水洞、漏斗、峰林等(图2-42)。

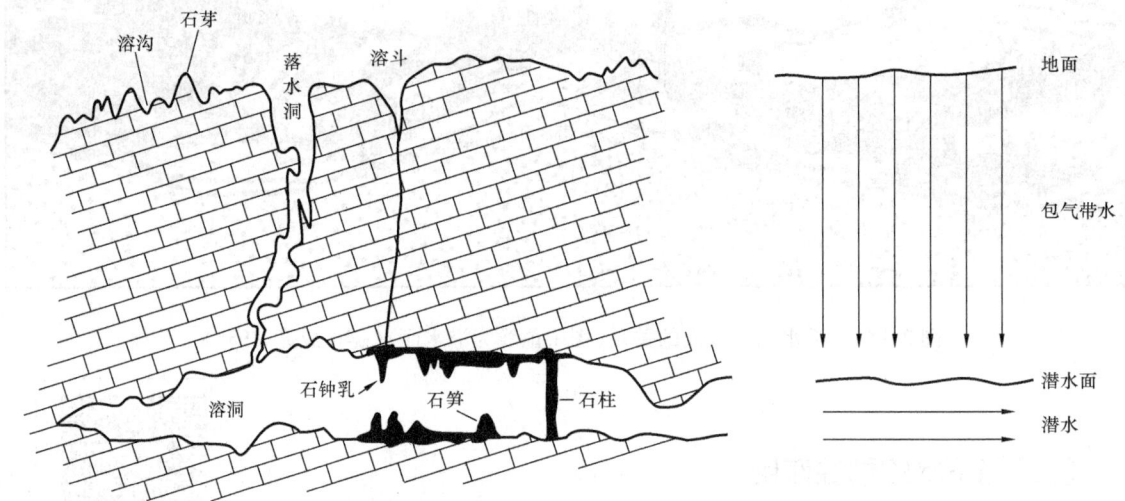

图2-42 岩溶作用示意图(据汪新文,1999)

溶沟和石芽:溶沟和石芽分布于地表,是地表水向地下水转化的过程中溶蚀和冲刷地表岩石而形成的沟、槽和脊状突起,分别称为溶沟和石芽。如果岩石中发育有垂直的裂隙,在地面流水和地下水沿裂隙溶蚀作用下,使溶沟加深、石芽增长,就可形成巨型成群的石芽,称为石林。

落水洞:地表水沿可溶性岩石裂隙垂直渗流并溶蚀可溶性岩石形成的近于直立的深洞称为落水洞,落水洞可深达潜水面附近。

溶斗:地表水沿可溶性岩石裂隙垂直渗流,溶蚀作用和塌陷作用形成的漏斗状的凹地,称为溶斗(溶蚀漏斗),斗坡上往往满布溶沟和石芽。

峰丛、峰林和孤峰:地表水下渗溶蚀作用形成的峰顶尖锐或呈圆锥状突出,而基部相连,宏观上呈簇状者,称为峰丛,它是喀斯特发展较早阶段的地貌。峰体上部挺立高大,基部仅稍许相连者,称为峰林。耸立于喀斯特平原上的孤立山峰称为孤峰,它是峰林进一步发展的结果,为喀斯特发育晚期的产物。在喀斯特山地中,峰丛通常位于山地中部,峰林多位于山地边缘,而孤峰则多耸立于平原之上(图2-43)。

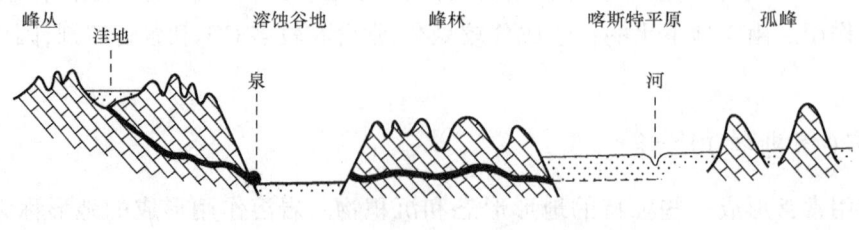

图2-43 峰丛、峰林和孤峰

2）地下水的水平运动与岩溶地形

在潜水面附近，地下水作近于水平方向运动，因而溶蚀作用沿水平方向发展。岩石经溶蚀后形成水平方向延伸的洞穴，称为溶洞（见图2-42）。溶洞的延伸方向大致可代表潜水面的位置。溶洞的形成是溶蚀作用和崩塌作用综合作用的结果。当地壳运动在一段时期内较稳定或潜水面不变时，在潜水面附近溶洞发育。如果地壳发生阶段性升降运动，潜水面也相应发生变化，从而可形成分布于不同高程的多层溶洞系统，每一层溶洞代表一次地壳稳定时期的潜水面。

（三）地下水的搬运作用

地下水的搬运和沉积作用也有机械的和化学的两种方式，但以化学的搬运为主。

1. 机械搬运作用

地下水因动能小，故机械搬运弱，只能搬运细小泥沙。仅流动于较大的洞穴中如暗河中的地下水才具有较明显的机械搬运，其搬运的方式与特点与地面流水相似。机械搬运物的来源，部分来自溶洞的塌落物。部分暗河来自地表河流。

2. 化学搬运作用

地下水的搬运作用以化学搬运（溶运）为主，呈真溶液或胶体状态搬运，地下水搬运的成分和数量，取决于渗流区岩石性质和风化程度。搬运物主要为重碳酸盐，次要为氯化物、硫酸盐、氢氧化物、二氧化硅、磷酸盐、氧化锰及氧化铁等。

（四）地下水的沉积作用

地下水的沉积作用包括机械和化学沉积两类。地下水的机械沉积较少，只发生在地下有流动地下河的较大洞穴中，其作用与河流沉积相似。地下水的化学沉积是主要的，表现为溶解物质析出，其方式主要有过饱和沉积与置换沉积两种。

1. 过饱和沉积

过饱和沉积是地下水化学沉积的一种最普遍的形式。地下水由于水分的挥发或蒸发、温度和压力的变化，导致地下水中的溶解物质过饱和而沉淀。地下水过饱和沉积物主要类型有：

(1) 孔隙沉积，松散沉积物孔隙中的沉积，如 $CaCO_3$、SiO_2 等；

(2) 裂隙沉积，在岩石裂隙中的沉积，多呈脉状沉积，最常见的有方解石脉、石英脉等；

(3) 泉口沉积，发生在泉水出口处的沉积，沉积物疏松多孔，称为泉华。钙质的泉华称为钙华，硅质的泉华称为硅华。

(4) 洞穴沉积（溶洞沉积），在溶洞中的地下水沉积物，常见的有石钟乳（从洞顶向下方生长）、石笋（从下向上生长）、石柱（石笋和石钟乳相连接）、石幔（沿洞壁沉淀有如幕布垂挂）等。

此外，溶洞由于和地下水作用关系密切，其堆积物也属于地下水的沉积作用。溶洞堆积物中有化学沉积物、重力堆积物、地下河湖堆积物、生物和人类文化堆积物。

2. 置换沉积

置换沉积是指地下水中的矿物质与掩埋在沉积物中的生物体之间发生的物质交换。生物体内物质溶蚀流失，其空间被地下水中的矿物质（$CaCO_3$、SiO_2）沉淀充填，物质成分改变了，但仍完全保留着生物内部原有的构造。最常见的是硅质替换植物机体，最后形成的硅化木，就是被 SiO_2 石化（交代、置换）的树干，其中有些植物纤维构造、树的年轮依然可见。

四、冰川的地质作用

（一）冰川概述

冰川是陆地上终年缓慢流动着的巨大冰体。它广泛分布于高纬度地区和中、低纬度的高山（海拔 4~5km 以上）地区。积雪层在较长时间的压力等因素的作用下，经过一系列的物理变化，可形成具可塑性的冰川冰。冰川冰在其自身的压力和重力作用下，沿斜坡或一定的谷道缓慢地流动，就形成了冰川。

冰川按其形态、规模和所处的地形条件分为大陆冰川和山岳冰川两大类。大陆冰川分布于高纬度两极地区，其面积大、规模大、冰层厚度大，形成中央厚、周边薄的盾状，由中央向四周流动，不受地形影响。山岳冰川主要分布在中低纬度高山终年积雪区，其规模小、冰层薄，分布和运动主要受地形影响和限制。

（二）冰川的刨蚀作用

冰川在运动过程中，以自身的动力及挟带的沙石对冰床岩石的破坏作用称为冰川的刨蚀作用。

1. 刨蚀作用的方式

冰川的刨蚀作用方式有挖掘作用和磨蚀作用两种，无论哪种方式，都是一种机械破坏过程。

挖掘作用又称为拔蚀作用，是指冰川在运动过程中将冰床基岩破碎并拔起带走的作用。冰床是指冰川占据的槽、谷。

磨蚀作用又称为锉蚀作用，是指冰川以冻结在其中的岩石碎屑为工具进行刮削、磨蚀冰床的过程。

冰川的挖掘作用和磨蚀作用可以挖掘出洼地、削平山嘴、拓宽山谷，在岩石表面留下磨光面和擦痕（图 2-44），并雕刻出各种奇特的地貌形态。

2. 冰蚀地貌

刨蚀作用形成的地形称为冰蚀地形，常见的有冰斗、角峰、刃脊、冰蚀谷（图 2-45）、羊背石等。

（1）冰斗：是由冰川的刨蚀作用形成的，具三面陡壁的围椅状洼地，这种洼地常分布于雪线附近,停留在冰斗中的冰川称为冰斗冰川。在冰川的冰劈、刨蚀及重力崩塌的共同作用下,洼地不断加深,后壁及两侧不断后退、变陡,原来的洼地就不断扩大形成冰斗。冰斗一面开口,是冰斗冰川流出的通道。

 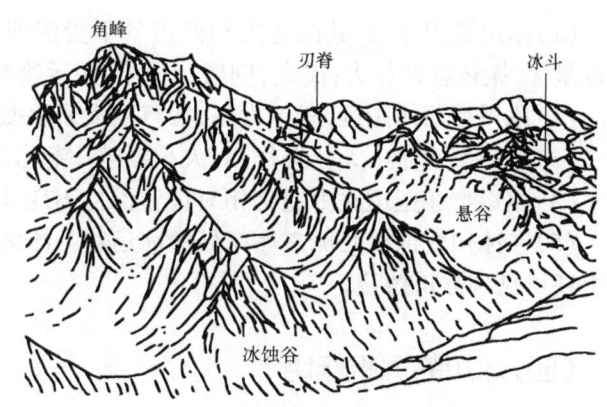

图2-44　冰川擦痕(据柳成志等,2006)　　　图2-45　山岳冰川刨蚀地形(据黄定华,2004)

(2)角峰:当三个或三个以上不同方向的冰斗,在冰川的刨蚀作用下,冰斗的后壁不断后退,它们之间的距离不断缩小,最终围成一个岩壁陡立的、似金字塔形的山峰。

(3)刃脊:相邻的两个冰斗冰川或山谷冰川,因冰川的刨蚀作用,冰斗的后壁或侧壁、冰川谷的谷壁发生节节后退,使两相邻冰斗或山谷之间的山脊变得越来越窄,形成两侧陡峻、顶部尖锐的形似鱼鳍的山脊,又称为鳍脊。

(4)冰蚀谷:经山谷冰川(冰斗中冰川冰流入山谷形成)刨蚀、改造而成的谷地称为冰蚀谷。冰蚀谷多数是冰川沿原来的谷地改造而形成的。

(5)羊背石:突起于冰床上的坚硬基岩受刨蚀后变为一系列低缓的椭圆形小丘,形似绵羊的脊背,故称为羊背石。其长轴方向与冰川流动方向一致,且迎流坡较平缓,并有许多冰川擦痕或磨光面,背流坡为陡坎,羊背石可以指示冰川运动的方向(图2-46)。

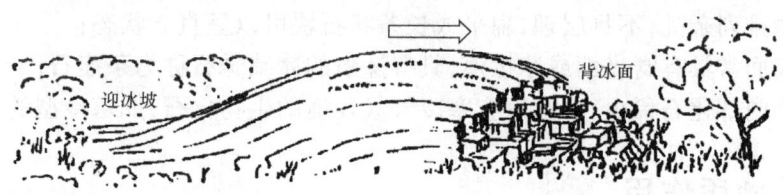

图2-46　羊背石(据黄定华,2004)

(三)冰川的搬运作用

冰川将其剥蚀产物和坠落到冰川上的物质搬走的过程,称为冰川的搬运作用。

1.冰川搬运作用的方式

冰川的搬运作用分为推运和载运两种方式:

(1) 推运是指冰川前端以巨大的推力将冰床上岩块向前推进。

(2) 载运是指冻结在冰块内或落在冰面上的岩块随冰川的运动而被搬运。

2. 冰川搬运的特点

(1) 冰川是固体流，其搬运力和搬运量不受流速控制，而主要与冰川规模有关。冰川大，搬运量大，搬运物粒径大；反之，则搬运量小，搬运物粒径小。

(2) 冰川呈固体搬运，搬运力强，能将巨大岩块搬运很远。这种巨大岩块称为冰漂砾。

(3) 冰川搬运途中无分选作用，大小颗粒一起搬运。

(4) 冰运物在搬运途中通常相对位置保持不变，因此磨圆作用极微弱。

(5) 在冰川底部或两侧靠冰床处的冰运物与冰床基岩相互磨蚀，可使冰运物磨细，在大颗粒上还可见到冰川擦痕。

（四）冰川的沉积作用

冰川所搬运的碎屑物质从冰体中分离堆积下来的作用，称为冰川的沉积作用。

1. 冰川沉积的原因

引起冰川沉积的原因主要是冰川融化。此外，冰床的摩擦阻力、冰川搬运物数量增加、地形等都可能导致冰川的搬运能力减弱，使冰川中过量搬运的物质堆积下来。

2. 沉积物特征

冰川的沉积是纯机械沉积。由冰川搬运并直接沉积下来的物质称为冰碛物。冰碛物常具有如下特征：

(1) 全部由机械碎屑物组成，缺乏化学沉积物质；

(2) 碎屑颗粒大小混杂，无分选作用，常见巨大石块、粉砂和泥质物的混合物；

(3) 碎屑的棱角分明，磨圆度差；

(4) 碎屑物排列杂乱，不具层理，扁平或长条状石块可以呈直立状态；

(5) 砾石表面常具有磨光面或冰擦痕，具有擦痕的冰碛砾石称为条痕石；

(6) 冰碛物内部化石稀少，含有适应寒冷气候环境的生物化石，如寒冷型的植物孢子等。

五、风的地质作用

（一）风概述

风是地表常见的一种外动力地质营力，它是一种运动的大气，以水平运动为主，从高压区流向低压区。风的运动多无固定的流动路线，风速和风向变化大。风主要盛行于地球上的干旱和半干旱气候区，风的地质作用尤为显著；在植被稀少、松散沉积物大量裸露的湿润地区如海岸、湖滨、河岸、冰缘区等许多地区，风的地质作用也较明显。风的地质作用是一种纯机械作用，分为剥蚀作用、搬运作用和沉积作用三种类型。

(二)风的剥蚀作用

风的剥蚀作用简称风蚀作用,是指风以其自身的动力及所携带的砂石对地表岩石的破坏作用,它是一种纯机械的破坏作用。

1. 风蚀作用的方式

风蚀作用方式有吹蚀(吹扬)作用和磨蚀作用。

1)吹扬作用

风将地表的松散沙粒或尘土扬起并带走的作用称为吹扬作用。由于以风的动力将物质吹离原地,故又称吹蚀作用。影响吹扬作用强度的因素主要有风速和地面性质。风速大、地面植被稀少、组成地面的物质松散、细,吹扬作用就强烈;反之,吹扬作用就弱。

2)磨蚀作用

风以挟带的沙石对地面岩石产生的破坏作用称为磨蚀作用。磨蚀作用的强度主要与风沙流的特征有关,因为风沙流在近地表30cm范围内含沙量最高,沙粒的运动也最活跃,所以在该范围内风的磨蚀作用最强烈。风的磨蚀作用还受风速和地面性质的影响,风速大、地面松散物质多、风沙流的含沙量高,风的磨蚀作用就强。

2. 风蚀地貌

在长期的风蚀作用下,地面物质不断遭受破坏和改造,可形成各种奇特的地形(图2-47)。

图2-47 干旱区风的地质作用形成的地形(据李尚宽,1982)
1—风蚀湖;2—风蚀石蘑菇;3—风蚀城;4—风蚀柱;5—蜂窝石;6—新月形沙丘;
7—塔状沙丘;8—沙垄;9—风成交错层

1) 风棱石

由风沙流长期磨蚀形成的由几个磨光面组成的棱角分明的砾石,称为风棱石(图2-48)。

图2-48 风棱石

2) 石蘑菇

由于近地面风沙密集,磨蚀作用强,向上减弱,常可形成上大下细、外形呈蘑菇状的石块,称为石蘑菇。

3) 风蚀柱

岩石垂直节理发育,经长期风蚀作用和重力崩塌,形成的柱状岩石,称为风蚀柱。

4) 蜂窝石(风蚀壁龛)和风蚀洞

在风蚀强烈地区的岩壁上,由于岩性软硬不一,抗风蚀能力不同,经风蚀作用,在岩石的表面可形成大小不等、形状各异的凹坑,似蜂窝,这种石块称为蜂窝石。在硬度较低的矿物岩石中,凹坑形成后随风沙的磨蚀作用会进一步加深扩大,当其达到洞穴规模时,称为风蚀洞。

5) 风蚀洼地

风蚀洼地是地面因长期吹蚀作用使地面降低而形成的洼地。如果风蚀洼地的底部深达地下水面,这里的地面上会出现水草丰茂的沙漠绿洲,成为人们生产、生活的聚集地。

6) 风蚀谷、风蚀残丘与风蚀城

在干燥地区,地表径流形成的冲沟,经过风的地质作用改造、扩大而形成的谷地,称为风蚀谷。在风蚀谷地中残留的原始岩层的孤立高地称为风蚀残丘。当裸露的基岩是水平岩层时,因岩层软硬不一且垂直节理发育,在风的长期吹蚀作用下,可形成层层叠叠的平顶状残丘,宛若古城堡,故称风蚀城。

(三)风的搬运作用

碎屑物质因风力作用而移动,称为风的搬运作用。风的搬运作用与流水不同,风只能搬运碎屑物质而不能搬运溶解物质。另外,流水只能将碎屑物由高处搬往低处,而风既能将碎屑物由高处运往低处,还能由低处搬到高处。

1. 风的搬运作用方式

风的搬运方式和流水类似,以悬浮搬运(悬移)、跳跃搬运(跃移)、滚动或蠕移搬运(推移)三种方式进行。以跃移方式为主,其搬运量约为总搬运量的70%~80%;推移量次之,约占20%;悬移量最小,一般不超过10%。悬移物质主要是粒径小于0.2mm的碎屑,一般搬运距离较远,且颗粒越细搬运越远。跃移和推移的物质主要是0.2~2mm的沙,搬运距离一般较近。

2. 风的搬运力和搬运量

风的搬运力取决于风力的大小,由于空气的密度比水小得多,故其搬运能力比水小。在同一速度下,风的搬运能力平均为水的1/300。搬运量随风速增加而迅速增大,加之风为面状搬运,其总搬运量极为可观。由风引起的尘暴、沙暴及沙流都十分危险,在其发生时,飞沙走石、尘烟滚滚、遮天蔽日,吞没土地和建筑设施,给人类带来灾害。

(四)风的沉积作用

沙粒从风沙流中降落、堆积的过程称为风的沉积作用。由风力搬运而堆积下来的物质称为风积物。风积物主要有风成沙和风成黄土两类。风成沙为跃移物和推移物,风成黄土为悬移物。

1. 风积物的特点

(1)碎屑性。风积物全部为机械碎屑物质,主要是砂、粉砂以及少量黏土级的碎屑物,粒度在2mm以下。

(2)良好的分选性。风积物沿着风向随风力由大到小,风积物由粗逐渐变细,其分选性比冲积物还要高,是陆相沉积物中分选最好的一种。

(3)良好的磨圆度(但磨光度较差)。即使是很细的粉砂(成分主要是石英),也具有较高的圆度,但因受跃移时的反复冲击,表面布满麻坑而无光泽,具有毛玻璃化的表面。

(4)矿物成分复杂。碎屑中的矿物成分以石英为主,但也可以存在较多的铁镁质及其他不稳定矿物,如辉石、角闪石、黑云母、方解石等。这些矿物在由水力搬运的沉积物中较少存在。

(5)大型的交错层理。它是由于风积物不断大规模移动的结果。

(6)颜色多样。以红色、黄色色调为主,而绿色、黑色则很少见到。这是由于风积物是在空气中形成的,受到了强烈的氧化作用所致。

2. 风积地貌

由风运物质堆积所形成的地貌称为风积地貌。常见的风积地貌有沙堆、不同类型的风成沙丘和黄土地貌。

风沙流在障碍物的背风面所形成的堆积体称为沙堆。沙堆逐渐扩大和加高形成的圆丘状地形称为沙丘。沙丘的规模不一,小的高几米,大的高可达200m,其宽度可达1km。

1) 风成沙丘

根据沙丘生长方向和风向的关系以及沙的供给条件等因素,沙丘可以分为下列类型:

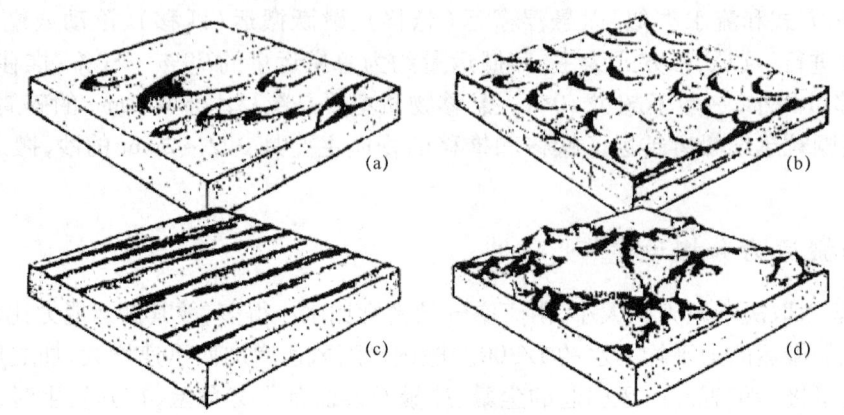

图 2-49　几种主要沙丘类型简图(据 W. K. 汉布林,1980)
(a)新月形沙丘;(b)横向沙丘;(c)纵向沙丘;(d)星状沙丘

新月形沙丘[图 2-49(a)]:平面上呈新月形或月牙形,沙丘两坡不对称,迎风坡外凸,坡度较缓,约 5°~20°,背风坡坡度较陡,在 28°~34°之间,两坡交接成弧形的脊。在沙丘的两侧形成两个顺风方向伸展近似对称的翼角,称为沙角。在沙粒供应有限的情况下,新月形沙丘常分散而孤立;在沙粒供应较丰富的情况下,它可以成群出现。当新月形沙丘不断扩大或因不同大小的沙丘移动速度有差别时,两个以上的新月形沙丘可以连接起来,形成与盛行风向垂直的新月形沙丘链。

横向沙丘[图 2-49(b)]:沙丘总的延长方向与盛行风向直交的沙丘,称为横向沙丘。它形成于沙源供应丰富和风向基本固定的地区。

纵向沙丘[图 2-49(c)]:沙丘延伸的方向与主风向一致的垄岗状沙丘,称为纵向沙丘。常发育于有强烈单向风的沙漠地区。

星状沙丘(金字塔形沙丘)[图 2-49(d)]:在几个方向风力相当的风的作用下,形成的锥状沙丘,有较高的顶,从顶点向四周呈放射状伸出三条或更多条的沙脊。

抛物线型沙丘:平面似抛物线的沙丘,两翼的翼角指向上风,迎风坡缓而凹进,背风坡陡而凸出,与新月形沙丘刚好相反。抛物线形沙丘的形成是因翼角有植物生长,阻碍沙丘移动,而中部没有植物固定,在风力作用下,继续向前移动而成。

2) 风成黄土地貌

黄土是一种土状堆积物,它主要是由风的堆积作用形成的。

主要分布在中纬度气候温暖、半干旱气候地带。在以流水为主导的外力作用下,形成具有特征性的各种黄土地貌(图 2-50)。

塬:流水下切形成的四边陡、顶上平的高地。

梁:长条状的黄土高地。

峁:具浑圆顶部的黄土小山包,俗称黄土高坡。

黄土塬

黄土梁

黄土峁

图 2-50 黄土地貌

六、海洋的地质作用

(一)海洋概述

海洋是巨大的水体,它既是陆地上水的主要供给者,也是地面流水和地下水最终汇聚的场所。海洋地质作用是由海水的运动和海水的物理化学性质决定的。海水以其永无休止的运动以及各种化学作用、物理作用和生物作用对地表进行着改造。

1. 海水的运动

海水的运动是海洋地质作用的最重要的动力。引起海水运动的因素很多,风、气压的改变、日月引力、地球自转、海底地震、海底火山爆发以及不同深度海水的温度、密度和盐度的差异及其在区域上的变化等都可以引起海水运动。海水运动的主要形式有波浪、潮汐、洋流和浊流。

(1)波浪:海水有规律的波状运动,又称海浪。

(2)潮汐:潮汐是海洋在天体(主要是月球和太阳)引潮力作用下发生的海面周期性垂直涨落现象。由潮汐引起的海水水平流动称为潮流。

(3)洋流:海洋中沿固定方向流动的水体,又称为海流。

(4)浊流:海洋中载有大量悬浮物质的高密度水下重力流。

2. 海水的化学性质和物理性质

1)海水的化学成分

海水中含有多种化学元素,目前已知的有 72 种,但常见和含量较高的有 12 种(除 H,O 以外),它们是 Cl,Na,Mg,S,Ca,K,Br,C,Sr,B,Si,F。这 12 种元素的含量约占海水中除 H,O 以外的所有元素含量的 99.8%。海水中常见的盐类是 $NaCl$,其次是 $MgCl_2$,$MgSO_4$,$CaSO_4$,K_2SO_4 和 $CaCO_3$。海水中溶解的气体有 O_2,N_2,CO_2,H_2S 等,O_2 主要分布在海水的表层和近岸地带;H_2S 通常聚集在海水流动不畅的海域,如海湾和海底;CO_2 在海水中分布较广。

2)海水的化学性质

对海洋的地质作用影响较大的化学性质主要有盐度、pH 值、Eh 值等。

盐度:海水中溶解的总矿物质的质量与海水质量之比称为盐度,以千分率表示。海水的平均盐度为35‰,变化范围在33‰~37‰之间。

pH值:度量水介质中氢离子浓度的单位称为pH值,海水属弱碱性,其pH值介于7.5~8.4之间。pH值的大小控制着许多矿物的形成,例如方解石和白云石形成于pH=7.2~9的弱碱性环境。

Eh值:氧化还原强度用Eh值(单位为V或mV)表示,称为氧化还原电位。用来反映水溶液中所有物质表现出来的宏观氧化—还原性。氧化还原电位越高,氧化性越强。

3) 海水的物理性质

对海洋的地质作用影响较大的物理性质有温度、密度和压力等。

海水的温度:太阳辐射是海水的主要热量来源。海洋表层的温度较高,并且随着纬度的增加而降低。水温度随深度增强而降低,到300m以下变化极小,一般为-1~5℃。

海水的密度:海水的密度取决于海水的盐度和温度。0℃时正常盐度的海水密度为1.028 g/cm^3。盐度越大,密度越高;温度越高,密度越低。

海水的压力:海水的压力是随水深的增加而加大的,每增加10m约增加10^5Pa。在1000m深处压力约为10^7Pa。

4) 海洋生物

海洋生物种类繁多,海洋动物有20多万种,海生植物约25万多种,依照生活方式,海洋生物可划分为三类:固着或在海底生活的底栖类生物,如珊瑚、海星等;游泳生物,如鱼类等;漂浮于海水上部,随波逐流的浮游生物,如某些藻类等。

海洋中大量的生物死亡以后,堆积在海底成为沉积有机质,这是在海洋中生成石油和天然气的物质基础。

3. 海洋的环境分区

根据海水深度,并结合海底地形和生物群特征,可将海洋分为滨海、浅海、半深海及深海等四个环境分区(图2-51)。在这些分区中,海水的动力条件、物理化学条件、生物群分布等都各有特点,导致在地质作用特征上也有差异(表2-3)。

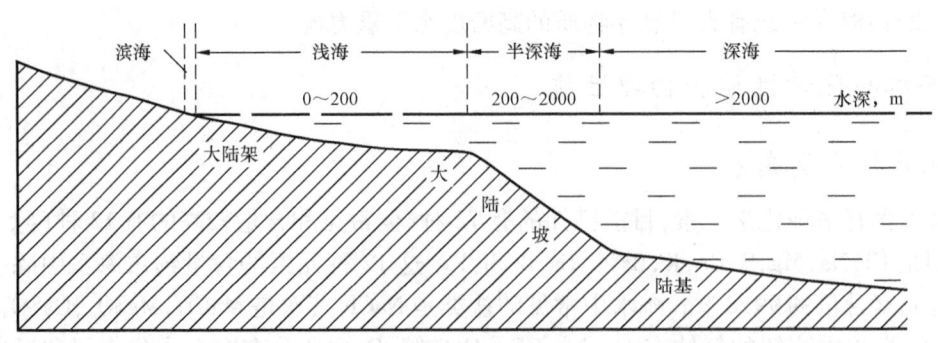

图2-51 海洋分区示意图(据杨伦等,1998)

从海洋地质作用的特点出发,人们习惯上将滨海的范围扩大,将风暴浪所及的上限到波浪作用所及的下界的区域称为海岸带或滨岸带(图2-52)。在海浪作用为主的海岸,海岸带进一步划分为后滨、前滨和近滨;在以潮汐作用为主的海岸,海岸带可以划分为潮上带、潮间带和潮下带。

表 2-3 海洋环境分区及特征

环境分区	滨海带	浅海带	半深海带	深海带
位置(深度)	自低潮线与最大高潮线之间的海陆交互地带	低潮线至水深 200m 的浅水地带	水深 200~2000m 的地带	水深 >2000m 的地带
海底地形	大陆架	大陆架	大陆坡	陆基,洋盆,洋中脊
海水运动形式及水动力	潮汐、波浪、地面流水;水动力强	波浪,海流;水动力较强	海流为主,波浪仅触及表层;水动力弱	海流;水动力弱
温度	昼夜变化	随季节变化	较低	较低
盐度	受水流通畅程度及气候影响	正常	正常	正常
生物	能抵御风浪的底栖生物,藻类和红树林	生物丰富,藻类、底栖生物	生物贫乏,以浮游生物为主	生物贫乏,以浮游生物为主

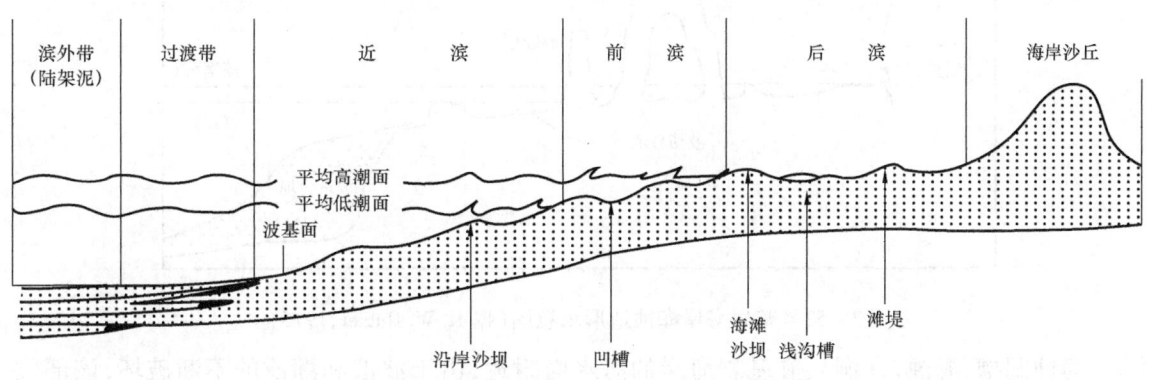

图 2-52 海岸带划分示意图

(1)后滨或潮上带:位于平均高潮线以上到风暴浪所及的上限之间,在特大高潮和遇风暴时可以被海水淹没。

(2)前滨或潮间带:位于平均高潮线与平均低潮线之间的水域。

(3)近滨或潮下带:位于平均低潮线以下到波浪作用所及的下界(浪基面)之间的水域。

(二)海洋的剥蚀作用

海洋的剥蚀作用是指海水对海岸和海底岩石的破坏作用,简称海蚀作用。

1. 海洋剥蚀作用的方式

海蚀作用有机械海蚀作用、化学海蚀作用和生物海蚀作用三种方式。机械海蚀作用主要是由海水运动产生动能而引起的(如波浪、潮汐等),破坏的方式有冲蚀和磨蚀;化学海蚀作用是海水对岩石的溶解或腐蚀作用;生物海蚀作用是由海洋生物的生命活动引起的,既有机械的,也有化学的。机械、化学和生物海蚀作用这三种方式往往是共同作用的,但以机械方式为主,它对海岸的改造起着决定性作用。

2. 海岸的侵蚀作用

因海岸地区水浅,受波浪和潮汐作用影响大,因而该区域是海蚀作用最强烈的地带,尤其是对基岩海岸的侵蚀作用形成各种不同的的侵蚀地貌。

1) 基岩海岸的侵蚀作用

由坚硬的、未经移动的岩石组成的海岸,称为基岩海岸。海岸的特点是海底的坡度较陡,海岸线凹凸不平,海水深度由海洋至海岸方向迅速变浅,海底常有礁石。在基岩海岸形成的海蚀地貌常见以下几种类型(图 2-53):

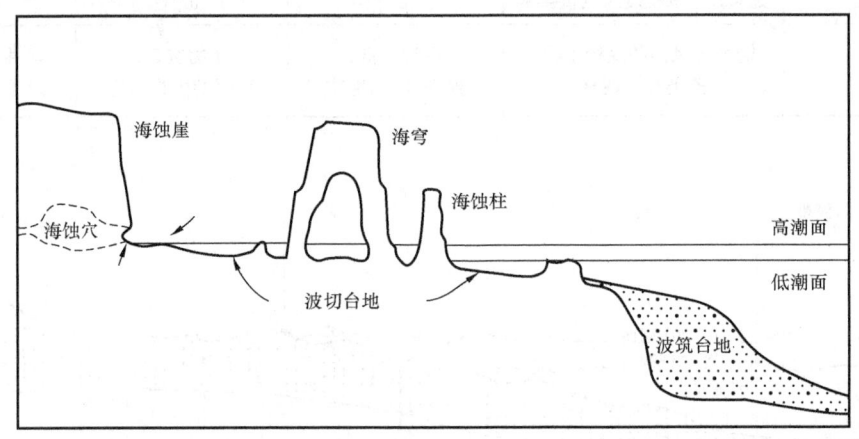

图 2-53 基岩海岸海蚀地形示意图(据 K. W. Butxer,1976)

海蚀凹槽、海蚀穴(洞):在基岩海岸的海水面附近,由于波浪和潮汐的不断破坏,该部位的岩石不断遭受破碎,被掏空,形成向陆地方向楔入的凹槽,称为海蚀凹槽,有时凹槽不断扩大加深也可形成海蚀穴(洞)。

海蚀崖:随着海蚀作用的进一步进行,海蚀凹槽不断扩大、加深,其上的岩石因支撑力减小而发生重力崩塌,形成陡峭的崖壁,称海蚀崖。

波切台地和波筑台地:海蚀崖形成后,其基部岩石还继续受海水的剥蚀,又形成新的海蚀凹槽,海蚀凹槽又可形成新的海蚀崖。如此反复,海蚀崖不断向陆地方向节节后退,在海岸带形成一个向上微凸并向海洋方向微倾斜的平台,称为波切台地。底流把剥蚀海岸的碎屑物质搬运至水面以下沉积下来形成波筑台地。

海穹、海蚀柱:在海蚀崖后退和波切台地扩展的过程中,因岩性和裂隙发育程度的不同等因素,导致海蚀作用程度的差异,可形成海穹、海蚀柱等海蚀地形。如突出的海岬两侧同遭浪击,可同时发育海蚀洞,一旦洞穴彼此相通,即可形成一座海蚀天生桥,称为海穹。当洞穴增大致使顶板塌落,则可形成孤立的海蚀柱。

海蚀平台因海蚀作用而不断展宽,使波浪冲击崖基时要经过越来越长的距离,致使波能的消耗也越来越大。当平台宽度大到使波浪的全部动能消耗殆尽时,海蚀作用即趋于停止,此时基岩海岸的横剖面成上凸形曲线,线上各点的侵蚀强度趋于零,此剖面称为岩岸海蚀平衡剖面。

基岩海岸通常都是由海岬和海湾组成的。在海岬处由于波浪能量集中,海蚀作用强,而不断被破坏,海岸线向陆地方向后退;在海湾处,波浪能量较小,剥蚀作用微弱,而以沉积作用为主。这样,海岬被剥蚀而后退,而海湾却由于沉积作用,海岸线不断向海方向推进,其结果是海岸线向平直方向发展,坡度变得平缓。

2)沙质海岸的侵蚀作用

由松散沉积物(沙、砾)组成的海岸称为沙质海岸。沙质海岸疏松、坡度缓,沙质海岸的改造是由波浪和潮流引起的,波浪从海至岸边波能逐渐消失,所以剥蚀作用较弱,只能对海岸地形进行一定的改造,进浪可携带砂粒向海岸方向运动,海水退回时底流又将部分砂粒带回海中。

总之,海蚀作用的结果,使海岸从陡岸向缓岸转化,使曲折的岬湾岸变为平直海岸,使以剥蚀作用为主的海岸向以堆积作用为主的海岸转化。

3. 浅海、半深海和深海的剥蚀作用

近几十年来对海底的调查发现,潮流风暴流通过浅海底大陆架地形狭窄的地方,形成有深浅不同的槽形谷,它们垂直海岸线分布;在半深海大陆坡上分布着下切深度达数百至数千米的"V"形峡谷,大多数学者认为是浊流侵蚀造成的;在深海海底强海流可冲刷沉积物,并在构造成因的沟谷中留下冲刷痕迹。

(三)海洋的搬运作用

在海洋中,波浪、潮流和海流是主要搬运营力。在滨海及浅海的近岸部分,通常以波浪为主要搬运营力,潮流居于次要地位,在近海有狭窄海道的地区潮流的搬运作用明显;在半深海和深海则以海流的搬运作用为主。

1. 波浪的搬运作用

浅水海域中波浪对碎屑物的搬运可分为横向搬运和纵向搬运两种形式。当波浪垂直海岸作用时,碎屑物被推向海岸或移向较深海域,这种物质垂直海岸方向的移动称为横向搬运(图2-54),它可使碎屑物质产生良好的分选,造成碎屑物质由岸向海由粗变细呈带状分布。波浪斜向冲击海岸产生的沿岸流会使碎屑物作平行海岸方向的运移,称为纵向搬运(图2-55)。这种搬运作用受沿岸流和底流两种作用因素的影响,使碎屑物质呈"之"字形轨迹大致平行海岸移动。

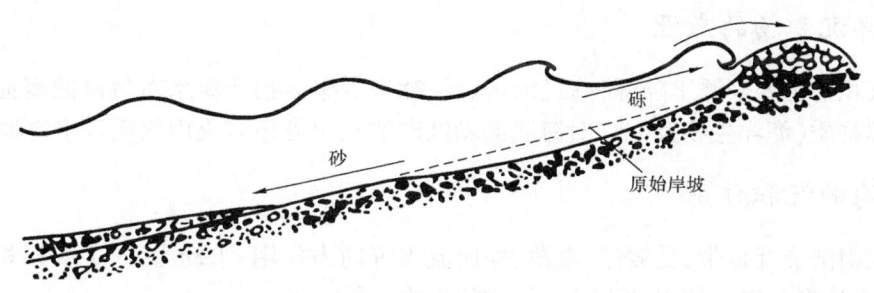

图2-54 海岸带碎屑物的横向搬运作用(据徐成彦,1988)

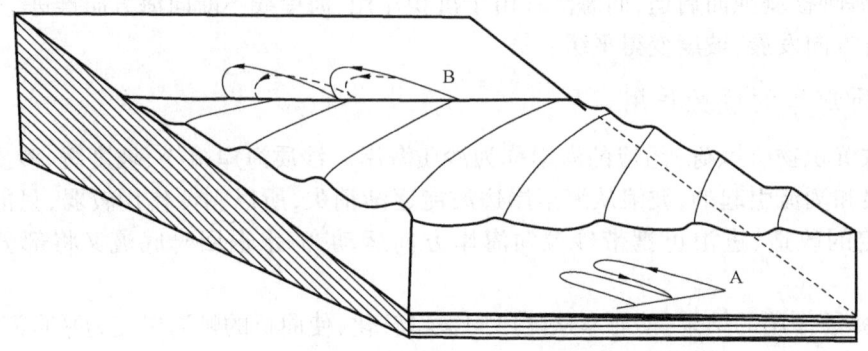

图 2-55　海岸带碎屑纵向搬运示意图(据李叔达,1983)
A—细碎屑物纵向搬运；B—粗碎屑物纵向搬运

2. 潮流的搬运作用

潮流在海峡、河口湾等水道狭窄的海域及泥滩上的潮水沟,因流速快而具有明显的搬运能力,潮流将细粒物质运移,使这些地方的底质比周围地区显得更粗糙。

3. 海流的搬运作用

对于海洋来说,海流应视为最重要的运动,但从搬运作用来讲,却不如海浪、潮流重要。海流是半深海和深海区的主要搬运营力,因其流速较小,通常以悬运及化学搬运为主要搬运方式,表层海流可将陆源悬浮物和有机悬浮物运往深海。

4. 浊流的搬运作用

由于浊流速度快、动能大,有强大的搬运能力,可使大量的砂级碎屑呈悬浮运状态被搬运很远,直到大洋边缘地区。但是浊流搬运在时间上和空间上都是局部的,与暴风浪、潮流、地震和火山爆发等触发作用有关。

(四)海洋的沉积作用

在海洋的地质作用中,剥蚀作用在滨海地区最显著而强烈,广阔的海洋以沉积作用为主,是地球上最大的沉积场所。

1. 海洋沉积物的来源

海洋沉积物主要来源于陆源物质(河流、风、冰川等搬运物及海水对海岸的剥蚀产物),其次是海洋源物质(海洋生物及海水对海底的剥蚀产物)、另外还有火山物质及宇宙物质等。

2. 滨海的沉积作用

滨海是海陆交互地带,受波浪、潮汐、地面流水等动力作用,水动力强,主要以机械沉积作用为主,其次还有一定量的水动力破碎形成的生物碎屑沉积。

滨海碎屑沉积可形成海滩、沙嘴和沙堤、潮坪、潟湖等沉积地形(图 2-56)。

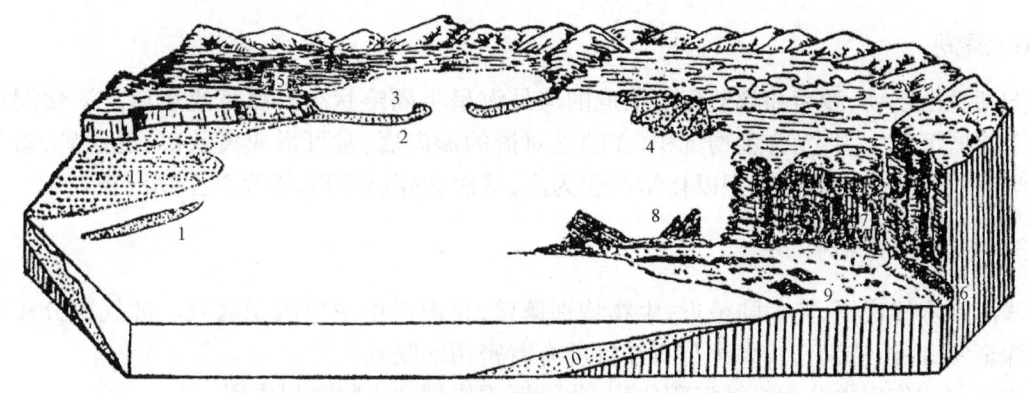

图 2-56 海岸带剥蚀、沉积地貌综合示意图
1—沙坝；2—沙嘴；3—潟湖；4—三角洲；5—潮坪；6—海蚀凹槽；7—海蚀崖；
8—海蚀柱；9—波切台地；10—波筑台地；11—海滩

1）海滩

海滩是由沉积物堆积而形成的平坦海滨地带。其范围由低潮线起，向上至岸边永久性植被发育区之间的地带。根据其主要组成物质划分，海滩可分为砾滩、沙滩。

砾滩：分布在山区河流的河口区或基岩海岸附近，沉积物主要由砾石组成，砾滩上的砾石具有较高的磨圆度，扁圆形砾石常具定向性排列，砾石长轴基本与海岸平行，最大扁平面倾向海洋。

沙滩：分布最广，在海湾及平直海岸均可形成，沉积物主要由沙组成，在波浪的长期作用下，沙粒具有良好的分选性和磨圆度，成分单一，不稳定矿物少，稳定矿物以石英最为常见。沙滩表面具有波痕，此外，还常可发现泥裂、雨痕、足迹、流痕等动力地质痕迹。内部具有交错层理。由于沙滩经受了波浪的长期筛选，独居石、锆石、钛铁矿、金等重矿物易富集形成滨海砂矿。

2）沿岸堤

沿岸堤是在高潮线附近，由波浪引起的泥沙横向移动形成的大致平行海岸的堤状地形。

3）沙坝

沙坝是离岸有一定距离、平行海岸、由砂质沉积物组成的垅岗地形。沙坝是当波浪向海岸推进，因与底流相遇或因波能减弱时，使所挟带的砂粒堆积下来形成的。

4）沙嘴

沙嘴是在海湾处由砂粒堆积而成的，一端与陆地相连，另一端伸入海中的垅岗地形。沙嘴是当沿岸流由海岸岬角部分进入海湾，因水域变宽，流速下降，使所挟带的砂粒堆积下来而形成的。其尾端因波浪的折射而成弧形。沙嘴延伸可使岛屿与陆地相连，形成连岛沙洲。

5）潮坪

潮坪是低潮线以上面积十分广阔的海边平台部分，发育在无强烈的波浪作用而以潮汐作用为主的平缓海岸或海湾地带。沉积物以黏土、粉砂为主，夹有细砂层。其粒度的分布是反向的，从潮上带到潮下带，粒度由细变粗。潮坪中生物繁盛，常以海生与陆生生物混生出现。由于潮水周期性往复运动，潮坪沉积具有双向斜层理，沉积物表面发育波痕、泥裂、虫迹等。

— 69 —

6）潟湖

潟湖是由沙坝、沙嘴和障壁岛等围成的与外海呈半隔绝状态的海湾或水域。淡化潟湖的沉积以碎屑沉积为主，发育生物沉积，在缺乏对流的潟湖底，常可形成黄铁矿、菱铁矿、碳酸钙等化学沉积。咸化潟湖的沉积以化学沉积为主，其次为碎屑沉积，不发育生物沉积。

3. 浅海的沉积作用

浅海带水浅底平，离大陆最近，生物特别繁盛，是海洋中主要沉积区域。油气田分布规律和勘探证实，海洋特别是浅海区与石油资源有着密切的联系。

浅海沉积作用也分为机械沉积作用、化学沉积作用和生物沉积作用。

1）浅海机械沉积作用

浅海机械沉积的碎屑物主要是陆源物质，部分是海蚀作用的产物。浅海沉积物的颗粒比滨海沉积更细。由于海水的机械沉积分异作用，随着距海岸越远和海水深度的增加，沉积物的颗粒越来越细，由近岸至浅海深处，依次沉积粗砂、中砂、细砂、粉砂和黏土，砾石很少见。浅海带沉积物在近岸带颗粒粗，以砂砾质为主，具交错层理和不对称波痕，有良好的磨圆度和分选性，成分较单一；远岸带粒度细，以粉砂和泥质为主，具水平层理，波痕不发育，有时有对称波痕，分选好但磨圆度不高，成分较复杂。浅海碎屑沉积中含有丰富的生物化石。

2）化学沉积作用

浅海的化学沉积主要发育于低纬度、陆源物质较少的海域。浅海区的化学沉积也是异常丰富，除来自海水直接溶解的物质外，还有河流、地下水从大陆上搬运来的溶解物质和胶体物质。海水中主要可溶性化合物的溶解度按由小到大依序为 Al_2O_3、Fe_2O_3、MnO_2、SiO_2、P_2O_5、$CaCO_3$、$CaSO_4$、$MgSO_4$、$NaCl$、KCl、$MgCl_2$ 等，在正常的海水中硫酸盐和氯化物一般不发生沉积，这些化合物有的是从真溶液状态沉积的；有的是胶体状态沉积的；有的是经过生物化学作用而沉积的。

海水中的化学沉积作用是有一定规律和顺序的，具有良好的化学沉积分异现象。浅海化学沉积物主要有碳酸盐，燧石，铝、铁、锰的氧化物和氢氧化物，胶磷石，海绿石等。

3）生物沉积作用

浅海是生物最繁盛的区域，生物沉积作用也极为显著。它包括生物死亡后直接沉积海底，软体部分转化为有机质，硬体骨骼直接堆积以及生物在其生活历程中所进行的一系列生物化学作用。如果这些沉积物所占比例较大，并混杂在碎屑沉积和化学沉积物中，经过成岩作用后则形成生物碎屑岩或介壳灰岩、生物礁等。

4. 半深海沉积作用

半深海离大陆较远，一般粗粒的碎屑物较难搬运到这里，故其沉积物通常以陆源泥质成分为主，也可有少量化学沉积和生物沉积。在浊流和海底地滑发育区，浊流等可将浅海的粗碎屑物及部分碳酸盐运进本区；局部有冰川碎屑和火山碎屑的沉积。半深海分布最广的沉积物是软泥，有蓝色软泥、红色软泥和绿色软泥三类，其他有珊瑚及生物碎屑、火山碎屑、冰川碎屑和浊积物等。

5. 深海沉积作用

深海由于远离陆地,沉积物主要是泥质和化学、生物物质,沉积速率小,约每千年几毫米。深海中分布最广的沉积物是钙质软泥和硅质软泥等深海生物源沉积物,其次是深海黏土(褐色黏土),还有陆源沉积物(包括冰川沉积物、风运物、浊积物等),近年还发现有大量锰结核和多金属软泥等。

七、湖泊的地质作用

(一)湖泊概述

湖泊是陆地上的积水盆地,其特征与海洋相似,只是在规模上较小,动力较弱。湖水的动力有湖浪、潮汐、湖流和浊流等机械动力以及化学动力、生物动力。湖泊是水圈中比较平静的水体,地质作用以沉积作用为主。

(二)湖泊的剥蚀和搬运作用

1. 湖泊的剥蚀作用

湖泊水对湖盆的破坏作用称为湖泊的剥蚀作用(湖蚀作用)。湖泊的剥蚀作用包括机械冲蚀、磨蚀和化学溶蚀等方式,其中以机械剥蚀为主。湖水的机械动力对湖岸的剥蚀及对物质的搬运与海水基本相似。湖蚀主要是由波浪运动引起,波浪越大,湖蚀作用越强,它主要发生在湖岸带。大湖的湖岸基岩在波浪剥蚀之下,可以形成湖蚀凹槽、湖蚀崖以及湖蚀平台(波切台地和波筑台地)等地形。

2. 湖泊的搬运作用

湖水的搬运力很小,进入湖泊的砾、砂大部分停滞在湖岸附近,只有较细的黏土才能随湖流向湖心运移。一般由湖岸到湖心,搬运物由粗到细。

(三)湖泊的沉积作用

湖泊的地质作用以沉积作用为主,湖泊的沉积过程也是湖泊发展和消亡的过程,也是有关沉积矿产的沉积过程。湖泊的沉积方式有机械沉积作用、化学沉积作用和生物沉积作用。不同气候条件(潮湿或干旱),湖泊的沉积特征不同。潮湿气候区淡水湖以机械沉积和生物沉积为主;干旱气候区咸水湖以化学沉积为主。

1. 湖泊的机械沉积作用

湖泊的机械沉积物主要来源于入湖地面流水搬运来的碎屑物质,其次是湖浪侵蚀湖岸岩石的碎屑,风、冰川、地下水也能搬运一些泥沙进入湖中。

湖泊机械沉积物具有如下特征:

(1)平面上呈环带状分布(图2-57)。表现为湖岸或近河口至湖心,由于机械沉积分异作用,沉积物由粗变细,颜色由浅变深。

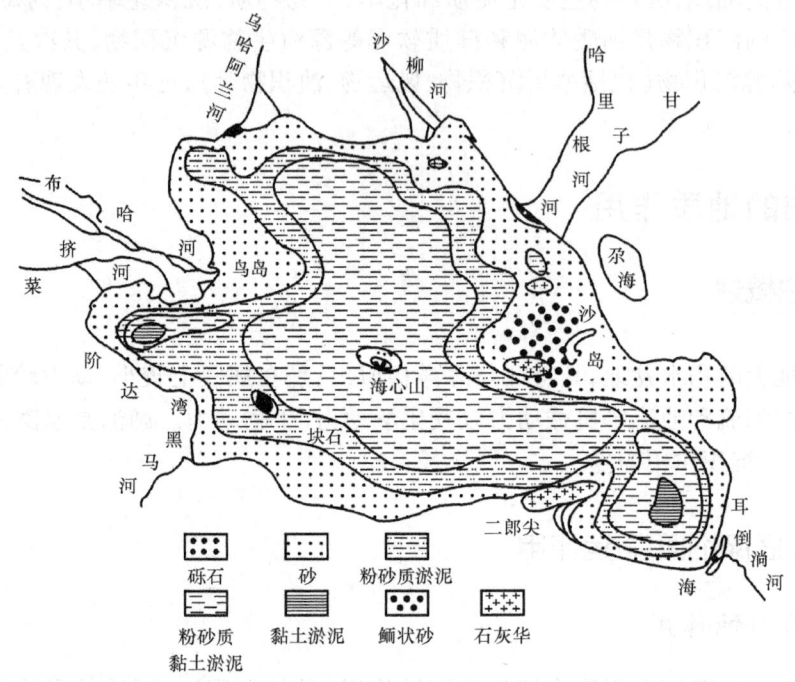

图2-57 青海湖底各种类型沉积物分布图(据中国科学院兰州地质研究所,1979)

(2)在干旱气候区湖岸带受波浪影响,可以形成湖滩、沙嘴、沙坝、湖滨三角洲等沉积地形。

(3)湖水机械沉积物较细,以细砂、粉砂、泥为主。

(4)由于气候的季节性变化,湖泊沉积物常形成年层(纹层)。表现为冬季沉积物色深、粒细、层薄,夏季色浅、粒粗、层厚。

(5)水平层理发育,可具有波痕、泥裂、足迹、雨痕等层面构造。

(6)常含有动植物化石。

2. 湖泊的化学沉积作用

湖泊的化学沉积作用主要受气候条件影响,在不同气候区湖泊化学沉积的特征有较大差异,因而从湖泊的化学沉积物特点可以推测当时湖区的气候状况。

1) 潮湿气候区湖泊的化学沉积作用

由于气候温湿雨量充沛,化学作用和生物化学作用强烈,易溶物质 Na、K、Mg 等元素被流水带走,而溶解度较小的物质,如 Fe、Mn、Al 等元素在适当的条件下(细菌作用、硫化氢作用、氧化作用)可形成低价盐化合物沉淀,并可形成菱铁矿、褐铁矿等矿物。此外,在一些湖泊中由于生物作用,还可以见到石灰岩、泥灰岩等化学沉积物,它们主要分布在浅湖—湖盆的中心部位,常为微粒结构,具有微细层理。

2) 干旱气候区湖泊的化学沉积作用

干旱气候区湖泊多为不泄水湖,由于湖水不断被蒸发,盐度不断增加,淡水湖可逐渐咸化而变为咸水湖,湖水中含盐溶液的浓度可达到过饱并发生沉淀,其沉积作用可划分四个阶段(图2-58)。

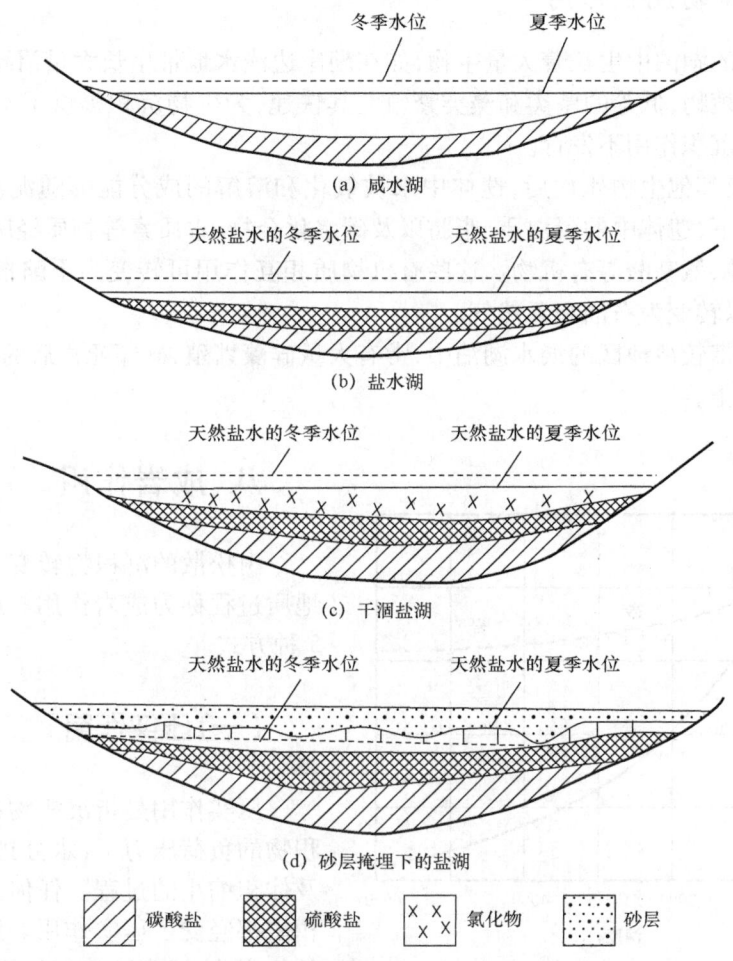

图2-58 干旱气候区湖泊的发展阶段示意图(据M.T.瓦梁什科和H.M.斯特拉霍夫,1965)

碳酸盐沉淀阶段:在湖水逐渐咸化过程中,先后析出的矿物是方解石[$CaCO_3$]→白云石[$CaMg(CO_3)_2$]→天然碱($Na_2CO_3 \cdot NaHCO_3 \cdot 2H_2O$)→苏打($Na_2CO_3 \cdot 10H_2O$),这一阶段可以形成碱类矿床,因此,这类湖泊也称为碱湖或苏打湖。此外,这一阶段还可以有较多的碎屑物沉积,它们与盐类沉积混合或单独出现。

硫酸盐沉淀阶段:湖水进一步蒸发,依次析出的矿物是石膏($CaSO_4 \cdot 2H_2O$)→硬石膏($CaSO_4$)→芒硝($Na_2SO_4 \cdot 10H_2O$)这些沉积产物多数味苦,故此类湖泊常称为苦湖。在此阶段的湖泊沉积中碎屑物较少,石膏、芒硝等可成为独立的夹层。

氯化物沉淀阶段:湖水在含盐度超过24%~25%时,就转变为天然盐水—卤水,依次析出石盐($NaCl$)→钾盐(KCl)→光卤石($KCl \cdot MgCl_2 \cdot 6H_2O$)和镁盐(水氯镁石,$MgCl_2 \cdot 6H_2O$)。氯化物的出现标志着盐湖沉积已达最后阶段。这时已极少有碎屑物质混入。这种湖泊称为盐湖。此外，湖水中若含有硼酸盐，它会在氯化物沉积阶段发生沉积，形成硼砂，当以硼酸盐矿物为主要产物时，将此类盐湖称为硼砂湖。

沙下湖阶段：当湖泊全被固体盐类填满，全年都不存在天然卤水，盐层之上通常被碎屑沉积所覆盖，成为埋藏的盐矿床，盐湖的发展即停止。

3. 湖泊的生物沉积作用

潮湿气候区的湖泊中生长着大量生物，如在湖岸边浅水地带生长大量沼泽植物，在较深水地带可生长浮水植物，低等的菌类和藻类繁殖尤其快速，为生物沉积提供了丰富的生物来源。干旱气候区生物沉积作用不发育。

藻类、菌类及其他生物死亡后，遗体中未被氧化和溶解的成分能够随泥沙一起沉积到湖底。在还原环境下，遗体中的蛋白质、脂肪以及碳水化合物、木质素等物质经厌氧细菌作用，分解成为脂肪酸、醇、氨基酸等有机物。这些有机物质相互作用可转变为干酪根，在一定埋藏条件下，干酪根可以转变为石油和天然气。

在寒带或温带较冷地区的淡水湖泊中，常有大量硅藻繁殖，硅藻死亡后的躯壳可堆积成为疏散多孔的硅藻土。

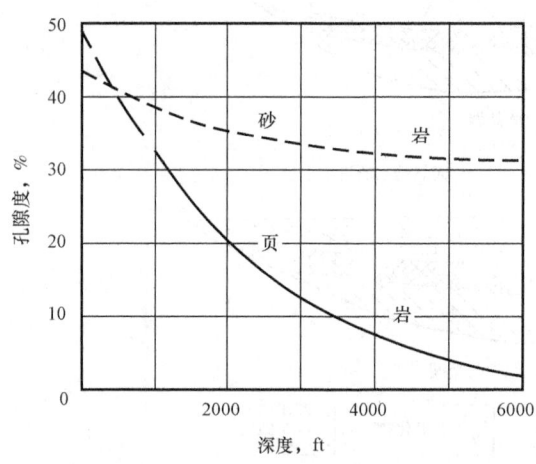

图 2-59　砂岩、页岩的孔隙度与埋藏深度的关系（据同济大学，1979）

八、成岩作用

由松散的沉积物转变为沉积岩的自然地质过程称为成岩作用。成岩作用主要有 5 种方式。

（一）压实作用

压实作用是指沉积物在上覆水体和沉积物的负荷压力下，水分排出、孔隙度降低及体积缩小的过程。任何沉积物转变为沉积岩都经受了压实作用。压实作用只有物理的变化，通常随着埋深增大，岩石的孔隙度和渗透性趋于减小（图 2-59）。所以在成岩作用阶段，压实作用是使碎屑物质，特别是黏土沉积物成岩的主要因素。

（二）胶结作用

胶结作用是指从孔隙溶液中沉淀出的矿物质（即胶结物）将松散的沉积物黏结成为沉积岩的过程。胶结作用是使碎屑沉积物成岩的关键。对于砾、砂和粉砂等碎屑沉积物，压实作用只能引起孔隙度降低和强度增加，但不能使其固结成岩，必须通过沉淀在颗粒孔隙内的化学或生物化学成因的矿物质的胶结作用，才能固结成岩。

胶结物的矿物成分种类很多，最常见的胶结物质成分是硅质（如 SiO_2）、钙质（如 $CaCO_3$）、铁质(如 Fe_2O_3)、黏土质等。这些物质是与沉积物同时形成的,或者是在成岩过程中形成的新矿物,也可以是后来地下水带来物沉淀的。胶结作用可使岩石的孔隙度和渗透性降低,特别是对岩石中那些彼此连通的孔隙影响较大。

(三)重结晶作用

重结晶作用是指在温度、压力的影响下,沉积物中的矿物组分部分发生溶解和再结晶,使非晶质变为结晶质,细粒晶变为粗粒晶,从而使沉积物固结成岩的过程。如蛋白石→玉髓→石英的转变过程。沉积物中的胶结物发生重结晶作用后,可以形成颗粒细小的矿物,使颗粒间胶结得更紧,岩石变得更坚硬。

易溶的矿物成分(如碳酸盐类)比较容易发生重结晶作用。一般颗粒越小,越容易被溶解,被溶解的成分容易沿较大颗粒重新结晶,从而使大颗粒的矿物增多、增大。碳酸钙很容易重结晶而变成较粗大的方解石晶体。重结晶作用在化学岩、生物岩及生物化学岩的形成过程中起着重要的作用。

(四)交代作用

交代作用是指一种矿物被另一种矿物替代的作用。交代作用在砂岩中最常见,如氧化硅与方解石的相互替代,黏土矿物被氧化硅或方解石替代等。碎屑岩中的胶结物被氧化硅交代,则称为硅化作用。碳酸盐在成岩阶段,沉积物内方解石($CaCO_3$)中的 Ca^{2+} 被水溶液里的 Mg^{2+} 交代,形成新矿物白云石[$MgCa(O_3)_2$]的过程称为白云化,此外还有黄铁矿化、重晶石化等。

(五)溶解作用

溶解作用指矿物或岩石被溶解蚀变的过程。当沉积物(岩)中的孔隙水(介质)的物化条件(浓度、pH 值、Eh 值、成分等)发生改变时,岩石中的部分组分由稳定变得不稳定,以致发生溶解。最常见的如长石、碳酸盐矿物和某些不稳定岩屑等的溶解。溶解作用的结果是岩石中产生次生孔隙,所以溶解作用是形成优质储集层的一个重要原因。

成岩作用特别是压实和胶结作用,使岩石的孔隙度和渗透性发生变化并直接关系到孔隙水的活动、胶结物的填充和油、气的运移聚集。压实作用可使流体从油源层中排出,并向低压处运移而进入储集层。压实作用引起的溶解和重结晶作用可以改善或降低储集层的质量。因此,研究成岩作用对油、气的运移和聚集以及油气田的开采,都具有很重要的现实意义。

思 考 题

1. 举例说明地壳是如何通过内外地质作用来改变地貌的。
2. 论述内、外动力地质作用之间的关系。
3. 论述地质作用的分类。

4. 简述火山的类型及火山机构。
5. 比较基性熔浆和酸性熔浆。
6. 论述岩浆的整合侵入体和不整合侵入体的类型及特征。
7. 论述变质作用的因素和类型。
8. 简述地震震级、地震烈度以及地震的成因类型。
9. 举例说明自然界常见的风化现象，并论述风化作用的类型、各类型的作用方式和产物。
10. 埃及沙漠中用花岗岩雕凿成的狮身人面像破损严重，面目不清，是哪些自然因素使其毁损的？
11. 为什么我国北方山区岩石出露要比南方好？
12. 画示意图说明风化壳的垂直分带性，并论述风化壳的研究意义。
13. 简述单向环流发生的部位、成因及作用结果。
14. 论述河流侵蚀作用的方式，按侵蚀作用的方向划分的类型及其主要作用结果。
15. 论述河流的沉积地貌类型及特征。
16. 绘图表示地下水的类型、运动特点及主要岩溶地貌。
17. 为什么我国广西、云南、贵州等地的岩溶地貌最为发育？它们是怎样形成的？
18. 简述冰川刨蚀作用的方式及主要冰蚀地貌。
19. 论述冰川的搬运和沉积特征。
20. 冰川的搬运作用与河流相比有何不同？比较冲积物与冰碛物的异同。
21. 论述风蚀作用的方式和常见的风蚀地貌。
22. 利用所学知识解释甘肃省敦煌市鸣沙山月牙泉的成因。
23. 简述风积地貌的类型及特征。
24. 与冲积物相比，风积物有什么主要特点？
25. 海洋如何分区？滨海和海岸带的范围有什么不同？
26. 简述基岩海岸的侵蚀地貌。
27. 滨海有哪些沉积地形？它们是如何形成的？
28. 比较干旱气候区与潮湿气候区湖泊的沉积特点。
29. 简述成岩作用及其主要作用方式。
30. 沉积物形成后可能经历哪些变化？这些变化可能会怎样影响油气的储集性能？

第三章 矿 物 学

矿物学是以矿物为研究对象的一门基础地质学科,研究矿物的化学成分、结构、形态、物理性质、成因、产状、用途以及它们的内在联系,还研究矿物在时间和空间中的分布规律及其形成和演变的历史。

矿物是在地质作用中形成的天然单质或化合物;它们具有一定的化学成分和内部结构,从而具有一定的形态和物理性质;它们在一定的物理化学条件下稳定,是组成岩石和矿石的基本单位。

由地质作用形成的矿物有固态、液态和气态三种形态。液态和气态矿物有其独特的性质和与固态矿物明显不同的研究方法。本章只介绍地壳中形成的天然的无机固体矿物。

近年来,随着科学技术的发展,矿物的研究范围扩大了,包括地球内层(地幔及地核)及宇宙空间所形成的自然产物,如组成陨石、月球岩石和其他天体的矿物,称为陨石矿物或宇宙矿物。

矿物是人类生产资料和生活资料的重要来源之一,是构成地壳岩石的物质基础。虽然自然界中的矿物有五千多种,但最常见的只有五六十种,至于组成岩石的主要矿物只不过二三十种。这些种类少、数量多、在岩石中常见的矿物,称为造岩矿物。造岩矿物在一定的地质条件下形成各种岩石和矿石。地壳中石油和天然气的生成、运移、聚集和成藏的各种过程均离不开岩石,因此矿物学是石油地质、石油工程等专业必修的基础知识。

第一节 矿物的化学成分和晶体结构

一、矿物的化学成分

化学成分是一种矿物区别于其他矿物的主要依据之一,是决定矿物物理性质和形态的内因。矿物是地壳中地质作用的产物,因此,地壳的化学成分限制了矿物的化学成分。

(一)地壳的化学元素组成

目前已知地壳中自然存在的化学元素有 90 多种,各元素在地壳中的丰度相差极大,该丰度是指元素在地壳中的平均百分含量,常以克拉克值来表示。克拉克值最大的 8 种元素是 $O(46.60\%)$、$Si(27.72\%)$、$Al(8.13\%)$、$Fe(5.00\%)$、$Ca(3.63\%)$、$Na(2.83\%)$、$K(2.59\%)$、$Mg(2.09\%)$,其总和约占地壳总质量的 99%,是地壳中常见矿物的主要化学组成,它们组成地壳的各种岩石,也被称为"造岩元素",又称"常量元素";而其余 80 多种元素的总和仅占地壳总重量的 1%,因其中的各元素在地壳中的丰度极低,故称为"微量元素"。

地壳中的各种化学元素,在各种地质作用下不断进行化合,形成各种矿物。丰度值高的元素,形成的矿物种类较多;含氧盐和氧化物矿物分布最广,其中硅酸盐矿物占矿物种总数的

24%，占地壳总重量的3/4；氧化物矿物占矿物种总数的14%，占地壳总重量的17%。克拉克值的大小有时能反映元素在地壳中局部富集，如Fe、Al等，但有时不能反映，如锆的克拉克值比铅大12倍，钛比锌大120倍，实际上却常有铅锌矿，而锆、钛较分散，不易集中成矿体。故元素富集除与克拉克值有关外，还与元素地球化学性质及地质作用有关。

(二)矿物的化学成分类型

地壳中产出的矿物，就其化学组成来说，可分为两大类型：单质矿物、化合物矿物。

1. 单质矿物

单质矿物为基本上由一种元素的原子自相结合组成的矿物，如金刚石(C)、自然硫(S)、自然金(Au)等。在自然界里这样的矿物数量不多。

2. 化合物矿物

化合物矿物为两种或两种以上不同元素的离子或络阴离子等组成的矿物。自然界的矿物绝大多数都是化合物，按组成情况又可分为简单化合物、络合物、复化物。

简单化合物：由一种阳离子和一种阴离子化合而成，成分比较简单，例如石盐($NaCl$)、方铅矿(PbS)、石英(SiO_2)以及刚玉(Al_2O_3)等。

络合物：由一种阳离子和一种络阴离子组合而成，为数最多，常形成各种含氧盐矿物，如方解石($Ca[CO_3]$)、硬石膏($Ca[SO_4]$)等。

复化物：大多数的复化物是由两种或两种以上的阳离子和一种阴离子或络阴离子构成，如铬铁矿($FeCr_2O_4$)和白云石($CaMg[CO_3]_2$)；也有由一种阳离子与两种阴离子构成的，如孔雀石($Cu_2[CO_3](OH)_2$)。

二、矿物的晶体结构

固体矿物按其内部质点的排列方式不同可分为晶质矿物和非晶质矿物两类。

绝大多数固体矿物为晶质矿物。德国物理家冯·劳埃(1879—1960)用X射线观测晶体，发现不论晶体的外形如何，内部的原子、离子、分子都是有序的排列，即矿物内部质点(原子、离子或分子)在三维空间呈有规律的周期性重复排列而构成格子状构造，且反映出固定的几何外形。例如，在石盐($NaCl$)的晶体结构中Na^+和Cl^-离子在任一方向上都是按一定间隔重复出现并组成格子状图形(图3-1)。凡内部质点在三维空间呈周期性重复排列(即具有格子状构造)的固体都称为晶体。

常见的晶体结构有如下几种类型，晶体结构是影响晶体外表形态的重要因素。

(1)岛状结构：结构中存在原子团，团内的键强远大于团外的键强，晶体常呈粒状，如橄榄石($(Mg,Fe)_2[SiO_4]$)。

(2)环状结构：结构中的配位多面体以角顶联结形成封闭的环，环与环间则借助其他金属阳离子来维系，晶体常呈粒状或柱状，如绿柱石$Be_3Al_2[Si_6O_{18}]$。

(3)链状结构：最强的键趋向于单向分布。原子或配位多面体联结成链状，链间以弱键或数量较少的强键相联结，晶体常呈柱状，如辉石($(Mg,Fe)_2[Si_2O_6]$)。

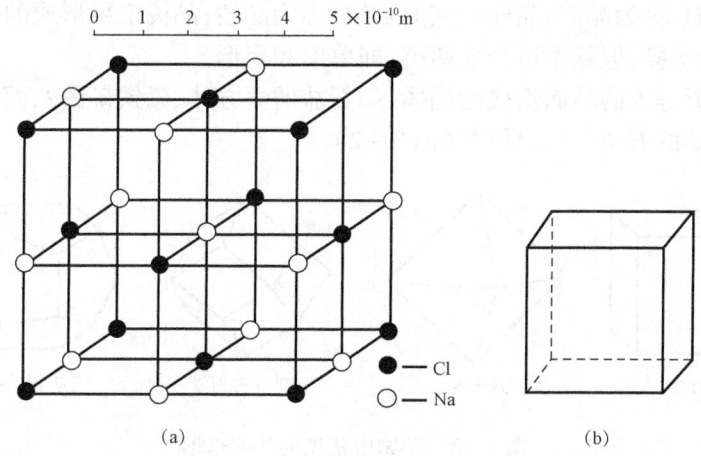

图3-1　石盐的内部构造(a)和晶体(b)(据李叔达,1994)

(4)层状结构:最强的键沿二维空间分布,原子或配位多面体联结成平面网层,层间以分子键或其他弱键相联结,晶体常呈板状或片状,如石墨C。

(5)架状结构:最强键在三维空间均匀分布,但配位多面体主要以共角顶联结,同一角顶联结的配位多面体不超过2个,因而结构开阔,如α-石英SiO_2。

(6)配位型结构:晶格中只有一种化学键在三维空间均匀分布,如金刚石C。

(7)分子型结构:晶体中的结构单位为中性分子,分子内部通常以较强的共价键联结,分子间以微弱的分子键相联系,如自然硫S_8。

自然界只有少数固体矿物为非晶质矿物,其内部质点排列无规律(即不具有格子状构造),也没有规则的几何外形。凡内部质点在三维空间不做周期性重复排列的固体都是非晶质体,火山玻璃及一些胶体凝固矿物如蛋白石、玛瑙等属非晶质矿物。随着时间的延长,非晶质矿物可自发转变为晶质矿物。

第二节　矿物的形态

矿物的形态即矿物的单体及集合体的形状。具有一定成分和内部结构的矿物具有一定的晶体形态特征,因此在矿物鉴定上具有重要意义。另外,矿物的形态也受生长环境的影响,因此它又具有成因上的意义。因此,矿物的形态是鉴定矿物和判断成因的重要依据。

一、矿物的单体形态

只有晶质矿物才有可能呈现单体,所以矿物的单体形态就是指矿物单晶体的形态。晶质矿物在有利的条件下都能自发地生长成规则的几何多面体外形。晶体的大小不等,小的可以为几微米到几毫米,大的可以达几十厘米甚至几米以上。

(一)晶形

在适当的环境里,例如有使晶体生长的足够空间,矿物晶体往往可以形成一定的几何外形,即具有平整的面,称为晶面;晶面相交的直线,称为晶棱;晶棱汇聚形成的尖称为角顶。

晶体形态多种多样,但基本可分成两类,即单形和聚形。

单形:是由同形等大的晶面组成的晶体,如石盐的立方体、磁铁矿的八面体、石榴子石的菱形十二面体、黄铁矿的五角十二面体等(图3-2)。

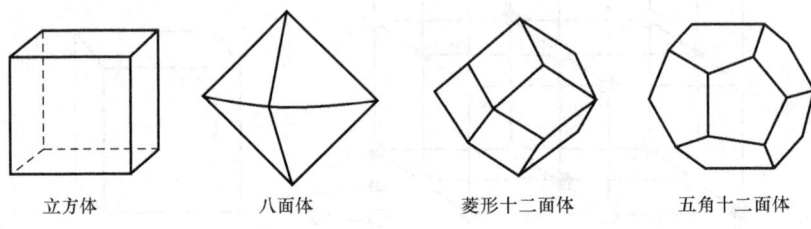

立方体　　　八面体　　　菱形十二面体　　　五角十二面体

图3-2　矿物中常见的几何单形

聚形:是由两种或两种以上的单形组成的晶体。聚形的特点是在一个晶体上具有大小不等、形状不同的晶面(图3-3)。应该指出,自然界晶体在结晶过程中因受各种条件限制,往往形成不甚规则或不甚完整的晶形(图3-4)。

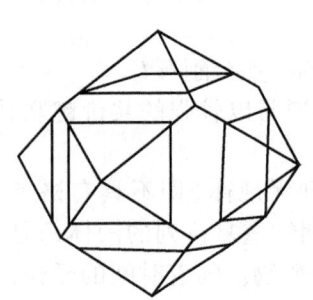 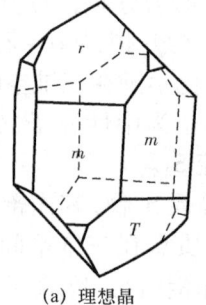 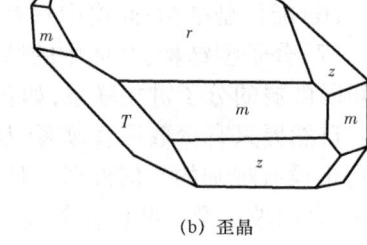

　　　　　　　　　　　　　　(a) 理想晶　　　　　(b) 歪晶

图3-3　菱形十二面体与　　　图3-4　不同形态的石英晶体
　　　立方体的聚形　　　　　六方柱 $m\{10\bar{1}0\}$;菱面体 $r\{10\bar{1}1\}$;$z\{01\bar{1}1\}$

(二)晶体习性

在相同条件下生长的同种晶体,总是趋向于形成某种特定的晶形和形态特征。这也就是说,各种晶体在形态上都有自己的习性。所以,在相同生长条件下形成的同种晶体所具有的习见形态,称为该矿物晶体的晶体习性(也称结晶习性或晶习)。

根据晶体沿空间三个相互垂直方向上发育的相对程度,可将晶体习性分为三类(图3-5)。

(1)三向等长:晶体在三个方向上发育相等,呈粒状或等轴状,如石榴子石、黄铁矿、磁铁矿等。

(2)二向延展:即晶体沿两个方向特别发育,另一个方向发育差,晶体呈片状、板状,如石墨、云母、重晶石等。

(3)一向延伸:即晶体沿一个方向特别发育,其余两个方向发育差,晶体呈柱状、针状、纤维状等,如石英、角闪石、石棉、纤维状石膏等。

显然,在上述三种基本类型之间还可以存在过渡类型,如有长柱状、短柱状、厚板状或板柱状等。

此外,还有些矿物晶体的晶面上常具有一定形式的条纹,称晶面条纹。如在黄铁矿的立方体晶面上,具有互相垂直的晶面条纹,在石英晶体的六方柱晶面上具有横的晶面条纹,在电气石晶体的柱面上具有纵的晶面条纹,在斜长石晶面上常有细微密集的双晶条纹(图3-5)。这些特征对于鉴定矿物也有一定意义。

 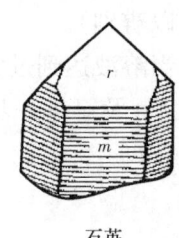  

　　黄铁矿　　　　　　　石英　　　　　　　电气石　　　　　　斜长石

图3-5　矿物的晶面条纹与双晶条纹

(三)双晶

在天然晶体中,常发现两个或两个以上的同种晶体按一定的对称规律形成的各种规则连生体,称为双晶。最常见的有三种类型:

接触双晶——由两个相同的晶体以一个简单平面相接触而成。

穿插双晶——由两个相同的晶体按一定角度互相穿插而成。

聚片双晶——由两个以上的晶体按同一规律,彼此平行重复连生一起而成。对某些矿物来说,双晶是重要的鉴定特征之一。

二、矿物的集合体形态

自然界矿物可呈单独晶体出现,但大多数是以集合体或胶体形式出现的。同种矿物多个单体聚集在一起的整体称为物集合体。研究矿物集合体形态在矿物鉴定及矿物成因研究上有很大意义。矿物集合体形态取决于单体的形态和它们的集合方式。根据集合体中矿物颗粒大小(或可辨度)可分为以下三种:肉眼可以辨认单体的为显晶集合体,显微镜下才能辨认单体的为隐晶集合体,在显微镜下也不能辨认单体的为胶态集合体。

(一)显晶集合体形态

按单体的结晶习性及集合方式的不同,可将显晶集合体分为以下几种类型(图3-6):

1. 粒状集合体

由许多粒状单体任意集合形成的集合体。按其颗粒大小划分,一般可分为:

粗粒状集合体(颗粒直径>5mm)、中粒状集合体(颗粒直径1~5mm,肉眼易辨别)、细粒

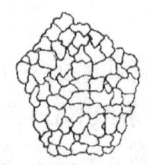  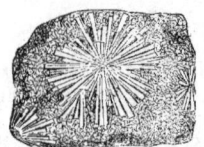  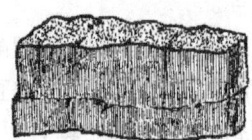

粒状（大理岩）　　片状（云母）　　放射柱状（红柱石）　　束状（针铁矿）　　纤维状（石棉）

图 3-6　矿物显晶质集合体形态

状集合体(颗粒直径<1mm,有颗粒感,借助放大镜可以辨别)。

粒状集合体多半是从溶液或岩浆中结晶而成的,当溶液达到过饱和或岩浆逐渐冷却时,其中即发生许多"结晶中心",晶体围绕结晶中心自由发展,及至进一步发展受到周围阻碍,便开始争夺剩余空间,结果形成外形不规则的粒状集合体。

2. 片状、鳞片状、板状集合体

由结晶习性为二向延展的单体任意集合形成的集合体,集合体以单体的形状命名:如单体呈片状者,称为片状集合体,单体呈鳞片状者,称为鳞片状集合体,石墨、云母等常形成片状、鳞片状集合体;单体呈板状者,称为板状集合体,如重晶石常形成板状集合体。

3. 柱状、针状、纤维状、毛发状、束状、放射状集合体

此类集合体为由一向延伸的单体集合形成的集合体。柱状、针状、毛发状集合体中的单体是呈不规则排列的;若细长单体规则地平行排列,称为纤维状集合体,如石棉、石膏等;如单体成束状排列,则称束状集合体;如果单体围绕某些中心成放射状排列,称为放射状集合体。

图 3-7　石英晶簇

4. 晶簇

晶簇是指在岩石的空洞或裂隙中,以洞壁或裂隙壁作为共同基底而生长的单晶体所组成的簇状集合体(图 3-7)。它们一端固着于共同的基底上,另一端则自由发育而形成良好的晶形。常见的晶簇有石英晶簇和方解石晶簇等,生长晶簇的空洞叫晶洞。许多良好晶体和宝石是在晶洞中发育而成的。

（二）隐晶和胶态集合体

这类集合体可以由溶液直接结晶或由胶体生成。由于胶体的表面张力作用,常使集合体表面趋于圆形。胶体老化后常变成隐晶质或显晶质,因而使球状体内部产生放射状或纤维状构造。此外,隐晶和胶态集合体还可呈致密块状及土状等。常见的隐晶质和胶态集合体形态如下:

1. 结核体

矿物溶液或胶体溶液围绕某一核心自内向外逐渐生长而形成的球状、透镜状或瘤状的集合体,称为结核。其大小可由数厘米到数十厘米甚至更大。多存在于沉积岩中,由胶体作用形

成。结核内部常具同心层状构造,当胶体老化后,往往可以看到有细长的晶体从中心向外呈放射状排列而具有放射状构造,如黄铁矿结核(图3-8)等。最常形成结核状的矿物有磷灰石、菱铁矿、褐铁矿、蛋白石等。结核也可出现在疏松的沉积物中,如我国北方黄土中常有方解石结核。

2. 分泌体

矿物溶液或胶体溶液在形状不规则的或球状的岩石空洞中从洞壁向中心层层沉淀所形成的集合体。其内部多数具有同心层状构造,各层在成分和颜色上往往有所差别而构成条带状色环,如玛瑙。空洞常未填满,中心部分是空的,周壁常见晶簇或钟乳状体嵌布。分泌体平均直径小于1cm者通称为杏仁状体,如火山岩气孔中充填的方解石白色杏仁体;平均直径大于1cm者称为晶腺,如玛瑙的晶腺(图3-9)。

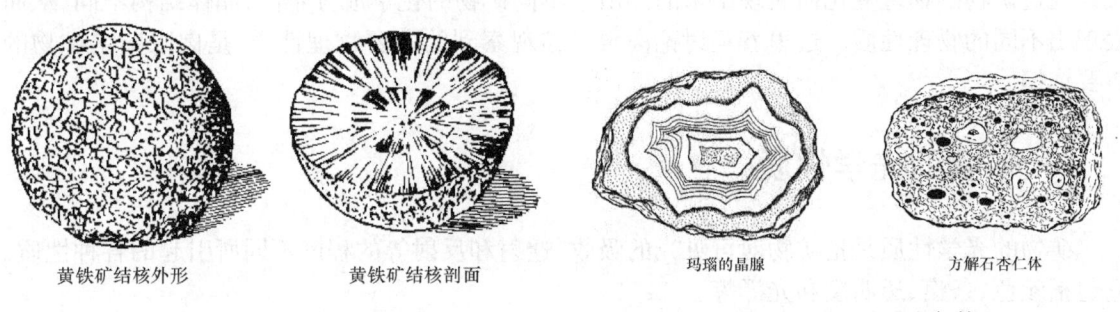

图3-8 结核   图3-9 晶腺及杏仁体

3. 鲕状及豆状集合体

此类集合体由沉积作用形成,常常是围绕着某一物质(矿物碎片、生物碎屑、气泡等)生长而形成的。常具同心层状构造,若半数以上的球粒直径小于2mm形同鱼子状的,称为鲕状集合体,如鲕状赤铁矿(图3-10)、鲕状铝土矿等;若大多数球粒直径大于2mm形同豌豆状的,称为豆状集合体。

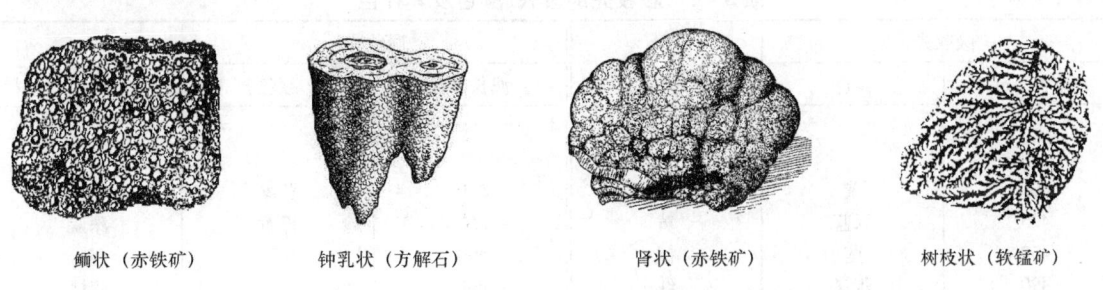

图3-10 矿物集合体形态

4. 钟乳状、葡萄状、肾状集合体

此类集合体通常是由真溶液或胶体溶液凝聚,逐层堆积形成的,内部常具有同心层状和放射状构造。其外表形状常呈葡萄状和肾状,如肾状赤铁矿(图3-10)等;附着于洞穴顶部自上而下生长者称为石钟乳,溶液下滴至洞穴底部而凝固,逐渐向上生长者称为石笋,石钟乳和石

笋上下相连即成石柱,如石灰岩洞中由 $CaCO_3$ 形成的钟乳石(图 3-10)、石笋和石柱等。

5.树枝状集合体

在岩石裂缝中还常发现一种黑色的树枝状物质,酷似植物化石,但缺少植物应有的结构(如叶脉等),为树枝状集合体,也称为假化石。这是由氧化锰等溶液沿着裂缝渗透沉淀而成的(图 3-10)。

第三节 矿物的主要物理性质

矿物的物理性质包括矿物的光学性质、力学性质、电学性质、热学性质和其他性质,这些性质是通过矿物的物理变化而表现出来的。由于不同矿物的化学成分不同,晶体结构不同,从而表现出不同的物理性质。这里着重讨论肉眼能够观察到的主要物理性质,是肉眼鉴定矿物的重要依据。

一、矿物的光学性质

矿物的光学性质是指矿物对可见光的吸收、透射和反射等的程度不同所引起的各种性质。它包括颜色、条痕、透明度和光泽等。

(一)颜色

颜色是矿物吸收可见光后所呈现的色调。若矿物对可见光中各种波长的光波均匀吸收,则随吸收程度的由小变大而呈白、灰、黑色;若对各种波长的光波选择性吸收,则呈现被吸收色光的补色(表 3-1)。矿物有时因混有不同杂质或其他原因而使本身的颜色发生一定的变化。矿物具有各种颜色,如赤铁矿、黄铁矿、孔雀石、蓝铜矿、黑云母等都是根据颜色命名的。

表 3-1 吸收光的波长、颜色及其补色

吸收光		补色	吸收光		补色
波长,nm	颜色	(观察到的颜色)	波长,nm	颜色	(观察到的颜色)
400	紫	绿黄	530	黄绿	紫
425	深蓝	黄	550	橙黄	深蓝
450	蓝	橙	590	橙	蓝
490	蓝绿	红	640	红	蓝绿
510	绿	玫瑰	730	玫瑰	绿

由于矿物颜色受多种因素影响而有自色、他色和假色之分。

自色:即矿物本身固有的颜色,对同一种矿物来说,一般是比较固定的,因此是鉴定矿物的重要标志之一。例如,黄铜矿的铜黄色、孔雀石的翠绿色、磁铁矿的铁黑色等(表 3-2)。

表 3-2　常见色素离子的颜色

离子	Ti^{4+}	Fe^{2+}	Fe^{3+}	$Fe^{2+}+Fe^{3+}$	Cu^{2+}	Mn^{4+}	Mn^{2+}
颜色	褐(红)	绿	褐、红	黑	蓝或绿	玫瑰	黑
矿物	榍石	海绿石	褐铁矿 赤铁矿	磁铁矿	孔雀石	菱锰矿	软锰矿

他色：是指矿物因含外来带色杂质而引起的颜色。如纯净水晶（SiO_2）是无色透明的，若其中混入微量不同的杂质，即可具有紫色、粉红色、褐色、黑色等。无色、浅色矿物常具他色，他色随杂质不同而改变，因此一般不能作为矿物鉴定的主要特征。

假色：矿物的颜色是由某些化学的和物理的原因而引起的。如片状集合体矿物（如云母）常因光线干涉而产生颜色，称为晕色；容易氧化的矿物在其表面往往形成具一定颜色的氧化薄膜，氧化薄膜的颜色称为锈色，例如斑铜矿的新鲜表面本是暗铜红色的，但由于其表面的氧化薄膜的影响，造成了蓝、紫混杂的斑驳色彩，就像水面上的油膜呈现的颜色一样。假色只对个别矿物（如斑铜矿等）具有鉴定意义。

颜色是矿物中最直观、最易于识别的一种性质，对于鉴定矿物和找矿都具有重要意义。

(二) 条痕

矿物粉末的颜色称为条痕。通常是利用条痕板（无釉白瓷板）观察矿物在其上划出的痕迹的颜色。条痕的作用是消除假色，减弱他色，固定自色。有些矿物，如赤铁矿，其颜色可能有赤红、黑灰等色，但其条痕则为樱红色，是一致的；有些矿物如自然金、黄铁矿，其颜色大体相同，但其条痕则相差很远，前者为金黄色，后者则为黑或黑绿色。因此条痕在鉴定矿物方面具有重要意义。

(三) 光泽

矿物表面反射光线的能力称为光泽。矿物新鲜表面反射出来的光线越多，光泽越强，是鉴定矿物的重要特征，矿物的光泽按其强弱可以分为以下几种。

金属光泽：矿物表面反光最强，如同磨光的金属表面所呈现的光泽。大多数金属矿物具有金属光泽，如黄铁矿、方铅矿、自然金等。

半金属光泽：较金属光泽稍弱，如同未经磨光的金属表面所呈现的光泽，较暗淡。赤铁矿、磁铁矿等具有这种光泽。

非金属光泽：是一种不具金属感的光泽，反光能力都比金属和半金属光泽弱。又可分为金刚光泽（光泽闪亮耀眼，以金刚石为典型代表而得名，如金刚石、闪锌矿等的光泽）和玻璃光泽（像普通玻璃一样的光泽，大约占矿物总数70%的矿物，如水晶、萤石、方解石等都具有玻璃光泽）。

此外，由于矿物表面的平滑程度或集合体形态的不同，造成光线散射、内反射，常常呈现出一些特殊的变异光泽，主要有以下四类。

油脂光泽：颜色浅、具玻璃光泽或金刚光泽的矿物，在其不平坦的断面所呈现的如同油脂面上见到的光泽。如石英，晶面为玻璃光泽，断口为油脂光泽。

珍珠光泽:浅色透明矿物如白云母等的解理片上所呈现的如珍珠表面的那种柔和多彩的光泽。

丝绢光泽:具纤维状集合体的矿物(如石棉及纤维状石膏等)所呈现的蚕丝或丝织品那样的光泽。

土状光泽:具粉末状的矿物集合体(如高岭石)所呈现的如土块那样的光泽。

(四)透明度

矿物允许可见光透过的程度,称为矿物的透明度。一般是隔着矿物碎片边缘观察光源一侧的物体。根据所见物体的清晰程度,可将矿物的透明度大致分为三级,即透明、半透明和不透明。

透明矿物:矿物能全部透过光线,并能透视物体,如水晶、冰洲石等。

半透明矿物:矿物只能部分透光,能模糊地透视物体,如辰砂、闪锌矿等。

不透明矿物:矿物不透光,矿物碎片边缘不能透视物体,如黄铁矿、磁铁矿、石墨等。

一般所说矿物的透明度与矿物的大小厚薄有关。大多数矿物标本或样品,表面看是不透明的,但碎成小块或切成薄片却是透明的,因此不能认为其为不透明。

透明度又常受颜色、包裹体、气泡、裂隙、解理以及单体和集合体形态的影响。例如无色透明矿物,其中含有众多细小气泡就会变成乳白色;又如方解石颗粒是透明的,但其集合体就变成不完全透明。

矿物的颜色、条痕、光泽和透明度之间有内在联系,在观察时要注意它们的相互关系(表3-3)。

表3-3 矿物光学性质对照表

颜色	无色或白色	浅(彩)色	深色	金属色
条痕	无色或白色	无色或白色	浅色或彩色	深色或金属色
光泽	玻璃————金刚————半金属————金属			
透明	透明————半透明————不透明			

二、矿物的力学性质

矿物的力学性质是指矿物受外力作用(敲打、刻划等)后所表现出的性质,包括硬度、解理与断口、延展性、弹性和脆性等。其中以硬度和解理对矿物的鉴定最有意义。

(一)硬度

硬度指矿物抵抗外力刻划、压入、研磨的能力。在矿物的肉眼鉴定中,通常用由十种矿物的硬度构成的摩氏硬度计作为衡量硬度等级的标准(表3-4)。其他矿物的硬度是与摩氏硬度计中的标准矿物互相刻划,比较相对软硬来确定的。这样测定的矿物的硬度称为相对硬度。

例如,将欲测定的矿物与硬度计中某矿物(假定是方解石)相刻划,若彼此无损伤,则硬度相等,即可定为3;若此矿物能刻划方解石,但不能刻划萤石,相反却为萤石所刻划,则其硬度当在 3~4 之间,因此可定为 3.5……其余类推。

摩氏硬度计只代表矿物硬度的相对顺序,而不是绝对硬度的等级。

表 3-4 摩氏硬度计

矿物	滑石	石膏	方解石	萤石	磷灰石	正长石	石英	黄玉	刚玉	金刚石
相对硬度	1	2	3	4	5	6	7	8	9	10

在野外工作中,常用一些更简便的物体来代替硬度计,如指甲(约 2.5)、小刀(5.5)、石英(7)等。据此,可以把矿物硬度粗略分成软(硬度小于指甲)、中(硬度大于指甲,小于小刀)、硬(硬度大于小刀)三等。

测定硬度时必须选择新鲜矿物的光滑面试验,才能获得可靠的结果。较软的矿物上留下被刻划的痕迹,较硬的矿物上则粘有较软矿物的粉末。对于粒状、纤维状矿物,不宜直接刻划,而应将矿物捣碎,在已知硬度的矿物面上摩擦,视其有否擦痕来比较硬度的大小。

(二)解理与断口

矿物晶体在外力的作用下按一定方向破裂并产生光滑平面的性质叫作解理。裂成的光滑平面称为解理面。相同方向的一系列解理,构成一组解理。如云母只有一组解理,可以揭成一页一页的薄片;有的矿物具有二组解理(如长石、角闪石)、三组解理(方解石、白云石、石盐)、四组解理(萤石)以及多组解理。矿物解理的组数多少,由内部质点的排列方式(即晶体结构)所决定。如方解石具有三组解理,外形总是菱面体,敲碎后碎块再小仍为菱面体(图 3-11)。若矿物受外力作用,沿任意方向破裂后所出现的各种不规则的断面称为断口。根据断口的形状,可以分为贝壳状断口、锯齿状断口、参差状断口、平坦状断口等。其中最常见的是在石英、火山玻璃上出现的具同心圆纹的贝壳状断口(图 3-12)。一些自然金属矿物常出现尖锐的锯齿状断口。

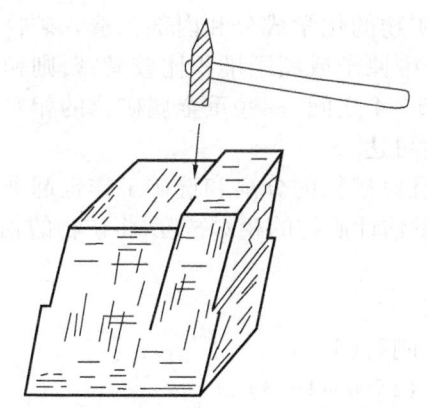

图 3-11 方解石的解理(据张家环,1986)

图 3-12 石英的贝壳状断口

根据解理产生的难易、解理片的厚薄、解理面的大小及平整光滑程度,可将解理分为五级。

极完全解理:极易获得解理,解理片极薄,解理面大而平整光滑,如云母、石膏等。

完全解理:易获得解理,矿物晶体常裂成平滑小块或薄板,解理面相当光滑,如方解石、石盐等。

中等解理:较易获得解理,解理面往往不能一劈到底,不很光滑,且不连续,解理与断口共存,常呈现小阶梯状,如普通辉石等。

不完全解理:较难得到解理,解理面小且不光滑平坦,以断口为主,如磷灰石等。

极不完全解理(无解理):很难得到解理,肉眼看不见解理面,如石英、磁铁矿等。

由此可见,矿物的解理与断口出现的难易程度是互为消长的。也就是说,在容易出现解理的方向则不易出现断口。一个晶体上如被解理面包围越多,则断口出现的机会越少。

对具有解理的矿物来说,同种矿物的解理方向和解理程度总是相同的,性质很固定。因此,解理是鉴定矿物的重要特征之一。

3. 其他力学性质

脆性:矿物受力极易破碎,不能弯曲,称为脆性。这类矿物用刀尖刻划即可产生粉末。大部分矿物具有脆性,如方解石等。

延展性:矿物受力发生塑性变形,如锤成薄片、拉成细丝,这种性质称为延展性。这类矿物用小刀刻划不产生粉末,而是留下光亮的刻痕,如自然金、自然铜等。

弹性:矿物受外力变形,外力取消后能恢复原状的性质,称为弹性。如云母,屈而能伸,是弹性最强的矿物。

挠性:矿物受外力变形,外力取消后不能恢复原状的性质,称为挠性。如绿泥石,屈而不伸,是挠性明显的矿物。

三、矿物的其他物理性质

(一)矿物的相对密度

矿物的相对密度是指纯净的矿物在空气中的质量与4℃时同体积水的质量之比值,因水在4℃时的密度为$1g/cm^3$,所以,矿物相对密度的数值与其密度的数值相等。

各种不同矿物的相对密度相差很大,主要取决于矿物的化学成分和内部构造。矿物的化学成分中若含有原子量大的元素或者矿物的内部构造中原子或离子堆积比较紧密,则相对密度较大;反之则较小。大多数矿物的相对密度介于2.5~4之间;一些重金属矿物的相对密度常在5~8之间;极少数矿物(如铂族矿物)的相对密度可达23。

矿物的相对密度不仅对鉴定矿物有实际意义,而且对矿物的分离和选矿工作也起着重要的作用。在矿物的肉眼鉴定工作中,常凭经验用手掂量估计矿物的相对密度,将矿物的相对密度为分为三级:

轻级:相对密度<2.5,如石盐(2.1~2.2)、石膏(2.3)。

中级:相对密度在2.5~4之间,如石英(2.65)、金刚石(3.5)。

重级:相对密度>4,如方铅矿(7.4~7.6)、自然金(15.6~19.3)。

在矿物的重砂分析工作中,是以常用重液——三溴甲烷的相对密度2.86为界,将相对密度大于2.86的矿物称为重矿物,低于此值的称为轻矿物。

(二)磁性

矿物的磁性是指矿物可被外磁场吸引或排斥的性质。

在矿物的肉眼鉴定中,通常只使用普通的磁铁来测试矿物的磁性,能被普通磁铁吸引的,称为磁性矿物,如磁铁矿等;不能被普通磁铁吸引的则统称为"无磁性"矿物。磁性是含铁、钴、镍的少数矿物所特有的性质。

矿物的磁性,对于鉴定矿物、分离矿物、选矿及磁法找矿都具有重要的意义。

此外,石盐有咸味,泻盐有苦味,石墨和滑石等手摸有滑腻感,自然硫有硫臭味,高岭石吸水黏舌头等,这些都是容易觉察到的性质,也是鉴定矿物的特征之一。

总之,矿物的物理性质很多,但对不同的矿物而言,各有其特点。因此,在鉴定矿物时,应充分利用各种感官,抓住矿物的主要特征,注意从矿物的个性入手,并结合其他特征进行综合鉴别。

第四节 矿物分类及常见的矿物

一、矿物的分类

目前在矿物学中比较合理并得到广泛采用的矿物分类,是以矿物的化学成分和晶体结构为依据而制订出来的一种晶体化学分类体系。这一分类体系之所以比较合理和适用,主要是它能将矿物的化学成分与晶体结构紧密地联系起来,并能从本质上阐明矿物的形态和物理性质,而且,在一定程度上还可反映自然界元素间相互结合的一般规律性。通常将矿物分为五大类。

(一)自然元素矿物

此大类矿物是自然界中呈元素单质状态产出的矿物。已知的该大类矿物约 50 多种,占地壳质量的 0.1%。主要包括金、银、铜、铂等金属元素矿物和砷、锑、铋、碲、硒等半金属元素矿物及硫、碳等非金属元素矿物,也有几种气态元素和很少的液态元素矿物(如自然汞)。对工业有重要意义的有自然金、自然银、自然铜、自然铂、金刚石、石墨及自然硫等,为重要的矿产资源。

(二)硫化物及其他类似化合物矿物

此大类矿物为一系列金属元素与硫、硒、碲等组成的化合物,以硫化物最多。已知的硫化物矿物约有 300 余种,约占地壳质量的 0.25%。常见的硫化物矿物主要有黄铁矿、黄铜矿、方铅矿、闪锌矿、辉锑矿、辉钼矿等,它们都是工业上有色金属及部分稀有金属的主要矿物原料。

(三)氧化物及氢氧化物矿物

此大类矿物是由一系列金属阳离子及非金属阳离子与 O^{2-} 或 OH^- 相结合而形成的化合物。最常见的阳离子是 Si、Fe、Al、Mn、Ti 等。已知此类矿物约有 200 余种,占地壳质量的 17%。其中,硅的氧化物(即石英 SiO_2)分布最多,约占地壳质量的 12.6%;铁的氧化物和氢氧化物(如赤铁矿、磁铁矿、褐铁矿等)分布也较广泛,占地壳质量的 3%~4%;此类矿物中常见的还有铝土矿、刚玉、软锰矿、硬锰矿、锡石等。本大类矿物是工业上铁、铬、锰、钛等矿石的主要来源。

(四)含氧酸盐矿物

此大类矿物是各种含氧酸根(如 SiO_4^{4-}、CO_3^{2-}、SO_4^{2-}、PO_4^{3-}、WO_4^{2-} 等)与金属阳离子结合而形成的化合物。根据含氧酸根可进一步分为硅酸盐、碳酸盐、硫酸盐、磷酸盐、钨酸盐等矿物。其中最主要的是硅酸盐类矿物,硅酸盐类矿物已知约有 800 余种,是组成地壳的最主要矿物,其总量估计占地壳质量的 80%。其中最常见、分布最广的主要有长石(包括钾长石、斜长石等,约占地壳质量的 59.5%)、普通辉石、普通角闪石、橄榄石、云母(包括黑云母、白云母等),较常见的矿物有绿泥石、高岭石、石榴子石、红柱石、蓝晶石、绿帘石、蛇纹石、滑石等。

碳酸盐类矿物约有 80 余种,分布最广的矿物为方解石和白云石,硫酸盐类矿物约有 260 种,常见的矿物有石膏、重晶石等。磷酸盐矿物中以磷灰石为常见。钨酸盐矿物中以黑钨矿及白钨矿为常见。

此大类矿物均呈固态,是大部分非金属矿物原料的主要来源。

(五)卤化物矿物

此大类矿物是卤族元素(F、Cl、Br、I)与 K、Na、Ca、Mg 等元素化合而成的矿物。其种类较少,在地壳中的含量甚低。常见的矿物有石盐(NaCl)、钾盐(KCl)、萤石(CaF_2)等,它们都是工业上重要的矿产原料。

二、矿物的命名

目前世界上已知矿物已达五千余种,每一种矿物都有它自己固定的名称。矿物命名有各种不同的依据,有的是根据矿物本身的特征,如化学成分、形态、物理性质等命名的,有的是以发现该矿物的地点或人的名字来命名的。但以矿物特征命名的为多,这有助于熟悉该矿物的成分和性质。我国习惯上多将呈现金属光泽的或者是可以从中提炼金属的矿物,称为××矿,如黄铜矿、方铅矿等;多将非金属光泽的矿物,称为××石,如方解石、重晶石等;多将宝玉石类矿物(供作宝石、玉石料的矿物),称为×玉,如刚玉、软玉;多将地表次生并呈松散状的矿物,称为×华,如钴华、钨华等;多将经常以细小颗粒产出的矿物,称为砂,如辰砂、硼砂等;多将易溶于水的硫酸盐(铅矾 $PbSO_4$ 例外),称为×矾,如明矾、胆矾等。了解上述字尾的用法,对掌握矿物的某些性质是很有帮助的。

三、常见的矿物

地壳中的矿物种数虽然很多,但数量较多且分布较广的矿物并不多。据统计,长石占地壳总质量的 59.5%,石英占 12.6%,辉石、角闪石、橄榄石共占 16.8%,云母占 3.8%,含钛矿物占 1.5%,磷灰石占 0.5%。根据专业需要,本节选 12 种常见矿物加以介绍。

(一)石英 SiO_2

石英常为柱状和锥状晶体,柱面上有横纹,其集合体有晶簇状、粒状,致密块状。

无色或乳白色、紫、烟灰、黑等色,晶面为玻璃光泽,断口为油脂光泽,透明至半透明;硬度7,无解理,贝壳状断口;相对密度2.65。无色透明者称为水晶,另外还有含有杂质而带颜色的紫水晶、烟水晶等。石英类矿物化学性质稳定,不溶于酸(氢氟酸除外)。

鉴定特征:六方柱及晶面横纹,典型的玻璃光泽,很大的硬度(小刀不能刻划),无解理,贝壳状断口及断口上具油脂光泽。隐晶质各类具明显的似角质光泽、贝壳状断口和硬度大。

石英在三大类岩石中皆有产出,是地壳中分布最广的矿物之一,并且是组成碎屑岩的主要成分,在岩石中呈粒状。

石英用途很广,可作光学器皿,精密仪器的轴承,钟表的"钻石"等;石英砂可用作油层压裂、研磨材料、玻璃及陶瓷等工业的原料;质纯透明、无裂隙、无双晶和包裹体的石英晶体,大小为 $2cm \times 2cm \times 2cm$ 时,可作压电石英片用于无线电工业和超声波技术。

(二)赤铁矿 Fe_2O_3

赤铁矿晶体多为菱面体和薄板状。集合体有鲕状、豆状、土状、片状、板状及致密块状。片状和板状集合体的赤铁矿称为镜铁矿,钢灰色至铁黑色,条痕樱红色,金属光泽,不透明。硬度 $5.5\sim6.5$,性脆。相对密度 $5.0\sim5.3$。无磁性。镜铁矿主要产于接触变质带,属变质型赤铁矿。

沉积型赤铁矿,常呈鲕状、肾状、块状或粉末状。暗红色,条痕樱红色,半金属或暗淡光泽,硬度较小(2左右)。

鉴定特征:镜铁矿常以板状、鳞片状集合体、钢灰颜色及樱红色条痕为特征。沉积型赤铁矿常以鲕状、肾状等形态、暗红颜色及樱红色条痕为特征。

赤铁矿为最重要的铁矿石之一,赤铁矿粉可用作红色涂料和制红色铅笔。

(三)褐铁矿 $Fe_2O_3 \cdot nH_2O$

褐铁矿是多种含铁矿物和铁、硅的氢氧化物胶凝体以及黏土物质的混合物,其组分不固定,无特定形态,一般呈土状、块状、结核状、肾状、钟乳状、葡萄状等集合体或疏松多孔状。黄褐、黑褐以至黑色,条痕黄褐色(铁锈色),半金属或土状光泽,不透明。硬度为 $1\sim4$,相对密度为 $2.7\sim4.3$。

鉴定特征:颜色由铁黑至黄褐,但条痕比较固定,为黄褐色。

成因以风化型为主,含铁矿物经氧化等作用可转变为褐铁矿,常覆盖在铁矿之上构成"铁帽",成为找矿的标志。有时具有其他含铁矿物的假晶。褐铁矿为一种炼铁矿石,也可以用作褐色颜料。

(四)长石

长石是地壳中分布最广的一类造岩矿物,除超基性岩和碳酸盐岩外,其他各种类型的岩石都含有长石。长石可成为砂岩的碎屑成分,但其化学稳定性差,易次生变化成白色、灰白色、黄白色的高岭土,遇水易产生膨胀,堵塞岩石的孔隙或使之变小,造成岩石的渗透性降低。在热带气候条件下,可形成铝土矿。主要用于制造玻璃和陶瓷器。

根据化学组成和两组解理面夹角的大小,长石可分为正长石、斜长石和微斜长石等。

1. 正长石 $K[AlSi_3O_8]$

正长石晶体为板状或短柱状,常见穿插双晶、接触双晶及粒状集合体。一般呈肉红、褐黄、浅黄色,玻璃光泽,透明。硬度6,有两组完全解理,解理面之间的夹角是直角(正长石因此得名),相对密度2.54~2.57。

正长石鉴定特征:以颜色、双晶及解理面夹角等特征区别于斜长石;以其硬度区别于方解石和重晶石等。

正长石产于岩浆岩和变质岩中,是陶瓷及玻璃工业的重要原料。

2. 微斜长石 $K[AlSi_3O_8]$

微斜长石的化学成分及主要的物理性质与正长石相同,晶体形态也相似,但两组解理之间夹角为89°40′,因其近似90°而得名。产于岩浆岩和变质岩中。

3. 斜长石

斜长石的化学成分为 $Na[AlSi_3O_8]$ 与 $Ca[Al_2Si_2O_8]$ 的任意混合。常为板柱状或板状晶体,可见聚片双晶,在晶面或解理面上可见到细而平行的双晶纹;白至灰白色,带有灰蓝色,玻璃光泽,半透明。两组解理面斜交(86°24′~86°50′左右,斜长石因此得名),硬度6~6.5。相对密度2.61~2.76。产于岩浆岩和变质岩中。斜长石比正长石更易风化分解成高岭土、铝土矿等。

斜长石的鉴定特征:细柱状或板状,白到灰白色,解理面上具双晶纹,小刀刻不动。

5. 普通角闪石 $Ca_2Na(Mg,Fe)_4(Al,Fe)[(Si,Al)_4O_{11}](OH)_2$

普通角闪石的晶体多为长柱状,横切面为近似菱形的六边形,集合体常呈纤维状和致密块状。暗绿至黑色,条痕白色带绿,玻璃光泽,近不透明。硬度5.5~6,有两组完全解理,解理面交角呈124°(或56°)。相对密度3.1~3.4。

普通角闪石的鉴定特征:绿黑色,长柱状(横切面为近似菱形的六边形)晶体,相交成124°的解理。

普通角闪石是中性、酸性岩浆岩的重要造岩矿物,也出现于变质岩中,在地表易风化分解。在碎屑岩中以重矿物出现。

6. 普通辉石 $(Ca,Na)(Mg,Fe,Al)[(Si,Al)_2O_6]$

普通辉石的晶体短柱状,横切面近八边形,集合体为致密粒状。绿黑至黑色,条痕浅灰绿色,玻璃光泽,近不透明。硬度 5~6,有两组中等解理,解理面夹角近直交(87°或93°)。相对密度 3.2~3.6。

普通辉石的鉴定特征:绿黑或黑色,近八边形短柱状,两组解理近直交。

普通辉石为基性、超基性岩浆岩的重要造岩矿物,也出现于变质岩中,在地表易风化分解。在碎屑岩中有时也可见少量辉石碎屑,属于重矿物之一。

7. 白云母 $KAl_2[AlSi_3O_{10}](OH)_8$

白云母的晶体呈假六方柱状或板状或片状;无色透明,含杂质则带他色;玻璃光泽,解理面珍珠光泽;有一组极完全解理,可劈成薄片,薄片有弹性。硬度 2.5~3。相对密度 2.7~3.1。绝缘及隔热性特强。

白云母的鉴定特征:晶形、颜色、解理和弹性。

白云母产于酸性侵入岩和变质岩中。碎屑岩中常有小鳞片状白云母碎片分布。在风化条件下,白云母变成富含水的水白云母,是水白云母黏土岩的主要造岩矿物。

8. 黑云母 $K(Mg,Fe)_3[AlSi_3O_{10}](OH)_2$

除颜色为褐色至黑色,有时微带浅红、浅绿等色以及不具有绝缘性以外,黑云母的其他特征均与白云母相同。黑云母较白云母易风化形成氢氧化物和黏土物质,故在碎屑岩中很少见到。

9. 海绿石 $K_{<1}(Fe^{3+},Fe^{2+},Mg,Al)_{2\sim3}[(Si,Al)Si_3O_{10}](OH)_2 \cdot nH_2O$

海绿石晶体极少见,通常呈细小圆粒状和土状集合体。暗绿色至绿黑色,也有黄绿、灰绿色,透明,无光泽;硬度 2~3,性脆;相对密度 2.2~2.8。易溶于 HCl。

海绿石产于正常浅海砂岩和碳酸盐岩中,在陆相沉积物中虽有发现,但数量有限,是典型的浅水盆地沉积矿物,反映弱氧化环境。在近代深度为 300~500m 的海底沉积(绿色淤泥和砂)中亦有发现。在氧化条件下,海绿石易风化呈褐铁矿和游离的二氧化硅。

海绿石的鉴定特征:绿色、细小圆粒状及与沉积岩中的矿物共生。

10. 橄榄石 $(Mg,Fe)_2[SiO_4]$

橄榄石常为三向等长的粒状集合体。橄榄绿色,风化后为黄、褐、棕红等色,玻璃光泽,断口油脂光泽,透明至半透明。硬度 6.5~7。无解理,具贝壳状断口。性脆。相对密度 3.3~3.5。

橄榄石的鉴定特征:橄榄绿色,玻璃光泽,硬度高。

橄榄石为岩浆中早期结晶的矿物,是基性和超基性岩浆岩的重要造岩矿物,不与石英共生。橄榄石在地表条件下极易风化变成蛇纹石。

11. 方解石 $Ca[CO_3]$

方解石的晶体常为菱面体,少数为板状、柱状,常见聚片双晶。集合体常呈晶簇、粒状、隐晶状、鲕状及钟乳状等。多为无色透明或白色,含有铁、锰等杂质时染成黄、玫瑰红、灰、黑等颜色,玻璃光泽。方解石中的无色透明者称为冰洲石,具显著的双折射现象;硬度3,菱面体解理完全,性脆。相对密度 2.6~2.8。方解石遇稀盐酸强烈起泡,其化学反应方程式如下:

$$CaCO_3 + 2HCl \longrightarrow CaCl_2 + H_2O + CO_2 \uparrow$$

方解石的鉴定特征:锤击成菱形碎块(方解石因此得名),小刀易刻动,遇稀盐酸强烈起泡。

方解石成因多样,沉积型、岩浆型和变质型全有。但方解石主要是由 $CaCO_3$ 溶液沉淀或生物遗体沉积而成,为石灰岩的主要造岩矿物,呈粒状或隐晶块状。在碎屑岩中作为胶结物存在。在泉水出口处可以析出 $CaCO_3$ 沉淀物,疏松多孔,称为石灰华。

12. 白云石 $CaMg[CO_3]_2$

白云石一般呈灰白色,或带浅红、黄、褐等色。其形态和主要物理性质与方解石相似,唯晶面稍弯曲,呈马鞍状;比方解石稍硬(硬度 3.5~4);相对密度 2.8~2.9;与热的或浓的盐酸才起反应,粉末可与冷的稀盐酸起反应,其化学反应方程式如下:

$$CaMg(CO_3)_2 + 4HCl \longrightarrow CaCl_2 + MgCl_2 + 2H_2O + 2CO_2 \uparrow$$

白云石的鉴定特征:与方解石十分相似,唯有与盐酸起反应上有差别。

白云石成因多为沉积型,是白云岩的主要造岩矿物,由于它比方解石难于风化,所以在野外常见白云岩突出在碳酸盐岩的风化面上。白云石可用作优质耐火材料(用于钢铁及冶金方面)和建筑材料。

思 考 题

1. 什么是元素的丰度?其矿物学意义是什么?
2. 什么是矿物的结晶习性?如何描述矿物的结晶习性?
3. 矿物成分和晶体结构类型与矿物的结晶习性有什么关系?
4. 如何进行矿物的肉眼鉴定?
5. 鲕状集合体能否称为粒状集合体?为什么?
6. 什么是矿物的条痕?如何鉴定矿物的条痕色?矿物的光泽分为哪几级?
7. 矿物的解理和断口有何不同?如何鉴定矿物的硬度?

第四章 岩 石 学

　　岩石是天然产出的具有一定形状和结构构造的固态矿物集合体(少数岩石也可由玻璃、胶体或生物遗骸组成)。岩石主要分布在地壳及上地幔的固体部分,也包括陨石及月岩等,是地质作用的产物。按组成矿物种类的多少可将岩石分为单矿物岩和多矿物岩。石油和天然气由于不是固体,不能称为岩石。由水泥胶结的砂砾、炉灰渣、各种陶瓷及耐火材料,虽然都是固态矿物的集合体,但不是天然作用形成,也不能称为岩石,只能称为人造岩石或工艺石品。

　　地壳中岩石种类不下数千种,但根据成因可分为岩浆岩、沉积岩和变质岩三大类。三大类岩石成因不同、特征各异,但它们之间又是相互联系相互转化的。三大类岩石在地表和地壳内部的分布情况也不相同。地壳表层以沉积岩为主,约占大陆面积的75%和海洋底的绝大部分。地壳深处则主要由岩浆岩、变质岩组成,约占地壳体积的95%,因为它们多由结晶矿物组成,故又称结晶岩。

　　岩石学是专门研究地壳、地幔及其他星体上岩石的分布、产状、成分、结构、构造、分类、命名、成因、演化及相关矿产等方面的科学。通过岩石学的研究,可以有效地和目标集中地指导找矿。因此对岩石学的研究,具有重要的理论和实际意义。

第一节 岩 浆 岩

　　岩浆是在上地幔和地壳深处天然形成的,以硅酸盐为主要成分的炽热、黏稠、富含有挥发物质的高温熔融体。现在已发现的岩浆有好几种,最普遍和最主要的是硅酸盐成分的岩浆。此外,还有碳酸盐、氧化物、硫化物等岩浆,即所谓非硅酸盐岩浆。高温熔融的岩浆在地壳构造运动的驱使下,或者侵入地下,或者喷出地表。因为在岩浆冷凝和结晶过程中失去了大量挥发成分,所以岩浆岩的成分与岩浆的成分是不完全相同的。

　　如果岩浆上升未达到地表即已冷凝形成的岩浆岩称为侵入岩。侵入岩又可根据形成深度的不同进一步划分为深成岩和浅成岩。深成岩一般形成于自地表3km以下的深处,多呈大岩体产出;浅成岩形成的深度小于3km,常呈小岩体产出。岩浆由火山通道喷出地表经冷凝而形成的岩浆岩称为喷出岩或熔岩。岩浆岩大部分为结晶质岩石,仅少数为玻璃质。

一、岩浆岩的基本特征

(一)岩浆岩的物质成分

　　岩浆岩的物质成分是指其化学成分和矿物成分而言,研究物质成分不仅有助于了解各类岩浆岩的内在联系、成因及次生变化,而且还可作为岩浆岩分类的主要依据和判断沉积岩碎屑成分来源的依据。因此研究岩浆岩的物质成分及其变化规律是岩浆岩岩石学的重要任务之一。

1. 岩浆岩的化学成分

地壳中几乎所有的元素在岩浆岩中均有出现,概括起来可以分为主要造岩元素、微量元素、稀土元素及同位素等。

岩浆岩中主要造岩元素有 O、Si、Ti、Al、Fe、Mn、Mg、Ca、Na、K、H、P 等,其中含量最多的是 O、Si、Al、Fe、Mg、Ca、K、Na 等,它们占岩浆岩元素总量的 99.25%,尤以 O 含量最高,占元素总量的 46.59%。研究岩浆岩的化学成分,常用氧化物的质量分数来表示(表 4 – 1)。

表 4 – 1 岩浆岩的平均化学成分(据武汉地质学院,1980)

氧化物	质量分数,%			元素	质量分数,%	
	世界火成岩总平均值	诺科尔兹(1954)	黎彤等(1963)		尼格里(1938)	费尔斯曼(1939)
SiO_2	57.3	61.67	63.03	O	46.60	49.13
TiO_2	1.05	0.67	0.90	Si	27.70	26.00
Al_2O_3	15.02	14.87	14.62	Al	8.13	7.45
Fe_2O_3	2.90	2.13	2.30	Fe	5.00	4.20
FeO	4.63	4.07	3.72	Ca	3.63	3.25
MnO	0.14	0.10	0.12	Na	2.83	2.40
MgO	5.06	3.47	2.93	K	2.59	2.35
CaO	6.13	5.17	4.04	Mg	2.09	2.35
Na_2O	3.50	3.47	3.61	H	0.13	1.00
K_2O	2.45	2.83	3.10	Ti	0.44	0.61
H_2O	1.25	0.67	0.92	C	0.03	0.35
P_2O_5	0.26	0.26	0.31	N	—	0.04
CO_2	0.15	—	—	P	0.08	0.12
总计	99.74	99.68	99.60	总计	99.25	99.25

由表 4 – 1 可知,SiO_2、Al_2O_3、Fe_2O_3、FeO、MgO、CaO、Na_2O、K_2O 和 H_2O 等九种氧化物最为主要,它们占岩浆岩平均氧化物含量的 98%,且各类岩石或多或少均有出现。

岩浆岩主要由硅酸盐组成,SiO_2 是最主要的成分。按 SiO_2 的质量分数,将岩浆岩划分为超基性岩类(SiO_2 质量分数 < 45%)、基性岩类(SiO_2 质量分数 45% ~ 52%)、中性岩类(包括中性—碱性岩类)(SiO_2 质量分数 52% ~ 65%)和酸性岩类(SiO_2 质量分数 > 65%)四类。

岩浆岩随着 SiO_2 含量的增加,酸性程度增高,基性程度降低,其他氧化物作有规律的变化。如 MgO、FeO 是随 SiO_2 含量的增加而逐渐减少;Na_2O、K_2O 随 SiO_2 含量的增加而增加;Al_2O_3 在超基性岩(纯橄榄岩、辉石岩)中极少,在基性岩(辉长岩)中大量增加,而在中性岩和酸性岩中保持相对稳定;CaO 在基性岩中大量增加,而在中性岩至酸性岩(闪长岩、花岗岩等)又逐渐减少。由此可见,不同类型的岩浆岩,主要造岩元素的氧化物有规律地改变,矿物成分也必然有差异。

岩浆岩中微量元素的总量一般不超过 1‰,不同岩石中微量元素也呈现有规律的变化。随着岩浆岩酸度的增高,K、Na 含量也增高,第一族碱金属微量元素 Li、Rb、Cs 等含量也随之有所增加;相反,对于亲铁微量元素,如 V、Co、Ni、Cr 等,则随着岩浆岩酸度降低而急剧减少。岩石中碱度增高(即 K、Na 含量增高),一般有利于多种稀有元素的富集。微量元素的含量常以 10^{-6}(即百万分之一)来表示。

稀土元素指原子序数为 57~71 的镧系 15 个元素,由于原子序数为 39 的钇(Y)的地球化学性质与之相近或密切共生,因此把钇也归于此类,而统称为稀土元素,包括 La、Ce、Pr、Nd、Pm、Sm、Eu、Gd、Tb、Dy、Ho、Er、Tm、Yb、Lu 和 Y。这是一组化学性质相似、难溶且难于分离的元素,它们在岩浆岩中常紧密共生,不易次生变化,稳定性较高,能很好地反映岩浆岩的成因,相关研究越来越受到重视。

岩浆岩中同位素组成除了可以解决岩浆岩形成时代外,还广泛应用于阐明岩浆的起源和演化,推断岩浆来源、岩浆形成温度、岩浆岩与成矿关系等问题。目前研究比较详细的有氧同位素(O^{16}、O^{18}),硫同位素(S^{34}、S^{32}),锶同位素(Sr^{86}、Sr^{87})及钐—钕同位素(Sm^{147}、Sm^{143}、Nd^{143}、Nd^{144})等。

2. 岩浆岩的矿物成分

岩浆岩的矿物成分不仅是岩浆岩分类命名的主要依据,对了解岩浆岩的化学成分、生成条件及岩浆岩的成因都有重要意义,而且对于研究推断沉积岩中的碎屑岩物质来源和来源区岩浆岩类型也具有十分重要的意义。组成岩浆岩的矿物,总数不少于数百种,但最常见的不过 20 种,这些构成岩浆岩的主要矿物称为造岩矿物。

根据化学成分和颜色可将岩浆岩的造岩矿物划分为硅铝矿物和铁镁矿物两类。硅铝矿物 SiO_2 和 Al_2O_3 含量较高,很少或不含 FeO、MgO,如石英、长石类及似长石类矿物,它们的共同特征是颜色较浅,又称浅色矿物。铁镁矿物以富含 FeO、MgO 为特征,SiO_2 含量较低,如橄榄石类、辉石类、角闪石类及黑云母等,它们的共同特征是颜色较深,又称暗色矿物。岩浆岩中暗色矿物的含量(体积分数),称为岩石的色率(颜色指数),根据色率有时就可粗略推测属于哪一类岩石。一般色率越高,岩石越呈基性,反之则越呈酸性。一般情况下,超基性岩色率为60%~100%,基性岩色率为 40%~60%,中性岩色率为 20%~40%,酸性岩色率为 0%~20%。

根据矿物在岩浆岩中的含量可划分出主要矿物、次要矿物和副矿物三类。

主要矿物 是指含量较多的矿物,含量一般 >15%,对岩浆岩大类的划分和定名起决定性作用的矿物。例如,橄榄岩中橄榄石占 50% 以上,应为主要矿物;花岗岩中石英、长石占绝对优势,也为主要矿物。

次要矿物 是指在岩浆岩中含量较少的矿物,含量一般 <15%,它的存在与否不影响岩浆岩大类的定名,而对岩浆岩种属的定名起一定的作用。如钠闪石花岗岩,它的主要矿物是石英和长石,但含有一定量的钠闪石,故将钠闪石冠于花岗岩之前,作为花岗岩种属名称。

副矿物 含量甚微,一般小于 1%,在岩浆岩分类命名中一般不起作用。如岩浆岩中磁铁矿、磷灰石、榍石、锆石、独居石等都是副矿物。但当其含量较多,对岩浆岩成因和成矿有特殊意义时,也可有选择地用作岩浆岩名称的前缀。如独居石花岗岩,指示该花岗岩中较多富含 Ce、La 等稀土元素。

根据矿物成因可划分出原生矿物、成岩矿物、岩浆期后矿物、他生矿物(或变质矿物)和外生矿物五类。原生矿物(岩浆矿物)指岩浆冷凝过程中结晶形成的矿物,如长石、石英、辉石、角闪石、橄榄石等。成岩矿物是在岩浆完全结晶后,由于外界物理化学条件的改变,使原生矿物发生转变而新形成的矿物。如高温 β—石英转变为低温 α—石英,由透长石转变为正长石等,都是成岩矿物。岩浆期后矿物是在岩浆基本凝固之后,由于受到后期气体挥发或热液的影响,使原生矿物、成岩矿物遭受蚀变和交代而形成的新矿物,也称为次生蚀变矿物。例如,橄榄石转变为蛇纹石,黑云母转变为绿泥石等,都是次生蚀变矿物。他生矿物(或变质矿物,或混染矿物)是由于岩浆同化了围岩和捕虏体形成的一些新矿物。如花岗岩侵入泥质岩时,产生了堇青石、红柱石、硅线石等富铝矿物;侵入碳酸盐岩时,产生钙铝榴石、硅灰石、方柱石等富钙矿物,都是他生矿物。外生矿物主要是岩浆岩在地表风化过程中新形成的矿物,又称表生矿物。如碱性长石风化为高岭石、斜长石风化为绢云母等,都是外生或表生矿物。

(二)岩浆岩的结构和构造

岩浆岩的结构和构造是岩浆岩基本特征之一,它不仅反映了岩浆岩形态上的特点,也是研究岩浆岩成分和形成条件的重要依据,还是研究沉积岩中岩屑的来源、源区岩浆岩类型的直接标志。

岩浆岩的结构是指组成岩浆岩的矿物结晶程度、晶粒大小、形态及矿物颗粒间的相互关系所表现出来的岩石特征。岩浆岩的构造是指岩石中不同矿物、矿物集合体之间或与其他组成部分之间的排列充填方式等所反映出来的外貌特征。一般来说,岩浆岩结构所表现出来的特点,决定于岩浆岩形成时的物理化学条件(如岩浆的温度、压力、黏度、冷却速度等);而岩浆岩构造的特点则除了岩浆本身的特点外,还与岩浆岩形成时的地质因素(如构造运动、岩浆的流动等)有关。成分相同的岩浆岩,由于生成条件不同,结构和构造也不同。

1. 岩浆岩的结构

根据上述结构定义,可从结晶程度、矿物颗粒的大小、矿物的自形程度和组成岩石颗粒的相互关系等方面来认识和描述岩浆岩的结构。

1) 结晶程度

结晶程度是指岩浆岩中结晶物质和非结晶玻璃质的含量比例,按结晶程度可将岩浆岩结构分为全晶质结构、半晶质结构和玻璃质结构三类(图4-1)。

全晶质结构指岩石全部由矿物晶体组成,不含玻璃质。它表示岩浆是在缓慢冷却的条件下结晶而成,多形成于深成侵入岩中(图4-1左上),如花岗岩。

半晶质结构指岩石中既有矿物晶体,又有非晶质的玻璃质存在。多见于喷出岩或超浅成侵入岩中(图4-1右上),如安山岩。

玻璃质结构指岩石几乎全由非晶质的玻璃组成。多见于快速冷却的喷出岩中(图4-1下)。是岩浆迅速上升到地表或近地表时,温度骤然下降,来不及结晶所形成的,如黑曜岩。玻璃质是一种不稳定的物质,随着时间的推移,会发生去玻化作用逐渐转化为结晶物质,故仅在较新的喷出岩中才有玻璃质存在。

图4-1 按结晶程度划分的结构
左上全晶质结构;右上半晶质结构;
下部玻璃质结构(已去玻化)

2) 矿物颗粒的大小

按岩浆岩中矿物颗粒的相对大小分为等粒结构和不等粒结构两类。

等粒结构指岩浆岩中所有主要矿物颗粒大小相近(图4-2左上)。按粒径的绝对大小,又可分为显晶质结构和隐晶质结构两种。显晶质结构是指岩石中矿物晶粒在肉眼或放大镜下可以分辨。按粒径的绝对大小,又可划分出粗粒结构(粒径>5mm)、中粒结构(粒径5~1mm)、细粒结构(粒径1~0.1mm)和微粒结构(粒径<0.1mm)。隐晶质结构是指岩石中矿物晶粒非常细小,用肉眼和在放大镜下不能分辨。在显微镜下能分辨出矿物晶粒或各种雏晶结构。

不等粒结构指岩浆岩主要矿物粒度有较明显的不同。按粒径的相对大小,又可分为连续不等粒结构、斑状结构和似斑状结构。连续不等粒结构是指岩石中同种矿物晶粒大小不同,形成一个连续不等粒系列(图4-2右下)。斑状结构是指岩浆岩中由两类明显不同大小的颗粒组成,大颗粒散布在小颗粒或玻璃质中,大颗粒称为斑晶,小颗粒或玻璃质称为基质。基质由微晶、隐晶质或玻璃质组成(图4-2左下)。斑状结构的斑晶和基质是先后两期结晶出的产物,在地下深处,岩浆首先结晶出斑晶,随后携带斑晶的岩浆上升到地壳浅处或喷出地表,快速冷却形成微晶、隐晶质或玻璃质基质。似斑状结构形态与斑状结构相似,但晶粒大小相差不悬殊,基质是显晶质(粗粒、中粒或细粒),且斑晶与基质的成分基本相同。这表明斑晶和基质是在相同或相似的物理化学条件下形成,常过渡为连续不等粒结构,常出现在中深成侵入岩中(图4-2右上)。

3) 矿物的自形程度

矿物的自形程度是指矿物晶体发育的完整程度。按矿物的自形程度可分为自形粒状结构、半自形粒状结构和他形粒状结构。

如果岩浆岩中大多数矿物是由自形晶组成,就称为自形粒状结构(图4-3上)。自形晶矿物晶粒具有完整的晶面,多半是在有足够的时间和空间的情况下生成的。

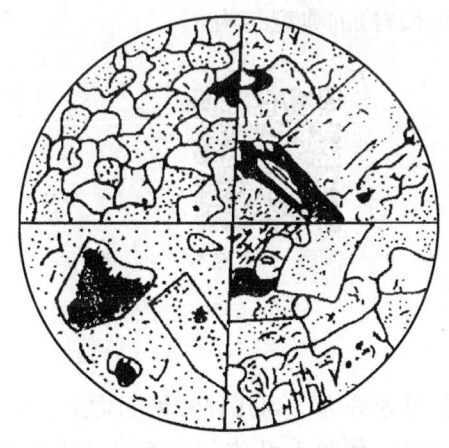

图4-2 按颗粒相对大小划分的结构
左上等粒结构;左下斑状结构;
右上似斑状结构;右下不等粒结构

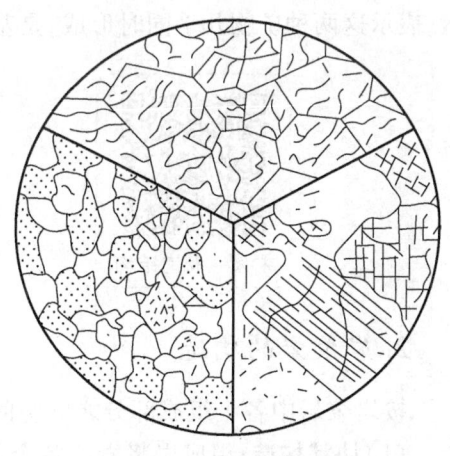

图4-3 按矿物晶粒外形划分的结构
上部自形粒状结构;右下半自形粒状结构;
左下他形粒状结构

如果岩石中大多数矿物由半自形晶组成或自形程度不等的矿物组成,则称为半自形粒状结构。大多数深成侵入岩都具有这种结构(图4-3右下)。半自形晶指晶体发育不完整,部分晶面完整,部分为不规则的轮廓,说明在结晶时很多矿物都在析出、互相干扰,没有自由空间充分结晶。

若岩浆岩中矿物几乎全由他形晶粒组成,则称为他形粒状结构(图4-3左下)。他形晶是指晶体无一完整晶面,形状多不规则,呈他形晶的矿物主要是由于晶体生长时已无自由生长的空间形成的,或岩浆结晶较快,结晶中心较多,来不及形成完整的晶形。

4) 组成岩石颗粒的相互关系

根据组成岩浆岩颗粒的相互关系,可划分的结构类型很多,这里仅选择主要者进行分述。

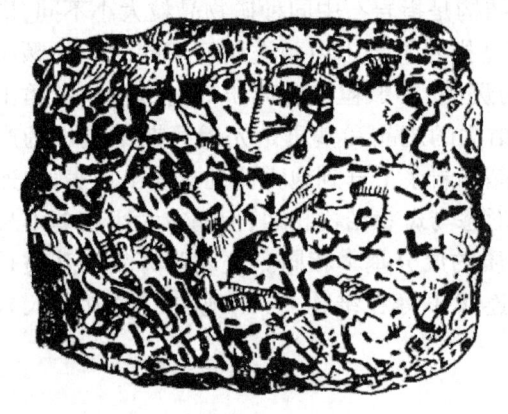

图4-4 文象结构

文象结构:在钾长石中镶嵌有许多有一定规律排列的且具一定外形(如尖棱形、象形文字形)的细小的石英嵌晶(图4-4)。其成因是石英、长石二组分的岩浆,当温度下降到共结点时,同时结晶而成,多出现在酸性侵入岩中。

花岗结构:岩石中暗色矿物为自形,斜长石比钾长石的自形程度高,石英呈他形。即自形程度由暗色矿物到浅色矿物依次降低,为花岗岩类常见的半自形结构,常见于花岗岩和花岗闪长岩等岩石中。

辉绿结构:基性岩中基性斜长石和辉石颗粒大小相近,但斜长石自形程度较高,且在较自形的板柱状斜长石所组成的近三角形间隙中充填有单个辉石的他形颗粒,反映斜长石结晶较早,是基性浅成侵入岩(辉绿岩)的典型结构。

辉长结构:基性岩中基性斜长石和辉石自形程度及含量大致相等,均呈半自形或他形粒状,表示这两种矿物几乎同时形成,是基性深成侵入岩(辉长岩)的典型结构。

彩图 花岗结构

彩图 辉长结构

2. 岩浆岩的构造

按岩浆岩中各个组成部分之间空间排列和充填方式,可划分为下列几种常见的构造:

(1) **块状构造**:组成岩浆岩的各个部分在矿物成分、结构、颜色上都均匀分布。这种构造在岩浆岩中分布很广,常见于侵入岩体的中部。

(2) **条带状构造**:岩浆岩中各个组成部分在矿物成分、结构及颜色组成上有一定的差异,且相间排列呈条带状,彼此平行或近于平行。这种构造主要由结晶条件周期性变化所致,常见于基性侵入岩中。

(3) **斑杂状构造**:岩浆岩中不同组成部分在矿物成分、结构及颜色上有明显的差别,彼此呈不均匀的斑块状,各斑块形态不一,大小各异,混杂分布。这种构造主要由岩浆对捕虏体及围岩团块不均匀的同化混染作用形成,多见于侵入岩体的边缘部分。

(4) **流纹构造**:由不同颜色、不同成分的条纹、雏晶、斑晶及拉长的气孔所表现出来的熔岩流动构造[图4-5(a)],是酸性喷出岩中常见的构造。

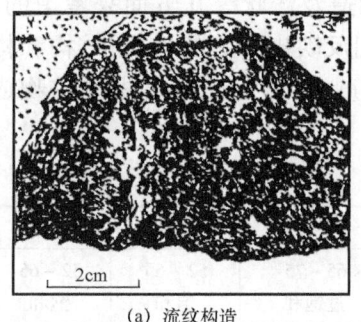

(a) 流纹构造   (b) 气孔构造   (c) 杏仁构造

图4-5 喷出岩的构造示意图

(5) **气孔状构造和杏仁状构造**:各种喷出岩中常见的构造,多见于熔岩流的顶部或边部。岩浆在喷溢过程中挥发成分逐渐向大气逸散而在喷出岩中产生大小不同的空洞,称为气孔状构造[图4-5(b)]。当气孔被岩浆期后矿物充填后,则形成杏仁状构造[图4-5(c)]。充填气孔的次生蚀变矿物或岩浆期后矿物,常见的有绿泥石、蛋白石、玉髓、石英、方解石等。

彩图 气孔状构造和杏仁状构造

(6) **枕状构造**:岩浆遇水淬冷收缩形成的团块状、椭球状构造,是海相火山岩的标志,常见于基性喷出岩中。

(7) **柱状节理构造**:发育在喷出岩特别是基性喷出岩中的一种规则的多边形(四边、五边、七边形等)柱状体,柱体上部断面小于下部断面,柱体长0.5~12m不等,多数为1~2m,柱体垂直于熔岩层面(冷却面)(图4-6)。一般认为是熔浆在均匀而缓慢冷却的条件下形成。

图4-6 望天鹅景区玄武岩柱状节理

二、岩浆岩的分类及常见的岩浆岩

(一)岩浆岩的分类

岩浆岩的分类一般是根据其化学成分、矿物成分、结构、构造及产状等几方面来考虑的。岩浆岩的分类基础是岩石的化学成分、矿物成分及其含量,它们反映出岩石的性质;结构和构造则反映岩石的形成环境。首先根据 SiO_2 的含量及碱饱和程度分为六大类,再根据矿物成分、结构、构造和产状作进一步划分(表4-2)。

表4-2 主要岩浆岩分类简表

按酸度分大类				超基性岩	基性岩	中性岩	酸性岩	半碱性岩	碱性岩
SiO_2含量,%				<45 不饱和	45~52 不饱和	52~65 饱和	65~75 过饱和	52~65 饱和	52-65 饱和
矿物成分	浅色矿物			—	斜长石	斜长石	钾长石、石英(白云母)	钾长石	钾长石似长石
	暗色矿物			橄榄石、辉石(角闪石)	辉石(角闪石)	角闪石(黑云母)	黑云母	角闪石(黑云母)	—
岩石颜色				黑、黑绿	黑、深灰、灰	灰、浅灰	灰白、肉红	肉红、灰红	灰红、暗红
产状	岩体形态	构造	结构	岩石名称					
喷出岩	层状体	杏仁气孔流纹	火山碎屑	凝灰岩、火山角砾岩、集块岩					
			玻璃质	火山玻璃、黑曜岩、浮岩、松脂岩、珍珠岩					
			斑状细粒、隐晶质	苦橄岩 科马提岩	玄武岩	安山岩	流纹岩	粗面岩	响岩
侵入岩	浅成岩	脉状	细粒、斑状、伟晶、煌斑	苦橄玢岩① 金伯利岩	辉绿岩	闪长玢岩	花岗斑岩②	正长斑岩	霞石正长斑岩
				细晶岩、伟晶岩、煌斑岩③					
	深成岩	块状岩体	致密块状	全晶质、中粒、粗粒、等粒	橄榄岩类 辉石岩	辉长岩	闪长岩	花岗岩 花岗闪长岩	正长岩	霞石正长岩

①②斑岩和玢岩都是指具斑状结构的浅层侵入岩,岩石中以斜长石为斑晶者称为玢岩,以钾长石为斑晶者称为斑岩;
③煌斑岩是一个笼统的岩石名称,一般将颜色较深、含暗色矿物较多的细粒隐晶结构或斑状结构的岩石称为煌斑岩,也称为暗色脉岩或基性脉岩。

超基性岩类中 SiO_2 含量<45%,几乎全由暗色(铁镁)矿物组成,浅色(硅铝)矿物很少。基性岩类中 SiO_2 含量为45%~52%,主要由暗色(铁镁)矿物和基性斜长石组成。中性岩类中 SiO_2 含量为52%~65%,主要由中性斜长石/碱性长石及暗色(铁镁)矿物组成,根据长石的性质及斜长石与碱性长石的量比,又可分为两亚类,即闪长岩—安山岩亚类和正长岩—粗面岩亚类(半碱性岩)。酸性岩类中 SiO_2 含量大于65%,主要由石英、长石及少量暗色(铁镁)矿物组成,又根据石英含量、长石的性质,可进一步划分为花岗岩—流纹岩、花岗闪长岩—英安岩两亚

类。碱性岩类主要指 SiO_2 含量一般介于 52%～57%（相当于中性岩），但 K_2O+Na_2O 含量较高的岩石。主要由碱性长石、似长石和碱性铁镁矿物组成，不含石英。

火山碎屑岩类是介于火山熔岩和沉积碎屑岩之间的过渡岩类，当前多数学者将它放于沉积岩石学中予以论述。

（二）常见的岩浆岩

1. 橄榄岩

橄榄岩是超基性岩类的深成侵入岩，主要由橄榄石和辉石组成，前者含量占 40%～90%，有时含磁铁矿和铬铁矿等副矿物。当矿物成分基本为橄榄石时叫纯橄榄岩，一般为暗绿色或黑绿色，具全晶质粗粒—中粒等粒状结构，自形程度较好，致密块状构造，由于次生变化，易变成蛇纹石橄榄岩或蛇纹岩。

2. 辉长岩

辉长岩是基性岩类深成侵入岩，主要由辉石和斜长石组成；次要矿物为橄榄石、角闪石、黑云母等，副矿物可有磁铁矿、磷灰石、钛铁矿、铬铁矿等；一般为灰至灰黑色，具中粒—粗粒等粒状结构或辉长结构，致密块状构造，岩体多以岩盆、岩床、岩墙产出，与超基性岩、闪长岩共生或独立存在。

3. 辉绿岩

辉绿岩的矿物成分、颜色与辉长岩相同，具粒结构、块状构造，常呈浅成侵入体产出，如岩墙、岩床等。

4. 玄武岩

玄武岩是成分与辉长岩相似的基性喷出岩，一般为黑色、黑绿色，细粒至隐晶结构或斑状结构，后者斑晶多为针状斜长石，其次为橄榄石，具块状构造，也常具气孔状和杏仁状构造。其陆相喷发常具柱状节理，水下喷发常形成枕状构造。玄武岩在地壳上分布很广，约占岩浆岩总面积的 35.1%，常以大面积的熔岩流、熔岩被形式出现。大洋底几乎全是玄武岩，它也是月球表面的主要岩石。

彩图　玄武岩

5. 闪长岩

彩图　闪长岩

闪长岩是中性岩类的深成侵入岩，主要由斜长石和角闪石组成，此外还有辉石、黑云母，副矿物有榍石、磷灰石、磁铁矿等。其中一般不含或含少量的石英和钾长石。多为灰色和浅灰绿色，具全晶质中粒—粗粒等粒状结构，致密块状构造。由于次生变化，斜长石变为绿帘石、角闪石变成绿泥石致使岩石呈浅绿色。岩体以岩株、岩盖、岩墙出现，常与花岗岩共生，也与辉长岩共生。

6. 闪长玢岩(闪长斑岩)

闪长玢岩的颜色、矿物成分与闪长岩相同，具斑状结构，斑晶为斜长石、角闪石，斜长石常可见环带状构造，基质为隐晶质至细粒结构，呈岩墙产出，也可产于闪长岩体的边缘部分，斑晶以斜长石为主时称为闪长玢岩。

7. 安山岩

安山岩是成分与闪长岩相似的中性喷发岩。一般为灰紫、紫褐色等，具斑状结构(斑晶为斜长石，有时含角闪石或辉石)，呈气孔状、杏仁状或块状构造，形成较大的熔岩流与玄武岩、英安岩等共生。其分布面积仅次于玄武岩，占岩浆岩面积的22%。

8. 花岗岩

花岗岩是酸性岩类的深成侵入岩。主要由石英、钾长石、斜长石组成，含量占85%以上，其次为黑云母、角闪石，副矿物有榍石、磷灰石、电气石、锆英石等。石英自形程度不好。一般为肉红色、灰白色，具全晶质中粒—粗粒等粒结构、似斑状结构，还有花岗结构、文象结构，具致密块状构造。花岗岩中有时出现很大的长石斑晶，则称为斑状花岗岩；若暗色矿物以角闪石为主，则称为角闪花岗岩；若暗色矿物以角闪石为主，且斜长石含量大于钾长石时，则称为花岗闪长岩；若无或极少暗色矿物时，则称为白岗岩，花岗岩主要以岩基形式出现，也有以岩枝、岩盖产出。

9. 花岗斑岩

花岗斑岩的颜色、矿物成分、构造与花岗岩相同，具斑状结构，斑晶为石英和长石，基质为隐晶—细晶质或玻璃质，如果基质为全晶质(细、中、粗粒)，即具似斑状结构，称为似斑状花岗岩。

10. 流纹岩

流纹岩是成分与花岗岩相当的酸性喷出岩，一般为灰、灰红、肉红色等，具斑状结构和流纹状构造，有时可见气孔状或块状构造。斑晶多透长石和石英，基质为玻璃质或隐晶质。流纹岩的变种较多，呈松脂光泽者称为松脂岩，呈黑色玻璃体的称为黑曜岩，具珍珠构造(珍珠状裂纹构造)的称为珍珠岩。若斑状结构的斑晶以斜长石为主，则称为英安岩。

11. 正长岩

正长岩是半碱性岩类的深成的侵入岩，几乎全由肉红色或灰白色的钾长石组成，含少量斜长石；暗色矿物多为角闪石、黑云母、辉石等，一般无石英或极少；副矿物有榍石、磷灰石、磁铁矿、锆英石等。正长岩的颜色多为肉红色或灰白色，具全晶质中粒等粒结构，致密块状构造，风化后常形成铝土矿，岩体常与其他类岩体共生，或成为后者的边缘部分，或以小型岩盖、岩柱而独立出现。

12. 粗面岩

粗面岩是与正长岩成分相当的半碱性喷出岩，颜色多为肉红、浅黄或灰红色，具斑状结构，具块状和气孔状构造。斑晶多为钾长石，基质多为隐晶质。

13. 花岗伟晶岩

花岗伟晶岩的成分与花岗岩相当,主要由微斜长石、条纹长石和石英组成,晶粒粗大,粒径由几厘米至几十厘米,具文象结构。一般多呈脉状体产出。伟晶岩中有时含白云母、电气石、绿柱石以及各种含稀有元素和放射元素的矿物,有的富集形成矿床。

第二节 变 质 岩

变质岩是地壳中已形成的岩石(岩浆岩、沉积岩或变质岩)在高温、高压及化学活动性流体的作用下,使原岩的成分、结构、构造发生改变所形成的岩石。根据原岩种类的不同,可将变质岩分为正变质岩和副变质岩两种类型。由岩浆岩变质形成的岩石称为正变质岩,由沉积岩变质形成的岩石称为副变质岩。

变质岩在地球的发展演化过程中占有重要的地位。前寒武纪的岩石几乎全为变质岩,变质岩的分布占大陆面积的1/5以上。

一、变质岩的基本特征

(一)变质岩的物质成分

1. 变质岩的化学成分

变质岩是由不同原岩变质而成,其化学成分一方面与原岩的化学成分有关,同时又与变质作用特点有关。对于没有发生交代作用的变质岩,其化学成分主要取决于原岩的成分;在伴随有交代作用的情况下,由于有组分的带入或带出,变质岩的化学成分既决定于原岩的化学成分,同时还决定于交代作用的类型和强度。

变质岩的化学成分主要有 SiO_2、Al_2O_3、Fe_2O_3、FeO、MnO、MgO、CaO、K_2O、Na_2O、H_2O、CO_2 以及 TiO_2、P_2O_5 等。与岩浆岩一样,变质岩的化学成分仍以上述氧化物的质量分数来表示。

不同的变质岩,其化学成分差别较大。一般地说,正变质岩化学成分的变化范围较小,副变质岩化学成分的变化范围则很大。

2. 变质岩的矿物成分

比起岩浆岩、沉积岩来,变质岩的矿物成分要复杂得多,而且有极大的差别。现将三大类岩石中常见的造岩矿物成分特征列于表4-3。

从下表和划分归属中可以看出变质岩矿物具有以下特征:
(1)变质岩中出现一些岩浆岩、沉积岩中不出现的特征变质矿物,如红柱石、董青石、十字石、夕线石、蓝晶石、硅灰石等;(2)变质岩中广泛发育纤维状、鳞片状、长柱状、针状矿物,如夕线石、绢云母、透闪石等;(3)变质岩中常出现比重大、分子体积小的矿物,如石榴子石。

原岩的成分是变质岩的物质基础,所以原岩的化学成分决定了变质岩可能出现何种矿物。至于具体出现何种矿物,还需取决于变质条件,即温度、压力等。如硅质石灰岩经热接触变质后,当压力为1Pa,温度低于470℃时,形成方解石、石英;若温度高于470℃时,则会形成方解石、硅灰石或者石英、硅灰石。现将不同原岩在变质作用下可能出现的矿物列于表4-4。

表4-3 三大类岩石矿物成分特征

岩浆岩、沉积岩、变质岩中均可出现的矿物	主要在岩浆岩中出现的矿物	主要在变质岩中出现的矿物	主要在沉积岩中出现的矿物
石英、钾长石、白云母、金云母、黑云母、斜长石类、角闪石类、辉石类、部分石榴子石、橄榄石类、碳酸盐矿物、磁铁矿、赤铁矿、菱铁矿、磷灰石、榍石、锆石、金红石	鳞石英、白榴石、歪长石、霞石、黄长石、方钠石、蓝方石、黝方石	钠云母、帘石类、符山石、方柱石、透闪石、阳起石、硅灰石、蓝闪石、软玉、硬玉、硬绿泥石、红柱石、蓝晶石、夕线石、刚玉、堇青石、十字石、硅镁石、方镁石、蛇纹石、滑石、石墨等	蛋白石、玉髓、黏土矿物、水铝石、盐类矿物、煤、海绿石

表4-4 不同原岩在变质作用下出现的矿物成分

系列	原岩类型	化学成分特征	矿物成分	
			常见矿物	特征矿物
富铝系列	泥质沉积岩(黏土岩、页岩等)	富铝、贫钙,$Al_2O_3/(K_2O+Na_2O)$ 比值高,K_2O 含量 > Na_2O 含量	石英、酸性斜长石、绿泥石、绢云母、黑云母、白云母	铁铝榴石、硬绿泥石、蓝晶石、红柱石、夕线石、堇青石
长英质系列	包括砂岩、粉砂岩、中酸性岩浆岩(包括火山碎屑岩)	SiO_2 含量高,Fe、Mg 含量低	基本同上,但石英、长石等含量可较高	上列特征矿物出现较少或不出现
碳酸盐系列	各种石灰岩及白云岩等	富 CaO、MgO;Al_2O_3、FeO、SiO_2 等含量低且变化极大	方解石、白云石为主,按所含杂质不同,可出现各种不同的钙镁的硅酸盐或铝硅酸盐,如滑石、蛇纹石、镁橄榄石、透闪石、透辉石、硅灰石、方柱石、金云母、符山石、钙铝榴石、黝帘石、斜长石等	
基性系列	基性岩浆岩(包括火山碎屑岩)及铁质白云质泥灰岩	与基性岩浆岩相当富钙、镁、铁。含一定量的 Al_2O_3,贫 K_2O、Na_2O	各种斜长石、石英、绿帘石、绿泥石、蛇纹石、阳起石、普通角闪石、透辉石及紫苏辉石等,有时还出现方柱石、铁铝榴石等	
超基性系列	超基性岩浆岩及一些极富镁的沉积岩	富镁、铁,贫钙、铝和硅	滑石、蛇纹石、透闪石、镁铁闪石、镁铝榴石、橄榄石、尖晶石、顽火辉石、菱镁矿及碳酸盐等	

(二)变质岩的结构和构造

变质岩的结构是指构成岩石各矿物颗粒的大小、形状以及它们之间的相互关系。而变质岩的构造是指岩石中各组分在空间上的排列、分布方式。变质岩的结构和构造既可保留原岩的部分结构、构造,也可以在不同变质作用下形成新的结构、构造。

1. 变质岩的结构

变质岩的结构,根据成因可分为变余结构、变晶结构、碎裂结构和交代结构四大类。

1)变余结构

由于变质重结晶作用进行得不完全,原来岩石的矿物成分和结构特征被部分地保留下来,这样形成的结构,称为变余结构。变余结构常见于变质程度较浅的变质岩中,是恢复原岩的重要证据。变余结构的命名可在原岩结构之前加前缀"变余"二字。例如变余砂状结构、变余泥状结构、变余斑状结构等。

2)变晶结构

变晶结构是指岩石在变质作用过程中重结晶和变质结晶所形成的结晶质结构。变晶结构和岩浆岩中结晶结构有些相似,但由于变晶结构是岩石基本在固态下重结晶和变质结晶的结果,各种矿物几乎同时结晶,所以又有一些不同于结晶结构的特点。变晶结构的岩石为全晶质,没有火山玻璃等非晶质组分(原岩残留者例外),岩石中各种矿物晶粒自形程度变化很大,多为他形粒状或呈半自形晶。与岩浆岩不同,变质岩中矿物的自形程度不能反映结晶的先后顺序,一般矿物颗粒排列紧密,彼此镶嵌或包裹。

彩图 变晶结构

3)碎裂结构

岩石受到机械破坏而产生的结构称为碎裂结构。根据碎裂物质的碎裂程度及相对含量,将碎裂结构进一步划分为压碎角砾结构、碎裂结构、碎斑结构和糜棱结构。

压碎角砾结构:当原岩为细粒时,若岩石受轻微破碎,则形成角砾状的岩石碎块,碎基含量低于10%,这种结构称为压碎角砾结构,多在张应力条件下形成。

碎裂结构:岩石中的多数矿物具裂纹或遭受破碎,以大的碎块为主,边缘常常被碾细,碎基含量在10%~50%之间。

碎斑结构:当岩石破碎较强烈时,被强烈破碎而成细小的碎粒或碎粉(称为碎基),只残留有少部分颗粒较粗的碎块(称为碎斑),好像"斑晶"一样散布于碎基之中,故称碎斑结构。

糜棱结构:当应力十分强烈时,岩石几乎全部被碾碎成微粒或粉末状,称为糜棱结构。糜棱结构的岩石整体呈条带状或条痕状,有时可见少量碎斑,具变形和旋转的迹象,构成具"眼球"状的外貌。

4)交代结构

交代结构是指因交代作用使原岩中的矿物部分或全部被取代消失,并同时形成新矿物的一类结构,在交代过程中有物质成分的交换和结构的改组。

2. 变质岩的构造

变质岩的构造按成因可分为变余构造和变成构造两大类。

1)变余(残留)构造

与变质岩的结构一样,在浅变质的岩石中,原岩的构造常常不同程度地保留下来,称为变余构造。它们是恢复原岩性质的重要标志之一。正变质岩中,常见的变余构造有变余气孔构造、变余杏仁构造、变余流纹构造、变余枕状构造等;副变质岩中,常见的变余构造为变余层理构造、变余泥裂构造、变余波痕构造等。

2）变成构造

变成构造是指岩石在变质作用过程中所形成的构造。这类构造在变质岩中占有重要地位。常见的变成构造有以下类型。

斑点构造：在变质作用过程中，由于温度升高，岩石中某些组分发生扩散、迁移集中形成大小不等的斑点或团块，称为斑点构造。为浅变质岩的构造特征。

板状构造：在变质过程中，泥岩或页岩等柔性岩石受应力作用达到一定限度后，常出现一组互相平行的破裂面（劈理），称为板状构造或劈理构造。具这种构造的岩石中矿物颗粒很细小，肉眼难以分辨，沿破裂面易于分裂成光滑平整的薄板。破裂面上可见由绢云母、绿泥石微晶形成的微弱丝绢光泽，但岩石基本没有重结晶，新生矿物很少，具变余泥质结构，具有清脆的木板敲击声。

千枚状构造：岩石重结晶程度不高，但在劈理面上有某些矿物（绢云母、绿泥石）呈定向密集平行排列，故具明显的丝绢光泽，有时还见有一些小皱纹，称为千枚状构造，此构造在千枚岩中最发育。其岩石重结晶程度仍不高，矿物颗粒细小，肉眼难以分辨，断面参差不齐。

片状构造：由云母、绿泥石、角闪石等片状、柱状矿物作定向平行排列成片理，故称片状构造或片理构造。矿物平行排列的面，称为片理面，沿片理面极易劈成薄片，而且还常呈波状弯曲，显示强烈的丝绢光泽。其矿物颗粒较粗，肉眼可识别，以此区别于千枚状构造。

彩图　片状结构

彩图　片麻状构造

片麻状构造：岩石主要由粒状变晶矿物（长石、石英等）组成，其间有少量片状或柱状矿物（黑云母、角闪石等）呈断续定向平行排列而成的一种构造，称片麻状构造，这种构造在区域变质的片麻岩中常见。如果其中长石、石英巨晶组成透镜体，周围被片状、柱状矿物形成的片理环绕，外形似眼球，则称为眼球状构造。

条带状构造：条带状构造与片麻状构造有些相似，但不同点是粒状浅色矿物和片、柱状暗色矿物分别集中而呈现颜色和粒度不均一的条带交替分布。

块状构造：块状构造与岩浆岩中的块状构造相似，是指岩石中矿物成分和结构都很均匀，矿物或矿物集合体作无定向分布的一种均一构造，石英岩和大理岩具有这种构造。

二、变质岩的分类及常见的变质岩

（一）变质岩的分类

根据变质作用类型将变质岩划分为动力变质岩类、区域变质岩类、混合岩类、接触变质岩类和交代变质岩类五大类。

1. 动力变质岩类

动力变质岩又称构造岩,是由动力变质作用形成的岩石。动力变质作用是由于地壳构造运动的影响,岩石遭受强烈的构造应力(定向压力)的作用而发生形变和破碎的一种变质作用。在变质过程中,岩石主要发生变形和破碎,重结晶作用则是极为次要的。动力变质作用对岩石的影响以机械作用为主(包括变形、破碎、糜棱岩化等),同时伴随有局部的温度升高(由机械能转变成热能),以及沿破碎带循环的热水溶液所引起局部的化学反应,促使岩石的矿物成分和结构构造也会发生某些变化。动力变质作用一般发生在地壳较浅处的错动带。

2. 区域变质岩类

区域变质岩是原岩经区域变质作用而形成的岩石。区域变质作用是指通常在大范围内发生,并由温度、压力及化学活动性很强的流体等多种因素共同引起的一种变质作用。区域变质带长达数百至数千千米,宽数十至数百千米;影响的范围可达数千至数万平方千米以上;影响深度可达30km以上,温度在200~800℃之间。区域变质岩是变质岩中分布最广的一类岩石,从太古代早期到新生代都有发育,前寒武纪结晶基底主要由区域变质岩和混合岩组成。从区域变质岩在时间、空间上的分布来看,区域变质作用与地壳的造山运动有密切关系。

3. 混合岩类

混合岩化作用是介于变质作用和岩浆作用之间的一种地质作用和造岩作用,其最大特征是岩石发生局部的重熔和有广泛的流体相出现。熔融的长英质组分和原岩中难熔的组分,在新的条件下互相作用和混合,形成不同成分和形态的岩石,统称为混合岩。混合岩通常由基体和脉体两部分组成。基体指混合过程中残留的暗色难熔的铁镁质变质岩,主要为片麻岩、斜长角闪岩、变粒岩等区域变质岩,其颜色一般较深。脉体指混合过程中由流体相贯入基体中结晶形成的长英质、花岗质、伟晶质、细晶质的部分,其颜色较浅。基体和脉体常以不同比例、不同形式混合,形成各种类型的混合岩。

4. 接触变质岩类

由接触变质作用所形成的岩石称为接触变质岩。接触变质岩石的特征矿物主要是红柱石、黑云母、堇青石、硅灰石、石榴子石及辉石等。岩石一般呈块状,不显定向性。轻微重结晶常见某些变余结构,重结晶作用较强者的典型结构有角岩结构(岩石中中矿物为细粒等粒状作无定向分布,连云母也不显定向,但可见变余层理)、斑状变晶结构和花岗变晶结构。

5. 交代变质岩类

气成热液(气化热液)变质作用是指在岩浆冷凝过程中,岩浆期后析出的挥发组分及热水溶液对已经固结的岩浆岩及附近围岩发生交代作用,使原岩的矿物成分和结构、构造发生改变的一种变质作用。由气成热液变质作用形成的岩石称为交代变质岩类,不论在矿物成分方面,还是在化学成分方面,与原岩相比都有明显的变化,故又称为蚀变作用。流体(气水溶液)是蚀变作用必备的因素,它包括岩浆期后析出的富含挥发组分的热水溶液及来自围岩和地下的热水,所以水是主要成分,它们可以是液相也可以是气相;另一个必备条件是岩石存在有利于流体赋存或迁移的孔隙和裂隙,这个条件只有在地壳浅处才具备,因此蚀变作用主要发生在浅成或地表的条件下,它们的作用范围常较局限。

(二)常见的变质岩

几种主要的变质岩及其鉴定特征见表4-5。

表4-5 主要变质岩及其特征简表

变质岩	颜色	结构	构造	主要矿物成分	原岩	变质程度
板岩	灰至黑	隐晶质变晶或变余	板状	绢云母、石英细粒、绿泥石、黏土	黏土岩、粉砂岩	浅 ↓ 深
千枚岩	黄、绿、浅红、蓝灰	隐晶质变晶	千枚状	云母、绿泥石、角闪石	黏土岩、粉砂岩、凝灰岩	
片岩	黑、灰黑、绿、浅褐	变晶	片理	云母、绿泥石、滑石、角闪石、石墨、长石	黏土岩(含砂)	
片麻岩	灰、浅灰	粒状变晶	片麻状、眼球状	长石、石英、云母、角闪石	长石砂岩、花岗岩	
石英岩	白、灰、灰红	粒状变晶	致密块状	石英、少量长石、白云母	石英砂岩	
大理岩	白、灰绿、黄、浅红、浅蓝	等粒变晶	致密块状	方解石、白云石	碳酸盐岩	
夕卡岩	变化不定	无规律	块状	透辉石、石榴子石	碳酸盐岩与中酸性侵入岩体接触交代	
蛇纹岩	暗灰绿至黄绿	隐晶质变晶	块状	蛇纹石	橄榄岩、辉石岩	

第三节 沉 积 岩

沉积岩是组成岩石圈的三大类岩石(岩浆岩、变质岩、沉积岩)之一。它是在地壳表层条件下,主要由母岩的风化产物、火山物质、有机物质以及宇宙物质等沉积岩的原始物质成分,大都经搬运作用、沉积作用以及沉积后作用而形成的一类岩石。组成沉积岩的全部物质来源有母岩风化产物、有机物质、火山物质及宇宙物质等。

沉积岩的形成及其形成后的演化的全部历史过程大致可分为三个阶段,即沉积岩原始物质(主要是母岩的风化产物)的形成阶段、沉积岩原始物质的搬运和沉积阶段(即沉积物的形成阶段)和沉积后作用阶段(其中又包括沉积物的同生作用和准同生作用阶段、沉积物的成岩作用阶段以及沉积岩的后生作用阶段)。

沉积岩在地壳表层分布甚广,陆地大约四分之三被沉积物(岩)所覆盖着,而海底几乎全部被沉积物(岩)所覆盖。但从体积而言,沉积岩约占地壳体积的5%,而岩浆岩及变质岩约占95%。由此可知,沉积岩主要分布在地壳的上部和表层部分。

在沉积岩中蕴藏着大量矿产。世界资源总储量的75%~85%是沉积和沉积变质成因的。石油、天然气、煤、油页岩等可燃有机矿产以及盐类矿产,几乎全部是沉积成因的。铁矿的90%、铅锌矿的40%~50%、铜矿的25%~30%、锰矿和铝矿的绝大部分以及其他许多金属和非金属矿产,也都是沉积或沉积变质成因的。

根据沉积岩的形成作用(冯增昭,1992)可将其划分为以下基本类型:

(1)主要由母岩风化产物组成的沉积岩。主要由母岩风化产物组成的沉积岩是最主要的类型,它还可以根据母岩风化产物的类型(碎屑物质及溶解物质)及其搬运沉积作用的不同(机械的和化学的)再划分为两类:碎屑岩、化学岩及生物化学岩。碎屑岩还可以根据其主要的结构特征(即粒度),再进一步划分砾岩、砂岩、粉砂岩和黏土岩。化学岩及生物化学岩还可以根据其主要成分特征,再进一步划分为碳酸盐岩、硫酸盐岩、卤化物岩、硅岩及其他化学岩。

(2)主要由火山碎屑物质和深部卤水组成的沉积岩。主要由火山碎屑物质组成的沉积岩即火山碎屑岩,还可以根据其岩性特征再细分。

(3)主要由生物遗体组成的沉积岩。主要由生物遗体组成的沉积岩即生物岩或有机岩,还可以根据其是否可燃,再划分为可燃生物岩(如煤和油页岩)和非可燃生物岩。

(4)主要由宇宙物质来源组成的沉积岩。主要由宇宙来源的陨石组成的沉积岩可称为陨石岩。

一、沉积岩的基本特征

沉积岩与岩浆岩、变质岩相比较,有其自己的特点。以下从矿物成分、化学成分、结构和构造以及孔隙性等方面论述沉积岩的基本特征。

(一)矿物成分

在沉积岩中已知的矿物达160种以上,但是组成岩石的99%以上的矿物只有20余种,而在一种岩石中常见的主要(造岩)矿物不过1~3种,通常不超过5~6种。沉积岩的矿物组分与岩浆岩不同,它有自己的特点。沉积岩的矿物组分可分为三类:

(1)在岩浆岩中大量存在,而在沉积岩中很稀少的矿物,如橄榄石、普通角闪石、普通辉石等铁镁矿物。这些矿物是在高温高压下由岩浆作用形成的,而转入地表的常温常压条件下则不稳定。在风化作用阶段被大量地风化分解,能保存下来的是很少的,仅在个别的情况下能以含量很少的重矿物的形式保存下来。

(2)在岩浆岩和沉积岩中都比较多的矿物,如钾长石、酸性斜长石及石英。这些矿物是在岩浆作用的晚期形成的,因而在地表环境中就比较稳定,在沉积岩中的含量也就比较高。其中以石英最为稳定,含量也最多,其在沉积岩中的相对含量甚至超过了岩浆岩。长石系列中比较稳定的是钾长石和酸性斜长石,而基性斜长石和中性斜长石是岩浆早期和中期形成的,它们在地表条件下不稳定或比较不稳定,在沉积岩中很少见,因此在沉积岩中的长石含量比起岩浆岩来要少得多。

(3)在沉积作用的过程中新生成的矿物,如盐类矿物、某些氧化物和氢氧化物、黏土矿物、碳酸盐矿物等。其中一部分是在石化作用的过程在形成的,它们又称为自生矿物。这部分也是沉积岩的主要矿物组成之一,是在地表的常温、常压并富含 O_2、CO_2、H_2O 的条件下生成的。在岩浆岩中这类矿物极少或缺乏。

沉积岩和岩浆岩在矿物构成成分上既存在有继承性,又有差异性。继承性反映了两者的历史渊源,岩浆岩的风化产物是沉积岩的主要来源;明显的差异主要是由两者生成条件的不同所决定的,这种差异性突出地反映了沉积岩形成于地表条件这一特点。

由此可见,沉积岩与岩浆岩在矿物成分上的差异,无论是质的方面或者量的方面表现得十分清楚。它们在矿物成分的差异,主要是由于它们在生成条件方面的不同所决定的,如果说,岩浆岩矿物是由于岩浆熔融体冷凝结晶形成的,即由于复杂的物理化学作用的结果而产生的,那么,沉积岩矿物则是在更为多样的表生作用环境下形成的,而且沉积岩矿物的生成作用还往往是在有机物或者某些细菌的直接或间接地参与下进行的,这更是沉积岩矿物的一个独特的成因特点。

(二)化学成分

因为沉积岩基本上是由岩浆岩的风化破坏产物而生成的,因此沉积岩和岩浆岩化学成分是十分接近的,但仍然有很大的差别,主要表现在以下几个方面:

(1)Fe_2O_3和FeO的对比关系差异:在沉积岩和岩浆岩中铁的总量是大体相同的,但在沉积岩中多半是Fe_2O_3,而在岩浆岩中FeO则略高于Fe_2O_3。这是因为岩浆岩是在深处缺乏自由氧的条件下生成的,所以FeO多于Fe_2O_3。相反,沉积岩则是在有充分的自由氧的条件下形成的。当岩浆岩出露于地表经受风化作用时,受到了强烈的氧化作用,将低价氧化物转变为高价氧化物。

(2)沉积岩中碱金属和碱土金属的含量远低于岩浆岩(尤其是Na的含量):① 在K_2O和Na_2O的含量对比上,沉积岩中总是钠比钾少,而在岩浆岩则恰好相反。这是由于在沉积物的形成带,含钾的矿物(如白云母、绢云母等)都是相当稳定的矿物,它们不易风化分解。此外当岩浆岩风化后所生成的一些胶体分散矿物还能吸附一些钾,并一同沉积下来。所以钾的含量在沉积岩中就比较高;钠则不同,当岩浆岩风化以后,它常常形成易溶于水的钠的氯化物、硫酸盐等可溶盐类,而大量集中于海水之中。因此,在由岩浆岩破坏后所产生的沉积物中,Na_2O的含量相对减少,而K_2O的含量则相对增高。② 在岩浆岩中Al_2O_3含量小于Na_2O+K_2O+CaO,而在沉积岩中Al_2O_3含量大于Na_2O+K_2O+CaO。③ 在沉积岩中CaO含量高于岩浆岩中的含量,与生物—生物化学作用对CaO的固定有关。④ 其他碱金属、碱土金属含量在沉积岩中少于岩浆岩中,由于它们易于溶解。

(3)由于沉积岩是形成于富含H_2O、CO_2、O_2的地表环境中,所以沉积岩就特别富含H_2O、CO_2,尤其是CO_2较多,而这些化合物在岩浆岩中则几乎是没有的。

(4)沉积岩的生成往往会导致游离子的SiO_2呈石英、玉髓、蛋白石以及其他低温变种的形式聚集起来,而岩浆岩中的SiO_2则呈石英及其他高温度变种产出。

(5)沉积岩中特有的化学物质—有机质。应当指出,现有的沉积岩化学成分资料都没有考虑有机质。有机质在地表分布很广,而且从地球发展到一定阶段后产生生物以来,有机质的总量是在不断地增加,据维尔纳德斯基估计,有机质总量约占地壳总量的0.1%(地壳按16km厚度计算)或0.001%(地壳按20km厚度计算)。大量有机质的存在是沉积岩与岩浆岩最重要区别之一。有机质具有特殊的化学性质,往往富集有各种元素,已知达60种以上,而且富集元素的能力是惊人的。例如,海生植物中的元素量可达海水的数万倍。某些有机质则是个别元素的强集中体,如钙质生物壳中的Ca和C、硅藻中的Si、磷质生物壳中的P等,因此,如果在沉积岩的平均化学成分中将有机质考虑进去,就更能如实地反映出沉积岩的成分特点。

(三) 结构和构造

沉积岩的结构、构造特点与岩浆岩的不同。沉积岩的结构类型及其特点取决于岩石的形成作用。例如由母岩机械破碎作用的产物所形成的岩石具有"碎屑结构";由机械悬浮沉积作用或者胶体凝聚作用所形成的岩石具有"泥状结构";机械作用形成内源岩则具有"粒屑结构";由化学或生物化学作用形成的岩石具有"结晶粒状结构";由生物作用形成的岩石则为"生物结构";由火山喷发作用形成的碎屑再经沉积作用所组成的岩石则有"火山碎屑结构"。其中"碎屑结构"、"生物结构"与"粒屑结构"都是沉积岩所特有的,化学与生物化学成因岩石的"晶粒结构"虽与岩浆岩的结构相似,但它们各自形成的热力学条件却迥然不同。

沉积岩是在地表的条件下,在各种地质营力(如流水、空气等)的作用下堆积而成,常常具有各种各样的成层构造、层内构造以及层面构造。尤其是层理构造,在岩浆岩中除少数情况(层状火山成岩)外,很少见到层理,故层理构造乃是沉积岩的基本构造特征,常见水平层理、沙纹状层理,交错层理等。其他如各种层面构造(波痕、干裂、象形印模等)、缝合线构造、叠层构造、鳞状构造、结核等都是沉积岩所特有的。

(四) 孔隙性

由于沉积岩是在地表或接近地表压力条件下形成的,因此沉积岩都富于孔隙性,而结晶岩一般孔隙性很差。

二、碎屑岩

碎屑岩(陆源碎屑岩的简称)是指由母岩机械破碎的产物——碎屑物质经过机械搬运和沉积,并进一步压实和胶结而形成的沉积岩类。

碎屑岩包含四种基本组成部分,即碎屑颗粒、杂基、胶结物和孔隙,杂基和胶结物又合称为填隙物。碎屑颗粒是碎屑岩的最主要组成部分,如砾岩中的砾石、砂岩中的砂,占整个岩石组成的50%以上,是决定碎屑岩主要特征的组分。杂基(也译为"基质"或"机械混入物")是指与砂、砾等碎屑一起由机械沉积作用沉积下来的较细粒物质。胶结物是对碎屑颗粒起胶结作用的化学沉淀物。孔隙是指岩石中未被固体物质所占据的部分,它可以是在原始沉积时就保留下来的原生孔隙,也可能为成岩后生阶段的溶解作用或淋滤溶解作用所形成的次生孔隙。

(一) 碎屑岩的成分

碎屑岩由碎屑成分(包括矿物碎屑和岩石碎屑)和填隙物成分(包括杂基和胶结物)组成,碎屑成分占50%以上。碎屑岩的性质主要是由碎屑组分的性质决定的。

1. 矿物碎屑

目前在碎屑岩中已经发现的碎屑矿物约有160种,其中最常见的约20种。但在一种碎屑岩中,其主要碎屑矿物通常不过3~5种。碎屑矿物按相对密度可分为轻矿物和重矿物两类。

前者相对密度小于2.86，主要为石英、长石；后者相对密度大于2.86，主要为岩浆岩中的副矿物（如榍石、锆石）、部分铁镁矿物（如辉石、角闪石），以及变质岩中的变质矿物（如石榴子石、红柱石）。此外，重矿物还包括沉积和成岩过程中形成的相对密度较大的自生矿物（如黄铁矿、重晶石），但它们属于化学成因范畴。

2. 岩屑

岩屑是母岩岩石的碎块，是保持着母岩结构的矿物集合体。因此，岩屑是提供沉积物来源区的岩石类型的直接标志。但是由于各类岩石的成分、结构、风化稳定度等存在着显著差别，所以在风化、搬运过程中，各类岩屑含量变化极大，实际上并不是各类母岩都能形成岩屑。常见的岩屑类型有各类侵入岩岩屑、变质岩岩屑、喷出岩岩屑以及硅岩、黏土岩、碳酸盐岩的岩屑。

3. 杂基

杂基也称为基质，是碎屑岩中细小的机械成因组分，其粒级以泥为主，可包括一些细粉砂。杂基的成分最常见的是高岭石、水云母、蒙脱石等黏土矿物，有时可见有灰泥和云泥。各种细粉砂级碎屑，如绢云母、绿泥石、石英、长石及隐晶结构的岩石碎屑等，也属于杂基范畴。它们是悬浮载荷经卸载后形成的堆积产物。

不同的碎屑岩中的杂基含量不同，有的杂基含量很高，而有的却完全不含杂基。碎屑岩中保留大量杂基，表明沉积环境中分选作用不强，沉积物没有经过再改造作用，从而不同粒度的泥和砂混杂堆积。在潟湖及湖泊的低能环境中形成的砂岩以及洪积及深水重力流成因岩类中都混有大量杂基。

4. 胶结物

胶结物是母岩风化产物中的化学溶解物质在沉积岩形成过程中以化学方式自溶液中沉淀析出于粒间孔隙中的自生矿物。它们有的形成于沉积－同生期，但大多数是成岩期的沉淀产物。碎屑岩中主要胶结物是硅质（石英、玉髓和蛋白石）、碳酸盐（方解石、白云石）及一部分铁质（赤铁矿、褐铁矿）。此外，硬石膏、石膏、黄铁矿以及高岭石、水云母、蒙脱石、海绿石、绿泥石等黏土矿物都可作为碎屑岩的胶结物。

在沉积、成岩阶段生成的矿物叫自生矿物。碎屑岩的母岩有岩浆岩、变质岩等结晶岩，还有较老的沉积岩。

（二）碎屑岩的构造和颜色

碎屑岩的构造是指碎屑岩不同特征组分的空间排列所显示的岩石宏观特征。按其形成的时间，又可分为原生沉积构造和次生沉积构造。原生沉积构造是指陆源碎屑沉积物沉积时到沉积物固结成岩之前，由物理、化学、生物等作用在沉积物内部或者沉积物与流体界面处所形成的构造，既包含了沉积过程中产生的并受沉积条件所控制的沉积构造（如波痕、层理等），也包含了沉积物沉积之后到固结之前由同生作用和准同生变形作用所形成的沉积构造（如滑塌构造、负载构造等）。次生沉积构造是指沉积物固结之后由压实作用、成岩作用等所产生的沉积构造（如成岩结核等）。

碎屑岩的构造可以根据它们的几何形状、形态、产出位置作形态分类，也可以按照其成因作成因分类。首先按形成机理将沉积构造分为物理成因的、化学成因的、生物成因的三大类，然后再根据成因和形态特征，并考虑到实际应用方便作进一步的划分（表4-6）。

表4-6 碎屑岩构造分类表

物理作用	化学作用	生物作用
物理成因构造	化学成因构造	生物成因构造
无机沉积构造		生物沉积构造
Ⅰ.流动构造：波痕、冲刷痕、其他表面痕迹，层理、叠瓦状构造	Ⅰ.结晶构造：晶体印痕与假晶	Ⅰ.生物遗迹构造：足迹、爬迹、停息迹、潜穴、钻孔
Ⅱ.准同生变形构造：负载构造、球状与枕状构造、滑塌构造、碎屑岩脉、旋卷层理、叠状构造	Ⅱ.增生与交代构造：结核	Ⅱ.生物扰动构造
Ⅲ.暴露构造：雨痕、冰雹痕、干裂等		Ⅲ.植物根痕

1. 流动成因构造

流动成因构造也称流动构造，系指沉积物在搬运和沉积时，由于流体（主要是水和空气）的流动作用，在沉积物表面或内部所形成的构造。

1) 层面构造

波痕：波痕是流体沿非黏性沉积物表面流动过程中，在沉积物表面产生的波状起伏的构造痕迹。波痕波脊的形态可以呈直线形、弯曲形、链形（脊向迎流方向弯曲）、新月形（脊向迎流方向弯曲）、舌形（脊向背流方向弯曲）及菱形。波脊形态变化与水动力强度有直接关系，一般来说，随着水动力强度增大，波脊形态由简单变复杂，由连续变断续（图4-7）。波脊之间可以平行、分叉或合并等。波痕按其形成介质类型可分为流水波痕、风成波痕和浪成波痕。

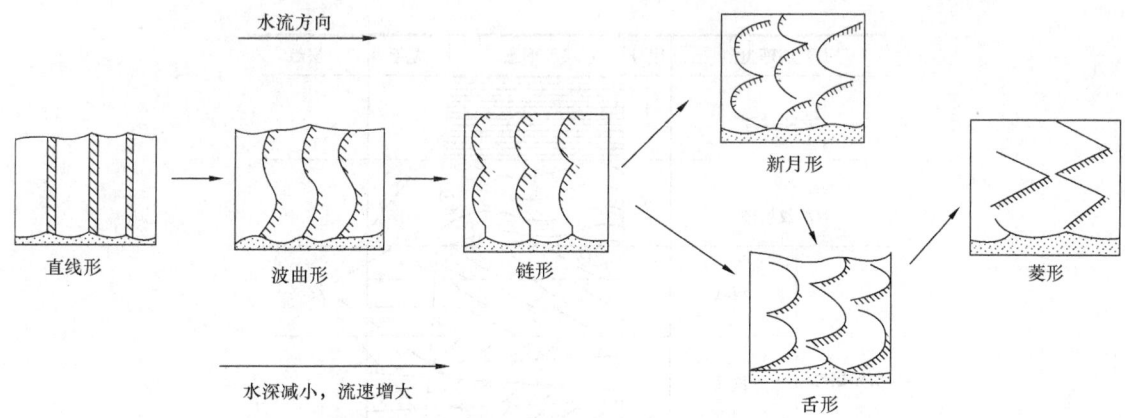

图4-7 水流波痕的波脊形态（顶视）及其与水深和流速的一般关系示意图

原生流水线理或剥离线理：这种构造常出现在具有平行层理的砂岩中，沿着砂岩内层面剥开，出现大致平行的非常微弱的线状沟和脊，斯托克斯把它称作原生流水线理，又因它在剥开面上比较清楚，所以又称剥离线理。它是由砂粒在沉积物表面作连续滚动留下的痕迹，所以它与平行层理经常共生。

侵蚀模——槽模：由于水流的涡流对泥质物表面侵蚀，形成许多顺流方向由深变浅的勺形凹坑，在上覆砂岩底面铸造成一系列规则而不连续的舌状突起印模，也称为槽模。槽模的平面、剖面特征及其形成过程可由图4-8来表示。突起稍高的上游一端呈浑圆状，向下游一端变宽、变平逐渐并入底面中。槽模的大小和形状是变化的，可以呈舌状、锥状、三角形等，形态上可对称或不对称；最突出的部分是原侵蚀最深的部分，高几毫米到2~3cm，长数厘米至数十厘米，多成群出现，顺着水流方向排列，而浑圆突起端迎着水流上游方向，所以槽模具有明确的古水流流向意义。

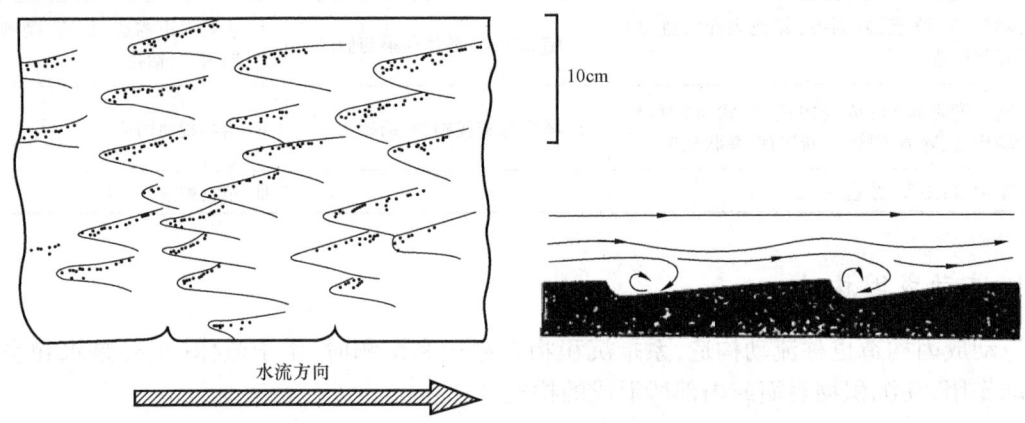

图4-8 槽模平面、剖面特征及其成因解释（据Selley，1976，有修改）

冲刷面：流水在岩层表面上冲蚀的高低起伏的痕迹。

2）层理构造的概念及基本术语

层理构造是碎屑岩中最重要的一种构造。它是沉积物沉积时在层内由沉积物的成分、结构、颜色及层的厚度、形状等沿垂向的变化而显示出来成层构造。描述层理常用的基本术语有层、纹层、层系和层系组等（图4-9）。

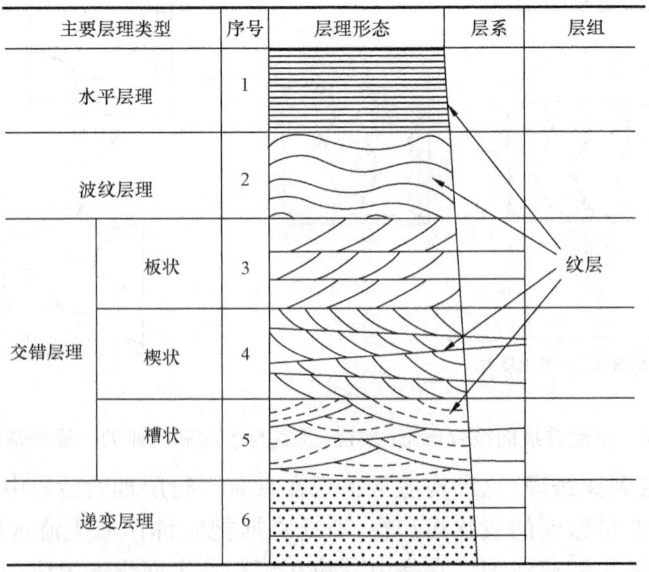

图4-9 层理的基本术语和主要类型

层:层也称单层,是在基本稳定的介质条件下沉积的一个单元,表示最小的岩石地层单位,它由成分基本一致的沉积物组成。层与层之间有层面分隔,层面代表了短暂的无沉积或沉积作用突然变化的间断面。层的厚度变化很大,可由数毫米至数米。按层的厚度可分为块状层(厚度>2m)、厚层(厚度 2~0.5m)、中层(厚度 0.5~0.1m)、薄层(厚度 0.1~0.01m)、页状层(或称微层)(厚度<0.01m)。一个单层内可以有一种类型的层理,也可以包含多种层理类型。层理的要素有纹层、层系和层系组(图 4-9)。

纹层:纹层是组成层理的最小单位,其厚度常以毫米计,同一纹层往往具有比较均一的成分和结构,但有时也有粒度变化,它是在相同水动力条件下同时形成的(图 4-9)。

层系:层系又称丛系,是由成分、结构、产状和厚度基本相同的纹层组成,它是在同一环境的相同水动力条件下,不同时间形成的纹层组成(图 4-9)。

层系组:层系组简称层组,是由两个或两个以上的相似层系组成,是在同一沉积环境的相似水动力条件下形成的(图 4-9)。

3)层理主要类型及其特征

块状层理:层内物质均匀,组分和结构上无差异,不显纹层构造的层理,称为块状层理,也称作均匀层理。这种层理在泥岩中及厚层的粗碎屑岩中常见。一般讲块状层理是快速堆积、沉积物来不及分异形成的。

韵律层理:韵律层理是由两种或两种以上的岩性层有规律地重复而成的。每一种岩性层(纹层)的厚度在数毫米至数十厘米,岩性层间一般互相平行或近于平行。韵律层理通常以结构和颜色不同而显示。

粒序层理:粒序层理又称递变层理,其内部没有纹层,是自下而上粒度大小发生有规律变化的一种层理类型(图 4-10)。自下而上粒度由粗变细称为正粒序(递变)层理,正粒序层理的形成往往与沉积环境能量逐渐减小有关。自下而上粒度由细变粗称为反粒序(递变)层理。不含细粒物质的反粒序层理可能是流动期间动力筛作用的产物(米德尔顿,1970),也可能是介质流动强度增大的结果;含有细粒物质的反递变层理往往与重力流作用增强有关。

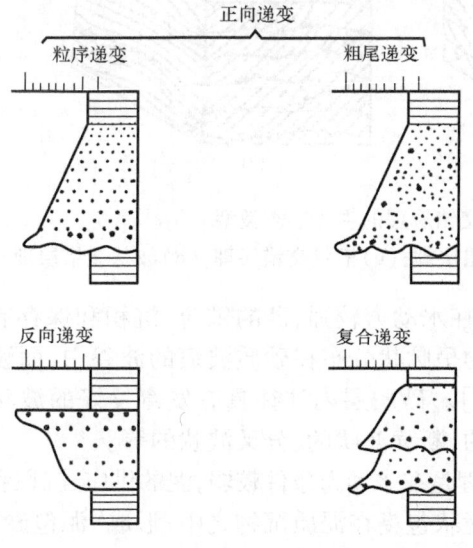

图 4-10　各种类型递变层理(据孙永传,1986)

水平层理与平行层理：水平层理主要产出于泥质岩、粉砂岩中，其特征是纹层平直，相互平行并与层面平行，纹层可连续或断续。它是在比较弱的水动力条件下，由悬浮载荷缓慢沉积而成。常见于海湖深水环境、河漫环境、潟湖环境等。

平行层理，外貌上与水平层理极为相似，它们的区别在于平行层理主要产出于砂岩中，是在较强的水动力条件下形成的，具平行层理的砂岩沿层面剥开，在剥开面上可见到剥离线理。平行层理一般出现在急流及能量高的沉积环境中，如河道、湖岸、海滩等环境中，常与大型交错层理共生。

交错层理：交错层理的特征是纹层与层系界面斜交，由于纹层是倾斜的，所以又称斜层理。多出现于河流、三角洲、浅海（湖）及海岸环境。交错层理的成因、形态、大小变化多样。根据交错层理层系界面的形态、层系界面间的相互关系，可划分为：板状交错层理，层系界面平直且相互平行，纹层与层系界面相交[图4-11(a)]；楔状交错层理，层系界面平直，层系界面之间不相平行，纹层与层系界面相交[图4-11(b)]；槽状交错层理，层系界面呈下凹的槽形，层系界面之间有切割关系，纹层与层系界面相交[图4-11(c)]；波状交错层理，层系界呈波状或不规则状，界面连续或断续，纹层与层系界面相交[图4-11(d)]；羽状交错层理，在两个相邻的交错层理层系中，纹层倾向相反，形似羽毛，故称为羽状交错层理（图4-12），由双向水流作用形成，主要出现于潮汐和滨浅海（湖）等环境。

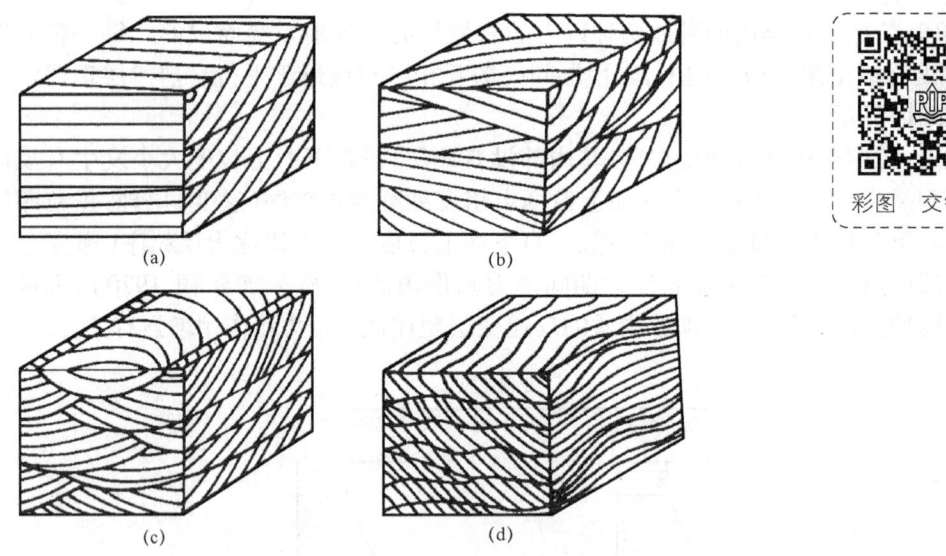

图4-11 交错层理的主要形态类型
(a)板状交错层理；(b)楔状交错层理；(c)槽状交错层理；(d)波状交错层理

脉状层理：脉状层理是在水动力较强，砂的供应、沉积和保存有利的条件下形成的。这种层理主要显示为泥质沉积物呈脉状分布在砂质波痕的波谷中，而波脊上很薄或缺失，形成"砂包泥"的特征[图4-13(a)]。砂质层内往往具有发育良好的波状前积纹层。泥质脉状体形态多样，可呈孤立的、分叉的、断续波状的、分叉波状的等。

透镜状层理：透镜状层理是在水动力条件较弱，泥的供应、沉积和保存有利的情况下形成的。其特点是砂质沉积物呈透镜状包裹在泥质沉物之中，形成"泥包砂"的特征[图4-13(c)]，砂质透镜体在空间上呈断续分布，内部一般具有良好的波痕前积纹层，实际上是孤立波痕的产物。

波状层理：波状层理是介于脉状层理与透镜状层理之间的过渡类型层理，它是在强、弱水动力条件交替出现的情况下形成的。其特征是砂层与泥层交替出现，其界面波状起伏[图4-13(b)]。

脉状层理、波状层理、透镜状层理这一变化系列，其特征是砂质比例依次减小，泥质比例依次升高，形成层理的水动力条件依次变弱。这种复合层理常见于潮汐、三角洲和河漫环境。

2. 同生变形构造

沉积物沉积后，在固结成岩之前，沉积物尚处于塑性状态，在变形力作用的影响下，所形成的构造都称为同生变形构造。多见于三角洲前缘、边滩（点坝）和浊积环境。

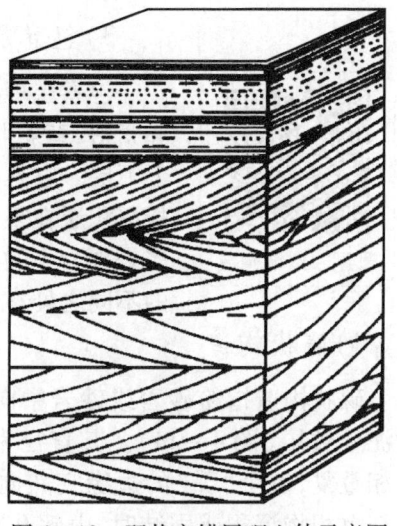

图4-12　羽状交错层理立体示意图（据赖内克，1973）

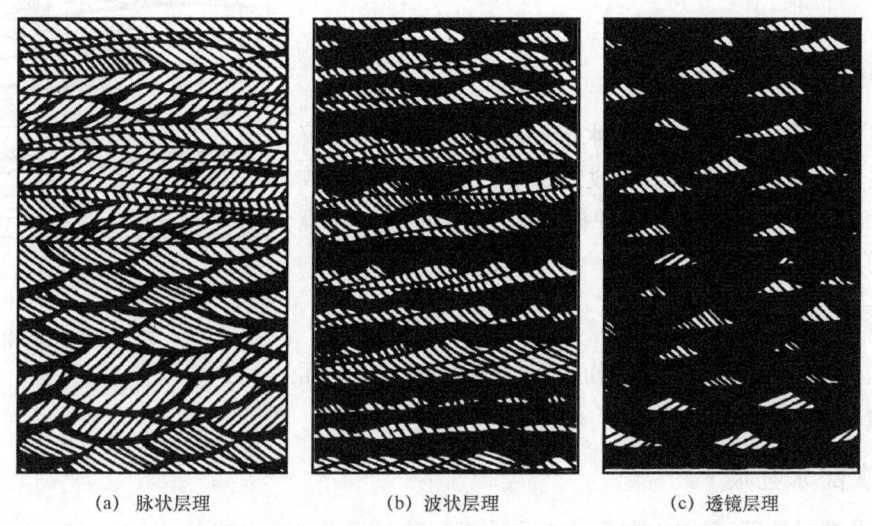

(a) 脉状层理　　　　(b) 波状层理　　　　(c) 透镜层理

图4-13　脉状层理、波状层理、透镜状层理示意图（据赖内克，1968）

1）负载构造

负载构造是指覆盖在泥岩上的砂岩底面上的圆丘状或不规则的瘤状突起，排列杂乱、大小不一，从几厘米到几十厘米，突起高度从几毫米到十几厘米。它是由于下伏饱和水的塑性软泥承受上覆砂层的不均匀负荷压力，而使砂质物质陷入到下伏泥层中，同时泥层以舌形或火焰形向上穿刺到上覆砂层中，这种泥质物称为火焰状构造。

2）球状和枕状构造

这种构造主要分布在泥质层之上的砂岩层的底部，由于砂层被分割成许多孤立或成群作雁行排列的枕状或椭球状，大小从几厘米到数米不等的岩体。悬浮于泥质层之中。多数人认为，这种构造的形成，垂向位移是主要的，而水平位移是次要的，它由一种受外界因素影响（如地震等）而发生的沉陷作用所致。

3) 包卷层理和滑塌构造

彩图 滑塌构造

包卷层理是一个层内的纹层发生揉皱现象,表现为连续开阔"向斜"和紧密"背斜"纹层所组成。一般只限于一个层内的纹层变形,而不涉及上下层。它是由沉积层内的液化而发生横向流动而形成的。滑塌构造是指沉积层在重力作用下,发生运动所产生的各种同生变形构造的总称。多表现为小的褶曲或复杂褶皱,常伴有滑动面或小断层。它与包卷层理的不同之处在于纹层不连续常有错断和角砾化现象。

4) 碟状构造

碟状构造指粉砂岩或砂岩中向上弯曲的形似"碟状"的泥质纹层(图4-14)。其直径为1~50cm,彼此之间可互相叠复,每个"碟"的边缘突然向上弯曲。一般认为,它是在沉积物沉积或固结时,由超孔隙压力所引起的孔隙水向上流动形成的,多发育在快速沉积并饱含孔隙水的砂层中。

3. 暴露成因构造

暴露成因构造是沉积物露出水面(或在水面附近),沉积物表面在蒸发作用下逐渐干涸收缩,或撞击、冲蚀而形成的,它是层面构造一种类型。这种构造具有指示沉积环境及古气候的意义。

图4-14 碟状构造(据奇平,1972)

1) 干裂

干裂是指泥质沉积物或灰泥沉积物暴露干涸、收缩而产生的裂隙,裂隙断面呈"V"字形,也可呈"U"字形。

2) 雨痕及冰雹痕

雨痕、冰雹痕是雨滴或冰雹降落在泥质沉积物的表面,撞击成的小坑。多出现于河漫、滨海(湖)、潮坪等环境。

3) 流痕

流痕是在水位降低,沉积物即将露出水面时,薄水层汇集在沉积物表面上流动时形成的侵蚀痕。一般呈齿状、梳状、穗状、树枝状、蛇曲状等。多出现在潮坪和海滩环境。

4. 化学成因构造

化学成因构造是指沉积物沉积时期和沉积后由结晶、溶解、沉淀等化学作用在沉积物表面上或沉积物中所形成的构造。碎屑岩中化学成因构造的主要类型有晶体印痕与假晶、结核构造等。

1) 晶体印痕与假晶

在适当的条件下,盐类矿物如石盐、石膏等晶体可以在松软的沉积物表面结晶,当这些晶体被溶解而消失后,在沉积物表面就留下具有晶体形态的特征印痕,即晶体印痕,也称晶痕。

这种印痕被沉积物充填后,就形成晶体假象,即假晶。最常见的是石盐晶痕和假晶,保留在泥岩的表面,多产出于盐湖、内陆盐沼以及气候温暖的潮坪环境。

2) 结核

结核是指成分、结构、颜色等方面与围岩有明显差别的自生矿物集合体。结核大小不一,从数毫米到数十厘米,大者可达几米(龟背石)。形态常呈球状、椭球状及不规则团块状,可呈孤立或串珠状出现。

结核按其形成阶段可分为同生结核、成岩结核及后生结核(图4-15),它们可以依据与纹层的关系来区别。一般来说,同生结核不切割纹层、成岩结核部分切割纹层、而后生结核全部切割纹层。结核按成分可分为钙质结核、硅质结核、菱铁矿结核、磷质结核、锰质结核等。一般钙质结核出现在碎屑岩中(如洪泛平原泥质沉积物);黄铁矿结核或菱铁矿结核常出现在煤系地层中;燧石结核常顺层分布在碳酸盐岩中。

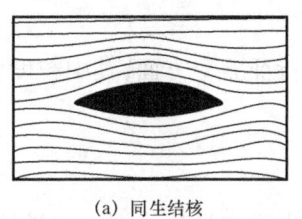 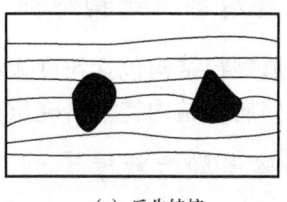

(a) 同生结核　　　　　　　(b) 成岩结核　　　　　　　(c) 后生结核

图 4-15　结核成因类型

5. 生物成因构造

生物成因构造是指由于生物活动或生长而在沉积物表面或内部留下的各种痕迹,其中主要包括生物遗迹构造、生物扰动构造、植物根痕等。

6. 颜色

碎屑岩的颜色是碎屑岩最醒目的标志,是鉴别岩石、划分和对比地层、寻找矿产、分析判断古气候和古地理条件的重要依据之一。按成因可分为三类,即继承色、自生色和次生色。继承色和自生色都是原生色。

继承色主要取决于陆源碎屑颗粒的颜色,而碎屑颗粒是母岩机械风化的产物,故碎屑岩的颜色继承了母岩的颜色。例如,长石砂岩多呈红色,这是因为花岗质母岩中的长石颗粒是红色的缘故。同样,纯石英砂岩因为碎屑石英无色透明而呈白色。

自生色取决于黏土质沉积物堆积过程及其早期成岩过程中自生矿物的颜色。比如,含海绿石或鲕绿泥石的岩石常呈各种色调的绿色和黄绿色,红色软泥是因为其中含赤铁矿。

次生色主要是在成岩作用阶段或风化过程中,沉积岩原生组分发生次生变化,由新生成的次生矿物所造成的颜色。这种颜色多半是由氧化作用或还原作用、水化作用或脱水作用,以及各种矿物(化合物)带入岩石中或从岩石中析出等引起的。

碎屑岩的颜色主要取决于岩石的成分,即取决于岩石中所含的染色物质——色素。

灰色和黑色:大多数黏土岩由暗灰色变为黑色,是因为存在有机质(炭质、沥青质)或分散状硫化铁(黄铁矿、白铁矿)造成的。岩石的颜色随着有机碳含量的增加而变深,表明岩石形成于还原或强还原环境中。

红、棕、黄色:这些颜色通常是由于岩石中含有铁的氧化物或氢氧化物(赤铁矿、褐铁矿等)染色的结果。若系自生色,则表示沉积时为氧化或强氧化环境。

绿色:岩石的绿色多数是由于其中含有低价铁的矿物(如海绿石、鲕绿泥石等)所致;少数是由于含铜的化合物所致,如含孔雀石而呈鲜艳的绿色。若为自生色,绿色一般反映弱还原环境。

(三)碎屑岩的结构

碎屑岩的结构是指组成碎屑岩的各部分自身特征及其间相互关系。由母岩机械破碎作用的产物所形成的碎屑岩具有"碎屑结构"。其结构组分最为复杂,包括碎屑颗粒、填隙物(包括杂基和胶结物)及孔隙。

1. 碎屑颗粒结构特征

碎屑颗粒结构包括粒度大小、圆度、球度、形状和颗粒表面特征五个方面,其中粒度大小和圆度是碎屑岩结构特征研究重要内容。

1)碎屑颗粒粒度

碎屑颗粒的粒度是指碎屑颗粒的绝对大小,一般用颗粒的直径来计量。据水力学的研究,直径大于2mm的碎屑颗粒一般是以滚动方式沿底部搬运;粒径2~0.05mm左右的颗粒在搬运过程中常以跳跃方式搬运;小于0.05mm的颗粒,常呈悬浮搬运,有明显的凝聚现象。从成分特征来看,大于2mm的颗粒多为岩屑,单矿物极少见;粒径在2~0.05mm的颗粒多为矿物碎屑,如石英、长石等;小于0.05mm的颗粒则以黏土矿物为主。根据上述特征对碎屑颗粒粒度进行划分,见表4-7(自然粒级划分标准)。

表4-7 碎屑颗粒粒度划分

粒径,mm	粒级名称
>2	砾
2~0.5	粗砂
0.5~0.25	中砂
0.25~0.05	细砂
0.05~0.005	粉砂
<0.005	泥

碎屑岩粒度特征明显受沉积介质动力条件和搬运距离的控制。随着搬运距离的增长,颗粒的平均粒度变小、分选性变好。沉积介质的性质,如风的搬运比水搬运分选性要好。水流能量强,沉积的碎屑岩粒度粗,缺少细粒组分;水流能量弱,则沉积物粒度细或粗细混杂。

2)碎屑颗粒圆度

圆度是指碎屑颗粒的棱角被磨圆的程度。它与颗粒的形状关系较小,只与棱的尖锐程度关系密切。一般将圆度分为四级。

棱角状：碎屑颗粒具有尖锐的棱角，棱角没有或很少有磨蚀的痕迹，反映未经搬运。

次棱角状：碎屑颗粒的棱角稍有磨蚀现象，但棱角仍清楚可见，反映颗粒在棱角形成后经过短距离搬运。

次圆状：碎屑颗粒的棱角有明显的磨损，棱角圆化，但颗粒的原始轮廓、棱角所在位置还清楚，反映颗粒经过了较长距离搬运。

圆状：碎屑颗粒的棱角已磨损消失，颗粒圆化，原始轮廓、棱角位置难于推断。这是颗粒经过长距离搬运，长期磨蚀的结果。

颗粒的圆度主要与搬运距离、搬运方式有关，但还受矿物结晶习性影响，如推移搬运的颗粒比悬移搬运的颗粒易磨圆，软的颗粒比硬的颗粒易磨圆。研究圆度主要是针对推移载荷，而悬移载荷的圆度研究意义不大。

2. 填隙物结构特征

碎屑岩的填隙物包括杂基（基质）和胶结物。由于它们的成因不同，因此在结构上也表现着各自的特点。

1）杂基的结构

杂基是碎屑岩中与粗碎屑同时以机械方式沉积下来的、起填隙作用的细粒组分，粒度一般小于 0.03mm（或大于 5ϕ，$\phi = -\log_2 d$，d 指颗粒直径，mm），不同于化学沉淀组分。但这里指出的杂基粒度界限主要适用于砂岩；对于更粗的碎屑岩，如在砾岩中，杂基也相对变粗，除泥以外可以包括粉砂甚至砂级颗粒。杂基的含量和性质可以反映搬运介质的流动特性及碎屑组分的分选性，因而也是碎屑岩结构成熟度的重要标志。这正是认识杂基重要性的意义所在。

沉积物重力流中含有大量杂基，由此形成的沉积物是以杂基支撑结构为特征；而牵引流中主要搬运床沙载荷，最终形成的砂质沉积物以颗粒支撑结构为特征，杂基含量很少，粒间由化学沉淀胶结物充填。可见杂基含量是识别流体密度和黏度的标志。同时，杂基含量也是重要的水动力强度标志。在高能量环境中，水流的簸选能力强，黏土会被移去，从而形成干净的砂质沉积物；相反，砂岩中杂基含量高，则表明分选能力差，这是结构成熟度低的表现。杂基含量也是沉积速率的标志。一般地说，沉积越快，杂基含量越高。

2）胶结物的结构

胶结物是化学成因物质，它的结构与化学岩的结构类似，按结晶颗粒大小可分为三类。

非晶质结构：蛋白石及磷酸盐矿物常形成非晶质胶结物，它们在偏光显微镜下表现为均质体性质。

隐晶质结构：隐晶质结构用肉眼不能分辨晶粒，但在偏光显微镜下能见到微弱的晶体光性，如玉髓、隐晶质磷酸盐、碳酸盐等。

显晶粒状结构：胶结物呈结晶粒状分布于碎屑颗粒之间，因晶粒较大，在手标本上可以分辨，碳酸盐胶结物常具有这种结构。显晶粒状胶结物可以呈粒状或纤维状分散于碎屑颗粒之间，也可以围绕碎屑颗粒呈薄膜状或放射状生长，从而构成薄膜胶结或栉壳状胶结。方解石、文石、玉髓易形成栉壳状结构，其特征是晶体长轴垂直颗粒边缘生长。

3）胶结类型和颗粒接触类型

在碎屑岩中，碎屑颗粒和填隙物间的关系称为胶结类型或支撑类型。它取决于颗粒和填隙物的相对含量和颗粒之间的接触关系。首先,按颗粒和杂基的相对含量分为杂基支撑和颗粒支撑两大类,再按颗粒和胶结物的相对含量和相互关系分为基底胶结、孔隙胶结、接触式胶结及镶嵌胶结四类。基底胶结属于基质支撑,孔隙胶结和接触胶结属颗粒支撑,镶嵌胶结则是颗粒与颗粒呈缝合接触(图4-16)。

在基底胶结中,颗粒漂浮在杂基中,彼此不相接触,基质对颗粒起粘结作用。具这种胶结类型的碎屑岩一般是由快速堆积的密度流沉积而成的。孔隙胶结中颗粒互相接触,构成孔隙,胶结物充填于孔隙中,反映稳定强水流的沉积特征。接触胶结中胶结物只分布在颗粒接触处附近,而在孔隙中央没有胶结物,这种胶结类型可能与毛细管作用并发的沉淀作用有关,也可以是由孔隙胶结的岩石中胶结物溶蚀而成。镶嵌胶结实际上是颗粒缝合接触,反映遭受了强烈的压实压溶作用。

根据颗粒间的接触强度,可区分出四种颗粒间接触类型,即点接触、线接触、凹凸接触和缝合接触。这四种接触关系,反映了压实作用逐渐增强(图4-16)。

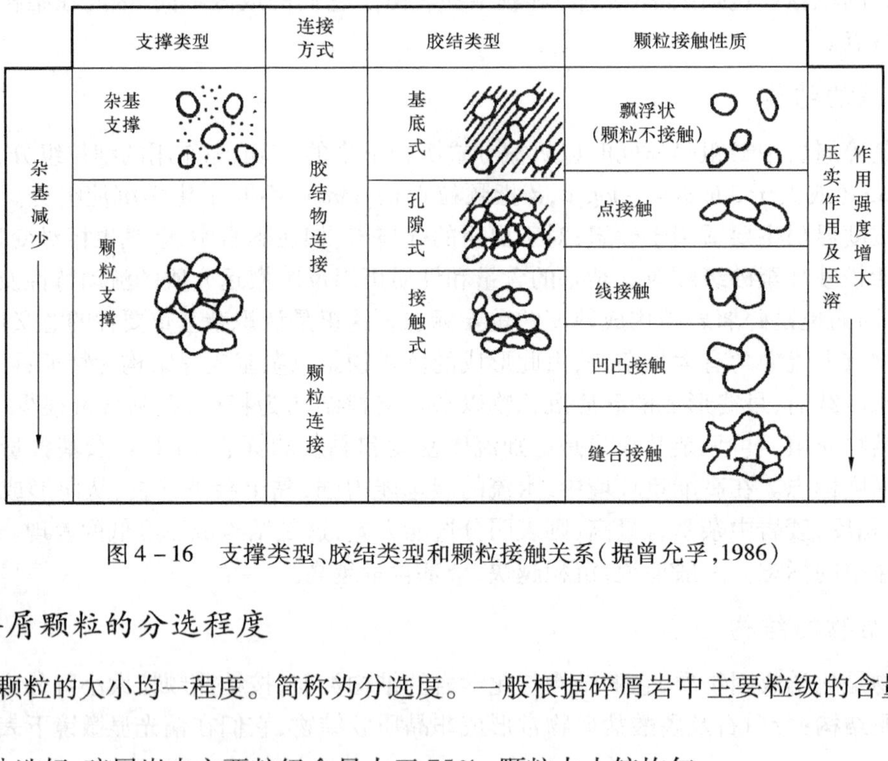

图4-16 支撑类型、胶结类型和颗粒接触关系(据曾允孚,1986)

3. 碎屑颗粒的分选程度

碎屑颗粒的大小均一程度。简称为分选度。一般根据碎屑岩中主要粒级的含量,划分为三级:

(1)分选好:碎屑岩中主要粒级含量大于75%,颗粒大小较均匀;
(2)分选中等:主要粒级含量为50%~75%;
(3)分选差:主要粒级含量小于50%,各种粒级的碎屑混合在一起,大小不均一。

碎屑岩中碎屑的分选程度,同圆度、球度一样,直接与离母岩的远近、搬运时间的长短以及介质的性质有关。一般来说,经过远距离和长期搬运才沉积下来的碎屑物,颗粒的分选程度和圆度、球度都好,如海洋和大湖泊的沉积。而搬运距离较近、时间较短就沉积下来的碎屑物,颗粒的分选程度和圆度、球度都较差,如洪积、冲积和较小湖泊中的沉积。对不同的介质来说,碎屑的分选程度不同,以风的最好,海、湖次之,冰川最差。

研究碎屑颗粒的成分、分选程度和圆度、球度等特点,可以追溯当时沉积物的来源方向和推断母岩的岩石性质,对找矿有指导意义。同时,对研究储集层,评价碎屑岩的储油物性好坏,也有实际意义。

4. 孔隙结构

孔隙是碎屑岩的重要结构组分之一,其间可以充填大量的气体或液体(如天然气、石油等)。

孔隙可分为原生孔隙和次生孔隙两类。原生孔隙主要是粒间孔隙,即碎屑颗粒原始格架间的孔隙。它往往或多或少被后期成岩过程所形成的胶结物充填,真正的原生孔隙在沉积岩中很难全部保留。次生孔隙是沉积物沉积以后,特别是在固结成岩之后,岩石组分(颗粒、填隙物)发生溶蚀作用的结果。被溶蚀的组分不仅有碳酸盐、硫酸盐和氯化物等易溶矿物,一些难溶组分如石英、长石、部分岩屑等的溶蚀现象在碎屑岩中也十分常见。因此,人们越来越认识到次生孔隙对油气储集的重要性。

(四)碎屑岩的分类

粒度资料是分析沉积岩成因及特征的重要依据,是碎屑岩分类和命名的基础,其他的分类命名(如成分的、成因的)常是在这一基础上进行的。结合我国各油田生产实际,采用十进制将碎屑岩划分为砾岩、砂岩、粉砂岩和黏土岩,每类再进一步细分(表4-8)。

表4-8 碎屑岩分类

结构	碎 屑	岩 石	直径,mm
砾状	巨砾	巨砾岩	>1000
	粗砾	粗砾岩	1000~100
	中砾	中砾岩	100~10
	细砾	细砾岩	10~1
砂状	粗砂	粗砂岩	1~0.5
	中砂	中砂岩	0.5~0.25
	细砂	细砂岩	0.25~0.1
粉砂状	粗粉砂	粗粉砂岩	0.1~0.05
	细粉砂	细粉砂岩	0.05~0.01
泥状	黏土(泥)	粘土岩	<0.01

假如碎屑岩的粒度分选程度非常好,其碎屑基本属于一个粒级,那么它的粒度分类和命名非常简单,只需要把各相应的粒级后面加一个"岩"字就行了。如中砾岩、粗砂岩或细粉砂岩等。

然而,自然界的情况并不是这么简单。碎屑岩大都是由几个不同粒级的碎屑所组成,随着各种粒级所占百分含量的不同,应给予不同的命名。

在三级命名法中,以含量大于或等于50%的粒级定岩石的主名,即基本名;含量介于50%~25%的粒级以形容词"××质"的形式写在主名之前;含量在25%~10%的粒级作次要形容词,以"含××"的形式写在最前面;含量小于10%的粒级一般不反映在岩石的名称中。

假如碎屑岩的粒度分选较差,所含粒级较多,但没有一个粒级的含量是大于或等于50%,

而含 50%～25% 的粒级又不只一个。这时则以含量 50%～25% 的粒级进行复合命名，以"××—××岩"的形式表示，含量较多的写在后面。其他含量少的粒级仍按第一条原则处理。

若碎屑岩的粒度分选更差，不但没有含量大于 50% 的粒级，而且含量为 50%～25% 的粒级也没有或者只有一个，则应将此岩石的全部粒度组分分别合并为砾、砂和粉砂三大级，然后按前两条原则命名。

(五)常见碎屑岩

1. 砾岩

砾岩主要由砾石组成。碎屑大都是岩屑而不是矿物碎屑，填隙物以细砂、粉砂和黏土物质作为基质，与砾石同时或大致同时沉积下来。胶结物为方解石、二氧化硅、氢氧化铁等，是在沉积期以后从胶体溶液或真溶液中沉淀出来的化学物质。

砾岩的沉积构造通常见大型斜层理，有时呈均匀块状。沉积成因的砾岩种类很多，但都是其他岩石遭受破坏的最初产物，在原地或后来的机械沉积分异作用过程中堆积形成的。可以组成厚度极大的砾岩层或以夹层、薄层、透镜体存在于其他岩系中。由于砾石的性质取决于母岩性质，且其搬运距离一般不远，所以砾石的成分是推断物源区位置和母岩性质的最可靠的直接资料。

根据砾岩的各种特征，除按粒度分类（表 4-8）外，还有下列四种不同的分类。

1）根据砾石圆度的分类

砾岩：圆状和次圆状砾石含量 >50%。一般由沉积作用形成。

角砾岩：棱角状和次棱角状砾石含量 >50%。除沉积作用形成的角砾岩外，还有构造角砾岩、火山角砾岩及化学作用成因的洞穴角砾岩和盐溶角砾岩等。

砾岩与角砾岩之间过渡的岩石类型，可称为砾岩—角砾岩。

2）根据砾石成分的分类

单成分砾岩：同种成分的砾石占 75% 以上，多为稳定性高、磨圆度好的岩屑或矿物碎屑，如石英岩、燧石、石英等。它代表改造作用比较彻底的产物，分布于地形平缓的滨岸地带。由石灰岩碎屑组成的近岸陡崖堆积也可形成成分单一的石灰岩质角砾岩。

复成分砾岩：由多种砾石组成，成分复杂，各种类型的砾石都不超过 50%。砾石的分选和圆度不好，层理不明显，多沿山区呈带状分布，厚度变化大，为母岩迅速破坏和迅速堆积的产物。其成因类型很多，以造山期后的河成砾岩和山麓洪积砾岩分布最广。复成分砾岩应根据主要砾石的成分命名，如石英砂岩—花岗岩砾岩，不能笼统称为复成分砾岩。

3）根据砾岩在剖面中的位置的分类

根据砾岩在地质剖面中的位置及其下伏岩层的接触关系，把砾岩分为底砾岩和层间砾岩。

底砾岩：砾岩常位于海（湖）侵层位的最底部，分布在侵蚀面上，与下伏地层呈假整合或不整合接触，为海侵开始阶段的产物。其特点是砾岩成分一般较简单，稳定性高的坚硬砾石较多，磨圆度高，分选性好；基质含量少，主要是砂质—粉砂质充填物。这表明砾石经过长距离的搬运。上、下岩层之间有沉积间断。

层间砾岩：砾岩整合地夹在其他岩层之间，与下伏地层是连续沉积，它的存在不代表有沉积间断。其特点是砾石成分中可有不稳定的岩层或以岩屑为主,如石灰岩、黏土岩及粉砂岩等的岩屑,磨圆度差,基质成分复杂。是当地岩石边冲刷边沉积的产物,在剖面中往往与砂岩、黏土岩组合成多个岩性下粗上细的正旋回。

4) 根据成因分类

成因分类是采用具有成因意义的岩石特征作为分类的基础。可分为四类:

海(湖)成砾岩:由河流搬运来的砾石,在滨岸地带受波浪作用长期改造而成。其特点是砾石成分较单一,以稳定组分为主,如石英岩、燧石及石英等;砾石圆度好且颗粒均匀。常呈叠瓦状排列,最大扁平面朝海的方向倾斜,与砂岩斜层理倾向基本一致,倾角小于 13°,一般为 7°~8°;长轴多与海(湖)岸平行。常以底砾岩出现在地层剖面中。

在陡峻海岸地带,由于海浪的强烈冲击,形成岸边崩落滑动型砾岩—角砾岩。其特点是棱角状砾石与磨圆的砾石同时存在;分选很差,大小相差悬殊;分布局限,厚度变化大,常呈透镜体出现。

河成砾岩:常见于山区河流,多位于河床沉积的底部。其特点是砾石成分复杂,各种岩石的砾岩都有;基质中有大量石英、长石、暗色矿物等砂级碎屑和泥质混入物;分选较差;砾石最大扁平面向源倾斜,呈叠瓦状排列,砾石倾向与砂岩斜层理倾向相反,倾角一般为 13°~30°;其长轴多与水流方向垂直,但近岸处多与岸边平行。一般多呈透镜体出现。砾岩的底部有冲刷现象。在平原河流的三角洲中,有时可见到砾石成分较简单的砾岩和角砾岩,分布极窄,这是粉砂质和泥质的水下河岸被冲蚀的结果。砾石排列方向受河流和海浪作用控制,最大扁平面向两个相反的方向倾斜,一部分向河源方向倾斜。一部分向海洋方向倾斜。其长轴方向基本一致,大都垂直于河流方向或海浪前进方向。

洪积砾岩:砾岩沿山麓分布,其特点是砾石较粗大,含较多中砾级甚至粗砾级砾石,其成分取决于被山区洪流所切割的母岩的性质;基质成分常与砾石成分相似,并多具有泥质;胶结物多为钙质、铁质;分选很差,圆度低。岩体呈透镜状或楔状体。靠近山麓的岩体一侧常见有切割—充填构造。

冰川角砾岩:常通称冰碛岩。其特点是成分复杂,常有不稳定组分;分选极差,大砾石和泥、砂混杂;砾石多呈棱角状,有时具几个磨平面,砾石表面常有丁字形擦痕;层理不清,常呈块状;砾石排列紊乱,最大扁平面倾角很大,甚至直立。

2. 砂岩

砂岩是指主要由砂(1~0.1mm 粒级的陆源碎屑颗粒)组成的碎屑岩。在砂岩中,砂的含量 >50%。砂岩的分布很广,仅次于黏土岩。

1) 砂岩的成分分类

砂岩的碎屑成分较为复杂。砂级碎屑组分以石英为主,其次是长石和各种岩屑,有时含云母和绿泥石等碎屑矿物。重矿物含量一般不超过 1%。

从结构上看,砂岩由砂级碎屑、基质和胶结物三部分组成。基质粒度 <0.03mm,含量的多少反映岩石的分选好坏,是介质流体性质(密度和黏度)的一种标志。胶结物主要反映相应形成阶段的物理化学条件。与岩浆岩的平均化学成分相比较,砂岩中的 SiO_2 含量很高,而 Al_2O_3 含量则大为减少,这是由于机械沉积作用使不稳定组分(长石和岩屑)被大量破坏淘汰,而稳定组分石英则相对富集的结果。

砂岩分类有各种不同方案,目前普遍采用三角形图解,也有用表格形式的。比较完备的砂岩分类是采用四组分体系,即根据石英、长石、岩屑和黏土基质的含量分类。

首先,按基质含量将砂岩分为纯净砂岩(通称砂岩)和杂砂岩两大类。前者基质含量<15%,分选性好;后者基质含量>15%,分选性差。基质含量>50%时,则为黏土岩。

然后,在砂岩和杂砂岩中,按照三角图解中三端元组分石英、长石及岩屑的相对含量划分类型(图4-17)。如长石含量>25%,长石含量>岩屑含量的为长石砂岩(杂砂岩)类;如岩屑含量>25%,岩屑含量>长石含量的为岩屑砂岩(杂砂岩)类;如长石和岩屑含量都小于25%的为石英砂岩(杂砂岩)类。每类按具体界限再划分亚类(表4-9)。

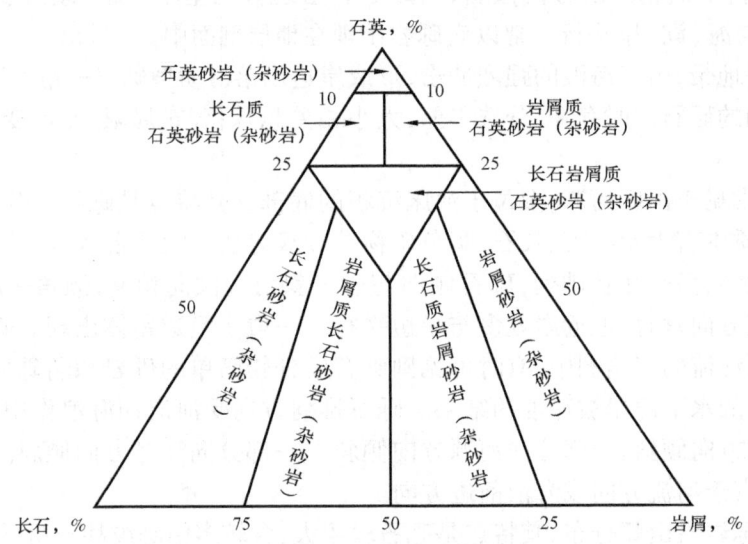

图4-17 砂岩的成分分类(据信荃麟,1982)
根据基质含量15%为界,分别命名为砂岩和杂砂岩

表4-9 砂岩成分分类表

岩类名称	岩石名称	主要碎屑颗粒含量,%			备注
		石英	长石	岩屑	
石英砂岩	石英砂岩	>90	<10	<10	长石含量>岩屑含量
	长石质石英砂岩	75~90	5~25	<15	
	岩屑石英砂岩	75~90	<15	5~25	岩屑含量>长石含量
	长石质岩屑质石英砂岩	50~70	<25	<25	
长石砂岩	长石砂岩	<75	>25	<25	长石含量>岩屑含量
	岩屑质长石砂岩	<65	25~75	10~50	
岩屑砂岩	岩屑砂岩	<75	<25	>25	岩屑含量>长石含量
	长石质岩屑砂岩	<65	10~50	25~75	

注:当基质含量>15%时,岩石名称相应改称石英杂砂岩、长石杂砂岩、岩屑杂砂岩等(据华东石油学院,1982)。

砂岩(杂砂岩)基本类型的划分,没有考虑次要矿物、特殊矿物及胶结物。当砂岩中含有这些矿物时,可采用附加定名,如海绿石石英砂岩。胶结物在岩石定名中应表示出来,其命名原则与碎屑岩的粒度分类命名原则一样。当某种胶结物含量占岩石总量50%~25%时,定名以"××质"表示;当胶结物含量为10%~25%时,以"含××"表示,因此,有钙质石英砂岩、硅质砂岩、含钙石英砂岩、含硅砂岩等名称。

2) 主要砂岩类型及其特征

石英砂岩：石英砂岩的主要碎屑成分是石英，其含量占90%以上。具有分选性最好、磨圆度最高、石英最富集、重矿物最少的特征。石英颗粒一般为中至细砂。长石含量<10%，主要为微斜长石、正长石和钠长石。岩屑含量<10%，是少量磨圆的燧石和石英岩等；重矿物极少，通常由极圆的锆石、电气石、金红石等稳定组分组成；胶结物大多为硅质，次为钙质、铁质及海绿石等。砂岩的颜色主要取决于胶结物的颜色，硅质、钙质胶结者多呈白色或灰白色，铁质胶结者呈红褐色，含海绿石者呈浅绿色。石英砂岩的成因主要是早先存在的砂岩，经历长期、多次再沉积，也可能有些是直接来源于花岗岩质母岩。石英砂岩主要产于构造条件相对稳定地区，经历的沉积旋回越多，石英砂岩越纯。一般多形成于浅海、浅湖地区，呈厚度不大的稳定层状，具有波痕和交错层理等特征构造。

长石砂岩：长石砂岩主要由石英和长石组成，石英含量<75%，长石含量>25%，岩屑含量<25%。石英颗粒一般不规则，磨圆度差。长石含量高是长石砂岩的特点，可达25%～100%，但实际上很少高于75%，主要为正长石，斜长石较少。含有白云母和黑云母碎屑，有时含量高达10%以上，常平行层理富集。岩屑含量较高，其种类取决于陆源区的母岩类型。重矿物一般比石英砂岩的含量高，可达1%以上，稳定组分和稳定性差的重矿物都有。胶结物常为钙质，还有铁质。含少量黏土基质，一般是高岭石质的。中—细粒结构常见，也有粗粒结构。分选及圆度变化大，分选差的棱角状到分选好、圆度高的都有。长石砂岩的形成，是含长石组分高的母岩（如花岗岩、花岗片麻岩）被强烈风化后的产物。经短距离搬运、快速堆积而成。主要形成于构造条件比较强烈的地区，多为靠近母岩区的大陆沉积物，被堆积在山间揉陷区内，常与相似成分的砾岩及粉砂岩、页岩共生。

岩屑砂岩：岩屑砂岩含有较多的岩屑。在其碎屑含量中，岩屑含量>25%，长石含量<25%，石英含量<75%。岩屑成分复杂，常见的是各类喷出岩、千枚岩、板岩、泥质岩、硅质岩等细晶或隐晶结构的母岩碎屑。石英也是岩屑砂岩的主要成分，在含沉积岩屑的砂岩中，其石英比其他砂岩类中的石英要圆些，在含变质岩屑的砂岩中，其石英往往呈棱角状至次棱角状。长石含量较少，一般为酸性斜长石。有黑云母和白云母碎屑平行层理面排列。重矿物种类较多，稳定和稳定性差的组分都有。胶结物有钙质和硅质，一般缺乏基质物质。岩屑砂岩一般呈浅灰色、灰绿色及黑色，粒度多为细粒结构，分选性及磨圆度差。可根据含量高的岩屑成分，将岩屑砂岩进一步划分和命名，如变质岩屑砂岩、火山岩屑砂岩、粉泥岩屑砂岩、燧石岩屑砂岩等。岩屑砂岩的形成条件与长石砂岩基本类似。反映母岩较复杂，物理风化作用强烈，近源快速堆积。多在地壳运动剧烈时期形成。

杂砂岩：杂砂岩一般富含具棱角的石英，有不同比例的长石和岩屑，含少量云母碎屑。有的还有方解石、铁白云石等碳酸盐矿物，一般呈斑点状分布。富含基质（>15%）是杂砂岩的基本特征或主要标志。胶结物比净砂岩少。基质主要是绿泥石、绢云母以及粉砂级细粒石英、长石。它们将碎屑黏合起来形成杂砂岩，一般碎屑颗粒越细，基质含量越高。杂砂岩呈暗灰色或黑色，岩性坚硬、固结良好，分选性和磨圆度极差，由细砾至细小质点的各种粒级都有，颗粒多具尖棱角状。颗粒之间为黏土基质填塞，渗透性特差。杂砂岩形成条件与长石砂岩类似，但来源区比长石砂岩更富于变化和复杂。杂砂岩通常堆积在地壳活动性大、急剧沉降的地槽中，常产于重力流成因的海（湖）相浊积岩中。

砂岩是良好的油气储集岩。据统计,在世界上已发现的油气田中,有半数以上是砂岩储集油气。我国已发现的油气田,储集岩大多数为碎屑岩类型。良好的砂岩储集岩,大多数是中砂岩和细砂岩,其次是粗砂岩和粗粉砂岩,个别地区有砾质砂岩和细砾岩。从砂岩类型看,石英砂岩的储油物性最好,其次是长石砂岩。岩屑砂岩一般不是良好储油岩,因其渗透性差。我国大多数油田的砂岩类型属长石砂岩,长石含量常高达30%~40%,甚至可达50%以上,主要为钾长石和酸性斜长石碎屑,风化程度较低,表面光洁,渗透性一般良好,有的为高产油层。

3. 粉砂岩

粉砂岩是指碎屑颗粒粒度在0.1~0.01mm的细小碎屑岩,碎屑含量>50%。其中粒级在0.1~0.05mm者称为粗粉砂岩;0.05~0.01mm者称为细粉砂岩。粗粉砂岩可作为油气的储集岩,含黏土物质特别是有机质的细粉砂岩,可以成为生油岩。黄土就是一种半固结泥质粉砂岩。

粉砂岩中的碎屑物质成分较单纯,以稳定组分石英为主;长石较少,多为钾长石,其次为酸性斜长石;岩屑极少或无;白云母较多。重矿物含量比砂岩多,可达2%~3%,多为稳定性高的锆石、石榴子石、磁铁矿、钛铁矿等,黏土基质含量高,常向黏土岩过渡形成粉砂质黏土岩。胶结物以碳酸盐为主,铁质和硅质少。磨圆度不高,分选较好。粉砂岩常具薄的水平层理、波状层理和揉皱构造。

粉砂岩除按粒度分为粗粉砂岩和细粉砂岩外,还可进一步分类。如果根据粒度分类,当粉砂岩中混入较多的砂和黏土时,亦可按三级复合命名原则命名,如含砂泥质粉砂岩、含泥砂质粉砂岩等;如果根据碎屑成分的含量分类,可分为以石英为主的单成分粉砂岩,含较多长石、云母和其他碎屑的复成分粉砂岩;如果根据胶结物成分分类,可命名为铁质粉砂岩、钙质粉砂岩、白云质粉砂岩等等。

粉砂岩是经过长距离搬运,在稳定的水动力条件下缓慢沉积形成的。其分布很广,一般出现在砂岩向泥岩过渡的水流缓慢地带。多产于海(湖)水深处的底部以及河漫滩、三角洲、潟湖、沼泽等地区。

4. 黏土岩

黏土岩主要由黏土矿物组成,是分布最广的沉积岩,它约占沉积岩总量的60%。

1) 黏土岩的成分

黏土岩中黏土矿物含量>50%,同时也常有一些非黏土的碎屑矿物、化学沉淀矿物及有机物质等。黏土矿物主要有高岭石、蒙脱石、伊利石、绿泥石,其次是多水高岭石、拜来石、水铝英石等。它们决定黏土岩的性质。

非黏土的碎屑矿物主要是石英,还有长石、云母以及各种重矿物等。石英碎屑含量一般低于0.1%,长石更少。这些碎屑矿物大都是陆源物质,对于判断母岩成分、物源方向和黏土岩的成因、进行地层划分、对比等提供了依据。

非黏土的沉淀矿物有赤铁矿、软锰矿、各种铝土矿、蛋白石、方解石、白云石、菱铁矿、石膏、硬石膏、重晶石、黄铁矿、磷灰石、石盐等等。它们对判断黏土岩的沉积条件及成岩后生变化很有用处。

有机物质有煤、腐泥质、沥青质、生物遗体等。黏土岩中有机质含量高,是很重要的生油岩。

黏土岩的化学成分，与岩浆岩的主要化学成分大致类似，主要是SiO_2、Al_2O_3、铁的氧化物和挥发物质等。不同类型的黏土岩，化学组分变化较大。

2) 黏土岩的结构

根据黏土岩中黏土矿物和非黏土碎屑矿物的百分含量，按三级命名原则，可分为黏土结构、含粉砂的黏土结构、粉砂质黏土结构、含砂的黏土结构、砂质黏土结构等（表4-10）。

表4-10 黏土岩的结构类型

结构名称	黏土质点含量,%	粉砂含量,%	砂含量,%
黏土结构	>95		
含粉砂的黏土结构	>75	10~25	
粉砂质黏土结构	75~50	25~50	
含砂的黏土结构	>75		10~25
砂质黏土结构	75~50		25~50

此外，如黏土岩中有具核心及同心层的黏土矿物或其他矿物的鲕粒，则为鲕粒黏土结构；在细小的黏土基质中，如有较大的黏土矿物晶体，则为斑状黏土结构；如含有生物化石，则为含生物黏土结构。

3) 黏土岩的构造和颜色

黏土岩的构造包括大型和显微型两种。前者有层理和层面构造，在野外肉眼可见。后者有显微鳞片构造、显微杂乱构造和显微定向构造，是由各种极小的鳞片状、纤维状黏土矿物分别按不规则、杂乱、定向方式排列而成，在显微镜下才能辨别。

黏土岩多呈水平层理，细层厚度低于1cm者称为页理或页状层理；细层厚度低于1mm者称为纹理。湖成黏土岩常呈小的韵律性层理。它是在静水或流动性十分微弱、搅动力不强的水动力条件下沉积而成。大型构造还有水底滑动构造，搅混构造等。常见的层面构造有泥裂、雨痕、晶体印痕、波痕等。

黏土岩的颜色主要由其化学成分决定，与其他矿物成分也有关。一般来说，黏土岩中含Fe_2O_3或Fe^{3+}者呈红、紫、褐等色；含FeO或Fe^{2+}者呈绿、灰色；含有机质(C)多者呈黑色；含海绿石和绿泥石者呈绿色。

4) 黏土岩的分类

根据黏土矿物成分，黏土岩可分为以伊利石为主的伊利石黏土岩（又称水云母黏土岩或水白云母黏土岩）、以高岭石为主的高岭石黏土岩和以蒙脱石为主的蒙脱石黏土岩（又称斑脱岩、膨润石、漂白石等）三种主要类型。前者分布最广，在各种大陆和海洋环境均可形成；后两种黏土岩按成因均可分为风化残积型和沉积型。还有一些过渡类型，如高岭石—伊利石黏土岩、蒙脱石—伊利石黏土岩等。因黏土矿物太细，肉眼难以辨认，这种分类在野外不太适用。

按构造特征，可将页理发育的黏土岩称为页岩，页理不发育的称为泥岩。页岩和泥岩大都是复成分的，以伊利石和高岭石为主要成分。常根据其成分、结构、颜色等特征作具体命名，如灰质页岩、油页岩、钙质泥岩、硅质页岩、炭质页岩、黑色泥岩、紫红色泥岩等（表4-11）。

此外,如果黏土岩中非黏土矿物的含量较多,则应按三级命名原则,在名称上反映出来,如含石英的高岭石黏土岩、铁质高岭石黏土岩、铝土页岩等。

表 4-11 黏土岩的分类

分类根据	按矿物成分	按结构类型	按构造特征	
			页理发育	页理不发育
岩石名称	伊利石黏土岩 高岭石黏土岩 蒙脱石黏土岩	黏土岩 含粉砂黏土岩 粉砂质黏土岩 含砂的黏土岩 砂质黏土岩 含鲕粒黏土岩 含生物黏土岩 含砂屑黏土岩 含砾屑黏土岩	页岩	泥岩

三、碳酸盐岩

碳酸盐岩主要是由碳酸盐矿物(含量大于50%)组成的沉积岩。主要矿物成分为方解石、白云石、铁白云石、菱镁矿等,其次为石英、云母、长石和黏土矿物等;主要的岩石类型为石灰岩(方解石含量大于50%)和白云岩(白云石含量大于50%)。它们还经常与陆源碎屑及黏土组成各种过渡类型的岩石。

研究碳酸盐岩具有重要的理论意义和实际意义。碳酸盐岩分布广,据统计,碳酸盐岩约占沉积岩总量的20%,它在地壳中的分布仅次于黏土岩和砂岩。碳酸盐岩是重要的生油岩和储集岩,碳酸盐岩中蕴藏着丰富的石油及天然气资源,世界上与碳酸盐岩有关的油气储量约占世界石油与天然气总储量的50%,产量占世界总产量的60%。碳酸盐岩蕴藏着丰富的矿产资源,层状矿床有铁、铝、锰、磷、硫、石膏及硬石膏、石盐、钾盐等;层控矿床有铜、铅、汞、锑、砷等金属矿;非金属矿产有重晶石、天青石、萤石、水晶、冰洲石等。碳酸盐岩本身就是很有价值的资源,如石灰岩、白云岩、菱镁岩等广泛用于冶金、建筑、化工、农业等各方面。此外,碳酸盐岩是重要的地下水储集岩。

(一)碳酸盐岩的成分

1. 矿物成分

碳酸盐岩主要由方解石和白云石两种碳酸盐矿物组成。

在方解石矿物系列中,除方解石外,还有文石、高镁方解石、低镁方解石等矿物。在这三种碳酸盐矿物中,高镁方解石最不稳定,文石次之,低镁方解石较稳定,因此,在沉积后作用过程中,高镁方解石和文石都要转变为低镁方解石。

在白云石矿物系列中,除白云石外,还有原白云石。富钙的白云石称为原白云石,它在自然界中欠稳定,随着时间的推移,将逐渐转化成更加化学计量、更为有序的白云石。

碳酸盐岩中还常有铁白云石、菱铁矿、菱镁矿等碳酸盐矿物,还有在沉积环境中自生的非碳酸盐矿物和一些陆源矿物。

2. 化学成分

碳酸盐岩的主要化学成分有 CaO、MgO 和 CO_2,纯石灰岩(纯方解石)的理论化学成分为:CaO 占 56% 和 CO_2 占 44%。白云岩如果是纯由白云石所组成,其主要化学成分为:CaO 占 30.4%,MgO 占 21.7,CO_2 占 47.9%。碳酸盐岩中,还常含有一些微量元素或痕量元素,这些元素在地层划分和对比以及沉积环境分析方面有时很有意义。

(二)碳酸盐岩的构造及颜色

1. 碳酸盐岩的构造

碳酸盐岩的构造十分多样,几乎具有全部沉积岩的构造类型。此外,碳酸盐岩还有一些自己独有的构造类型。在这里,只讲述一些碳酸盐岩中特有的构造类型,至于在碎屑岩中常见的一些构造,就不再重复了。

1)叠层石构造

叠层石构造也称为叠层构造或叠层藻构造,简称为叠层石。

叠层石由两种基本层组成:富藻纹层,又称为暗层,藻类组分含量多,有机质高,碳酸盐沉积物少,故色暗;富碳酸盐纹层,又称为亮层,藻类组分含量少,有机质少,故色浅。这两种基本层交互出现,即成叠层石构造。

叠层石的形态十分多样,如图 4-18 所示。但基本形态只有两种,即层状的(包括波状的等)和柱状的(包括锥状的等),其他形态都是这两种基本形态的过渡或组合。一般说来,层状形态叠层石生成环境的水动力条件较弱,多属潮间带上部的产物;柱状形态叠层石生成环境的水动力条件较强,多为潮间带下部及潮下带上部的产物。

2)鸟眼构造

在泥晶或粉晶的石灰岩中,常见一种毫米级大小的、多呈定向排列的、多为方解石或硬石膏充填的孔隙,因其形似鸟眼,故称为鸟眼构造;又因其形似窗格,故也称为窗格构造;又因这样充填或半充填的孔隙呈白色,似雪花,故也称为雪花构造,如图 4-19 所示。其实,这是一种孔隙类型,将它归入结构范畴为宜。一般认为鸟眼构造是潮上带标志。具体地说,这种鸟眼构造乃是一种非钙化的藻类,经溶解、腐烂或干涸后,被稍后的亮晶方解石充填而成。

3)示顶底构造

在碳酸盐岩的孔隙中,如在鸟眼孔隙、生物体腔孔隙以及其他孔隙中,常见两种不同特征的充填物。在孔隙底部或下部主要为泥晶或粉晶方解石,色较暗;在孔隙顶部或上部为亮晶方解石,色浅且多呈白色。两者界面平直,且同一岩层中的各个孔隙的类似界面都相互平行,如图 4-20 所示。

这两种不同的孔隙充填物代表两个不同时期的充填作用。底部或下部的泥粉晶充填物常常是上覆盖层遭受淋滤作用时由淋滤水沉淀的,上部或顶部的亮晶方解石则是后期充填的。两者之间的平直界面代表沉淀时的沉积界面,与水平面是平行的。因此,根据这一充填孔隙构造,可以判断岩层的顶底,故称为示顶底构造,也可简称为示底构造。

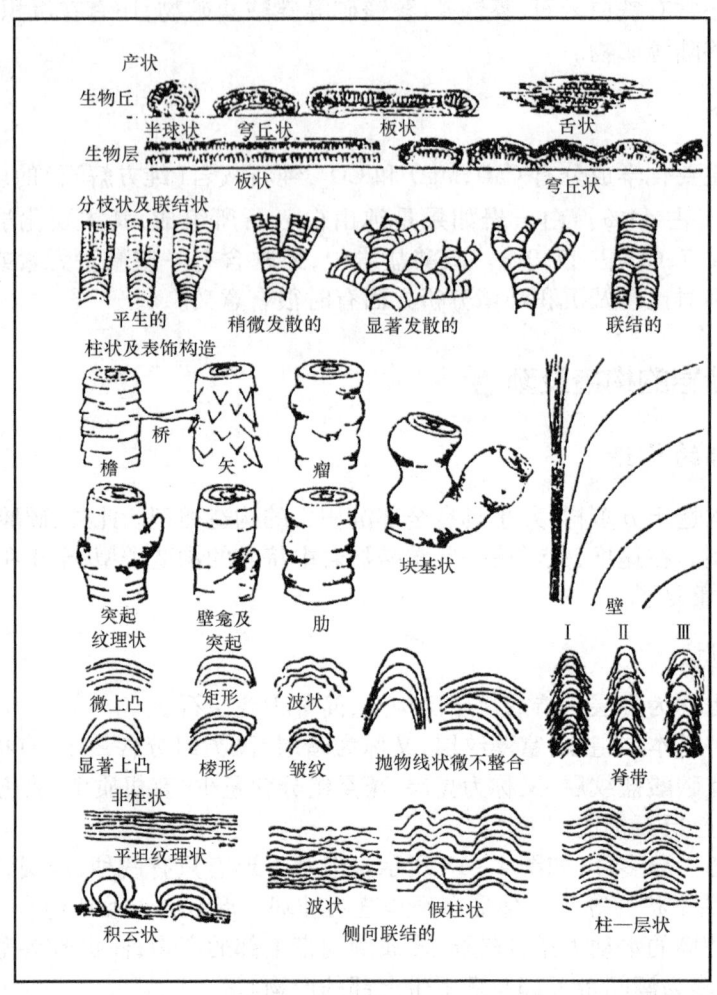

图 4-18 叠层石的形态类型(据瓦尔特,1976)

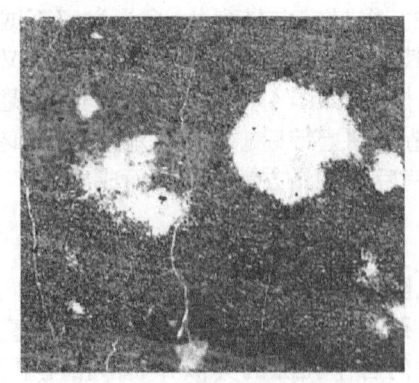

图 4-19 鸟眼构造

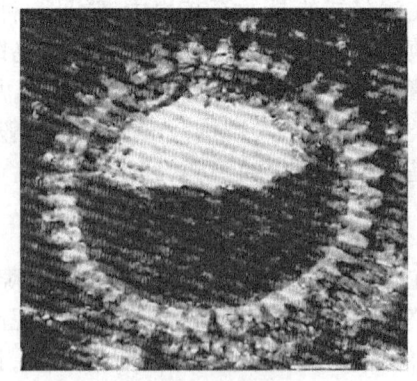

图 4-20 示顶底构造

4) 缝合线构造

缝合线构造是碳酸盐岩中常见的一种裂缝构造。在岩层的切面上,它呈现为锯齿状的曲线,此即称为缝合线;在平面上,即在沿此裂缝破裂面上,它呈现为参差不平凹凸起伏的面,此即缝合面;从立体上看,这些凹下或凸起的大小不等的柱体,称为缝合柱。在这三种表现形式中,以缝合线最常见,如图4-21所示。

缝合线构造的大小差别甚大。大者,其凹凸幅度可达十几厘米甚至更大;小者,其凹凸幅度小于1mm,仅在显微镜下才能看出。缝合线中常富集不溶残余物,如黏土、有机质、砂等。缝合线的形态是多样的。它的形成与成岩后生阶段的压溶作用有关。

5)虫孔及虫迹构造

虫孔属于生物成因构造,它包括生物穿孔、生物潜穴(或生物掘穴、虫穴)、生物爬行痕迹等,这里说的生物主要是蠕虫动物或软体动物等。

生物穿孔是指生物的生活活动,在固结或半固结的岩石或生物组分中通过穿孔方式所形成的一种孔状或管状构造,如图4-22所示。生物潜穴(或生物掘穴、虫穴)是指在尚未固结的沉积物中,由于生物的生活活动所造成的一种洞穴、孔穴、管穴构造。生物爬行痕迹是指生物在尚未固结的沉积物表面上爬行的痕迹。虫孔及虫迹构造可以指示生物特征及其活动情况,是很有用的环境分析标志。

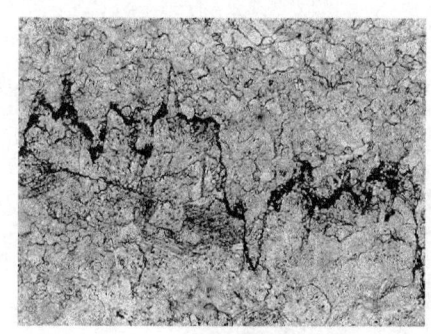

图4-21 缝合线构造

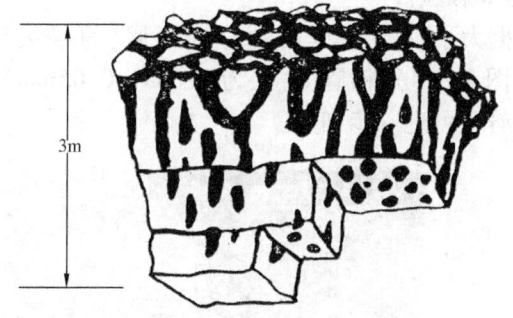

图4-22 石灰岩中的虫孔构造(据赵澄林、高建民,1980)
此层在巢北地区分布广泛,过去称其为"炉渣灰岩",经鉴定为
生物扰动灰岩(安徽巢县下石炭统和州组)

2. 碳酸盐岩的颜色

与碎屑岩相似,碳酸盐岩的颜色也十分多样,但总体上以灰色调为主,其次为深灰色、浅灰色、灰白色等。碳酸盐岩的颜色大致分为三类,即氧化色、过渡色和还原色。还可再进一步细分,如强还原色、弱还原色、弱氧化色、强氧化色等。这对沉积环境分析具有较好的指示作用。

氧化色:红色、黄色、褐色、紫色、灰紫色、红棕色等,指示氧化环境。

过渡色:浅灰色、灰白色、白色,指示弱氧化—弱还原环境。

还原色:灰色、深灰色、黑色、灰黑色,指示还原环境。

碳酸盐岩的颜色除了与成分、结构有关外,一般还与有机质和其他有色金属元素的含量有关。所以在观察岩石颜色时要注意原生色和次生色的区别,通常以岩石新鲜面的颜色为准。

(三)碳酸盐岩的结构组分

碳酸盐岩的结构与岩石的成因有密切的关系,它不仅是岩石分类命名的主要依据,而且也是环境分析的重要标志。岩石的结构直接和油气储集、含水层分布、层控矿床的赋存有一定联系。

碳酸盐岩主要由颗粒、泥、胶结物、晶粒、生物格架等五类结构组分组成。此外,还有一些次要的结构组分,如陆源物质、其他化学沉淀物质、有机质等;也还有一些派生的结构组分,如孔隙等。

1. 颗粒

碳酸盐岩中的颗粒,按其是否在沉积盆地中形成,可分为盆外和盆内两种,前者来源于盆外风化的碳酸盐岩碎屑。后者来源于盆地之内,即通过化学、生物化学、生物以及机械的作用所形成的,这种盆内成因的颗粒被福克(1959,1962)称为"异常化学颗粒",简称异化粒,国内称为"粒屑"或"颗粒"。常见的类型有内碎屑、鲕粒、生物碎屑、球粒、藻粒等。

1) 内碎屑

内碎屑主要是在沉积盆地中沉积不久的、半固结或固结的各种碳酸盐沉积物,受波浪、潮汐水流、风暴流、重力流等的作用,破碎、搬运、磨蚀、再沉积而成的。内碎屑常具有复杂的内部结构,可含有化石、鲕粒、球粒以及早先形成的内碎屑等,其磨蚀的边缘常切割它所包含的化石、鲕粒等颗粒。

根据大小,可将内碎屑划分为砾屑(直径大于 2mm)(图 4-23)、砂屑(直径为 0.05~2mm)(图 4-24)、粉屑(直径为 0.005~0.05mm)(图 4-25)和泥屑(直径小于 0.05mm),砂屑和粉屑还可进一步细分。

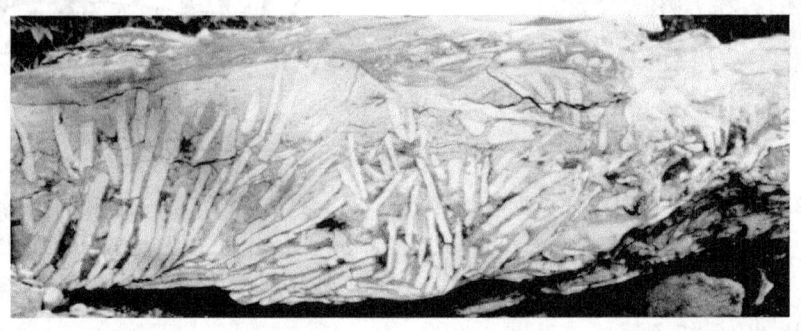

图 4-23 竹叶状砾屑灰岩

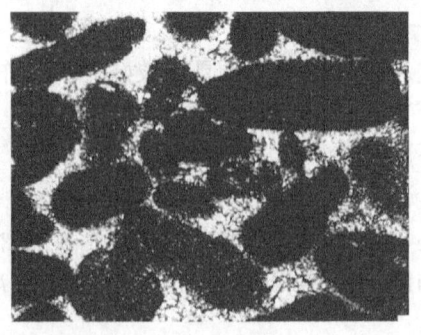

图 4-24 砂屑(镜下)

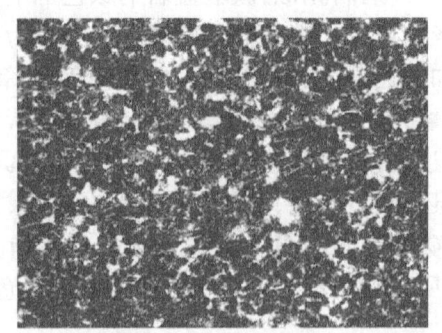

图 4-25 粉屑(镜下)

2) 鲕粒

鲕粒是具有核心和同心层结构的球状颗粒(直径2～0.25mm),很像鱼籽(即鲕),故得名。常见的鲕粒为粗砂级(直径1～0.5mm),直径大于2mm和小于0.25mm的鲕粒较少见。

鲕粒通常由两部分组成:一为核心(可以是内碎屑、生物碎屑、陆源碎屑以及其他物质等);一为同心层(主要由泥晶方解石组成,现代海洋中的鲕粒主要由文石组成,同心层可由1～2圈到近百圈),见图4-26所示。有的鲕粒具放射状结构,此放射结构有的可以穿过整个同心层,有的则只限于几个同心层中,见图4-27。

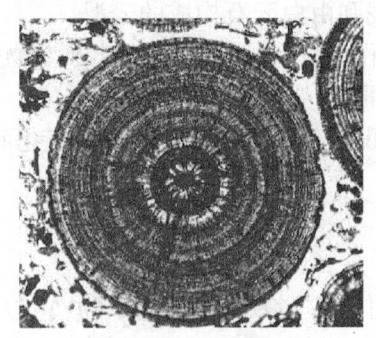

图4-26 正常鲕粒

图4-27 放射鲕

根据鲕粒形态、内部结构以及结晶特点,可将鲕粒划分正常鲕(同心层厚度大于核心的直径)、表皮鲕或表鲕(同心层厚度小于核心直径)、复鲕(在一个鲕粒中包含有两个或多个小鲕粒)、放射鲕(具有放射结构的鲕)、负鲕或空心鲕(核心及同心层大部分被溶蚀,基本上只有一个外壳层)等五种类型。

关于鲕粒的成因,有许多学说和观点,但归纳起来,不外乎两种,即有机说和无机说。有机成因说是指鲕粒的藻成因说。无机沉淀学说将鲕粒的生成与它的结构特征(有核心和同心层)及其生成环境(水动力条件较强的地区)联系起来,因此说服力较强。鲕粒生长的必要条件是:$CaCO_3$供应丰富而且达到饱和,有充分的核心来源,水要受到搅动。

3) 藻粒

藻粒是一类与藻有成因联系的颗粒,包括藻鲕、藻灰结核和藻团块等。

藻鲕是在藻(主要是蓝藻)参与下形成的鲕,其同心层是通过藻丝体黏附灰泥形成的。

藻粒还包含藻灰结核(核形石),通常为大小不等,外形不规则的球形包粒,其形状如果核,故称为核形石。其成因与藻鲕相似。与藻鲕相比,核形石较大,其直径大于2mm,一般为10～20mm,同心层粘结物较多,较模糊而且厚度变化更明显。

藻团块:也是一种由藻类粘结增长而成的颗粒,但它不具有同心层结构。

4) 球粒与粪球粒

球粒指不具特殊内部结构的、泥晶的、球形或卵形的、分选较好的粉砂级或细砂级的颗粒。其成因为碳酸盐岩机械破碎磨蚀或化学凝聚。粪球粒由生物排泄而成,因富含有机质,故颜色较暗。现代球粒和粪球粒形成于静水环境,古代球粒也常常出现于泥晶灰岩中,其岩石也不具有强水动力标志。因此,球粒是低能环境的产物。

5）生物碎屑

生物碎屑又称生物颗粒、骨屑或骨粒,是指经过不同程度搬运和磨蚀的生物硬体(骨骼或外壳),也包括某些原地自解或食肉动物造成的生物碎屑。完整者多为微体化石(有孔虫、介形虫等),也有完整的大化石,生物碎屑以大生物化石为主。

2. 泥

泥或泥晶是与颗粒同时堆积下来的泥级碳酸盐质点。其粒级以 0.005mm 为界,与黏土岩中的黏土(泥)相当。按成分可分为由方解石构成的灰泥和由白云石构成的云泥。

灰泥的成因有化学沉淀作用、生物作用和机械破碎作用三种。由化学沉淀及生物作用生成的灰泥称为泥晶,由机械破碎作用生成的灰泥称为泥屑。

云泥的成因较复杂,一般认为是潮上带的碳酸钙沉积不久便被高镁粒间水白云化而成,是"准同生"交代作用的产物。

3. 胶结物

亮晶胶结物主要是指以化学方式沉淀于颗粒之间的结晶方解石或其他矿物,它与砂岩中的胶结物相似。与灰泥相比,这种方解石的晶粒较粗大,通常直径 > 0.005mm 或直径 > 0.01mm。由于晶体较清洁明亮,故常称为"亮晶方解石"或简称为"亮晶"。组成胶结物的亮晶方解石常具有世代性。第一世代的胶结物常未充填满孔隙而围绕颗粒表面呈栉壳状或马牙状分布,剩余孔隙常被呈粒状嵌晶的第二世代胶结物充填。

亮晶方解石胶结物与粒间灰泥的区别在于:亮晶晶粒较大,灰泥则较小;亮晶较清洁明亮,灰泥则较污浊;亮晶胶结物常呈现出栉壳状等特殊分布状况,灰泥则不是这样。

4. 晶粒

化学沉淀方式形成的碳酸盐和上述各种原生结构的石灰岩经过强烈重结晶作用,常具有明显的晶粒结构,晶粒可根据其粒度划分为:砾晶(>2mm)、砂晶(2 ~ 0.05mm)、粉晶(0.05 ~ 0.005mm)及泥晶(<0.005mm)。砂晶还可细分为极粗晶、粗晶、中晶、细晶及极细晶,粉晶还可细分为粗粉晶和细粉晶。

5. 生物格架

生物格架,主要是指原地生长的群体生物(如珊瑚、苔藓、海绵、层孔虫等),以其坚硬的钙质骨骼所形成的骨骼格架。

另外,一些藻类,如蓝藻和红藻,其黏液可以粘结其他碳酸盐组分,如灰泥、颗粒、生物碎屑等,从而形成粘结格架,如各种叠层石以及其他粘结格架。

骨骼格架及粘结格架都是生物格架,它们是礁碳酸盐岩的必不可少的组分。

(四)碳酸盐岩的分类

在碳酸盐岩的研究中,主要有两种类型的分类:成分分类及结构成因分类。在地质学上应用得最广的是结构成因分类。因为能反映沉积环境特征,也能反映岩石的储集性能。

1. 碳酸盐岩的成分分类

成分分类是碳酸盐岩的基本分类。碳酸盐岩的成分分类涉及石灰岩与白云岩过渡类型的划分，以及碳酸盐岩与黏土岩及砂岩过渡类型及划分，这里主要介绍前者的划分。

根据碳酸盐岩中方解石和白云石的相对含量，可首先将碳酸盐岩划分为石灰岩和白云岩两大类；其次，再在此两大类中还可划分出一系列的过渡类型（表4-12）。表4—12中的岩石类型是以95%、75%、50%、25%和5%为界限划分的，也可以用90%、75%、50%、25%和10%为界划分。

碳酸盐岩常含有一定量的黏土矿物，因此，在碳酸盐岩和黏土岩之间也存在着一系列的过渡类型岩石。在自然界，实际情况可能比上述情况要复杂，常常是方解石、白云石、黏土矿物、砂、粉砂以及其他矿物同时存在，这时，就可以考虑用三端元的石灰岩—白云岩—黏土岩系列的岩石图解分类。

表4-12 根据方解石和白云石的相对含量划分的岩石类型

岩石类型		方解石,%	白云石,%
石灰岩类	纯石灰岩	100~95	0~5
	含白云的石灰岩	95~75	5~25
	白云质石灰岩	75~50	25~50
白云岩类	灰质白云岩	50~25	50~75
	含灰的白云岩	25~5	75~95
	纯白云岩	5~0	95~100

2. 碳酸盐岩的结构成因分类

碳酸盐岩的结构成因分类，国内外有多种方案，其中最杰出的是福克（Folk,1959,1962）和邓哈姆（Dunham,1962）的石灰岩结构分类方案。这些分类是碳酸盐岩岩石学及岩相古地理学的基础，是碳酸盐岩岩石学领域中的里程碑。我国冯增昭教授系统研究了国内外有代表性分类，结合我国实际情况，提出了碳酸盐岩的结构成因分类方案。冯增昭的分类，采用的是三级分类命名原则。该分类简明扼要，术语确切，易懂，具有较广泛的实用性。本书中主要介绍冯增昭的分类方案。

该方案首先将石灰岩划分为三大类，即：颗粒—灰泥石灰岩；晶粒石灰岩；生物格架—礁石灰岩。

颗粒—灰泥石灰岩，又根据颗粒的含量，又可将"颗粒—灰泥石灰岩"划分为颗粒石灰岩、颗粒质石灰岩、含颗粒石灰岩以及无颗粒石灰岩四种亚类型。也可根据颗粒—灰泥的相对含量，以90%（10%）、75%（25%）、50%（50%）、25%（75%）、10%（90%）为界限，将"颗粒—灰泥石灰岩"细分为颗粒石灰岩、含灰泥颗粒石灰岩、灰泥质颗粒石灰岩、颗粒质灰泥石灰岩、含颗粒灰泥石灰岩、灰泥石灰岩六种岩石亚类型。"颗粒—灰泥石灰岩"还可以按颗粒类型再进行细分为30个类型。

晶粒石灰岩，主要以晶粒这一结构组分确定。这一大类石灰岩，基本上全由晶粒组成，几乎不含其他结构组分。它又可根据晶粒的粗细，再细分为粗晶石灰岩、中晶石灰岩、粉晶石灰岩、泥晶石灰岩等。

生物格架—礁石灰岩是特殊类型的石灰岩,其特征是含有原地的生物格架组分。

(五)碳酸盐岩的主要类型

1. 颗粒石灰岩类

颗粒石灰岩常呈浅灰色至灰色,中厚层至厚层或块状。岩石中颗粒含量大于50%。颗粒可以是生物碎屑、内碎屑、鲕粒、藻粒、球粒等其中的一种或几种。粒径可以大至漂砾级,最小到粉屑级。它们的填隙物可以是灰泥杂基或亮晶胶结物,或两者均有。颗粒的分选和圆度可以反映搬运磨蚀历史,进而反映其形成的环境特点。

2. 泥晶石灰岩

泥晶石灰岩或称为灰泥石灰岩,一般呈灰色至深灰色,薄至中层为主。岩石主要由泥晶方解石构成,其中颗粒含量小于10%或不含颗粒。这类石灰岩中时常发育水平纹理,其层面常发育水平虫迹,层内可见生物扰动构造。纯泥晶石灰岩常具光滑的贝壳状断口。泥晶石灰岩主要发育于基本没有簸选的低能环境,如浅水潟湖、局限台地或较深水的斜坡和盆地环境等。

3. 生物礁石灰岩

生物礁石灰岩主要是由造礁生物骨架及造礁生物粘结的灰泥沉积物等组成的石灰岩。根据生物礁石灰岩中生物骨架及其粘结物的相对含量等,生物礁石灰岩可进一步分出原地沉积障积岩、骨架岩及粘结岩。

4. 晶粒石灰岩

这是一类较特殊的石灰岩,主要由方解石晶粒组成。其中较粗晶的晶粒石灰岩大都是重结晶作用或交代作用的产物。按晶粒的大小可以细分为粉晶石灰岩、细晶石灰岩和粗晶石灰岩等。

四、火山碎屑岩

火山作用的产物是火山岩,它包括熔岩、次火山岩和火山碎屑岩三大类。熔岩是岩浆溢出地表凝固而形成的岩石;次火山岩是岩浆上升到近地表附近(没有溢出地表)凝固而成的岩石;火山碎屑岩是火山喷发所产生的同期碎屑物,在陆上或水下堆(沉)积并固结而成的岩石。这里不包括由已固结的火山碎屑岩经风化、搬运、再沉积的岩石,因为此类岩石已属于碎屑岩范畴。典型的火山碎屑岩是指火山碎屑物质的含量达90%以上的岩石。但由于此类岩石中常有数量不等的正常沉积物和熔岩物质的混入,因此广义的火山碎屑岩是指介于熔岩和正常沉积岩之间的过渡类型岩石,它包括了火山碎屑物质含量不等的各类岩石。

火山碎屑岩在成因上具有双重性,其一,此类岩石的物质来源主要来自地下熔浆,与相应的熔岩有密切关系;其二,火山碎屑物喷出后,其搬运和沉积机理与沉积岩的形成方式类似,并具陆源碎屑岩的结构构造特点。因此,它的归属问题尚不统一,有的将它归为沉积岩,有的将它归为火成岩。

(一)火山碎屑岩的基本特征

1. 火山碎屑岩的成分

火山碎屑物质可按其组成及结晶状况分为岩屑(岩石碎屑)、晶屑(晶体碎屑)和玻屑(玻璃碎屑)三种类型。

1) 岩屑

岩屑形状多样、大小不一,从微细粒至数米的巨块均有,依其物态可分为刚性、塑性、半塑性三种。

刚性岩屑指早已凝固的熔岩(包括各种微晶质及玻璃质熔岩)、火山通道围岩以及火山基底岩石(包括沉积岩、变质岩和火成岩)等经火山爆发作用而破碎的岩石碎屑。半塑性岩屑包括火山弹(图4-28)和火山角砾,是具有一种特定形态和内部构造的火山碎屑物。塑性岩屑(火焰石)又名饼状体或浆屑,粒径一般大于2mm。它是未凝固的炽热塑性熔浆团在气体作用下喷至地表,经撕裂、溅落而成的,因喷发高度不大,于火山口附近堆积压扁拉长形成火焰状、透镜状和枝叉状等各种形状的火焰石(图4-29)。

图4-28 火山弹(山西,大同)

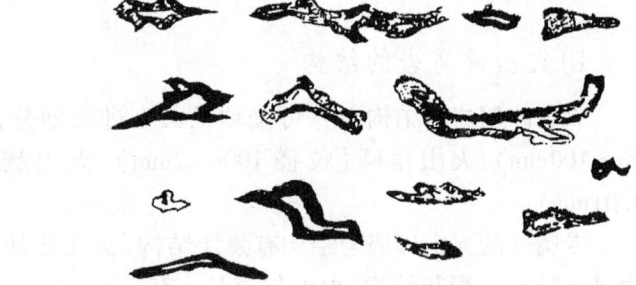

图4-29 火焰石的形状(据孙善平,王小明,1980)

2) 晶屑

晶屑是指在火山爆发时,熔浆中已结晶的斑晶和已成岩石所含的晶体被崩碎而成的矿物碎屑。由于中酸性的岩浆易于爆发,所以经常见到石英、钾长石及斜长石,其次是黑云母和角闪石。辉石和橄榄石则非常罕见。晶屑的外形常不规则,一般呈棱角状,有的因受熔浆的熔蚀而呈圆形或港湾状(图4-30)。

3) 玻屑

玻屑通常大小在0.1~0.01mm之间,很少超过2mm;2~0.01mm者称为火山灰,小于0.01mm者称为火山尘。玻屑依其物态可分为刚性和塑性两种。

刚性玻屑有弧面棱角状和浮石状两种。前者出现普遍,形状多样,常用弓形、弧形、镰刀形、月牙形、鸡骨、管状、海绵骨针状、不规则尖角状等一系列形容词来描述。后者不甚普遍,是没有彻底炸碎的弧面棱角状玻屑,内部保留较多气孔,状如浮石,在中基性火山碎屑岩中出现较多。塑性玻屑是炽热的玻屑在上覆火山碎屑物的重压下,彼此压扁拉长叠置定向排列,且相互粘连、熔结在一起而成。强烈塑变玻屑显流纹状,通称假流纹构造。

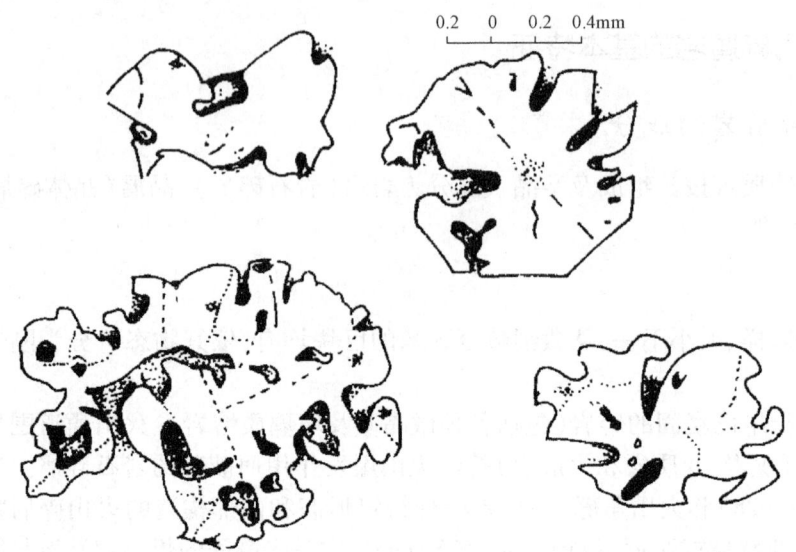

图4-30 火山碎屑岩中晶屑的形状(据孙善平,王小明,1980)

2. 火山碎屑岩的结构、构造及颜色

1) 火山碎屑岩的结构

火山碎屑岩的结构组分可按粒径大小进行划分,目前通用的粒级划分为:火山集块(粒径>100mm)、火山角砾(粒径100~2mm)、火山灰(粒径2~0.01mm)、火山尘(粒径<0.01mm)。

专属性的火山碎屑岩结构有集块结构(火山集块含量>50%)、火山角砾结构(火山角砾含量>75%)、凝灰结构(火山灰含量>75%)。视碎屑形态特点,尚有塑变碎屑结构(主要由塑变碎屑组成)、碎屑熔岩结构(基质为熔岩结构)、沉凝灰结构(指混入正常沉积物而言),以及凝灰砂状、凝灰粉砂状等过渡类型结构。

2) 火山碎屑岩的构造

在火山碎屑岩中,常见的构造有层理构造、斑杂构造、平行构造以及假流纹构造。

层理构造:火山碎屑岩通常不显层理,但在水携或风携的火山碎屑沉积中,也可出现小型至大型交错层理以及平行层理。在陆上或水下火山碎屑重力流以悬浮和递变悬浮搬运与沉积的火山碎屑岩类中,可出现递变层理。在重力流水道中,可见到递变、反递变以及叠复递变层理。

斑杂构造:是火山碎屑物在颜色、粒度、成分上分布不均且排列无序,从而表现出来的一种杂乱构造。

平行构造:泛指由伸长形的火山碎屑物,如透镜体、饼状体、熔岩团块和条带等定向排列所组成的构造。它的连续性、平行性不及假流纹构造。

假流纹构造:主要出现在流纹质熔结凝灰岩中。根据塑性玻屑可见燕尾状分叉,在刚性碎屑边部可见塑变不强的弧面棱角状外形,"假流纹"延伸不远,一般无气孔及杏仁体等,而有别于流纹构造。

除上述构造外,有时还见气孔构造、杏仁构造、火山泥球及豆石构造等,甚至在某些火山碎屑岩中还见有生物搅动构造及实体化石。

3)火山碎屑岩的颜色

火山碎屑岩常具有特殊鲜艳的颜色,如浅红、紫红、嫩绿、浅黄、灰绿等,它是野外鉴别火山碎屑岩的重要标志之一。颜色主要取决于物质成分。中基性火山碎屑岩色深,为暗紫红、墨绿等色;中酸性者色则浅,常为粉红、浅黄等色。其次取决于次生变化,如绿泥石化则显绿色,蒙脱石化则显灰白或浅红色。

(二)火山碎屑岩的分类及命名

广义的火山碎屑岩类的分类和命名原则是:

(1)根据物质来源和生成方式划分为火山碎屑岩类型、向熔岩过渡类型和向沉积岩过渡类型三种成因类型。

(2)根据碎屑物质相对含量和固结成岩方式划分为火山碎屑熔岩、熔结火山碎屑岩、火山碎屑岩、沉火山碎屑岩和火山碎屑沉积岩等五种岩类。

(3)根据碎屑粒度和各粒级组分的相对含量划分为三个基本种属,即集块岩、火山角砾岩和凝灰岩,之间的过渡型为凝灰角砾岩、角砾凝灰岩等。本书的火山碎屑岩分类见表4-13。

表4-13 火山碎屑岩的分类表

类型	向熔岩过渡类型	火山碎屑岩类型			向沉积岩过渡类型
岩类	火山碎屑熔岩类	熔结火山碎屑岩类	火山碎屑岩类	沉火山碎屑岩类	火山碎屑沉积岩类
碎屑相对含量	熔岩基质中分布有10%~90%的火山碎屑物质	火山碎屑物质含量大于90%,其中以塑变碎屑为主	火山碎屑物质含量90%~50%,其他为正常沉积物质	火山碎屑物质含量50%~10%,其他为正常沉积物质	火山碎屑物质含量50%~10%,其他为正常沉积和水化学物胶结
岩石名称 成岩方式 / 碎屑粒度	熔浆黏结	熔结和压结	压积	压积和水化学物胶结	—
主要粒级大于100mm	集块熔岩	熔结集块岩	集块岩	沉集块岩	凝灰质巨砾岩
主要粒级100~2mm	角砾熔岩	熔结角砾岩	火山角砾岩	沉火山角砾	凝灰质砾岩
主要粒级小于2mm	凝灰熔岩	熔结凝灰岩	凝灰岩	沉凝灰岩	2~0.1mm 凝灰质砂岩 / 0.1~0.01mm 凝灰质粉砂岩 / 小于0.01mm 凝灰质泥岩

最后再以碎屑物态、成分、构造等依次作为形容词,对三个基本种属岩石进行命名,如晶屑凝灰岩、流纹质晶屑凝灰岩、含火山球流纹质玻屑凝灰岩等。次生变化也常作为命名的形容词,如硅化凝灰岩、蒙脱石化凝灰岩、沸石凝灰岩和变质流纹质晶屑凝灰岩等。

(三)火山碎屑岩的主要类型

1. 火山碎屑熔岩类

此类岩石是火山碎屑岩向熔岩过渡的一个类型,熔岩基质中可含90%~10%的火山碎屑物质。具碎屑熔岩结构,块状构造。熔岩基质中可含数量不定的斑晶,呈斑状结构,发育有气孔、杏仁构造。火山碎屑主要是晶屑及一部分岩屑,玻屑少见。当成分相近时,往往不易区分岩屑和熔岩基质,而误认为熔岩。按主要粒级碎屑划分为集块熔岩、角砾熔岩和凝灰熔岩。

2. 熔结火山碎屑岩类

此类岩石是以熔结(焊结)方式而形成的一类火山碎屑岩。火山碎屑物质含量达90%以上,其中以塑变碎屑为主。主要产于火山颈、破火山口、火山构造洼地和巨大的火山碎屑流与侵入状的熔结凝灰岩体中,其中较粗粒的熔结集块岩和熔结角砾岩分布不广,主要组成近火山口相。细粒的熔结凝灰岩分布很广,可组成厚大的火山碎屑岩层。

3. 火山碎屑岩类

此类岩石即狭义的火山碎屑岩类,火山碎屑占90%~50%,经压积或压实作用成岩,可按粒度大小分为集块岩、火山角砾岩和凝灰岩。

(1)**集块岩**:具集块结构,集块占50%以上,由火山弹及熔岩碎块堆积而成,也常混入一些火山管道的围岩碎屑,一般未经过搬运而呈棱角状,由细粒级角砾、岩屑、晶屑及火山灰充填压实胶结成岩。多分布于火山通道附近构成火山锥,或充填于火山通道之中。

(2)**火山角砾岩**:主要由大小不等的熔岩角砾(含量>50%)组成,分选差,不具层理,通常为火山灰充填,并经压实胶结成岩。多分布在火山口附近。

(3)**凝灰岩**:指粒径小于2mm的火山碎屑物含量超过50%的火山碎屑岩。按碎屑粒级进一步分为粗(粒径2~1mm)、细(粒径1~0.1mm)、粉(粒径0.1~0.01mm)和微(粒径<0.01mm)粉等四种凝灰岩。碎屑成分主要是火山灰,按其物态及相对含量,分单屑凝灰岩(玻屑凝灰岩、晶屑凝灰岩或岩屑凝灰岩)、双屑凝灰岩(两种物态碎屑均在25%以上)和多屑凝灰岩(三种物态碎屑均在20%以上)。其中以玻屑凝灰岩、晶屑—玻屑凝灰岩最常见,具典型凝灰结构,熔岩成分多为流纹质,次为英安质。

4. 沉火山碎屑岩类

它是火山碎屑岩和正常沉积岩间的过渡类型,火山碎屑物质含量90%~50%,其他为正常沉积物(包括陆源砂、粉砂、泥质、水盆地沉淀的化学物质及少量的碳屑、生物碎屑等),经压实和化学胶结成岩。因常见层理构造而称为沉火山碎屑岩类。它与陆源火山碎屑沉积物的区别是新鲜、棱角明显、无明显磨蚀边缘及风化边缘。它广泛分布于火山岩地区,常常夹于火山岩—火山碎屑岩系中,代表火山喷发旋回的间断产物。

5. 火山碎屑沉积岩类

此类岩石以正常的沉积物为主,火山碎屑物质含量为 50%~10%,岩性特征基本同于正常沉积岩。当沉积物主要是陆源砂时,称为凝灰质砂岩;沉积物主要为泥时称凝灰质泥岩;沉积物主要为碳酸盐时称凝灰质石灰岩或凝灰质白云岩等一系列过渡类型岩石。

五、煤和油页岩

煤和油页岩属于有机成因的沉积岩,是固态的可燃有机岩。煤是当代人类最重要的能源之一,主要作为燃料提取热能和动能,被人们称为"工业的粮食"。煤也是重要的冶金和化工原料,可以制取冶金焦炭、人造石油及上万种的化工产品。另外,还可以从煤中提取 Ge、Ga、V、Y 等重要元素。油页岩是重要的人造石油原料及化工原料,其经济价值也很大。

(一)煤

煤作为一种岩石,是由几种性质不同的组分组成的,这些组分称为煤岩组分(也称为煤岩成分、煤素质、显微组分)。有四种煤岩组分,即镜煤、亮煤、暗煤和丝炭。镜煤为黑色,光泽强,均一,性脆,贝壳状断口,在煤层中常呈透镜状或条带状产出,大多厚几毫米到 1~2cm,有时呈线理状夹在亮煤或暗煤中;丝炭呈灰黑色,外观似木炭,具明显的纤维结构和丝绢光泽,疏松多孔,性脆,染手,常呈扁平透镜体沿煤的层面分布,大多厚 1~2mm 至几毫米;亮煤是最常见的煤岩类型,其光泽仅次于镜煤,但均一程度不如镜煤,表面隐约可见微细纹理,许多性质介于镜煤与暗煤之间;暗煤为灰黑色,光泽暗淡,致密,坚硬而具韧性。在煤层中,可以由暗煤为主形成较厚的分层,甚至单独成层。

煤一般被认为是黑色的,其实不尽如此:褐煤是褐黑色或暗黑色;低变质烟煤呈蓝黑色,并带有淡褐色的色调;中变质烟煤呈黑色;高变质烟煤呈黑色,并带钢灰色色彩;无烟煤呈钢灰色;腐泥煤颜色多变,有深灰、浅黄、褐、灰绿、黑色不等,但通常为黑色。烟煤变质程度越高,光泽则越强;低变质烟煤往往具暗淡的沥青状光泽或弱玻璃光泽;中变质烟煤呈玻璃光泽;高变质烟煤呈强玻璃光泽;无烟煤呈金属光泽或似金属光泽;褐煤一般无光泽或呈蜡状光泽;腐泥煤一般也无光泽或光泽暗淡。煤的相对密度变化很大,这与煤的类型、杂质含量等因素有关。褐煤的相对密度一般小于 1.3;烟煤的相对密度多为 1.3~1.4;无烟煤的相对密度多为 1.4~1.9;腐泥煤的相对密度最小,一般仅为 1.1。泥炭和褐煤的硬度最小,约为 2~2.5;无烟煤的硬度最大,接近 4。煤中还发育有裂隙,可分内生裂隙及外生裂隙两种。内生裂隙往往与煤的层理垂直,裂隙面平坦,裂隙不穿过整个标本,光亮型煤的内生裂隙最发育。外生裂隙是由于外力引起的,往往穿过整个标本,裂隙面不规则,常有擦痕伴生,裂隙常与层理斜交。

煤中都含有水。水有外在水、内在水、结晶水之分。水分对煤的储存、运输、加工利用等都是不利的。煤的灰分是指煤完全燃烧后剩下来的残渣,它主要由煤中的各种矿物质组成的。灰分当然是影响煤质量的不利成分,对炼焦及化工用煤都很不利。挥发分是指将煤放在与空气隔绝的条件下加热,从煤中分解出来的焦油蒸汽和气体,如氮、氢、甲烷、二氧化碳、硫化氢以及其他有机化合物。在密闭条件下,当煤加热到一定温度后,能够熔融、黏结在一起形成焦块的性质。煤的发热量是指单位重量的煤完全燃烧时放出的热量,又称为热值,通常以 J/kg 表示。在灰分一定的情况下,随着煤的变质程度的增高,煤中固定碳的含量也相应地增高,其水分含量和挥发分含量则相应地降低。在各种煤类型中,以焦煤的发热量最高。

煤的元素组成主要包括碳、氢、氧、氮、硫五种主要元素,同时也包括磷、氯、砷、锗、镓、铀、钒等微量及伴生元素。随着煤化程度的增高,煤中的氢、氧含量降低,碳含量则增高。煤中的硫、氯、砷、磷往往是工业利用中的有害元素。煤中的锗、镓、铀、矾等伴生元素往往可以富集成为工业矿床。

成煤的物质基础是泥炭,而这需要一定的条件,首先需要大量植物的持续繁殖,其次是植物遗体不被全部氧化分解,能够保存下来并转化为泥炭,具备这样条件的场所就是沼泽。按照水介质的含盐度,沼泽可分为淡水的、半咸水和咸水的,前者一般是内陆型的,后二者则都与海水有关而发育于滨海地域。按照水分的补给来源,沼泽可划分为低位沼泽、高位沼泽和中位沼泽三种类型。低位沼泽由地下水补给,潜水面较高,其地下水面的高度几乎与沼泽表面相等,高等植物繁盛,易形成森林沼泽;高位沼泽主要以大气降水为补给来源,其地下水面经常低于凸起的沼泽表面,常常只有苔藓植物分布;中位沼泽或过渡型沼泽,既有低位沼泽的特点,又有高位沼泽的特点,具有混生的植物群落。

成煤过程大致可以分为三个阶段,第一阶段为泥炭化作用,第二阶段为泥炭的成岩作用阶段,第三阶段为变质作用阶段

根据煤的形成作用、形成环境、可将煤划分成腐殖煤类和腐泥煤类(表 4-14);又可根据煤的变质程度,将煤划分为褐煤、烟煤和无烟煤(表 4-15)。

表 4-14 煤的成因分类

成因类型		原始物质	形成环境	形成作用
腐殖煤类	腐殖煤	高等植物的木质素和纤维素为主	滞留沼泽	泥炭化作用
	残殖煤	高等植物的稳定组分为主	活水沼泽	残殖化作用
腐泥煤类	腐泥煤	低等植物为主,原有结构保存	较深水沼泽,湖泊,浅海	腐泥化作用
	胶泥煤	低等植物为主,原有结构消失		

表 4-15 按变质程度划分的煤类型

变质程度	类型	
未变质煤	褐煤	
低变质煤	长焰煤	烟煤
	气煤	
中变质煤	肥煤	
	焦煤	
高变质煤	瘦煤	
	贫煤	
	无烟煤	

含煤岩系是指一套连续沉积的含有煤或煤层的沉积岩层或地层,也简称为煤系。其特征如下:

(1)主要由碎屑岩及黏土岩组成,有时也含有石灰岩、火山碎屑岩、铝土岩、油页岩等,旋回性及韵律性发育;含有煤层,但不一定都具有工业价值。

(2) 整个岩系多呈灰色、灰黑色,植物化石丰富。

(3) 沼泽相发育,此外,还常有河流相、湖泊相、海陆过渡相以及海相等。但几乎总是不存在沙漠相、冰川相、蒸发岩相等。

按形成时的古地理条件,可将含煤岩系分为以下三种类型:

(1) **浅海型含煤岩系**:形成于浅海陆架环境,陆相及海陆过渡相地层不发育。仅含腐泥煤层,岩性岩相侧向稳定。例如我国南方早古生代的含煤岩系。

(2) **近海型含煤岩系**:形成于海岸带附近,煤系中可以有海陆过渡相地层,也可以有陆相及浅海相地层。煤层层数多,厚度常较小,岩性岩相侧向上较为稳定。

(3) **内陆型含煤岩系**:形成于古陆内部,与海洋完全隔绝,在煤系中无海相及海陆过渡相地层。煤层层数较少,煤层厚度变化大,分叉变薄及尖灭现象普遍,但往往有厚煤层发育。岩性岩相侧向变化大。

我国煤系地层发育,主要的含煤岩系有石炭纪—二叠纪煤系、晚二叠世煤系、早—中侏罗世煤系、晚侏罗世—早白垩世煤系和新生代煤系。

(二)油页岩

油页岩又称为油母页岩,是指主要由藻类及一部分低等生物的遗体经腐泥化作用和煤化作用而形成的一种高灰分的低变质的腐泥煤。油页岩含有一定的沥青物质或油母物质,通过加热(干馏)可从中提取原油。

油页岩的有机成分有碳、氢、氧、氮、硫等。与煤不同的是它的碳氢比低(<10),含油率高,氮、硫含量也较高。油页岩的无机成分一般为黏土和粉砂,有时也出现碳酸盐矿物和黄铁矿等。评价油页岩最重要的工艺指标是含油率和发热量,一般工业要求含油率要大于4%。

油页岩的页状层理发育,甚至可呈极薄的纸状层理;有时,外表看起来也呈块状,但一经风化,其页理就呈现出来了。油页岩的颜色多样,有暗褐、浅黄、黄褐、褐黑、灰黑、深绿、黑色不等。条痕有褐至黑色不等。一般是含油率越高,其颜色越暗。风化后,颜色常变浅。相对密度为 1.4~2.3,比一般的页岩轻;干燥的油页岩相对密度更小。大都坚韧不易破碎,常具有弹性;含油率高,用小刀刮起的薄片可发生卷曲。含油率为 4%~20% 不等,高的可达 30%。可燃,含油率高的用火柴即可点燃。

油页岩的生成环境与腐泥煤的生成环境近似,主要为水流闭塞的湖泊环境。内陆淡水湖泊、滨海的时有海水注入的半咸水湖泊、潟湖甚至海湾,都是形成油页岩的良好环境。正常海洋环境生成的油页岩不常见。

油页岩属于非常规油气资源,以资源丰富和开发利用的可行性而被列为 21 世纪非常重要的接替能源,它与石油、天然气、煤一样都是不可再生的化石能源。

油页岩是一种高灰分的含可燃有机质的沉积岩,与煤的主要区别是灰分超过 40%,与碳质页岩的主要区别是含油率大于 3.5%。油页岩经低温干馏可以得到页岩油,页岩油类似原油,可以制成汽油、柴油或作为燃料油。除单独成藏外,油页岩还经常与煤形成伴生矿藏,一起被开采出来。

思 考 题

1. 简述岩浆岩的矿物成分特征。
2. 试述岩浆岩的结构和构造特征。
3. 简述岩浆岩主要分类依据及分类方案。
4. 与岩浆岩和沉积岩相比,变质岩矿物有什么特征?
5. 变质岩中常见的结构和构造有哪些?简述其特征。
6. 试述常见变质岩的基本特征。
7. 碎屑岩有哪些结构组分?试述每种结构组分的含义。
8. 碎屑岩的碎屑颗粒结构包括哪些内容?对它们的研究各具什么意义?
9. 碎屑岩有哪些常见沉积构造?对它们的研究各具什么意义?
10. 碎屑岩如何按颗粒粒级分类命名?其对应的岩石结构名称是什么?
11. 试述砾岩、砂岩和黏土岩的分类方案及命名原则。
12. 试述常见沉积岩的基本特征及成因。
13. 碳酸盐岩的沉积构造有哪些类型?
14. 碳酸盐岩有哪些结构组分?
15. 碳酸盐岩的成分分类是如何划分的?
16. 简述冯增昭的碳酸盐结构成因分类方案。
17. 火山碎屑岩的粒级是如何划分的?有哪些专属性的结构类型?
18. 试列表说明火山碎屑岩的分类和命名原则。
19. 试述常见火山碎屑岩的基本特征。
20. 简述煤的形成过程。
21. 简述油页岩基本特征。

第五章 古生物地层学

古生物学是用化石和古老生命痕迹进行生物学研究、探讨古代生命的特征和演化历史、讨论重大的生命起源和生物绝灭与复苏事件、探索地球演化历史和环境变化等方面的基础学科。同时,古生物学也是一门生命科学、地球科学和环境科学的交叉学科。通过古生物学研究,可以了解地史时期生命的起源和演化,确定地层层序和时代,推断古地理、古气候环境的演变及其与自然环境变迁之间关系等。地层学是地质学中一门重要的基础学科分支,其核心内容和任务是研究层状岩石形成的先后顺序、地质年代及其时空分布规律,最终建立地质学研究的时间坐标。经典的地层学分支包括年代地层学、岩石地层学和生物地层学。地层学是如何研究地层的呢?地层应如何进行划分?地层划分对比有哪些方法?这些都是本章要回答的问题。

第一节 古 生 物

古生物学(Paleontology)是研究地质历史时期的生物界及其发生、发展、演化的科学。随着科学的发展,现在古生物学研究的范围已不仅限于古生物本身,而且还包括了各地质时代地层中所保存的一切与生物有关的资料。

古生物学研究的对象是化石。化石是指保存在各地史时期岩层中的生物遗体或遗迹。严格地说,化石必须反映一定的生物特征,如形状、大小、结构、纹饰等,必须是地史时期的生物遗体或遗迹。随着古生物学的发展,化石的概念和范围也有所扩大。严格地说,古、今生物很难以某一时间界线来截然分开。但是为了研究方便,一般以最新的地质时代——全新世的开始(距今约1万年)作为古、今生物的分界。

一、化石的形成和保存

(一)化石的形成条件

地史时期的生物并非都能保存成为化石。地史时期的生物(古生物)之所以能够形成化石,必须满足一定的条件。

生物本身条件是化石形成和保存首要条件。具硬体的生物保存为化石的可能性较大,如无脊椎动物的贝壳、脊椎动物的骨骼等。在某些极为特殊的条件下,一些动物的软体部分有时也能保存成为化石,如我国抚顺松脂包裹的昆虫化石、波兰斯大卢尼沥青湖中的披毛犀化石、西伯利亚第四纪冻土中的猛犸象化石等。

生物死亡后的环境条件也是影响化石保存的主要因素之一,如在高能的水动力环境下,生物遗体容易磨损。当pH值小于7.8时,碳酸钙组成的硬体容易遭溶解。氧化条件下有机质易腐烂,在还原条件下容易保存下来。

埋藏条件是影响化石形成的主要条件之一。生物死后如果能较快被埋藏,则容易保存为化石,如在海洋、湖泊等水体中沉积物迅速堆积的地方,生物遗体就能较快被埋藏,在这种条件下,生物遗体形成化石的机会就多。如果生物死后长期暴露在地表,就容易被风化分解。

时间因素在化石的形成中也是必不可少的。生物遗体或其硬体部分必须经历长期的埋藏,才能随着周围沉积物的成岩过程而石化成化石。有时生物遗体虽被迅速埋藏,但在较短的时间内又因冲刷等自然营力的作用而暴露出来,仍然不能形成化石。

(二)化石的保存

由于化石的形成和保存需要种种严格的条件,因此各时代地层中保存的化石,只能代表地质历史中生物的一小部分。有人估计,古代生物一万个个体,可能只有一个个体变成了化石。这说明化石记录的不完备性。同时,还有一部分已形成的化石,在地层中尚未被发掘出来,这些有待发现的化石也表明,当前人们所观察到的化石资料是不完备的。

化石的形成和保存受多种因素长期控制,地层中没有被发现出来的化石,它们仍然受着变质作用、风化作用等各种地质作用的控制,还可能遭受破坏。因此,严格的化石形成和保存条件导致了化石记录的不完备性,这是古生物学中的基本事实,所以在研究古生物群面貌及其演化规律时,必须考虑这个事实,避免作出片面的结论。同时,古生物化石是珍品,要爱护来之不易的化石记录,使之发挥其应有的作用。

地层中的化石,从其保存特点看,化石主要分为实体化石、遗迹化石、模铸化石和化学化石四大类。化学化石是残存于地层中的生物体分解后的脂肪酸、氨基酸等有机物质。遗迹化石是指生物生存活动过程中留下的痕迹或遗物保存而成的化石。消化器官中用以研磨食物的石粒属于遗物化石,动物的足迹、潜穴等为痕迹化石,通常所说的遗迹化石主要是指痕迹化石。模铸化石主要指生物软体在细碎屑和化学沉积物中留下的印痕(如水母的印痕等)和生物硬体在围岩中留下的模、核化石。实体化石是指生物体全部或部分保存成为化石,更新统冻土层中的猛犸象化石、我国抚顺煤田古近系琥珀中栩栩如生的昆虫化石等属于未变实体化石,它们是在密封、冷冻、干燥等特殊条件下,生物体几乎无显著变化都保存了下来。常见的化石多属变化实体化石,即生物硬体经历了矿质充填作用、交代作用、炭化作用等化石化作用变为化石的。

二、古生物的分类和命名

古生物的分类命名通常与现代生物相同,基本分类单位由大到小依次是界、门、纲、目、科、属、种七级,为了更精细地分类,还有一些辅助性的单位,如亚种、超科等。

古生物学中的各级分类单位和生物学一样都要有学名。学名根据国际动物或植物命名法则和有关文件而定。生物各级分类单位均采用拉丁文或拉丁化文字。属和属以上单位的命名都用一个词表示,第一个字母大写,即用单名法。属以上的分类单位用正体。种名则用两个词表示,称为二名法(双名法)。一个完整的种名是该种所从属的属名加上种本名,全用斜体。种名后要用正体字注明命名者姓氏,属名首字母大写。亚种学名则用三名法,即由亚种名和所从属的种学名结合构成。亚种本名置于种名之后。

属种学名的含义,可代表生物突出特征,如 *Patypora triangulate*(三角形多管苔藓虫);也可由人名变化而来,用以纪念知名学者或发现该种、属的人,如 *Yatsengia*(亚曾珊瑚)为纪念我国著名古生物学家赵亚曾;也可从地名变化,以纪念发现地点,如 *Pseudocardinia gansuensis*(甘肃假铰蚌)。科名、目名往往采用典型属名的词干,加一固定词尾而成。科和亚科的词尾在动物名称中分别用 -idae,-inae;植物则分别用 -aceae,-oidae。目的词尾在动物名称中一般用 -ida。属种学名在印刷时用斜体字,书写时在其下方画横线。

在命名法则方面应遵循"优先律"的原则,一个生物分类单位的有效名称,应符合国际动(植)物命名法则的规定,以最早正式刊出名称为准。此后再有同一化石的命名,应作为同义名而废弃(同名律)。例如,腕足动物弓石燕属 *Cyrtospirifer* Nalivkin 是 1918 年最早命名的,后来 Grabau(葛利普)在 1931 年又将其命名为 *Sinospirifer*,后者应废弃。

以虎为例,其分类系统如下:

  界:Animalia Linnaeus,1758(动物界)
   门:Chordata Haeckel,1874(脊索动物门)
    亚门:Vertebrata Linnaeus,1758(脊椎动物亚门)
     纲:Manmmalia Linnaeus,1758(哺乳纲)
      目:Carnivora *Bowdich*,1821(食肉目)
       科:Felidae Fisher et Waldheim,1817(猫科)
        属:*Panthera* Oken,1816(豹属)
         种:*Panthera tigris* Linnaeus,1758(虎种)

我国的东北虎(*Panthera tigris altaica*)、华南虎(*Panthera tigris amoyensis*)和南亚虎(*Panthera tigris sumatrae*)分别是 3 个地理亚种。

三、古生物的生活方式

古生物的生活环境与现代生物类似,也有水域、陆地之分(空中飞翔生物的遗体最终也保存于水域或陆地中)。生活于水域中的生物统称为水生生物。生活在大陆上的生物统称陆生生物,陆生生物包括生活于大陆水域中的水生生物及陆地上的生物。陆地上的生物虽然种类繁多,但因陆地多处于剥蚀区,所以其化石保存较少。陆生生物化石主要是生活于河、湖、沼泽等水域中的水生生物保存而成的。水生生物除少数生活于大陆水域外,主要是生活于海洋中的海生生物。大部分化石是水生生物保存而成的。

水生生物的生活方式主要有底栖、游泳、漂浮三大类(图 5-1)。生活于水底区的生物称底栖生物。光照和氧气充足、盐度正常、温暖的浅水底,是底栖生物的富集区;游泳生物指水层区自由运动的生物。漂浮生物是指在水中被动随波逐流的生物。游泳生物和漂浮生物可通称浮游生物。水底区之上的水域即水层区,是浮游生物的广阔领域,在远洋区水深超过 200m 的不透光带,绿色植物不能生长,动物也稀少。有些生活于沿岸区的临时性浮游生物在幼年阶段营浮游生活,长大后沉落水底营底栖生活,这

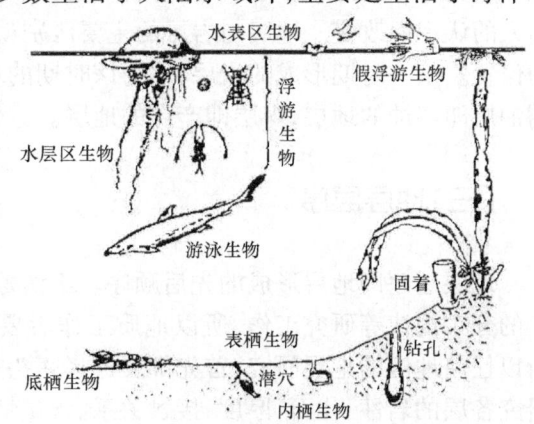

图 5-1 水生生物的生活方式
(据孙跃武等,2006)

类生物幼年阶段的浮游生活,可扩大其地理分布范围。

生物的生活环境包括围绕生物并作用于生物的一切有机和无机因素。各种因素不同程度地控制着生物的兴衰。例如,从赤道向两极,生物的分异度(即一定环境中生物种类的多少)由高变低。

第二节　地层学的基本概念和地层单位

一、地层学的基本概念

(一)地层学

地层学是地质学中一门重要的基础学科分支,其核心内容和任务是研究层状岩石形成的先后顺序、地质年代及其时空分布规律,最终建立地质学研究的时间坐标。经典的地层学分支包括年代地层学、岩石地层学和生物地层学。随着研究对象的不断扩展,研究方法、手段的不断引进和更新,地层学的研究对象、内容和任务也在不断地扩充。现代地层学认为,地层学是以地层的属性作为研究对象,而地层属性则有百余种之多,因此,地层学又诞生了许多新的分支,其含义得到了明显扩充,现代地层学的内涵现在发展为"研究层状岩石及相关地质体形成的先后顺序、地质年代、时空分布规律及其物理化学性质和形成环境条件的地质学基础学科"。

(二)地层与岩层

地壳中的层状岩石泛称岩层,包括沉积岩、火山岩和侵入岩中的岩床等顺层分布的岩浆岩及上述岩石变质而成的变质岩。地层是具有某种共同特征或属性的岩层。岩层的特征包括岩石的颜色、结构、构造、成分及厚度、接触关系等具体物质的特征,它们是客观存在、不因人的认识而改变的;属性是指人们根据岩层特征分析推断得出的岩层形成的时间、环境、成因等,它可因人的认识而改变。地层与岩层的主要区别就是地层具有时间的含义、在地层层序中有一定的位置。某一时期形成的岩层,称为该时期的地层,如白垩纪形成的岩层称为白垩纪地层。所谓油层即产油的地层,煤层即产煤的地层。

(三)地层层序

地层层序即地层形成的先后顺序。不清楚地层层序,就无法进行地质构造、沉积环境、矿产的分布规律等研究工作,所以地质工作者要根据觅序性标志确立研究区正常的地层层序。所以任何地区的地层研究,首先都要选择露头好、地层发育相对齐全的剖面系统观察,记录并研究各层的岩性、化石、厚度、接触关系、含矿情况等,将地层由老到新排序。

自然界常见倾斜岩层,在未经强烈构造变动而使地层发生倒转或被逆掩断层复杂化的情况下,沿着岩层倾向观察,地层的时代应越来越新。在自然露头中,很少见到连续、规则、完整的地层剖面,所以一个地区的地层层序通常是经过不同地点的多个地层剖面观察、整理,综合而成的。在观察路线上常常发现地层的某些层段被覆盖,在这种情况下,应沿着岩层走向在该路线的附近追索,找出其它露头上的对应层位,互相拼接起来。

二、地层单位

目前最常用的是三套地层单位,即岩石地层单位、年代地层单位和生物地层单位,称为经典地层单位。

(一)岩石地层单位

根据岩性或岩性组合特征建立的地层单位就是岩石地层单位。地层的基本层序、结构、厚度和体态、接触关系及磁性、电性等地球物理和地球化学特征等都可作为岩石地层单位的划分依据。地层的岩石学特征是客观存在的,所有地层工作都以岩石地层单位系统为基础。

岩石地层单位一般分为群、组、段、层四级。

群是最高的一级岩石地层单位,它可由若干个岩石特征基本一致的组联合构成,但是组并非都要归并为群。一套厚度巨大、岩类复杂、未作深入研究、因构造变动使原始层序暂时不能恢复的岩系,可称为一个群。群的顶、底界面常常是沉积间断或不整合,群内可以有平行不整合。

组是有规律的岩相、岩石组合,它是岩石地层单位系统的基本单位。一个组可由一种岩石构成,也可由几种不同的岩石有规律的组合而成。组通常由一种基本层序构成,或有成因联系的2~3基本层序构成。内部不分段的组只有一种结构类型,内部分段的组可有多种结构类型。组的顶、底界线应明显,可以是不整合界线,也可是整合界线,组内不能有明显的不整合。组的厚度一般是几米到几百米,在区域地质图(1:5万至1:20万)上通常可表示出来。

组和群的名称一般取自地层发育区的地名,如鞍山群、毛庄组等。

段是组内次一级的岩石地层单位,它不能脱离组而独立存在。但是组并非都要分段,有时仅仅把组的某个部分指定为段。段常常以组内明显的岩性、结构、成因等特征来划分,如太原组按三个沉积旋回分成三段。一个段由一种结构类型、有成因联系的岩层组成。

层是最小的一级岩石地层单位。它可由特征明显不同于相邻岩层的地层构成,如页岩层、含油层、煤层等。

(二)生物地层单位

生物地层单位是指具有相同化石内容和分布特征的一种地层单位。其基本单位是生物地层带,简称生物带。常用的生物带有组合带、延限带、富集带等。

组合带是三个以上分类单位整体上构成一个独特的自然组合,并以此区别于相邻地层的生物组合。延限带表示一个或多个分类单位整个分布范围内所形成的地层,如类三角蚌延限带,是指类三角蚌从出现直到绝灭期间所形成的地层。富集带是指某类化石属种最多的一段地层。生物带是根据化石建立的,所以地层层序中未见化石的部分不能建立生物地层单位。即地层层序中存在未发现化石的部分——哑带。由于存在哑带,所以生物地层单位常常是不连续的,不能形成独立的地层单位系统,只是为建立年代地层单位系统服务的过渡性环节;由于生物化石可显示地质演化的进程,所以生物地层单位能够指示相对地质年代,如褶珠蚌延限带可指示早白垩世。由于环境的限制和生物迁移等原因,生物地层单位的界线并非到处都等时,或者说生物地层单位有时也表现出穿时性(图5-2)。一般来说,生物地层单位的界线比岩石地层单位的界线更接近等时面。生物地层单位和岩石地层单位的界线在局部地区可以吻合。

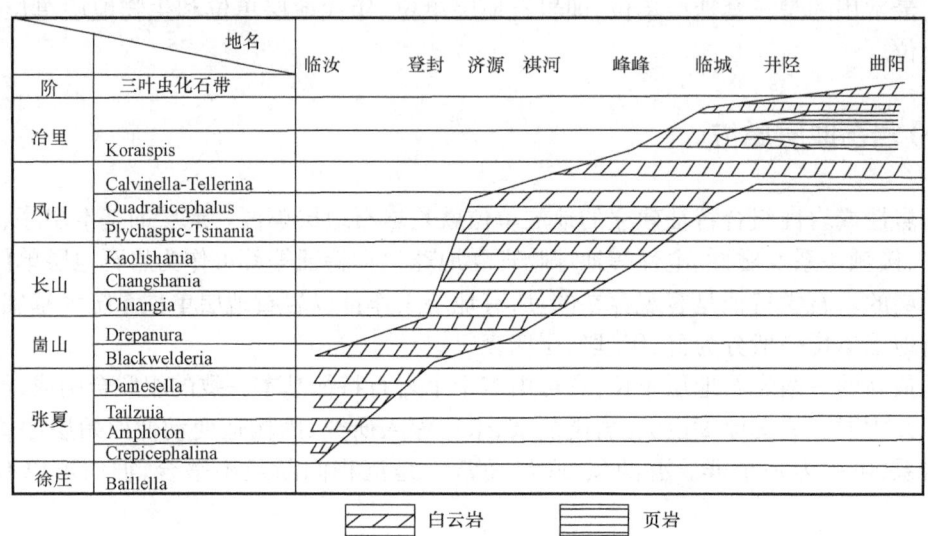

图5-2 三山子组的穿时性(据张守信,1981)

(三)年代(时间)地层单位

年代地层单位是指特定的地质时间间隔内形成的岩石体。形成年代地层单位的时间间隔称为地质年代单位。年代地层单位由宇、界、系、统、阶、亚阶等不同级别的年代地层单位组成,它们分别与地质年代单位宙、代、纪、世、期、亚期严格对应。

宇是最大的年代地层单位,它是与地质时间"宙"对应的年代地层单位。如太古宙地层称太古宇。

界是与地质时间"代"对应的年代地层单位。如中生代地层为中生界。

系是与地质时间"纪"对应的年代地层单位,是界的一部分。如古近纪地层为古近系。系的名称多取自首先建立和描述该地层的地点(古近系等例外)。

统是与地质时间"世"对应的年代地层单位。与世对应的统的名称一般是在系的名称前加下、中、上等字样,如下泥盆统、中泥盆统、上泥盆统;新生界统名较特殊。

阶是年代地层单位的基本单位,对应于地质年代单位的"期"。一般来说,阶是统的再分,如华南上二叠统建了二个阶,也有的统只有一个阶。

三、地质年代表

年代地层划分即将一个地区或一个剖面上的地层按形成时间划分为不同的地层单位。生物演化阶段是年代地层单位划分的主要依据。此外,放射性同位素年龄及古地磁特征也是年代地层单位划分的重要依据。按生物演化的阶段性,地质学家建立了宇、界、系、统、阶、亚阶等不同级别的年代地层单位(时间地层单位)。它们分别与地质年代单位宙、代、纪、世、期、亚期严格对应。年代地层单位之内的位置用指示位置的形容词来表示,如底、下、中、上、顶;而地质年代单位之内的位置则要用表示时间的形容词来表达,如早、中、晚。表 5-1 为中国区域年代地层表。

表 5-1 中国区域年代地层表(据章森桂等,2014)

宇	界	系	统	阶	地质年龄 Ma
显生宇	新生界	第四系	全新统	未建阶	0.0117
			更新统	萨拉乌苏阶	0.126
				周口店阶	0.781
				泥河湾阶	2.5886
		新近系	上新统	麻则沟阶	3.6
				高庄阶	5.3
			中新统	保德阶	7.25
				灞河阶	11.6
				通古尔阶	15.0
				山旺阶	
				谢家阶	23.03
		古近系	渐新统	塔本布鲁克阶	28.39
				乌兰布拉格阶	33.80
			始新统	蔡家冲阶	38.87
				垣曲阶	42.67
				伊尔丁曼哈阶	
				阿山头阶	
			古新统	岭茶阶	55.8
				池江阶	61.7
				上湖阶	65.5
	中生界	白垩系	上白垩统	绥化阶	79.1
				松花江阶	88.1
				农安阶	99.6
			下白垩统	辽西阶	119
				热河阶	130
				冀北阶	145.5
		侏罗系	上侏罗统	未建阶	
			中侏罗统	玛纳斯阶	
				石河子阶	
			下侏罗统	硫磺沟阶	
				永丰阶	199.6
		三叠系	上三叠统	佩枯错阶	
				亚智梁阶	
			中三叠统	新铺阶	
				关刀阶	247.2
			下三叠统	巢湖阶	251.1
				印度阶	252.17
		二叠系	乐平统	长兴阶	254.14
				吴家坪阶	260.4
			阳新统	冷坞阶	
				孤峰阶	
				祥播阶	
				罗甸阶	
			船山统	隆林阶	
				紫松阶	
		石炭系	上石炭统	逍遥阶	299
				达拉阶	
				滑石板阶	
				罗苏阶	318.1
			下石炭统	德坞阶	
				维宪阶	
				杜内阶	359.58
		泥盆系	上泥盆统	邵东阶	
				阳朔阶	
				锡矿山阶	
				余田桥阶	385.3
			中泥盆统	东岗岭阶	
				应堂阶	397.5
			下泥盆统	四排阶	
				郁江阶	
				那高岭阶	
				莲花山阶	416.0

宇	界	系	统	阶	地质年龄 Ma
显生宇	古生界	志留系	普里多利统	未建阶	418.7
			拉德洛统	卢德福德阶	
				戈斯特阶	422.9
			文洛克统	侯默阶	
				申伍德阶(安康阶)	428.2
			兰多费里统	南塔梁阶	
				马蹄湾阶	
				埃隆阶(大中坝阶)	
				鲁丹阶(龙马溪阶)	443.8
		奥陶系	上奥陶统	赫南特阶	445.6
				钱塘江阶	
				艾家山阶	458.4
			中奥陶统	达瑞威尔阶	467.3
				大坪阶	470.0
			下奥陶统	益阳阶	477.7
				新厂阶	485.4
		寒武系	芙蓉统	牛车河阶	
				江山阶	
				排碧阶	497
			第三统	古丈阶	
				王村阶	
				台江阶	507
			第二统	都匀阶	
				南皋阶	521
			纽芬兰统	梅树村阶	
				晋宁阶	541.0
元古宇	新元古界	震旦系	上震旦统	灯影峡阶	550
				吊崖坡阶	580
			下震旦统	陈家园子阶	610
				九龙湾阶	635
		南华系	上南华统		660
			中南华统		725
			下南华统		780
		青白口系			1000
	古元古界	待建系			1400
		蓟县系			1600
		长城系			1800
	古元古界	滹沱系			2300
		?			
	新太古界				2500
	中太古界				2800
太古宇	古太古界				3200
	始太古界				3600
					4000
冥古宇					4600

— 155 —

第三节 地层划分与对比

各种岩石和矿产都形成于一定的时空条件下。只有通过地层划分对比、理清地层的时代顺序,才能编制各种地质图,以了解区域构造及矿产资源的分布规律,从而为勘探、开发提供依据。由于地层划分对比直接影响地质学及其应用学科,因此一直是地质学研究的热点。

一、地层划分对比的概念

前已述及,地层多因地壳运动而变得复杂,有的缺失、有的褶皱,直立甚至倒转。确立正常的地层层序、理清研究区各地层的分布规律及缺失了哪些地层,缺失的原因是什么等等,都必须通过地层的划分和对比来解决。

图5-3表示某地层剖面被一个明显的不整合面所分隔,据此可将本剖面划分为两大地层单位Ⅰ和Ⅱ,其中Ⅰ主要是一套构造复杂的变质岩和岩浆岩,Ⅱ是一套单斜沉积岩层;Ⅱ又按沉积旋回划分为三个次一级的地层单位$Ⅱ_1$、$Ⅱ_2$和$Ⅱ_3$,它们又按岩性划分为更次一级的地层单位,如$Ⅱ_1^①$、$Ⅱ_1^②$、$Ⅱ_1^③$、$Ⅱ_1^④$等;在$Ⅱ_1^④$中,上部与下部含有不同的化石,还可划分为两个不同的生物地层单位。地层划分就是在理清地层纵向变化规律的基础上,根据地层的各种特征和属性(如地层层序、接触关系、沉积旋回、岩性、化石、同位素年龄等),将地层剖面划分为能反映地层特征及其变化规律的不同类型、不同级别的地层单位。地层单位即根据岩石所具有的任一特征或属性划分的、能够被识别的一个独立的特定岩石体或岩石体的自然组合(一般要求在地质图上至少达到1mm,才能建立地层单位)。在实践中尤其是在石油地质研究中,随着人们对地层各种特征和属性的认识,出现了许多精确有效的地层划分方案,得出多重地层划分。

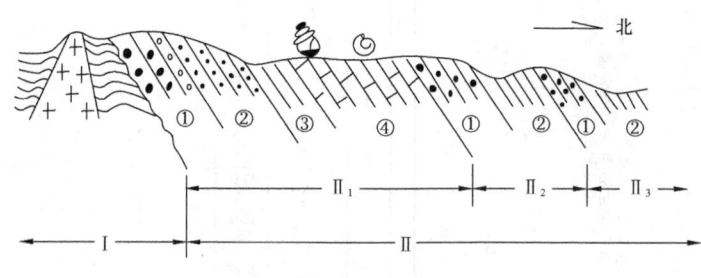

图5-3 地层剖面划分示意图

地层的岩石学特征、生物学特征、同位素年龄等均可作为地层划分的依据,依据不同,建立的地层单位也不同。如根据地层的生物或生态特征所建立的地层单位是生物地层单位或生态地层单位;根据地层的磁学属性划分的地层单位是磁性地层单位等等。地层有多少种特征和属性,就可以划分出多少种地层单位,这就是多重地层单位的立论依据。同一个地层剖面可以根据不同的特征和属性划分出多种不同的地层单位,各种地层单位的界线常常不一致。

要理清地层的分布规律,仅仅是地层划分还不够,地层在横向上的分布情况及构造特点,必须通过地层对比才能知晓。地层对比即根据地层的各种特征和属性把不同剖面划分的地层单位进行比较,比较它们的特征或属性是否一致,层位是否相当,从而了解它们的互相关系及分布规律。

由图5-4可见该地区姚家组由南向北变薄,在杏5井缺失了姚家组下部。

二、地层划分与对比方法

地层划分是根据地层不同的物质属性将地层组织成不同的地层单位。地层对比是在不同地区的地层进行空间上延伸和对比。地层划分和对比所遵循的主要原则之一是地层的物质属性相当的原则。由于地层的属性或划分依据不同,所划分的地层单位也不一致。所以不同地层单位的对比就应该依据建立这些地层单位物质属性的一致性。地层对比应遵循的第二个原则是不同地区或不同地层单位的地层对比不一致的原则。由于地层单位不同,或者说地层对比的属性不同,对比的界线就不可能一致。如岩石地层单位的对比主要是依据岩性和地层结构的对比,因此对比的界线和年代地层界线或时间界线就不可能一致。只有以严格的时间属性进行的地层对比才具有时间对比意义。地层对比主要有以下一些方法。

(一)岩石学方法

传统地层学主要是围绕地层划分对比这一地层学的基本内容从岩性和化石等方面建立各个地区的地层层序,同时确立其与标准年代地层表之间的时间关系。

无论是根据露头还是根据探井剖面建立地层层序,首先都是以岩石特征进行地层划分和对比。在一定的范围内,同一地层由于沉积条件相同或相似,可表现为相同或相似的岩石组合,所以可根据岩性进行划分对比。例如将岩性相同或大致相同的连续岩层划分为一个基本岩石地层单位(组)。岩石地层对比就是对一定范围内不同地点的岩石地层单位进行比较,确定它们的岩性特征和地层位置是否相当。岩石学方法对比地层,除考虑岩石的成分、颜色、结构、构造及岩石组合、沉积旋回(韵律)等特征外,还必须考虑地层剖面中的上下层位关系及横向上岩性、岩相的变化。区域性不整合也应作为地层划分对比的依据。岩石地层学方法常用的划分对比标志有岩性、标志层、地层结构(沉积旋回)、接触关系等。

1. 岩性法

岩性法即根据岩性特征来划分对比地层。如蓟县(现天津市蓟州区)、昌平两地新元古界青白口群的划分和对比(图5-5),蓟县剖面地层发育较齐全、构造简单、化石丰富、厚度大,是我国中元古界、新元古界的典型剖面。据岩性特征其青白口群可分为页岩为主的下马岭组、砂岩为主的龙山组和泥灰岩为主的景儿峪组,龙山组又进一步分为下部的砂岩段和上部的页岩夹砂岩段。昌平剖面距离蓟县不远,与蓟县剖面对比,可作同样的划分。由于蓟县、昌平两剖面青白口群的沉积环境及距物源区的远近不同,所以两剖面的岩性不完全相同,但是在弄清其岩性变化规律的基础上,可以追踪对比。实践证明这种划分不仅适合于蓟县、昌平两地,在整个北京西山和冀东一带都可对比。

碎屑物质在搬运过程中,抗风化能力弱的不稳定物质易遭破坏,因此,稳定与不稳定重矿物之比可反映母岩区的远近。同一物源区同一层位的岩层中重矿物组合和含量相似、或有一定的变化规律。所以,在同一物源的情况下,重矿物组合及各种重矿物的含量变化规律可作为地层

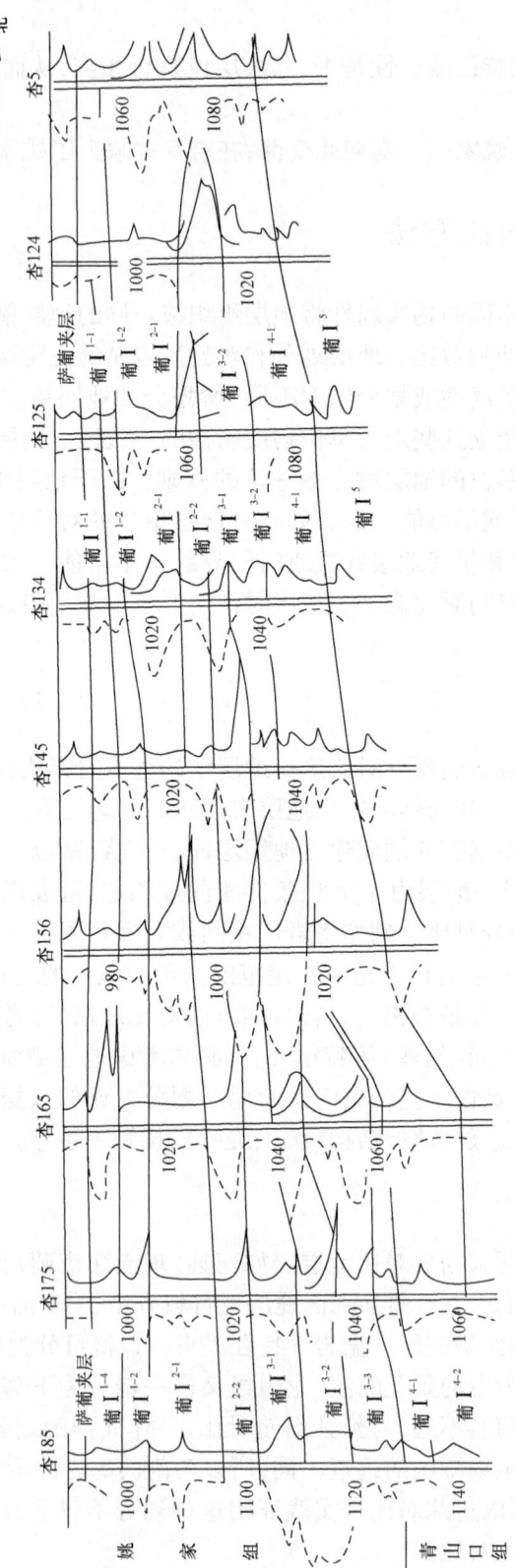

图 5-4 某地区地层对比图(据大庆油田,1977,有改动)

划分、对比的依据。具体方法是,先选一个剖面(或一口井)系统取样;分析、鉴定;然后建立重矿物标准剖面;其他剖面有问题的层段取样分析后,再与标准剖面对比。如松辽盆地某井的泉头组第三段和第四段界线不易确定,对该井岩心取样作矿物成分分析后,依其矿物成分及含量变化趋势,即可将二者分开。

2. 标志层法

标志层是地层剖面中的一些特殊的层位,它们具有特征明显、容易识别、厚度不大、在区域地层中分布较稳定等特点。常见的标志层主要有碎屑岩中夹有的致密薄层石灰岩、稳定泥岩、油页岩或化石层;碳酸盐岩剖面中某些石膏夹层或泥岩夹层;冲积沉积中的煤层、古土壤层、火山灰等;含有特殊矿物的地层。上述常见的标志层在测井曲线上也具有明显响应,特征明显、易于识别,成为良好的电性标志层,在常用测井曲线进行地层对比的生产实践中具有重要意义。如松辽盆地嫩江组第二段底部厚约2~10m、富含白色大个体介形虫和金黄色叶肢介的褐黑色油页岩,在全盆地稳定分布,其岩性及测井曲线的特征都非常明显,几乎可用于整个松辽盆地的地层划分对比(图5-6)。

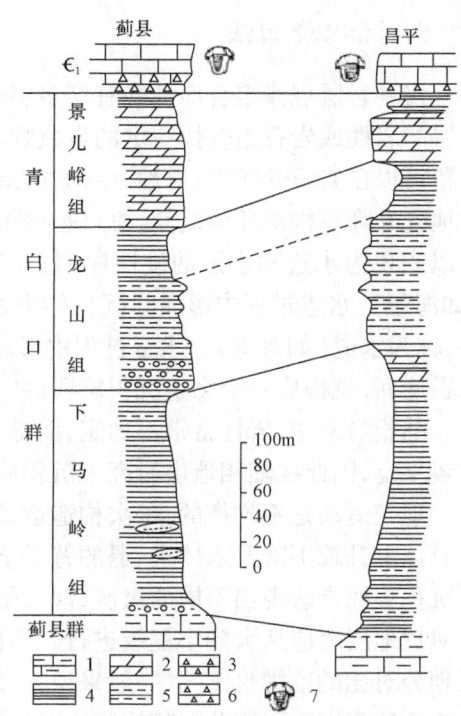

图5-5 岩性法划分对比地层
(据傅英祺,1994,有改动)
1—硅质灰岩、白云岩;2—泥灰岩;3—角砾灰岩;
4—页岩;5—砂岩;6—角砾岩;7—三叶虫

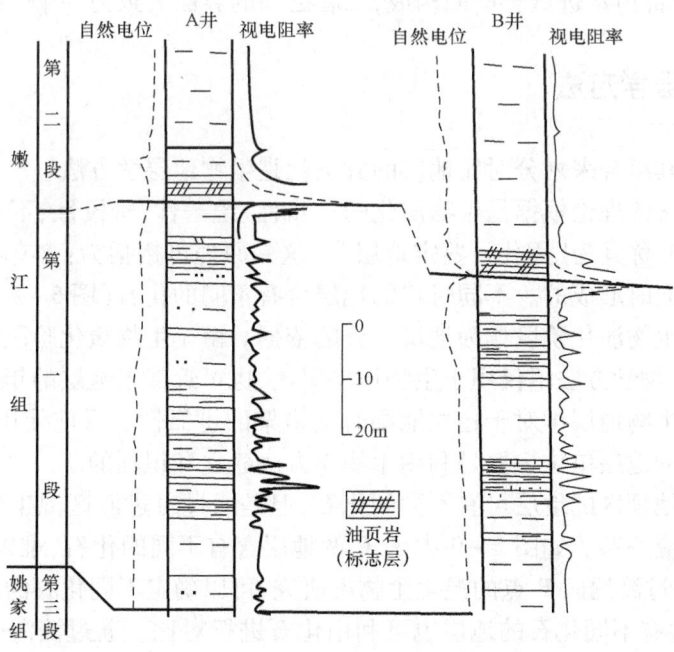

图5-6 标志层法划分对比地层示意图(据曲淑琴等,2009)

3. 沉积旋回法

多种岩层规律组合而成的有序多层式地层结构可构成各种旋回序列。成因上有联系的、地层的岩性或岩石组合按一定的生成顺序在剖面上规律叠覆的现象称为沉积旋回。这种规律叠覆可以在岩石的颜色、岩性、结构、构造等各方面表现出来。沉积旋回形成的原因很多，主要有地壳升降等构造环境改变、海(湖)平面升降、气候变化、沉积物来源及其供应速率改变等，可以表现为水进和水退的旋回序列。沉积盆地水面相对上升，水体分布范围扩大，称为水进(如海侵)，水进过程中形成的沉积称为水进序列。沉积盆地水面相对下降，水体分布范围缩小，称为水退(如海退)。水退过程中形成的沉积称为水退序列。如果一个水进旋回紧接一个水退旋回，就构成一个完整沉积旋回。

陆相盆地中，岩性常常不稳定，而地壳升、降和水体进、退等原因造成的沉积旋回(韵律)比较稳定，因此在陆相地层研究中沉积旋回倍受重视。

地壳运动是不均衡的，每次构造运动或水体进退的持续时间、位移幅度、影响范围不同，而且总体上升或下降及水体进、退的背景下还有小规模的升降运动和水体进退，因此在地层剖面上沉积旋回常表现出不同的级次，即大幅度的旋回内包含若干次一级旋回。利用沉积旋回划分对比地层时应从大到小逐级进行。不同级次沉积旋回的控制因素和影响范围不同，用于地层划分对比的范围也不同，一般来说，一级旋回可用于整个沉积盆地，二级旋回可用于盆地内二级构造范围内。因此沉积旋回法对比地层时，主要考虑旋回的类型。

沉积旋回法对比地层只要各剖面的一系列沉积旋回组合相似，即使旋回数目、厚度、岩性不同，也可认为它们的层位相当。图5-7是一个沉积盆地的横剖面图，该盆地经历了早期海退、后期海侵的复杂历史。从几个剖面对比可见，虽然在相同的时间间隔内，各剖面的旋回数目和岩性都不同，但其旋回类型一致。按旋回类型该剖面可分为两个岩石地层单位，下部由水退型半旋回构成，上部由水进型半旋回构成，二者之间的界面大致为一个"等时面"。

(二)生物地层学方法

用生物化石或其组合来划分对比地层的方法就是生物地层学方法。

生物地层学方法的理论依据是生物演化的进步性、统一性、阶段性、不可逆性等基本规律和生物层序律，Smith称其为"用化石鉴定地层"。这一原理可概括为：含有相同化石或含有同时代化石的地层是同时形成的。不同时代的地层含有不同的化石(图5-8)。

生物学方法以生物演化阶段作为地层划分的依据。由于生物演化阶段大致反映地史发展的自然阶段，因此生物学方法不仅用于生物地层对比，也可近似于地层的年代对比。生物进化的不可逆性决定了生物地层学对于建立地层时空格架的可靠性。目前使用的年代地层系统，特别是寒武纪以来的地层单位主要是利用生物学方法建立和识别的。

尽管不同生物地理区的地层可有不同的化石，但是通过对过渡区混生生物群的研究可以弄清不同化石的对应关系。如图5-9中A、C两地层含有不同的化石，难以直接对比，但是通过A、C两地之间的过渡地区B点的混生生物群研究，可以确定不同化石的层位关系。所以对不同生物地理区、含有不同化石的地层也可利用化石进行对比。通过滨海带或海陆交互沉积的海、陆相地层中生物化石"共生"(在同一层中)或"交互"(在不同层中)的研究，可实现海相与陆相地层之间的对比。

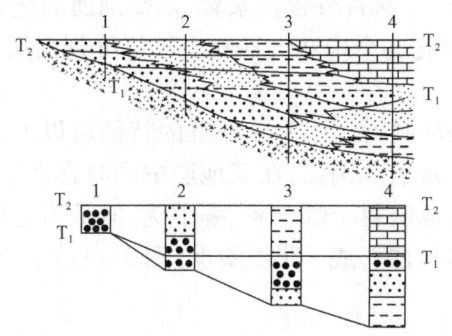

图 5-7 沉积旋回法划分对比地层
（据李亚美，1985）

T_1T_1,T_2T_2—等时面；1,2,3,4—地层剖面

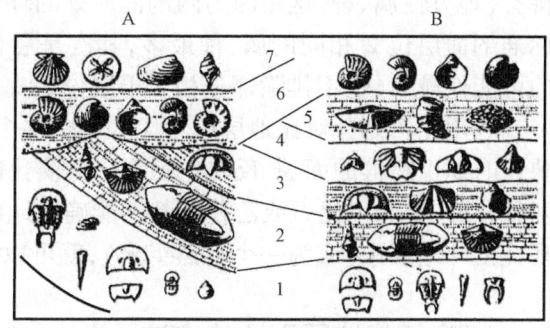

图 5-8 利用化石及其层序划分对比地层示意图
（据 Moore, Lalicker, Fischer, 1952）

生物地层学方法主要包括标准化石法、化石组合法、生物演化法和统计法等。

1. 标准化石法

标准化石法因为标准化石演化迅速、地理分布广，所以既能准确的确定地层的时代，又便于远距离的地层对比。

2. 化石组合法

化石组合法即对地层中所有的化石进行系统研究、综合分析，根据生物的共生组合及其变化情况划分对比地层。油田常常选择发育较好的地层剖面系统采集样品或

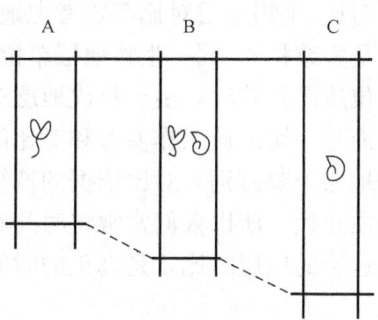

图 5-9 通过混生生物群划分对比
含不同化石的地层示意图
（据曲淑琴，2009）

化石，建立标准化石组合，以此作为地层划分对比的标准，新井发现化石后通过与标准化石组合对比，来确定其相当于哪一层位。松辽盆地等各含油气盆地都建立了介形类等化石组合，其不仅用于地层划分对比，而且也用于油层的划分对比。

3. 种系发生法（生物演化法）

种系发生法即根据生物的演化特点和生物的兴衰演变规律来划分对比地层。例如，多节、多刺、小尾是早寒武世三叶虫的演化特点。不论是亚洲、北美还是西欧的地层，只要其中所含的三叶虫化石具备上述特点，就可确定它们形成于早寒武世。

4. 统计法

统计法即选择地层发育较齐全的剖面（标准剖面）逐层、系统的采集化石，并编制出各层位的详细化石目录，以此作为划分对比地层的标准，未知剖面所含的化石与标准剖面进行对比，即可确定未知剖面相当于标准剖面的哪一层位。百分统计法常用于微体化石，例如对未知剖面进行孢粉分析，统计其孢粉组合，然后与标准剖面各个层位对比，从而确定未知剖面的层位。如图 5-10 所示，A 为标准剖面，B 为未知剖面。两剖面对比表明未知剖面中的化石属、种与标准剖面层位 1、2、3、4、5 相同的分别有 4%、20%、15%、6% 和 3%；其余 52% 为该剖面所

特有(地方性属、种,这是因为两剖面所处的环境不同)。从百分含量来看,未知剖面的化石与标准剖面层位 2 相同的属、种最多,其次是层位 3,因此这个未知剖面相当于标准剖面层位 2 的可能性最大(也不排除部分相当于层位 3)。

利用化石划分对比地层应考虑地层中整个化石群的特征,因为化石群的特征可以大体反映该时期生物群的面貌,反映生物界一定演化阶段的特点。例如,在某地层中同时存在甲、乙两种化石,单靠甲化石或乙化石都不能确切地确定该地层属于哪个系、哪个统,但是当它们出现在同一地层中(成为一个自然组合),就可以确定该地层形成于早石炭世(图 5-11)。

(三)年代地层对比的方法

年代地层学方法是指根据地层的年龄属性来划分对比地层的方法。年代地层划分对比是论证不同地区相应地层的地质年龄及它们在年代地层表中所处的位置是否相当。虽然岩石地层对比、生物地层对比都要考虑地层的形成时间,但是不同地点同一岩石地层单位的形成时间只是大致相当,同一生物地层单位的形成时间也不一定完全等时。而不同地区同一年代地层单位应严格等时。由于年代地层单位的界线就是地质年代的时间界面,因而年代地层单位的界面是一切地质工作参考和对比的标准。不同地区的沉积环境不同,所以同一时期不同地区的地层千差万别。对比依据的特征不同,地层界线就不可能一致。地层对比最客观的标准是地质年代。所以人们常常将时间对比作为地层对比的同义词。实际上,只有以严格的时间属性进行的地层对比才是真正的时间对比。

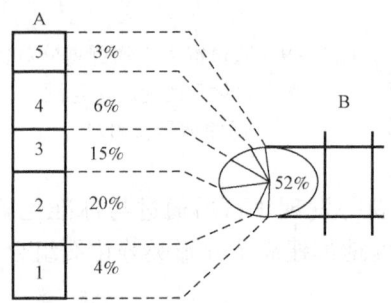

化石类型 地层时代	化石甲	化石乙
P		
D₃		
C₂		
C₁		

图 5-10　百分统计法示意图　　　图 5-11　根据共生生物化石确定地层时代

年代地层划分与对比的方法有相对地质年代划分与对比和绝对地质年代划分与对比两大类型。

1. 相对地质年代划分与对比

地层层序即地层形成的先后顺序。相对地质年代即反映岩石、地质事件先后顺序及地层层序的时间单位。地层的相对地质年代可利用地层层序律、化石层序律、切割律等方法。

1) 根据地层层序律确定相对地质年代

早在 17 世纪中期丹麦学者 N. Steno(1669)就指出岩层是地质历史的记录。他认为在一定地质时期内所形成的岩层的原始产状是水平或近于水平的,而且所有的地层都是平行于这个水平面的(水平摆放),这就是原始水平律;地层在大区域是连续的,或者延伸到一定的距离逐渐尖灭(侧向连续),这就是原始侧向连续律;先形成的地层位于下部,后形成的地层位于上部,即地层的原始层序应当是新地层叠覆于老地层之上,这就是地层层序律(也称叠覆律)。根据地层层序律未经强烈构造变动、未发生倒转或逆掩断层的情况下,地层保持正常层序——下老上新。构造运动常常导致岩层倾斜、直立、断裂,甚至倒转,改变了原有的地层层序。所以地质工作者首先要根据觅序性标志确定研究区正常的地层层序。

自然界常见倾斜岩层,在未发生倒转或被逆掩断层复杂化的情况下,沿着岩层倾向观察,地层的时代应越来越新。在自然露头中,很少见到连续、规则、完整的地层剖面,一个地区的地层层序通常是经过不同地点的多个地层剖面观察、整理,综合而成的。在图5-12中,具有不同岩性和接触关系的地层,分别出露于几个山坡上,经过追索、拼接、整理成柱状剖面,其中地层1是变质岩,其与上覆地层2为不整合接触。层2至层7都是依岩性变化划分的,层8与其他层之间的关系还不清楚(因有断层分割),它可能比2~7层都新(有待其邻区地层的观察验证)。

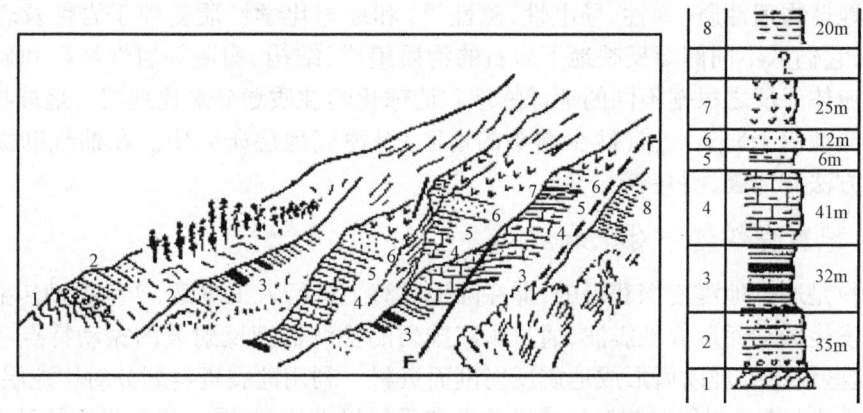

图5-12　根据自然露头确定地层层序(据王鸿祯等,1980)

2)根据化石层序律确定相对地质年代

地层层序律只能确定岩层的相对新老关系,而不能解决地层的时代归属和不同地区地层的时代对比问题,因此古生物学在这方面起了十分重要的作用,根据进化原理,生物由简单到复杂、由低级到高级不断发展进化,其进化过程不可逆,所以不同时代的地层含有不同的化石群,同一时代的地层,含有同时代的化石或化石组合,这就是化石层序律(生物层序律)。

3)根据切割律和包含原理确定相对地质年代

构造运动和岩浆活动,可使不同岩层、岩体之间出现断裂或切割穿插关系,利用地质体之间的切割关系可确定地质体及地质事件的先后顺序,不同地质体呈切割穿插接触时,被切割的地质体时代较老,这个规律称为切割律。切割律适用于各种规模的地质体,小如岩石薄片,大至山系。显然,在同一构造环境的一定范围内,老地层包含的岩脉、岩墙类型及期次比新地层更多、更复杂。当一种岩石中包含另一种岩石时,包含在大岩体中的小岩石碎块的年龄必然老于大岩体,此即包含原理。

2. 绝对地质年代的划分与对比

相对地质年代不能确定各地史阶段起、止的确切年代和延续时间及岩石形成的具体年代。一些老地层往往缺乏有效的化石资料,加之其形成后经历了多次构造变动、岩浆活动及变质作用,在这种情况下利用化石或单纯利用叠覆律、切割律等方法都难以确定地层时代的新老。自从1898年同位素衰变现象及其衰变规律逐渐被认识以来,人们就试图利用同位素的衰变规律来测算岩石形成的年代及顺序。利用岩石矿物中的放射性同位素及其衰变产物的数量比借助仪器测算得出的岩石矿物的年龄叫同位素地质年龄(绝对地质年龄)。测出了矿物岩石中的已知放射性元素及其衰变产物,即可按公式算出岩石形成的年龄。常用的同位素年龄测定法有钍铀铅法、铷锶法、钾氩法、放射性碳法等,工作中应根据所测地层的样品选择适宜的方法,如更新世以来的含碳岩石用碳十四测定法效果较好。

(四)地球物理和地球化学方法

1. 地球物理方法

岩石的地球物理性质(弹性、导电性、磁性等)和地球化学性质受控于岩性及岩石中所含流体的性质,它们从不同侧面反映地下岩石的物质组成、结构、构造等岩性特征和岩石组合及其中所含的流体。反之根据不同的地球物理和地球化学性质划分对比地层。地球物理和地球化学方法广泛地用于地下地层(缺少露头的地区)及海底地层研究中。在油气勘探中较常用的地球物理方法有地震、测井等。

1)利用地震资料划分对比地层

地震资料是通过地震勘探获得的,即在陆地或海上进行人工爆破,产生振动传播到地下引起岩石质点发生振动而形成地震波,通过顺序排列的检波器把反射波的振动特点和到达时间记录下来,这些信息处理以后形成地震反射剖面资料。利用地震资料划分对比地层时,应根据地震剖面显示的上下反射层同相轴的接触关系和反射界面特征,同一反射界面的反射波有相同或相似的特征。据此,沿横向对比可追踪出同一反射界面,进而实现对同一地质界面的对比(图5-13)。在用地震资料对比地层时,常选择一些连续性好的地震反射波同相轴作为划分对比地层的地震标志层,结合岩相变化规律,进行岩性、电性与地震反射波同相轴的对应关系分析。

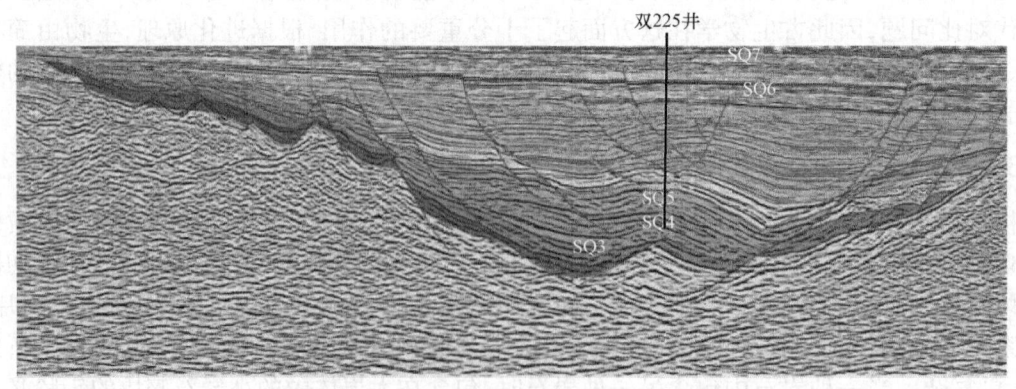

图5-13　辽河凹陷清水洼陷地震剖面图(据辽河油田公司勘探开发研究院,2012)

2)用测井资料划分对比地层

测井曲线能够提供全井段的连续记录,尤其是在勘探程度较高的地区,由于测井资料垂向分辨率高,因此可以进行高精度的地层单元的研究。划分对比地层常用的是视电阻率曲线、自然电位曲线、微电极曲线、双侧向曲线等。测井曲线能够反映地层中岩石粒度、分选系数、泥质含量、矿物和元素组成的变化,利用测井曲线距离测井坐标基线的距离,即测井曲线幅度,可以对地层研究和划分对比。地层的不同岩石类型在测井曲线形态上有不同的响应,应具体情况具体分析,综合应用多种方法。在测井地层对比中常用的测井曲线形态要素是曲线的几何形式、曲线的光滑程度、曲线上下接触关系等。

利用测井曲线划分对比地层,必须首先弄清各层位测井曲线的形态特征,选择适合的比例尺和测井曲线类型,在此基础上选择地质和测井资料均齐全的典型井,研究该井岩性组合与测井曲线间的对应关系,由大到小划分各级地层单元。通过典型井再选取一系列资料全面的井建立连井骨架剖面,确定测井标志层,用标志层控制层位,再根据岩性相似、曲线形态相近的原则进行地层对比(图5-14)。例如,松辽盆地嫩二段底部的油页岩在视电阻率曲线上表现为一明显的尖峰,其形态独特、容易辨认,据此即可确定松辽盆地嫩二段的底界。需要注意的是这些工作完成后还要对骨架剖面上的共用井进行闭合,并落实各地层单元的深度。

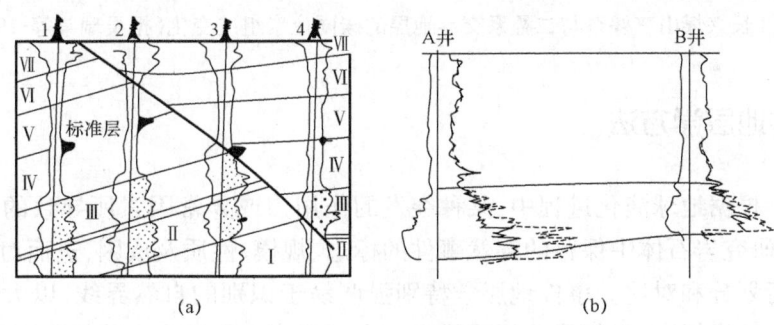

图5-14 根据测井曲线划分对比地层

2. 地球化学方法

地球化学方法主要是对岩层中的某些化学元素如主要元素、微量元素及它们的同位素作半定量或定量分析,然后根据化学元素的含量变化及不同层位的比例关系划分对比地层。

由于不同时期沉积环境的变化,不同层位地层的岩石及生物化石中化学元素的种类和数量各不相同。在一定的范围内相同层位的地层中某些化学元素有一定的分布规律,据此可以划分对比地层。

同位素年龄测定法是研究地层中的稳定同位素,利用稳定同位素组成在地层中的变化规律进行地层划分和对比,探讨地史中发生的重大事件及其相对地质年代的方法称为稳定同位素地层学。稳定同位素地层学的研究对象是地层中的稳定同位素,如氧、硫、碳、锶的稳定同位素,目前主要是研究$^{34}S/^{32}S$、$^{13}C/^{12}C$及$^{18}O/^{16}O$。氧同位素地层学目前主要是研究新生代海相地层中的有孔虫、钙质超微化石及碳酸盐岩中氧同位素组成在全球气候影响下的变化规律。碳同位素地层学主要是研究海相碳酸盐岩的碳同位素组成在剖面上的变化,特别是在大的地层界线附近的变化情况,利用碳同位素组成变化曲线进行划分和对比。如我国浙江长兴煤山一带三叠系与二叠系海相沉积连续剖面是中外驰名的典型剖面。如图5-15,根据碳同位素组成($\delta^{13}C$含量)变化曲线,可将地层划分开。

分子地层学是近年来新兴的分支,主要是利用地质体中的各类分子化石来划分、对比地层。分子化石在地球科学乃至环境科学中有着广泛的应用,分子化石所揭示的各类生物事件和环境事件则成了区域性乃至全球性地层对比的主要依据。图5-16为浙江长兴煤山二叠系—三叠系界线附近的分子化石变化趋势,其中各类分子的变化趋势具有较好的一致性,可以将长兴组顶部和殷坑组底部划分为明显的3层。

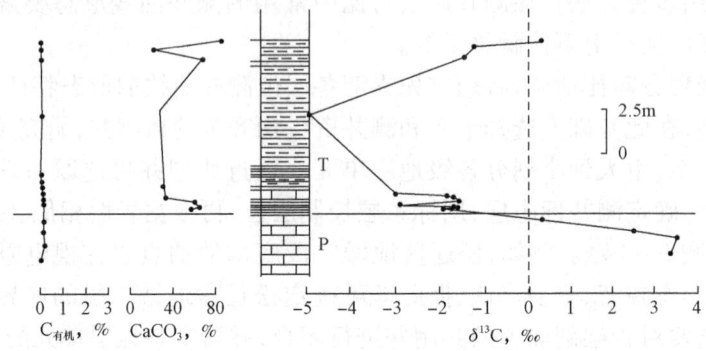

图 5-15　浙江长兴煤山三叠系与二叠系交界地层的碳同位素组成变化(据吴瑞棠等,1989,有改动)

(五)事件地层学方法

事件地层学根据地球演化进程中,某种突发的作用力或异常因素所导致的自然界剧烈变化的短期现象,研究岩石体中保存的突然事件的标志、规模、性质及成因,进而对地球上的相关层状岩石体进行划分和对比。事件地层学特别强调易于识别的自然界线,以大规模的生物绝灭事件和沉积事件为标志,将年代地层界线确定在沉积或生物发生全球性突变的界面上。

它通常以一个面或一个极薄的特定层为代表,并伴有特殊的地球化学异常。火山喷发、古地磁极转向、海平面升降变化、冰川事件和大气圈、水圈的物化条件变化引起的岩石圈、生物圈的明显改变,及外星撞击地球等,都是影响范围极广的稀有的、突变或灾变事件,这些事件是地层划分对比的自然标志。事件界线容易辨认、往往具有全球等时性。

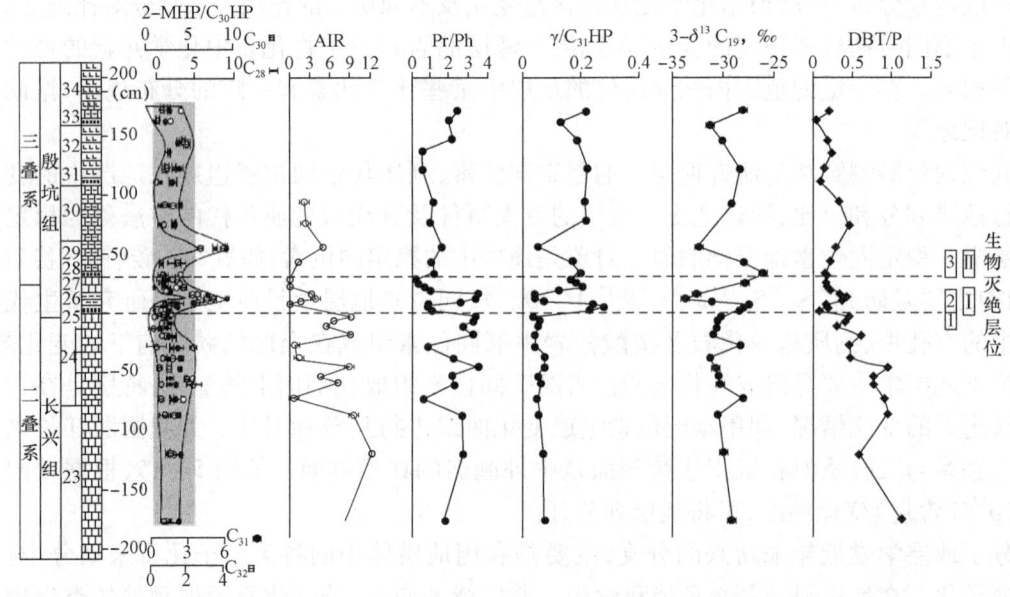

图 5-16　浙江长兴煤山二叠系—三叠系界线附近的分子化石变化趋势(据谢树成等,2007)

（六）其他方法

除了上面介绍的方法外，地层划分对比还有许多其他方法，如不整合法、层序地层学方法、磁性地层学方法、综合地层学方法等，我们根据研究区的地层发育情况及其属性特征，选择合适的方法进行研究。

思 考 题

1. 化石的形成需要怎样的条件？
2. 地层中的化石有哪些类型？
3. 地层单位有几种类型，每种地层单位又分成几个阶段？
4. 年代地层单位与地质年代单位的对应关系是什么？
5. 有哪些相对地质年代的划分对比方法？
6. 如何根据切割律和包含原理确定相对地质年代？
7. 简述地层层序律确定相对地质年代的原理。
8. 简述生物层序律的确定相对地质年代的原理。
9. 如何利用地震资料划分对比地层？
10. 利用测井资料划分对比地层主要考虑测井曲线的哪些特征？

第六章 构造地质学

构造地质学是地质学基本理论体系的三大支柱(岩石、地层、构造)之一,主要研究构造运动所引起的构造变形而形成的各种地质构造现象。

岩层除了在沉积盆地及岛屿的边缘或火山锥附近等局部地区可呈原始倾斜状态以外,基本上是呈水平状态产出的,而且在一定范围内分布是连续的。经过构造运动,岩层由水平状态变为倾斜或弯曲,连续的岩层被断开或错动,完整的岩体被破碎等,使岩石的产状和形态发生改变,地质学上将岩石的原始层位在构造运动的影响下所发生的变形和变位,称为构造变动或称构造变形,岩层或岩体受力而发生变位、变形所留下的形迹称为地质构造,如褶皱、断层、节理等。这些地质构造与油气成藏的关系极为密切,弄清地质构造的形态、产状、规模和分布规律,是油气勘探、开发的重要地质基础。

第一节 岩层及其产状

地质构造的形态往往是由岩层或岩石在空间上的产状变化表现出来的,且地质构造在层状岩石中表现最为明显,因此野外认识和研究地质构造形态,是从观察和测量岩层的产状着手的,岩层产状是研究地质构造形态的基础。

一、岩层的概念

沉积岩、层状火山岩和副变质岩等呈层状产出的岩石泛称为岩层,是由两个平行或近于平行的界面所限制的、岩性基本一致的层状岩石。岩层的上下界面称为层面,分别称为顶面和底面,岩层的顶、底面之间的垂直距离为岩层的厚度。任何岩层的厚度在横向上都有变化,有的厚度比较稳定,在较大范围内变化不大,呈板状;有的由于沉积环境和沉积条件的不同,岩层厚度不稳定,若向一侧变薄甚至尖灭,呈楔状,向两侧均变薄尖灭,则呈透镜状(图6-1)。

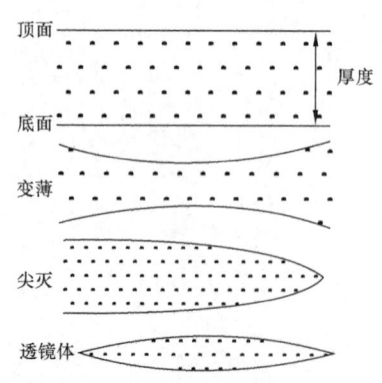

图6-1 岩层的厚度和形态

二、岩层的产状要素

岩层的产状是指岩层在三维空间的产出状态和方位的总称。它是以岩层面在三维空间的延伸方位、倾斜方位及其倾斜程度来确定的。对岩层的产状,地质学上用走向、倾向和倾角来表示,这三者称为岩层产状三要素(图6-2)。在野外,岩层的产状要素常用地质罗盘进行测量(图6-3)。

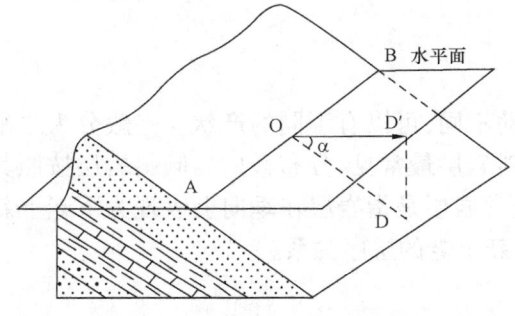
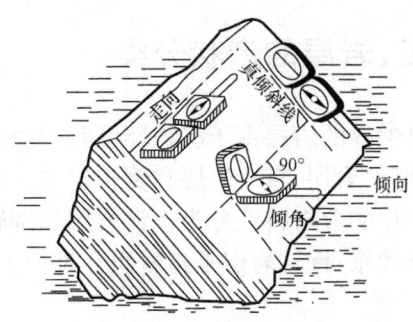

图6-2 倾斜岩层产状要素
AOB—走向线；OD—倾斜线
OD′—倾斜线的水平投影，箭头方向为倾向；α—倾角

图6-3 产状要素的测量
（据汪新文等，1999）

（一）走向

如图6-2所示，岩层面与水平面的交线，称为走向线（AOB）。走向线两端的延伸方向称为岩层的走向，表示岩层在空间的水平延伸方向，岩层的走向一般用方位角表示。由于走向线有两个延伸方向，故同一岩层的走向方位有两个，方位角相差180°。

（二）倾向

如图6-2所示，倾斜岩层层面上垂直于走向线，沿岩层面向下所引的直线称为岩层的真倾斜线，简称倾斜线（OD），它的水平投影线（OD′）所指的岩层下倾一端的方向（O→D′）称为岩层的真倾向，简称倾向，表示岩层在空间的倾斜方向。如图6-4所示，在倾斜岩层层面AB-CD上，与走向线斜交沿倾斜层面向下引的任意一条直线称为视倾斜线（HD或HC），它的水平投影线（OD或OC）指示的岩层下倾方向（O→D或O→C）则称视倾向。岩层的倾向只有一个，倾向一般用方位角表示，数值与走向相差90°。

（三）倾角

如图6-4所示，倾角是倾斜线与其水平投影线之间的夹角，称岩层的真倾角，简称倾角（α），表示岩层的倾斜程度。视倾斜线与其水平投影线之间的夹角，叫视倾角或假倾角（β或β′）。真倾角与视倾角的关系，可用数学式表示为

$$\tan\beta = \tan\alpha \cdot \cos\omega$$

该关系式表明：真倾角最大，视倾角总是小于真倾角。因此，在野外用罗盘测倾角时，将罗盘贴在平整的层面上来回转动罗盘，测得倾角最大者，即为真倾角。

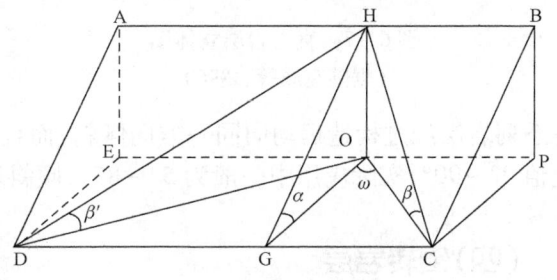

图6-4 真倾角与视倾角的关系
α—真倾角；β、β′—视倾角；
ω—真倾角与视倾角之间的夹角

三、岩层的产状分类

自然界的岩层由于沉积环境和所受的构造运动不同,可以有不同的产状。一般分为水平岩层、倾斜岩层、直立岩层和倒转岩层。其中以倾斜岩层最常见、分布最广。倾斜岩层按照其垂向层序的分布特点分为正常岩层和倒转岩层:正常岩层是指岩层在垂向上表现为下老上新的层序关系;倒转岩层是指岩层在垂向上表现为下新上老的层序关系。

(一)水平岩层

水平岩层是指岩层上下层面保持近水平状态,即同一层面上各点海拔高度都基本相同的岩层(图6-5,图6-6),水平岩层的倾角理论值为0°左右,但因自然界中绝对水平的岩层少见,实际应用中一般将倾角小于5°的岩层称为水平岩层。水平岩层没有走向和倾向。

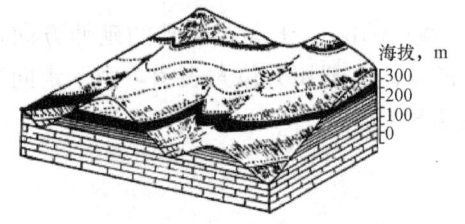
图6-5 水平岩层立体图(据胡明等,2015)

图6-6 四川资阳水平岩层(据宋青春等,2005)

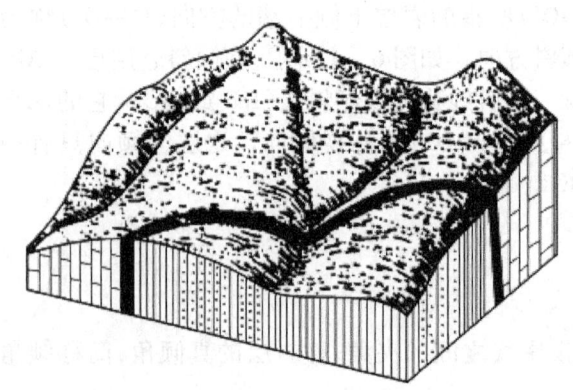
图6-7 直立岩层立体图
(据陆克政等,1996)

(二)直立岩层

直立岩层是指岩层层面与水平面直交或近于直交的岩层(图6-7)。岩层倾角理论值为90°,实际应用中一般为85°~90°,有走向,但没有倾向,其产状用走向描述。

(三)倾斜岩层

倾斜岩层是指由于构造运动,使岩层层面与水平面有一定交角的岩层(图6-8)。一系列岩层经过构造运动向同一方向倾斜,而且倾角近于一致时,称为单斜岩层。岩层倾角理论值0°~90°,实际应用中一般为5°~85°,倾斜岩层用产状三要素描述。

(四)倒转岩层

倒转岩层是指岩层倒转、老岩层在上而新岩层在下的岩层,这种岩层主要是在强烈挤压下岩层褶皱倒转过来形成的(图6-9)。

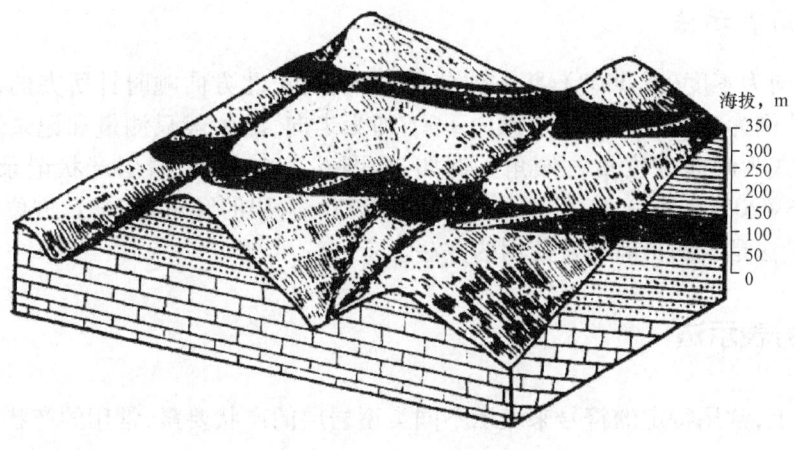

图 6-8　倾斜岩层立体图

图 6-9　倒转岩层（北京坨里）
此图所示为一倒转背斜,其中左翼地层(位于图的下部)倒转

四、岩层产状的表示方法

岩层的产状要素根据用途差异,一般可用文字和符号两种方法表示。

(一)文字表示法

文字表示法多用于野外记录、文字报告及剖面图和素描图中。由于地质罗盘上标记方位的刻度有90°的象限角和360°的方位角两种方式,因此最基本的文字表示法有两种。

1. 象限角表示法

以北和南的方向作为零度,将方位分为四个象限,角度变化范围为0°~90°,记录格式为走向/倾角+倾向象限表示或走向/倾向象限∠倾角表示岩层产状。例如:如图6-10所示,根据测量岩层的走向为北东60°、倾向150°、倾角40°,则记录写成 N60°E/40°SE 或 N60°E/SE∠40°,即表示走向为北偏东60°,倾角为40°,倾向南东。在生产实践中,很少采用象限角记录方法。

— 171 —

2. 方位角表示法

以正北方向为零度(或360°),将方位分为360°,与正北方向顺时针所夹的角度即为方位角,角度变化范围为0°~360°。由于倾向±90°即为走向,故一般只测量和记录岩层的倾向和倾角。记录格式为倾向方位角∠倾角。例如:如图6-11所示,岩层产状记录为205°∠25°(也可记录为SW205°∠25°),表示岩层的倾向为205°,岩层的倾角为25°。方位角记录方法比较简便,该记录法是我国目前通常使用的方法。

(二)符号表示法

在地质图上,常用特定的符号来表示不同类型岩层的产状要素,常用的产状符号及其代表意义如下:

倾斜岩层:符号"⊥50",长线表示走向,短线表示倾向,数字表示倾角数值。

直立岩层:符号"↓",长线表示走向,箭头指向新岩层。

水平岩层:符号"+",代表水平岩层(倾角0°~5°的岩层)。

倒转岩层:符号"↗70",长线表示岩层走向,箭头指向倒转后的岩层倾向,即指向老岩层,数字表示倾角数值。

注意:符号表示法中,线的交点表示岩层产状的测量点,用地质符号表示岩层的产状,要与野外岩层的实际产状一致,不能视为一个符号而随意绘在图上。

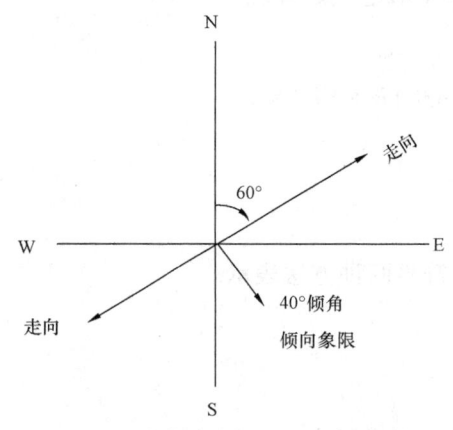

图6-10 象限角表示岩层产状

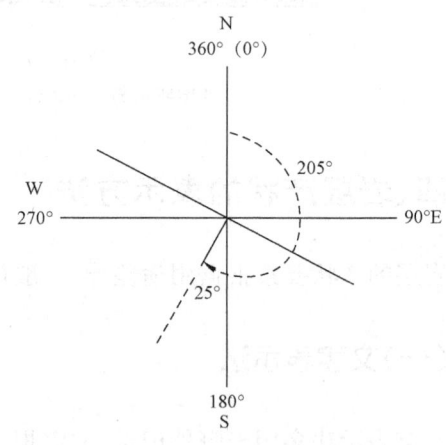

图6-11 方位角表示岩层产状

第二节 地层的接触关系

地层的接触关系是指同一地区相邻的不同时代地层或岩石在空间上的相互叠置关系。常见地层的接触关系可划分为整合和不整合两大类。

一、整合接触关系

上、下相接触的两套地层,产状基本一致,无明显的沉积间断,表现为沉积地层时代连续,岩性或所含化石是一致的或递变的,这种上、下两套地层之间的接触关系称为整合接触。整合接触反映了在形成这两套地层的地质时期,地质构造环境相对稳定,没有发生显著的构造运动。这种稳定可以表现为该地区地壳处于持续缓慢下降状态;或者期间虽有短暂上升,但是沉积作用从未间断;或者地壳升降与沉积作用处于相对平衡状态,沉积物成层连续沉积。

二、不整合接触关系

上、下相接触的两套地层,存在明显的沉积间断,表现为沉积地层时代不连续,有地层缺失,岩性或所含化石是突变的,这种上、下两套地层之间的接触关系称为不整合接触。不整合接触的上、下地层之间的沉积间断面,称为不整合面。不整合面以下的岩系称为下伏岩系,不整合面以上的岩系称为上覆岩系。不整合面在地面上的出露线称为不整合线,它是一种重要的地质界线。

(一)不整合的常见类型

根据不整合面上、下地层的产状及其所反映的构造运动过程,不整合可以分为平行不整合和角度不整合两大类。

1. 平行不整合

平行不整合又称假整合,是指不整合面上下两套地层产状基本一致,存在明显的沉积间断,有地层缺失,岩性或所含化石群显著不同的接触关系;不整合面上往往保存着古侵蚀面的痕迹(图6-12,图6-13)。

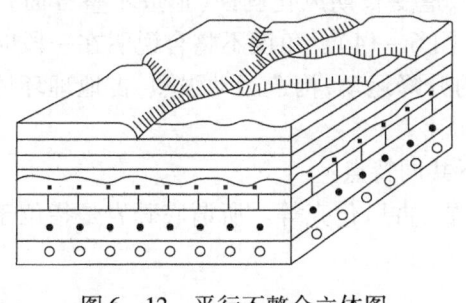

图6-12 平行不整合立体图
(据宋青春,2000)

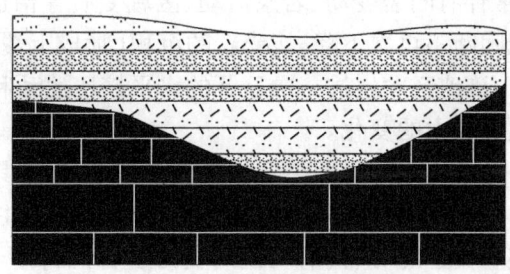

图6-13 平行不整合剖面图
(据宋青春,2000)

平行不整合的形成过程可概括为:地壳下降,接受沉积(形成下伏地层)→地壳隆起,遭受长期风化剥蚀(形成不整合面)→地壳再次下降,重新接受沉积(形成上覆地层)(图6-14)。这种接触关系说明在一段时间内沉积地区有过显著的升降运动,古地理环境有过显著的变化。

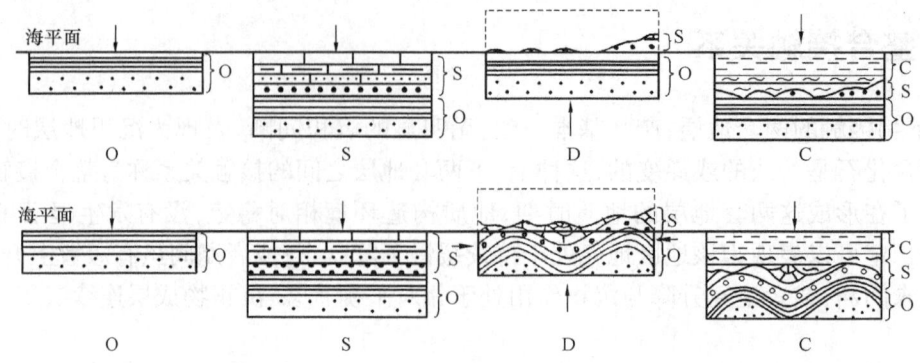

图 6-14 整合和不整合的形成过程剖面示意图(据李叔达,1983)
O—奥陶系;S—志留系;D—泥盆系;C—石炭系;箭头指向构造运动方向

2. 角度不整合

角度不整合又称狭义的不整合,是指不整合面上下两套地层产状不一致(成角度相交);存在明显的沉积间断,地层时代不连续,有地层缺失;岩性或所含化石是突变的接触关系;不整合面上往往保存着古侵蚀面的痕迹(图6-15,图6-16)。

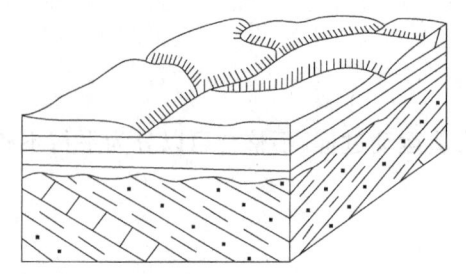
图 6-15 角度不整合立体图(据宋青春,2000)

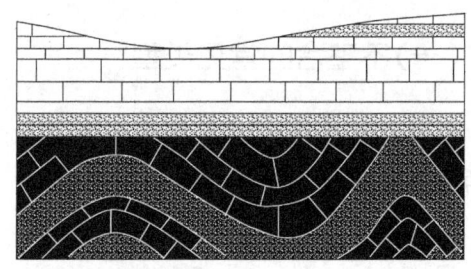
图 6-16 角度不整合剖面图(据宋青春,2000)

角度不整合的形成过程可以概括如下:地壳下降、接受沉积(形成下伏地层)→褶皱隆起(常伴有断裂变动、岩浆活动、区域变质等构造活动)、遭受长期风化剥蚀(形成不整合面)、沉积间断→再次下降、接受新的沉积(形成上覆地层)(图6-14)。角度不整合说明在一段时间内,该地区发生过一次显著的水平挤压运动和伴随的升降运动,构造运动强烈,古地理环境发生过极大的变化。

无论是平行不整合或角度不整合,都常具有以下共同特点:

(1) 有明显的侵蚀面存在,侵蚀面上往往有底砾岩、古风化壳等。所谓底砾岩是指位于不整合面上的砾岩(有时横向变为砂岩)而言。

(2) 有明显的岩层缺失现象,代表长期间断。

(3) 不整合面上下的岩性、古生物等有显著的差异。

(二)不整合的形成时代确定

不整合的形成时代,也就是构造运动发生的时期,通常为不整合面下伏最新地层形成时代之后(下限),上覆最老地层形成时代之前(上限)。

如图6-14所示,不整合形成于志留纪之后,石炭纪之前,也就是泥盆纪时期。

(三)不整合的研究意义

通过研究地层接触关系,可以帮助了解构造运动的性质、特点以及演化历史,确定地质构造的形成时期,同时对研究古地理环境的变化(如海陆变迁、山脉隆起、生物界演变等)和工程地质,寻找铝土、稀土、铁矿、锰矿等沉积矿产和油气藏均具有重要意义。

第三节 褶皱构造

褶皱是岩石或岩层受力变形而形成的弯曲,在层状岩石中表现最明显,岩层的连续完整性没有遭到破坏,是岩层塑性变形的表现,也是地壳中最常见的地质构造现象。褶皱形态千姿百态,复杂多样,规模差别极大,小的在手标本中、甚至在显微镜下才能看到,大的宽度可达几十千米,可延伸长达几百千米。

一、褶曲的概念及其基本类型

褶皱通常是岩层的一系列弯曲,而褶曲是褶皱中的单个弯曲,是褶皱的基本单位;褶曲按其形态和新老关系分布规律可分为背斜和向斜两种基本类型(图6-17,图6-18):

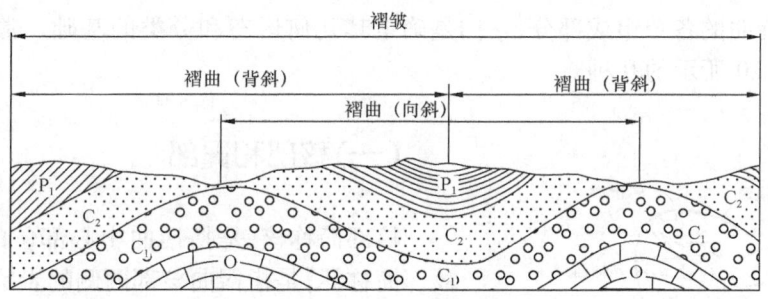

图6-17 褶皱和褶曲剖面示意图

图6-18 褶曲基本类型(野外照片)

彩图 褶曲基本类型(野外照片)

背斜是指岩层向上的弯曲,核心部位的岩层老,向两侧岩层对称地变新。向斜是指岩层向下的弯曲,核心部位的岩层新,向两侧岩层对称地变老。在有些情况下,若褶曲岩层的新老关系不明时,将岩层向上弯曲的褶曲称为背形,向下弯曲的褶曲称为向形。

如果岩层未经剥蚀,则背斜形成隆起的脊,向斜成为谷地,地表仅能见到时代最新地层。褶皱遭受风化剥蚀后,背斜隆起部分被削低,甚至遭受强烈剥蚀而形成谷地,而向斜中部则因处于挤压状态,岩石不易被剥蚀而形成山脊,这就是所谓的"向斜成山,背斜成谷"的道理。因此应该指出,背斜的上拱和向斜的下凹并不一定与地形的高低相一致,即地形并不等于构造形态,二者不能混淆,背斜可以成山,但也可以成谷,同样,向斜可以成谷,也可以成山(图6-19)。

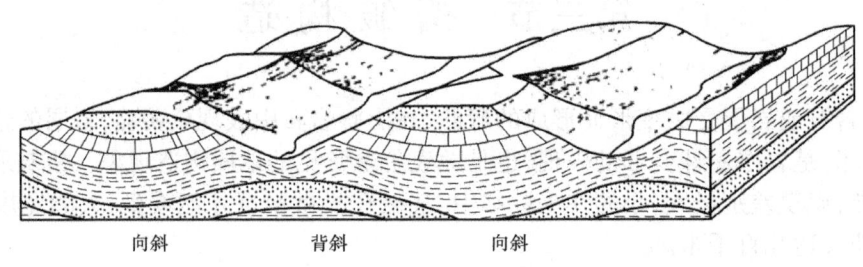

图6-19 褶皱在地形上的表现

二、褶曲要素

褶曲的几何形态千姿百态,为了准确描述、对比和研究褶曲构造,首先应该了解褶曲要素。褶曲要素是指褶曲的各个组成部分,它们是确定其几何形态和分类的基础。常用的褶曲要素主要包括图6-20所示的几种。

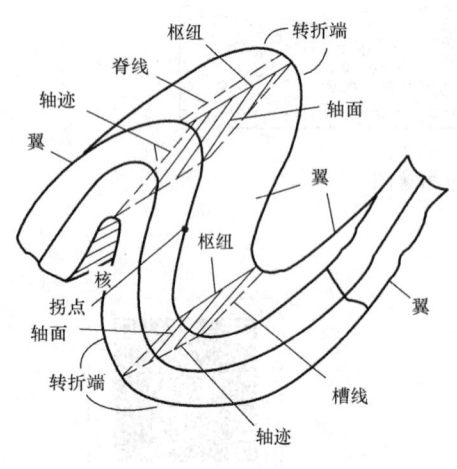

图6-20 褶曲要素示意图

(一)核部和翼部

核部简称核,是指褶曲中心部位的岩层或地层。翼部简称翼,是指褶曲核部两侧的岩层或地层。

(二)转折端

转折端指褶曲由一翼向另一翼过渡的弯曲部分。在横剖面上,转折端常呈弧线形,但有时也可以是一个点或直线。

(三)枢纽

枢纽是褶曲的同一褶皱面上各最大弯曲点的连线。枢纽可以是直线、折线或曲线;可以是水平线,也可以是倾斜线(图6-21)。

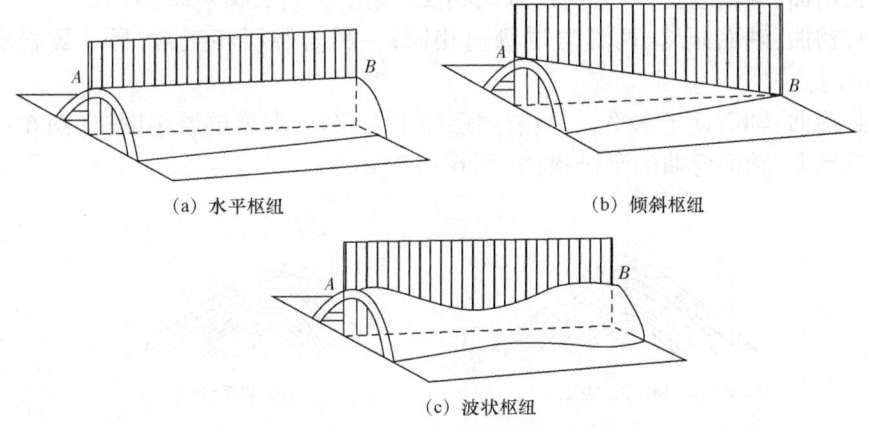

图 6-21 枢纽的各种形状(据宋青春,2005)

(四)轴面

由褶曲各层面(或褶皱面)的枢纽构成的假想几何面称为轴面。轴面可以是平面或曲面。

(五)轴迹

轴面与地面或任一平面的交线称为轴迹,在油田上将轴面与水平面或地面的交线称为轴线,它可以是直线或曲线,一般表示褶曲的延伸方向。

(六)脊、脊线、脊面和槽、槽线、槽面

背形褶曲在横剖面上的最高点称为脊;背形褶曲在同一褶皱面上脊的连线称为脊线;若干相邻褶皱面上的的脊线构成的面称为脊面。

向形褶曲在横剖面上的最低点称为槽;向形褶曲在同一褶皱面上槽的连线称为槽线;若干相邻褶皱面上的槽线构成的面称为槽面。

确定褶皱的脊和槽的位置,对于寻找、开发油气藏及地下水具有重要意义。

三、褶曲的分类

自然界中褶曲具有各种不同的几何形态和空间产出状态,通常可根据褶曲要素的变化及组合,从不同侧面对褶曲进行分类与描述。

(一)剖面上的褶曲分类

1. 根据褶曲轴面产状和两翼岩层产状分类

(1)直立褶曲:轴面直立,两翼岩层倾向相反,倾角相近[图 6-22(a)]。

(2) 斜歪褶曲:轴面倾斜,两翼岩层倾向相反,倾角不等[图 6-22(b)]。

(3) 倒转褶曲:轴面倾斜,两翼岩层倾向相同,一翼岩层层序正常,另一翼岩层层序倒转[图 6-22(c)]。

(4) 平卧褶曲:轴面近于水平,一翼岩层层序正常,另一翼岩层层序倒转[图 6-22(d)]。

(5) 翻卷褶曲:轴面弯曲的平卧褶曲[图 6-22(e)]。

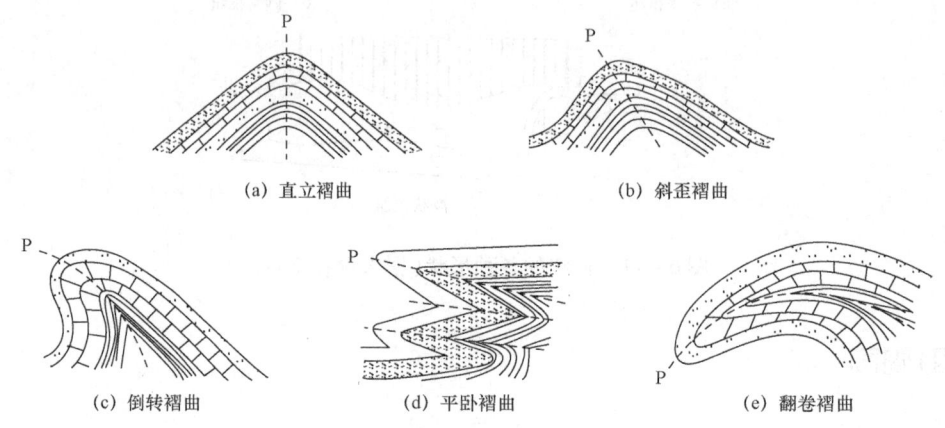

图 6-22 褶曲的轴面和两翼产状分类(P 代表轴面)

2. 根据枢纽产状分类

(1) 水平褶曲:枢纽近于水平的褶曲[图 6-23(a)]。
(2) 倾伏褶曲:枢纽倾斜的褶曲[图 6-23(b)]。
(3) 倾竖褶曲:枢纽近于直立的褶曲[图 6-23(c)]。

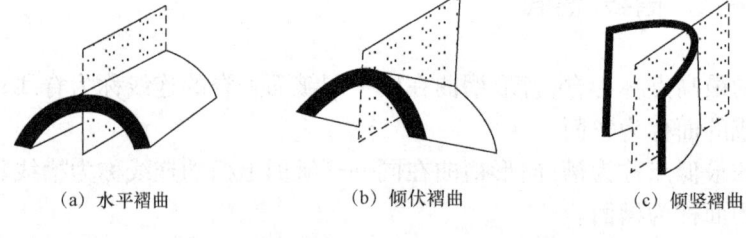

彩图 褶曲的轴面和两翼产状分类

图 6-23 褶曲的枢纽产状分类(据宋青春,2005)

3. 根据褶曲的转折端形态分类

(1) 圆弧褶曲:转折端或褶曲面呈圆弧状弯曲[图 6-24(a)]。

(2) 箱形和屉形褶曲:箱形褶曲为转折端宽阔平直、两翼较陡的背斜构造,褶皱面呈箱状弯曲;屉形褶曲为转折端宽阔平直、两翼陡直的向斜构造,褶皱面呈屉状弯曲。它们具有一对共轭的轴面[图 6-24(b)]。

(3) 尖棱褶曲:两翼平直相交,转折端为尖角状(剖面上两翼往往相交于一点)[图 6-24(c)]。

(4) 扇形褶曲:转折端呈圆弧状、层序正常,两翼岩层均倒转,褶皱面呈扇状弯曲[图 6-24(d)]。通常由背斜构成的扇形褶曲称为正扇形构造,而由向斜构成的扇形褶曲称为反扇形构造。

(5)挠曲和构造阶地:缓倾斜岩层中的一段突然变陡,而形成的褶曲面的膝状弯曲称为挠曲[图6-24(e)];陡倾斜岩层有一段突然变缓,而形成的褶曲面的台阶状弯曲称为构造阶地[图6-24(f)]。

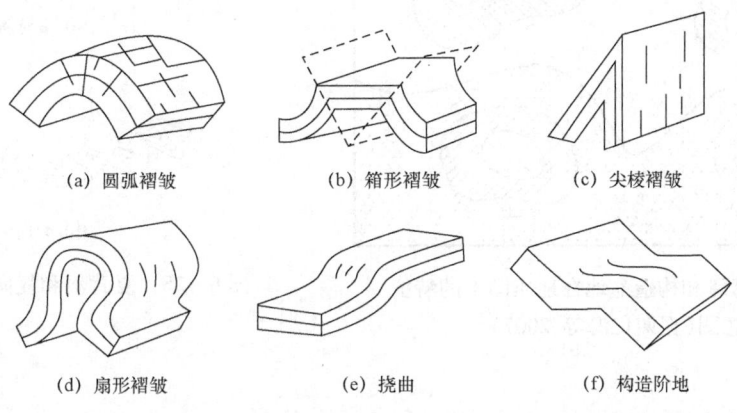

图6-24 褶曲转折端形态分类(据漆家福,2017)

(二)平面上的褶曲形态分类

在平面上,褶曲同样表现为各种各样的形态。通常根据褶曲的同一岩层(褶皱面)在地面(平面)上出露的纵向长度和横向宽度之比,将褶曲平面形态划分为如下几种类型。

(1)线状褶曲:长度和宽度之比大于10∶1的狭长形褶曲(图6-25)。
(2)短轴褶曲:长度和宽度之比介于10∶1~3∶1的褶曲(图6-26)。

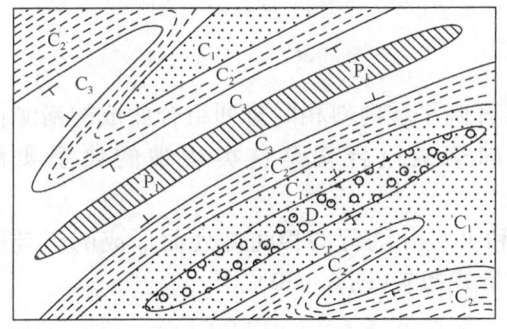

图6-25 线状褶曲在地质图上的特征示意图
(据谢仁海等,2007)

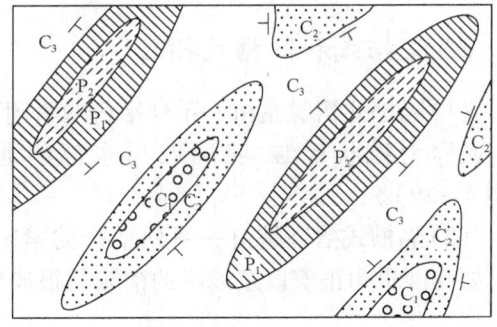

图6-26 短轴褶曲在地质图上的特征示意图
(据谢仁海等,2007)

(3)穹窿:长度和宽度之比小于3∶1的背斜构造(图6-27)。
(4)构造盆地:长度和宽度之比小于3∶1的向斜构造(图6-27)。

四、褶曲的组合类型

如前所述,褶曲仅是岩层褶皱的一个弯曲。然而,在一定区域内,岩层的塑性变形往往是由一系列连续的波状弯曲—褶曲组成,并在空间作有规律的组合,构成了复杂的褶皱构造。

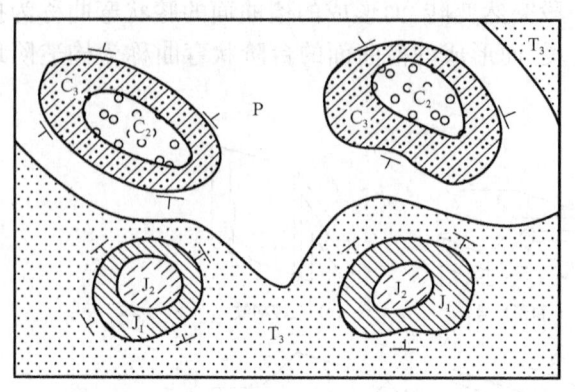

图 6-27 穹窿和构造盆地在地质图上的特征示意图(据谢仁海等,2007)

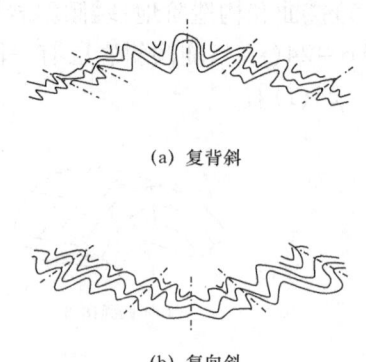

图 6-28 复背斜和复向斜剖面示意图

(一)褶曲在横剖面上的组合类型

1. 复背斜和复向斜

复背斜或复向斜是指两翼被一系列次一级褶皱所复杂化了的巨大背斜或向斜(图 6-28)。复背斜和复向斜统称为复式褶皱。一般认为,典型复式褶皱的次级褶皱轴面常向该复背斜或复向斜的核部收敛,次级褶皱的轴线延伸方向近于平行。

复背斜与复向斜一般规模巨大,分布具有一定的区域性,多出现在构造运动强烈的地区,组成褶皱带。如我国的秦岭、天山、喜马拉雅山,欧洲的阿尔卑斯山,美洲的阿巴拉契亚山等褶皱带都具有规模巨大的复式褶皱。

2. 隔挡式和隔槽式褶皱

(1)隔挡式褶皱是由一系列平行的紧闭背斜与开阔平缓向斜相间排列组合而成的褶皱构造,又称为梳状褶皱,我国四川东部的北北东向褶皱组合就是这类褶皱的典型实例(图 6-29)。

(2)隔槽式褶皱是由一系列平行的紧闭向斜和平缓开阔背斜相间排列而形成的褶皱构造,如我国贵州正安以东地区的褶皱是很典型的隔槽式褶皱(图 6-30)。

(二)褶曲在平面上的组合类型

(1)平行状:一系列背斜与向斜相间排列,轴线近于平行[图 6-31(a)]。
(2)分枝状:一个褶曲在延伸方向上分叉成若干个褶曲[图 6-31(b)]。
(3)帚状:相间排列的背斜与向斜,一端收敛,另一端撒开[图 6-31(c)]。
(4)雁列状:一系列褶曲轴线错开呈斜列展布[图 6-31(d)]。
(5)羽状:两行褶曲,相对斜列[图 6-31(e)]。

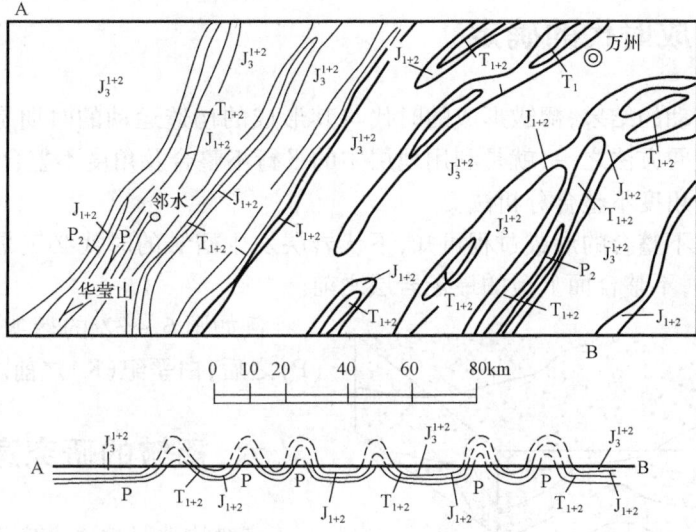

图6-29 四川盆地东部隔挡式褶皱(据陆克政等,1996)

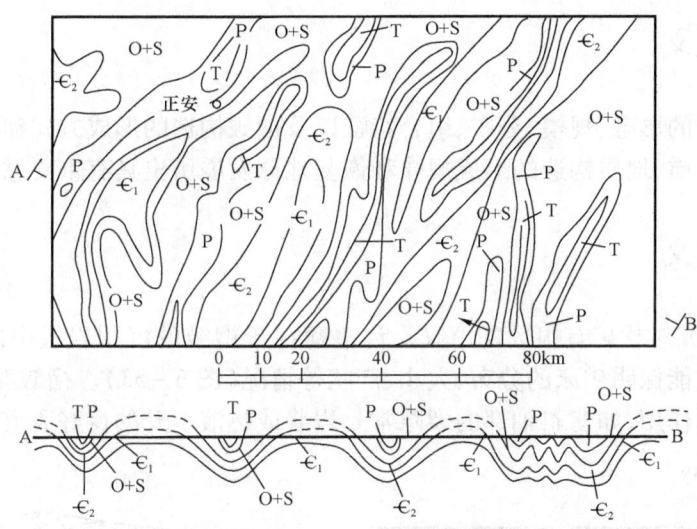

图6-30 贵州正安以东地区隔槽式褶皱(据陆克政等,1996)

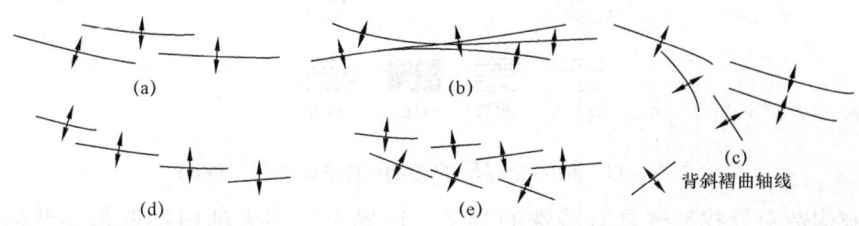

图6-31 褶曲平面组合类型平面示意图

五、褶皱形成时代的确定

褶皱是构造运动的结果,褶皱形成的时代与其形成的构造运动的时期是一致的。确定构造运动时期的最主要方法之一,就是利用地层中的平行不整合及角度不整合,而确定褶皱形成时代的重要依据是角度不整合分析法。

从前述的角度不整合的形成过程可知,下伏岩层发生褶皱的时代必定是在不整合面下伏最新岩层形成以后,不整合面上覆的最老岩层之前。

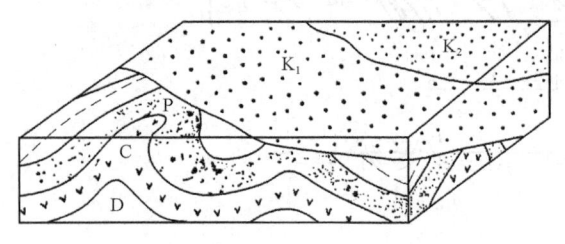

图 6-32 褶皱形成时代的确定示意图
（据徐成彦等,1988）

例如图 6-32 的褶皱时代是在二叠纪（P）之后,白垩纪（K）之前。

六、褶皱的研究意义

褶皱构造是地壳上广泛发育的地质构造形态之一,研究褶皱构造具有重要的理论意义和实践意义。

（一）理论意义

研究褶皱构造的形态、规模、分布、组合特征以及褶皱构造的形成方式和时代,对揭示一个地区构造运动的性质、地质构造的形成规律和恢复地球发展历史具有重要意义。

（二）实践意义

（1）褶皱的研究对找矿有很大的意义。许多赋存于褶皱的沉积岩层中的矿产,必须清楚构造形态、规模,才能探明矿床的分布、大小、产状等情况（图 6-33）。褶皱对内生矿床的形成和分布也起着控制作用,如背斜轴部的裂隙常是岩浆或热液上升的良好通道和储集场所,有利于金属矿产的形成。

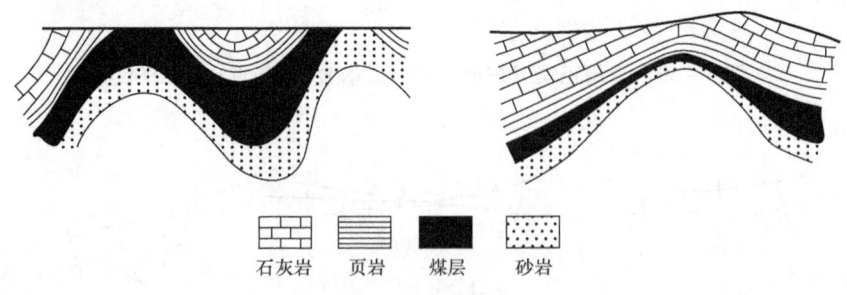

图 6-33 褶皱对煤层的影响（据徐成彦等,1988）

（2）褶皱构造对寻找油气具有特殊的意义。世界上许多大油田都聚集在背斜中,完整的背斜构造,尤其是短轴背斜和穹窿构造,是良好的储油、储气构造（图 6-34）。

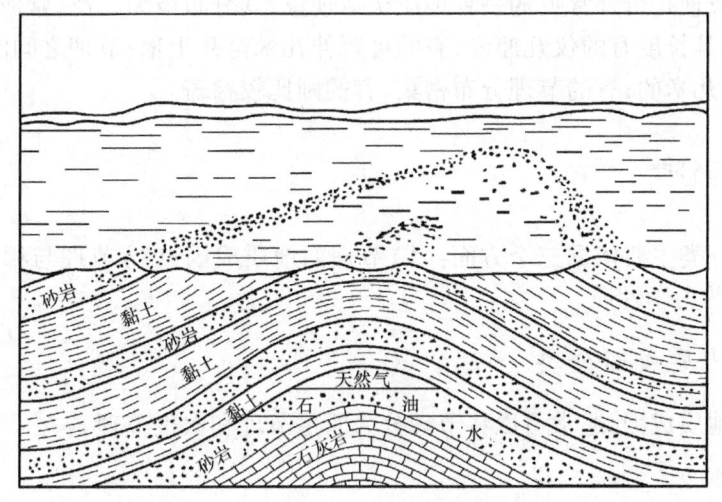

图 6-34 理想的背斜储油构造(据张家环等,1986)

(3)褶皱构造也是地下水储存的良好构造。例如,储有丰富地下水的构造盆地有时可形成自流盆地,在自流盆地中打井,地下水就可源源不断地流出地面(图 6-35)。另外,褶皱变形时,在褶皱某些部位出现的裂隙也常是地下水储水的良好空间。

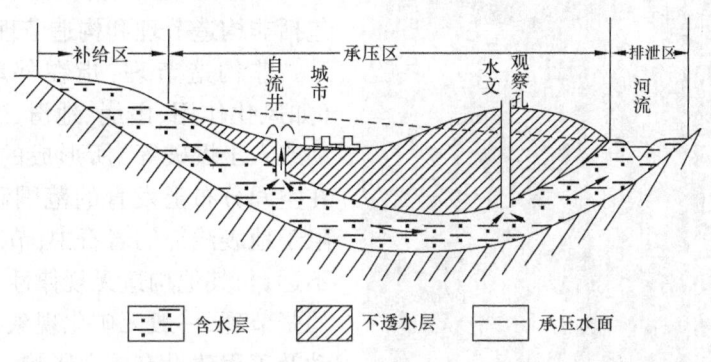

图 6-35 承压水的补给与排泄(据徐成彦等,1988)

第四节 断裂构造

地壳中的岩石(岩层或岩体)受力后发生变形,当所受的力超过岩石本身强度极限时,岩石的连续性和完整性受到破坏,产生破裂面,从而形成断裂构造。通常根据岩石破裂面两侧岩块有无明显相对位移将断裂构造分为节理和断层两大类。断裂构造是地壳上发育最广泛、最常见的一种地质构造。断裂构造的规模差别较大,可小到数厘米甚至矿物的晶格规模,可大到上千千米规模。

一、节理

节理也称为裂隙或裂缝,是岩石(岩层、岩体)中的一种破裂,在破裂面两侧的岩块没有发生显著的位移。节理是野外常见的一种地质构造现象,其分布极为广泛,常成群出现。节理的规模相差很悬殊,其长度有的仅几厘米,有的可延伸几米至几十米;节理之间的间距也不一致,有几厘米的,也有几米的;有的节理分布密集,有的则比较稀疏。

(一)节理的分类

一般节理的分类主要依据三个方面:(1)节理的地质成因;(2)节理与相关构造的几何关系;(3)节理形成的力学性质。

1. 节理的地质成因分类

根据节理的地质成因,通常可以将节理分为原生节理和次生节理。

1)原生节理

原生节理是指在沉积或成岩过程中所产生的节理,如沉积岩中的泥裂和火成岩中的柱状节理(图6-36)等。

2)次生节理

次生节理是指岩石成岩后形成的节理,包括非构造节理和构造节理。

非构造节理:指在外动力地质作用下(如风化作用、山崩、地滑、岩溶塌陷、冰川活动或人工爆破等)所形成的节理。这类节理在空间分布上发育的范围和深度有限,常局限于地表浅部的岩石中,节理不规则,延长也不远,与其他构造无规律性关系,多数为裂开的张节理,一般无矿化现象,但对地下水的活动及工程建设有较大影响。

构造节理:由构造作用所形成的节理称为构造节理。构造节理通常分布广泛,有明显的规律性,并与褶皱、断层等构造之间存在

图6-36 美国加利福尼亚玄武岩中的柱状节理
左下方小图是岩柱体横断面

一定的内在联系,发育的范围和深度较大。构造地质学中讨论的节理一般都是指构造节理而言。

2. 节理的几何分类

节理是一种相对小型构造,发育于岩层中,往往与褶皱、断层等构造关系密切。故节理的几何分类主要依据节理与所在岩层的产状或其他构造的关系进行分类(图6-37)。

1)根据节理与所在岩层产状的几何关系分类

走向节理:节理走向与岩层走向平行的节理。
倾向节理:节理走向与岩层走向直交的节理。
斜向节理:节理走向与岩层走向斜交的节理。

顺层节理：节理面与岩层的层面平行的节理。

2）根据节理与区域构造线走向的几何关系分类

区域构造线走向一般指褶皱的延伸方向、主要断层的走向或其他线状构造延伸方向等。

纵节理：节理走向与区域构造线走向大致平行的节理。

横节理：节理走向与区域构造线走向大致垂直的节理。

斜节理：节理走向与区域构造线走向斜交的节理。

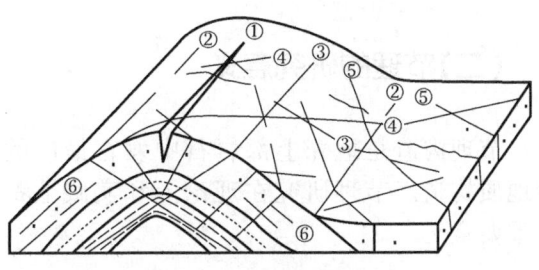

图 6-37　节理的几何分类
①、②—走向节理、纵节理；③—倾向节理、横节理；
④、⑤—斜向节理、斜节理；⑥—顺层节理

3. 节理的力学性质分类

按构造节理形成的力学性质，可分为剪节理和张节理。

1）剪节理及其特征

剪节理是剪应力产生的破裂面，其主要特征如下：
(1) 产状稳定，一般沿走向和倾向延伸较远；
(2) 节理面平直、光滑，常见有擦痕和磨光镜面；
(3) 节理面一般紧闭，不被矿脉充填，若被充填则脉宽均匀一致，脉壁较为平直；
(4) 遇砾石等粗碎屑颗粒时，一般切穿粗碎屑（图6-38）；
(5) 常呈共轭"×"型节理系、棋盘格式等规则组合型式（图6-39）。

图 6-38　剪节理直切砾岩中的砾石
（傅昭仁摄、宋姚生素描）

图 6-39　陕西铜川砂岩层中的共轭剪节理
（马杏垣摄、兰淇锋等素描）

2）张节理及其特征

张节理是由张应力产生的破裂面，其主要特征如下：
(1) 产状不稳定，一般沿走向、倾向延伸不远，且产状常有变化；
(2) 节理面粗糙、凸凹不平，一般没有擦痕和磨光镜面；
(3) 节理面张开，常被矿脉充填，脉宽不均匀，脉壁凸凹不平（图6-40）；

(4)遇砾石等粗碎屑颗粒时,一般绕粒而过;

(5)一般呈不规则树枝状或各种网络状,有时呈雁列状、放射状或同心环状等组合型式。

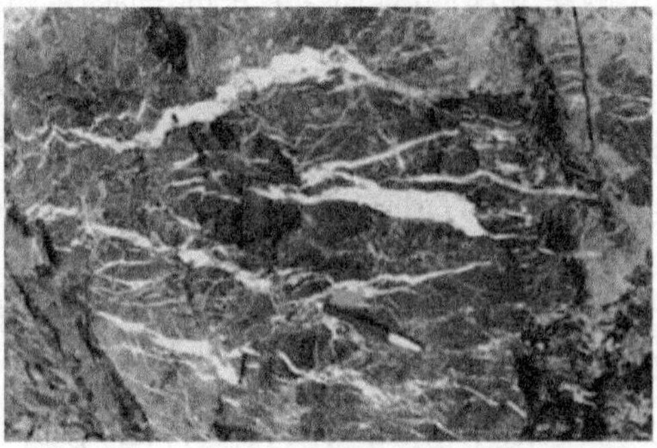

(二)节理的研究意义

节理构造是地壳上部岩石中发育最广的一种地质构造。节理研究在理论上和实践上都具有重要意义。

图6-40 张节理及其矿脉充填
（据柳成志,2006）

1. 理论意义

节理的力学性质、产状和分布规律与褶皱、断层和区域构造有着密切的成因联系,所以,节理的研究对于认识区域地质构造特征、恢复构造发展史具有重要作用。

2. 实践意义

(1)节理是矿液、石油、天然气和地下水的运移通道和储集场所,因此节理的研究对于找水、找矿和指导油气的勘探和开发具有重要的意义。

(2)节理的发育程度对于工程建设具有重大影响,常常引起有关工程建筑的渗漏和岩体的不稳定,为水库和大坝等工程带来隐患。

(3)节理对于地貌的形成和发育有很大的影响,如球状风化地貌,风蚀柱等。

二、断层

断层是岩石(岩层、岩体)受力发生破裂,破裂面两侧岩块发生了显著位移的断裂构造。断层包含破裂和位移两层含义。断层是地壳中广泛发育的一种地质构造现象。其种类很多,形态各异,规模不一。小的断层在一块手标本上即可见到,大的断层可延伸数百甚至上千米。位移小的仅几厘米,大的错动距离可达数百千米。断层深度也不一致,有的很浅,有的很深,甚至切穿了岩石圈。

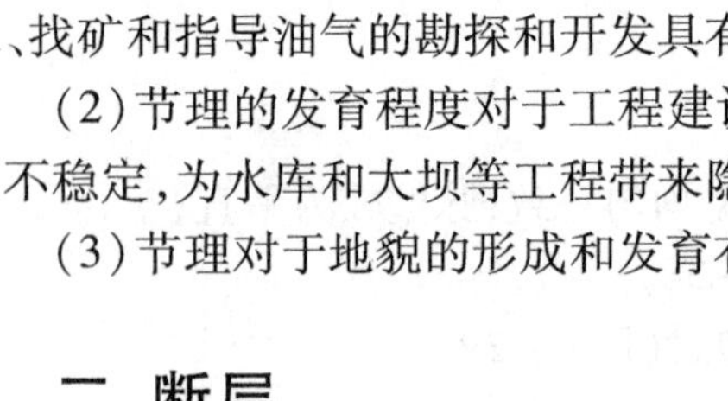

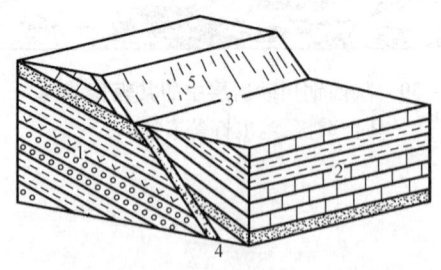

图6-41 断层要素(据宋青春等,2005)
1—下盘;2—上盘;3—断层线;
4—断层破碎带;5—断层面

(一)断层要素

断层要素是指断层的基本组成部分及描述断层空间位置和运动性质有关的几何参数。最基本的断层要素是断层面和断盘(图6-41)。

1. 断层面

断层面是指断裂两侧的岩块沿之滑动的破裂面。断层面产状的测量和记录方法和岩层面产状相同。由于断层两侧岩块沿断层面产生了明显位移,所以在断裂面上常常有摩擦的痕迹,表现为无数平行的细脊和沟纹,称为断层擦痕。有时断层两侧的运动并不是沿一个面发生,而是沿着由许多破裂面组成的破裂带发生,这个带称为断裂带或断层带,断裂带宽度由几米到数百米,甚至更宽,断裂带中常有由破碎岩石构成的角砾岩或糜棱岩等断层岩。断层面与地面的交线称为断层线,它反映断层的延伸方向和断层的延伸规模。

2. 断盘

断盘是指断层面两侧沿断层面发生明显位移的岩块,如果断层面是倾斜的,断盘有上、下之分,位于断层面上方的断盘称为上盘,位于断层面下方的断盘称为下盘。如果断层面是直立的,往往以空间方位来描述,如南北向断层的东盘、西盘,东西向断层的南盘、北盘等。按断层两盘的相对运动方向,将相对上升的一盘称为上升盘,相对下降的一盘称为下降盘。上盘可以是上升盘,也可以是下降盘。

(二)断层的分类

1. 断层的几何学分类

1)根据断层走向与所在岩层产状的关系分类

走向断层:断层走向与岩层走向基本一致的断层[图6-42(a)]。
倾向断层:断层走向岩层走向基本垂直的断层[图6-42(b)]。
斜向断层:断层走向与岩层走向斜交的断层[图6-42(c)]。
顺层断层:断层面与岩层面产状基本一致的断层[图6-42(d)]。

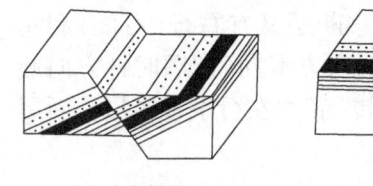 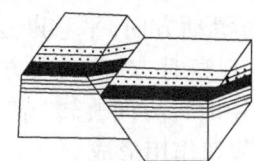 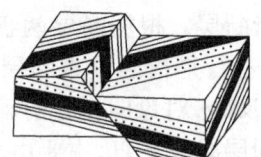 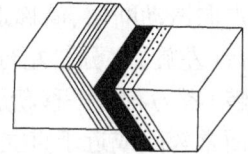

(a) 走向断层　　　　　(b) 倾向断层　　　　　(c) 斜向断层　　　　　(d) 顺层断层

图6-42　根据断层和岩层产状关系的断层分类示意图(转引自戴俊生等构造地质学,2006)

2)根据断层走向与褶皱轴向或区域构造线之间的关系分类

纵断层:断层走向与褶皱轴向或与区域构造线基本一致的断层(图6-43)。

横断层:断层走向与褶皱轴向或区域构造线直交的断层(图6-43)。

斜断层:断层走向与褶皱轴向或区域构造线斜交的断层(图6-43)。

2. 断层的运动学分类

按断层两盘相对位移的方向可将断层分为正断层、逆断层和平移断层(图6-44)。

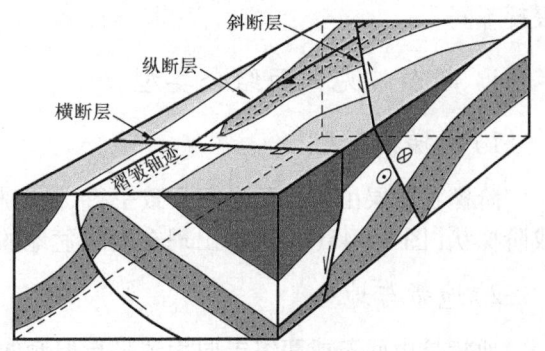

图6-43　断层与褶曲轴向的关系分类
(据漆家福等,2017)

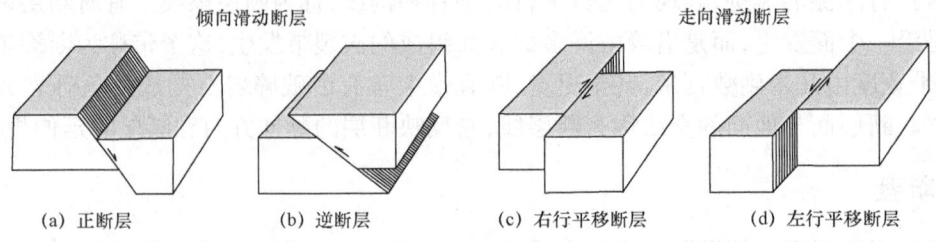

图 6-44 断层两盘相对运动类型示意图(据漆家福等,2017)

(1)正断层:断层两盘沿断层面倾斜线方向滑动,上盘相对下降,下盘相对上升的断层,断层面倾角一般较陡,通常在45°以上,主要由于引张力和重力作用形成。

(2)逆断层:断层两盘沿断层面倾斜线方向滑动,上盘相对上升,下盘相对下降的断层。断层面倾角大于45°的逆断层一般称为高角度逆断层;倾角小于45°的逆断层,称为低角度逆断层,也称逆掩断层。规模巨大且上盘沿波状起伏的低角度断层面作远距离推移的逆掩断层称为(逆冲)推覆构造。逆断层主要由水平挤压作用形成。

(3)平移断层:断层两盘基本上沿断层面走向做相对移动的断层,大规模的平移断层又称走向滑动断层,简称走滑断层。根据断层两盘相对滑动方向,平移断层又有右行(右旋)和左行(左旋)之分。左行或右行是指当垂直断层走向观察时,对盘向右方滑动(即顺时针方向旋转)者为右行平移断层,反之,对盘向左方滑动(即逆时针方向旋转)者称左行平移断层。断层面常较陡或近于直立,断层线较平直,主要由水平剪切作用形成。

(三)断层的组合类型

自然界常见许多断层在一个地区成群、成组地以一定的组合形式出现,它们在不同的切面表现不同。

1. 断层常见剖面组合类型

1)阶梯状断层

阶梯状断层由若干条走向大致平行、倾向相同的正断层组成,其上盘依次向同一方向下降成阶梯状[图6-45(a)],多出现在断陷盆地的边缘。

2)地堑与地垒

地堑是由两条或两组走向大致平行但倾向相反、性质相同的断层组合而成,其中间断块相对下降,两边断块相对上升[图6-45(b)]。现今的一些狭长形断陷盆地往往是地堑构造。地垒是由两条或两组走向大致平行但倾向相反、性质相同的断层组合而成,其中间断块相对上升，两侧断块相对下降[图6-45(b)]。

构成地堑、地垒的断层一般为正断层，但可以是逆断层。

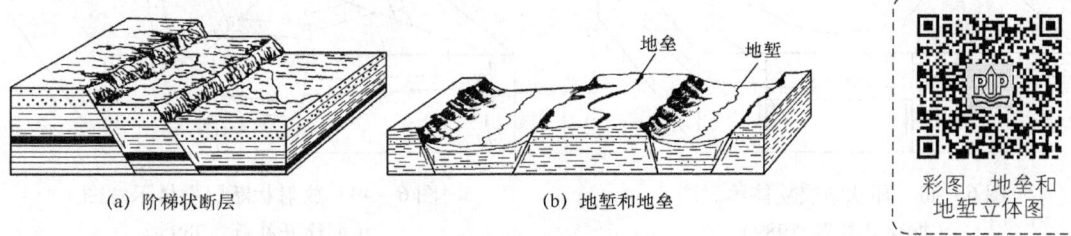

(a) 阶梯状断层　　　　　　(b) 地堑和地垒

图6-45　阶梯状断层、地堑和地垒（据李叔达，1983）

3) 叠瓦状构造

叠瓦状构造是由一系列倾向相同而又相互平行的逆断层组成，其上盘依次向上逆冲，剖面上成叠瓦状（图6-46）。它常同剧烈的褶皱作用伴生，说明曾经历了强烈的水平挤压作用，多出现于褶皱山系的两侧边缘。

图6-46　叠瓦状构造剖面示意图

2. 断层常见平面组合类型

常见的断层平面组合类型有平行断层、雁列式断层、环状断层、放射状断层和旋扭断层（图6-47）。

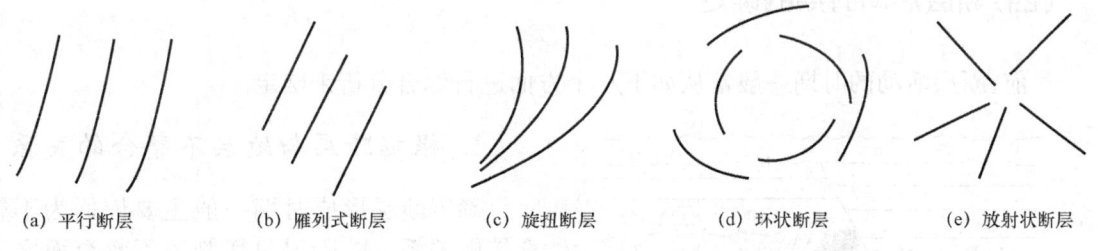

(a) 平行断层　　(b) 雁列式断层　　(c) 旋扭断层　　(d) 环状断层　　(e) 放射状断层

图6-47　常见断层平面组合类型示意图（据陆克政，1996）

（1）平行断层：断层面具有相同的走向，断层线在平面上相互平行的断层组合称为平行断层。阶梯状断层、叠瓦状断层在平面上均表现为平行断层。

（2）雁列式断层：由同性质的若干条断层在平面上呈斜向错列展布时形成的断层组合，是一种特殊的平行断层。雁列式断层与剪切构造应力有关。

（3）环状断层和放射状断层：若干弧形或半环状断层围绕一个中心呈圆环状排列的断层组合称为环状断层（图6-48）。若干条断层自一个中心呈辐射状排列时的断层组合称为放射状断层（图6-49）。

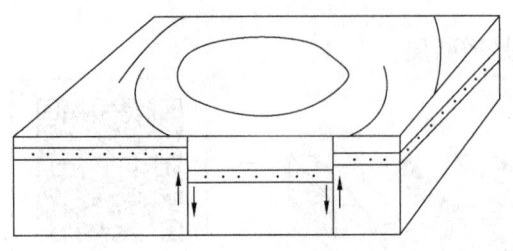
图6-48 环状断层立体示意图
（据徐开礼等，1989）

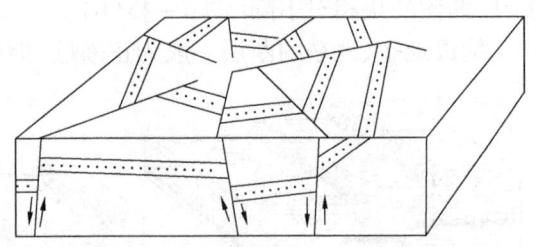
图6-49 放射状断层立体示意图
（据徐开礼等，1989）

（4）旋扭断层：又称帚状断层，是由较大断层的剪切滑动所诱导的扭动力偶作用下形成的若干较小规模的弧形断层组合，它们向一端收敛，向另一端撒开（图6-50）。

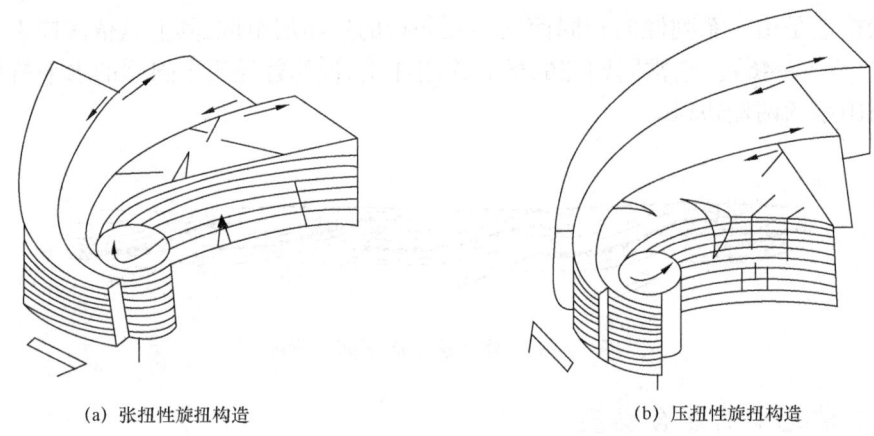

(a) 张扭性旋扭构造　　　　　　　　　(b) 压扭性旋扭构造

图6-50 旋扭构造立体示意图（据北京大学，1978）

（四）断层活动时期的确定

目前，断层活动的时期一般常从如下几个方面进行综合分析来确定。

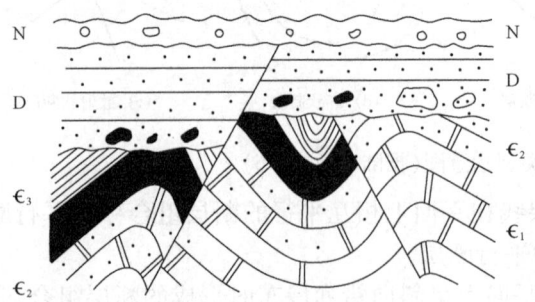

图6-51 根据地层切割关系确定断层的时代
（据徐成彦等，1988）
右断层形成于ϵ_3之后、D之前；左断层形成于D之后、N之前

1. 根据断层与地层不整合的关系

确定断层形成时期一般主要依据为不整合接触关系。若断层只切割了不整合面之下的岩层，而不整合面之上的岩层未被切割，那么在一般情况下就以不整合面之下最新的地层时代为断层发生时代的下限，以不整合面之上最老的地层时代为断层发生时代的上限，上下限之间的时距即为断层形成的时期。这同不整合及其代表的构造运动时间是一致的（图6-51）。

— 190 —

2. 根据断层的切错关系

若一条断层切割和错断另一条断层或褶皱,则该断层形成于被切割、错断的断层或褶皱之后。另一方面,早已存在的断层能够限制和中止后来断层的发展,即老的断层能够限制新断层的延伸。

3. 利用断层与岩体、岩脉的关系

如果断层切割岩体、岩脉或矿脉,则断层形成是在岩体或脉体形成之后;如果有岩体、岩脉或矿脉充填于断层之中,则断层形成时期相当于或早于岩体或脉体的形成时期,再利用放射性同位素法可测定岩体时代,从而可确定出断层形成的时代;如果断层被岩体切断,则断层形成早于岩体。

(五)断层的研究意义

研究断裂构造对国民经济建设和解决地质理论方面的一些问题,都具有十分重要的意义。

1. 理论意义

研究断层的空间展布和时间演化规律,对于认识区域构造的发育历史、进行大地构造单元的划分以及探讨全球构造及其演化规律均具有重要的理论意义。

2. 实践意义

(1)断层是许多内生金属矿床的运移通道和富集场所,且断层往往造成矿层的重复或断失。

(2)断层对于石油、天然气来说,控制盆地内次级构造带及圈闭构造的形成、发育和分布,控制盆地内沉积作用和沉积相带的展布以及油气生成、运移、聚集和保存。

(3)断层的活动是诱发地震的重要因素,可形成地震活动的震源带。

(4)研究断层对工程建筑也具有非常重要的意义,如果没有搞清地质情况,将水坝、桥梁或厂房建设在正在活动的断层上,就会影响建筑物的质量和使用年限,甚至会造成严重的事故和灾害。

(5)断层的发育对于地貌的形成和发育具有重要的影响。如飞来峰和大裂谷的形成。

(6)断层构造对地下水的运移和储集也具有重要的作用。

第五节 同沉积构造及底辟构造

自然界中,特别是在沉积盆地中,除了岩层沉积成岩后受构造应力作用发生变形、变位而产生地质构造(通常称为后生构造)外,还存在大量与沉积作用同时发生变形、变位所形成的地质构造,即同沉积构造。同沉积构造又称为同生构造、生长构造,主要包括同沉积背斜、潜山披覆构造和同生断层等构造类型,此外还有重力成因的构造(如底辟构造)。油气勘探实践表明,我国中、新生代沉积盆地中发育的同沉积构造带是极为有利的油气聚集带,也是油气勘探与开发的重要构造类型。

一、同沉积背斜

同沉积背斜，又称生长背斜或同生背斜，是指在沉积盆地普遍沉降、沉积的背景下，由于局部隆起形成的沉积岩层的背斜构造。

同沉积背斜特征既反映在沉积上，也反映在构造上(图6-52)。一般同沉积背斜具有如下基本特征：

(1) 在剖面上的形态表现为上部平缓、下部陡的开阔背斜。往往浅层的构造倾角小，深层的构造倾角大。若为闭合背斜，则形成的构造圈闭，下部岩层的闭合度大于上部岩层。

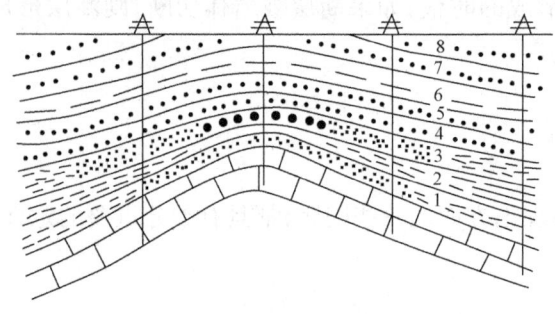

图6-52 同沉积背斜剖面示意图
(1~8为地层由老而新的地层顺序号)

(2) 同一岩层厚度顶部薄、两翼厚。顶部可能出现多次的局部不整合，而两翼常出现超覆和退覆现象，即同沉积背斜属顶薄褶曲。

(3) 在岩性特征方面，同一层顶部岩性粗，为浅水相沉积，向两翼岩性逐渐变细，过渡到深水相沉积。

(4) 上、下部构造的形态常常不吻合，导致顶部(构造高点)自上而下普遍发生明显的偏移。

同沉积背斜有利于形成良好的储集层、是长期发育的背斜圈闭，靠近油气源，有利于形成构造、岩性及地层等多种类型油气藏，成藏条件好，是油气高产富集的场所。

二、同沉积断层

同沉积断层又称生长断层或同生断层，是指在沉积过程中长期发育、逐渐生长起来的断层。主要发育于沉积盆地边缘，尤其是大、中型断陷盆地的边缘。大型同生断层常常控制盆地的发生、发展和演化，控制盆地的沉积作用、沉积相带的发育和展布，控制油气的成藏条件，因而成为油气勘探中的重要地质构造类型之一。

同沉积断层一般具有以下基本特征：

(1) 下降盘的地层厚度明显大于上升盘的同一层位地层厚度(图6-53)。这是同沉积断层最基本的特征，也是识别同沉积断层与后生断层的根本标志，是同沉积断层的必要充分条件。同一层位地层下降盘与上升盘地层厚度之比称为生长指数。生长指数反映了同生断层的活动强度，生长指数越大，断层的活动越强烈。

(2) 在剖面上断层面产状通常为上陡下缓、凹面向上，呈铲形或犁式特征。

(3) 断层的落差随着深度的增加而增大。层位越老、越深，落差越大。

(4) 下降盘常发育逆牵引构造(塑性层)或反向断层(脆性层)(图6-54)，常在上升盘形成掀斜断块。逆牵引构造一般构成背斜，称为滚动背斜，常构成良好的储油构造。

(5) 下降盘砂岩的层数增多，单层厚度增大。

(6) 下降盘常常发育沉积滑动构造。同沉积断层活动期间，由于岩层尚未固结成岩，受到扰动或其他应力作用而发生塑性变形,产生沉积滑动构造,其主要形态为塑性—半塑性的滑塌构造、流动褶皱和搅混构造等。

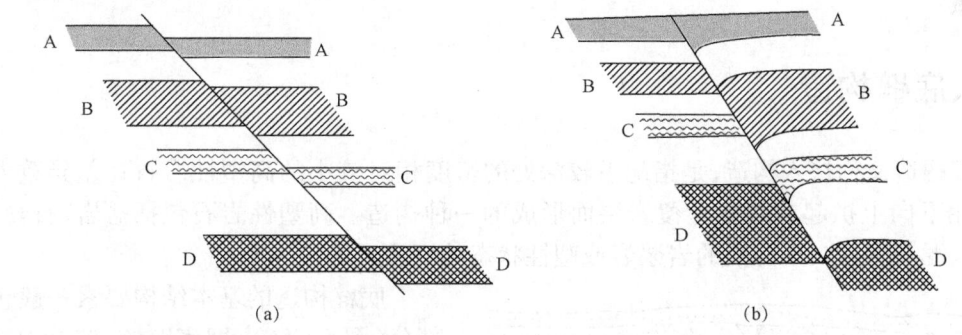

图6-53　一般断层(a)与同沉积断层(b)两盘厚度变化对比示意图

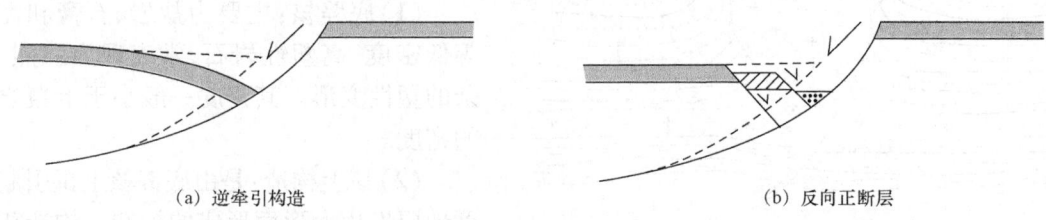

图6-54　逆牵引构造与反向正断层(据 W. K. Hambin,1965)

同沉积断层形成滚动背斜和掀斜断块等多种构造圈闭,具有构造形成时间早、距油源近,砂岩储层发育,成藏条件好等条件,因此有利于形成油气十分丰富的油气藏。

三、潜山披覆构造

潜山披覆构造是由古剥蚀面(不整合面)以下的基岩隆起(潜山核部)和剥蚀面以上新地层的披盖所组成的构造(图6-55)。

潜山披覆构造的形成必须具备两个前提条件:一是在地质历史时期地壳一度上升,遭受剥蚀,形成古剥蚀面;二是后期地壳沉降、广泛接受沉积,使古剥蚀面埋在地下。也就是形成古剥蚀面及其隆起的条件和披盖构造形成的条件,二者缺一不可。

潜山披覆构造的形成多与沉积同步,且多与差异压实作用有关,是内、外动力地质营力综合作用的产物。

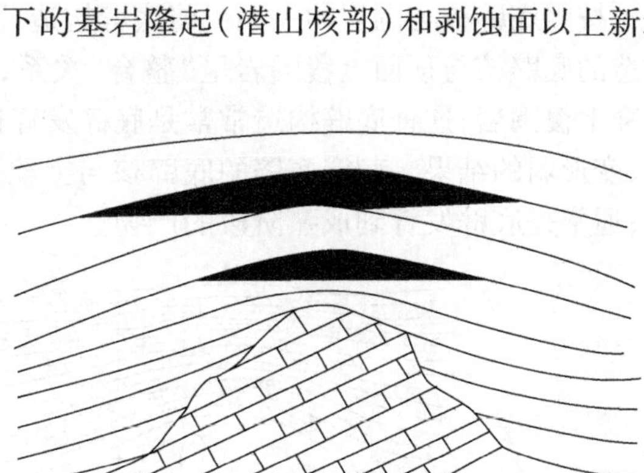

沉积岩、变质岩和岩浆岩都可以形成潜山核部构造。披盖构造通常为顶薄的生长背斜(多为穹窿)构造,而且为局部隆起,无相应的向斜,通常深部构造幅度大,构造显著,浅部构造幅度小,构造平缓,其两翼有原始倾斜或地层超覆尖灭。

图6-55　潜山披覆构造示意图

潜山构造经风化剥蚀作用的长期改造,形成一系列裂缝、溶孔、溶洞,甚至是较厚的风化或半风化岩层,因此,它具备良好的储集性能;常形成新生古储式油气藏,其产油气潜能很高;不整合面和断层是良好的油气运移通道;潜山披覆构造具有良好的油气成藏条件,可以形成大型的油气藏。

四、底辟构造

底辟构造又称挤入构造,是指地下较深处的密度相对较小的高塑性岩石在差异重力或构造力作用下向上拱起或刺穿上覆岩层而形成的一种构造。高塑性岩石包括盐岩、石膏、黏土岩、泥炭、泥灰岩、冰、未冷凝的岩浆岩或塑性状态的变质岩等。

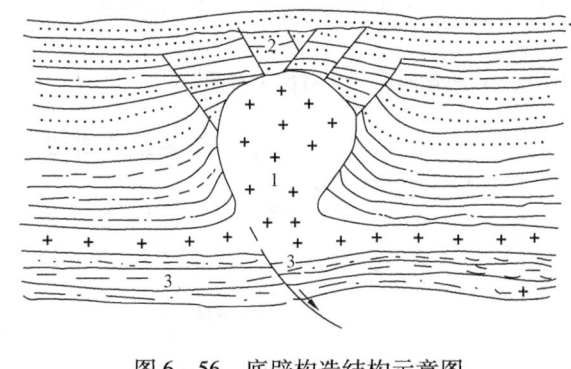

图 6-56 底辟构造结构示意图
1—底辟核;2—核上构造;3—核下构造

底辟构造的基本结构要素一般包括三部分(图 6-56),即底辟核、核上构造和核下构造。

(1)底辟核:主要为盐岩、石膏和泥岩等低密度、高塑性岩石,常表现为强烈、复杂的塑性变形。其密度一般小于上覆岩层的密度。

(2)核上构造:是由底辟核上拱引起上覆地层发生变形而形成的构造。构造相对较复杂,一般形成穹窿或褶皱、断层等构造。

(3)核下构造:指下伏于底辟核之下,在底辟作用过程中或在底辟作用相关的地质时期内形成的构造,一般变形相对较简单,对底辟核的发育有一定影响。

底辟构造按照底辟核物质组成分为盐底辟(岩盐、石膏等蒸发岩)、泥底辟(黏土岩、泥灰岩等)、岩浆底辟、变质岩底辟。其中盐底辟分布最广,其次是泥底辟。

按照底辟核与围岩的关系可将底辟构造分为刺穿构造和隐刺穿构造(图 6-57)。隐刺穿构造的底辟核与顶面上覆围岩呈"整合"关系,即顶面的形态和围岩保持一致,底辟物质没有刺穿上覆围岩;这种底辟构造常常是底辟发育初期的形态,或者是由于底辟物质黏度大、塑性差、变形弱的结果。刺穿底辟的底辟核与上覆围岩呈"侵入"关系,底辟物质刺穿到上覆岩层中;通常是底辟发育到成熟阶段的产物。

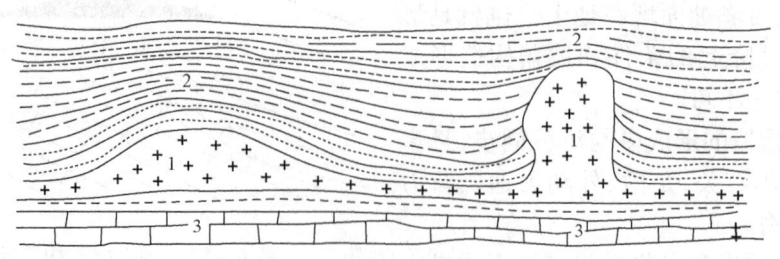

图 6-57 底辟核与围岩关系示意图
左侧为隐刺穿构造,右侧为刺穿构造;1—底辟核;2—核上构造;3—核下构造

底辟构造与油气的关系极为密切。表现在底辟作用可形成丰富的构造、地层岩性和复合型圈闭,从而为油气聚集提供良好的场所;含油气盆地内底辟构造的发育对油气的生成、运移

和聚集等都起着重要影响。因而底辟构造具有良好的成藏条件,往往形成大型油气藏。

第六节 大地构造简介

大地构造学是研究岩石圈组成、结构、运动及演化的一门综合性很强的地质学分支学科。受历史局限性的影响,不同的学者观察分析的手段、研究方法不同,先后提出了以不同地球动力作为理论基础的学说,如地槽地台说、地质力学学说、板块构造说、地幔柱说等,其中在地学领域影响最为深远的是地槽地台说和板块构造说。其中地槽地台说认为大陆岩石圈的水平位置保持不变,只是局部地区出现线状乃至带状的下降(地槽)或者隆升(地台);板块构造说将地幔对流作为动力来源,主要研究板块间的分裂、漂移、俯冲、碰撞等过程,进而成为20世纪60年代以来主导地位的大地构造学理论。本节简单介绍地槽地台说与板块构造说的基本内容。

一、地槽和地台说

地槽和地台说是19世纪中叶到20世纪60年代在欧美建立起来的。在长达100多年的时间里,该学说思想在大地构造学领域长期占据主导地位,对地质科学的发展产生了深刻的影响。该学说认为在陆地上存在两类不同性质的地区:一类是地层厚度巨大,岩层强烈褶皱。呈现带状分布的山脉,代表了地壳强烈的活动区,称为地槽;另一类是地层厚度较小,地层褶皱相对平缓,甚至水平的地区,代表地壳上相对稳定的地区,称之为地台。地槽和地台构成了地壳的基本构造单元,分别具有不同的活动特征,在地质历史中经历不同的发展阶段。

(一)地槽

地槽是地壳上最活动的构造带,规模相对较大,长度可达数百千米以上,宽度可达几十千米以上,在地貌上常常表现为长条形的山脉,地层厚度大,且沿走向岩性、岩相变化较大;构造活动强烈,断裂发育,岩浆活动强烈,岩石常遭受一定程度的区域变质。

地槽是地壳不断演化过程中的产物,它从强烈的活动开始到最后褶皱隆起带,逐渐向稳定的方向发展,经历了复杂但有规律的发展,其演化的总体趋势是从活动向稳定,从洋壳转变为陆壳。从发展过程来看分为沉降阶段和上升两个阶段。

沉降阶段:初期是缓慢下降,下降的差异性明显,下降过程中海侵不断扩大,邻区和地槽内相对高地的大量物质被搬运到低洼处沉积下来,形成陆源碎屑沉积,褶皱与断裂活动微弱,岩浆活动为基性喷发岩。晚期沉降速度加快,海侵扩大,高地被夷平,气候也向潮湿海洋性气候发展,化学风化与剥蚀加剧,沉积物由陆源碎屑转为以碳酸盐岩沉积为主,岩浆活动为基性层状侵入。

上升阶段:上升的同时出现海退,碳酸盐岩沉积转化为陆源碎屑沉积。上升过程中伴随有强烈褶皱和断裂,常见复背斜、复向斜,断裂与褶皱在剖面上紧密排列。岩浆活动由弱到强,形成巨大岩基和岩株等酸性、中性火成岩侵入体。褶皱、断裂和岩浆活动造成区域变质情况普遍存在。与此同时,内生矿床和变质矿床形成。至此地槽结束了活动状态,转变为相对稳定的褶皱山系。

地槽从下降发展到回返上升，形成褶皱山系，这一发展过程称为地槽构造旋回。地槽是根据发育的时代命名的，而褶皱带则以构造运动名称命名。如在早古生代期间活动的地槽，在早古生代末褶皱回返成褶皱带的，称为早古生代地槽和加里东褶皱带。晚古生代活动到晚古生代末褶皱回返成褶皱带的，称为晚古生代地槽和海西褶皱带。中生代、新生代活动并在此期间结束的地槽称为中生代（或新生代）地槽和阿尔卑斯褶皱带。

地槽可分为位于两个稳定地块之间的正地槽与位于稳定地块内部、活动性较差的准地槽。正地槽又可进一步分为优地槽与冒地槽。优地槽指离稳定地块较远，地壳活动较强，有蛇绿岩、火山物质为重要组成成分的地槽；冒地槽则是指靠近稳定地块，没有蛇绿岩、缺少火山物质、以碎屑岩及碳酸盐岩为主的地槽。

（二）地台

地台是大陆地壳上主要的构造类型，相对地槽而言，他是地壳上稳定的构造单元，其特点是具有双层结构，其下层称为基底，其上层称为盖层，两者为不整合接触。盖层由沉积岩组成，厚度薄、岩相变化不大。地壳运动主要表现为大面积的缓慢的升降运动，构造变形轻微，岩层产状平缓，褶曲在平面上分布无规律性，以穹窿、短轴背斜为主，断层多为高角度正断层。岩浆活动也较微弱，岩石很少受到区域变质作用。下层的基底由巨厚的沉积岩和火山岩组成，构造比较复杂，岩石多受变质作用影响，表明基底由地槽演变而来。地台是地槽回返后经侵蚀夷平，其上接受沉积盖层而成。从这一概念出发，任何一褶皱回返的地槽都可以演变成地台。但自古生代以后回返的地槽，由于其上部的盖层很不发育，至今仍属于褶皱的山区，习惯上将其称为褶皱带而不叫地台（或称年轻地台）。将基底为前寒武纪以前形成，上部又有较厚的沉积盖层称为地台（或称古地台）。

地台的发展可以划分三个阶段，即早期、中期、晚期阶段。

早期阶段：差异升降明显，内部构造有一定程度的分异。地台内部差异升降微弱，形成大型的隆起和坳陷，接受少量沉积，岩相、厚度较稳定。地台边缘差异升降较明显，形成狭长带状的隆起和坳陷，坳陷内部沉积厚度大，岩相和厚度变化也较大，局部有断裂和火山活动。

中期阶段：地台整体沉降，内部的差异沉降微弱，沉降厚度小且稳定，以滨、浅海相的碎屑岩、碳酸盐岩和海陆交互相含煤沉积为主，构造活动、岩浆活动和变质作用十分微弱。

晚期阶段：地台整体上隆，发生海退，内部可出现断块差异升降，形成内部坳陷或断陷盆地，发育陆相含煤、含油与膏盐沉积组合，构造活动强烈，形成平缓开阔褶皱构造及地堑—半地堑构造。

地槽地台说思想在大地构造学领域产生了深刻影响，但从目前来看，存在一定的局限性，它的基本出发点是固定论，认为地壳和地幔密切相关，岩石圈地壳相对于地幔不能发生大规模的水平运动。将地壳划分为地槽和地台两种构造单元，不足以概括全球地壳构造类型，其槽台转换模式不能够解释地壳构造发展演化过程中动力环境的变化。

二、板块构造说

板块构造是20世纪60年代产生的大地构造的新学说，其基本观点认为：地球表层的岩石圈并非完整的一个壳体,它是由一组比较薄的壳状板块组成。这些刚性的岩石板块像湖面上的大片浮冰漂浮在地球上的软流层上。各板块的边缘地带是地质和构造作用的活跃地带,地震和火山活动常常发生于此。这些边界地带也是造山运动的场所,而在板块内部是相对稳定地区。板块不断地生长、运动和消亡,特别是板块在软流层上的运动是形成地表各种构造变形的原因。

板块构造学说虽然诞生在20世纪60年代,但其思想体系的萌发应追溯到20世纪初德国气象学家魏格纳的大陆漂移说。魏氏的研究主要立足于大陆地质资料,阐明大陆是在水平位移的。到了60年代初,海洋研究成果证明海底在不断扩张、不断生长和不断消亡,海底也在发生水平位移。板块构造学说则是将大陆与海洋作为统一整体考虑,论述整个地壳在软流层上的漂移机制。因此有人把板块构造学说称为全球构造学说。所以要了解板块构造学说,首先应当知道什么是大陆漂移说和海底扩张说。

(一)大陆漂移说

魏格纳在1910年一次偶然的机会阅读世界地图时,发现非洲西海岸(象牙海岸—喀麦隆—安哥拉一线)与南美的巴西海岸的轮廓极为吻合,好像一张纸撕开了一样,可以重新拼凑起来。以后他广泛收集地球物理学、地质学、古生物学与生物学、古气候学及大地测量学方面的证据,来说明大陆的水平位移和海陆起源。1915年,他正式提出了大陆漂移的学说,完成了他的大陆漂移学说的著作—《大陆与海洋的起源》,系统地论述了大陆漂移的问题,其基本观点是:石炭纪以前,全球只有一个大陆和一个大洋,前者称为泛大陆或潘基亚联合古陆,后者称为泛大洋,大陆由较轻的,刚性硅铝层组成,它漂浮在较重的黏性的硅镁层之上,中生代以来在潮汐力和离心力作用下,联合古陆逐渐破裂、分离、逐渐形成现今的海陆分布,其中大西洋和印度洋是在大陆分裂漂移过程中形成的,而太平洋是泛大洋的残留。大陆漂移说的提出引发了活动论和固定论的激烈论战,在大陆漂移说中从中很多问题不能够做出合理的解释,主要包括:硅镁层洋底不具有塑性和流动性,刚性的硅铝层难以在密度大的硅镁层之上漂移;大陆漂移的动力相对较小,难以推动陆块运动;大陆每年的运动位移缺少定量的依据;针对石炭纪之前的地质历史不能做出合理解释。

(二)海底扩张说

20世纪50年代前后,由于全世界大规模的海洋地理、海洋地球物理和海洋地质研究工作的开展,证明了洋底不是简单的深海盆地。Hess(1962)提出大洋岩石圈生长和运动方式的大地构造学说,它是大陆漂移学说的重要发展,也是板块构造说最重要的理论基础。其主要论点是:全球规模的洋中脊是洋壳生长的地方,称为增生带,地幔物质由洋中脊轴部裂隙涌出,冷凝成为新的洋壳。后形成的洋壳将先形成的洋壳从洋中脊的轴部依次向两侧推开,海底洋壳的年龄随着与洋脊距离的增加而增大,当洋壳到达海沟时俯冲并下沉、熔融重返软流圈,所以海沟俯冲带又称为消减带;大洋岩石圈一面生长一面消亡,不断更新,地球的总体积或者海盆的总容积基本不变;整体来看,海底扩张起因于地幔对流,洋中脊是对流上升带或发散带,而海沟则对应为下降带或汇聚带。地幔物质在大洋中脊随地幔上升流上升形成新的大洋岩石圈,新生的岩石圈随着软流圈的侧向流动推挤着原有的岩石圈从洋中脊向两侧扩张移动,在海沟处大洋岩石圈随着地幔下降流而俯冲消亡于地幔中。随着研究不断深入,人们逐渐认识到,海底扩张不仅存在于大洋中脊,同样也可发生于边缘海盆地中。

(三)板块构造说

20世纪60年代诞生了板块构造说,它归纳了大陆漂移和海底扩张的观点,提出了一系列新的概念和理论,并在广泛的基础上,阐明了地球活动和演化的重大问题,同时将地质学领域的许多地质现象有机地联系起来,如构造带和岩浆活动的关系、构造带和沉降带的联系等,板块构造学说是地质学中的一次革命,也可以称为"新全球构造学"。

1. 板块构造说的基本论点

固体地球上层可分为性质不同的两个圈层。即上部的刚性岩石圈,下部的软流圈。岩石圈在侧向上又可分为若干个大小不一的板块。坚硬的岩石圈板块驮在塑性的软流圈之上,横跨在地球表面上发生大规模的水平运动。在板块之间,或相互分离、或相互汇聚、或相互平移。或者板块本身裂解成新的小板块,或者两个板块之间汇聚成新的板块。在板块分离处,软流圈处的地幔物质上涌,凝聚成新的洋壳,使得板块增生;在板块的汇聚处,一个板块俯冲到另一个板块之下,使之返回地幔同化,导致板块消亡。大陆板块总是在软流圈上漂移,很难被消亡。板块的相互运动导致地震和火山活动,推动了大陆漂移和大洋盆地的张开与关闭,也导致了地壳上各种地质构造的产生及各种矿产的形成。

岩石圈板块所作大规模的水平运动,是一种在地区表面上的绕轴的旋转运动,板块运动的驱动力来自地幔中物质的对流。因此,对岩石圈和软流圈的深入认识,对板块构造学说的完善和发展具有重要作用。

2. 板块边界的基本类型与全球板块划分

由于板块之间相互活动,在边界及其附近常产生一些特殊的复杂地质现象。岩石圈在板块离散边界处(洋中脊、洋中隆)增生,由于其下软流圈对流的带动,岩石圈板块由海岭向两边扩张。在聚敛边界处(弧沟系、碰撞造山带)大洋岩石圈消减或消亡,大陆岩石圈增长,通过软流圈完成对流的循环。在转换边界上形成巨型走向滑移断裂带。在岩石圈运动过程中,这些板块边界是最重要的构造带,它们是互相制约的。

按照板块边界的性质、特征和板块间相对运动方式,可将板块边界划分为离散型边界、汇聚型边界和转换型边界三种基本类型(表6-1)。

表6-1 板块边界的基本类型

类型	运动方向	应力状态	在岩石圈演化中的作用	两侧板块的地壳性质	构造带实例
离散型	垂直于边界的背离运动	拉张	大洋岩石圈生长,大陆岩石圈分裂	陆壳—陆壳	大陆裂谷(东非裂谷)
				洋壳—洋壳	大洋中寂(大洋中脊)
汇聚型	垂直于边界的背向运动	挤压	大洋岩石圈消亡,大陆岩石圈生长	洋壳—洋壳	洋内弧—沟系(岛弧)
				陆壳—洋壳	陆缘弧—沟系(安第斯型)
				陆壳(过渡壳)—陆壳	陆陆碰撞带(喜马拉雅、阿尔卑斯)
转换型	平行于边界的走滑运动	剪切	不生长,不消亡	各种类型	转换断层(圣安德里斯断层)

离散型边界的地表特征主要表现为大洋中脊轴部。在此边界上软流圈物质上涌,海底扩张,两侧板块作垂直于边界走向的相背运动,使板块向两侧分离、散开,新的洋底岩石圈形成,并添加到两侧板块的后缘上。离散型板块边界是板块的增生边界或建设性边界。大型的陆内裂谷带,使得统一的岩石圈板块分裂、散开也属于离散型板块边界,如东非裂谷是索马里板块与非洲板块的边界。

汇聚型边界的地表特征为海沟或年轻的造山带。在汇聚型板块边界两侧,板块彼此相向作汇聚运动,地壳强烈构造变形,可进一步划分为俯冲型和碰撞型边界。俯冲边界就是通常所说的俯冲带或消减带,主要分布在太平洋的周缘,大洋岩石圈板块与大陆岩石圈板块或另一个较小的大洋岩石圈板块作汇聚运动,因大洋板块厚度小、密度大、位置低,一般总是俯冲,消亡在厚度大、密度小、位置高的大陆板块之下或较小洋壳板块之下;碰撞边界也称碰撞带或缝合带,主要为年轻的造山带,以阿尔卑斯—喜马拉雅褶皱山系为代表,在这里,大陆板块与大陆板块作汇聚运动,由于二者厚度均较大,密度相对较小,不可能一个俯冲到另一个之下,最终发生碰撞,使得两个大陆板块相互连接在一起。

转换型边界的地表特征为转换断层,以圣安德烈斯断层为主要代表,为北美板块与太平洋板块作平行于边界的走滑运动,岩石圈既不增生也不消亡。

地球科学家以上述板块边界类型为基础,将全球岩石圈划分为七大板块,即欧亚板块、非洲板块、印度板块、太平洋板块、南极洲板块、北美洲板块和南美洲板块。这七大板块称为一级大板块,它们决定了全球板块运动的基本格局。一级大板块通常既包括陆地也包括海洋。除上述七大板块之外,根据全球地震研究资料可进一步划分板块。目前较流行的有划分成12个板块的方案,如图6-58所示。

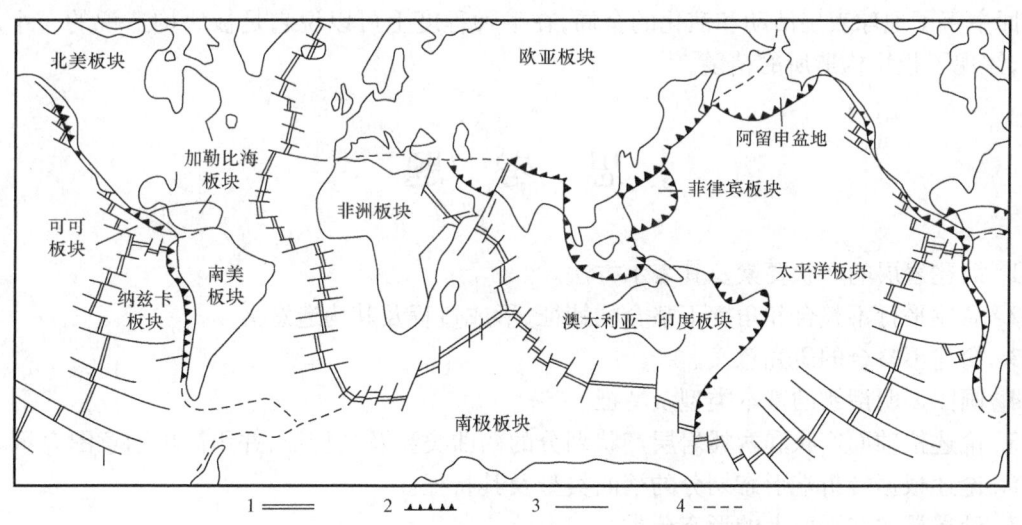

图6-58 全球板块划分示意图(据 A. N. Strahler,1997)
1—洋中脊;2—消减带;3—转换断层;4—被动边缘或性质未定

3. 威尔逊旋回

威尔逊(Wilson,1968)在研究大陆裂解到大洋关闭的过程后,将大洋盆地的形成及其构造演化归纳为胚胎期、幼年期、成年期、衰退期、终了期和遗迹期6个阶段(表6-2)。后人将大陆裂解到大洋关闭的整个过程称为威尔逊旋回:

— 199 —

表6-2 威尔逊旋回的各阶段特征

阶段	主导作用	特征形态	典型沉降	实例
胚胎期	抬升并扩张	裂谷	少量沉积作用	东非裂谷
幼年期	扩张	陆间海	陆间与海盆沉积,可能存在蒸发岩	红海、亚丁湾
成年期	扩张	带活动中脊的洋盆	陆架沉积	大西洋
衰退期	收缩	带俯冲边缘的洋盆	大量源于岛弧沉积物	太平洋
终了期	收缩抬升	残留海盆	大量源于岛弧沉积物,可能存在蒸发岩	地中海
遗痕期	收缩抬升	年轻造山带	红层	喜马拉雅山

(1)胚胎期,大陆地壳在拉张应力作用下上拱,岩石圈破裂,形成裂谷,如东非裂谷;

(2)幼年期,地幔物质上涌,溢出,岩石圈进一步破裂,开始出现洋壳,形成陆间裂谷,如红海、亚丁湾;

(3)成年期,洋盆扩大,洋中脊形成,出现成熟的大洋盆地,如大西洋;

(4)衰退期,随着海底扩张,洋盆一侧或两侧出现海沟,俯冲消减作用开始进行,洋盆缩小,边缘发育沟—弧体系,如太平洋;

(5)终了期,随着俯冲消减作用的进行,两侧大陆靠近,发生碰撞,边缘发育年轻的造山带,其间残留狭窄的海盆,如地中海;

(6)遗痕期,两侧大陆直接碰撞,海域完全消失,形成年轻的造山带,如阿尔卑斯—喜马拉雅山脉,两个大陆的交接处是已消逝的洋盆痕迹(缝合线),往往留有已消逝大洋洋壳残片,如印度河—雅鲁藏布江一线。

威尔逊旋回的每一个阶段代表了一个特定的构造环境,并伴有一定特色的岩浆活动,威尔逊旋回主宰了地球表层活动和演化的全局,在某种程度上可以说它是板块构造说的一个总体纲要,体现了板块构造所的精髓。

思 考 题

1. 简述岩层的产状要素及其表示方法。
2. 简述平行不整合和角度不整合的特征、形成过程及其构造意义。
3. 简述不整合的研究意义。
4. 画图说明褶皱的基本类型及特征。
5. 论述按轴面产状和两翼岩层产状划分的褶曲类型及其特征,并用简单示意图表示。
6. 论述根据转折端形态划分的褶曲类型及其特征。
7. 论述褶曲在平面上的形态分类。
8. 论述褶曲的组合类型。
9. 简述褶皱的研究意义。
10. 简述节理的几何分类。
11. 论述张节理和剪节理的特征。
12. 比较断层与节理。
13. 论述断层的几何关系分类。

14. 论述断层的运动学分类及特征,并用简单示意图表示。
15. 简述并图示断层的剖面组合类型。
16. 论述同沉积背斜及其特征。
17. 论述同生断层及其特征。
18. 如何确定褶皱和断层的形成时代?
19. 简述断层的研究意义。
20. 简述潜山披覆构造及其形成条件。
21. 什么是谓底辟构造?简述底辟构造的结构要素。
22. 如何正确理解构造运动与地质构造之间的关系?
23. 简述地槽和地台的概念。
24. 简述大陆漂移的基本论点。
25. 简述板块边界的3种类型及特征。
26. 什么是威尔逊旋回?简述各阶段特征。

第七章 沉 积 相

沉积相分析是沉积岩石学的主要任务之一,它是重建古地理、恢复古环境、预测和确定各种沉积物及沉积矿产分布的有效手段。对石油天然气而言,也是研究预测烃源岩、储集岩和盖层空间展布的有效手段。近年来,沉积相研究取得显著进展,形成了较为完善的概念和研究方法。

第一节 沉积相的概念及分类

一、沉积相的概念

(一)沉积相

沉积环境是在物理上、化学上和生物上不同于相邻地区的一块地球表面。它是以沉积为主的自然地理单元。按地质营力分大陆、海洋和过渡环境等。

不同学者对相的理解有所不同。一般将沉积相理解为沉积环境及在该环境下形成的沉积物(岩)特征的综合。这种沉积相的概念包含了沉积环境和沉积特征两个方面内容。并依据沉积环境和沉积特征的差异把同一沉积相进一步划分为亚相、微相。

沉积微相是物理、化学、生物特征相对均匀的微环境及在该环境下形成的沉积物(岩)特征的综合。沉积体系是指成因上相关的沉积环境及沉积体的组合,即受同一物源和同一水动力系统控制、成因上有内在联系的沉积体或沉积相在空间上的有规律组合。组成沉积体系的最基本单元是沉积相。

沉积模式或称相模式是指沉积相空间组合,它是在综合古代和现代沉积相特征基础上,对沉积相特征的高度概括。沉积模式可以是具有广泛代表性的,也可以是地方性的。相模式是研究沉积相的手段之一。

(二)岩性相及岩性相组合

岩性相是具有相同结构、构造、颜色及生物特征的相对均一的岩石单位。是在同一水动力条件下形成的产物。野外经常根据"沉积构造类型+岩性"进行命名,如交错层理粗砂岩相。由于岩性相的成因具有多解性,因此在成因解释时往往以岩性相组合为对象。

岩性相组合是一系列相对整合的具有成因联系的岩性相序列,具有相对确定的成因意义。

(三)相序定律

相序定律是指只有现在看得到而彼此相邻的相或相区,才能在垂向上依次重叠出现而无间断。这个定律在研究沉积相时有重要意义。它是研究沉积相的一把钥匙,也是研究相模式的基础。相序定律强调垂向相序的连续性,只有垂向上一个相向上面另一个相过渡,这两个相在平面上才可能相邻(图7-1)。因此,在研究垂向层序时,区分两个相界线是渐变还是突变,是十分重要的。

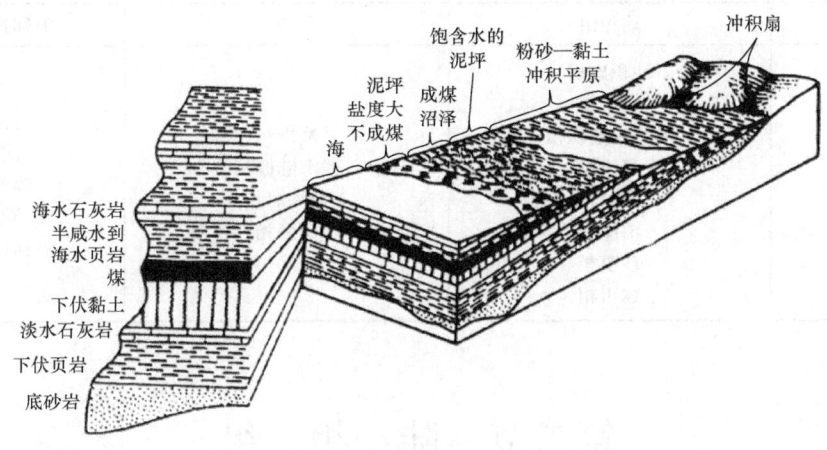

图7-1 沃尔索相律示意图(据 Shaw,1964)

(四)相标志

沉积岩特征包括岩性特征(如岩石的颜色、物质成分、结构、构造、岩石类型及其组合)、古生物特征(如生物的种属和生态)以及地球化学特征。这些沉积岩特征要素是相应的各种环境条件的物质记录,因此,将反映沉积环境条件的沉积岩(物)特征要素的综合称为相标志,也称为成因标志。

沉积环境是形成沉积岩特征的决定因素,沉积岩特征则是沉积环境的物质表现。前者是形成后者的基本原因,后者乃是前者发展变化的必然结果。

相模式和相标志是恢复和再现古代沉积环境的两个重要手段和钥匙。

二、沉积相分类

基于上述概念,沉积相的分类通常以沉积环境中占主导的自然地理条件作为主要依据,并结合沉积特征和其他沉积条件进一步划分。将"相组"和"相"分别作为一级相和二相,在此基础可进一步划分出"亚相"和"微相",即三级相和四级相。反映微相内部的各种变化相当于五级相,即岩性相。与油气勘探和开发的进展程度相适应,常选择不同级次的相类型作为研究的重点,如含油气盆地的早期勘探多以一级和二级相为研究重点。油田内部勘探则以三级相为研究重点。而进入开发阶段时期以四级相和五级相的研究就显得十分突出。

结合油气勘探和开发的特点,沉积相又可根据沉积岩原始物质的不同,分为碎屑岩沉积相和碳酸盐岩沉积相。前者以砾、砂、粉砂、黏土等陆源碎屑物质为主,介质以浑水为特征,岩性以碎屑岩为主;后者以化学溶解物质尤其以碳酸盐物质为主,介质以清水为特征,岩性以碳酸盐为主。

目前对沉积相的划分虽不尽相同,但相差不大。本教材所采用的沉积相分类方案大致如表7-1所示。沉积相类型繁多,由于教材的篇幅所限不能一一介绍。本着紧密结合专业和少而精的原则,以下各节将重点论述与油气关系密切的相型。

表 7-1 沉积相的分类

相组	陆相组	海相组	海陆过渡相组
相	冲积扇相 残积相 坡积—坠积相 河流相 湖泊相 沼泽相 沙漠相 冰川相	滨岸相 浅海陆棚相 半深海相 深海相	三角洲相 潟湖相 障壁岛相 潮坪相 河口湾相

第二节 陆 相 组

大陆条件复杂多样,因而所形成的沉积物也是多种多样的。沉积介质包括水、大气和冰川,介质动力条件以单向流水为主,但也有风、冰川和波浪的作用。大陆沉积受气候和地形的影响甚大,地形上比较多样化,从山麓到平原,从平坦沙漠到起伏不平的山间盆地,从流畅的河流、湖泊到闭塞的盐湖、沼泽,都可有沉积物堆积,各具不同的特点。气候不仅影响风化作用,也控制了沉积物性质,如干燥区可形成大量盐岩和风成沉积,寒冷区则有冰川沉积分布,潮湿区才有大量的沼泽沉积发育。海洋一般以沉积作用为主,而大陆以上升剥蚀为主,沉积是次要的。所以,一般来说陆相沉积比海相沉积少见,但在我国中生代以后陆相沉积分布很广,厚度也较大,对找油、找水及工程建设直接相关,故研究陆相沉积很重要。陆相沉积物的主要特征如下:

(1)沉积物成分:以碎屑岩、黏土岩为主,大规模的碳酸盐岩和盐岩一般少见。大陆相碎屑岩中以复矿物为主,单矿物少见,不稳定矿物多,一般无海绿石、磷酸盐矿物,而黏土矿物多为高岭石。

(2)结构构造:碎屑物多具棱角状,分选不好。层理极为多样,有的层理薄而清晰(如深湖纹泥、冰川纹泥),有的没有层理(如冰碛物、残积物),有的层理多样化(如河流相)。层面构造也多样化。

(3)颜色:陆相沉积物多在氧化条件下形成,故常为红色,但其他的相(如三角洲相、海岸相)也有红色者,陆相也有呈绿色、黑色者,如沼泽相的煤、炭质页岩等。

(4)生物化石:陆相主要为淡水生物、陆上动物(脊椎动物、昆虫等)和陆地植物。但一般陆相岩石中化石少见。

另外,陆相沉积物搬运距离短,离母岩近或直接覆盖在母岩之上,如风化残积物就在母岩之上,且与母岩呈过渡关系,故岩石中不稳定组分较多,对推断母岩性质和陆源区位置有利。

陆相组总的特征是岩性、岩相变化大,不稳定,难对比。陆相组包括沙漠相、冰川相、残积相、坡积—坠积相、冲积扇相、河流相、湖泊相和沼泽相等,本节仅介绍冲积扇相、河流相和湖泊相三种类型。

一、冲积扇相

冲积扇发育在山谷出口处，主要由暂时性的洪水水流形成的山麓堆积物组成。它由山谷口向盆地方向呈放射状散开。其平面形态呈锥形、朵形或扇形，如果其两侧没有阻拦，可以形成近180°的完全伸开的扇形体，故称为冲积扇。大型冲积扇又称干三角洲（它区别于海成或湖成三角洲）。随着冲积扇的发展，其范围逐渐扩大，山前的冲积扇彼此逐渐连接起来，并掩埋和充填了山前的坡积物和坠积物，形成了沿山麓分布的带状或裙边状的山麓—洪积相或称冲积扇群。

冲积扇沉积为陆上沉积体系中最粗的、分选最差的近源沉积，通常向下倾方向并入细粒、低坡度的河流体系。然而，有些冲积扇可以直接进入湖泊或海盆静止水体，形成扇三角洲沉积。现代冲积扇广泛分布于世界各地的干旱和半干旱地区，但在一些潮湿地区以及北极地区冲积扇也有发育。

冲积扇的形成和发展受自然地理、气候条件和地壳升降运动等因素的制约。造山作用越强、地形高差越大、气候越干旱，山麓—洪积相越发育。

彩图 冲积扇

（一）冲积扇的形态形成条件

冲积扇在空间上是一个沿山口向外伸展的巨大锥形沉积体，锥体顶端指向山口，锥底向着平原。平面上沿山口向外呈辐射的扇状，其辐向剖面为下凹的透镜状或呈楔形，横剖面为上凸的透镜状。冲积扇的表面坡度扇根处可达5°~10°，远离山口变缓，为2°~6°（图7-2）。

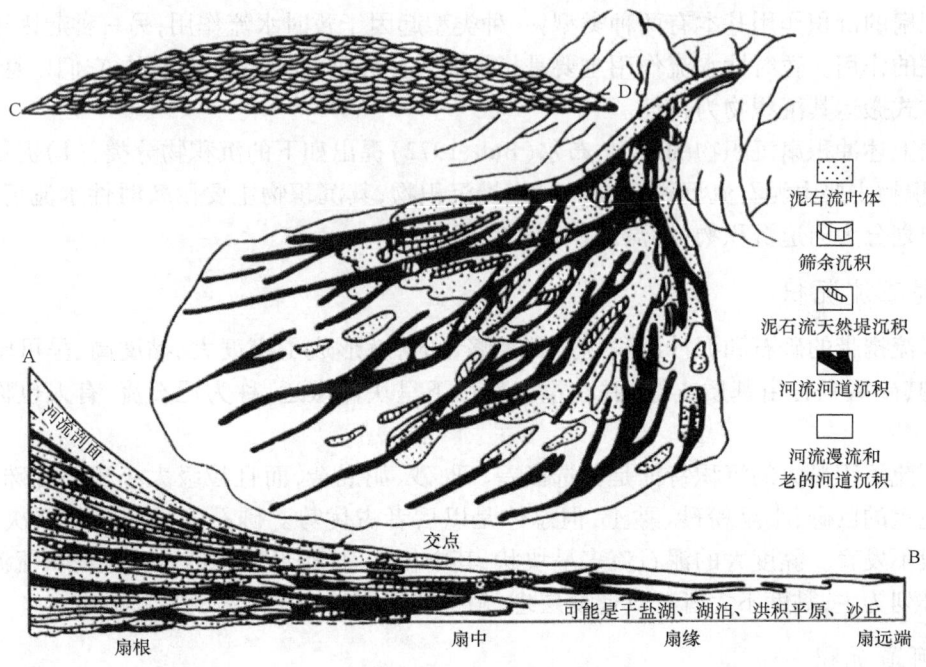

图7-2 理想冲积扇类型及剖面形态（据斯皮林，1974）
AB—纵剖面；CD—横剖面

冲积扇的面积变化较大,其半径可从小于100m到大于150km以上。但通常它们的平均半径小于10km。其沉积物的厚度变化范围可以从几米到8000m左右。

造山运动是形成巨厚的大型冲积扇的重要条件。山脉的形成导致了母岩区剥蚀作用的增强和河流能量的提高,碎屑物质的大量搬运造成了大型冲积扇的形成。当地壳升降运动速度超过山区主河床下切速度时,更有利于巨厚冲积扇的形成。

干旱或半干旱的气候条件是形成冲积扇的又一重要条件。因为这种条件可提供形成冲积扇的碎屑物质,同时这种条件下的季节性暴雨或高山积雪在夏季的融化可导致间歇性河流的形成。间歇性河流携带碎屑物质流出山口,因流速骤减而沉积,形成冲积扇。

地形坡度的突变也是形成冲积扇的重要因素。山区间歇性河流流出山口,由于坡度突然变缓则流速骤然降低,使碎屑物质沿山麓大量沉积。另外,源区的母岩性质也影响着冲积扇的大小和形态。若母岩区为黏土岩,形成的冲积扇大而陡,面积可比砂岩为母岩区的冲积扇大一倍。

冲积扇保存需要长期相对沉降的构造条件,否则将遭受侵蚀而破坏。山系的前缘一般为大断裂,古代冲积扇往往成为山前大型断陷盆地的边缘相。

形成于干旱气候条件的冲积扇称干旱扇,形成于潮湿气候条件的冲积扇称湿地扇。在沉积盆地的演化史中,冲积扇常见于旋回的早期或晚期。在干旱、半干旱气候环境中,湖盆深水区范围较小,浅水沉积及水上红色、杂色沉积广泛分布,干旱扇十分发育,并以含较多的泥石流沉积为特征。在潮湿气候区的湿地扇,以河流水携沉积为主,沉积物较前者分选性好。

(二)冲积扇的特点

1. 沉积过程和沉积类型

冲积扇的沉积作用基本有两种类型:一种类型起因于暂时水流作用;另一种起因于泥石流及其有关的作用。暂时性水流作用主要是指那些发生在河流体系中的作用,它们以悬浮、跳跃和滚动方式搬运其沉积物为特征。

根据上述冲积扇沉积物的成因,布尔(Bull,1972)提出如下的沉积物分类:(1)泥石流沉积物,其沉积物主要由泥石流沉积而成;(2)水携沉积物,其沉积物主要由暂时性水流沉积而成,可进一步划分为河道沉积物、漫流沉积物和筛积物。

1)泥石流沉积

当水流携带的砾石和泥沙沉积物达到足够量时,就形成了密度大、黏度高、呈可塑性状态的流体,其碎屑颗粒由基质支撑,并在重力作用下呈块体搬运,称为泥石流,有人也称其为碎屑流。

泥石流沉积最大的沉积特征是分选极差,砾、砂、泥混杂,而且粒级大小相差悬殊,大者可为达数吨重的巨砾,小至粉砂、黏土,但总体是以后者占优势。砾石多呈棱角状至次棱角状。层理一般不发育。黏度大的泥石流多呈块状,其中板状、长条形砾石以垂直于泥石流流向的直立定向排列为主;黏度不大者可具递变层理,扁平状砾石呈水平或叠瓦状排列。

2)河道沉积

冲积扇常被暂时性(间歇性)辫状河流切割,当洪水再次到来时,所携带的沉积物在这些暂时性河床中沉积下来,形成辫状河道沉积物,又称河道充填沉积或河床充填沉积。它们是水携带沉积物中粗粒的和分选差的沉积部分,但向扇端方向,沉积物变细。单个冲积扇的扇根一般发育有单一的或2~3个辫状主河道,向扇端方向以分支流河道方式呈放射状散开。典型的扇根河道直而深,至扇中和扇端地区则河道变浅。在砂体平面形态上一般为窄而长的砂体。

辫状河道沉积物通常由砾石和砂组成,分选较差,碎屑颗粒支撑,层理不发育,多呈块状。其单层厚度一般为5~60cm,有时可达2m以上。但有时发育不明显的单组板状交错层理,或不明显的平行层理,具叠瓦状构造。有时在剖面中可见明显的冲刷—充填构造。

3）漫流沉积

漫流沉积是一种从冲积扇辫状河流末端漫出河床而形成的宽阔的浅水中沉积下来的,呈板片状的砂、粉砂与砾石的沉积物,通常沉积时水深不超过30cm。

漫流沉积物通常由砂、砾石和含少量黏土的粉砂组成。一般地讲,分选中等,颗粒支撑。其沉积构造常为块状层理,也可有交错层理和平行层理,有时也见有小型冲刷—充填构造。

4）筛状沉积

筛状沉积物指的是冲积扇表层上呈舌状的砾石沉积物。当物源区几乎没有为冲积扇提供砂、粉砂和黏土物质,而是以砾石为主时,由于砾石层具有较好的渗透性,使洪水在流到冲积扇趾部以前就从砾石层孔隙中完全渗漏到地下,从而形成舌状的砾石层堆积,但向斜坡上方变细。

筛状沉积物主要由棱角状至次棱角状的单成分砾石组成,分选中等到较好,砾石间充填物较少,而且主要是分选好的砂级碎屑,无明显的成层界线,常形成块状沉积层。

上述沉积物类型在空间分布上具有一定的规律性。泥石流沉积常产出在扇根附近；而漫流沉积则分布于扇中和扇端地区；筛状沉积物恰好集中分布在冲积扇河道交叉点以下；而河道沉积主要分布在该区交叉点以上。

2. 冲积扇的亚相划分及其特征

按照现代冲积扇地貌特征和沉积特征,可将冲积扇相进一步分为扇根、扇中和扇端三个亚相。

扇根亚相:分布于邻近断崖处的冲积扇顶部地带,其特征是沉积坡度角最大,常发育有单一的或2~3个直而深的辫状主河道,其沉积类型主要为河道沉积和泥石流沉积。

扇中亚相:位于冲积扇的中部,构成冲积扇的主体,以沉积坡度较小和辫状河道发育为特征。以辫状分支河道和漫流沉积为主,与扇根相比,砂/砾比值较大,岩性以砂岩、砾状砂岩为主。可见辫状河流形成的不明显的平行层理和交错层理,河道冲刷—充填构造发育。

扇端亚相:也称扇缘亚相。出现于冲积扇的趾部,地形平缓,沉积坡度低,沉积类型以漫流沉积为主,沉积物较细,通常由砂岩夹粉砂岩、黏土岩组成,局部见有膏岩层,分选变好,可见平行层理、交错层理、冲刷—充填构造等,粉砂岩、黏土岩中可显示块状层理、水平纹理和变形构造以及干裂、雨痕等暴露构造。

准噶尔盆地西北缘早、中三叠世克拉玛依组冲积扇砂体,是克拉玛依油田的主要储层,该冲积扇带沿盆地西北缘毗邻叠加成冲积扇裙带,面积达$400km^2$。该冲积扇带以半干旱—半潮湿气候类型为主,沉积相带发育完整,分扇根、扇中和扇缘三个亚相,其末端进入湖中。扇根是冲积扇顶端限制性河道部分。扇中为向外扩散的辫状河道发育区。扇缘由薄层细砾岩、砂岩和泥质粉砂岩组成,具交错层理和平行层理,代表更小的辫状河道及漫流沉积。扇缘沉积以外为湖相深灰色砂质泥岩。对该区冲积扇砂体作了仔细研究,结合地面露头及现代沉积观察,对冲积扇进行了微相划分(图7-3)。

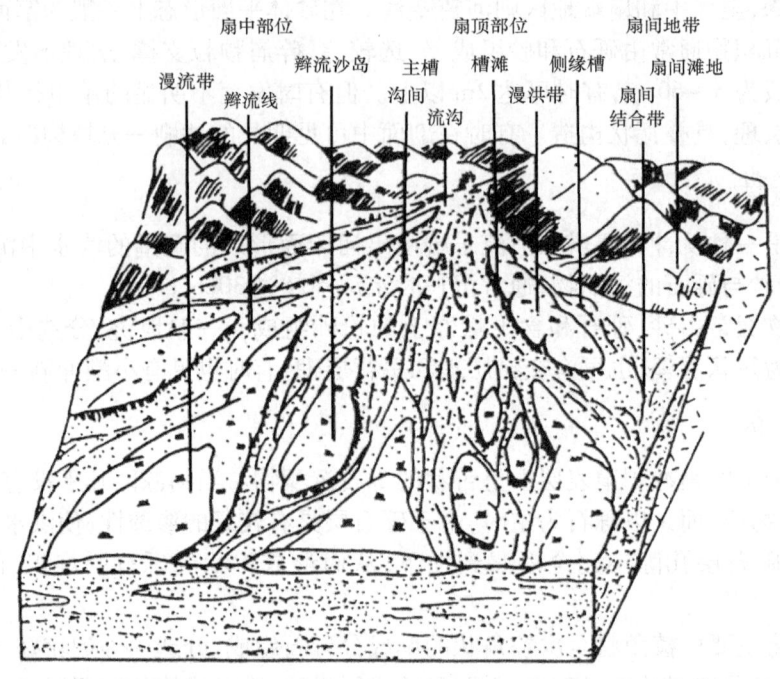

图7-3 克拉玛依油田冲积扇微相划分图(据张纪易,1981)

二、河流相

河流是陆地表面的线状水流,是流水由陆地流向湖和海洋的通道。它不仅是将母岩的风化产物等由陆地侵蚀和搬运到海洋及湖泊中去的营力,也是一种沉积营力。在适宜的构造条件下,有时可发育上千米厚的河流沉积。长期构造沉降、气候潮湿的地区河流发育,可形成广阔的冲积平原。

通常一个河流体系可分为上游、中下游和河口区三部分。上游(相当于河流形成的开始阶段)主要分布在山区。其水源可由山区水系供给,或由冰川融化而来,或是潮湿地区的充沛雨量,经由许多小支流汇集,形成的汇集河网。中下游(相当于河流形成的壮年期和老年期)是山区汇集河网向主河道汇集,形成蛇曲河流。它发育了泛滥平原及曲流沙坝沉积。河口区出现在海、湖的沿岸地区,其特点是形成分支河流网,这是由于河道经过反复的分叉而造成的。最后它们归入大海或湖泊中去。

从沉积作用的观点看,河流的中下游和河口区最重要,它们是河流沉积的主要地区,而上游主要发生侵蚀作用。不同类型的河流,在河道的几何形态、横截面特征、坡降大小、流量、沉积负载、地理位置、发育阶段等方面都存在着差别。这些因素通常作为河流类型划分的依据。

拉斯特(Rust,1978)根据河道分岔参数和弯曲度提出了一个河流分类方案。所谓河道分岔参数是指在每个平均蛇曲波长中河道沙坝的数

彩图 河流体系

目。弯曲度系指河道长度与河谷长度之比。弯曲度的临界值为1.5,凡大于1.5者称高弯度河,而小于1.5者称为低弯度河。根据上述两个参数可划分出四种类型的河流,即平直河、曲流河、辫状河和网状河(表7-2)。其中曲流河和辫状河分布较广泛,而平直河和网状河则较少见。

表7-2 河流分类(据拉斯特,1978)

弯曲度	单河道(河道分岔参数<1)	多河道(河道分岔参数>1)
低弯度(弯度指数<1.5)	平直河	辫状河
高弯度(弯度指数>1.5)	曲流河(蛇曲河)	网状河

彩图 曲流河

平直河弯度小,弯度指数<1.5,通常仅出现于大型河流某一河段的较短距离内,或属于小型单河道河流。河道内的深潭线稍有弯曲,并表现为深潭和浅滩、边滩的相互交替[图7-4(a)]。沿深潭发生侵蚀作用,而沉积作用发生在边滩。因此,它也能通过侧向迁移其位置而向曲流河发展。

曲流河又称蛇曲河,为单河道,其弯度指数大于1.5,河道较稳定,宽深比低(一般小于40)。它主要分布在河流的中下游地区。曲流河的地貌特征是凹岸受侵蚀,发育了明显深潭;而在凸岸发生沉积,发育了被浅滩连接起来的曲流沙坝沉积[图7-4(b)]。由于河道的极度弯曲,常发生河道的截弯取直作用。曲流河河道坡度较缓,流量稳定,沉积物搬运以混合负载为主,故沉积物较细,一般为泥、砂沉积。因河道较为固定,其侧向迁移速度较慢,故泛滥平原和点沙坝较为发育。

彩图 曲流河截弯取直及废弃河道

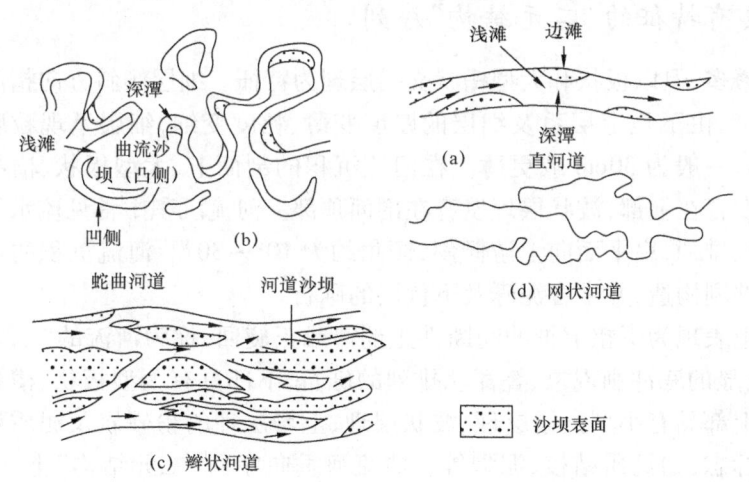

彩图 辫状河

图7-4 河流类型示意图(据迈尔,1977)

辫状河河道宽而浅(宽深比大于40),河道沙坝众多,河道呈辫状的特点[图7-4(c)]。这种河流一般多是分布在山区的上游段及冲积扇上的河流。由于坡降大,搬运沉积物量大,且以底负载搬运为主,河岸常遭受侵蚀,河道迁移快,因此又称游荡性河流。一个主河道可被分成若干次一级河道,它们相互汇合而又不断分岔。在次一级河道之间发育了长梭形的河道沙坝(心滩),它们的长轴一般平行于水流方向,在枯水期露出水面,洪水期常被淹没。河道沙坝一般由砾、砂组成,在上游端部分地被侵蚀,而在下游端及边侧接受沉积。由于河流经常改道,因此河道沙坝位置不固定,泛滥平原沉积不发育。辫状河又称为游荡性河。

网状河一般出现在河流的中下游地区。其沉积物搬运方式以悬浮负载为主。河道本身显示了窄而深、弯曲的多河道特征,并顺流向下呈网结状[图7-4(d)]。河道间则被半永久性的冲积岛和泛滥平原或湿地所分开。冲积岛和泛滥平原或湿地主要由细粒物质和泥炭组成。其位置和大小较固定,与狭窄的河道相比,它们占据了很宽的地区(60%~90%)。河道沉积以砂、粉砂和泥为主,其沉积厚度与河道宽度成比例变化。而与曲流河相比,则宽度变窄,厚度变薄。

上述四种类型河流的发育受河道坡度、河水流量、河床断面、负载搬运方式和碎屑性质等因素控制,并随着这些因素的变化而变化。因此,在同一条河流内,其河流类型可以有不同的变化,或者在同一河段内,高水位时为曲流河,低水位时表现为辫状河。

(一)河流相沉积的一般特征

1. 矿物成分复杂,成熟度低

河流相发育的岩石类型以碎屑岩为主,次为黏土岩,碳酸盐岩较少出现。在碎屑岩中,又以砂岩和粉砂岩为主,砾岩多出现在山区河流和平原河流的河床沉积中。碎屑岩的物质成分复杂,它与源区以及河流流域的基岩成分有关。一般不稳定组分高,成熟度低。砾岩多为复成分,砂岩以长石砂岩、岩屑砂岩为主,个别也出现石英砂岩,泥质胶结居多,间或有钙质、铁质胶结。

大多数河流的水介质是弱氧化的,并几乎是中性至弱酸性的,故河流相沉积中不出现海绿石,菱铁矿等二价铁矿物也不常见。黏土矿物以高岭石较多,伊利石较少。

2. 沉积构造丰富,具有特征的"二元结构"序列

河流相层理发育,类型繁多,但以板状和大型槽状交错层理为特征。细层倾斜方向指向砂体延伸方向,倾角为15°~30°,由下至上层系及细层的厚度变薄、粒度变细,细层呈现粒度正韵律,层系厚度很少超过1m,一般为30cm或更薄。在河流沉积的剖面上,大型板状、槽状交错层理发育在下部,小型者发育在上部,波状层理发育在剖面顶部。河流沉积中常见流水不对称波痕,也可见砾石的叠瓦状排列,扁平面向上游倾斜,倾角约为10°~30°。河流沉积的最底部常具明显的侵蚀、切割及冲刷构造,并常含泥砾及下伏层的砾石。

在沉积剖面上,自下而上表现为下粗上细的间断性正韵律或正旋回,称为河流的"二元结构",每个旋回底部发育有明显的底冲刷现象、叠瓦状排列的砾石,下部具有大型板状、槽状交错层理及平行层理的砂岩,上部具有小型交错层理、波状层理、上攀层理的粉砂岩及泥质粉砂岩,顶部常具有暴露大气的标志,如钙质结核、泥裂等。曲流河垂向序列"二元结构"上、下部地层沉积厚度近于相等,而辫状河下部地层厚度明显大于上部地层厚度。

3. 生物化石稀少

河流相生物化石一般保存不好,通常较难见到动物化石及较完整的植物化石,所见者常是破碎的植物枝、干、叶等。河床亚相典型的指相化石为硅化木,它是植物的干或茎在开放系统条件下硅化而成。河漫沼泽沉积中可见炭化植物屑或完整的植物化石,它们多是在封闭缺氧条件下保存下来的。在时代较新的河流相地层中可见到脊椎动物化石。

4. 特征的砂体形态

河流砂体在平面上多呈弯曲的长条状、带状、树枝状等。在横切河流的剖面上，呈上平下凸的透镜状或板状嵌于四周河漫泥质沉积之中。如辫状河心滩砂体，总是呈透镜状成群出现，交错叠置，显示河道的多次往复迁移。

（二）河流的亚相类型及其特征

根据环境和沉积物特征可将河流相进一步划分为河床、堤岸、河漫、牛轭湖四个亚相。艾伦（Allen，1964）根据现代河流发育的地貌特征，提出了曲流河沉积环境立体模型，并根据微地貌划分出各类次级环境（图7-5）。

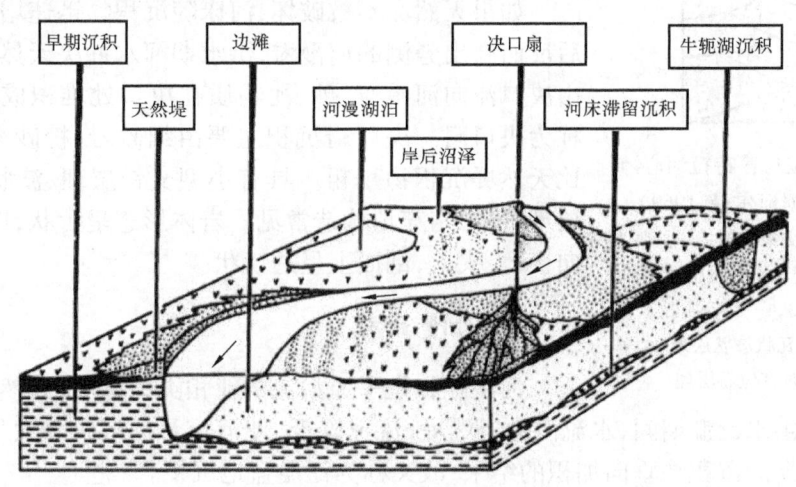

图7-5 弯曲河流沉积环境模型（据艾伦，1964）

1. 河床亚相

河床上游较窄，下游较宽，流水的冲刷使河床底部显示明显的冲刷界面，构成河流沉积单元的基底。河床亚相以砂岩为主，次为砾岩，碎屑粒度是河流相中最粗的，层理发育，层理类型丰富多彩。缺少动植物化石，仅见破碎的植物枝、干等残体，岩体形态具有透镜状，底部具有明显的冲刷界面。冲刷面之上有残余的粗碎屑物质，集中堆积成不连续的透镜体，称为河床滞留沉积。向上过渡为边滩（发育于曲流河中，是曲流河中最重要的沉积单元，图7-6）或心滩（发育于辫状河中，是辫状河中最重要的沉积单元，图7-7）砂岩沉积。

河床亚相常与堤岸亚相共生，在垂向和横向上可逐渐过渡为堤岸亚相。心滩发育的河床亚相，河床侧向迁移迅速，堤岸沉积不发育。在剖面上，心滩沉积之上一般缺少堤岸沉积，这是与边滩发育的河床亚相的重要区别。

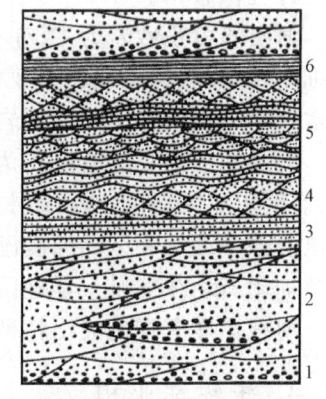

图7-6 边滩沉积的层理垂向序列（据伦纳克，1973）

1—河底滞留沉积；2—大型交错层理；
3—水平纹理；4—叠覆波痕状纹理；
5—小型波状交错层理；6—泥层

— 211 —

2. 堤岸亚相

堤岸沉积垂向上常发育在河床沉积的上部,相对河床亚相而言,属顶层沉积。与河床沉积相比,其岩石类型简单,粒度较细,以小型交错层理为主。进一步可分为天然堤和决口扇两个沉积微相。

天然堤主要由细砂岩、粉砂岩、泥岩组成,粒度比边滩或心滩沉积细,比河漫滩沉积粗,垂向上突出的特点是砂、泥岩组成薄互层。层理构造以小型波状交错层理、上攀交错层理、槽状交错层理为特征,其垂向序列是下部砂质岩发育交错层理,上部泥质岩则发育水平纹层。

如果天然堤不被破坏,河床随沉积物迅速增厚而升高,最后反而高出旁侧的河漫滩,洪水期河水冲决天然堤,部分水流由决口流向河漫滩,砂、泥物质在决口处堆积成扇形沉积体,称为决口扇。决口扇沉积主要由细砂岩、粉砂岩组成。粒度比天然堤沉积物稍粗。具有小型交错层理、波状层理及水平层理,冲蚀与充填构造常见。岩体形态呈舌状,向河漫平原方向变薄、尖灭,剖面上呈透镜状。

3. 河漫亚相

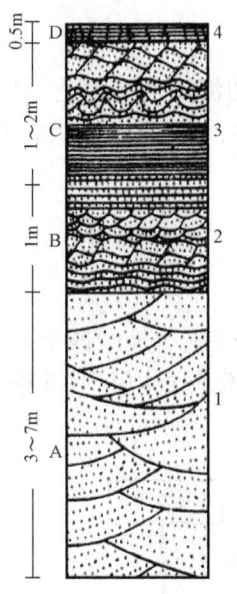

图 7-7 布拉马普特拉河心滩垂向序列(据柯尔曼,1969)
1—主要为大型交错层理;2—主要为叠瓦状波状层理和小型波状层理,间或有水平层理;3,4—粉砂质黏土和粉砂,主要为叠瓦状波状层理、水平层理,有时有包卷层理

河漫亚相是平原河流的亚相类型,位于天然堤外侧,地势低洼而平坦。洪水泛滥期间,水流漫溢天然堤,流速降低,使河流悬浮沉积物大量堆积。由于它是洪水泛滥期间沉积物垂向加积的结果,故又称为泛滥盆地沉积。

河漫亚相主要为粉砂岩和黏土岩。粒度是河流沉积中最细的,层理类型单调,主要为波状层理和水平层理。平面上位于堤岸亚相外侧,分布面积广泛,包括河漫滩、河漫湖泊和河漫沼泽三种沉积微相。

河漫滩以粉砂岩为主,亦有黏土岩的沉积。平面上距河床越远粒度越细,垂向上亦有向上变细的趋势,波状层理和斜波状层理(洪水层理)为主,亦可见水平层理,可见不对称波痕。河漫滩常因间歇出露水面而在泥岩中保留干裂和雨痕。化石稀少,一般仅见植物碎片。

河漫湖泊以黏土岩沉积为主,并有粉砂岩出现,是河流相中最细的沉积类型。层理不发育,有时可见到薄的水平纹层。泥岩中泥裂、雨痕常见。干旱气候条件下,常形成钙质及铁质结核。在潮湿气候区的河漫湖泊中,生物繁茂,可形成丰富的有机质沉积,并可保存较完整的动植物化石。在气候干旱地区,蒸发量增大,河漫湖泊可发展成盐湖,形成盐类沉积。

河漫沼泽沉积的突出特征是有泥炭沉积,其他特征与河漫湖泊相似。

4. 牛轭湖亚相

弯曲河流的截弯取直作用使被截掉的弯曲河道废弃,形成牛轭湖。牛轭湖沉积主要为粉砂岩及黏土岩,粉砂岩中具有交错层理,黏土岩中发育有水平层理,常含有淡水软体动物化石和植物残骸。岩体呈透镜状,延伸最大可达数十千米,厚可达数十米。

由于上游的冲裂作用,河流的中、下游全部废弃形成废弃河道亚相,其沉积物以黏土岩为主。

(三)曲流河沉积的垂向模式

曲流河沉积的典型垂向模式由沃克(1976)等人提出,这个标准相模式由下至上可划分为四个沉积单元(图7-8)。

第一沉积单元为块状含砾砂岩或砾岩,属河床底部滞留沉积,与下伏层呈冲刷侵蚀接触,底部具有明显的冲刷面,粗砂岩中含泥砾,可见不清晰的大型槽状交错层理。第二沉积单元为大型槽状交错层理的中、细砂岩,层理规模向上逐渐变小,中夹有水平层理的粉细砂岩,沿层面可发育剥离线理,为边滩沉积。第三沉积单元为粉细砂岩组成,发育有小型槽状交错层理和上攀波纹交错层理,为边滩顶部沉积。第四沉积单元主要由断续波状交错层理的粉砂岩和水平纹理的粉砂质泥岩及块状泥岩组成,块状泥岩中常发育有泥裂、钙质结核或植物的立生根,属天然堤和泛滥盆地沉积。

上述曲流河沉积的理想垂向层序由下至上,粒度由粗变细,层理规模由大变小,层理类型由大型槽状交错层理变为小型交错层理、上攀层理、水平层理,底部具有冲刷面,从而构成了一个典型的间断性正韵律或正旋回。

(四)辫状河沉积的垂向模式

辫状河的垂向沉积序列通常比较复杂,最经典的是加拿大魁北克省加佩斯半岛泥盆系辫状河沉积层序(图7-9),自下而上为由粗变细的正韵律结构,反映了水动力能量逐渐减弱的沉积过程。

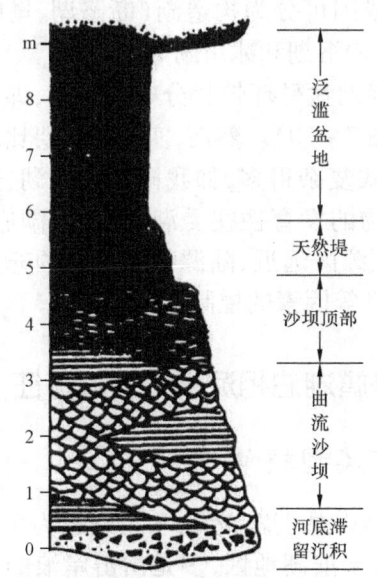

图7-8 曲流河沉积的标准垂向模式
(据沃克,1976)

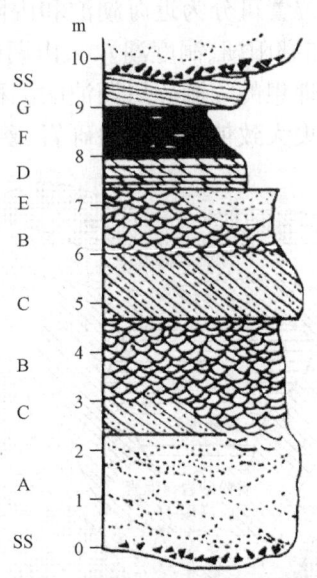

图7-9 加拿大魁北克省泥盆系辫状河垂向层序(据坎特和沃克,1976)

该沉积层序的最底部为河床滞留沉积,以含泥砾的粗砂岩和砾质砂岩为主,与下伏层呈侵蚀冲刷接触(SS)。其上为不清晰的大型槽状交错层理含砾粗砂岩(A)和具清楚槽状交错层理的粗砂岩(B)以及板状交错层理砂岩(C)。再向上主要由小型板状交错层理砂岩(D)组成，偶见大型水道冲刷充填交错层理砂岩(E)。顶部由垂向加积沉积的波状交错层理粉砂岩和泥岩互层(F)及一些具模糊不清的、角度平缓的交错层理的砂岩(G)组成。由SS至E为河床滞留沉积和心滩或河道沙坝沉积，构成了辫状河的河床亚相，F代表了垂向加积的泛滥平原沉积。

从上述可以看出，与曲流河相比，辫状河在垂向层序上有以下特点：第一，河流二元结构的底层沉积发育良好、厚度较大，而顶层沉积不发育或厚度较小；第二，底层沉积的粒度粗，砂砾岩发育；第三，由河道迁移形成的各种层理类型发育，如块状或不明显的水平层理、巨型槽状交错层理、单组大型板状交错层理等。

三、湖泊相

湖泊是大陆上地形相对低洼和流水汇集的地区，也是沉积物堆积的重要场所。湖泊的规模相差悬殊，最大可达数十万平方千米，小则不到$1km^2$。湖泊的形状也是多样的，如圆形、椭圆形、三角形、箕形及不规则状等。

湖泊可从湖水的含盐度、沉积物特点、自然地理位置、成因等方面进行分类。按照含盐度可将湖泊分为淡水湖泊和咸水湖泊，并以正常海水的含盐度3.5%作为它们的分界限。另一种划分方案是以含盐度0.1%作为淡水湖和微咸水湖的界限，以含盐度1%作为微(半)咸水湖和咸水湖的界限，以含盐度3.5%作为咸水湖和盐湖的界限(吴萍、杨振强等，1979)。按照沉积特征可将湖泊分为碎屑沉积湖泊和化学沉积湖泊。前者以陆源碎屑沉积为主，后者以化学沉积为主。二者之间亦常有过渡类型。就其分布而论，前者较后者更为广泛。按照湖泊所处的地理位置可分为近海湖泊和内陆湖泊。按照湖泊成因可分为构造湖(断陷湖、坳陷湖)、河成湖(如鄱阳湖、洞庭湖)、火山湖(如长白山的天池)、岩溶湖和冰川湖等。

一个理想的陆源碎屑湖泊的沉积模式具有沉积物绕湖盆呈环带状分布的特点，即从湖岸至湖盆中央大致依次出现砂砾岩、砂岩、粉砂岩、泥岩(图7-10)。然而，实际情况要比理想的湖泊沉积模式复杂得多，如我国的青海湖，这是因为湖泊沉积物的发育往往受湖盆大小、湖底地形、湖岸陡缓、距源区远近、陆源物质供应的充分程度以及气候条件等因素的控制(图2-55)。

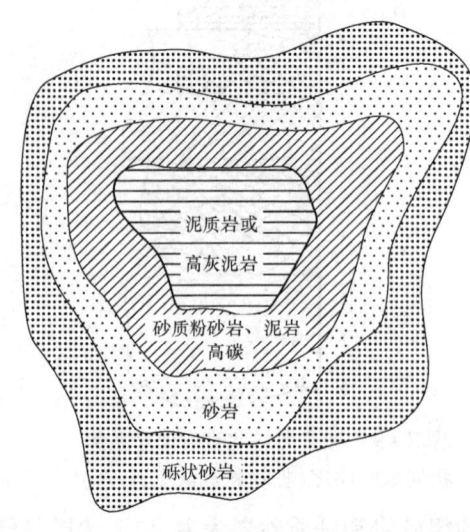

图7-10 碎屑湖泊沉积理想模式
（据温特霍费尔，1932）

(一)碎屑湖泊相沉积的一般特征

1. 岩石类型较单一

岩石类型以黏土岩、砂岩和粉砂岩为主。砾岩少见，仅分布于滨湖地区，多是由击岸浪的剥蚀作用所致。砂岩一般比海相的复杂，各种类型都有出现，以长石砂岩、长石石英砂岩和岩屑质长石砂岩最普遍。砂岩的粒度比河流相的细，分选也较好。黏土岩在碎屑湖泊沉积中广泛分布，且由湖岸向中心增多。形成于较深水还原环境的湖相黏土岩常含丰富的有机质,成为良好的生油岩系。

碎屑湖泊沉积中也可出现类型多样的化学岩和生物化学岩,如石灰岩、泥灰岩、硅藻土、油页岩等,其沉积厚度及分布范围较为局限。

2. 沉积构造多样

层理类型多样,但以水平层理最为发育。由于湖泊广大地区多处于浪基面以下,故在此地区的黏土岩多发育水平层理,有时亦为块状层理。在近岸地区可见交错层理、斜波状层理等。湖泊沉积可有较发育的波痕,泥裂、雨痕、搅混构造也常见到。

3. 生物化石丰富

生物化石丰富是碎屑湖泊沉积的重要特征。常见的生物种类有介形虫、瓣鳃类、腹足类等。藻类也是湖泊中较常发育的生物。轮藻为淡水环境所特有,蓝绿藻、硅藻和部分绿藻也是常见的类型。

此外,陆生植物的根、干、叶、孢子花粉等大量出现也是湖相的重要特征。

4. 垂向层序多呈反韵律

碎屑湖泊沉积多出现由深湖至滨湖的下细上粗的反旋回层序,以此区别于下粗上细的间断性正旋回的河流相沉积。

5. 分布范围及沉积厚度

湖泊相沉积的分布范围比河流相大,比海相小,相带、岩性和厚度大致呈环带状分布,而且岩性和厚度横向变化比河流相稳定,但稳定程度比海相差。

(二)碎屑湖泊相的亚相及特征

根据湖水的相对深度和所处自然地理位置,将湖泊进一步划分为滨湖区、浅湖区和深湖区(图7-11)。在此基础上,再根据沉积物特征、砂体类型及所处位置,将陆源碎屑湖泊相分为湖泊三角洲、滨湖、浅湖、半深湖—深湖、湖湾、湖泊重力流等亚相。

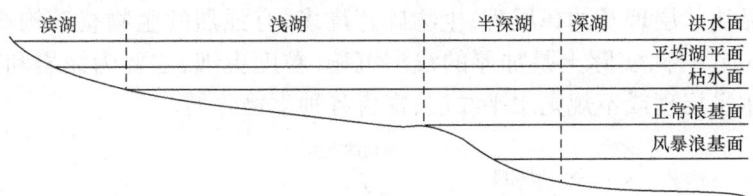

图7-11 湖泊亚相划分示意图

1. 滨湖亚相

滨湖位于湖岸线附近,一般介于洪水期湖岸线与枯水期湖岸线之间的地带。由于湖浪作用而水介质能量较高,沉积物以砂和粉砂为主,有时有砾石,一般分选和磨圆度均好。还可有生物介壳,可富集成介壳滩。中至大型交错层理和沙纹层理发育,可有干裂、雨痕、波痕、虫迹、冲刷构造等。泥岩多为红、紫红色,时而夹杂绿色。

2. 浅湖亚相

浅湖位于枯水时的湖面以下、波基面以上的浅水地带。水介质能量变低,沉积物以粉砂和泥为主,夹有细砂透镜体。生物化石丰富,保存较完整。层理以不规则的水平层理和波状层理为主,可见浪成波痕。泥岩多为灰绿、绿色,时而夹杂紫色。

3. 半深湖—深湖亚相

半深湖—深湖位于湖泊内部波基面以下的深水地区、因不受湖浪影响,故多半为水体安静的还原环境。常为暗色泥质沉积,少量粉砂,有时还有泥灰岩、灰岩、油页岩等。沉积物富含有机质,往往成为良好生油层。一般缺乏底栖生物,但可有浮游生物,层理主要为水平层理。

4. 湖湾亚相

在滨、浅湖地区,由于沙嘴、沙坝、水下隆起的障壁遮挡作用,使近岸水流受到限制而形成半封闭的湖湾。湖湾内水体浅而安静,沉积物主要为暗色粉砂质泥岩,中夹薄层白云岩或油页岩。气候温暖时,水生植物生长繁盛,可发育成泥炭沼泽,形成碳质页岩和薄煤层。泥质湖湾中,水平层理和季节性韵律层理发育,有时则形成块状层理,可见泥裂、雨痕、生物潜穴。

5. 湖泊三角洲

三角洲是指在岸上平原区河流在注入湖泊处砂泥堆积形成的向湖心突出的似三角形的沉积体。沉积物比河流细,以砂、泥为主。河口水下地带的坡度也较平缓,沉降速度与沉积速度相等或略小,保持着浅水缓坡的特点。形成湖泊三角洲的河流有长的(已达曲流河段),也有短的(只有冲积扇上的辫状河段),前者形成的三角洲体积大,常称正常河流三角洲,沉积特征典型。后者形成的三角体积较小,多位于陡坡处,冲积扇入湖所致,称为扇三角洲。

在无强大湖浪影响,湖泊水面平静稳定的情况下,可形成三角洲所特有的三层构造,即顶积层、前积层和底积层(图 7-12)。顶积层是三角洲沉积中粒度最粗的砂质物质,具小型交错层理和楔形交错层理;生物碎片及生物搅动构造少见。发育于河流入湖的极浅水地带,平面上呈鸟足状分布。前积层是三角洲沉积的主体,主要为细砂岩和粉砂岩,比顶积层细,分选好;交错层理少见,可见块状层理及韵律层理;生物碎片增多,有强烈的生物扰动构造。底积层位于三角洲前缘以外或下部,实际上是加厚的浅湖沉积,粒度更细,主要为泥岩和粉砂岩;层理发育,主要为薄的水平层理或不规则水平纹层;富含各种生物碎屑。

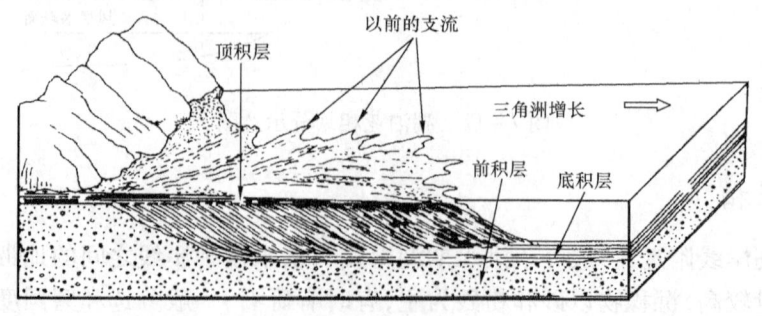

图 7-12 三角洲的三层构造示意图(据张家环,1986)

在波动湖泊水面下形成的三角洲,因沉积物受波浪、岸流影响,三层构造不太明显,往往是砂、泥交错出现。

有关三角洲的沉积特征及沉积模式请参考本章第四节第一部分。

第三节 海 相 组

一、海相碎屑岩沉积相

现代海洋约占地球表面积的71%左右,远远超过大陆。在地质历史中时代越老,海洋所占的面积也越大。海洋是重要的沉积场所,海洋沉积岩层的规模较大,而且分布较稳定。从目前世界油田资料来看,半数以上的石油多产于海相地层中。

(一)海相组沉积的一般特点

1. 岩石类型

海相组岩石类型极为多样,如砾岩、砂岩、粉砂岩、黏土岩、碳酸盐岩等在海相组中广为分布。一般来说,海相组中各类岩石的厚度大、分布广、岩性稳定,碎屑岩的结构成熟度和成分成熟度高、圆度及分选好。

2. 沉积构造

海相组沉积中发育有各种类型的层理、波痕、雨痕、泥裂及其他沉积构造。水平层理、粒序层理等在深海盆地中发育,低角度的交错层理、槽状及弧形交错层理、波痕、雨痕、泥裂、盐类假晶在滨岸地区发育。海相组沉积中常发现有生物遗迹或遗迹化石等生物活动形成的构造。在滨岸浅水区常发育垂直的生物潜穴(虫孔)和各种动物的足迹,在浅海陆棚区常发育水平的或倾斜的生物潜穴。

3. 自生矿物

海绿石是海相组中常见的特征自生矿物,常与碎屑岩、碎屑石灰岩共生,纯泥岩和蒸发岩中罕见。一般认为它在弱碱性($pH = 7 \sim 8$)、弱还原、盐度正常的海水中缓慢形成。海绿石形成的深度范围为$20 \sim 2000m$,以$30 \sim 200m$最佳;其形成所要求的水温一般为$15° \sim 20°C$。

鲕绿泥石亦是海相组的特征自生矿物,多形成于较暖的浅海中,形成的水温高于$20°C$,分布在水深$60m$以内的热带浅海。

自生磷灰石也是海相组中常出现的自生矿物,其形成深度范围一般为$30 \sim 300m$。大陆相组也可出现自生磷灰石,但数量少,主要是由脊椎动物的骨髓组成,故可与海相成因者分开。

4. 生物化石

不同种类的生物对水体含盐度的适应能力不同。耐盐度有限的生物称为狭盐性生物,属于典型的海相狭盐性生物有红藻、绿藻、放射虫、球石藻、有孔虫、钙质及硅质海绵、珊瑚、腕足类、棘皮类、苔藓类、头足类,还包括现代已灭绝的生物,如古杯类、层孔虫、软舌螺、三叶虫、锥石、竹节石、牙形石、笔石等,这些生物的化石为海相组所特有。

耐盐度广泛的生物称为广盐性生物,如瓣鳃类、腹足类、介形虫、硅藻、蓝绿藻等,它们也可在海相组中出现,但并非海相组所特有。

海洋中生物的分布与海水的深度有密切关系(图7-13)。海洋生物按其生活方式可分为浮游生物、游泳生物、底栖生物三类。浮游生物包括浮游植物(如硅藻、球石藻、马尾藻)和浮游动物,它们生活在广海的 50~100m 深的表层水中,在远离海岸的远海或远洋区数量较多,死亡后在深海区堆积而成化石。游泳生物是指能在海洋中自由游动的各种动物,在这一类里没有植物,它们常生活于 50~100m 深的水体中,死亡后遗体沉降于不同深度的海底,并保存为化石。底栖生物的生活范围可从高潮线至深海海底,但以 100m 以上的海底最集中,100~200m 浅海下部海底大为减少,半深海至深海底则就更少了。

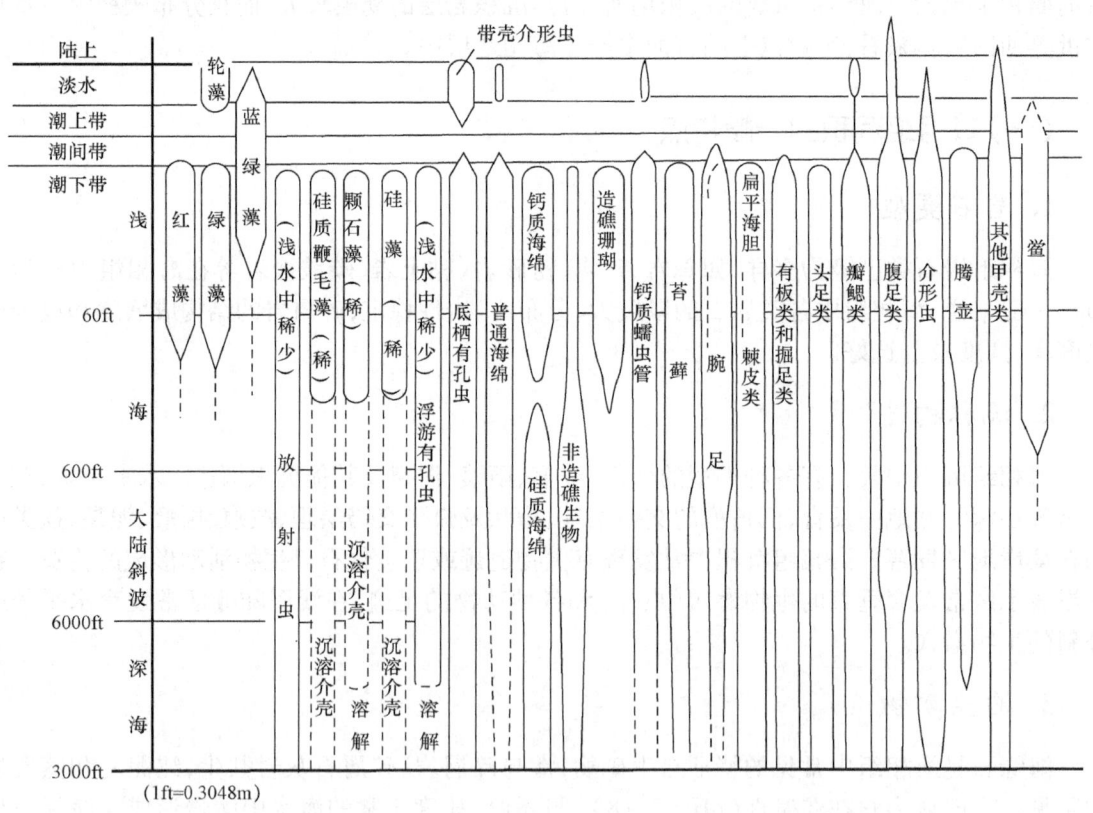

图 7-13 与水深有关并能成为化石的无脊椎动物和植物的现代分布(据赫克尔,1972)

(二)滨岸相

滨岸相又叫海岸相。滨岸相位于波基面及最高涨潮线之间。根据海岸环境特征,可划分为障壁型滨岸环境和无障壁型滨岸环境两类。障壁型滨岸环境发育有障壁岛、潟湖、潮坪,其环境和沉积特征已属于海陆过渡相组。这里介绍无障壁滨岸相。

无障壁型滨岸相的沉积环境是无障壁岛遮挡、海水循环良好的开阔海岸带,其环境划分见

图2-50。其范围从波基面以上至海岸沙丘带。

1. 一般特点

滨岸环境的水动力作用强烈而复杂,其强度要比河流大100倍。滨岸相的岩石类型以砂岩分布最广,形成于地形平缓、水动力作用强烈的高能海岸带,以碎屑的圆度和分选好、成熟度高、稳定重矿物集中为特征。其次是圆度高、分选好的单成分砾岩。缓斜而平静的低能海岸可有黏土岩发育。见有对称或不对称波痕及各种交错层理。生物化石丰富。

2. 亚相类型及沉积特征

按照地貌特点、水动力状况、沉积物特征,滨岸相分为海岸沙丘、后滨、前滨、近滨四个亚相(图2-50)。

1) 海岸沙丘亚相

该亚相位于潮上带向陆一侧,即特大风暴时洪潮所到达的最高水位。包括海岸沙丘、海滩脊、沙岗等沉积单元(图7-14)。

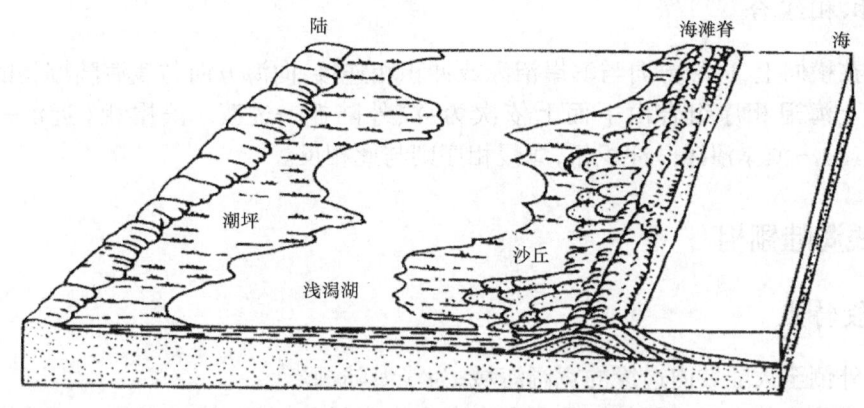

图7-14 海岸沙丘、海脊示意图(据斯特拉勒等,1986)

海岸沙丘是由处于海平面之上的海岸砂,经风的吹扬改造而成。呈长脊状或新月形,宽可达数千米,其沉积物是细—中粒,圆度和分选好,成熟度高,重矿物较富集。具大型槽状交错层理,其细层倾角为30°~40°。

海滩砂脊简称海滩脊,是在最大高潮线附近出现的线状沙丘。高达数米,宽数十米,长数百米至数十千米,常单个或成组平行海岸分布。由较粗的砂、砾石和介质碎片组成,底部具冲刷面和水平层理,上部具交错层理,细层倾角7°~28°,多双向倾斜,较陡者倾向大陆,较缓者倾向海洋。

沙岗是发育在滨海沼泽及泥坪向海方向的狭长海滩脊。由砂及介壳碎片组成,高3~6m,宽数十至数百米,长数十千米,也平行海岸延伸,与一般海滩脊的区别是它位于滨海沼泽地带的泥炭和黏土中。

2) 后滨亚相

该亚相位于潮上带,沉积物是较沙丘粗的砂,圆度及分选较好,具水平层理;在后滨中较浅的洼地,其沉积物具低角度的小型交错层理。洼地表面堆积有大量凹面朝上的生物介壳。浅水洼地内可见藻席,并有虫孔、生物搅动构造。在后滨与海岸沙丘交界附近因水的分选使重矿物集中而成砂矿。

3)前滨亚相

该亚相位于潮间带,沉积以中砂为主,下部含大量贝壳碎片和云母等。分选上部比下部好。层系平直,低角度交错层理发育,其纹层平行海岸延伸可达30m,垂直岸线可达10m。颗粒越粗、海滩坡度越大,纹层倾角则越陡。对称和不对称波痕及菱形波痕大量出现,并常见冲刷痕、流痕、变形波痕、流水波痕、生物搅动构造等。

4)近滨亚相

该亚相位于潮下带,又称潮下浅海、外滨或临滨亚相。常发育沿海沙坝,波能越弱,沿岸沙坝越少。在低能海岸区,仅有一条沿岸沙坝发育于低潮线附近。沉积物上部为砂质,交错层理发育,且越向岸越多;下部沉积物变细,越向海的深水部位颗粒越细,并逐渐过渡为更细粒的过渡带沉积,具水平层理和生物搅动构造。沿岸沙坝向陆一侧伴有凹槽,其沉积物具浪成及小型流水波痕。

3. 沉积相组合

滨岸相在横向上,向陆方向与滨岸沼泽或冲积相连接,向海方向与浅海陆棚相的过渡带相邻。在垂向上海退相序组合由下而上依次为:滨外陆棚—过渡—滨岸相(近滨—前滨—后滨—海岸沙丘)—滨岸沼泽—冲积相;海侵相序则与此相反。

(三)浅海陆棚相

1. 一般特点

由近滨外侧至大陆坡内边缘的宽阔海域,为浅海陆棚。

古代浅海陆棚相由于经历长期的沉积发育和海岸线的迁移,故比现代滨外陆棚沉积物的厚度大、分布面积广。

浅海陆棚区水深从20m至200m,水动力条件随深度而变化。潮汐作用的影响极弱。由70m以内的较浅水区,至70~100m以下的深水区,波浪作用的影响逐渐减弱,波痕、交错层理逐渐减少,水平层理逐渐发育;底栖生物的种类和数量由多至少,藻类生物几乎绝迹。

2. 亚相类型及沉积特征

浅海陆棚相包括过渡带和滨外陆棚两个亚相(图2-50)。

1)过渡带

过渡带指近滨与滨外陆棚之间的过渡地带,位于波基面之上。其深度变化较大,具体深度取决于海岸能量,能量越低,深度越小。过渡带的发育必须有砂和泥的供给及沉积,否则,滨岸沉积直接过渡为滨外陆棚而不存在过渡带。许多现代海洋不出现过渡带。

过渡带沉积比海岸相沉积物细,通常为粉砂质砂和泥质粉砂。常出现因强烈风暴而形成的砂层,叫风暴砂层,它比滨外陆棚砂层厚而数量多,一般是砂层和泥质层相等出现。生物的种类和数量多,常可集中堆积成贝壳层,由于生物搅动作用强烈,常使原生层理被破坏形成块状层理。

2) 滨外陆棚亚相

滨外陆棚亚相常称为陆架泥或陆棚泥亚相,位于过渡带外侧至大陆内缘的浅海区。

古代滨外陆棚沉积主要为黏土岩、粉砂岩和细砂岩,砾岩较少,并有大量化学及生物化学岩,如碳酸盐岩,部分铁、锰、铝、磷沉积岩等。碎屑矿物成分和结构的成熟度都高,不稳定成分少,圆度及分选较好,填隙物多为化学胶结物。常见海绿石、鲕绿泥石、胶磷矿等自生矿物。黏土岩中可含有砂质、铝质、海绿石质、硅质、灰质、沥青质、黄铁矿等成分。

有对称或不对称波痕和交错层理,水体较深处水平层理发育,黏土岩中的水平层理薄而清晰。常见生物搅动构造、底冲刷、虫孔和虫迹。

在较浅水的滨外陆棚区,生物的种类和数量众多,有珊瑚、海绵、苔藓、层孔虫、藻类、腕足类、瓣鳃类、腹足类、棘皮类、有孔虫、头足类等。

古代滨外陆棚沉积多属水体较浅、海底地形平缓的陆表海沉积。现代滨外陆棚多属陆缘海性质,其沉积物主要是粉砂质黏土或黏土质粉砂。在滨外陆棚的近岸浅水区,泥质沉积中常夹有风暴砂层,一般为粗砂或细砂,发育在距海岸数十千米处,并能向海岸追索。可见对称或不对称波痕、交错层理及生物搅动构造。

现代滨外陆棚沉积可分为现代的和残留的两种沉积物类型。现代沉积物包括河流带来的陆源物质和原地的生物沉积、火山沉积及磷灰石、海绿石等自生沉积。残留沉积物是古代地史时期中较老沉积物残留下来的,它是在世界最近期(第四纪更新世)一次冰期之后,因冰川融化造成世界性海侵,使古代大面积滨海砂在现今陆棚区残存下来,它几乎覆盖现今滨外陆棚面积的70%。

(四)半深海相

1. 一般特点

半深海是浅海陆棚与深海环境的过渡区,位置和深度相当于大陆坡。半深海相沉积主要包括泥质、浮游生物和碎屑三部分沉积物。物质来源主要是陆源物质和海洋浮游生物,其次是冰川和海底火山喷发。泥质沉积物在半深海相中所占比重最大,主要是由海面洋流将陆源泥质物搬运到半深海沉积的结果。碎屑沉积物是由于风暴浪对海底的搅动或重力滑动,将沉积在陆棚上的陆源粉砂,沿海底以低密度流的形式搬运到半深海而沉积下来,海底洋流或顺陆坡等深线流动的等深流,也可搬运粉砂物质并在陆棚上堆积成透镜状粉砂质砂体。浮游生物死亡后沉入海底堆积而成软泥。半深海区无植物发育,生物群以腹足类为主,还有瓣鳃类、腕足类、放射虫、有孔虫等。泥质物质不显层理(因生物搅动)或出现纹层,可见虫迹,在无生物扰动的情况下,也可出现纹层。

2. 沉积类型及沉积特征

1) 各种颜色的软泥

沉积物成分以陆源粉砂质黏土或黏土为主,其含量大于30%,含有钙质、海洋生物及少量其他物质成分。蓝色软泥(或青泥)以及蓝色软泥的变种(包括红色和黄色软泥、绿色软泥)主要分布于热带和亚热带半深海陆棚区。

2) 碳酸盐软泥和砂

碳酸钙含量达18%~90%,浮游生物含量高,砂粒为细砂和粉砂。以含钙高区别于青泥,以含粗粒物质多与深海相钙质软泥区别。

3) 珊瑚泥和珊瑚砂

此类物质指在珊瑚礁形成的岛屿周围的陆坡上,堆积了因礁体的破坏而形成的钙质软泥和钙质碎屑。珊瑚砂主要分布于半深海相的上部,常伴有软体类、棘皮类、有孔虫类碎屑。

4) 火山泥

此类物质指堆积于半深海区的火山灰,常为暗灰或灰黑色,成分主要为火山玻璃、黑云母、透长石等,碳酸盐含量<28%。粒度比青泥稍粗。

5) 冰川海洋沉积

此类物质的主要成分为黏土和分选很差的砂、砾,多沉积在冰川发育的两极附近的半深海中。古代半深海相在岩石成分上与滨外陆棚深水处的同类沉积物很难区别,故目前只能根据岩性和生物群特征大致确定。

(五) 深海相

1. 一般特点

深海相发育于水深在2500m以下的大洋盆地,平均深度为4000m。现代深海沉积物主要为各种软泥,其中大部分属于远洋沉积物,由微小浮游生物的钙质和硅质骨骼下沉堆积而成软泥。其次为底流活动、冰川搬运、浊流、滑坡作用形成的陆源沉积物。局部地区有锰、铁、磷等沉积物。

深海海底无阳光,氧气不足,底栖生物稀少,种类单调,化石以浮游生物为主。

现代深海的许多地区存在着流速达4~40cm/s的强烈底流,它可引起沉积物的搬运,并在沉积物上形成波痕、冲刷痕、水流线理、交错层理等。其波痕可以是对称的,亦可呈舌形、新月形等,波长一般从10cm至数米,波高可达20cm或更高。

2. 沉积类型及沉积特征

1) 棕色(或红色)黏土

此类物质占深海沉积的38.1%,大面积覆盖于深海底。主要由黏土矿物、陆源稳定矿物的残余、火山灰及宇宙物质等组成,含放射虫及少量有孔虫,碳酸盐含量<30%。

2) 各种生物软泥

此类物质以生物成因物质含量>30%为特征,非生物为粉砂级颗粒,含量较少。根据生物成因物质的种类,有灰质的抱球虫软泥和翼足虫软泥,硅含量>30%的放射虫软泥和硅藻软泥。

3) 锰结核

锰结核是海水中结晶的自生矿物,具明显的同心层,其粒径大小一般不超过25cm。在深海底分布广、数量多而局部集中。

（六）重力流沉积及沉积相

沉积物重力流是指泥、砂、砾混杂的，重力驱动的，悬浮搬运的高密度底流。广义的浊积岩概念是泛指由各种重力流成因的沉积物所形成的沉积岩。沉积物重力流属于非牛顿流体，其搬运和沉积作用不服从牛顿内摩擦定律。重力流搬运的驱动力主要是重力，因此沉积物重力流属于再搬运沉积体系，它的发生地点主要是海底或湖底的斜坡地带，如图7-15所示。

图7-15 重力流的来源、搬运和沉积的示意图（据里丁，1985）

形成沉积物重力流一般需要有足够的水深、足够的坡度角和足够的密度差、充沛的物源以及一定的触发机制。

按照组成成分，可以将重力流分为硅质碎屑重力流、碳酸盐重力流、火山碎屑重力流等。按照形成环境可分为海洋重力流、湖泊重力流、陆地重力流等。米德尔顿等（1973，1976）按支撑机理把沉积物重力流划分为泥石流（或碎屑流）、颗粒流、液化沉积物流和浊流四个类型（图7-16）。

泥石流是非牛顿流体的高浓度的沉积物分散体，具有一定的屈服强度和高的黏性，是水和黏土杂基支撑碎屑物质的块体流，可发育在坡度大于1°的山麓处，也可分布在深水地区。碎屑流是含水的砾石级碎屑碰撞和杂基联合支撑的块体流，含量较低的泥质和水除了提供浮力和屈服强度外，还起到润滑作用。泥石流（碎屑流）多呈厚层块状，单个泥石流沉积厚度为几米到几十米，粒级范围变化大，杂基多，颗粒分选磨圆差，砾石直立和悬浮在杂基之中，结构混杂，可见反向粒度递变层理（图7-16）。

颗粒流是Bagnold（1954）基于实验研究提出的概念，他在对非黏性的粒状沉积物进行剪切实验时测量了颗粒相互作用和彼此撞击过程由动量变化所产生的分散压力。这种分散压力可以支撑沉积物，使非黏性的沉积物块体发生流动。显然，颗粒流是含水的砂级颗粒碰撞支撑的块体流，维持这种颗粒流流动需要的斜坡角较大（18°），这表明，深水地区颗粒流作用是局限的，但在沙丘、沙垄的背流面存在高浓度的颗粒流。颗粒流沉积物主要由砂级成分构成，具有块状层理、底模和突变的顶底界面，可见反向递变层理，缺少牵引流沉积构造（图7-16）。

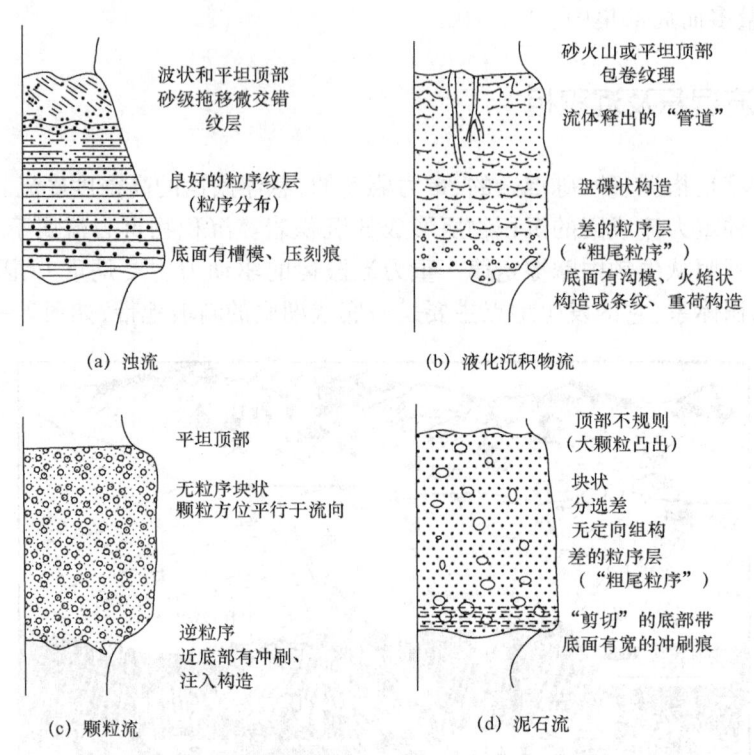

图 7-16 单一机理支撑的重力流及其沉积序列特征(据 Middleton,1973)

液化沉积物流是超孔隙压力引起的、向上逃逸的、粒间水流产生的牵引力支撑砂级颗粒的流体流,它们可以顺着 2°或 3°的平缓斜坡向下流动。颗粒呈悬浮状态,沉积物强度减小到零。保持颗粒悬浮的超孔隙压力流体的压力可能被迅速消耗(几分钟到几小时),颗粒支撑的砂级沉积物质发生沉积,具有块状构造、流体逃逸构造、底模构造、砂火山和包卷层理等,顶底界面分明,递变差,无牵引流沉积构造(图 7-16)。如果液化流流动加速而导致紊动,其可向颗粒流或浊流转化。

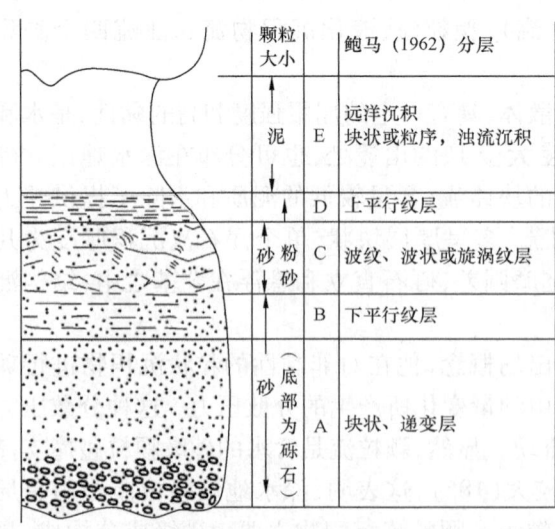

图 7-17 鲍马层序及其解释(据鲍马,1962)

浊流是水、泥、砂等近于均匀混合,并由湍流支撑的水体底部的浑浊流。在浊流沉积物中,支撑颗粒的主要因素有水流的紊动、水与细粒沉积物混合产生的浮力、粒间绕流、颗粒碰撞产生的分散力等。浊流沉积具有典型的沉积构造和沉积序列,即由 5 个层段组成的反映水流特点和岩性、构造变化的鲍马序列(图 7-17)。

1. 重力流沉积物(岩)的基本特征

1)岩石学特征

按成因和组构特征可将重力流沉积物划分为若干岩类,每一岩类又有其各自的成分、结构、构造特征。目前较为通用的分类方案是由沃克(Walker,1978)根据海洋深水碎屑岩相中提出来的,概括为典型浊积岩和非典型浊积岩两类。

典型浊积岩是指具有不同段数鲍马层序或序列的浊积岩(Bouma,1962)。自下而上出现的顺序如图7-17所示。

A段为底部递变层段,主要由砂岩组成,近底部含砾石。粒度下粗上细,递变清楚。一般为正递变,反映浊流能量逐渐减弱。底面上有冲刷-充填构造和多种印模构造,如槽模、沟模等。A段常比其他段厚度大,代表递变悬浮沉积的产物。

B段为下平行纹层段,与A段为渐变关系,比A段细,多为细砂和中砂,含泥质,显平行纹层,粒度递变不大明显。纹层除粒度变化显现外,更多的是由片状炭屑和长形碎屑定向分布所致,沿层面揭开时可见剥离线理。B段若叠加在A段之上,则两者是连续过渡的;若B段作底,则与下伏鲍马单元呈突变关系,其间有一冲刷面,这时B段底层面也可见各种印模构造。

C段为流水波纹层段,以粉砂为主,有细砂和泥质,呈小型流水型波纹层理和上攀波状层理,并常出现包卷层理、泥岩撕裂屑和滑塌变形层理,这表明流水改造和重力滑动的复合作用。C段之上,两者是连续过渡的;C段若与下伏鲍马单元呈突变接触,则其间有冲刷面,并有各种底面印模构造。关于本段各类层理的成因,有人认为是在A段和B段沉积后,浊流转变为低密度流,出现了牵引流水流机制所致。

D段为上平行纹层段,由泥质粉砂和粉砂质泥组成,具有断续平行纹层。D段若叠于C段之上,两者为连续过渡;但若单独出现,则与下伏鲍马单元间表现为一清楚的界面。它是由薄的边界层流造成的,厚度不大。

E段为泥岩段,由块状泥岩组成,E段和D段有时不好区分,两者均属低密度重力流沉积。

非典型浊积岩包括块状砂岩、叠覆冲刷粗砂岩、卵石质砂岩、颗粒支撑砾岩、杂基支撑岩层和滑塌岩等类型(Walker,1978)。

块状砂岩是岩层内结构均一的砂岩或含砾砂岩,指示重力流水道沉积环境。当块状砂岩中出现泄水管和碟状构造时,指示液化流沉积作用。叠覆冲刷粗砂岩常用表现为"AAA"序,此处"A"是指一个递变层或一次重力流事件。有时演化为"ABABAB"序,每一个递变层之上均连续沉积厚薄不等的平行层理砂岩。卵石质砂岩是一种厚度较大、显叠覆递变的砾质砂岩层,每个递变层的下部含砾多,向上逐渐减少,也指示重力流水道沉积环境。颗粒支撑砾岩厚度大,但不稳定,底面清晰,主要分布在内扇主沟道或非扇重力流水道环境中。按组构特征可划分为紊乱砾岩层、反递变—正递变砾岩层、正递变砾岩层、具递变和叠瓦构造的砾岩层等四种类型。杂基支撑岩层由粉砂和黏土组成,杂基含量一般为25%~5%,可细分为杂基支撑砾岩、杂基支撑砂砾岩和杂基支撑砂岩等三种类型,有时有递变现象,系水下泥石流沉积作用所致,反映扇根重力流水道环境。滑塌岩是指泥沙混杂并具有明显同生变形构造的岩层。随着砂的减少,可过渡为具变形层理的页岩,系未完全固结的软沉积物,因重力滑动—滑塌沉积所致,广泛见于重力流沉积体系、斜坡脚根部补给水道末端及主沟道,在重力流沉积物中普遍可见。

2)结构特征

重力流沉积物从泥石流(碎屑流)演化到浊流阶段,其唯一的或主要的搬运方式是悬浮和递变悬浮载荷搬运。基本特征是颗粒/杂基的比值低,分选性很差到较好。

3) 构造特征

由于重力流沉积物(岩)的多样性而导致其构造特征的复杂性。重力流沉积物都是以递变层理或叠覆递变层理为其最主要的鉴定标志,其次还有平行层理、波状层理、旋涡层理、滑塌变形层理等。有时可伴有少量反映牵引流水流机制的交错层理和斜波状层理。除层理类型外,诸如槽模、沟模、重荷模、撕裂屑、旋涡层、变形砾、直立砾、漂浮砾、液化锥、液化管、碟状构造、水下岩脉和水下收缩缝等特殊构造类型。分布虽然并不普遍,但一旦出现就具有良好的指相性。

2. 重力流沉积相模式

自20世纪60年代以来,随着重力流沉积研究工作的不断深入,建立了一系列海相和湖相重力流沉积模式,概括起来主要有扇相模式和浊积沟道模式两种。

1) 扇相模式(海底扇相模式)

根据海底扇的地貌及其沉积特征,可将其分为上扇(扇根、内扇)、中扇和下扇(扇端、外扇)3个部分(图7-18)。

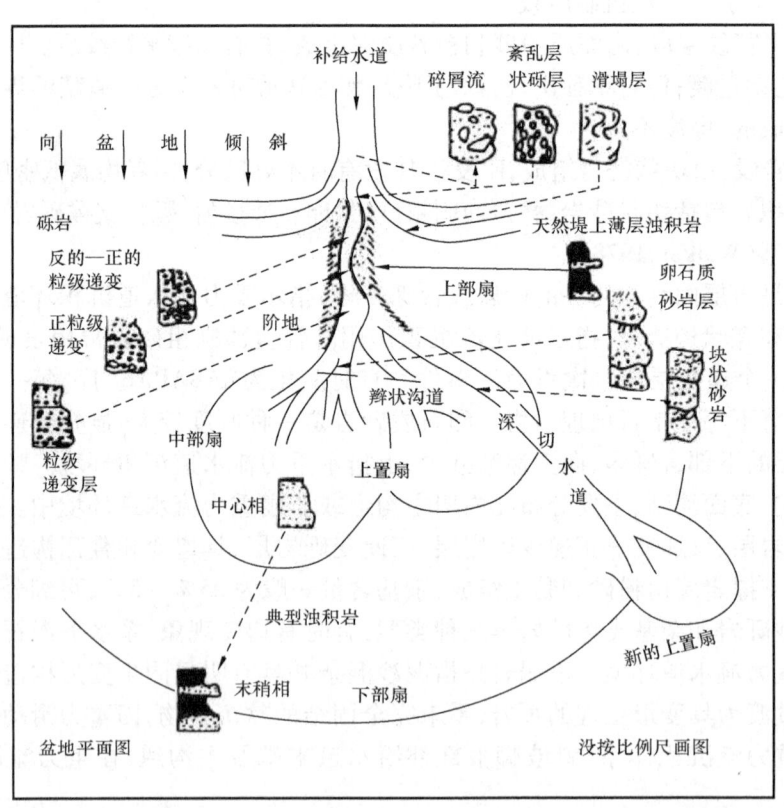

图7-18 海底扇相模式(表示有关的亚相、微相、扇地形和沉积环境)(据沃克,1978)

补给水道:补给水道或海底峡谷的主要作用是将砂砾泥组成的重力流沉积相输送到深水环境中去。高密度重力流具有侵蚀下切作用,使水道或峡谷不断向海底延伸。

内扇或上部扇亚相:在地貌单元上这个相位于大陆斜坡根部的峡谷出口处。在斜坡脚地带发育滑塌层和紊乱层的泥石流、碎屑流沉积物;在水道向下延伸方向上,依次出现泥石流、碎屑流沉积(紊乱砾岩层、反粒序至正粒序砾岩、有层理砾岩等)。在水道堤或阶地外缘,由于漫溢作用可形成不同序次的典型浊积岩。沉积物分布严格受地形的控制,特别是砾岩更严格地受水道的限制。水道宽度和深度因地而异,其深度可达 100~150m,宽度有 2~3km。由于水道的迁移和加积作用,可使砂砾质浊积岩分布的宽度和厚度更大。

中扇或中部扇亚相:位于内部扇以外和外部扇以内,常呈叠覆舌状体,突出的地貌特征是辫状分支水道发育。在辫状分支沟道里,以卵石质砂岩(或含砾砂岩)和块状砂岩为主,有时可见颗粒流和液化流沉积。在辫状分支沟道间以不同序列的典型浊积岩分布为特征。辫状水道一般宽 300~400m,深一般不超过 10m。由于扇表面辫状水道的迁移和加积作用,可使颗粒流沉积的卵石质砂岩和块状砂岩连续出现,从而形成孔隙度和渗透率都非常好的优质厚层油气储集层。中扇无沟道部分以漫溢沉积的 B-E、C-E 序列典型浊积岩为特征。

外扇或下部扇亚相:外扇亚相与中扇亚相无水道部分相接,地形平坦,基本无水道,沉积物分布宽阔而层薄。典型沉积是 C-E 序列和 B-E 序列的末梢相典型浊积岩和深水泥页岩。

深海平原相:深海平原沉积环境以具有填平低洼但不爬高的低密度底流沉积为特点,故除局部地区因填平有所加厚外,在深海平原广阔面积上以远积典型浊积岩为特征。其厚度是很稳定的,有的薄粉砂层可以侧向追踪几十至数百千米。

深切扇:深切沟道是指深切海底扇叶表面形成的沟道,重力流在低洼处形成小型"深切扇",形成的沟道型浊积岩是一种与周缘沉积相反常的相类型,其包裹在暗色泥页岩中的浊积岩体含油气潜力很大。

海底扇推进式相层序:如图 7-19 所示,自下而上为变厚变粗相层序。如果扇的补给来源渐趋中断或发生海进,此时有可能出现向上变薄、变细层序。

在湖泊中发育有湖底扇,海底扇模式基本上适用于湖底扇模式。

2)浊积沟道模式

较为明确并在油气勘探中取得良好效果的是美国文图拉盆地上第三系海沟浊积砂岩的研究成果(许靖华,1980)。文图拉盆地上新统—更新统主要由四种岩石类型组成:泥岩相、砾岩相、递变砂岩相、薄层砂岩相。它们分别形成于盆地斜坡、海底峡谷或扇、海沟、盆地侧翼或陆隆环境中。特别强调,海沟递变砂岩相形成于海底峡谷或海底扇浊流的拐弯,是沉积物重力流沿盆地长轴纵向搬运、沉积造成的。

海因和沃克(Hein 和 Walker,1982)所确定的加拿大魁北克寒武系—奥陶系具有阶地的辫状海底

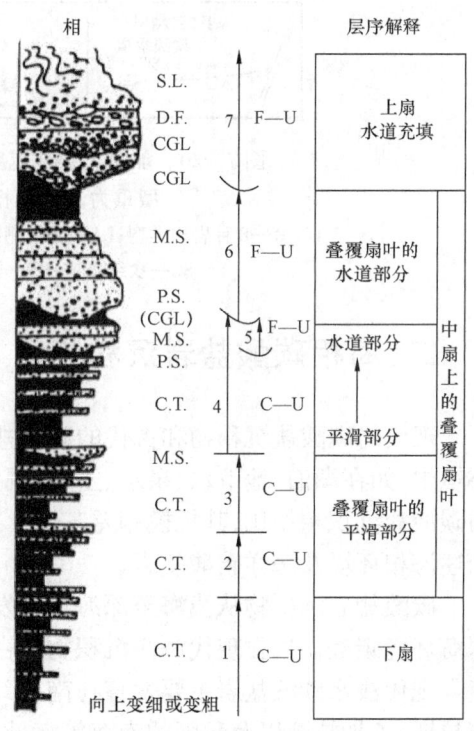

图 7-19 海底扇的推进式相层序
(据沃克,1978)

C—U—向上变厚和变粗的层序;
F—U—向上变薄变细的层序;
C.T.—典型浊积岩;M.S.—块状砂岩;
P.S.—含砾砂岩;CGL—砾岩;
D.F.—碎屑流;S.L.—滑塌

水道砾质沉积,是典型的浊积沟道沉积。它由厚约270m的卵石砂岩和块状砂岩组成,恢复后的水道深约300m,宽约10km,水道沿平行大陆斜坡脚的凹槽方向延伸(图7-20)。其中有八种岩相类型:① 粗砾岩;② 具粒序层理的细砾岩和卵石质砂岩;③ 显粒序的细砾岩和卵石质砂岩;④ 粒序细砾岩、卵石质砂岩和具有液体溢出的砂岩;⑤ 非粒序交错层细砾岩、卵石质砂岩和砂岩;⑥ 缺少构造的卵石质砂岩和砂岩;⑦ 砂和粉砂质浊积岩;⑧ 深水页岩。

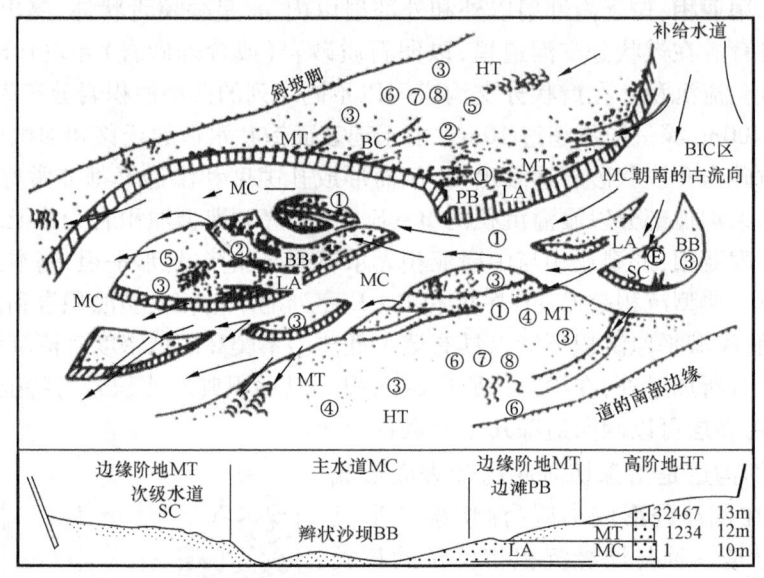

图7-20 加拿大魁北克寒武—奥陶系 Cap—Enrage 组海槽沟道型重力流沉积相模式(据海因和沃克,1982)

①~⑧—8种岩相类型;LA—海槽侧向加积;MC—主水道;MT—边缘阶地;HT—高阶地;SC—次级水道;BB—辫状沙坝;PB—边滩;CC—截断水道

二、海相碳酸盐岩沉积相

现代的碳酸盐沉积物和古代的碳酸盐岩,绝大部分都是在海洋环境中形成的。在非海洋环境中,如在湖泊、地下水、泉水、土壤、洞穴及沙丘中,也可以有碳酸盐沉积,但与海洋环境中的碳酸盐沉积相相比,其规模相差甚远。因此海洋是最主要的碳酸盐沉积环境,故本部分主要论述海相环境及海洋碳酸盐岩。

碳酸盐岩沉积物从浅海至深海均有发育,但主要形成于温暖气候条件的浅海环境。其中深海环境碳酸盐岩在现代海洋沉积物中占有重要位置,而古代碳酸盐岩则主要形成于浅海环境。现代浅水碳酸盐岩主要发育在南北纬30°之间,如加勒比海中的巴哈马地区、波斯湾、洪都拉斯、孟加拉湾以及我国的南海等海域,温暖的气候、清洁并具有较高盐度的浅水动荡水体(波浪和潮汐作用较强),最有利于碳酸盐沉淀。严格来讲,上述主要为有障壁的浅水碳酸盐沉积环境。现代无障壁的浅水碳酸盐沉积环境较少出现。在成因上,碳酸盐岩主要形成与化学作用、生物化学作用以及有机械作用参与的化学或生物化学作用,因此,碳酸盐岩是一类复合成因的化学或生物化学岩,但机械作用仍占有重要地位。碳酸盐岩沉积物在正向地貌区,即凸起处最发育。现代碳酸盐沉积作用主要发生在两种类型台地,即与大陆毗连的镶边台地以及孤立于大海中的浅水台地。碳酸盐沉积持续发育的最根本要素是保持浅水环境,即海底下沉速度与碳酸盐沉积物的补偿速度基本相均衡。因此,碳酸盐沉积作用一方面速率较快,但另一方面由于易受诸多因素抑制,因而在地史时期碳酸盐沉积作用是间歇性的。比浅水台地环境大得多的半深海—深海环境的海底,也发育着各种碳酸盐软泥和各种重力流沉积。据统计,深海碳酸盐沉积物比浅水碳酸盐沉积物的数量还要大,主要是微体和超微体浮游生物的堆积。浮游生物的大量繁殖也需要暖、清、浅的水体。

(一)海相碳酸盐岩沉积环境

1. 滨岸—浅水碳酸盐沉积环境

滨岸或浅水海洋环境是指水深小于20m的各种海洋环境,包括潮上、潮间、浅水潮下、礁、潟湖、潮汐三角洲、潮坪、潮沟以及滩、坝、堤、岛等各种有障壁的环境。该环境内可包括无障壁的海岸碳酸盐沉积(如我国海南岛沿岸现代碳酸盐沉积)和与大陆毗连有障壁的海岸碳酸盐沉积(如波斯湾南岸的特鲁西尔海岸的浅水、潟湖及潮坪碳酸盐沉积)、以及热带生物礁环境(中国南海广泛发育的现代珊瑚礁)。

2. 浅海陆棚碳酸盐沉积环境

浅海陆棚区水深大部分在20~200m之间,碳酸盐沉积物主要来自表层水及浅水地区,钙质生物介壳及风暴流等是这些沉积物主要来源。浅海碳酸盐沉积物在胶结作用下可以形成"海底硬地",现代波斯湾水深达60m的海底,分布有一层已胶结的砂屑石灰岩,其面积达$7\times10^4 km^2$。另一种情况是孤立于浅海中的浅水碳酸盐台地沉积,如加勒比海中的大巴哈马滩—大巴哈马台地,该台地南北约700km,东西约300km,浅海碳酸盐沉积面积达96000km^2。台地上水深偶尔超过15m,通长浅于7m;水体运动是通过潮汐和波浪联合作用形成的;发育有大量的生物,且生物群与环境密切相关。台地边缘发育了珊瑚礁、珊瑚藻和鲕粒滩,内部沉积了葡萄石、球粒和灰泥。大巴哈马滩这种台地沉积环境,可以用来解释古代碳酸盐台地沉积作用。

3. 半深海、深海—深水碳酸盐沉积环境

深水碳酸盐盆地指平均海水深度大于200m(有时为150m)的碳酸盐沉积环境,这是一种风暴浪基面以下缺氧的环境,从地形上来看,它包括大陆坡、陆隆、海沟、海底峡谷、海岭或洋中脊和深海平原。在占大洋面积为70%的深水区,所覆盖的沉积物大部分由碳酸盐所组成,其沉积物主要是由重力流沉积、正常底流(内潮流和内波流、峡谷流、底流或等深流、深水面流)沉积,以及面流和远洋沉积作用所形成的。

(二)海相碳酸盐岩的沉积相模式

碳酸盐岩沉积相是碳酸盐沉积环境及其相应环境下所形成的碳酸盐沉积物的综合。自20世纪60年代初,对海洋是碳酸盐沉积物生成的主要场所、碳酸盐沉积受水文、生物及自然地理等多种条件控制,沉积作用因素复杂等,地质家们就已形成了共识。但要想建立碳酸盐沉积和环境的理想模式,是较为困难的,至今还很难说有一个完整无缺的模式。现将两种国外常用的浅水碳酸盐岩沉积相模式划分方案介绍于下。

1. 陆表海沉积相模式

肖(Shaw,1964)首先将碳酸盐的主要沉积场所——浅海划分为两个不同的类型,即陆表海和陆缘海。陆表海(epeiric sea)也可称为内陆海、陆内海、大陆海等,是位于大陆内部或陆棚内部的、低坡度的(海底坡度一般小于1ft/mile)(1ft = 0.3048m,1mile = 1609.344m)、范围广阔的(延伸可达几百到几千英里)、很浅的(水深一般只有几十米)浅海。陆缘海(pericontinental sea)也可称为大陆边缘海,是位于大陆边缘或陆棚边缘或大洋边缘、坡度较大的(海底坡度约2~10ft/mile)、范围较小的(宽度一般为100~300mile)、深度较大的(水深可达200~350m)的浅海。陆表海和陆缘海是性质大不相同的两种浅海。在地质历史中,沉积碳酸盐岩的海大都是陆表海。但是,现代的浅海,都不是陆表海,而是陆缘海。就是上述所列举的各种现代碳酸盐沉积环境,也不是陆表海,而是与大陆毗邻的或孤立于大洋中的浅水碳酸盐台地。我们现在正生活在海平面从来没有这么低的地史年代中,因此,现在还找不到一个现成的陆表海模式。这也是碳酸盐岩沉积相研究中,采用现实主义原则方面所碰到的困难。

肖第一次精辟地论述了陆表海的水能量特征,参看图7-21(a),并且还在能量的基础上,对陆表海沉积物的分布进行了相应的划分,参看图7-21(b)。

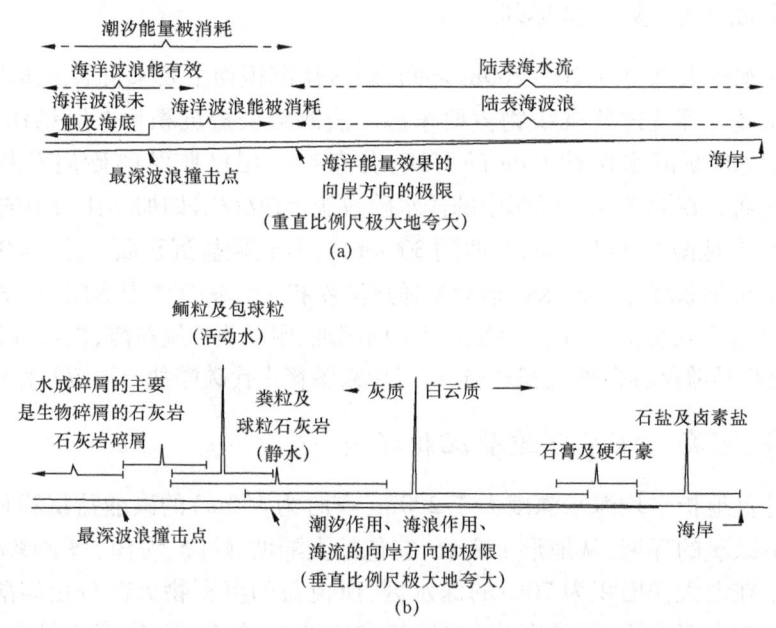

图7-21 陆表海水体能量及沉积相分布图
(a)陆表海水体能量及沉积相分布图;(b)陆表海的沉积相分布图

欧文(Irwin,1965)继承了肖的陆表海的水能量及沉积相的观点,并进一步提出了陆表海清水沉积作用的一般原理。所谓清水沉积作用,是指在没有或很少有陆源物质流入的陆表海环境中的碳酸盐沉积作用。

一般说来,陆源物质的沉积作用与碳酸盐沉积作用是相互排斥的。因此,清水是碳酸盐沉积作用必不可少的环境因素之一。欧文还根据陆表海的水动力条件,主要依靠潮汐和波浪作用的能量,划分出了三个能量带,即远离海岸的X带(低能带)、稍近海岸的Y带(高能带)和靠近海岸的Z带(低能带),见图7-22。

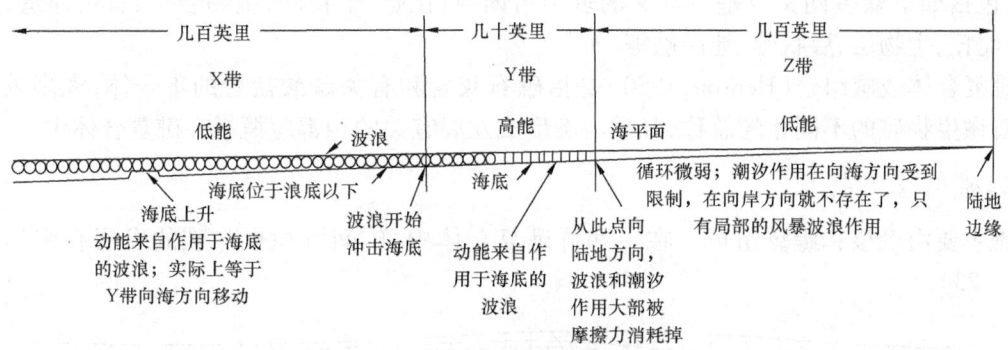

图 7-22 陆表海的能量分带图

2. 碳酸盐岩综合相模式

威尔逊(Wilson,1975)的模式在国内外流传比较广,这是一个理想化的碳酸盐岩综合模式。他归纳了陆棚上碳酸盐岩台地和边缘温暖浅水环境中碳酸盐岩沉积类型的地理分布规律,将碳酸盐岩划分为3个大沉积区9个相带,24个标准微相。

以横切陆棚边缘的剖面,从海至陆9个相带依次是:盆地相、开阔陆棚(广海陆棚)相、碳酸盐岩台地的斜坡脚(或盆地边缘)相、碳酸盐岩台地的前斜坡(或台地前缘斜坡)相、台地边缘的生物礁相、簸选的台地边缘砂(或台地边缘浅滩)相、开阔台地(或陆棚潟湖)相、局限台地相、台地蒸发岩(或蒸发岩台地)相。有关各相带的沉积特征在这里不详细介绍了。

(三)礁和礁相

生物礁无论是地史时期还是现代,都有广泛分布,同时,它也是碳酸盐沉积中的一种重要的含油气沉积类型。在国内外都已发现了许多生物礁油气田,如加拿大泥盆系的礁油气田,美国五大湖区早古生代的礁油气田,俄罗斯泥盆系、石炭系、二叠系中的礁油气田,我国在二叠系、三叠系和古近—新近系的礁油气田等。由于礁是良好的油气圈闭,因此我国沉积学家和古生物学家积极地开展了古代和现代礁的研究,先后在陕南、湘西寒武系、浙西、陕南奥陶系、川西北、陕南志留系、滇、黔、桂、川西南地区泥盆系、二叠系、三叠系,川西北地区的泥盆系、二叠系、三叠系和川东地区的二叠系,湖南、赣西北二叠系发现了大量的生物礁沉积体,同时在古近—新近系海、陆相地层中也分别发现了礁,为我国南方和海上油气勘探作出了巨大贡献。

1. 礁的基本特征及分类

1) 礁的概念

礁(reef)这一术语,不但在地质上应用广泛,而且在海洋学、航海学等领域也应用广泛,但对礁的含义理解并不一致。就地质上而言,目前国内外对礁的概念尚有不同认识。广大研究者对礁大体有两类理解,即邓哈姆(1970)提出的礁的双重概念:广义礁和狭义礁。

狭义的礁即所谓生态礁,是指造礁生物原地生长造成的坚固的抗浪骨架,它在地形上具有隆起的正性地貌特征。该地貌的出现,逐渐改变周围的沉积环境,造成规则的相带分布。

广义的礁实际上是指厚的碳酸盐岩体,横向延伸不远,即为一个三度空间上的碳酸盐岩几何体,包括如下众多同义或基本同义的多种名词:石化礁、生物礁、生物岩礁、有机建造、生物丘、灰泥丘、生物层、层状礁、地层礁等。

礁复合体或礁组合(Henson,1950)是指礁石灰岩和有关碳酸盐岩的集合体,大多数人都将它看做生物礁的不同相的总称,凡是与礁形成发展有关的相都应概括在礁复合体中。

2) 礁的基本特征

礁主要由礁核和礁翼组成。在一些群礁复合体中,礁间沉积也与礁的发展有密切关系(图7-23)。

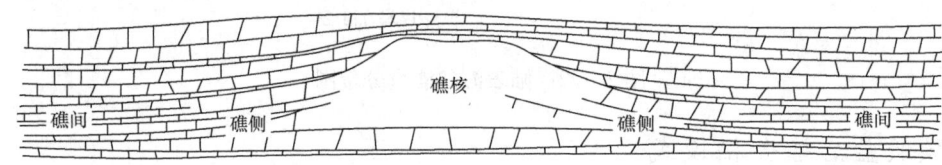

图7-23　生物礁的基本组成(据James,1978)

礁核是指礁体中能够抵抗波浪作用的部分,乃礁的主体。它主要由原地堆积的生物岩或粘结岩组成。其中生物的含量很高,主要是造礁生物,还有一些附礁生物。

礁翼通常是指礁相与非礁相呈指状交错过渡的部分礁体。礁体迎风的一侧称为礁前,背风的一侧称为礁后。

在一些群礁复合体中,礁与礁之间的沉积物和生物组分与礁的发展有着极其密切的关系。在海侵的情况下,群礁一般是发展的,在礁间可以出现正常的海相碳酸盐沉积;当海退时,群礁的发展受到抑制,礁间可以出现一些潟湖相的沉积。有时礁间也可以包括在礁组合的复合体中。

3) 礁的分类

礁的类型主要是根据其形态和地理位置来划分,如图7-24所示。

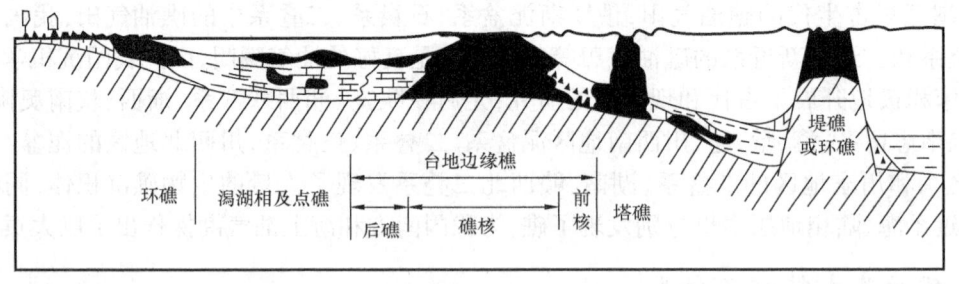

图7-24　各类礁分布示意图(据曾鼎乾等,1988)

按形态,可将礁分为以下类型。

点礁:也称为斑点礁。礁体近似圆形,或呈不规则状,是在潟湖或外滨海底较小隆起上形成的孤立小礁体。

宝塔礁:也称为尖柱礁和孤礁,形似锥状或者陡侧向上变尖的丘状,由成礁期海底持续下降而成,多出现于深水带。

马蹄形礁:也称为新月形礁。向风面一侧礁体发育,背风一侧不发育,触体凸面迎风,多分布于开阔海盆中。

环礁：礁体围绕海底较大隆起的边缘生成，连接成环状，中央带凹下成潟湖，多出现于外滨广海中。

丘礁：孤立地分布，近似半球状，由波基面以下较深水碳酸盐堆积而成。圆丘礁或宝塔礁用来指示大陆架边缘或盆地内的单元岩隆。

层状礁：也称为带状礁和滩礁，分布面积较大，礁高度不大，多分布于碳酸盐岩台地上，相当于前述生物层礁。

按礁体的地理位置又可分为岸礁、堡礁和边缘礁。

岸礁：也称为边礁、镶边礁和裙礁，紧靠海岸生长，顶平，由于向海岸一侧斜坡常很陡，故发育陡峭的海岸峭壁或陡坡，呈曲线状。

堡礁：也称为堤礁、堤岛礁或障壁礁。堡礁多在平缓的海岸生长，离海岸有一定距离。平面上礁多呈曲线状，平行海岸分布。形成的堤礁与陆地之间有潟湖相隔。

边缘礁：也和堤礁一样与盆地深度的剧烈变化有关，但远离海岸分布。因此尽管礁后广阔的水域较浅并比较隔绝，但它的含盐状况实际上没有变化（或在离礁较远的地方变化）。礁后沉积为正常海水的碳酸盐岩层。

2. 生物礁的形成

1）礁生物的造礁作用

礁生物群落的丰富度、分异度，决定了它能高速度地从海洋中分泌碳酸钙，从而加速生物和礁的生长速度。现代太平洋造礁珊瑚每年的增长速度为 2.5~4cm 有时高达 10~14cm，甚至 30cm。

在造礁生物中，最重要的是能分泌一定硬骨架的（建架生物）群体生物——各种珊瑚、层孔虫、树枝状苔藓虫、钙质海绵群体古杯海绵、树枝状海藻（灌丛藻、管壳石等类型）；具有叠生能力和建造块状抗浪"骨架"体能力的硬骨架单体生物——厚壳蛤、蛇螺、固定的有孔虫（云状类型）及生活在钙质管中的蠕虫。

概括起来，造礁生物有以下五种作用形式。

骨架式：造架生物如珊瑚等死亡后仍保留其生态条件，作为礁体拓展的基本格架。

障积式：如海底的海藻，当海流经过时，生物可阻碍海流中的泥晶物质而沉淀成岩。

粘结式：如层孔虫，能将海底生物碎屑覆盖起来快速粘结成岩，起到加固作用。

附着式：藻类等可以附着有骨架生物上造成结壳，起到加固作用。

胶结式：藻类生长在洞穴或孔隙内，产生胶结作用，同时起到加固作用。

大部分生物礁都是这几种生物作用结合起来形成的，很少是某种单独的作用造岩。

2）生物礁的形成过程

在大多数情况下，能够辨出礁的生长有四个独立阶段，即先驱阶段（定殖阶段）、拓殖阶段、泛殖阶段和统殖阶段。每个阶段都有其特点，这表现在石灰岩类型、造礁生物的相对多样性及其生长形态等方面。

先驱阶段（定殖阶段）：沉积物的表面繁殖着藻类（钙质绿藻）、植物（海草）或者动物（有柄亚门），它们围着底层，使其联结和固定下来，随后星星散散的枝状藻类、苔藓虫等生物就开始在定殖的生物之间生长起来。

拓殖阶段：是造礁后生生物的初期繁殖阶段。此阶段通常以生物种很少为特征，岩石形状有时是成丛的枝状。枝状的生长形式造成了许多较小的亚环境,形成了礁生态系统的第一阶段。

泛殖阶段:这个阶段是礁体的主要构成时期,也是礁体向上生长最显著的时期,侧部相也发育起来,主要造礁生物的种属通常超过双倍,并且可以看到多种多样的生长习性。随着生物形态的增多,以及形成格架的和起粘结作用的种属数目的扩大,栖居空间(即表面洞穴等)也相应增多,导致产生碎屑的生物的多样化。

统殖阶段:礁体生长至这个阶段,变化常较突然。最普通的岩性是石灰岩,并以只具有一种生长习性的(一般是结壳的到纹层状的)少数几个种属的生物占统治地位。在这个阶段,大多数礁受拍岸浪的影响,形成碎块灰岩层。

3. 礁复合体和礁相沉积模式

礁复合体即指生物礁的不同相的总称。具体可以包括骨架相、礁顶相、礁坪相、礁后砂相、潟湖相、礁斜坡相以及塌积相(近侧和远侧),参见图 7-25。各相带的沉积特征分述如下。

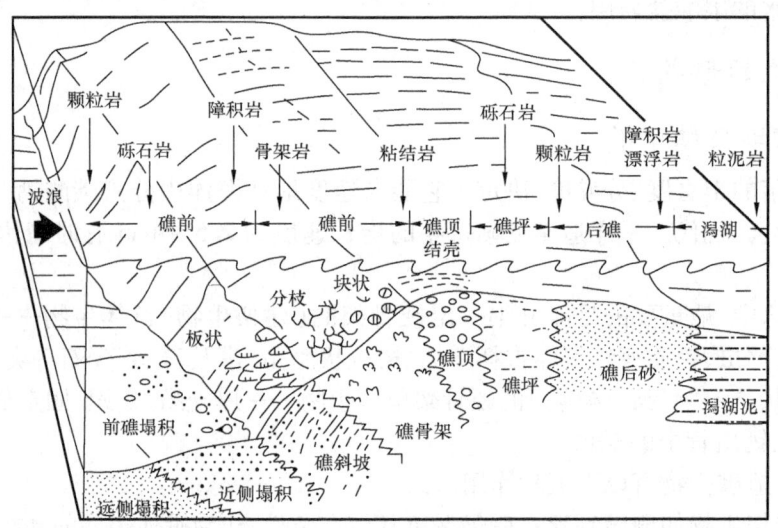

图 7-25　礁复合体的各相带示意图(据 James,1979;Longman,1981;
Scoffin,1986;何起祥等,1986,有修改)

1) 礁骨架相

礁骨架相位于礁的前缘,是波浪和水流强烈扰动的环境,是造礁生物繁衍最旺盛的地方。如果拓殖的生物是钙质生物,那么生物的大量繁殖就可以造成生物骨架的发展和礁复合体的形成。但是,由于生物的侵蚀作用以及波浪、潮汐和流水作用,常常使这些碳酸盐骨架遭到一定程度的破坏。一些破碎的原生骨架碎屑可以从礁骨架搬运到礁后区去,或者在重力作用下堆积在礁前。这样,当骨架生长时,一方面有原生骨架保存下来(大约30%),另一方面骨架间和骨架内的原生孔隙中也可以堆积大量的骨骼碎屑。

2) 礁顶相

礁顶相通常出现在礁的顶部。它有两个完全不同的类型:

礁顶是由活着的珊瑚骨架组成,为扁平的板状珊瑚(可能是生存竞争的结果),低能区由指状珊瑚组成;高能区由珊瑚砾块和红藻石组成。由于周期性暴露将杀死活着的珊瑚,故礁顶变成一个次生礁脊。珊瑚碎屑的粒度为砂到巨大漂砾,漂砾是由风暴从礁骨架上撕裂下来的。

3) 礁坪相

礁坪相位于礁顶相和礁后砂相之间,地形平坦,在礁复合体中相带最宽。在特大潮时,部分地区可以露出水面,该环境特征是除了零星散布的块状和指状礁外,更多的是生物碎片以及分散的生物。与礁骨架相和礁顶相相比,礁坪相的波浪和水流的能量较低,缺少底质,水的循环受到限制,局部地区造礁生物较丰富,可以形成斑礁。

4) 礁后砂相

礁后砂相位于礁坪后侧,二者是逐渐过渡的。波浪横过礁坪,其能量将大为降低。由于沉积物变细和不稳定,以至于使固着的以滤食方式生活的造礁生物不能正常繁殖。该处水深一般为1~5m,最深可达10m。间歇性的风暴能将礁骨架破碎的物质从礁复合体的向海地带搬运到礁后环境中,同该处生长的生物,如软体动物、藻(主要是侧掌藻)以及有孔虫等混在一起。沉积物分选中等到较好。现代珊瑚礁内,礁后砂的主要成分是珊瑚和钙藻碎片,但也常常见到棘皮类、软体动物和有孔虫的碎片、灰泥很少。

5) 潟湖相

潟湖是指环礁内或礁复合体之后一个静水环境。潟湖相可以是礁复合体的一部分,也可不是礁复合体的一部分,这视其沉积物的来源是否与礁复合体有关。潟湖的水深只有几米,波浪的能量比较低,水的循环受到限制,沉积物一般为碳酸盐泥和细粒的碳酸盐砂,分选差。除了来自礁骨架的极细粒的生物碎屑外,主要的生物碎屑是软体动物、有孔虫以及仙掌藻,缺少广海的生物。

6) 礁斜坡相

礁斜坡相处于成熟或未成熟的礁复合体的礁骨架相的向海一边,其特征是有一个较陡的斜坡。其倾角为50°~90°。在斜坡上,只有零星的珊瑚,当有海水扰动时,有八射珊瑚发育,水深通常有几十米。该处保持一个相对波浪能量比较低、阳光不太充足的环境。在这样一些因素影响下,最适合于快速生长的造礁生物的发育。礁斜坡相的沉积物主要来自礁复合体的浅水部分,它们通过重力作用漂移和沉降进入该环境中。沉积物的分选性是中等到差,粗的和细的碎屑混合在一起。该相中的生物主要是仙掌藻、海绵以及硬海绵,这些生物死亡后和沉积物一起堆积下来。

7) 近侧塌积岩相

近侧塌积岩的环境是指礁斜坡之下的那个地带,其特征是含有大量的来自礁复合体的碎屑和少量的活着的钙质生物。由于水的深度比较大,所以在该环境中波浪能量低,光线很微弱,甚至有时透不进光线,其沉积物主要是通过重力作用沉积的。礁的塌积物来自礁复合体。礁岩碎块有时很大,其粒径可达几米以上。此外还有一些仙掌藻、红藻以及其他各种不同的生物成因的颗粒。岩石类型从泥岩到颗粒岩都有,但以骨骼泥质颗粒岩为主。在一些地区,一些陆源物质也可混入到塌积岩中。

8) 远侧塌积岩相

远侧塌积岩位于塌积岩相的下斜坡。该地区的沉积物粒度较细,含大量的浮游生物。它是浮游生物和来自礁复合体的细粒碎屑物质的混合。远侧塌积岩和近侧塌积岩之间是渐变的。当来自礁复合体的碎屑物质逐渐消失后,远侧塌积岩的塌积物就逐渐过渡为深水盆地相的沉积物。

第四节 海陆过渡相组

海陆过渡相组,简称过渡相组,主要指海陆过渡地带,由大陆(常是河流)和海洋(如波浪和潮汐)共同作用的产物,包括海成三角洲相、潟湖相、障壁岛相、潮坪相和河口湾相等(图7-26)。

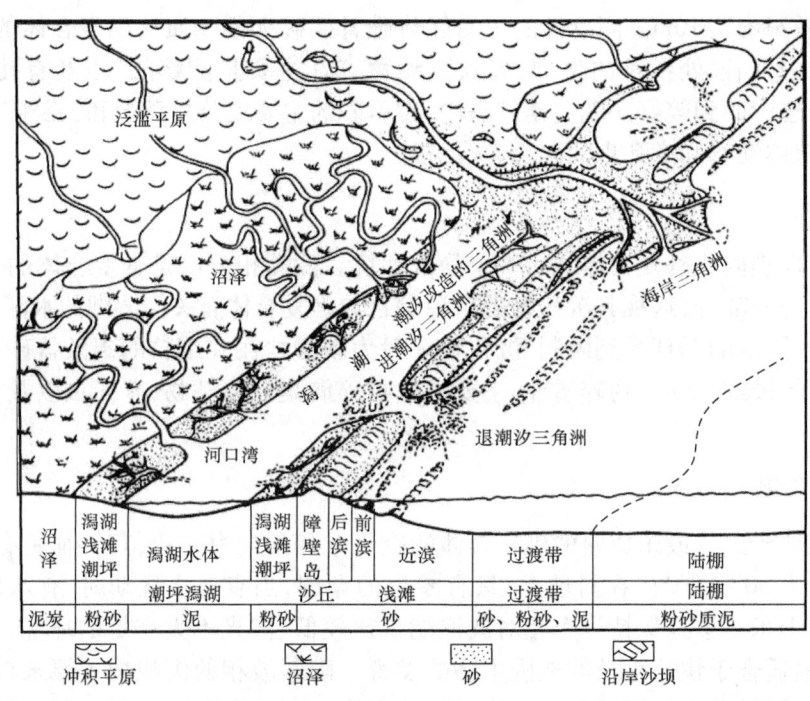

图7-26 障壁岛沉积体系立体模式

由于潟湖、障壁岛、潮坪、河口湾相多是受障壁的遮挡作用在海岸带发育起来的,故也称为障壁型海岸相。潟湖往往与障壁岛相伴生,如同海滩一样,障壁岛向海一侧主要受波浪作用的影响。潟湖位于障壁岛向陆一侧,主要受潮汐影响。也就是说潟湖往往又与潮坪相伴生。但是潮坪有时在海底极缓(坡降一般在1°左右)、波浪活动较弱的开阔海岸地区也可发育。而河口湾位于潮汐作用强烈海岸河口区,障壁海岸地带河口湾通常并不发育。

一、三角洲相

三角洲是指河流流入海洋或湖泊时,在河口附近形成的、尖顶向陆的三角形沉积体。它与多种沉积矿产,特别是能源矿产的关系十分密切。因此,三角洲是近年来沉积相研究的重点领域。

(一)三角洲的发育过程

1. 河口坝和河道分叉的形成

河流入海(湖)的河口地区,由于坡度变缓和蓄水体的顶托作用,使河流流速骤减,河流底负载堆积成水下浅滩,随着沉积作用的发生,浅滩逐渐淤高、增大、露出水面,形成河口沙坝。河口沙坝的形成,迫使河流由沙坝的上游端分为两股分叉支流(即分流河道),并向外扩展。分流河道向前发展,在新的河口处又会形成新的次一级的河口沙坝(图 7 - 27)。这一过程不断重复,就形成了三角洲的雏形。

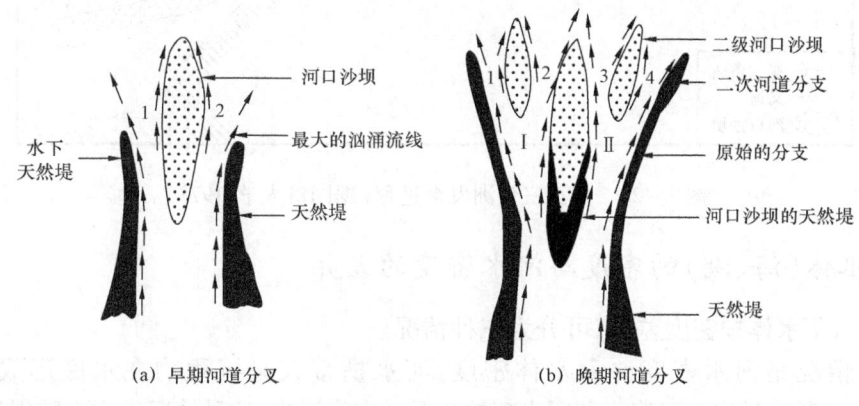

(a) 早期河道分叉　　　　　(b) 晚期河道分叉

图 7 - 27　三角洲发育过程(据拉塞尔,1967)

2. 决口扇的形成与三角洲的扩大

分叉支流河道不断向海(湖)决口过程对三角洲的形成和发育起着十分重要的作用,因为占据三角洲的较大面积的分流河道间地带,主要是由决口过程建设的。决口扇的形成,使三角洲在横向上不断扩大。

随着河口区三角洲的建设,地形逐渐抬高,河流由原三角洲分流河道泄水越来越困难,迫使河流改道,取道于坡度较大、流程较短泄水渠道,注入新的地势较低的滨浅海(湖)区。随着时间的推移,三角洲的废弃和发育可以交替出现,形成三角洲复合体。如密西西比河三角洲体系就是由 7 个三角洲错叠而成的;长江三角洲是有由 6 个亚三角洲由西向东呈雁行式依次退覆叠置而成(图 7 - 28)。

(二)三角洲形成的控制因素

1. 河流的作用

河流的流量和输砂量是形成三角洲的物质基础,流量和输砂量越大,最大流量和最小流量的比值越高,越有利于泥沙在河口的堆积,对三角洲形成发育有利。河流所携带沉积物的砂/泥比值越低,悬浮负载越多,越有利于三角洲的保存。

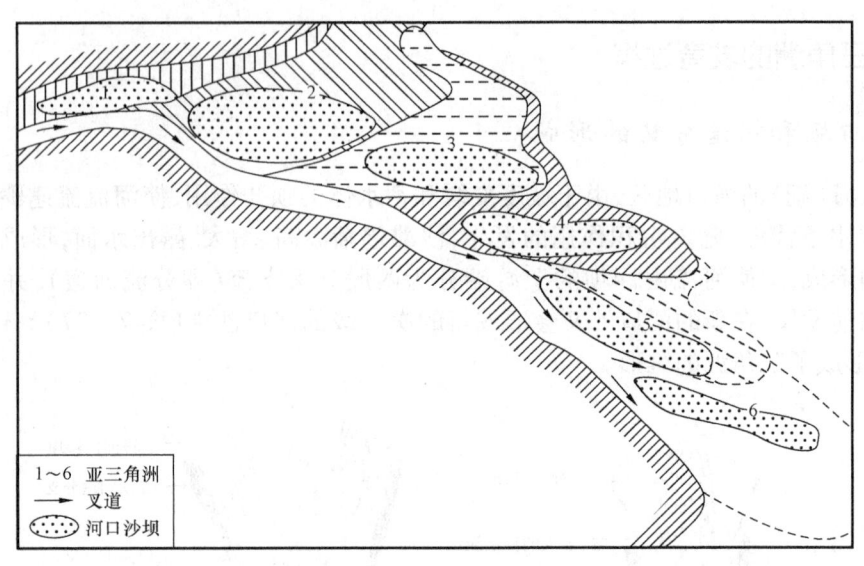

图 7-28　长江三角洲发育过程(据同济大学,1978)

2. 蓄水体(海、湖)的密度与河水密度的差异

河流注入蓄水体按密度差异,可分为三种情况。

第一种情况是河水密度＞蓄水体密度,河水携带大量沉积物在水底形成平面喷流(图 7-29),多数为洪水性河流入湖所出现的状况。在海洋中,这种情况常为大陆斜坡海底重力流水道,最终在海底形成海底扇。第二种情况是河水密度＝蓄水体密度,河水注入淡水湖泊多出现这种情况,河水与蓄水体在三度空间发生混合作用,形成轴状流(图 7-30),形成湖泊三角洲。

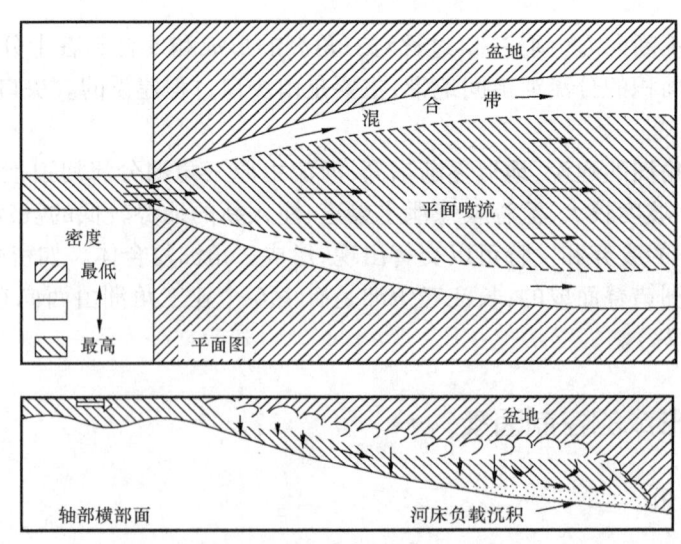

图 7-29　河水密度大于蓄水体密度,属平面喷流,出现于浊流,形成海底三角洲
(据贝茨,1953;斯考特,1969,略加修改)

第三种情况是河水密度＜蓄水体密度,河水沿蓄水体表层形成平面喷流(图 7-31),通常发生在河流入海处,形成以河流作用为主的海成三角洲。

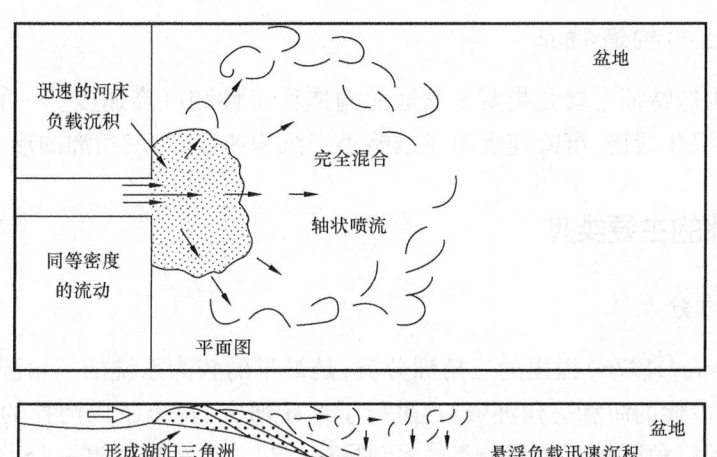
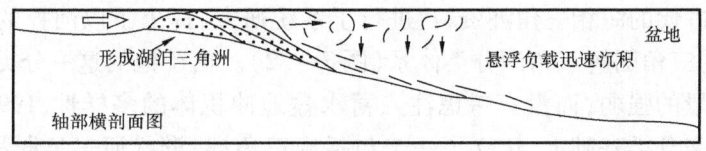

图 7-30 河水密度等于蓄水体密度,属轴状喷流,形成湖泊三角洲
(据贝茨,1953;斯考特,1969,略加修改)

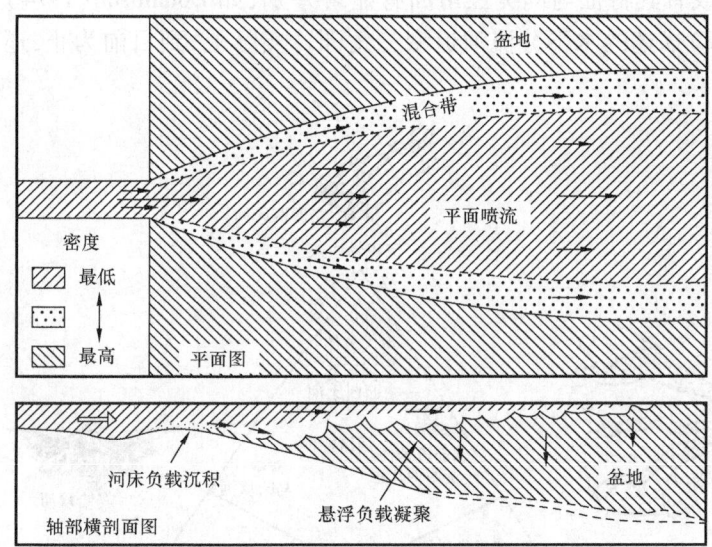

图 7-31 河水密度小于蓄水体密度,属平面喷流,形成海底三角洲
(据贝茨,1955;斯考特,1969,略加修改)

3. 蓄水体的水动力作用

波浪、潮汐、海流(湖流)可对河流输入的泥沙进行改造再分配,阻止或影响三角洲向海方向推进,或者使三角洲的形态、类型发生变化,或者使原有的三角洲遭受破坏。

4. 河口区蓄水体水底地形

河口区水底地形坡度小、地势平缓、水体浅,有利于泥沙堆积,形成三角洲。

5. 蓄水盆地的构造特征

蓄水盆地的构造特征主要是指蓄水盆地的构造稳定性和沉降速度。一般来说,蓄水盆地构造相对稳定,或沉积缓慢、沉降速度等于或略小于沉积速度,对三角洲的形成和保存有利。

(三)三角洲的主要类型

1. 三角洲的分类

盖洛韦(Galloway,1976)提出的三角洲分类,是最早的较为系统的三角洲的分类。他收集了近30个近代和古代的海相三角洲资料,进行了系统研究,提出了以河控的、浪控的、潮控的为三个端元类型的三角图解三角洲分类体系(图7-32)。由于他的这一分类着重考虑了蓄水盆地波浪、潮汐能量的强弱,而没有考虑注入蓄水盆地冲积体的多样性,1991年,Galloway与薛良清合作,在原来分类基础上,建立了一个包括扇三角洲、辫状河三角洲和正常三角洲(曲流河三角洲)在内的三角洲扩展分类(表7-3,图7-37)。这一扩展分类对三角洲类型的概括是比较全面的,但是由于决定三角洲类型的因素十分复杂,有些三角洲在这一分类中或者找不到合适的位置,或者其特征与同类三角洲有显著差别,如Donaldson(1974)所描述的浅水三角洲、夏文臣(1991)描述的水下分流河道型三角洲。实际上,到目前为止,还没有十分完美的三角洲分类。

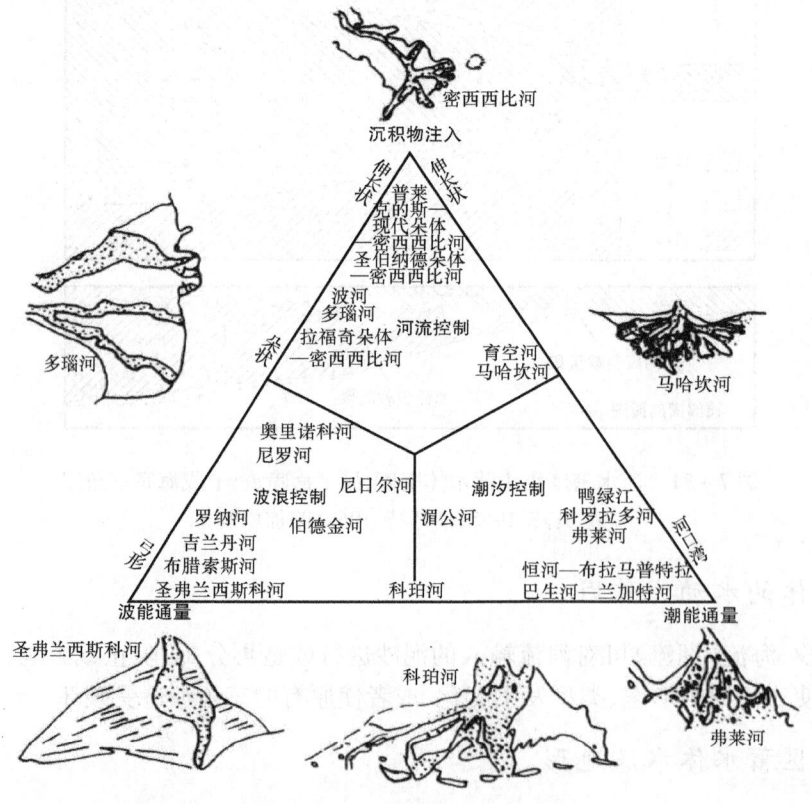

图7-32 三角洲类型三段元分类(据盖洛韦,1976)

表 7-3 三角洲体系的分类(据薛良清,1988)

三角洲前缘	冲积扇	辫状河平原	分流平原
河控	河控扇三角洲	河控辫状河三角洲	河控三角洲
浪控	浪控扇三角洲	浪控辫状河三角洲	浪控三角洲
潮控	潮控扇三角洲	潮控辫状河三角洲	潮控三角洲

尽管三角洲的沉积物粒度可粗可细,三角洲中河流、波浪和潮汐相互作用的能量不同,但总的说来,一个三角洲可以根据其沉积环境和沉积相特征,被划分成三角洲平原、三角洲前缘和前三角洲三个亚相及多个微相(表 7-4)。

表 7-4 不同类型三角洲亚相、微相划分

三角洲类型	亚相	微相
扇三角洲	扇三角洲平原	分流河道、漫滩沼泽
	扇三角洲前缘	水下分流河道、水下分流河道间、河口坝、前缘席状砂
	前扇三角洲	前三角洲
辫状河三角洲	辫状河三角洲平原	辫状河道、越岸沉积
	辫状河三角洲前缘	水下分流河道、水下分流河道间、河口坝、远沙坝
	前辫状河三角洲	前三角洲
正常三角洲	三角洲平原	分支河道、天然堤、决口扇、沼泽、淡水湖泊
	三角洲前缘	水下分支河道、水下天然堤、支流间湾、河口坝、远沙坝
	前三角洲	前三角洲泥、滑塌浊积扇

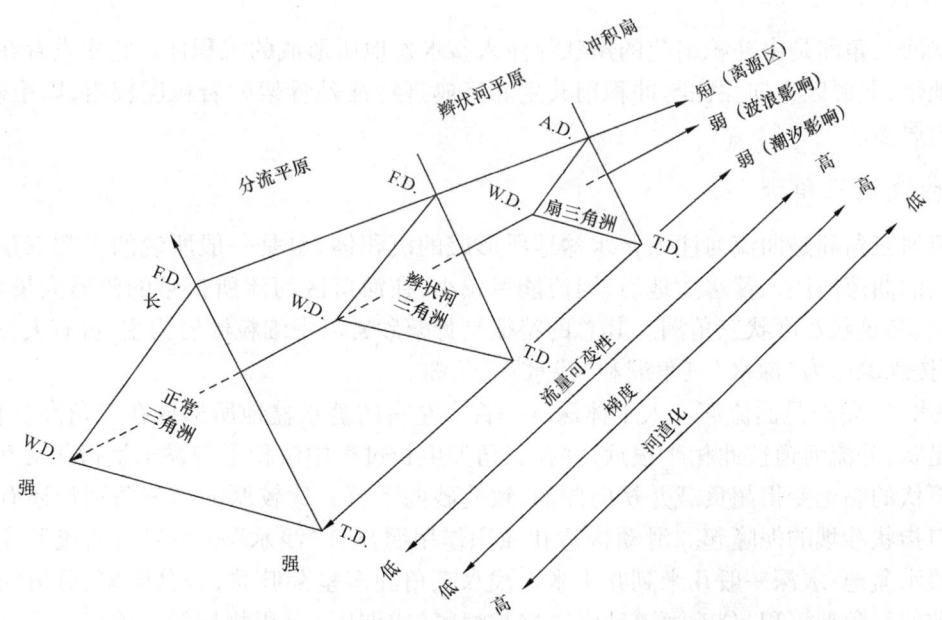

图 7-33 三角洲体系分类谱系图(据薛良清,1991)
A. D.—冲积扇为主;F. D.—河控;W. D.—浪控;T. D.—潮控

2. 几种主要三角洲类型

按冲积体前积的地理位置和构成特征可分为海、湖三角洲,其中又可分为扇三角洲、辫状河三角洲和曲流河三角洲。按河流、波浪、潮汐三种能量相对大小,海成三角洲可分为河控三角洲、浪控三角洲、潮控三角洲三种基本类型。

1) 扇三角洲

扇三角洲是由冲积扇直接前积到蓄水盆地形成的沉积体(图7-34)。它多发育在半干旱—半湿润的气候条件下,一般出现在蓄水盆地的陡坡或断裂边界附近。其典型特征是发育大量的砾岩、含砾砂岩、砂岩。

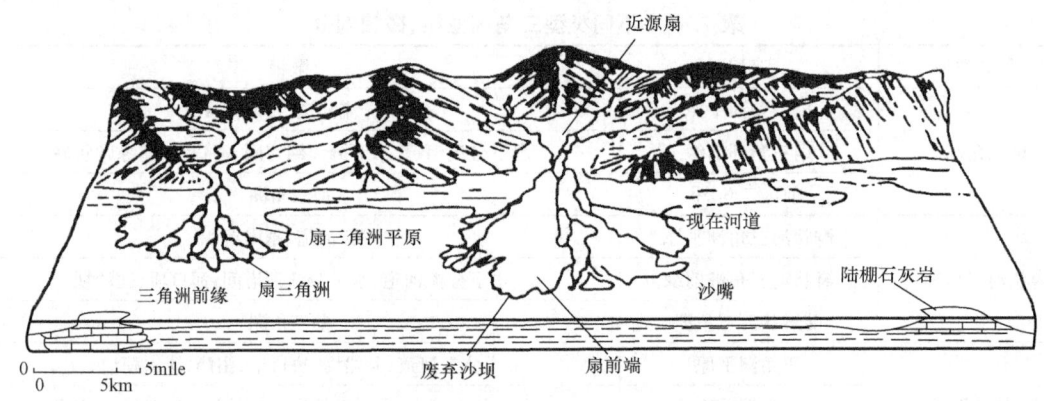

图7-34 海陆过渡相组扇三角洲沉积模式(据杜弗隆,1980)

2) 辫状河三角洲

辫状河三角洲是由冲积扇前的辫状河注入蓄水盆地所形成的沉积体。它多发育在蓄水盆地陡坡地带,向源区方向往往与冲积扇共生。其典型特征是骨架砂岩粒度较粗,以粗砂岩、含砾粗砂岩居多。

3) 曲流河三角洲

曲流河三角洲是曲流河注入蓄水盆地所形成的沉积体,也是一般所说的正常三角洲。当源远流长的曲流河注入蓄水盆地后,河流能量减小,在河口区河流所携带的碎屑大量堆积,形成朵叶状、鸟足状及席状三角洲。其总的特征是骨架砂岩以中细粒砂岩为主,可有大量的粉砂岩,又可按水深分为"深水"三角洲和"浅水"三角洲。

"深水"三角洲是曲流河注入水体深度一百米左右的蓄水盆地所形成在三角洲沉积体,通常呈鸟足状,分流河道彼此相距很远,并在三角洲生长过程中沉积了与黏土呈指状交互的指状砂坝。下伏的黏土变得超负载并挤向侧面,致使砂向下沉。比较厚的前三角洲泥还有刺穿到上覆河口指状沙坝的泥隆起。滑动构造和浊积作用明显。"浅水"三角洲是曲流河注入覆水较浅的蓄水盆地,水深一般几米到几十米。浅水三角洲多呈朵叶状,分岔频繁、分流河道经常切割先前的三角洲沉积,分流河道砂常直接与海底(或湖底)沉积物接触。前三角洲沉积也很薄。这与深水三角洲形成鲜明对照。

4) 河控三角洲

河控三角洲是在河流能量远远超过蓄水体能量的情况下形成的。根据其形态特征,可进一步为分鸟足状和朵叶状两种三角洲,这两类三角洲为海成和湖成三角洲主要类型。

鸟足状三角洲:又称长形三角洲,是河控三角洲的极端类型。其特点是河流输入的泥砂量大,砂/泥比值低,悬浮负载多,因而,有利于形成天然堤,使分流河道趋于固定,同时发育巨厚的前三角洲泥,向前推进的河口沙坝直接覆盖在巨厚的前三角洲泥之上,并可以很快地沉陷,埋于其中,免受蓄水体改造而保存下来,形成长短不一的"指状沙坝",鸟足状三角洲就是由此而得名的(图7-35)。

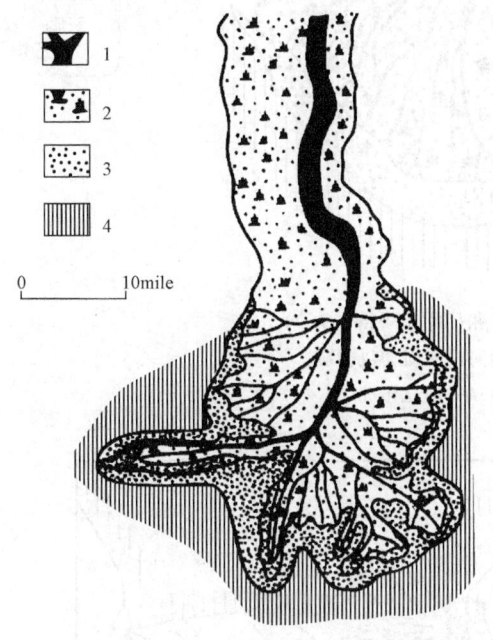

彩图 鸟足状三角洲

图7-35 密西西比河鸟足状三角洲(据斯考特,1969)
1—分支河道、天然堤决口扇;2—三角洲平原(沼泽、湖泊、分流间湾);
3—三角洲前缘(包括河口沙坝、席状砂);4—前三角洲

朵叶状三角洲:这种三角洲形态上呈向海(湖)突出的半圆形。其前缘有的地方凸出(分流河口区)有的地方凹进(分流间),略呈锯齿状(图7-36)。与鸟足状三角洲相比,这种三角洲泥砂输入量少一些,而且砂/泥比值较高,受波浪影响有所增强。因此,河口坝覆在较薄的三角洲泥之上,沉陷也较慢,致使三角洲前缘的砂遭受海(湖)水改造,使之再分配,形成席状砂,但河口附近砂体仍较分流河道间发育。

5) 浪控三角洲

浪控三角洲是海成三角洲和部分湖成三角洲类型之一,平面形态呈鸟嘴状。在这种三角洲形成过程中,波浪作用大于河流作用,往往只有一条或两条主河道入海,分流河道少而小,河流泥砂输入量不多,而且被波浪作用改造、再分配,形成一系列平行于海岸的海滩、沙脊、沙嘴、沙坝。应该指出,这种三角洲的沉积特征与海岸沉积物极为相似,其重要区别是在向陆方向上有河道沉积发育(图7-37)。

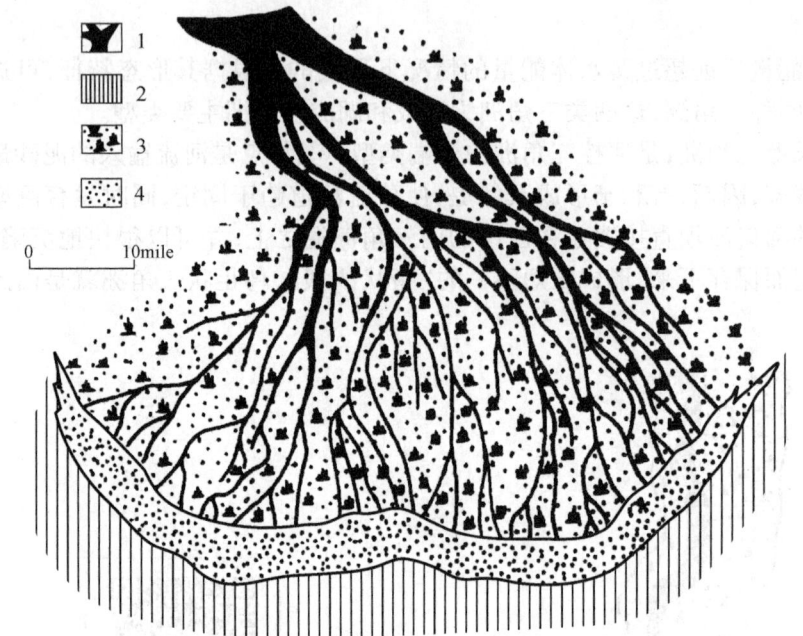

彩图 朵叶状三角洲

图7-36 密西西比河全新世朵叶状三角洲（据考斯特，1969）
1—分支河道堤决口扇；2—三角洲前缘（包括河口沙坝、席状砂）；
3—三角洲平原（沼泽、湖泊、分支间湾）；4—前三角洲

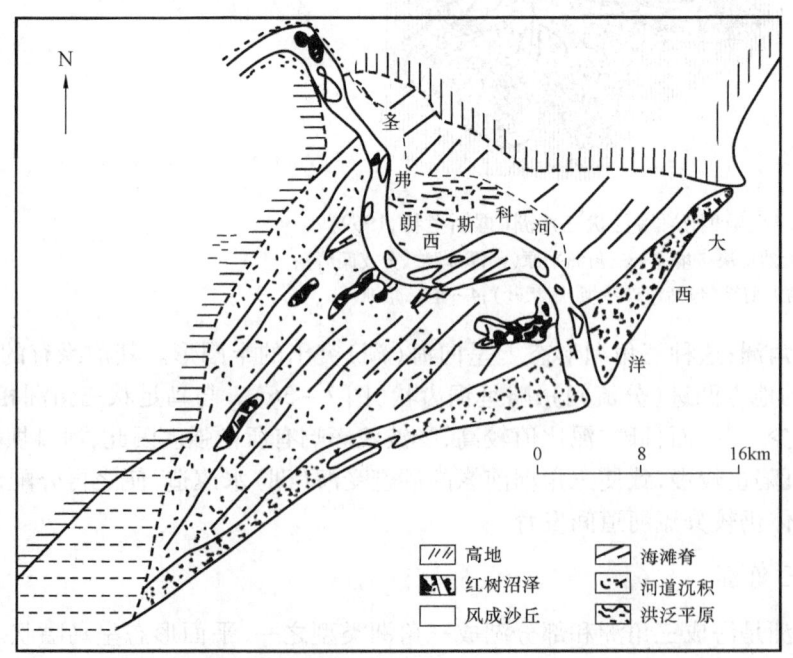

图7-37 巴西圣弗朗西斯科鸟嘴状三角洲（据赖特等，1973）

6）潮控三角洲

潮控三角洲为海成三角洲独有的类型之一，其平面形态呈港湾状，故又称港湾状三角洲。

在这种三角洲形成过程中,潮汐作用远远大于河流作用。河流带来的泥砂在潮汐作用下,常常形成裂指状散射且断续分布的潮汐沙坝,这一特征是区别于其他类型三角洲的重要标志(图7-38)。

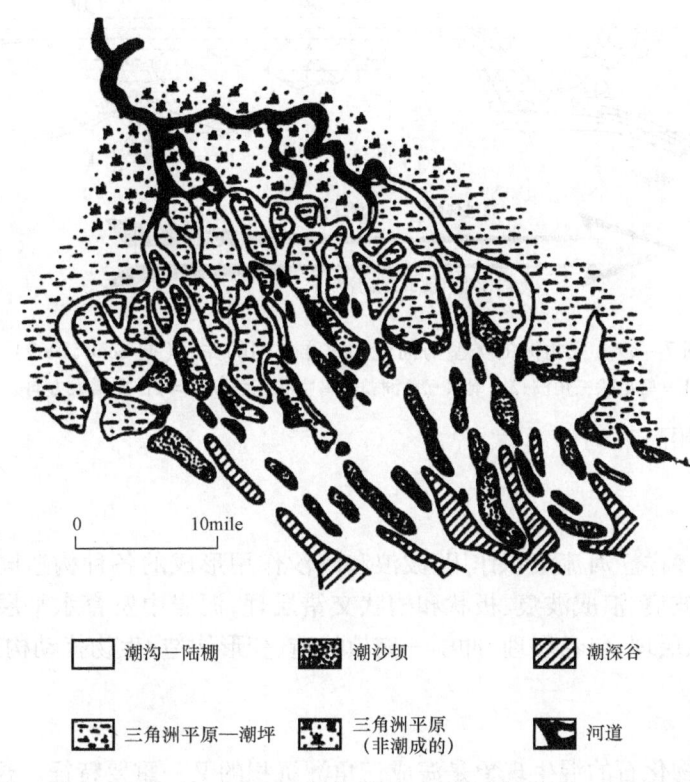

图7-38 澳大利亚巴布亚湾港湾型三角洲(据费希尔,1969)

上述三种类型三角洲乃是三角形图解分类中的三个基本类型,三者之间还存在许多过渡类型。值得一提的是,除河控、浪控、潮控三种端元类型三角洲外,尚有河流—波浪联合控制的三角洲(其特征是三角洲前缘,表现为浪控,而三角洲平原表现为河控)以及河流—潮汐联合控制的三角洲(其特征是三角洲平原表现为河控,三角洲前缘表现为潮控)。海成三角洲按河流作用和海洋作用的强弱程度,可将三角洲分为建设性和破坏性的两种类型(图7-39)。建设性三角洲是在以河流作用为主、泥沙在河口区堆积的速度远大于波浪所能改造的速度的条件下形成的。其特点是增长速度快、沉积厚、面积大、向海突出、砂/泥比低。大型河流入海多形成此类三角洲。当海洋作用增强而超过河流作用时,海浪、海流及潮汐能量等于或大于河流输入泥沙的能量,河口区形成的泥沙堆积经海水动力的改造、加工和破坏,就形成了破坏性三角洲。这类三角洲形成时间短、分布面积小,多为中、小型河流入海所形成。

(四)三角洲相沉积的主要特点

1. 岩石类型

三角洲沉积以砂岩、粉砂岩、黏土岩为主,在三角洲平原沉积中常见有暗色有机质沉积,如泥炭或薄煤层等。无或极少砾岩和化学岩,这是与河流相区别之一。碎屑岩的成分成熟度和

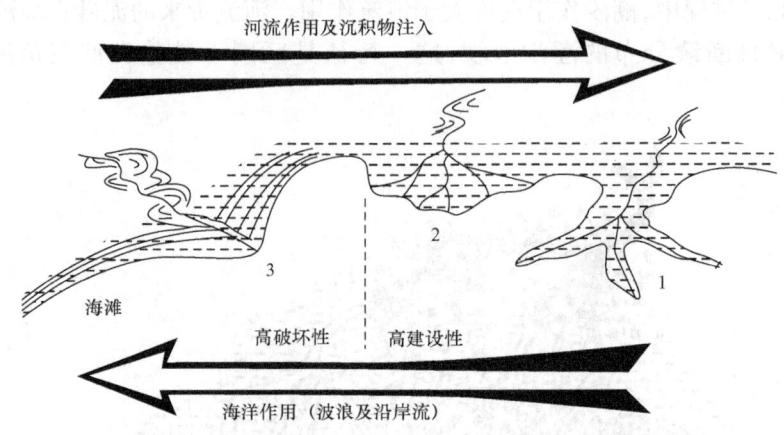

图 7-39 三角洲的类型与河流和海洋作用的关系(据 Scott,1969)
1—鸟足状三角洲;2—扇状三角洲;3—鸟嘴状三角洲;⟹作用增大方向

结构成熟度较河流相高。

2. 沉积构造

层理类型复杂多样。河流沉积作用、波浪和潮汐作用形成的各种构造同时发育。如砂岩和粉砂岩中见流水波痕、浪成波痕、板状和槽状交错层理,泥岩中发育水平层理。此外还发育有波状层理、透镜状层理、包卷层理、冲刷—充填构造、变形构造、生物扰动构造等。

3. 生物化石

海生和陆生生物化石的混生现象是海成三角洲沉积的又一重要特征。这表明三角洲形成时正常盐度环境、半咸水环境和淡水环境皆有发育。但在三角洲形成过程中,由于咸水、淡水混合,盐度变化大,水体混浊度高,狭盐性生物不易生长繁殖,因此能堆积埋藏并保存为化石的原地生长的生物主要为广盐性生物,如瓣鳃类、腹足类、介形虫等;异地搬运埋藏的主要为河流带来的陆生动植物碎片。在一个完整的三角洲垂向沉积层序中,海生生物化石多出现于层序的下部,向上逐渐减少,但陆生生物化石向上增多,甚至在顶部出现沼泽植物堆积而成的泥炭或煤层。

4. 沉积层序及沉积旋回

三角洲前缘沉积在垂向上出现下细上粗的反旋回层序。在层序顶部三角洲平原分支河道沉积为下粗上细的正旋回,它反映三角洲在横向上的相序递变。这与河流相沉积的间断性正旋回有显著的不同。

斯克鲁顿(1960)曾将三角洲沉积旋回分为两个时期:即建设期和破坏期。三角洲向海推进增长发育时期称为三角洲的建设期,形成的相称为建设相;三角洲被海水淹没遭受侵蚀破坏的时期称为三角洲的破坏期,形成的相称为三角洲破坏相。河流改道,泥沙来源断绝,建设期终止,导致三角洲的废弃,海水随之入侵而开始了三角洲的破坏期。海水部分或全部地淹没并冲刷侵蚀着原来的三角洲,而且使沉积物再行分布,形成纯净的海相薄砂层或泥质沉积覆盖其上,即成为三角洲的破坏相。当河口又返回原位时,在破坏相之上又可发育新的三角洲。随着河流与海洋作用的消长以及河口的往返迁移,三角洲的成长和废弃可多次重复出现,形成多个单一的三角洲沉积体交错叠置,就形成了多旋回三角洲复合体系。图7-40就是三角洲随时间增长而作横向迁移所形成的多旋回三角洲复合体系。三角洲的破坏相可作为沉积旋回划分的标志。这是因为破坏相的沉积厚度小、分布广、横向稳定、便于鉴别之故。

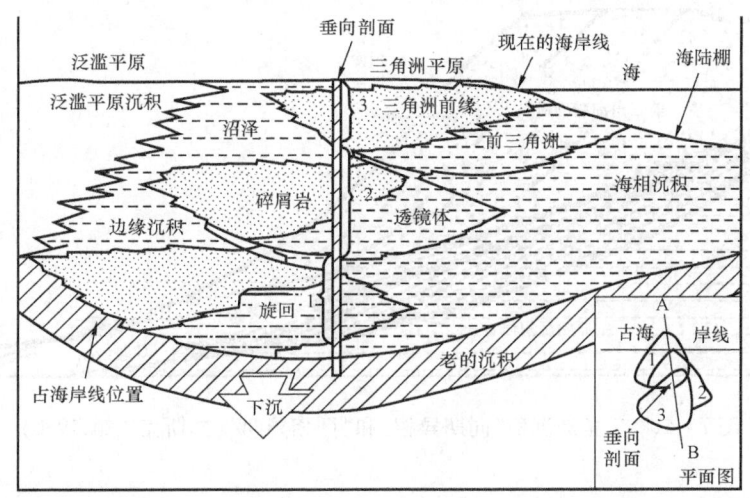

图7-40 三角洲复合体系中由于三角洲平面位移引起的多旋回现象(据柯尔曼,1964)

当三角洲的沉积速度超过海平面上升速度时,三角洲向海方向迁移;反之,则向大陆方向退缩。沉积速度和海平面上升速度的交替变化,使三角洲的位置往返迁移,由此可形成巨厚的三角洲沉积。

5. 三角洲平面相组合

三角洲相在横向上向陆方向与河流相邻接,当波浪作用稍强,三角洲前缘砂体被波浪和沿岸流所改造,使三角洲呈朵状和鸟嘴状,碎屑物质被携带至三角洲侧翼,形成海滩和障壁岛相沉积。这种平面组合就形成了河流—三角洲—滩坝沉积体系。当河流碎屑物质供应充分时,三角洲向海推进至较深水,形成巨厚的三角洲前缘和前三角洲堆积,并形成一定的坡度,由于事件性因素的影响,它们在重力作用下发生滑动,可在三角洲前缘深水区形成重力流沉积,通常形成深水浊积扇。这种平面组合构成了河流—三角洲—深水浊积扇沉积体系。

三角洲内部的平面相组合由陆向海依次为三角洲平原、三角洲前缘、前三角洲。这些亚相在三角洲沉积中处于同一时期的同一沉积界面上。随着三角洲前积式向海推进,早先的沉积界面就成了三角洲前积层的等时线或等时面(图7-41)。每两个等时线间所限制的前积层都包含了同一时期形成的三角洲平原、三角洲前缘、前三角洲三个不同的沉积亚相,故称为"同期异相"。

而在一个大的三角洲沉积中,同一亚相(如前三角洲)乃是不同时期形成的该亚相的叠加,故又称为"同相异期"。

6. 砂体形态

在平面上呈朵状或指状,垂直或斜交海岸分布,剖面上呈发散的扫帚状,向前三角洲方向插入泥质沉积之中,与前三角洲泥呈齿状交叉。

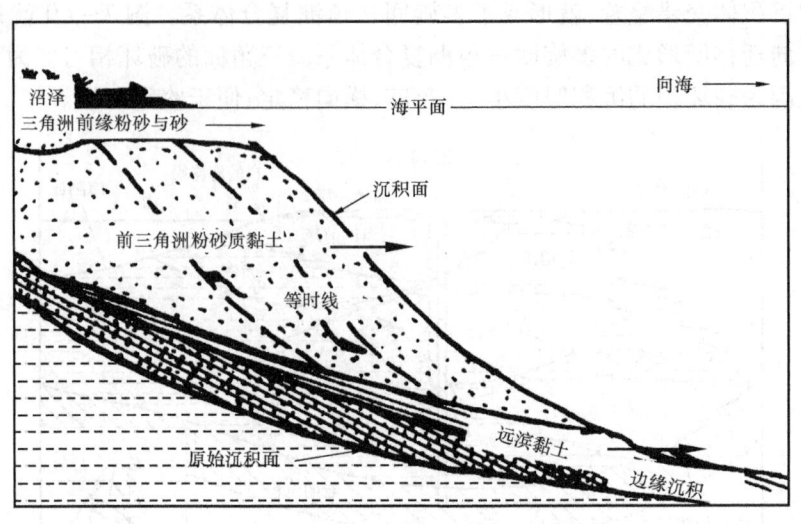

图 7-41 三角洲沉积"同期异相"和"同相异期"（据斯克拉顿，1960）

（五）河控三角洲沉积特征及其相模式

1. 河控三角洲的亚相、微相类型

根据沉积环境和沉积特征，可将河控三角洲相划分为三角洲平原亚相、三角洲前缘亚相和前三角洲三个亚相（图 7-42）。

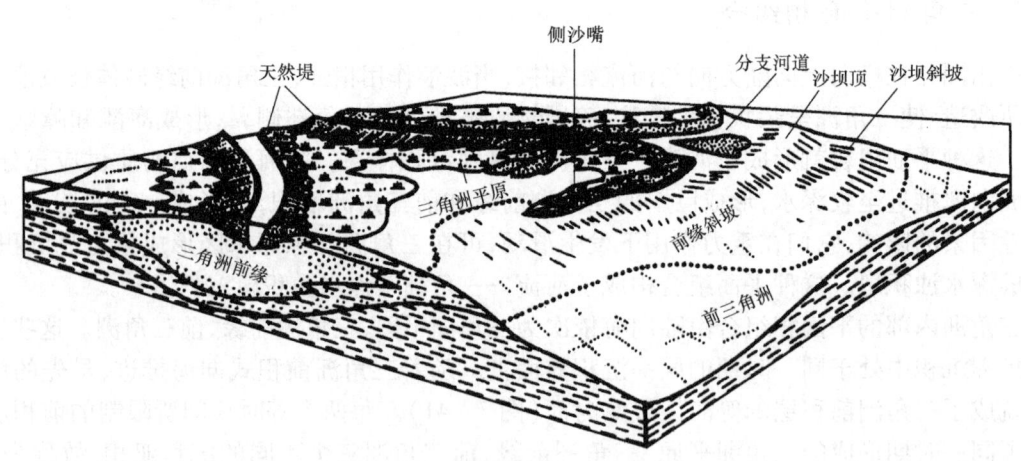

图 7-42 河控三角洲的立体模型

三角洲平原亚相可进一步划分为分流河道、天然堤、决口扇及分流河道间（包括暴露性泥质沉积、分流河道间小湖泊泥质沉积和沼泽沉积）等沉积微相。三角洲前缘亚相可进一步划分为水下分流河道、水下天然堤、水下决口扇、分流间湾、分流河口坝、远沙坝及三角洲前缘席状砂等沉积微相。应当指出，三角洲前缘亚相的上述微相类型很难在同一三角洲中共存，例如，浅水湖泊三角洲前缘亚相水下分流河道、水下天然堤、水下决口扇、分流间湾十分发育，而河口坝、远沙坝、席状砂几乎不发育；鸟足状三角洲前缘席状砂微相不发育，而朵叶状三角洲的席状砂微相与河口坝、远沙坝是一种互为消长的关系。前三角洲亚相由于沉积环境和沉积特

征均较单调,一般不做进一步微相划分。

2. 河控三角洲亚相、微相特征

1)三角洲平原亚相

三角洲平原亚相是三角洲沉积的陆上部分,其范围包括从河流第一个分叉位置至海湖岸线广阔河口地区。其沉积环境与沉积特征与河流相有很大相似之处,其岩性主要为砂岩、粉砂岩、泥岩(可有泥炭)。砂质碎屑分选中等。层理构造多样,泥岩中可见雨痕、干裂、足迹等层面构造。化石多为淡水动物化石和植物残体。砂体呈透镜状(或条带状),横向变化大,同一层位在横断面上有多个透镜状砂体发育,这是与河流相的重要区别。现将各微相的特征分述如下。

分流河道微相:流河道微相的沉积特征与河流相河床沉积基本相似,它构成了三角洲平原亚相沉积的骨架。以砂质沉积为主,多为中、细砂岩,可有粉砂岩,分选中等;沉积构造可见各种交错层理,亦可见炭化植物茎杆;垂向上具粒度下粗上细层序、沉积构造规模向上变小;横剖面呈透镜状,且同一层位发育多个砂体,沿河床呈条带状,平面上呈树枝状。

天然堤微相:陆上天然堤微相发育在分流河道两侧,以细砂、粉砂和泥质呈薄互层为典型特征,向远离河床方向,泥质逐渐增多,常见波状层理、流水波痕,可见铁质结核和碳酸盐结核及植物化石。

决口扇微相:决口扇微相是洪水期分流河道水流冲破天然堤所形成的沉积物,其特征与河流相决口扇沉积类似。

分流河道间沉积微相:分流河道间沉积微相主要是泥质沉积,泥沼沉积或泥炭沉积,可夹有少量的泥质粉砂或粉砂岩。分流河道间泥质沉积物可以是暴露性条件下沉积的红色泥岩,分流河道间蓄水洼地则沉积有灰绿色泥岩、以及茂盛植物被覆盖下沉积的泥炭。

2)三角前缘亚相

三角洲前缘亚相位于三角洲平原外侧的向海方向,处于海平面以下,为河流与海水剧烈交锋带,沉积作用活跃,其总的沉积特征是沉积微相类型复杂多样、以砂质沉积为主。

水下分流河道微相:水下分流河道是陆上分流河道的水下延伸,在水下延伸过程中,河道逐渐加宽,深度减小,分叉增多。沉积物以砂为主,粉砂次之,常发育交错层理、波纹层理,有时可见冲刷—充填构造,并有层内变形构造。垂直水流的断面上呈透镜状,包裹在细粒沉积物中。

水下天然堤微相:水下天然堤是陆上天然堤的水下延伸,其沉积特征与陆上天然堤极为相似,但常见波浪作用形成的层理和层面构造,以及虫孔和变形层理。

分流间湾微相:分流间湾是分流河道间相对低洼的与海相连地带。当三角洲向前推进时,常形成一系列尖端指向陆地的楔形泥质沉积体。分流间湾沉积以黏土为主,可含少量的粉砂和细砂。砂质沉积多是洪水期河床漫溢沉积的结果,常为薄夹层或呈透镜状。沉积构造常见水平层理、透镜状层理。可见浪成波痕、生物介壳、植物残体,虫孔和生物搅动构造。其下伏沉积物为前三角洲泥。

分流河口坝微相:分流河口坝位于水下分流河道的河口处,沉积速率最高。由于海水的簸选作用,使泥质物被带走,砂质沉积物在河口堆积下来,形成分流河口坝。分流河口坝沉积物主要由分选好、质地纯净的细砂和粉砂组成。常发育槽状交错层理,砂层厚度一般为中、厚层,可见水流波痕和浪成波痕。河口坝随三角洲向海推进而覆盖于远沙坝或前三角洲泥质沉积之上，泥质沉积中有机质产生气体上冲可形成气鼓构造，也称气胀构造。如果下面泥质层很厚，也可产生泥火山或底辟构造。生物化石很少。三角洲废弃时，沙坝顶部可出现生物潜穴和生物碎片。

远沙坝微相：远沙坝位于河口坝前方较远部位，又称末梢沙坝或末端沙坝。沉积物较河口坝细，主要为粉砂，并有少量黏土和细砂，可见小型交错层理、包卷层理、波纹层理、脉状层理、波状层理及透镜状层理。沿纹层面分布较多的植物碎屑。生物扰动构造和潜穴发育。远沙坝、河口坝构成下细上粗的层序，这是与河流沉积层序的重要区别。

三角洲前缘席状砂微相：在海洋作用较强的河口区，河口沙坝受波浪和岸流的冲洗和簸选，发生侧向迁移，使之呈席状或带状广泛分布于三角洲前缘，形成前缘席状砂。席状砂的砂质纯、分选好，交错层理发育。砂体向岸方向加厚，向海方向变薄。席状砂是随着波浪和岸流作用对河口坝改造而成，二者呈消长关系。

3）前三角洲亚相

前三角洲亚相位于三角洲前缘的前方，是三角洲沉积最厚的地区。沉积物大部分位于浪基面以下，主要由暗色泥和粉砂质泥组成，可含少量细砂，常发育水平层理及块状层理。并常见有广盐性的生物化石，向海洋方向，正常海相化石增多，生物潜穴及生物扰动构造发育。前三角洲暗色泥岩富含有机质，可作为良好的生油层。

3. 平面相组合及垂向层序

三角洲相在横向上向陆方向与河流相邻接，而且主要为曲流河与三角洲共生。当河流碎屑物质供应充分时，三角洲向海推进至较深水，形成巨厚的三角洲前缘和前三角洲堆积，并形成一定的坡度，由于事件性因素的影响，它们在重力的作用下发生滑动，可在三角洲前缘深水区形成重力流沉积，通常形成深水浊积扇。这种平面组合构成了河流—三角洲—深水浊积扇沉积体系。

一个完整的河控三角洲的垂向沉积序列由下至上为（图7-43）：

第一层，主要由暗色水平纹理和块状均匀层理的泥岩和粉砂岩组成。该层具潜穴及生物扰动构造，但含化石少，有时夹有洪水期间所形成的递变层理粉砂岩薄层，属前三角洲沉积。其下伏层为正常浅海的大陆架泥岩沉积，含较多海生生物化石和强烈的生物扰动构造。

第二层，泥岩和粉砂岩或极细砂岩的互层沉积。该层发育有水平纹理、波状交错层理和部分复合层理，具较多的潜穴和生物扰动构造，沿层面分布较细的植屑和炭屑，为远沙坝沉积。

第三层，主要由较纯净的砂岩和粉砂岩组成。其中发育有楔状交错层理或"S"形前积纹理和波状交错层理。沿层面分布有波浪波痕或水流波痕。除破碎的和经搬运的生物碎屑外，有机残体很少，属河口沙坝沉积。

第四层，生物扰动构造发育的泥岩和泥质粉砂岩沉积。此层具透镜状层理，含半咸水生物化石和介壳碎屑，属分支间湾沉积。

第五层，槽状或板状交错层理砂岩，其中含炭化植茎和泥砾，为分支流河道沉积。

第六层，泥岩、粉砂岩和细砂岩的互层沉积。层间夹碳质泥岩或煤层。发育块状均匀层理、水平层理和透镜状层理。属分支流间的沼泽沉积。

在河控三角洲垂向层序中，由下至上海相化石减少，而陆相化石尤其植物化石增多，以至

剖面	相	环境解释	
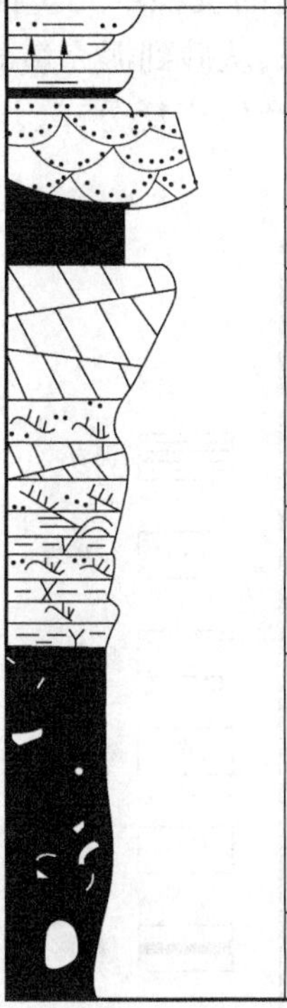	夹碳质泥岩或煤层的砂泥岩互层	沼泽	三角洲平原
	槽状或板状交错层理砂岩	分支流河道	
	含半咸水生物化石和介壳碎屑泥岩	分支间湾	
	楔形交错层理和波状交错层理纯净砂岩	河口沙坝	三角洲前缘
	水平纹理和波状交错层理粉砂岩和泥岩互层	远沙坝	
	暗色块状均匀层理和水平纹理泥岩	前三角洲	
	含海生生物化石块状泥岩	正常浅海	

图 7-43 河控三角洲的垂向序列（据孙永传,1985）

顶部出现碳质泥岩或薄煤层；波浪波痕及其产生的交错层理向上减少，流水波痕及其产生的交错层理增多。

值得说明的是，不同类型三角洲的垂向沉积模式存在较大区别，就是同一种三角洲与沉积模式相同的沉积序列也并不常见，因为沉积模式是规律性的概括和总结。实际上，在同一种三角洲的不同部位，三角洲的发育过程不同，所形成的三角洲沉积序列各有所异，沉积序列中往往缺少垂向沉积模式的某些部分，因此要确定某一沉积体是否为三角洲相，其关键在于确定该沉积体是否是由河流入海(湖)沉积而成的。

（六）辫状河三角洲沉积特征及其相模式

辫状河三角洲是由辫状河体系（包括河流控制的潮湿气候冲积扇和冰水冲积扇）前积到停滞水体中形成的富含砂和砾石的三角洲。辫状河三角洲通常是由湍急洪水控制，常为季节性的沉积作用产生。辫状河三角洲具有限定性河口。辫状河流虽是季节性的，但存在着与湖泊或海洋能量相互作用的重要时期。

辫状河三角洲可细分为三个次级单元，即辫状河三角洲平原、辫状河三角洲前缘和辫状河前三角洲。

1. 辫状河三角洲平原沉积特征

辫状河三角洲平原主要由众多的辫状河道或辫状河平原相所组成。辫状河道充填物为宽厚比高的、宽平板状的多侧向砂岩带。底部冲刷面具有比较平缓的特征，表现为低度的地形起伏。

河道充填层序主要由砂岩组成,也常见砾岩。辫状河道的沉积单元包括成互层的横向沙坝或纵向沙坝或二者的透镜体,并掺夹有丰富的小到中等的、从砂到泥充填的冲蚀槽。其详细的内部结构是复杂的,但多个沉积单元完整叠合起来就会产生广泛分布、均一组成的厚单元(图7-44)。

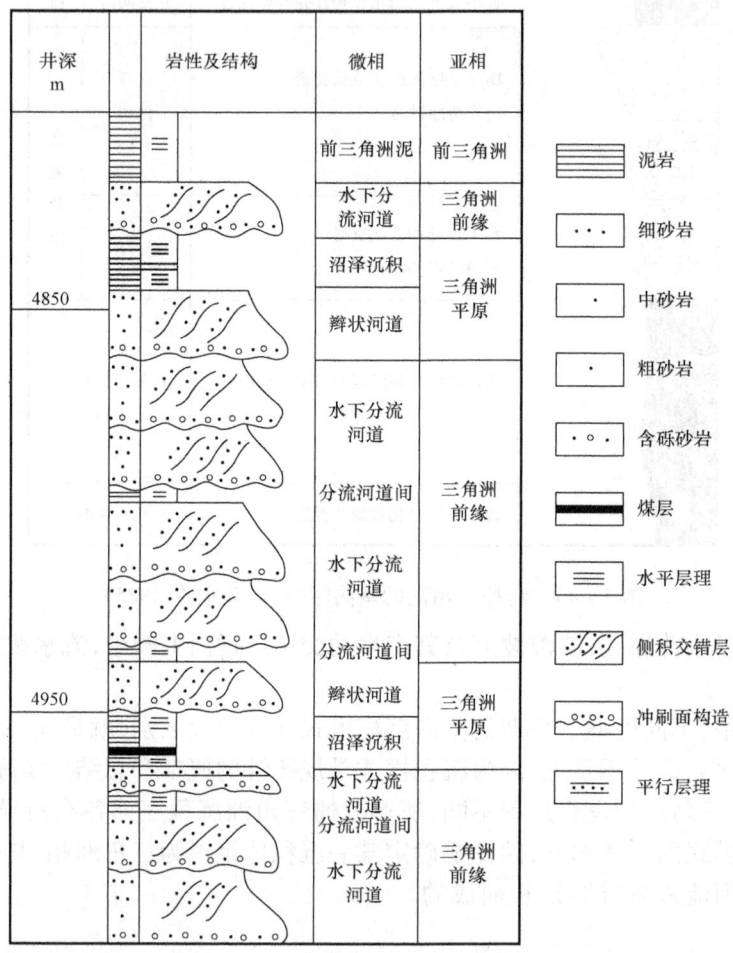

图7-44 塔里木盆地草2井侏罗系辫状河三角洲沉积序列(据高振中,1996)

与冲积扇相比,辫状河沉积物以河流体系的高河道化,更深、更持续的水流和很好的侧向连续性为特征。

辫状河道沉积:以河道沙坝侧向迁移加积而形成的沉积物为主,亦见部分废弃河道充填沉积。河道沙坝岩性较粗,为砾岩、含砾砂岩及砂岩,它们组成若干个向上变细的透镜体并相互叠置而成,单个透镜体最大厚度为0.2~5m不等,横向延伸数米即变薄尖灭,侧积交错层及冲刷面构造发育,见平行层理,大、中型板状—槽状交错层理。

废弃河道充填沉积:其沉积体往往呈下凸上平的透镜状,岩层向两端收敛变薄、尖灭。充填沉积物从下向上粒度明显变细,往往从砾岩(河道滞留沉积)逐渐变为砂岩、粉砂岩和泥岩。底部见起伏不大的冲刷面。向上层理规模从大、中型交错层理、平行层理到小型交错层理,顶部为水平层理,层内还可见到充填沉积过程中形成的滑塌构造。岩性及沉积构造特征反映了水道充填沉积过程中,水动力逐渐减弱的过程。

越岸沉积:洪水期,水体漫越河道,在河道两侧形成一些积水洼地,其内部接受细粒物质的沉积,岩性为粉砂岩、泥岩。部分洪水期越岸形成的积水洼地可逐渐被植被覆盖,发展为沼泽环境,沉积碳质页岩,并形成具有一定开采价值的煤层。这种环境下形成的煤层厚度变化大,分布不稳定,多呈透镜状展布(或藕节状断续出现),且先期形成的煤层一般会受到河道迁移的破坏,使其分布更加不规则。局部越岸沼泽中含有暂时性小水道砂岩透镜体。

2. 辫状河三角洲前缘沉积特征

辫状河三角洲前缘像正常三角洲一样,常具有限定性的河口沙坝。它由水下分流河道沉积、分流河道间沉积、河口沙坝及远沙坝组成,其中水下分流河道特别活跃,其沉积物在前缘亚相中往往占总量的90%以上,如库车河地区下侏罗统阿合组。

水下分流河道沉积:水下分流河道是平原亚相中辫状河道入湖后在水下的延续部分,其沉积特征类似于辫状河道砂体,沉积物粒较粗,由砂砾岩组成,砂砾岩中泥质杂基含量极少,多在5%以下,呈颗粒支撑。砂体总体呈层状,分布稳定,但内部往往由若干个下粗上细的砂岩透镜体相互叠置而成。单个透镜体从下向上为细砾岩-含砾中、粗粒砂岩-中砂岩,局部层序上部见细砂岩,层序的主体为中、粗粒砂岩;单一透镜体的最大厚度一般为0.5~2m,少数可达5m,横向延伸数米即变薄尖灭。由于河道的频繁迁移,砂体中侧积交错层极发育,为其主要的沉积构造类型。此外,冲刷面构造、平行层理及大、中型交错层理亦常见。

分流河道间沉积:分流河道间沉积岩性较细,常为粉砂岩与泥岩,颜色较深,为灰色及灰绿色。因水下分流河道特别活跃,迁移频繁,河道间沉积物往往遭到侵蚀破坏,多以大小不等的透镜状形式出现在河道砂体中。

河口沙坝:河口沙坝位于水下分流河道的前缘及侧缘。岩性为中、细粒砂岩,局部为含砾砂岩,从下向上多显示由细变粗的层序,见平行层理及中型交错层理。

远沙坝:远沙坝为辫状河三角洲前缘末端沉积。由粉砂岩和细砂岩组成,横向延伸远,分布范围广,但纵向上相带窄,厚度薄,内部见小砂纹层理,往往向前三角洲泥质沉积物呈薄互层状频繁交互。

3. 前辫状河三角洲沉积特征

与各类三角洲的前三角洲亚相相似,均以泥质沉积物为主。然而,由于辫状河三角洲(也包括扇三角洲)前缘亚相沉积物堆积迅速,沉积体不稳定,很易形成重力流沿前缘斜坡运动到前三角洲泥质沉积物中堆积下来,常见的有碎屑流、液化流及浊流沉积,如库车拗陷卡普沙良地区的下保罗统阳霞组前辫状河三角洲深灰色页岩中夹碎屑流和液化流沉积。

碎屑流沉积为厚数厘米的砂质砾岩、含砾泥岩及泥质砾岩,最大砾石在30mm以下,具微弱的逆粒序,大的砾石可在层面上出现,底部见冲刷面。岩石中泥质基质含量高,皆为杂基支撑。由于辫状河三角洲前缘沉积物快速堆积,沉积物很不稳定,沉积物在重力作用下沿前缘斜坡向下运动。运动过程中会把前缘砂砾与前三角洲泥混合起来,形成厚度较薄的碎屑流沉积。

(七)扇三角洲沉积特征及其相模式

Hotmes(1965)、Mcgowen(1970)将扇三角洲定义为:"由相邻高地进积到安静水体中的冲积扇"。Nemec(1988)认为:"扇三角洲是由冲积扇(包括旱地扇和湿地扇)作为物源,在活动的扇体与稳定水体交界地带沉积的沿岸沉积体系。"于兴河(2002)将扇三角洲定义为:"以冲积扇为物源而形成的近岸砾石质三角洲。"

扇三角洲主要形成于构造活动较强烈的地区,例如活动大陆边缘、岛弧体系边缘、断陷湖盆边缘。在这些地区,短而坡度大的河流(主要是辫状河)从附近的物源区流出,携带大量的粗粒沉积物在海(湖)盆边缘快速堆积,形成扇三角洲。

根据扇三角洲的影响因素,将它划分为湖泊扇三角洲、波浪改造的扇三角洲和潮汐改造的扇三角洲。不同类型扇三角洲的平面分布、砂体类型及形态都各具特征。

扇三角洲形成的重要条件包括海(湖)岸地形高差较大、构造活动强烈、盆地斜坡较陡、气候较为干旱、物源供给充足、近源快速堆积。

中国东部断陷湖盆中常常发育规模不等的湖泊扇三角洲。它由扇三角洲平原、扇三角洲前缘和前扇三角洲三个亚相组成(表7-5)。

表7-5 扇三角洲亚、微相划分

三角洲类型	亚相	微相
扇三角洲	扇三角洲平原	分流河道、漫滩沼泽
	扇三角洲前缘	水下分流河道、水下分流河道间、河口坝、前缘席状砂
	前扇三角洲	前三角洲

扇三角洲平原与正常三角洲平原差别较大,实际上扇三角洲的陆上部分属于近山口的冲积扇环境。扇三角洲各个亚相在岩性、沉积物结构、沉积构造、垂向组合、化石等方面各具特征。

1. 扇三角洲平原沉积特征

(1)辫状分流河道:分流河道沉积于扇三角洲平原的上部,具有一般辫状河流的沉积特征。厚层碎屑支撑的砾岩、砾状砂岩为主要岩性。成熟度低,分选差至中等,无递变或具正递变层理。砾石次棱角至次圆状,长轴一般为5cm左右,并呈叠瓦状排列。岩石由泥质胶结,岩屑含量可达45%。但在临近滨岸的地区,岩性变细,为含砾砂岩与粗砂岩,成熟度相对提高。充填分流河道的沉积物具有下粗上细的粒度正韵律。底部具有冲刷面和滞留砾石、泥砾沉积,其一般呈块状。向上粒度变细,相应出现大型交错层理、小型交错层理、波状层理、包卷层理以及顶部的水平层理。化石少见。仅在顶部泥岩中偶见植物根系或虫孔。

(2)漫滩沼泽:断陷湖盆中,水系呈树枝状和梳状,使入湖的冲积扇在湖盆陡岸呈裙边状分布。漫滩沼泽位于分流河道间或单个扇体之间的低洼地区。由于扇三角洲主要发育于气候干燥的地区,因而漫滩沼泽发育不全,面积较小;沉积物较细,一般为粉砂、黏土及细砂的薄互层;这些薄互层往往是块状的或水平纹层状,夹少量交错纹理和干裂构造。常见植物根系和生物扰动构造,个别地方见有石膏、盐类沉积。由于受洪水洪泛影响,见有较粗的砂岩透镜体。

2. 扇三角洲前缘沉积特征

水下分流河道:在整个扇三角洲沉积中,水下分流河道占有相当重要的地位。水下分流河道沉积由含砾砂岩和砂岩构成,分选中等。垂向层序结构特征与陆上分流河道相似,但砂岩颜色变暗,以小型交错层理为主,在其顶部可受后期水流和波浪的改造,有时出现脉状层理及水平层理。本微相中化石较少,主要是浅水介形虫及淡水轮藻。整个砂体呈长条状分布,横向剖面呈透镜状且很快尖灭。

水下分流河道间沉积:位于水下分流河道的两侧。由互层的灰色、浅灰色细砂、粉砂及灰绿色泥岩组成。发育水平层理、波状层理、透镜状层理以及压扁层理、包卷层理。此相的重要特征是生物扰动程度较高,有较多的生物潜穴。同时,受波浪的改造作用较明显。在反韵律的单层中,由下而上分选变好,表鲕含量增加,螺类壳体化石较丰富。

河口沙坝:位于水下分流河道的前方,并继续顺其方向向湖盆中央发展。与正常三角洲河口沙坝相比,扇三角洲河口沙坝的沉积范围和规模较小,但含砂量高。粒度以分选较好的粉砂—中砂为主,沉积粒序主要显示反韵律。由于受季节性影响,常伴有泥质夹层。沉积构造主要为小型交错层理、平行层理,偶见板状交错层理。在较细的粉砂质泥岩中,可见滑动作用或生物扰动所形成的变形层理及扰动构造。河口沙坝整体呈底平顶凸或双凸的透镜状。

前缘席状砂:位于河口沙坝的侧方或前方,紧邻前三角洲。当波浪和沿岸流作用加强时,使得水下分流河道或河口沙坝受到改造并重新分布。沉积物经过反复淘洗、簸选,分选变好,在扇三角洲前缘地带形成分布广、厚度薄的席状砂体。其岩性较细,成熟度较高,显示反韵律的粒序,表现为砂泥间互层。其中可见波状层理、变形层理。

3. 前扇三角洲沉积特征

前扇三角洲由互层灰绿色、灰黑色泥岩、泥质粉砂岩、钙质页岩、油页岩组成。粒级和颜色的变化可形成季节性纹层,常见粉砂质透镜体夹层。发育水平层理,含较丰富的介形虫、鱼类化石。自然电位曲线平直。前扇三角洲沉积分布较窄,与湖相暗色泥岩较难区分。

需要注意的是,在前扇三角洲以及在深湖暗色泥岩中可见较粗粒的砂体。研究表明,在扇三角洲沉积过程中,由于沉积物的快速侧向沉积,沉积物表面倾角不断增加,使扇三角洲前缘沉积物在自身重力作用下(加之地震、断裂活动等多种诱发因素影响)向前滑塌,经液化形成浊流,并在低洼区沉积下来,形成透镜状浊流砂体。在扇三角洲的前方还可存在由洪水携带大量陆源物堆积而成的浊积扇体,此类扇体较稳定且分布较广。

二、潟湖相

潟湖是被障壁岛或障壁沙坝所限制的浅水盆地,它以潮道与广海相通而与广海呈半隔绝状态。由于潟湖和障壁岛相伴生,也把它们称障壁—潟湖沉积体系,其中可区分出潟湖相、障壁岛相、潮道相、潮汐三角洲相和潮坪相(图7-26)。

潟湖中波浪作用较弱,为平静、低能的沉积环境。沉积物以细粒陆源物质和化学沉积物为主。由于潟湖与广海呈半隔绝或隔绝状态,潟湖水体的蒸发、淡水的注入等,都将使潟湖水体的含盐度高于或低于正常海水,盐度的变化引起了生物群的变异,与正常盐度的海洋相比,潟湖中生物的种属和数量急剧减小,且个体小,壳变薄,以广盐性生物最为发育,这是潟湖沉积的一个重要特点。

按照潟湖水体的含盐度和沉积特征,可将潟湖区分为淡化潟湖相和咸化潟湖相两种类型。

(一)淡化潟湖相

当潟湖中淡水的注入量大大超过蒸发量时,潟湖水面就变得比海平面高,潟湖水经入潮口进入海洋,同时淡水又不断注入潟湖,从而形成淡化潟湖。其沉积特征可归纳为以下几点:

(1)岩石类型:以钙质粉砂岩、粉砂质黏土岩、黏土岩为主。粗碎屑岩极少见,仅在较大潟湖中出现夹层,多是由强烈风暴带入潟湖的砂质沉积而成。可见方解石、铁锰结核、二氧化硅矿物。当潟湖底部出现还原环境时,可形成黄铁矿、菱铁矿等自生矿物。岩石常因分散状黄铁矿的浸染而呈暗色或黑色。

(2)沉积构造:可见缓波纹状层理、水平层理及块状层理。

(3)生物化石:与海相相比,生物化石种类单调,主要是适应淡化水体的广盐性生物,如腹足类、瓣腮类、苔藓类、藻类。正常海相生物在淡化潟湖中发生畸变,如个体小、壳体薄及特殊纹饰等反常现象。当潟湖底部有 H_2S 存在时,往往使生物群绝迹。

(二)咸化潟湖相

在炎热干旱的气候条件下,潟湖缺乏大量的淡水注入,水体的蒸发量大大超过淡水注入量,使得潟湖湖面低于海洋水面,海水不断向潟湖流入,并不断蒸发浓缩,含盐度逐渐提高而变成咸化潟湖。咸化潟湖的沉积特征可归纳为以下几点:

(1)岩石类型:以粉砂岩、粉砂质泥岩为主可夹有盐渍化和石膏化的砂质黏土岩,几乎无粗碎屑岩沉积,可出现石膏、盐岩夹层。膏盐类沉积是咸化潟湖的重要特征之一。咸化潟湖若为清水沉积时,主要是石灰岩、白云岩、并夹有石膏及盐岩层,可出现天青石、硬石膏、黄铁矿等自生矿物。

(2)沉积构造:一般出现水平层理及塑性变形层理,交错层理不发育。可出现块状层理。在盐类沉积物中,可见周期性溶解作用所形成的"溶蚀面",以及盐类假晶及泥裂。

(3)生物化石:生物种属单调,以广盐性生物最为发育,特别是腹足类、瓣腮类、介形虫等,丰度相对增高,适应正常盐度的生物,如珊瑚、棘皮类、头足类、大多数腕足类、苔藓虫等全部绝迹。

三、障壁岛相

障壁岛在滨岸地区平行于海岸线分布,可以是笔直的,也可以是弯曲的或具微弱的分支。障壁岛砂体一般厚10~20m,宽几百米至几千米,长几千米到十几千米。其高度取决于海浪的高度,海浪越大,形成的障壁岛越高。障壁岛的宽度则与波浪作用的时间和方向有关,时间越长,障壁岛越宽。障壁岛向海一侧较为整齐,并遮挡潟湖。向陆一侧则凸凹不平,这主要是风暴浪所形成的冲越扇而造成的。

在横剖面上,障壁岛砂体呈大的透镜状。一般与下伏层逐渐过渡,而与上覆层呈突变接触。障壁岛相可区分出三种亚相,即海滩、风成沙丘和潮坪。

（一）海滩

障壁岛向海一侧由波浪作用形成海滩，其特征与无障壁海岸沉积的海滩砂相似，只是分布的地区不同而已。

（二）风成沙丘

风成沙丘为海滩砂经风的改造而成，位于障壁岛的中央高处。其特征与海岸沙丘相似，沉积构造的明显特点是，具有规模比海滩砂大得多的交错层理，而且纹层倾角较陡。

（三）潮坪

潮坪位于障壁岛向潟湖一侧，为一宽缓的斜坡带，并向潟湖过渡。其沉积物较细，分选较差，发育有波浪成因的交错层理和复合层理，层面上可见多种不同类型的表面痕迹。

另外，在障壁岛向潟湖一侧发育大量砂质冲越扇沉积物，有异地生物介壳，夹在潮坪沉积物中。

四、潮坪相

潮坪也称潮滩，指具有明显周期性潮汐活动（潮差一般大于2m），但无强波浪作用的平缓倾斜的海岸地区。如在海湾、河口湾以及障壁岛后的潟湖这样一些受限制的地区都可以发育潮坪。但在海底坡度极缓（坡降一般在1左右）而波浪活动减弱的海岸地区，也可发育面临开阔海的潮坪。潮坪环境由陆地向海洋可分为平均高潮线以上的潮上带、平均高潮线和平均低潮线之间的潮间带以及平均低潮线以下的潮下带。狭义的潮坪主要指潮间带地区。

潮上带及潮间带的平均高潮线附近以泥质沉积物为主，也称为"泥坪"；低潮线附近及潮下带以砂质沉积物为主，称为"砂坪"；二者之间的过渡地带，泥砂混合沉积称为"混合坪"。潮坪相总的沉积特征如下：

（一）岩石类型

浑水潮坪以黏土岩、粉砂岩、细砂岩为主，砾岩极少见。在平面上，由海向陆，沉积物粒度呈由粗变细的带状分布。在潮下带的潮汐通道内，因潮流作用强、能量高，沉积物以砂为主，形成水下沙坝、沙滩，并常富含生物介壳和泥砾。潮间带，从海向陆，由较纯的砂质沉积过渡为泥质沉积（图7-45）。从而形成了沙坪、沙泥混合坪和泥坪。潮上带主要是泥质沉积，可发育有沼泽。干旱气候带的潮上坪可形成盐沼、盐坪，可有石膏等蒸发盐类沉积。潮坪沉积的这种平面分布特点，

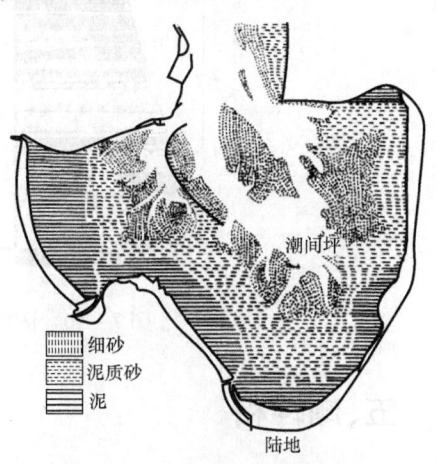

图7-45 德国北海亚德湾潮间坪沉积物平面分布（据加多，1970）

有助于将潮坪沉积与湖泊及正常海相沉积区分开。

(二)沉积构造

层理类型多样。泥坪上多见水平纹层或缓波状(似水平)层理,混合坪上多为脉状、波状、透镜状层理,系由涨落潮时形成的沙波与平潮期的泥质沉积组合而成。砂坪上常出现由多次涨落潮造成的羽状或人字形的双向交错层理,这是潮坪沉积的重要标志之一。在潮下带的潮道内可见大型流水交错层理、羽状交错层理等。

在潮坪上,尤其在沙坪和混合坪常出现流水波痕和浪成波痕,以及由水流和波浪作用而成的叠加波痕。泥坪和混合坪可发育有干裂、雨裂、冰雹痕、鸟眼构造、足迹、爬痕、虫孔等。干燥气候条件下的泥坪上可见石膏及盐类晶体。

(三)生物化石

潮坪生物群以种类少而数量多、海相和陆相混生为特征,而且半咸水生物或广盐性生物大量发育,分异度低。潮上带常被植物所覆盖,藻类生物较发育。潮间带泥坪上生物较多,搅动现象强烈,混合坪上较少,沙坪上更少,偶尔可见生物粪粒聚集层。

(四)沉积序列

潮坪沉积可发育海退型的进积层序和海进型退积层序。在古代潮坪沉积中以海退型进积层序最为常见,这种沉种序列为向上变细的正旋回,所发育的沉积构造有羽状层理、复合层理、再作用面,暴露标志(图7-46)。其中海陆相化石混生。

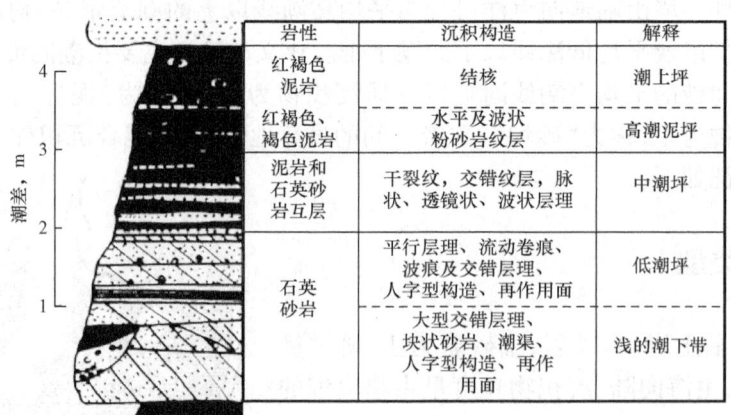

图7-46 潮坪沉积的理想层序(据坦卡德,1977)

五、潮坪相

潮道与潮汐三角洲密切共生。潮道切穿障壁岛,为连接潟湖与海洋的通道。涨潮流通过潮道注入潟湖,并在入潮口形成涨潮三角洲;退潮流也是通过潮道,潮水退回海洋,在向海一侧的潮道口区形成退潮三角洲。但在波浪比潮汐占优势的海岸地带,退潮三角洲不发育,而往往形成滨外浅滩或席状砂。

（一）潮道亚相

潮道是切穿障壁岛、沟通潟湖与海洋的通道,其发育程度主要与潮差有关,小潮差很少形成潮道。潮道宽度可以从几百米到几千米,深度一般为几米到几十米不等,这主要取决于潮汐强度和持续时间。

潮道沉积物主要是由入潮口平行于海岸方向侧向迁移作用形成的。主要沉积特征为:
(1)沉积序列为粒度向上变细、交错层理规模向上变小的正旋回;
(2)底部为残留沉积物,通常由贝壳、砾石和其他粗颗粒组成,并具侵蚀面;
(3)残留沉积物之上为由较粗粒砂组成的深潮道沉积,具双向大型板状交错层理和中型槽状交错层理;
(4)上部为由中细粒砂组成的浅潮道沉积,具双向小型到中型槽状交错层理和平行层理以及波痕纹理;
(5)潮道充填沉积含有广海和潟湖的混合动物群。

（二）潮汐三角洲亚相

潮汐三角洲可能呈多种形式出现,从长形浅滩到复杂的潮道—浅滩体系都发育,这主要取决于潮差、风浪强度和沉积物补给情况。涨潮三角洲和退潮三角洲沉积物的结构和沉积构造特征有类似于潮道充填沉积物,因此在沉积剖面中不易区分。但可根据它们的几何形态及其与周围的岩相关系加以区别。

六、河口湾相

河口湾发育于潮汐作用强烈的海岸河口地区。当海水大规模入侵时,海岸河口区形成了向海扩展的漏斗状或喇叭状的狭长海湾,称为河口湾或三角港。河口湾的发育程度与潮汐作用、河流作用的相对强弱密切相关,潮汐作用强（潮差>4m）,河流作用弱、规模小、泥沙供应不足有利于河口湾的形成。

河口湾地区,潮汐流是往返的双向流。涨潮时,潮水顺河口溯河而上,出现河流壅水现象;退潮时,潮流强烈的冲刷河床,引起河口区加深和展宽,由于河口两岸的坍塌,可产生沉积物流。河口区涨落潮流的路线常常不一致,它们往往沿着相距很近的不同路线各自流动,故在河口区形成了顺流向展布的冲刷沟(涨、落潮谷)和狭长形的线状潮汐砂脊(图7-47)。河

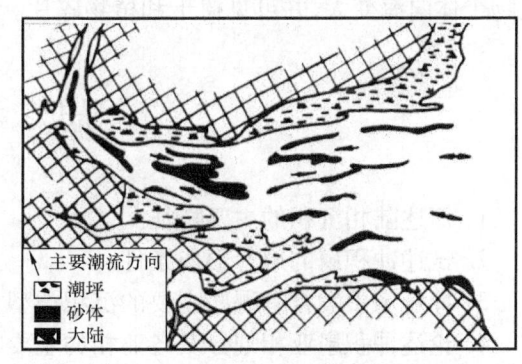

图7-47 河口湾地貌和潮汐砂脊分布特征（据海丝,1976）

口湾相的沉积特征如下：

（一）岩性特征

河口湾以分选，磨圆较好的细砂和泥质沉积为主。砂、泥取决于潮汐和河流作用的强度以及砂泥的供应状况。河口湾的砂质沉积物中常夹有泥质薄层，是停潮时期的沉积物。

（二）沉积构造

河口湾层理类型多样，有复合层理、羽状层理、板状交错层理、槽状交错层理等。常见的波痕有削顶波痕、修饰波痕、双脊波痕、对称和不对称波痕等。生物扰动构造较为发育，向海方向数量和类型增多，尤其在泥质沉积物中生物潜穴较为普遍。

（三）砂体形态

河口湾砂体长轴与河口湾轴向平行，且纵向延伸较远，宽数十米至数百米。垂向剖面上出现分层现象，并呈现有旋回性。由于河口湾中河谷的多次迁移，可产生多层状砂体，底为明显的冲刷接触。

（四）沉积序列

河口湾的沉积序列为向上变细的沉积层序。层序底部由块状滞留或残留沉积组成。滞留物多为介壳、木屑、泥屑和细砾。其上为中型—小型槽状交错层理砂，层理规模向上变小，可见羽状交错层理。向上通常为潮间带的块状或具生物潜穴砂所覆盖。顶部为潮上带水平层理泥质沉积，并发育有植物根或茎。

（五）生物化石

河口湾以含较多的半咸水动物群化石为特征，常见介形虫、腹足类、瓣鳃类等广盐性生物。生物个体向海变大，并可见树干和植物碎片。

思 考 题

1. 简述陆相沉积的主要特征。
2. 试述冲积扇的形态形成条件。
3. 冲积扇中发育有哪些主要的沉积类型？试述其特征。
4. 论述冲积扇亚相划分及各亚相的主要特征。
5. 简述河流相沉积的一般特征。
6. 河流可以划分为哪些亚相和微相？试述各亚相和微相的沉积特征。

7. 试述曲流河及辫状河沉积的垂向模式。
8. 简述碎屑湖泊相沉积的一般特征。
9. 试述碎屑湖泊相的亚相类型及其沉积特征。
10. 简述海相组沉积的一般特点。
11. 简述无障壁碎屑型海岸沉积的亚相划分及其沉积特征。
12. 试述浅海陆棚相的亚相类型及沉积特征。
13. 简述半深海及深海的沉积类型及其特征。
14. 重力流沉积可以划分为哪几种类型？各种类型的形成条件是什么？其特征如何？
15. 试述浊流沉积的垂向序列特征。
16. 简述扇相模式(海底扇相模式)及浊积沟道模式。
17. 简述欧文的碳酸盐沉积相的相模式。
18. 简述礁的基本特征。
19. 论述威尔逊碳酸盐岩综合相模式。
20. 论述礁复合体和礁相沉积模式。
21. 试述有障壁的碎屑型海岸的沉积作用及相带分布。
22. 试述三角洲的发育过程及其控制因素。
23. 简述三角洲相沉积的主要特点。
24. 试述河控三角洲、辫状河三角洲及扇三角洲沉积特征及其相模式。
25. 简述潟湖相的主要类型及沉积特征。

第八章 石油、天然气和油田水的成分和性质

石油和天然气是储藏在岩石孔隙和裂缝中的可燃有机矿产。它们在地球上分布广泛,但分布很不均匀。目前世界上已发现的油气藏,几乎都有水与油、气共存。为找到油气藏、开发好油气藏,必须了解和掌握石油、天然气和油田水的化学组成和物理性质。

第一节 石油的成分和性质

石油是一种成分十分复杂的由各种碳氢化合物和少量杂质组成的液态混合物。主要成分为烃类,含有数量不等的非烃化合物及多种微量元素。在相态上以液态为主,溶有大量烃类气及少量非烃类气,并溶有数量不等的烃类和非烃类的固态物质。因此,石油没有确定的化学成分和确定的物理常数。从地下开采出来的石油,在加工提炼之前称为原油。

一、石油的化学组成

(一)石油的元素组成

石油主要由碳、氢及少量氧、硫、氮等元素组成,不同地区或不同时代的石油及其化学组成可有较大的差别。但是,其元素组成却局限在一定变化范围之内。从石油的元素组成来看,石油中的碳含量一般为83%~87%,氢含量为11%~14%,两者合计约为95%~99%。氧、硫、氮及其他微量元素总含量一般只占1%~4%。在个别情况下硫含量增多,高者可达7%。

除上述五种主要元素外,从石油灰分中还发现有80多种微量元素,如铁(Fe)、钙(Ca)、镁(Mg)、镍(Ni)、钒(V)等,这些元素虽然种类繁多,但总质量仅占石油总质量的万分之几。石油中的某些微量元素组成与自然界有机物的微量元素组成近似,说明石油与原始有机质存在明显的亲缘关系。

(二)石油的化合物组成

石油中的主要元素不是呈游离状态,而是结合成不同的化合物存在于石油中。其中以烃类化合物为主,另外还有含氧、含硫和含氮等非烃化合物。

1. 石油中的烃类化合物

石油中的各种烃类化合物,按其化学结构可分为三类:

1) 烷烃

烷烃又称脂肪烃,其化学通式为 C_nH_{2n+2},属饱和烃。烷烃分子的结构特点是碳原子与碳

原子以单键相连,排列成直链式。同时,按其是否有支链存在,进一步分为正构烷烃和异构烷烃;无支链的为正构烷烃,简称正烷烃;有支链的为异构烷烃,简称异烷烃,如图 8-1 所示。在常温常压下 $n=1\sim4$ 的烷烃为气态,$n=5\sim16$ 的正烷烃为液态,$n=17$ 及以上的烷烃为固态。烷烃的相对密度、熔点及沸点均随相对分子质量增加而上升,所有烷烃的相对密度都小于 1,通常情况下难溶于水。

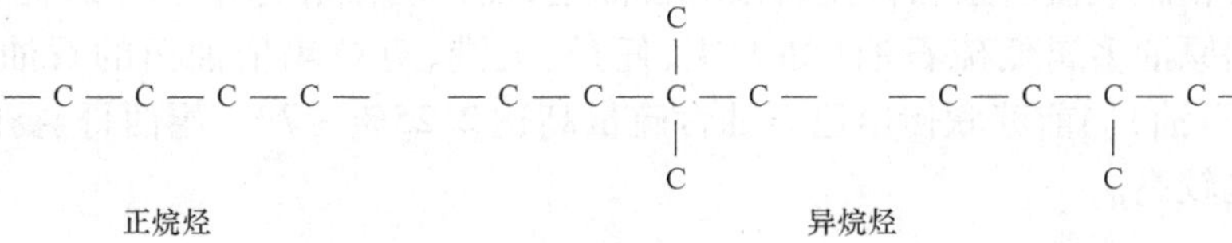

图 8-1　各类烷烃的结构式

2) 环烷烃

环烷烃也属饱和烃,其分子结构中只有 C—C 和 C—H 键。单环环烷烃分子通式为 C_nH_{2n},为闭链结构,如环戊烷和环己烷(图 8-2)。在石油中 $C_5\sim C_{10}$ 环烷烃较多,其中尤以五碳和六碳环较多,是石油的重要组成部分。

由于碳原子所有的价已被饱和,所以环烷烃和烷烃一样,都是比较稳定的。环烷烃的相对密度、熔点和沸点都比碳原子数相同的烷烃高,但相对密度仍小于 1。

3) 芳香烃

芳香烃是指含有 6 个碳原子和 6 个氢原子组成的特殊碳环——苯环的化合物,其特征是分子中含有苯环结构,属不饱和烃。石油的低沸点馏分中芳香烃含量较少,一般不超过 20%,主要为苯、甲苯、二甲苯(图 8-3)。

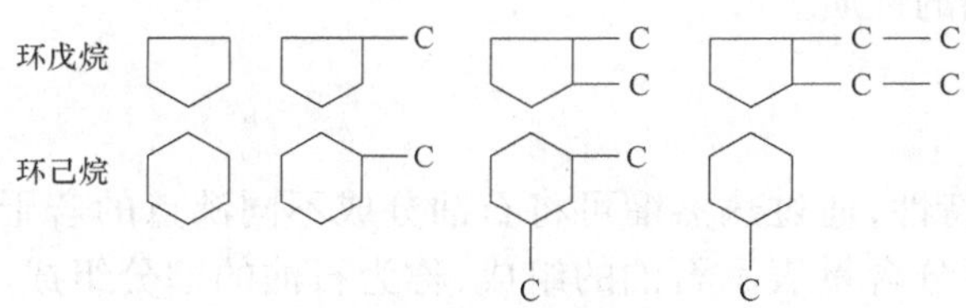

图 8-2　环戊烷和环己烷的化学结构式 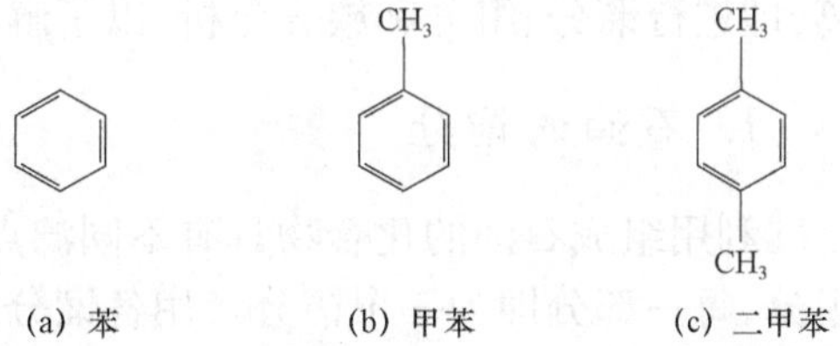　　　图 8-3　苯、甲苯和二甲苯的结构式

烷烃、环烷烃和芳香烃是石油中的三种主要烃类,自然界石油中的各种烃类含量变化范围很大,主要取决于原始生油物质、演化程度及次生变化的差异。

2. 石油中的非烃化合物

石油中不仅含有碳和氢两种元素,而且还含有硫、氮和氧等其他元素。石油中硫、氮和氧含量虽不多,但含这些元素的化合物却不少,有时可达石油质量的 30%。

1) 含硫化合物

硫是石油的重要组成元素之一。它在石油中的含量变化很大,从万分之几(如我国克拉玛依所产部分石油含硫量只有 0.05%)到百分之几(如委内瑞拉所产部分石油含硫量高达

5.48%）。硫在石油中可以单质硫、硫化氢、硫醇、硫醚、环硫醚、二硫化物、噻吩及其同系物等形态出现。

石油中的硫常与水结合生成硫酸和亚硫酸，这些物质会腐蚀管线和设备，故石油的含硫量是评价其质量的一项重要指标。通常将含硫量大于2%的石油称为高硫石油，含硫量小于0.5%的石油称为低硫石油，含硫量介于0.5%~2%之间的称为含硫石油。一般含硫量较高的石油多产自海相碳酸盐岩系和膏盐岩系的含油层，而产自陆相地层和砂岩储集层的石油则含硫较少。我国原油多属低硫石油（如大庆、任丘、大港、克拉玛依油田的石油）和含硫石油（如胜利油田的石油）。前苏联伊申巴石油含硫量高达2.25%~7%，墨西哥、委内瑞拉和中东的石油含硫量也较高。

2）含氮化合物

石油中的含氮量一般在万分之几到千分之几。我国大多数油田的含氮量低于5%。氮元素主要集中在高分子化合物中，其中含氮的杂环化合物——卟啉类，具有石油成因意义。由于植物的叶绿素中都含有与石油中卟啉化合物相似的卟啉环，所以石油中的卟啉化合物的存在，就成为石油有机成因的重要证据之一。

3）含氧化合物

石油中的含氧量一般在千分之几，个别油田含量可达2%~3%。氧在石油中以有机化合物的形式存在，可分为酸性氧化物和中性氧化物两类。前者包括环烷酸、脂肪酸及酚，统称石油酸（石油酸并不是酸，因它具有酸性，故称为石油酸）；后者包括醛、酮等，含量很少。

（三）石油的馏分、族分和组分

石油的化学组成是十分复杂的，为了研究石油的组成，首先要对之中复杂的混合物进行分离，即进行馏分、组分和族分分析，以了解石油的性质。

1. 石油的馏分

利用组成石油的化合物具有不同沸点的特性，通过热蒸馏可将石油分成不同沸点的若干组分，每一部分即为一个馏分。用各馏分的百分含量表示石油的组成，称为石油的馏分组成。表8-1列出了在石油炼制过程中各馏分的名称及大致温度范围。

表8-1 石油的馏分

馏分	轻馏分		中馏分			重馏分	
	石油气	汽油	煤油	柴油	重瓦斯油	润滑油	渣油
温度,℃	<35	35~190	190~260	260~320	320~360	360~500	>500

不同石油的馏分组成、分布及含量大小都有差别。轻质石油的低馏分含量相对较高，重质石油的高沸点馏分含量较高。这种差异必然直接影响石油的物理化学性质，同时也说明石油演化程度不同。

2. 石油的组分

为了了解石油性质，曾广泛采用组分分析方法。这种方法的原理是利用石油中化合物的不同组分对有机溶剂和吸附剂(如硅胶)具有选择性吸收的特性,将石油分成若干部分,每一部分就是一个组分。石油的组分组成包括以下四个部分。

油质:可溶解于石油醚而不被硅胶吸附,主要是饱和烃和一部分低相对分子质量芳香烃,是石油的主要组分。油质含量的高低是评价石油质量好坏的重要标志,油质含量高,石油的质量好。

胶质:可溶于石油醚、苯、三氯甲烷、四氯化碳等有机溶剂,可被硅胶吸附,据此可将它和油质分开。胶质一般呈黏稠状的液体或半固体,颜色为浅黄、红褐至黑色。胶质的平均相对分子质量比油质大。由于石油的蒸发和氧化,致使其中的胶质含量增加,轻质石油中胶质含量一般不超过5%,重质石油中含量可达20%以上。

沥青质:不溶于石油醚及酒精,而溶于苯、三氯甲烷、二硫化碳等有机溶剂。石油中分离出来的沥青质为黑色的脆性固体粉末,它不同于胶质。因高分子化合物含量的增加,沥青质具有较大的相对分子质量。在电子显微镜下,沥青质宏观结构呈胶状颗粒,为稠环芳香烃和烷基侧链组成的复杂结构。若将这种胶状颗粒视为一个分子,则其相对分子质量约为37000~1000000。

碳质:又称残碳,为石油中的非烃化合物。它不溶于有机溶剂,在石油中含量很少或无。

3. 石油的族分

石油族分又称族组分。石油中不同组分的化合物由于分子结构的差异,对吸附剂和有机溶剂具有选择性吸附和溶解的性能。根据这一特性,可选用氧化铝和硅胶(质量比为2∶3)作为吸附剂以及不同有机溶剂(正己烷、二氯甲烷、乙醇和氯仿)将石油分成饱和烃、芳香烃、非烃和沥青质等4种族分。

总之,由于形成石油的有机质类型和转化条件的不同,运移作用、微生物降解和氧化作用的影响等,使其组成非常复杂。所以,不同地区、不同油田,甚至同一油田不同油层的石油组成都会有一定的差别。

二、石油的物理性质

石油的物理性质取决于它的化学成分。由于石油形成的原生因素和次生变化作用,所以石油没有固定的化学成分,因而决定了它没有固定的物理常数。不同地区、不同层位、甚至同一层位不同构造部位的石油,它们的物理性质都可能有明显的差别。但经广泛比较,还是归纳出了反映石油总体特征的物理性质。了解石油物理性质对认识石油,进行石油地质研究,评价石油的商业品位及勘探、开发油气藏都是不可缺少的。以下介绍石油的几项主要物理性质。

(一)颜色

石油的颜色变化很大,从无色、淡黄色、黄褐色、深褐色、黑绿色至黑色都有。如我国四川黄瓜山和华北大港油田,有的油井产出近于无色的石油,新疆焉耆盆地侏罗系有墨绿色石油产出,克拉玛依石油呈褐至黑色,玉门、大庆、胜利油田的石油均为黑色。无色石油的形成,可能同运移过程中带色的胶质和沥青质被岩石吸附有关,或与演化程度有关。但是,不同程度的深色石油占绝大多数,几乎遍布于世界各含油气盆地。石油的颜色与胶质—沥青质含量有关,含量越高,颜色越深。

(二)密度及相对密度

石油的密度是指单位体积的质量,油气藏工程中单位采用克每立方厘米(g/cm^3)或吨每立方米(t/m^3)来表示。石油的相对密度是指在标准条件下(20℃和0.101MPa),原油密度与4℃纯水密度的比值,量纲为1。石油的相对密度一般介于0.75~1.0之间。如我国大庆油田的原油相对密度为0.857~0.860,大港油田的原油相对密度为0.84~0.86,胜利油田的相对密度为0.9~0.930。通常将相对密度小于0.87的原油称为轻质原油,相对密度介于0.87与0.93之间的石油称为中质原油,相对密度大于0.93的石油称为重质原油。相对密度大于1.00的和小于0.75的石油在自然界也有发现,如我国山东孤岛油田馆陶组石油的相对密度为0.93~1.026,而前苏联苏拉汉油田石油的相对密度只有0.71。

石油密度的大小取决于胶质和沥青质的含量及石油组分的相对分子质量。地下石油密度的大小还与其所处温度、压力条件及溶解气的数量有关。石油密度的大小可反映其商品价值,一般密度小、颜色浅的石油,含轻馏分多,商品价值较高。

(三)黏度

黏度是指石油流动时分子之间相对运动引起的内摩擦力的大小。流体黏度越大,就越难流动。石油的黏度可以分为运动黏度和动力黏度。运动黏度可以通过黏度仪测定,单位为m^2/s,常用单位为mm^2/s;动力黏度由运动黏度乘以流体密度得到,单位为$Pa \cdot s$或$mPa \cdot s$。石油黏度的变化范围很大,如大庆油田白垩系原油黏度为19~22$mPa \cdot s$。当原油的黏度在50~10000$mPa \cdot s$之间时称为稠油,由于稠油的密度一般在0.93~1.00之间,故稠油也称为重质油。黏度大于10000$mPa \cdot s$的石油称为沥青。

不同油田石油的黏度,甚至同一油田不同油层或同一油层不同构造部位的石油黏度变化很大,其影响因素是多方面的。一般来说,与石油的化学组成、温度、压力及溶解气量等有关。低相对分子质量的烷烃、环烷烃含量多,黏度就低;高分子化合物含量高,则石油黏度高;石油的黏度随温度升高而降低,随压力加大而增高;石油中溶解气量增加使黏度降低。所以轻质石油黏度比重质石油黏度低,地层中石油黏度比处于地面条件下的低。

石油黏度是很重要的物理参数,它的大小决定了石油流动能力的强弱,因而在油田开采和石油集输方面具有重要的意义。

(四)凝点

将液体石油冷却到失去流动性时的温度称为凝点。石油凝点的高低取决于含蜡量及烷烃碳数高低;含蜡量高,则凝点高。凝点高的石油容易使井底结蜡,给石油开采造成困难。各油田石油的凝点变化范围较大,温度变化范围一般在-56~-32℃之间。

(五)导电性

石油具有极高的电阻率,是一种非导体。石油的电阻率为$10^9 \sim 10^{16} \Omega \cdot m$。如岩石孔隙中存在石油,则其中所含的矿化水就少,所以,含油岩石的电阻率比含水的岩石的电阻率高。

(六)溶解性

石油主要由含烃类化合物组成,而烃类难溶于水,因此在纯水中的溶解度很低。以碳数相同的烃类化合物分子进行比较,芳香烃溶解度最大,苯的溶解度可达1780mg/kg,环烷烃次之,环己烷的溶解度达55.0mg/kg。烷烃溶解度最小,正己烷的溶解度仅9.8mg/kg,除甲烷外,各族烃类在水中的溶解度随相对分子质量增大而减小。石油在水中的溶解度在温度压力升高时会增大,当水中无机组分含量增加时,烃类的溶解度则降低。

石油易溶于有机溶剂,常用的有机溶剂如氯仿、苯、石油醚、四氯化碳、乙醇、丙酮等。利用这种特性可初步检验岩石中有无微量的石油存在。

(七)荧光性

石油在紫外光照射下产生荧光,这种特性称为石油的荧光性。石油发光现象取决于其化学结构。石油中的多环芳香烃及非烃能引起发光,饱和烃则不发光。轻质油的荧光为浅蓝色,含胶质较多的石油的荧光呈绿色或黄色荧光,而含沥青较多的石油或沥青质则发出褐色荧光。所以,发光颜色随石油或沥青质的性质而变。石油溶于有机溶剂发光颜色不受溶剂性质影响,而发光强度随石油或沥青物质的浓度而发生变化。

石油发荧光的现象易于识别,溶剂中只要有十万分之一的石油或沥青质,就可借助荧光用肉眼发现。因此,在石油勘探中常用荧光分析检验岩样中是否含油,并可粗略确定其含量的高低。

(八)旋光性

大多数石油具有将偏振光的振动面旋转一定角度的能力,这就是石油的旋光性。石油旋转偏光面的角度一般为几分之一度到几度之间。绝大多数石油都能使偏光面向右旋转,这种特性称为右旋,仅有少数石油为左旋。

石油的旋光性与其含有结构不对称的生物标志化合物,尤其是四环甾烷和五环三萜烷等有关。因此,旋光性被认为是石油有机成因的证据之一。

第二节 天然气的成分和性质

自然界一切天然因素形成的气体都可称为天然气。在自然界中,气体生成十分普遍,沉积物中有机质的生物化学分解及高温裂解、岩石变质及岩浆活动、放射性元素蜕变及热核反应、宇宙及大气等的作用都可生成天然气。在石油及天然气地质学中所研究的天然气,主要是指与油田和气田有关的可燃气,成分以气态烃为主,多与有机成因有关,也包含少量的非烃类气体,如CO_2、H_2S等。

一、天然气的化学组成

天然气的成分不是单一的,而是由多种气态物质组成的混合物。大多数油田气和气田气的主要组成成分是烃类气体,尤其甲烷通常占很大的比例,一般在 80%～90%以上。此外。还有少量的乙烷、丙烷、丁烷、戊烷、己烷等。乙烷以上的烃类称为重烃。重烃在天然气中的含量变化较大,从小于百分之一至百分之几十。如四川川南气田的天然气中,重烃含量一般小于 1%～4%,川中气田气中重烃含量一般在 10%左右。

在石油勘探工作中,常根据甲烷同系物的含量将天然气分为干气和湿气。甲烷含量在气体成分中占 95%以上,重烃气含量极少,重烃气含量不超过 1%～4%者称为干气,它一般不与石油伴生,可单独形成纯气藏;凡气体成分中含重烃气较多(超过 4%,但仍以甲烷为主)者称为湿气,湿气常与石油伴生,且与凝析气藏有关。我国大庆、大港等油田所产天然气多属湿气,四川圣灯山、石油沟等气田产的气多属干气。因此,在油气勘探工作中发现天然气显示,鉴别其属于湿气还是干气,对油气勘探很重要。湿气有微弱的汽油味,燃烧时火焰呈黄色;通入水中,水面常出现彩色油膜。干气燃烧时火焰呈蓝色,通入水中无油膜出现。

天然气中的非烃气体,包括二氧化碳、氮、硫化氢、一氧化碳、氢、氧以及氦、氩、氖等气体。它们的含量一般不高,但在个别情况下也曾发现 CO_2、H_2S 及 N_2 含量很高,甚至以它们为主要成分的气藏。如我国华北冀中坳陷赵兰庄构造古近系孔店组和沙河街组四段所产的天然气,含 H_2S 高达 92%,广东三水盆地沙头圩气田 CO_2 含量高达 99.53%,美国中部的本德隆起所产的天然气 N_2 含量达 89.9%。天然气中非烃气含量异常多的天然气的出现,一般认为是与特定的地质条件有关,如高含硫化氢天然气常同地层中富含硫酸盐有关,而含二氧化碳异常多的天然气常与火山喷发或火山活动有关,也有些与烃类氧化有关。

二、天然气的物理性质

由于天然气是由多种气态组分以不同比例组成的混合物,因而物理性质变化很大。通常天然气是无色的,具有汽油味或硫化氢味。

(一)相对密度

相对密度是指在标准状况下,单位体积天然气的质量与同体积空气的质量的比值,量纲为 1。天然气的相对密度一般为 0.6～0.7,也有大于 1 的,它随重烃含量增加而变大。湿气含重烃气较多,因此,湿气的相对密度大于干气。

(二)临界温度和压力

单组分气体都有一特定的温度,高于此温度时不管加多大的压力都不能使该气体转化为液体,这个特定温度称为临界温度。在临界温度时,使气体液化所需的最低压力称为临界压力。

在自然条件下的天然气通常是烃类及非烃化合物的混合物,其临界温度及临界压力随化学组成的不同而变化。混合物的临界温度等于组成混合物的各成分的体积分数与其临界温度（热力学温度）乘积之和。同样可以计算出混合物的临界压力。

(三)蒸气压力

将气体液化时所需施加的压力，称为该气体的饱和蒸气压力，简称蒸气压。蒸气压随温度升高而增大。在同一温度条件下，碳氢化合物的相对分子质量越小，其蒸气压越大。因此甲烷比其同系物的蒸气压大得多，这也正是在天然气的组成中往往甲烷等轻质碳氢化合物含量较多的原因。

随着油田持续开发，地层压力逐渐下降，天然气的组成也会随之改变。一般在自喷阶段，轻分子的碳氢化合物是天然气的主要成分；随着地层压力下降，较重分子的碳氢化合物蒸气就随之进入天然气中，因此天然气的密度也会随着油田开采期的延长而略有增加。

(四)溶解性

天然气溶于石油和水。天然气可以溶解于石油中，并且当天然气重烃含量增加，或者石油中的轻馏分较多时，天然气在石油中的溶解度增加。天然气在石油中溶解度的高低还与温度和压力等因素有关。天然气不仅可以溶解于石油中，也可以溶解于水中，这一点是与石油性质的重要区别，石油一般是不能溶解于水中的，但天然气在水中的溶解度却很高。如前所述，天然气在高压地下水中含量较高，特别是在异常高压带的地下水中，含气量特别高，可以达到每吨水中含几到几十立方米的天然气。天然气在地层水中的溶解不仅可以形成丰富的水溶气资源，也对天然气藏的形成过程有重要影响。

(五)黏度

天然气的黏度与化学组成及所处的环境有关。天然气的黏度在0℃一般为$3.1 \times 10^{-7} Pa \cdot s$。在低压(接近大气压)时，天然气黏度随温度增高而增大。这是由于气体分子运动强度增加，使分子碰撞次数增加，而导致黏度增大。同样，若相对分子质量增大，运动速度减慢，则黏度减小。在高压(大于3.0975MPa)时(如在地层条件下)，天然气的黏度随压力增加而增加，随温度的升高而降低，随相对分子质量增大而增加。这是由于在高压时气体密度加大，分子与分子间紧密靠近，这时气体的黏度具有类似于液体的性质。烃类气体比非烃类气体黏度小。因天然气中含有非烃气，使天然气黏度增加。

(六)扩散性

扩散作用是物质在浓度梯度的作用下自发发生的从高浓度区向低浓度区转移以达到浓度平衡的物质传递过程。与石油相比，天然气的分子体积小，在地下具有很强的扩散性，甚至可以通过泥岩的微小孔隙发生扩散作用，而石油基本不能通过泥岩的孔隙扩散。在地下，只要有天然气的浓度差存在，就可以发生扩散作用，扩散的结果是使天然气通过岩石的孔隙从高浓度区向低浓度区运移。天然气从烃源岩向储集层的扩散是天然气初次运移的重要形式，天然气从气藏内通过盖层向气藏外的扩散是气藏破坏的重要途径。因此,研究天然气的扩散作用具有重要意义。

三、天然气的分类

按天然气在地下的产状,可将天然气分为气藏气、气顶气、凝析气、页岩气、煤层气、油溶气、水溶气及天然气水合物等。

气藏气:是指圈闭中单独的呈游离相态聚集的天然气,特别是巨大的非伴生气藏(田)气是研究的重点。有些气藏气也可以存在于油气田中,在垂向或横向上与油藏或油气藏保持一定的联系。

气顶气:是指与油共存于油气藏中呈游离态存在于油气藏顶部的天然气。这种天然气在分布和成因上都与石油有密切联系。它的基本特点是重烃气含量多数大于5%,但也有小于5%的,个别气田重烃气的含量可高于甲烷含量。重烃气含量多少在很大程度上取决于石油的组成和密度。

凝析气:当地下温度、压力超过临界条件时,液态烃逆蒸发而形成的气体,称为凝析气。这种气体采出后,因压力、温度降低而逆凝结为轻质油,即凝析油(为汽油至煤油馏分),密度为 $0.74 \sim 0.78 \text{g/cm}^3$,凝析气埋藏深度通常较大,多分布在地下 $3000 \sim 4000 \text{m}$ 或更深处。凝析气成分中气体数量需超过液体数量,才能为液相反溶于气相创造条件,形成凝析气。

页岩气:是指以吸附态、游离态和水溶状态存在于页岩和泥岩中的天然气。页岩气是一种重要的非常规天然气聚集,目前在天然气勘探开发中占有越来越重要的地位。

煤层气:是指以吸附态、游离态和水溶状态存在于煤层中的天然气。煤矿中将这种天然气称为瓦斯。它的含量因煤的变质强度和煤层顶板的透气性不同而有很大的差异,一般煤层的含气量变化在 $0.1 \sim 20 \text{m}^3/\text{t}$ 之间。目前,煤层气已成为一种重要的非常规天然气资源。据估算,我国煤层气的资源量达 $30 \times 10^{12} \text{m}^3$ 以上。

油溶气:是指溶解于油藏原油中的天然气。任一油藏的石油中总是溶解有数量不等的天然气,每吨油中溶解气的数量少则几到几十立方米,多可达数百到上千立方米。含气量低时,采油分离出的天然气利用价值较小;含气量高时,应将油溶气设法收集起来,回注于油藏或作为动力及化工原料。

水溶气:是指溶解于地层水中的天然气,包括低压水溶气和高压水溶气。低压水溶气的含气量一般在 $1 \sim 5 \text{m}^3/\text{t}$,个别可达 $5 \text{m}^3/\text{t}$ 以上。这种水溶气一般不能单独开采,但可以综合利用。高压地下水中含气量较高,特别是在异常高压带以下的地下水,含气量特别高。高压水溶气在降低压力的条件下,出现强烈排气作用。因此,开发异常高压带的水溶气,特别是水溶气和热水的综合利用,是很有价值的。

天然气水合物:是由水与天然气(主要是甲烷)结合形成的白色固态的结晶物。天然气水合物主要分布在海底和永久冻土地带。据估算,世界上天然气水合物的资源量超过所有已知化石燃料资源量的总和。2017年11月,经国务院批准,天然气水合物已成为我国第173个矿种。

另外,天然气按其与油藏分布的关系可分为伴生气和非伴生气。凡是在油藏范围内与油藏分布有密切关系的气顶气、油溶气以及油藏之间或油藏上下方的气藏气,都称为伴生气。而那些与油藏分布没有明显联系或仅有少量石油存在(但没有重要的工业价值),而气藏又十分巨大和重要的气藏气,都称为非伴生气。根据成因含义,也可将那些在成油过程中伴生形成的天然气称为伴生气;而煤系有机质或未成熟有机质形成的天然气称为非伴生气,因为后一类成气过程没有或仅形成少量石油。随着天然气勘探技术的不断提高,非伴生气对伴生气的优势已日益显著,在探明储量中非伴生气约占75%。

第三节　油田水的成分和性质

油田水以不同的形式与油气共存于地下岩石的孔隙空间中。油田水的形成及其运动规律始终与油气的生成、运移以及油气藏的形成、保存和破坏有着密切的联系。在油气藏形成的整个过程中,油田水长期与油气相伴生,通常与非油田水和地表水有着明显的差别。在油气藏的开发过程中也要研究和利用油田水。因此,油田水化学、油田水动力学、油田水文地质学的研究对于油气勘探和开发有着十分重要的意义。另外,研究油田水对于治理污染、控制地面沉降、环境保护等方面也有非常重要的应用价值。

一、油田水的概念及形成

(一)油田水的概念

广义的油田水是指油田区域(含油地质单元)内的地下水,包括油层水和非油层水。狭义的油田水是指油田范围内直接与油层连通的地下水,即油层水。

油田水的来源是一个极为复杂而尚未取得统一认识的问题,一般认为可以有4种来源:沉积水、渗入水、转化水、深成水。

沉积水:沉积物堆积过程中保存在其中的水。这种水的盐度和化学组成与堆积沉积物的古海(湖)水的盐度和沉积物有密切的关系。因此,不同环境下形成的油田水矿化度有着明显差别。

渗入水:从地表渗入到地下孔隙和渗透性岩层中的水。渗入水的矿化度低,对高矿化度的地下水可以起淡化作用。淡化作用在靠近不整合面和断层的油田水中表现特别明显。

转化水:在沉积成岩作用和烃类生成过程中黏土矿物转化脱出的层间水和有机质向烃类转化分解出的水。这种转化主要因素是温度和压力,并伴随着离子交换等反应。

深成水:又称内生水,指岩浆游离出来的初生水(原生水)和变质作用过程的变质水。

(二)油田水的形成

油田水的形成是十分复杂的,国内外学者提出的主要成因有沉积成因说、有机成因说、渗滤成因说和原生成因说。油田水可以看作以沉积水、渗入水、转化水和深成水中某一种为主或它们以不同比例形成的混合水。一般认为,油田水主要起源于沉积水和有机成因水,也有少部分来自渗入水和混合水。

无论海相沉积作用还是陆相沉积作用都是与水一起发生的,然后由于压实、脱水作用,大部分沉积水被排出,只有少部分水与沉积物一起被埋藏下来,形成岩石中的孔隙水。

在油田水形成过程中,水和油气的相互作用使得油田水具有一般地下水中不常见的组分——烃类及其衍生物。

二、油田水的化学组成及其矿化度

油田水的化学组成和矿化度取决于它的成因以及它进入地下环境中所发生的变化。油田水由于来源及形成过程中各种物理、化学作用的差异性,其化学组成和矿化度有相当大的差别。

(一)油田水的化学组成

1. 油田水的无机组成

油田水的无机组成包括常量组分和微量组分。在常规水分析资料中,常用 Na^+(包括 K^+)、Ca^{2+}、Mg^{2+} 和 Cl^-、SO_4^{2-}、HCO_3^-(包括 CO_3^{2-})等6种离子代表常量无机组成。

微量组分有几十种元素,常见的有碘(I)、溴(Br)、硼(B)、钡(Ba)、锶(Sr)、氟(F)、铁(Fe)、锂(Li)、铝(Al)、铜(Cu)、银(Ag)、锡(Sn)、钒(V)等。其中有些元素的组合特征、异常值或比值能反映油田水的起源、沉积环境、水的浓缩程度及水文地质的封闭性。

研究水中的微量元素对寻找石油和天然气有着重要意义。这些微量元素也存在于海水和地下水中,但含量甚少,大都低于1mg/L,而它们却常常富集于油(气)田水中。微量元素的含量往往随水矿化度的增加而增加。一般埋藏越深,封闭性越好,它们富集得越多。许多研究表明,虽然它们与油气田没有直接的成因联系,但是作为间接标志,可以指示油气藏的保存环境。

2. 油田水的有机组成

油田水中常见的有机组分包括烃类、酚和有机酸。

油田水中的烃类包括气态烃($C_1 \sim C_4$ 烃类)和液态烃,而非油田水中常只含少量甲烷。

油田水中苯系化合物含量高,一般可达 0.01~1.58mg/L,最多可达 5~6mg/L,且甲苯/苯大于1;非油田水中苯系化合物含量低,且甲苯/苯小于1。

酚在油田水中含量较高,一般大于 0.1mg/L,最高可达 10~15mg/L,且以邻甲酚和甲酚为主;非油田水中的酚含量低,且以苯酚为主。

油田水中常含数量不等的环烷酸、脂肪酸和氨基酸等。其中环烷酸是石油环烷烃的衍生物,常可作为找油的重要水化学标志。

(二)油田水的矿化度

水的总矿化度是指溶解在水中的无机盐和有机物的总量,即水中各种离子、分子和化合物的总含量。矿化度以水加热至105℃蒸发后所剩残渣质量来表示,单位为 mg/L 或 g/L。

由于油田水埋藏地下深处,长期处于停滞状态,缺乏循环交替,所以油田水的矿化度在大多数情况下比沉积水的矿化度要高,甚至高得多。但当地表水渗入较活跃时,油田水的矿化度也可能低于沉积水的矿化度。据统计,多数海相油田水总矿化度在 $(5 \sim 6) \times 10^4$ mg/L 以上,还有更高的矿化度。1945年凯斯报道过美国密歇根州沙林那白云岩的盐水矿化度高达642798mg/L。陆相油田水的矿化度低,一般为$5 \times 10^3 \sim 3 \times 10^4$mg/L、高者可达$(3 \sim 8) \times 10^4$mg/L(老君庙油田水)。

三、油田水的产状

按油田水存在的状态,有以下三种产状。

吸附水:吸附在岩石颗粒表面、呈薄膜状。这部分水即使在高温、高压条件下,也不能自由运动。

毛细管水:存在于毛细管或裂隙中的水,只有当作用于水的外力超过毛细管力时,水才能在孔隙中流动。

自由水:存在于超毛细管孔隙、裂隙、孔洞中的水,在重力作用下能在其中自由流动。

四、油田水的物理性质

溶解物极少的纯水无色透明、无臭无味,温度为4℃时,密度为1g/cm³,黏度为1×10^{-3}Pa·s。因为油田水中溶有各种盐类、气体和有机质,油田水与非油田水相比有许多不同的物理性质。

(一)颜色与透明度

油田水通常带色并混浊不清,含硫化氢时,呈青绿色;含铁质胶状体时,带淡红色、褐色或淡黄色。

(二)密度及黏度

因油田水含盐类多,使密度及黏度均比纯水高。油田水密度一般大于1g/cm³。含盐量越高,则密度及黏度越大;温度升高黏度则降低。

(三)嗅觉及味觉

油田水中含有少量石油时,往往具有汽油或煤油味;当含硫化氢时,常常使水有臭鸡蛋味;溶有$NaCl$时具有咸味;溶有$MgSO_4$时具有苦味。总之,油田水给人的气味是比较特殊的。

(四)温度

油田水的温度随着油层的埋深增加而增加。据测定,油田水的温度一般介于$20 \sim 100$℃之间。

(五)导电性

水为极性化合物,纯水不是良导体,而油田水因含有各种离子,所以具有导电性。离子浓度大,导电性越强;温度增高,导电性增强。据前苏联学者 M. И. 马克西莫夫研究,油田水的电阻率范围在 0.05(浓盐水)$\Omega \cdot m$ 至 $1.00\Omega \cdot m$(稀盐水)之间。

五、油田水的分类

为了进一步了解油田水的特点,对油田水的化学成分分析资料必须加以系统地整理,以便发现油田水成分的规律性。目前,国内外采用较多的是依据油田水的化学成分进行分类。这种分类称为地下水的化学成因分类。地下水化学成分的形成,依赖于所处的地质环境。不同环境中所形成的地下水,所含盐类不同。因此,一些典型盐类的组合反映出该水形成过程中的地质环境和地球化学作用特征。长期以来,油田水的分类主要采用帕勒梅尔分类和苏林分类。

(一)帕勒梅尔分类

1911 年,美国石油地质学家帕勒梅尔(Palmer)提出了此分类法,此种方法是以水的盐度和碱度为基础。他认为,决定自然界水的特性因素是它们的含盐量,含盐量包括盐度和碱度。帕勒梅尔分类法以离子状态为依据,将化学性质相近的离子归入一组,即:

强碱类:Na^+,K^+;
弱碱类:Ca^{2+},Mg^{2+};
极弱碱类:Fe^{3+},Cu^{2+},Al^{3+};
强酸类:Cl^-,SO_4^{2-};
弱酸类:HCO_3^-,CO_3^{2-}。

水中的离子相互作用时,是按等当量反应的。按离子亲和力的大小,水中的各类阳离子同阴离子相互结合时,按离子强弱先后次序化合,生成不同的盐类(表 8-2)。

表 8-2 帕勒梅尔分类

酸性 \ 碱性	强碱(a)	弱碱(e)	极弱碱(m)
强酸(S)	第一盐性 S_1	第二盐性 S_2	第三盐性 S_3
弱酸(A)	第一碱性 A_1	第二碱性 A_2	第三碱性 A_3

根据强酸(S)、强碱(a)、弱碱(e)三者之间的关系,帕勒梅尔将天然水划分五类,即:

Ⅰ类:S 含量小于 a 含量
Ⅱ类:S 含量等于 a 含量
Ⅲ类:a 含量小于 S 含量,S 含量小于 a 含量与 e 含量之和
Ⅳ类:S 含量等于 a 含量与 e 含量之和
Ⅴ类:S 含量大于 a 含量与 e 含量之和

其中与油田水有关的水属于Ⅰ类。油田水一般存在着第一盐性(如 $NaCl$、Na_2SO_4)和第一碱性(如 $NaHCO_3$、Na_2CO_3)。

帕勒梅尔分类法以水中主要离子的一定组分为基础,以反映水中盐、碱度特性,这在一定程度上反映了地下水的地质环境。这种分类法的主要缺点是忽视了离子浓度,因而在同一类中,虽然都是 S 含量大于 a 含量,但两种水的矿化度以及各种组分的含量却可以完全不同。

(二)苏林分类

前苏联学者苏林(Sulim)于1946年在帕勒梅尔分类法的基础上提出了新分类法。他认为,地下水的化学成分决定于一定的自然环境。在不同的环境中形成不同成分的水,其中含有不同的典型盐类,从一些典型盐类的组合可以反映水形成时的地质环境。苏林分类是根据大陆水和海洋水化学成分的特性,将天然水中的Na^+和Cl^-的当量比例,作为分类基础来判别水形成的环境,并以水中典型盐类定名水型;根据水中主要离子(Cl^-,SO_4^{2-},HCO_3^-,Na^+,Ca^{2+},Mg^{2+})彼此化学亲和力的强弱顺序所组成的盐类,作为划分"型"的依据。通过对$w(Na^+)/w(Cl^-)$,$w(Na^+-Cl^-)/w(SO_4^{2-})$和$w(Cl^--Na^+)/w(Mg^{2+})$三个系数的计算,将天然水分为以下四种水型(表8-3)。

表8-3 苏林天然水成因分类表(据苏林,1946)

水的类型		成因系数(浓度比)		
		$w(Na^+)/w(Cl^-)$	$w(Na^+-Cl^-)/w(SO_4^{2-})$	$w(Cl^--Na^+)/w(Mg^{2+})$
大陆水	硫酸钠型	>1	<1	<0
	碳酸氢钠型	>1	>1	<0
海水	氯化镁型	<1	<0	<1
深层水	氯化钙型	<1	<0	>1

1. 硫酸钠(Na_2SO_4)型

当$w(Na^+)/w(Cl^-)>1$,$w(Na^+-Cl^-)/w(SO_4^{2-})\leq1$时,油田水为硫酸钠($Na_2SO_4$)型。地表水多属此类,苏林认为此类水是在大陆环境下形成的。它分布于油田垂向剖面的上部,在横向上多分布于供水区。

2. 碳酸氢钠($NaHCO_3$)型

当$w(Na^+)/w(Cl^-)>1$,$w(Na^+-Cl^-)/w(SO_4^{2-})>1$时,油田水为碳酸氢钠($NaHCO_3$)型。这类水的pH值常大于8,为碱性水。苏林认为,此类水型属大陆环境下形成的。$NaHCO_3$水型在油气田区分布广泛。我国西北及川南的油气田中均有此类水型出现。它分布于油田垂向剖面的下部。

3. 氯化镁($MgCl_2$)型

当$w(Na^+)/w(Cl^-)<1$,$w(Cl^--Na^+)/w(Mg^{2+})\leq1$时,油田水为氯化镁($MgCl_2$)型。苏林认为氯化镁水型为海洋环境形成的。在封闭环境中,$MgCl_2$水型常向$CaCl_2$水型转化。此类水型通常存在于油气田的内部。

4. 氯化钙(CaCl)型

当$w(Na^+)/w(Cl^-)<1$,$(Cl^--Na^+)/w(Mg^{2+})>1$时油田水为氯化钙($CaCl_2$)型。苏林认为,此类型是在地壳深部环境中形成的。它代表水所处的环境封闭性好,有利于油气聚集和保存。$CaCl_2$水型其pH值在4~6之间,为酸性水。在油气田区广泛分布,我国大部分油田均有发现。

水的成分在油气田纵向剖面上的变化是有一定规律的。随深度的增加,硫酸盐的含量减少,$w(Na^+)/w(Cl^-)$的比值减少;$w(Cl^- - Na^+)/w(Mg^{2+})$的比值增大,水中NaCl组分逐渐被$CaCl_2$所代替。水型从上到下为$Na_2SO_4$水型、$NaHCO_3$水型、$MgCl_2$水型、$CaCl_2$水型。但由于岩性、构造条件的变化,水型在纵向剖面上的分布规律有时出现异常。例如,剖面下部有石膏层,则可能会出现Na_2SO_4水型;因深部断裂及裂缝的影响也可在剖面上部或深部见到$CaCl_2$水型。有时剖面深部由于断裂及裂缝的开启,与地表水连通可反常地出现地表水的水型。如任丘油田古近系沙河街组多为$CaCl_2$水型,而深部的奥陶系及震旦系的古潜山带则以$NaHCO_3$水型为主,就是因古潜山带有古侵蚀面存在,水的循环交替活跃造成的。

苏林分类目前在我国各油田应用较广,但也存在不少问题。中国地质科学院1976年发表文章指出,苏林分类的水型与天然水实际分布有较大矛盾。如我国大陆上,不少地表水常见$MgCl_2$水型及$CaCl_2$水型,而在陆相盆地深达千米以上的含油构造中出现Na_2SO_4及$NaHCO_3$水型。在苏林分类中未考虑稀有元素及气体等一些具有标志性的组分,这就把本来有成因关联的一个整体,简化成为仅仅是天然水盐类成分的分类。

特别要提出的是,苏林分类将地下水都看作是地表水渗入的,而没有考虑其他海相沉积的原生水和内生水的影响,更少考虑到自然界经常发生水的混合作用而产生水的成分的多种分异和组合,因而在实际应用中常出现矛盾。但在目前尚无更理想的分类方案的情况下,苏林分类仍被广泛应用。

六、油田水在油气田勘探及开发中的作用

地下水对油气田的形成、保存和破坏都有影响。油田水对油气的有机组分溶解、元素的交换等都有作用,使人们可利用地下水中的有机组分、微量元素,地下水的脱硫作用和水型进行探区含油气远景预测。

(一)利用地下水中有机组分预测含油气性

地下水中的有机组分,既是油气形成的物质来源,又可能是油气藏二次溶解、扩散的产物。虽然油气藏在地下所占空间位置不大,但它对地下的地球化学环境、水质等都产生重要影响。构成石油的烃类及有机酸等都不同程度地可溶于水。目前,在油田水中已测定出的有机质有烷烃、环烷烃、芳香烃类、脂肪酸、氨基酸、苯等。因此,水中含有机质是含油性的标志。

(二)地下水中微量元素组分可作为含油性的间接标志

地下水中的微量元素作为间接标志,指示油气藏的保存环境则有较大意义。地下水中含量较多的微量元素,主要有碘、溴、硼等。

碘分析研究表明,油田水中碘含量一般为10mg/L,有时可高达1400mg/L,比海水的碘含量高得多。从已探明的油气田区的地下水含碘资料统计,碘是含油性的间接标志之一。溴和碘一样,也可以作为含油性的间接指标,海相油田水中溴含量比陆相高十几倍至几十倍。勘探

资料表明,烃源岩类型若为腐泥型,其油田水中的碘、溴含量相对高;而为腐殖型者,则较低。另外,在 Cl^- 含量高的油田水中,溴含量也高,$CaCl_2$ 水型中溴含量特别高。这也表明溴可作为环境指标。

从现有油气田勘探资料看,与油藏有关的地下水中硼的含量明显高。这是因为:难溶的硼化合物在生物参与下会发生转化,成为易溶的物质,油藏的地层水中硼含量一般为 10～200mg/L。

铵、氨气是含氮有机质在厌氧环境下分解而成的。在还原环境中,氨可转变成铵;而在氧化环境中,氨被氧化成硝酸根。因此,地下水中含有的微量元素铵可作为环境标志。

(三)高矿化度的 $CaCl_2$ 和 $NaHCO_3$ 型水可作为含油性的标志

在油田剖面上,油田水化学特性的变化是:矿化度随深度增加而增大;水型的变化,上部为 Na_2SO_4 型和 $NaHCO_3$ 型,随深度增大而转变为 $MgCl_2$ 和 $CaCl_2$ 型水。目前已发现油田水大多数属于 $CaCl_2$ 型和 $NaHCO_3$ 型水,因此这两种水型可作为含油气性的间接标志之一。

众所周知,烃源岩中的有机质和水在成岩、成烃过程和排烃过程中,油、气、水三者是处于共生关系。在油气藏形成后,油气在聚集状态下也是与水呈共生关系。油气藏遭受破坏,地下水的作用也是重要因素。因此,详细研究水文地质条件,对认识一个地质单元的油气藏的形成、破坏以及对确定勘探有利地区都具有十分重要的实际意义。

深入研究地下水的分析资料,对预测有利的含油气区,指导油气勘探和开发都具有重要意义,一般情况下,不同地层的水,其化学组成不同,这样就容易鉴别来自某一特殊地层的水。若属于外来侵入水(如由于套管外窜通),就应采取补修措施;若属于边水或底水侵入,也应根据生产需要采取相应措施。但是,若地下水来自不同的地层,其可溶组分的浓度无明显差异,则难于辨别。当油气藏开发采用注水方式来增产、稳产时,在实施注水之前,要作水样分析化验。通常将注入水和地层水进行混合,以观察它们是否会形成难溶性沉淀物(如碳酸钙、硫酸钙、硫酸钡等);如有,应采取相应的技术措施,确保油田的增产稳产。

思 考 题

1. 组成石油的主要元素是哪两种?次要元素是哪三种?石油中含有哪些微量元素?
2. 石油的化合物组成,族分、馏分、组分组成有哪些?
3. 描述石油物理性质的有哪些主要指标。
4. 天然气有哪些类型?
5. 什么是干气和湿气?干气与湿气的主要区别是什么?
6. 什么是油田水?油田水的来源是什么?
7. 地下水有哪些产状?
8. 油田水有哪些主要物理性质?
9. 油田水的类型(苏林分类)包括哪些?
10. 油田水在油气田勘探开发中有哪些主要应用?
11. 为什么石油通常没有固定的物理常数?

第九章 石油和天然气的生成

地壳上生成的石油和天然气是形成油气藏的物质基础。掌握油气生成的规律,是认识油气藏形成及分布规律的前提,也是确定油气勘探方向、有效部署油气勘探工作的基础。所以,正确解决油气成因问题有着重要的理论意义和实际意义。

第一节 油气生成

一、油气成因研究概述

石油和天然气的成因问题,是石油地质学界的主要研究对象之一,也是自然科学领域中争论最激烈的一个重大研究问题。

石油的成因是一个极为复杂的课题,至今还存在一些争论,主要原因是:

(1)从物质状态上看,石油与天然气是流体,在地下一定条件下,它不断流动,现在所找到的油气藏并非其生成的地方,而是经过一定距离运移而聚集起来的。

(2)从化学组成上看,石油与天然气的组分很复杂,并非单一物质,且在地下运移过程中或其他条件的改变,其成分也在发生变化,其现今的组成并不代表其原貌。

(3)由于分离及鉴定手段的限制,目前对石油组分的了解尚不充分。

长期以来,关于生油原始物质、油气生成条件和油气生成过程等,都有过许多激烈的争论。由于石油的成因问题关系到油气的勘探方向,所以多年来它一直吸引着许多的地质学、生物化学和地球化学等领域的专家为此开展研究。19世纪70年代以来,对油气成因的认识基本上分为无机成因学说和有机成因学说两大学派。

无机成因学说认为,石油和天然气是在地壳深处形成的,后来沿着深大断裂渗透到地壳上部,或者在天体形成时形成,当地壳冷凝时以"烃雨"的形式降落下来,后聚集成油气藏。其基本观点是石油和天然气是在地下高温、高压条件下由无机物形成的而非生物成因。其依据是:

(1)在实验室,用无机C、H元素合成了烃类;

(2)在岩浆岩内曾发现过石油、沥青;

(3)在宇宙其他星球大气层中也发现有碳氢化合物存在;

(4)在陨石中也发现有碳氢化合物及氨基酸等多达100多种;

(5)用有机成因说观点对世界上有些大的沥青矿不能作出令人满意的解释。

但是,随着油气勘探的不断深入,越来越多的事实使无机学说无法自圆其说,对150多年来的勘探实践也从未起到重要的指导作用,无机成因学说始终未成为石油成因的主流学说。只能证明现代有机成因理论的正确性。这些事实有:

(1)世界上已发现的油气田99.9%都分布在沉积岩中,只有极少数石油分布在岩浆岩和变质岩中,且这少数石油也被证明是从沉积岩中运移而来的,而与沉积岩无关的地盾和巨大的

结晶岩突起发育区,至今未找到油气聚集;

(2)石油和天然气在地质时代上的分布很不均衡,但与沉积岩中有机质的分布状况相吻合,并且同煤、油页岩等可燃有机矿产的时代分布也有一定的联系;

(3)虽然世界上的石油没有成分完全相同的,但所有石油的元素组成和化合物组成是相近的或相似的,说明它们的成因可能大致相同;

(4)大量油田测试结果可知,油层温度很少超过100℃,有些深部油层温度可以高达150℃,而当温度超过250℃时,烃类就会发生急剧而彻底的裂解,生成石墨及H_2,说明石油不可能在高温下形成;

(5)从目前发现的油气藏来看,石油和天然气生成、聚集成藏不需很长的时间,大约需不到一百万年;

(6)石油中含的卟啉化合物、异戊间二烯型化合物、甾醇类,石油的旋光性等都证明石油是在低温条件下由生物有机质生成的;

(7)石油地质工作者对近代沉积的研究成果表明,在近代沉积中确实存在着油气生成过程,且至今还在进行着,生成的数量也很可观。并且,在实验条件下用沉积有机质进行地下条件模拟,转化出了烃类,这为有机成因学说提供了有力的科学依据。

以上重要事实的存在,大大促进了石油有机生成理论的发展。特别是近代物理、化学、生物、地质学等基础理论的发展以及色谱、光谱、质谱、电子显微镜、同位素分析等先进技术手段的广泛采用,为应用有机地球化学知识来解决油气成因问题创造了条件,推动了石油生成现代科学理论的日臻完善。

在油气有机成因学说中还存在着早期成因学说和晚期成因学说两种观点。前者主张沉积有机质在成岩过程中,逐步转化为石油和天然气,并运移到邻近的储层中去;后者则认为沉积物埋藏到较大深度后,到了成岩作用晚期或后生作用初期,沉积岩中的不溶有机质(干酪根)才开始发生热降解,生成大量液态石油和天然气。

晚期成因理论虽然已广泛为国际石油界所接受,但随着油气勘探的不断深入,"未熟—低熟"油不断被发现,显然自然界中确实存在相当数量的各类早期生成的非常规油气资源。这样早期成油说和晚期成油说也结合起来,视为一个统一的油气演化过程,这就更拓宽了油气勘探领域。

近年来,石油有机成因理论的又一进展是煤成烃理论的发展与完善。20世纪60年代以来,在世界各地相继发现了一批与中、新生代煤系地层有关的油气田。这表明煤系地层不仅是天然气的主要来源,而且也能形成相当数量的石油聚集和大油田。到了20世纪80年代,人们通过有机岩石学与地球化学相结合的方法和实验模拟对煤成油问题进行了深入的理论探讨,提出了煤系地层有机质生烃机理和演化模式。

石油和天然气的成因是一个非常复杂的理论问题,尽管目前油气有机成因理论日臻完善,并在油气勘探实践中发挥了重要作用,但并不能由此否定油气无机成因理论的科学价值。尤其是近20多年来,一些无机成因天然气的发现,宇宙化学和地球形成新理论的兴起、板块构造理论的发展和应用、同位素地球化学研究的深入,为无机成烃理论提供了依据,新理论和新手段的发展也为无机成油理论研究奠定了基础。

按照现在的油气成因理论,石油主要是有机成因的,天然气大部分是有机成因的,但不排除相当一部分天然气是无机成因的。但无论是油气有机成因说,还是无机成因说,都还有许多问题尚待进一步深入研究,相信随着现代科学技术和实验手段的发展,油气成因理论的科学研究必将更加完善,油气无机成因和有机成因理论的发展将会对世界油气勘探事业做出更大的贡献。

二、油气有机成因的基本原理

(一)油气生成的原始物质

根据油气有机成因理论,生物体是生成油气的最初来源。生物死亡之后的残体经沉积作用埋藏于水下的沉积物中,经过一定的生物化学、物理化学变化形成石油和天然气。其中细菌、浮游植物、浮游动物和高等植物是沉积物中有机质的主要供应者。

在不同的沉积环境中,生物的天然组合类型不同,决定了沉积物中有机质的组合类型也不同。生成油气的沉积有机质主要有类脂化合物、蛋白质、碳水化合物及木质素等四大类,它们都有比较复杂的结构。

石油和天然气来源于沉积有机质。早在古生代以前,地球上就出现了生物,随着地质历史的进展,生物广泛地发育和繁衍起来。地球上的动、植物种类繁多,数量很大,化学成分异常复杂。大量动、植物死亡后,多遭受氧化破坏,但仍有一部分有机质在适宜的条件下在沉积物(岩)中保存下来,这部分有机质就是所谓的沉积有机质。对生成石油和天然气的原始物质而言,仍以沉积岩中的分散有机质为主。沉积物(岩)中的有机质经历了复杂的生物化学及化学变化,通过腐泥化及腐殖化过程才形成一种成分和结构非常复杂的生油母质——干酪根,成为生成油气的直接先驱。

沉积岩中所有不溶于非氧化性的酸、碱和非极性有机溶剂的有机质称为干酪根。干酪根是一种高分子聚合物,没有固定的化学成分,主要由碳、氢、氧和少量硫、氮组成,没有固定的分子式和结构模型。

在不同沉积环境中,由不同来源有机质形成的干酪根,其成分和结构有很大的差别,这直接影响到干酪根生油、生气的能力。根据干酪根成分中的C、H、O三种主要元素的组成,可以对干酪根进行分类(图9-1)。其中Ⅰ型干酪根主要来自藻类堆积物,生油气潜能大;Ⅱ型干酪根主要来源于海相浮游生物(以浮游植物为主)和微生物的混合物,生油气潜能中等;Ⅲ型干酪根主要来源于陆地高等植物,与Ⅰ、Ⅱ型干酪根相比,其生油能力较差,但埋藏到足够深度时,可以生成天然气。

(二)沉积有机质形成的地质环境

要生成大量的石油和天然气,就必须有足够的有机质,这就要求必须要有利于生物大量生长和繁殖的环境。另一方面,有机质在陆地表面易被氧化,不易保存,需要有保存条件。此外,还要求有利于有机质大量向油气转化的地质条件。这种有利于有机质大量堆积、保存和转化的地质环境受区域大地构造和岩相古地理条件的控制。

1. 大地构造条件

在地质历史上只有那些曾发生过持续下沉的沉积盆地才是有利于生物生长的环境,才有沉积物的沉积,才能为油气生成、运聚提供有利的场所。

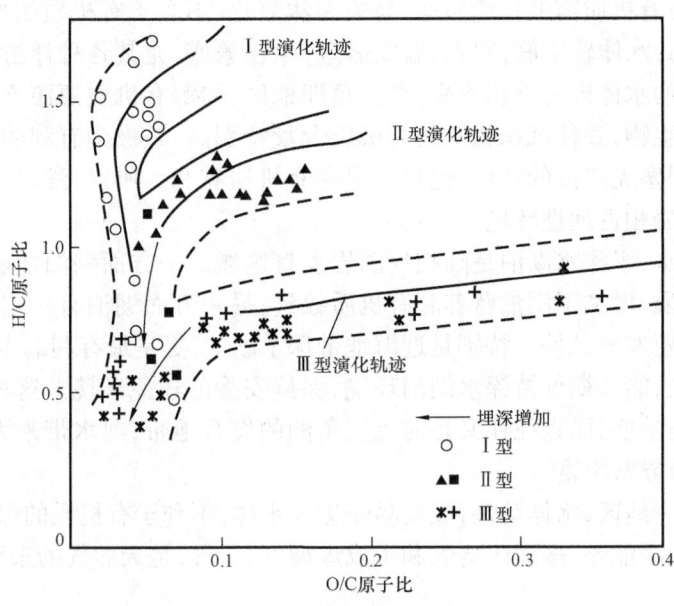

图 9-1 不同来源干酪根的元素分析图解

○—美国尤因塔盆地绿河页岩（据 B. P. Tissot 等,1978）；▲—法国巴黎盆地下托尔阶页岩（据 B. Durand 等,1972）；
■—德国里阿斯期波西多尼希费组（据 B. Durand 等,1972）；✳—喀麦隆杜阿拉盆地洛格巴巴页岩（据 B. Durand 等,1976）；
+—腐殖煤（据 B. Durand 等,1977）

　　盆地的形成是板块运动的结果。板块的边缘活动带、板块内部的裂谷、坳陷以及造山带的前陆盆地、山间盆地等大地构造单元，是地质历史上曾经发生长期持续下沉的区域，是地壳上油气资源分布的主要沉积盆地类型。在这些盆地内生物的生长及其遗体的保存与盆地沉降速度及沉积物的沉积速度有直接关系。若沉降速度远远超过沉积速度，则水体不断变深，生物死亡后，在下沉过程中易遭受巨厚水体所含氧气的氧化而破坏，且因阳光不足、温度低，不利于生物生长。沉降速度远远低于沉积速度，则沉积物会迅速填满盆地，水体快速变浅，乃至上升为陆地，沉积物暴露地表，有机质易受空气中的氧气所氧化，也不利于有机质的堆积和保存。只有在长期持续下沉过程中，并伴随适当的升降，沉降速度与沉积速度相近或前者稍大时，才能持久保持还原环境。在这种条件下，不仅可以长期保持适于生物大量繁殖和有机质免遭氧化的有利水体深度，保证丰富的原始有机质沉积下来，而且还可以造成沉积厚度大、埋藏深度大、地温梯度大，生油层与储层频繁相间的广泛接触，有助于原始有机质迅速向油气转化并广泛排烃的优越环境。

　　此外，在大型沉积盆地内，由于断裂分割或沉降速度的差异，造成盆地起伏不平，出现许多次级凸起与凹陷，使有机质不必经过长距离搬运便可就近沉积下来，避免途中氧化。所以，沉积盆地的分割性对有机质的堆积与保存都有利。

2. 岩相古地理条件

　　国内外油气勘探实践证明，无论是海相还是陆相，都具备适合于油气生成的岩相古地理条件。在海相环境中，滨海相海进、海退频繁，浪潮作用强烈，不利于生物繁殖和有机质堆积和保存。半深海相、深海相生物本来就少，生物死亡后下沉至海底需经历巨厚水体，易遭氧化破坏，加上离岸又远,陆源有机质需经长途搬运,易被淘汰氧化,不利于有机质的堆积和保存。浅海相水深不超过200m,水体较宁静,阳光、温度适宜,生物繁盛,尤其各种浮游生物异常发育,死亡后不需经过太厚的水体即可堆积下来;在三角洲地区,陆源有机质源源不断地搬运而来,加上原地繁殖的海相生物,致使沉积物中的有机质含量特别高,是极为有利的生油区域;至于海湾及潟湖,属于半闭塞无底流的环境,也只对保存有机质有利。所以,浅海相和三角洲相是最有利于油气生成的岩相古地理环境。

大陆环境的深水、半深水湖泊是陆相烃源岩发育区域。一方面湖泊能够汇聚周围河流带来的大量陆源有机质,增加了湖泊营养和有机质数量;另一方面湖泊有一定深度的稳定水体,提供水生生物的繁殖发育条件。特别是近海地带深水湖盆,更是最有利的生油坳陷,因为那儿地势低洼、沉降较快,能长期保持深水湖泊环境,保持安静的还原环境。这种地区气候温暖湿润,浮游生物及藻类繁盛,而且往往又是河流三角洲的发育地带,河水带来大量陆源有机质注入近海湖盆,有机质异常丰富。

浅水湖泊和沼泽地区,水体动荡,氧气易于进入水体,不利于有机质的保存;这里的生物以高等植物为主,生油潜能差,多适于造煤和生成煤型气、沼气,是天然气的来源。

3. 气候条件

古气候条件也直接影响生物的发育。年平均温度高、日照时间长,空气湿度大,都能显著增加生物的繁殖力。所以,温暖潮湿的气候有利于生物的繁殖和发育,是油气生成的有利外界条件之一。

上述各项条件都对形成适于有机质繁殖、堆积、保存的环境产生综合性的影响,相互之间有密切的联系。其中大地构造条件是根本的,它控制着岩相古地理及古气候的特征。所以,在研究任何区域油气生成条件时,必须从区域大地构造特征入手。

(三)油气生成的物理化学条件

适宜的地质环境为有机质的大量繁殖、堆积和保存创造了有利的地质条件,但有机质向石油和天然气演化还必须具备适当的温度、时间、细菌、催化剂等物理、化学及生物化学条件。

1. 温度与时间

大量的研究表明,干酪根生烃过程是一种化学反应,符合化学动力学的一级反应,反应的速度和过程主要受温度和时间的控制。沉积有机质向油气转化的过程,温度的影响呈指数关系,时间的影响呈线性关系。温度的影响是主要的,是最有效、最持久的作用因素,而时间的影响是第二位的。在转化的过程中,温度的不足可用延长反应时间来弥补。温度与时间可以互相补偿:高温短时作用与低温长时作用可能产生近乎同样的效果。若沉积物埋藏太浅,地温太低,有机质热解生成烃类所需反应时间很长,实际难以生成具有工业价值的油气。随埋藏深度的加大,当温度升高到一定数值,有机质才开始大量转化为石油和天然气,这个温度界限称为有机质的成熟门限温度,其相应的深度称为门限深度。在地温梯度很高的地区,有机质不用埋藏太深就可以转化为石油和天然气。反之,在地温梯度很低的地区,有机质埋藏很深才能大量转化为油气(图9-2)。此外,有机质类型不同,其有机质成熟度的门限温度也不同。

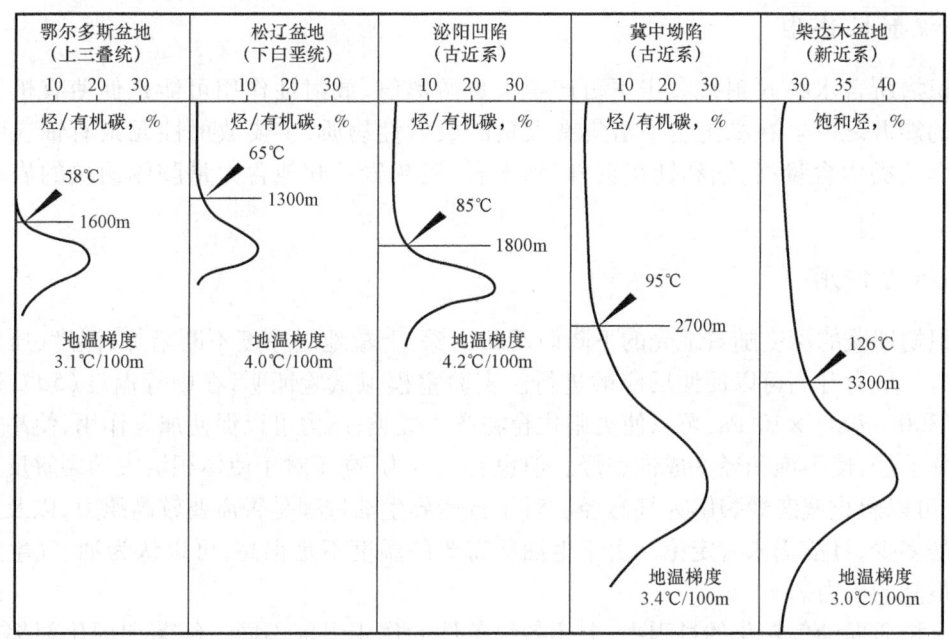

图 9-2 不同盆地不同时代烃源岩埋藏深度与油气生成的关系(据胡见义等,1991)

在温度与时间的综合作用下,有利于油气生成并保存的盆地应为年轻的热盆地和古老的冷盆地;否则,或未达成熟阶段,或已达破坏阶段,对油气勘探均不利。

2. 细菌活动

细菌是地球上分布最广、繁殖最快、对环境适应能力最强的一种生物。按其生活习性可将细菌分为喜氧细菌、厌氧细菌和通性细菌。对油气生成来说,最有意义的是厌氧细菌。在缺乏游离氧的还原条件下,有机质可被厌氧细菌分解而产生甲烷、氢气、二氧化碳以及有机酸和其他碳氢化合物。细菌作用的实质是将有机质中的氧、硫、氮、磷等元素分离出来,使碳、氢,特别是氢富集起来,并且细菌作用时间越长,这种作用就进行得越彻底。此外,细菌还可将植物选择性分解,使其中原来合成的大量烃类分离出来,直接埋藏于沉积物中。

3. 催化作用

油气生成过程中的催化作用,在于催化剂与分散有机质作用,破坏了后者的原始结构,促使分子重新分布,形成内部结构更稳定的物质——烃类。

在自然界有机质向油气转化过程中,主要存在无机盐类和有机酵母两类催化剂。

黏土矿物是自然界分布最广的无机盐类催化剂。在实验室用黏土矿物做催化剂,在 150~250℃下,可以使酒精和酮脱水或使脂肪酸去羧基,都可以产生类似石油的物质。黏土矿物的催化能力同其吸附性质有关。催化剂表面吸附两种或两种以上物质的原子时,它们便会互相作用而形成新的化合物。蒙脱石黏土催化能力最强,高岭石黏土最弱。

有机酵母催化剂能加速有机质的分解。当有酵母存在时,有机质的分解比在细菌活动时还要快很多。在富含有机质的岩石中,特别是在富含植物残余的岩石中,酵母的活动性最大。酵母的分布很广,它几乎不需外部能量来源,可以不受压力、温度、湿度及食物补给的影响。

4. 放射性作用

沉积物所含水在 α 射线轰击下可产生大量游离氢，放射性作用可能是促使有机质向油气转化的能源之一。在黏土岩中富集有大量的放射性物质，主要放射性元素有铀、钍和钾。钾在化学盐类中含量高；铀和钍在页岩、黏土岩、泥灰岩及其他含大量胶体团块的岩石中含量最大。

5. 压力作用

沉积物埋藏的深度随着地壳的下降而不断加深，上覆地层厚度不断增加，温度、压力也将随之升高。压力升高可以促使反应的进行。实验室模拟试验证明，在中等温度（50℃），增加压力达 $(300 \sim 700) \times 10^5 Pa$，可以使类脂化合物产生烃类；压力可以促使加氢作用，使高分子烃变成低分子烃，使不饱和烃变成饱和烃。但也有人认为，高压对于使体积增大的裂解反应是不利的，它可以阻止液态烃裂解为气态烃。对于自然界生油过程是否需要较高压力，以及最适宜的压力是多少，目前仍未有定论。由于生油所需要的温度不是很高，可以认为油、气生成时也不需要很高的压力。

在有机质向油气转化的过程中，上述各种条件的作用强度不同。细菌和催化剂都是在特定阶段作用显著，加速有机质降解生油、生气；放射作用则可以不断提供游离氢的来源；只有时间和温度在油气生成全过程都有着重要作用。所以，有机质向油气的转化，是在适宜的地质环境里，多种因素综合作用的结果。

（四）油气生成过程

在海相和湖泊沉积盆地的发育过程中，原始有机质伴随其他矿物质沉积后，随着埋藏深度的增大，地温不断升高，在乏氧的还原环境下，有机质向油气转化。由于在不同深度范围内，各种能源条件显示不同的作用效果，致使有机质的转化反应性质及主要产物都有明显的区别，表明原始有机质向油气转化过程具有明显的阶段性。可以将此过程划分为四个逐步过渡的阶段：生物化学生气阶段、热催化生油气阶段、热裂解生凝析气阶段、深部高温生气阶段（表9-1、图9-3）。

表9-1 沉积有机质演化阶段和特征

演化阶段	生物化学生气阶段（未成熟阶段）	热催化生油气阶段（成熟阶段）	热裂解生凝析气阶段（高成熟阶段）	深部高温生气阶段（过成熟阶段）
R_o,%	<0.5	0.5~1.2	1.2~2.0	>2.0
深度,km	<1.5	1.5~4.5	4.5~7.5	>7.5
温度,℃	<60	60~180	180~250	>250
干酪根颜色	黄色	暗褐色	深暗褐色	黑色
煤阶	泥炭—褐煤	长焰煤—气煤—肥煤	焦煤—瘦煤—贫煤	半无烟煤—无烟煤
生烃机理	生物化学作用	热催化作用	热裂解作用	热裂解作用
主要产物	甲烷、未成熟油、干酪根	液态石油	湿气	干气（甲烷）

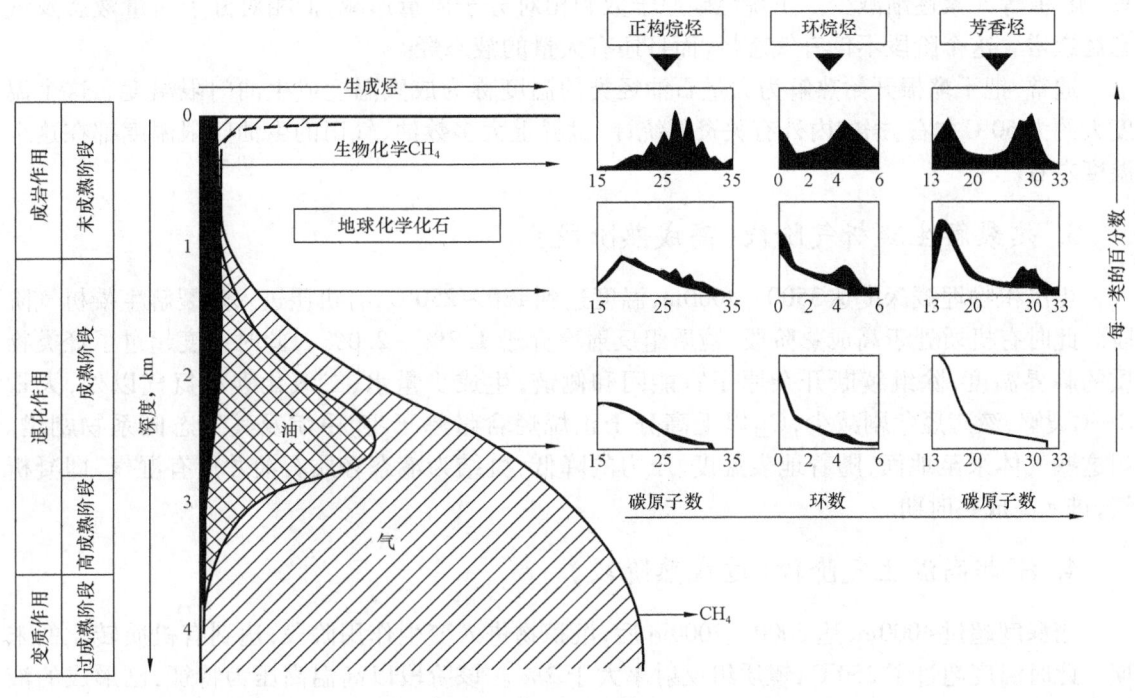

图 9-3 沉积有机质演化和油气生成模式

1. 生物化学生气阶段（未成熟阶段）

当原始有机质堆积到盆底之后，开始了生物化学生气阶段。这个阶段的深度范围是从沉积界面到 1500m 甚至更深，温度介于 10~60℃，有机质处于未成熟阶段，镜质组反射率小于 0.5%，相当于沉积物的成岩作用阶段。这个阶段主要以细菌活动为主。沉积有机质在乏氧的还原环境中，厌氧细菌将部分有机质完全分解为 CO_2、CH_4、NH_3、H_2S 和 H_2O 等简单分子。这些新生成的产物会相互作用，形成复杂结构的地质聚合物"腐泥质"和"腐殖质"（缩聚作用）。上述这些变化导致沉积物中有机质总量的减少。

在这个阶段，埋藏深度浅，地温低、压力小，有机质除形成少量烃类和挥发性气体以及未成熟石油外，大多数以干酪根的形式保存在沉积岩中。由于细菌的生化降解作用，生成物以甲烷为主，只有到了本阶段后期，埋藏深度增大，温度接近 60℃ 时，开始生成少量液态石油。

在此阶段中产生的生物化学气又称细菌气，甲烷含量在 95% 以上，可聚集成为大型气藏，由于埋藏浅、易于开发，是目前研究价值较高的开发对象。

2. 热催化生油气阶段（成熟阶段）

随着沉积物埋藏深度超过 1500m，直到 4000~4500m，地温升至 60~180℃，有机质处于成熟阶段，镜质组反射率介于 0.5%~1.2%。此时促使有机质转化的最活跃因素是热催化作用。随深度的加大，岩石成岩作用增强，黏土矿物吸附力增大，使沥青质、胶质等分子结构复杂的物质集中在吸附层内部，烃类集中在外部，这种催化作用降低了有机质的成熟温度，促进石油生成，液态石油是这个阶段有机质演化的主要产物。

在此阶段中产生的烃类已经成熟，而且数量多，与原始有机质有了明显区别，与石油相似，氧、硫、氮等元素逐渐减少。正烷烃碳原子数和相对分子质量递减,低相对分子质量液态及气态烃递增。这个阶段不仅有气态烃,而且还有大量的液态烃。

通常,把干酪根开始热解为大量石油烃类的温度称为成熟温度或生油门限温度。这个温度大约为60℃左右,据国内外有关资料统计,世界上大多数油、气田的生油门限温度都在这个温度左右。

3. 热裂解生凝析气阶段(高成熟阶段)

当沉积物埋藏深度达3500~4000m,温度达到180~250℃,有机质进入热裂解生凝析气阶段。此时有机质处于高成熟阶段,镜质组反射率介于1.2%~2.0%。此时温度超过了烃类物质的临界温度,除继续断开杂原子官能团和侧链,生成少量水、二氧化碳和氮气以外,大量C—C裂解,液态烃急剧减少,C_{25}以上高分子正烷烃含量趋于零,甲烷及其气态同系物剧增。当这些气体采至地面,随着地表温度、压力的降低,凝结为液态轻质石油并伴有湿气,即凝析气,进入高成熟时期。

4. 深部高温生气阶段(过成熟阶段)

当深度超过4000m,达6000~7000m后,沉积物进入变生作用阶段,达到有机质转化的末期。此时温度超过了250℃,镜质组反射率大于2%。该阶段以高温高压为特征,已形成的液态烃和重质气态烃强烈裂解,变为最稳定的甲烷,干酪根残渣释放出甲烷后进一步缩聚。因此,这一阶段主要生成甲烷和碳沥青或石墨。

以上将有机质向油气转化的整个过程分为四个阶段。对不同盆地而言,由于其沉降历史、地温历史和原始有机质类型的不同,有机质向油气转化的过程不一定完全经历这四个阶段,而且每个阶段的深度和温度界限也略有差别。

第二节 生油层研究

一、生油层的概念

富含有机质、在地质历史过程中生成并排出了或者正在生成和排出石油和天然气的岩石,称为生油(气)岩或烃源岩。只生成和排出石油的岩石称为油源岩,只生成和排出天然气的岩石称为气源岩。烃源岩的概念中不仅强调了能够生成油气,并且还强调能够排出油气;不仅要具有生成和排出油气的潜力,而且还要已经生成和排出油气或者正在生成和排出油气,只有这样的岩石才能算作烃源岩。

由烃源岩组成的地层则称为生油层、烃源层或烃源岩层。生油层或烃源岩层是自然界生成油气的实际场所,因而能够反映石油有机生成的各种条件和特征,是研究油气成因理论的主要根据之一。

在一定地质时期里,具有相同岩性—岩相特征的若干生油层和非生油层的间隔组成,称为生油层系。如果生油层系中有储集层存在,那么该生油层系就是含油层系。

生油层研究的主要目的,在于根据大量地质和地球化学分析结果,在一个沉积盆地中,从剖面上确定生油气层,在平面上划分出有利的生油气区,做出生油气量的定量评价,以便分析盆地的含油气远景。

二、生油层地质研究

生油层的地质研究包括岩性、岩相、厚度及分布范围。岩性和岩相决定有机质的含量即丰富程度及其类型和生烃潜能;厚度及分布范围决定有机质的总量、生烃量及排烃效率。

从岩性上看,能够作为生油层的岩性主要有两大类,即泥质岩类和碳酸盐岩类(表9-2)。泥质岩类主要为暗色的富含有机质的泥岩、页岩、黏土岩;碳酸盐岩类主要以灰色、深灰色的沥青灰岩、隐晶质灰岩、豹斑灰岩、生物灰岩、泥灰岩为主。另外,煤岩层和含煤地层中的富含有机质的泥岩也可以成为烃源岩。

表9-2 主要烃源岩类型及特征

类型	岩石类型	颜色	结构	层理	自生矿物	化石	油气显示
泥质岩类	泥岩、页岩为主,次为砂质泥岩、泥质砂岩	灰黑色、深灰色、灰色、灰绿色	泥级—粉砂级	叶状、厚层—块状	富含黄铁矿	丰富	或有原生油气苗
碳酸盐岩类	生物灰岩、礁灰岩、泥灰岩、石灰岩	灰黑色、深灰色、褐灰色、灰色	隐晶—粉晶	厚层—块状、中厚层次之	含黄铁矿	丰富	或有原生油气苗

从沉积环境或岩相看,一般在有利于生物大量繁殖、保存,且有利于烃源岩发育的环境中最有利生油。一般来说,最有利的烃源岩相是浅海相、三角洲相及深水和半深水湖相。

从生油层的厚度及分布看,分布面积越大,厚度越大,有机质的总量越大,则生烃量越大。但单层厚度很大的块状泥岩因往往欠压实,产生超压,会抑制生烃能力,不利于排烃。研究认为,黏土岩层厚30~40m,砂层单层厚10~15m,二者略显等厚互层的地区,生油层、储集层接触面积大,最利于石油的生成与聚集。

三、生油层地球化学研究

鉴别生油层,不仅利用岩性、岩相方面的特征,而且还要利用地球化学方面的定量指标。生油层地球化学研究,首先是确定有机质的含量(丰度),然后确定有机质的类型,最后确定有机质的演化程度。

(一)有机质的丰度

岩石中有足够数量的有机质是形成油气的物质基础,是决定岩石生烃潜力的主要因素。通常采用有机质丰度来代表生油层(岩)中所含有机质的相对含量,目前常用的有机质丰度指标主要包括有机碳含量(TOC)、岩石热解参数(生烃潜量,S_1+S_2)、氯仿沥青"A"和总烃含量等。

(二)有机质的类型

有机质(干酪根)的类型不同,其生烃潜力及产物是有差异和不同的。一般认为Ⅰ型干酪根生烃潜力最大，以生油为主，Ⅲ型干酪根生烃潜力最差，以生气为主，Ⅱ型干酪根介于两者之间。目前，用以确定有机质（干酪根）的方法很多，可以根据干酪根的显微组成、干酪根元素组成、岩石热解参数等来划分干酪根的类型。

（三）有机质的成熟度

成熟度是指有机质向石油和天然气的热演化程度。由于在沉积岩成岩后生演化过程中，烃源岩中有机质的许多物理性质、化学性质都发生相应的变化，并且这一过程是不可逆的，因而可以应用有机质的某些物理性质和化学组成的变化特点来判断有机质热演化程度，划分有机质演化阶段。目前用于评价烃源岩成熟度的地球化学指标有 TTI、镜质组反射率、热变指数、孢粉碳化程度、热解参数、可溶性抽提物化学组成等。此外，还有饱和烃组成、自由基含量、干酪根颜色、H/C—O/C 原子比关系、生物标志物等最新研究成果，都可以用来判别有机质的热演化程度。

（四）有机质转化指标

所谓转化指标，是指在有机质已经成熟的烃源岩中，衡量有机质转化成烃类的数量指标。可以用可溶性沥青含量及其组成、烃类含量及其组成、沥青化系数、烃类转化系数等指标来衡量有机质转化成烃类的数量。

（五）油源对比

油气生成后要运移，确定其来源和运动轨迹是油气远景评价的主要方面之一。油源对比包括了油气来源与烃源岩之间及不同油层中油气之间的对比。目的是追踪油气，确定油气与烃源岩的成因联系、油气运移方向、距离和次生变化，从而圈定可靠的油气源区，确定勘探目标，有效地指导油气勘探开发。油源对比是基于来自同一烃源岩的油气在化学组成上具相似性，而不同烃源岩的油气则表现出较大差异这一基本原则的。油源对比需具备两个条件。（1）油气在运移过程中，没有或很少发生混源；（2）分布在岩石及油气中的特征化合物性质稳定，很少或几乎无损失。油源对比的主要指标有正烷烃的分布特征，异戊间二烯型烷烃的类型及含量，甾、萜化合物特征等。

（六）氧化、还原环境指标

沉积物中有机质向油、气转化，必不可少的条件是还原环境。因此，当研究生油层时，还要研究岩石形成时的氧化、还原环境，用以说明生成油气条件的好坏。常用的反映生油层还原环境强弱的指标有：指相矿物、二价铁与三价铁的比值、铁还原系数、还原硫等。

虽然生油层的地球化学指标还有一些问题尚待深入研究，但是将它们有效地配合使用，可以较好地鉴别烃源岩，找出生油区。

思 考 题

1. 为什么石油的成因至今还存在一些争论？
2. 试阐述油气无机成因说的主要论点和证据。
3. 试阐述油气有机成因说的主要论点和证据。
4. 什么是沉积有机质？什么是干酪根？干酪根的类型有哪些？
5. 按照油气有机成因理论，油气生成的原始物质有哪些？
6. 试阐述油气生成的大地构造条件、沉积条件、物理化学条件。
7. 试叙述油气生成一般的模式。
8. 烃源岩、生油层、生油层系、含油层系的概念分别是什么？
9. 生油层研究的内容包括哪些？
10. 研究烃源岩、烃源岩层的地球化学指标有哪些？

第十章 储集层和盖层

　　储集层是油气赋存的场所,也是油气勘探开发的直接目的层。大量油气勘探及开发实践,已经证实了地下不存在"油湖"、"油河"之类。生油层源源不断生成的大量油气,储存在那些具有互相连通的孔隙、裂隙的岩层内,好像海绵充满水一样。
　　在地层条件下,凡是能够储存流体并能渗滤(或经人工改造后能渗滤)流体的岩石则称为储集岩,由储集岩所构成的地层称为储集层,简称储层。储层之所以能够储存油气,是由于它具备了两个基本特性——孔隙性和渗透性。孔隙性的好坏直接决定了储层储存油气的数量,渗透性的好坏则控制了储层内所含油气的产能。
　　传统石油地质理论认为只有孔隙性和渗透性比较高的岩石(主要是沉积岩中的各类砂岩、砾岩、石灰岩、白云岩、礁灰岩等,少量的经风化剥蚀而具有一定孔隙性和渗透性的岩浆岩、变质岩等)才能作为储集层,而一些本身孔隙性和渗透性极差的泥岩、页岩、致密粉砂岩等在自然条件下不能使油气在其中渗滤,不能作为储集层。但是,随着水平井钻井和分段整体压裂技术的进步,在原来认为不能作为储集层的页岩、泥岩、致密砂岩、煤层中开采出了具有商业价值的油气。这样就有了常规储集层和非常规储集层之分,两者的共同点是在地层条件下都能够储存流体,不同点是常规储集层不需要人工改造就具备渗滤流体的能力,而非常规储集层则需要人工改造后才具备渗滤流体的能力。
　　地壳上的各类岩石都具有大小不等的孔隙和渗透性能。不论什么岩石,只要具备了一定的孔隙性和渗滤能力就可以作为储集油气的岩层。储集层的含义强调了具备储存油气和允许油气渗滤的能力,但并不意味着其中一定储存了油气。如果储集层中含有了油气则称为含油气层;已经开采的油气层称为生产层或产层。

第一节 岩石的孔隙性和渗透性

　　储集岩的物理性质通常包括孔隙性、渗透性、孔隙结构以及非均质性等。其中孔隙性和渗透性是储集岩的两大基本特性,也是衡量岩石储集性能好坏的基本参数。岩石的孔隙性和渗透性是反映岩石储存流体和渗滤流体能力的重要参数,是储集层研究的重要内容,通常将它们称为储集物性。

一、岩石的孔隙性

　　所谓孔隙是指岩石中未被固体物质所充填的空间。严格地讲,地壳上所有岩石,甚至像花岗岩、玄武岩那样致密的岩石,都具有孔隙。岩石中的孔隙,有的是原生的,有的是次生的;有的是相互连通的,有的是孤立的。
　　不同岩石的孔隙,在大小、形状及发育程度等方面极不相同,岩石中不同大小的孔隙对流体的储存和流动所起的作用则完全不同。根据岩石中孔隙的大小及其对流体作用的不同,可将孔隙划分为三种类型。

超毛细管孔隙:管形孔隙直径 >500μm,裂缝宽度 >250μm,在自然条件下,流体在其中可以自由流动,服从静水力学的一般规律。岩石中一些大的裂缝、溶洞及未胶结或胶结疏松的砂层孔隙大部分属于此种类型。

毛细管孔隙:管形孔隙直径介于 500~0.2μm 之间,裂缝宽度介于 250~0.1μm,流体在这种孔隙中,由于受毛细管力的作用,已不能在其中自由流动,只有在外力大于毛细管力的情况下,流体才能在其中流动。微裂缝和一般砂岩中的孔隙多属这种类型。

微毛细管孔隙:管形孔隙直径 <0.2μm,裂缝宽度 <0.1μm。由于流体与周围分子之间的巨大引力,在通常温度和压力下,流体在其中不能流动;增加温度和压力,也只能引起流体呈分子或分子团状态扩散。黏土、致密页岩中的一些孔隙属于此种类型。

随着页岩气、致密气和煤层气等非常规储集层研究的不断深入,许多学者研究表明,微毛细管孔隙同样可以作为储集油气的空间,纳米级孔隙越来越受到重视。所谓纳米级孔隙,指孔隙直径小于 1μm,即小于 1000nm 的孔隙。

为了衡量岩石中孔隙体积的大小,以表示岩石孔隙的发育程度,提出了孔隙度的概念。岩样中所有孔隙空间体积之和与该岩样总体积的比值,称为该岩石的总孔隙度或绝对孔隙度,以百分数表示:

$$\phi = \frac{\sum V_p}{V_r} \times 100\% \qquad (10-1)$$

式中　ϕ——总孔隙度;

　　　$\sum V_p$——岩样中所有孔隙体积之和;

　　　V_r——岩样总体积。

储集岩的总孔隙度越大,说明岩石中孔隙空间越大。

从勘探开发的实用角度出发,只有那些互相连通的超毛细管孔隙和毛细管孔隙才具有实际意义,因为它们不仅能储存油气,而且还可以允许油气在其中渗滤。而那些孤立的互不连通的孔隙和微毛细管孔隙,即使其中储存有油气,在现代工艺条件下,也不能开采出来,所以这些孔隙是没有实际意义的。因此,在生产实践中,又提出了有效孔隙度的概念。

所谓有效孔隙度是指那些互相连通的,在一般压力条件下,可以允许流体在其中流动的孔隙体积之和与岩石总体积的比值,以百分数表示:

$$\phi_e = \frac{\sum V_e}{V_r} \times 100\% \qquad (10-2)$$

式中　ϕ_e——有效孔隙度;

　　　$\sum V_e$——岩样中彼此连通、允许流体能够通过的孔隙体积之和;

　　　V_r——岩样总体积。

这里所指的一般压力条件,是指地层压力条件。显然,同一岩石的有效孔隙度小于其绝对孔隙度;对于未胶结的砂岩或胶结不甚致密的砂岩,两者相差不大;而对于胶结致密的砂岩或碳酸盐岩,两者相差很大,有效孔隙度远远小于绝对孔隙度。目前生产单位所说的孔隙度,都是指有效孔隙度,但在习惯上常简称为孔隙度。

二、岩石的渗透性

岩石的渗透性是指在一定压差下，岩石能使流体通过的能力。严格地讲，自然界的一切岩石在足够大的压力差下都具有一定的渗透性。通常所说的渗透性岩石与非渗透性岩石，是指在地层压力条件下流体能否通过岩石而言。因此从绝对意义上讲，渗透性岩石与非渗透性岩石之间没有明显的界限，是一个相对的概念。就沉积岩而言，一般情况下，砂岩、砾岩、多孔的石灰岩、白云岩等储集层为渗透性岩层，而泥岩、石膏、硬石膏等为非渗透性岩层。

岩石的渗透性，只表示岩石中流体流动的难易程度，而与其中流体的实际含量无关。对某些渗透性差的岩石如泥页岩、油页岩等，虽然在其微毛细管孔隙中含有大量的呈分散状态的石油，但在自然的地层压力条件下，流体通过它流动十分困难，甚至完全不能流动，只有通过人工改造，油气才有可能在其中渗流。

岩石渗透性的好坏，是以渗透率的数值大小来表示的。当单相流体通过孔隙介质呈层状流动时，服从达西直线渗滤定律：单位时间内通过岩心的流体体积与岩心两端压差及岩心横截面积呈正比，而与流体的黏度及岩心的长度成反比。

$$Q = K \cdot \frac{\Delta p \cdot F}{\mu \cdot L} \qquad K = \frac{Q \cdot \mu \cdot L}{\Delta p F} \qquad (10-3)$$

式中 Q——单位时间内流体通过岩心的流量，cm^3/s；

F——岩心的截面积，cm^2；

μ——流体的黏度，$10^{-3} Pa \cdot s$；

L——岩样的长度，cm；

Δp——岩样两端的压差，MPa；

K——岩石的渗透率，μm^2。

渗透率的大小跟岩石的组构有关，取决于孔隙的形状、孔径大小、连通情况及岩石的吸附性等。

如果岩石孔隙中只有一种流体（单相）存在时，而且这种流体不与岩石发生任何物理和化学反应，这种条件下所反映的渗透率为岩石的绝对渗透率。在自然界实际油层内，孔隙中的流体往往不是单相、而是呈油、水两相或油、气、水三相并存。这时流体的渗透情况要更加复杂。各相之间彼此干扰，岩石对其中每种相的渗流作用将与单相流体有很大的差别。为了与岩石的绝对渗透率相区别，当多相流体存在时，岩石对其中每种相流体的渗透率称为有效渗透率或相渗透率，分别用符号 K_o、K_g、K_w 来表示油、气、水的相渗透率。

有效渗透率不仅与岩石的性质有关，而且也与其中流体的性质和它们的数量比例有关，在实际工作中常采用相对渗透率来表示：

$$相对渗透率 = \frac{有效渗透率}{绝对渗透率} \qquad (10-4)$$

当岩石中有多相流体渗流时，必然会相互影响和干扰，因此，一般情况下，岩石对任何一种相的有效渗透率总是小于该岩石的绝对渗透率，故其相对渗透率总是介于 0~1 之间。

有效渗透率和相对渗透率不仅与岩石的结构有关，而且还与流体的性质和饱和度有密切关系。一般地说，每一相流体发生渗流时都有一个临界饱和度值，当其饱和度低于临界饱和度时,不发生渗流,有效渗透率和相对渗透率为零;当其饱和度达到临界饱和度值时,才能渗流,而且随着饱和度的增加,其有效渗透率和相对渗透率也增加,直到全部被它饱和时,其有效渗透率等于绝对渗透率,相对渗透率等于 1 为止(图 10-1、图 10-2)。

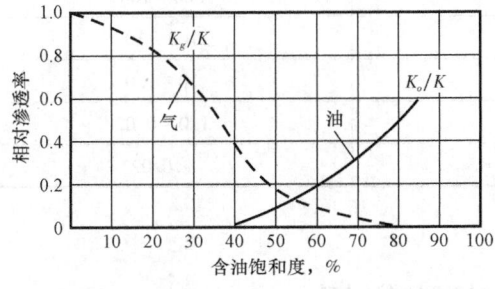 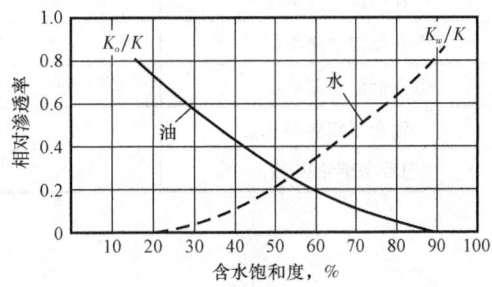

图 10-1 油—气饱和度与相对渗透率的关系曲线　　图 10-2 油—水饱和度与相对渗透率的关系曲线

三、孔隙度与渗透率之间的关系

孔隙度和渗透率之间没有严格的函数关系。因为影响它们的因素很多,岩石的渗透性除受孔隙度的影响以外,还受孔道截面大小、形状、连通性及流体性能的影响。例如一些黏土岩的绝对孔隙度很大,可达 30%～40%,但其喉道太小致使渗透率很低;而另一些裂缝发育的致密石灰岩,裂缝要比孔隙对渗透率的影响大得很多。因为裂缝是良好的通道,所以,虽然一些裂缝性石灰岩在实验室分析的孔隙度很低,只有 5%～6%,但由于裂缝发育,其渗透率却很高,常常成为高产油气层。

尽管孔隙度与渗透率之间没有严格的函数关系,但它们之间还是有一定的内在联系。因为岩石的孔隙度与渗透率一般皆取决于岩石本身的结构和组成。凡是具有渗透性的岩石均具有一定的孔隙度,特别是有效孔隙度与渗透率的关系更为密切。对于碎屑岩储集层,一般是有效孔隙度越大,其渗透率越高,渗透率随着有效孔隙度的增加而有规律地增加(图 10-3)。而对于碳酸盐岩储集层来讲,除以粒间孔隙为主,洞、缝不发育的颗粒灰岩、晶粒白云岩以外,有效孔隙度与渗透率无明显关系。

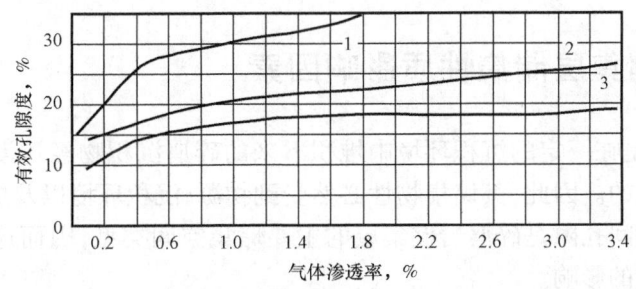

图 10-3 砂岩有效孔隙度与气体渗透率的关系图(据张万选,1981)
1—粉砂岩;2—细砂岩;3—中粒砂岩

孔隙性和渗透性是储集层的两大基本特性,也是决定储集层储集性能好坏的两个基本因素,可以利用孔隙度和渗透率对储集层进行分类评价(表 10-1)。

表 10-1 我国东部油田常见的储集层分类方案(据于兴河等,2009)

类型	碎屑岩孔隙度,%	空气渗透率,mD
高孔高渗型储集层	>30	>500
中孔中渗型储集层	30~20	500~100
中孔低渗型储集层	20~10	100~10
低孔低渗型储集层	15~10	10~1.0
致密型储集层	<10	1.0~0.02
超致密型储集层	<5	<0.02

第二节 碎屑岩储集层

碎屑岩储集层在岩石类型上主要包括各种砂岩、砂砾岩、砾岩、粉砂岩等碎屑沉积岩,其中以中砂岩、细砂岩和粉砂岩储集层最为常见。值得注意的是,自 2010 年以来,世界上致密砂岩油气的勘探开发取得了突破。碎屑岩储集层是世界油气田的主要储集层类型之一,也是我国最重要的储集层类型。我国的大庆、胜利、辽河等油田均为碎屑岩储集层;世界上比较著名的科威特的布尔甘油田、俄罗斯的萨莫特洛尔等油田也都是碎屑岩储集层。

一、碎屑岩储集层的储集空间类型

碎屑岩储集层是由成分复杂的矿物碎屑、岩石碎屑和一定数量的胶结物组成。其储集空间主要是碎屑颗粒之间的粒间孔隙,它是在沉积和成岩过程中形成的,属于原生孔隙。此外,在一些细、粉砂岩中,常常发育层间裂隙和成岩裂缝,都是在成岩过程中形成的,故也应属于原生孔隙。在碎屑岩成岩以后,受后期构造运动的作用,也可以形成一些裂缝(节理),属于次生孔隙,在碎屑岩的储集空间类型中居次要地位。但是,在特定条件下,如某些胶结致密的碎屑岩,粒间孔隙不发育,孔隙小且连通性差,这种碎屑岩中裂缝的发育程度就成为影响储集性质的主要因素。

二、碎屑岩储集层储集性质影响因素

碎屑岩储集层,是在一定的沉积环境中堆积下来的碎屑沉积物经过漫长而复杂的成岩及后生变化而最终形成的。因此,其储集物性必然受到物源、沉积环境以及成岩后生作用等方面因素的控制。由于粒间孔隙是碎屑岩储集层的主要储集空间类型,因而这类储集层储集性能好坏取决于下列因素的影响。

1. 碎屑颗粒的矿物成分

碎屑颗粒的矿物成分对孔隙和渗透率的影响主要表现在两个方面:其一是矿物颗粒的耐风化性,即矿物的坚硬程度和遇水溶解及膨胀程度。其二是矿物颗粒与流体的吸附力大小,即憎油性和憎水性。一般性质坚硬、遇水不溶解,不膨胀、遇油不吸附的碎屑颗粒组成的砂岩,其储集物性好。反之,则较差。

碎屑岩颗粒最常见的矿物有石英、长石、岩屑及云母、重矿物等,其中石英、长石在碎屑岩中占95%以上。因此,石英、长石的含量多少对储集性质的影响最显著。一般石英砂岩比长石砂岩的储油物性好,主要原因有:

(1)长石比石英更容易被水和油所润湿。当石英和长石都被石油和水润湿时,其表面形成的液体薄膜厚度不同,这些液体薄膜因被碎屑岩表面分子力所吸引,它们在一般情况下不参加流动,这样就会减少孔隙的流通截面,从而导致岩石的渗透率变小。由于长石碎屑颗粒表面所形成的液体薄膜的厚度比石英大,因此,对渗透率的影响也较石英大。

(2)石英和长石低抗风化的能力不同。石英低抗风化能力强,颗粒表面光滑,油气容易流过;而长石耐风化较差,其颗粒表面常有一层次生的高岭土和绢云母,它们一方面吸附油气,另一方面吸水膨胀,堵塞原来的孔隙或使其变小。因此,在其他条件相同时,长石砂岩的储集性能比石英砂岩差些。

但是,应注意结合具体的地质条件进行具体分析。例如,我国中、新生代的许多陆相沉积碎屑岩,多为长石—石英砂岩或长石砂岩,储集性质相当好,并不因为长石含量增加而使储集性质变差。其长石颗粒多呈柱状晶体,在显微镜下可见清晰节理,说明未经较深风化,这是长石砂岩储集性质较好的主要原因。

2. 碎屑颗粒的粒度和分选程度

碎屑颗粒是组成碎屑岩的主要成分。如果有一种岩石是由大小均等的小球体颗粒组成,且呈立方体排列,这时每个小球体周围的孔隙体积,等于包围这个小球体的立方体体积减去小球体体积。若小球的半径为r,其理论孔隙度为:

$$\phi = \frac{(2r)^3 - \frac{4}{3}\pi r^3}{(2r)^3} \times 100\% = \left(1 - \frac{\pi}{6}\right) \times 100\% = 47.6\% \qquad (10-5)$$

由上式可知,当岩石由均等大小的球体颗粒组成时,其孔隙度与颗粒大小无关。但自然界不可能存在这种理想情况,实际组成岩石的颗粒往往大小不等,于是大颗粒之间构成的大孔隙会被小颗粒所充填,使孔隙体积变小、孔隙直径也变小,原来彼此连通的孔隙互不连通,从而降低了岩石的孔隙性和渗透性。在一般情况下,颗粒的分选程度越好,孔隙度和渗透率也越大。

3. 碎屑颗粒的排列方式和圆球度

颗粒的排列方式是指颗粒之间相互接触而呈现出的原地支撑方式。碎屑颗粒的排列方式很复杂,假设颗粒为均等的小球体,可简化排列成三种理想的方式(图10-4)。

(a) 最密排列形式　　(b) 中等密度排列形式　　(c) 最不密排列形式

图10-4　岩石球体颗粒排列的理想方式

由图 10-4 可看出,(c)表示立方体排列,堆积最疏松,孔隙度最大,理论孔隙度为 47.6%,孔隙半径大,连通性好,渗透率也大。(a)、(b)代表斜方体排列,(a)排列最紧密,孔隙度最小,理论孔隙度为 25.9%。(b)排列的紧密程度介于(a)、(c)之间,其孔隙度介于 25.9%~47.6%之间。所以(a)、(b)排列的孔隙半径都较小,连通性也较差,渗透率较低。

岩石碎屑颗粒的排列方式,主要取决于沉积条件及上覆地层压力大小。在水动力条件弱的地方,颗粒多呈近立方体排列;在水动力条件强的地方,颗粒多呈斜方体排列。另外,也与沉积物在成岩作用结束前所承受的上覆地层压力的大小有关。

在实际自然条件下,组成岩石的碎屑颗粒不可能是理想的球体,往往凹凸不平,形状极不规则,常常发生镶嵌现象,相互填充孔隙空间,致使孔隙体积和孔隙直径减小,孔隙之间的连通性变差,结果使孔、渗性变低。一般颗粒球度越好,其孔隙度、渗透率越大。

4. 胶结物的性质和多少

碎屑岩中都有一定数量的胶结物,因此,胶结物含量的多少、胶结物的成分及胶结类型对储集性质影响也较大。

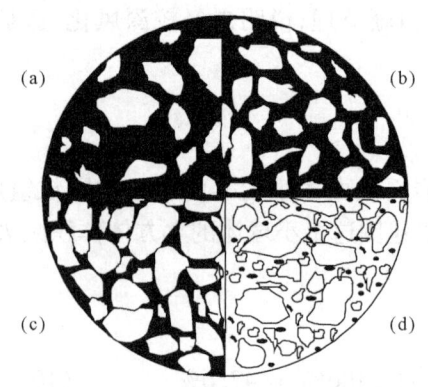

图 10-5 胶结类型示意图
(a)基底式胶结;(b)孔隙式胶结;
(c)接触式胶结;(d)杂乱式胶结

胶结物的多少对储集性质有明显的影响。胶结物含量高,粒间孔隙多被胶结物所充填,孔隙体积和孔隙直径都会变小;孔隙之间的连通性变差,导致储集性质变坏。

胶结物的成分对储集性质也有明显的影响。泥质胶结的砂岩较为疏松,渗透性较好;而钙质、硅质、铁质胶结则较差。

根据胶结物含量多少及其在颗粒之间的分布状况,并结合颗粒的接触形式,可将碎屑岩胶结类型划分为四种(图 10-5)。接触式胶结储集性能最好,孔隙式胶结较好,基底式胶结和杂乱式胶结较差。

影响碎屑岩储集层物性的因素除以上所述外,尚有岩层表面、层理面的发育程度,以及一些次生变化如溶解作用、构造变动等方面的影响,但其重要性一般远比上述因素小。另外,在钻井、完井、开采、修井及注水过程中等人为因素也对储集层的物性有一定的影响。

三、碎屑岩储集层的形成条件与分布特征

碎屑岩储层的形成和分布严格受沉积条件及古构造条件的控制。世界各地的碎屑岩储集层大都为砂岩,其次为砾岩。它们多属于河流相、三角洲相、滨海沙洲相、浅湖相、浅海相。另外,浊流沉积和风成沙丘也可形成良好的碎屑岩储集层。由于沉积条件的差异,它们在形态、规模、成分、结构、构造上存在着较大的差别,因此在储油物性上差别也很大。表 10-2 概括了碎屑岩储集层主要形成环境及其特征。

从山区剥蚀区剥蚀下来的沉积物经过不同形式、不同距离的搬运,再到不同沉积区沉积下来形成不同的沉积相,依次为山麓洪积—冲积—扇三角洲沉积体系,河流—辫状河三角洲、三

角洲—湖泊沉积体系、滨海—浅海沉积体系及风成砂相。其中风成砂、滨浅海沙坝砂、三角洲砂及辫状河砂物性好；深水浊积砂较好；河道砂物性好，但分布不稳定；冲积扇、扇三角洲物性差。

表 10 – 2　砂岩储集层形成环境与基本特征（据张厚福,1999）

沉积体系	砂体类型及特点	油田实例
冲积扇	砂砾岩体平面上呈扇形，纵剖面呈楔状，横剖面成透镜状；颗粒粗杂；分选磨圆差；孔隙直径变化范围大；扇根和扇中储集性较好；主槽、侧缘槽、辫流线和辫流岛渗透率较高	克拉玛依—乌尔禾油田三叠系
河流	包括河床、心滩、边滩、决口扇等砂体，剖面呈透镜状；河床砂体呈狭长不规则状，可分叉，剖面上平下凹，近河心厚度大；结构、粒度变化大，分选差；非均质性严重；孔渗性变化大	长庆油田侏罗系延安组、阿拉斯加普鲁霍湾油田二叠系、三叠系
三角洲	包括河道砂、分支河道砂、河口沙坝、前缘席状砂；三角洲前缘相带砂体发育；在不同动力作用下可呈鸟足状、朵状和弧形席状；砂质纯净，分选好，储集物性好	大庆油田白垩系、西西伯利亚乌连戈伊气田白垩系
滨海（湖）	包括超覆与退覆砂岩体、滨海沙堤、潮道砂、走向谷砂体；成分和结构成熟度高，分选和磨圆好，储集物性好；滨海（湖）沙堤狭长，平行海岸线，剖面透镜状，底平顶凸；分选好，储集物性好	东得克萨斯油田、圣湖安盆地 Bisti 油田、北海 Piper 油田
深水浊积	主水道、辫状水道砂体发育；成分和结构成熟度差；分选差；储集物性变化大	文图拉盆地和洛杉矶盆地
风成砂	砂质纯净、分选好、磨圆好；区域性渗透性稳定	格罗宁根气田赤底统砂岩

第三节　碳酸盐岩储集层

碳酸盐岩储集层包括石灰岩、白云岩、白云质灰岩、灰质白云岩、生物碎屑灰岩和鲕状灰岩等。碳酸盐岩储层油气产量目前占全世界油气总产量的 60%，这类储层具有储量大、单井产量高的特点。

一、碳酸盐岩储集层的储集空间类型

碳酸盐岩的储集空间，通常分为孔隙、溶洞和裂缝三类，或孔隙和裂缝两大类。孔隙是指岩石结构组分或粒间的空隙，形状细小，近于等轴状，与碎屑岩中的孔隙相似。溶洞是溶解作用扩大了的孔隙，二者界限不明确，故有人将溶洞与孔隙合称为孔洞。他们对油气主要起储集作用，在一定程度上也起通道作用。裂缝是伸长状的孔隙，主要起良好的通道作用，同时也储集一定数量的油气。

碳酸盐岩储集层储集空间类型多、次生变化大，具有更大的复杂性和多样性（图 10 – 6）。

彩图　碳酸盐岩孔隙类型

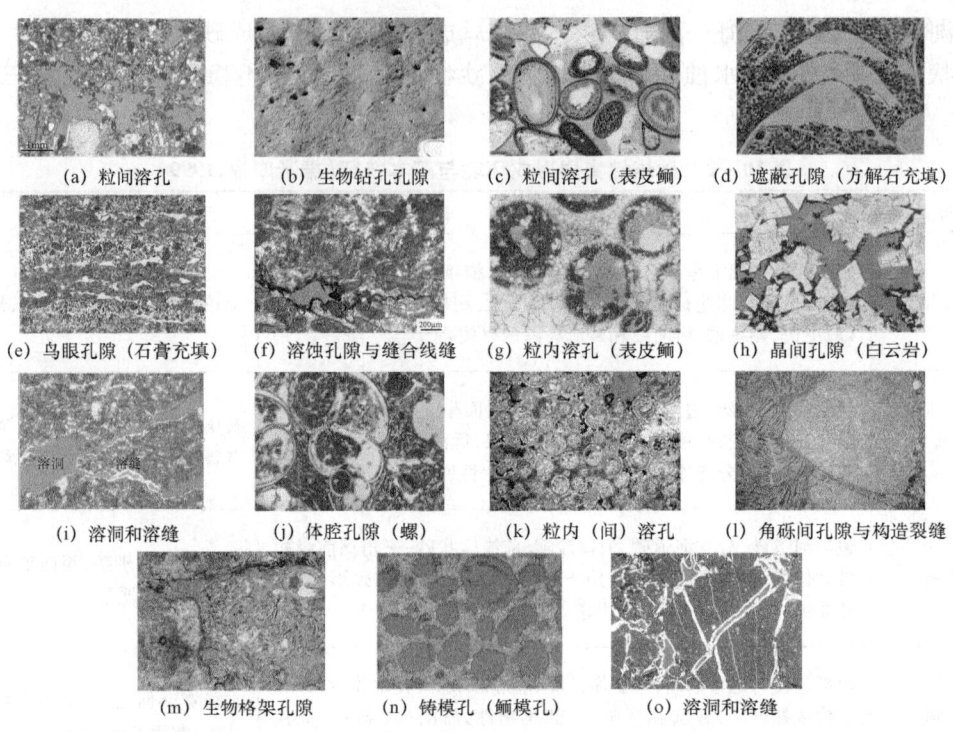

图 10-6 碳酸盐岩孔隙类型示意图(黑影部分代表孔隙)(据张万选,1981)

(一)碳酸盐岩的孔隙

碳酸盐岩的孔隙类型划分方法甚多。根据孔隙形成时期与成岩作用的关系,可将其划分为原生孔隙和次生孔隙两大类。

1. 原生孔隙

碳酸盐岩的原生孔隙主要是指在沉积时期形成的与岩石组构有关的孔隙。它们在成岩期可以发生一些变化。

粒间孔隙:粒间孔隙是指粒屑碳酸盐岩的粒屑之间未被基质填积和胶结物充填的原始孔隙空间。粒间孔隙只有在粒屑含量很高(一般应大于50%)形成颗粒支撑格架时才能出现。粒间孔隙的发育程度与粒屑的含量、大小、形状、分选程度、堆积方式以及胶结物的含量等因素密切相关,而它能否得以保存还取决于沉积后的地质历史时期亮晶方解石或其他可溶矿物的充填程度。粒间孔隙是鲕粒灰岩、生物碎屑灰岩和内碎屑灰岩等颗粒灰岩常具有的孔隙,是碳酸盐岩储集层的主要孔隙类型之一。世界上相当多的碳酸盐岩储集层发育此类孔隙。

粒内孔隙:粒内孔隙是指组成碳酸盐岩的各种颗粒内部的孔隙,如骨屑、团块、内碎屑、鲕粒等颗粒内部的孔隙,生物灰岩常具有这种孔隙。这种孔隙的绝对孔隙度可以很高,但有效孔隙度不一定大,必须有粒间孔隙或其他孔隙与它连通,使得粒内孔隙彼此相通才有效。

生物骨架孔隙:生物骨架孔隙是由原地固着向上生长的造礁生物(珊瑚、海绵、层孔虫、苔藓虫和藻类)群体骨架间的孔隙。孔隙形状随生物生长方式而异,在骨架之间构成疏松多孔的结构,如各种生物礁灰岩,这类岩石具有很高的孔隙度和渗透率。它是碳酸盐岩的主要孔隙类型之一。具生物骨架孔隙的生物礁储集层往往和具粒间孔隙的生物碎屑灰岩储集层相伴生。

生物体腔孔隙：生物体腔孔隙是指生物死亡后生物壳体内的软体组织腐烂分解，体腔内未被灰泥等充填或部分充填而保留下来的空间。具此类孔隙的岩石绝对孔隙度大，有效孔隙度不大，因此由它单独构成储集层的储集空间少见，多数和粒间孔隙相伴生。

此外，遮蔽孔隙、鸟眼孔隙和生物潜穴一般作为储集空间意义不大。遮蔽孔隙是较大的生物壳体或碎片或其他颗粒遮蔽下形成的孔隙，也较为少见。生物潜穴是由某些生物的钻孔所形成的孔隙，较为少见，孔隙常被完全充填。鸟眼孔隙是一种透镜状或不规则状孔隙，常成群出现，平行于纹层或层面分布。鸟眼构造留下的孔隙，常比粒间孔隙直径大，多发育在潮上或潮间带，在成岩后期，由于气泡、干缩或藻席溶解而成，是网格状或窗孔状孔隙的一种类型。

2. 次生孔隙

碳酸盐岩的次生孔隙是指在沉积期后发生的、受成岩后生作用控制的孔隙，它包括晶间孔隙、溶蚀孔隙和溶洞。次生孔隙是碳酸盐岩储集层重要的储集空间，特别对古生代或时代更老的碳酸盐岩尤为重要。

晶间孔隙：晶间孔隙是指碳酸盐矿物晶体之间的孔隙，一般呈棱角状，其孔隙大小除与晶粒大小及其均匀性有关外，还受排列方式的影响。一般以粉晶、细晶和排列不均匀者晶间孔隙较发育，如砂糖状白云岩具良好的晶间孔隙。颗粒细小的灰泥石灰岩虽然也有晶间孔隙，孔隙数量很多，绝对孔隙度也可以很大，但与黏土岩相似，由于孔径太小，所以有效孔隙度很低。晶间孔隙主要是白云石化作用、重结晶作用等成岩作用形成的，尤以白云石化作用形成的晶间孔隙最为重要，它是碳酸盐岩储集层的重要孔隙类型之一。

溶蚀孔隙：溶蚀孔隙简称溶孔，是指碳酸盐矿物或伴生的其他易溶矿物被地下水、地表水溶解后形成的孔隙。溶解作用在沉积过程中就开始了，它可以一直延续到成岩以后，直到表生作用阶段。一般说来，在近岸浅水地带沉积物暴露水面时或在不整合面下的岩溶带，溶蚀作用最为活跃，溶蚀孔隙发育。溶蚀孔隙是碳酸盐岩储集层的主要孔隙类型之一，包括粒内溶孔和溶模孔、粒间溶孔、晶间溶孔等几种主要类型。

溶洞：溶洞和溶孔之间没有严格的区别，一般孔径大于 2mm 者称为溶洞。溶洞多半发育在厚层质纯的石灰岩和白云岩中。古岩溶分布的地区和层段可作为良好的储集层。川东南的高产井约 80% 与古岩溶有关。

（二）碳酸盐岩的裂缝

碳酸盐岩性脆，易破裂。裂缝是碳酸盐岩中一种常见的地质现象。碳酸盐岩储集层中的裂缝既是储集空间，又是重要的渗滤通道。世界上主要的碳酸盐岩产油气层均与裂缝的发育有着密切的关系。如我国西南地区一些碳酸盐岩油气田的形成往往与裂缝有关。伊朗著名的阿斯马利石灰岩油气储集层也是裂缝型的，从中钻成了三口万吨井。碳酸盐岩中裂缝的类型很多，按成因可分为构造裂缝和非构造裂缝两大类。非构造裂缝又可分为成岩裂缝、风化裂缝和压溶裂缝三类。

构造裂缝：是指在构造应力作用下，构造应力超过岩石的弹性极限使岩石发生破裂而形成的裂缝。构造裂缝是裂缝中最重要的类型，它的特点是边缘平直，延伸远，成组出现，具有明显的方向性。在漫长的地质历史时期,岩层往往经受多次构造运动的影响,形成了复杂的裂隙系统,它构成了碳酸盐岩裂缝性储集层的主要储集空间和油气运移的主要通道。构造裂缝往往发育在一定的岩层中,它的发育程度与岩性密切相关,岩性越脆越易产生裂缝。因此,一般说来,构造裂缝在白云岩中最发育,石灰岩中次之,泥灰岩中最差。构造裂缝又往往发育在一定的构造部位上,它和岩石所承受的构造应力的强度和自身的形变有关。背斜构造的顶部、轴部以及箱状背斜的肩部裂缝最发育,背斜倾没端次之。此外,断层附近及其消失部位也是构造裂缝发育的有利部位。

成岩裂缝:是指沉积物在石化过程中被压实、失水收缩或重结晶等情况下形成的一些裂缝。成岩裂缝一般受层理限制,不穿层,多数平行于层面,裂缝面弯曲,形状不规则,有时有分叉现象。

风化裂缝:又称溶蚀裂缝,是指古风化壳由于地表水淋滤和地下水渗滤溶蚀所形成或所改造的裂缝,此类裂缝大小不一,形态奇特,缝隙边缘具有明显的氧化晕圈。这类裂缝发育深度视潜水面的深度而异。由于淋滤和溶蚀作用形成的裂缝网络对液体流动不会产生什么阻力,因此,具风化裂缝的岩层渗透率比周围致密岩层要高得多。

压溶裂缝:成分不太均匀的碳酸盐岩在上覆地层静压力作用下,富含二氧化碳的地下水沿裂缝或层理流动,发生选择性溶解而形成的裂缝,常见的是缝合线。缝合线中常残留有许多泥质和沥青,作为油气储集空间意义不大,但对油气的渗滤有一定的作用。

上述几种裂缝中最广泛发育的是构造裂缝及和构造裂缝有关的溶蚀裂缝。

二、碳酸盐岩储集层储集性质影响因素

(一)沉积环境和岩石类型

影响碳酸盐岩原生孔隙发育的主要因素是沉积环境,即介质的水动力条件。碳酸盐岩原生孔隙的类型虽然多种多样,但主要是粒间孔隙和生物骨架孔隙,其发育程度主要取决于粒屑的大小、分选程度、胶结物含量以及造礁生物的繁殖情况。因此,水动力能量较强或有利于造礁生物繁殖的浅水、高能的沉积环境常常是原生孔隙型碳酸盐岩储集层的分布地带,一般包括台地前缘斜坡相、生物礁相、浅滩相和潮坪等。碳酸盐岩孔隙发育的岩石,多是一些粗结构的石灰岩,如粗粒屑石灰岩、粗晶石灰岩、生物灰岩等。在水动力能量低的环境中形成的微晶或隐晶石灰岩,由于晶间孔隙微小,加上生物体少,不能产生较多的有机酸和CO_2,因此,不仅在沉积时期,就是在成岩阶段,要形成较多的次生溶孔也是比较困难的。

(二)成岩后生作用

碳酸盐岩的孔隙在它形成后的地质历史过程中是不断变化的。在沉积时期所形成的原生孔隙会因其后发生的各种成岩后生作用而改变。碳酸盐岩的成岩后生作用有些有利于储集层物性的改善,而有些则使储集层物性变差。特别是在一些时代较老的碳酸盐岩中,原生孔隙几乎损失殆尽。因此,研究成岩后生作用对孔隙的影响是很重要的。碳酸盐岩的成岩后生作用主要有压实作用、压溶作用、胶结作用、重结晶作用、白云石化作用、溶解作用、方解石化作用、硅化作用、硫酸盐化作用等。能产生或有助于产生次生孔隙的主要作用有溶蚀作用、重结晶作

用和白云石化作用。

1. 溶蚀作用

溶蚀作用包括溶解作用、淋滤作用和岩溶作用。溶蚀作用造成的碳酸盐岩储集层溶蚀孔洞的发育程度主要取决于岩石本身的性质和地下水(大气水)的溶解能力,还与一些环境因素有关。

1)碳酸盐岩的溶解度

碳酸盐岩溶解度与其成分的 $w(Ca^{2+})/w(Mg^{2+})$ 比值、黏土含量、组构及构造等因素有关。

在地下水富含 CO_2 的一般情况下,溶解度与 $w(Ca^{2+})/w(Mg^{2+})$ 比值成正比关系,即石灰岩比白云岩易溶。因此,在通常情况下,石灰岩比白云岩更容易产生溶蚀孔洞。碳酸盐岩中不溶残余物(主要是黏土)的含量与溶解度成反比关系,即碳酸盐岩的溶解度随黏土含量的增加而减小。根据上述岩石成分的两方面影响,碳酸盐岩的溶解度按下列顺序递减:石灰岩→白云质石灰岩→灰质白云岩→白云岩→含泥石灰岩→泥灰岩。

岩石的组构和构造对碳酸盐岩的溶解度也有影响。一般来说,随着颗粒变小,溶解度降低。粗粒结构的碳酸盐岩中,黏土含量较少,粒间孔隙或晶间孔隙较大,地下水比较容易通过,易于产生溶蚀孔洞;在厚层至中层状碳酸盐岩中孔洞发育好,薄层与非碳酸盐岩相组合的地层孔洞发育差。这是因为厚层碳酸盐岩一般是在相对稳定的环境下沉积的,不溶残余物含量较少,质纯,易产生孔洞。

2)地下水的溶解能力

地下水(含地表水)的溶解能力是由地下水的性质和运动状态决定的。

当地下水中含有 CO_2 时,水溶液呈酸性;随着 CO_2 溶解量的增加,溶液的 pH 值降低,当其降至 3.2 时,便成为较强的酸性水,对碳酸盐岩的溶解能力大大增强。当这种地下水在碳酸盐岩地层中流动时,便逐渐将岩石溶解,并形成碳酸氢盐被地下水带走;反之,当水中缺乏 CO_2 时,则发生碳酸盐沉淀作用,堵塞孔隙,胶结岩石。地下水的酸性主要来源于地下油气生成过程中形成的有机酸和 CO_2。

另外,岩石的溶蚀程度还与地下水的温度和压力有密切关系。有人曾经对碳酸盐岩样品进行淋溶试验,结果表明:温度升高,淋溶物质数量增大。因此,地下水对碳酸盐岩的溶蚀能力,同地温条件也有密切关系,一般认为,地温每增加 10℃,溶蚀程度可能增加 2 倍。

3)地貌、气候和构造的影响

地下水运动是造成溶蚀作用发育的重要原因,而地下水的运动又与地貌、气候和构造等因素有关。在地貌上,溶蚀带多在河谷和海、湖岸附近地区较为发育。因为这些地区是泄水区和汇水区,地下水浸泡溶蚀时间长,在这些地区的碳酸盐岩层内部往往发育有很大的暗河。在气候上,温暖潮湿的地区,溶蚀作用最为活跃。

2. 重结晶作用

重结晶作用是指碳酸盐岩被埋藏之后,随着温度、压力的升高,岩石矿物成分不变,而矿物晶体大小、形状和方位发生了变化。这种作用使致密、细粒结构的岩石变为粗粒结构、疏松、多晶间孔隙的岩石。粗粒结构的岩石强度降低，易产生裂缝，有利于地下水渗滤，为溶蚀孔隙的发育创造条件。我国四川侏罗系大安寨介壳灰岩产油气层的孔隙发育程度随重结晶作用的增强而变好。当碳酸盐岩中存在泥质、有机质、硅质、硫酸盐等杂质时，它们会降低碳酸盐岩重结晶的程度，又往往填塞在各种孔隙空间，对碳酸盐岩的储油物性产生不利的影响。

3. 白云石化作用

白云石化作用是指白云石取代方解石、硬石膏和其他矿物的作用。白云石化作用一般可分为两类，一类发生在沉积物中的准同生期白云石化作用；另一类发生在岩石中的成岩后生期白云石化作用。白云石化作用对碳酸盐岩孔隙度的影响至今仍是一个未解决的争论问题，但一般说来，在白云石交代方解石过程中，溶解作用大于沉淀作用，产生溶蚀孔隙，并且由于晶粒增大，晶间孔径变大，都会使白云石化石灰岩的孔隙度和渗透率增加，对岩石孔隙度和渗透率还是起改善作用的。

此外，压实作用、压溶作用和胶结作用等，它们对储集层物性主要起破坏作用。

（三）裂缝发育程度

裂缝既是碳酸盐岩储集层的储集空间，更重要的是油气渗滤的重要通道。不同类型的裂缝成因不同。根据成因可将裂缝划分为构造裂缝和非构造裂缝两大类。对储集层物性有重要影响的主要是构造裂缝。构造裂缝的发育程度和分布规律，受岩性和构造两方面因素的控制。在剖面上，裂缝往往发育在一定层位，主要受岩性控制；在平面上，裂缝往往发育在一定的构造部位，主要受构造因素控制。

1. 裂缝发育的岩性因素

裂缝发育的内因主要取决于岩石的脆性。岩性不同，脆性不一样，裂缝发育程度也不一样，脆性大的岩层更容易发育裂缝。岩石脆性受岩石的成分、结构、层厚及其组合、成岩后生变化等因素的影响。

各类碳酸盐岩和化学岩的脆性由大到小的顺序为：白云岩或泥质白云岩→石灰岩、白云质石灰岩→泥灰岩→盐岩→石膏。

碳酸盐岩中泥质含量增加时，会降低岩石的脆性，减弱裂缝的发育；相反，硅质含量增加时，会增加岩石的脆性，有利于裂缝的发育。

质纯粒粗的碳酸盐岩脆性大，易产生裂缝，并且开缝较多。如生物灰岩中，介壳含量较高、排列整齐者，裂缝密度较大；结晶灰岩中，结晶粗的脆性比结晶细的大。

薄层状的碳酸盐岩中裂缝的密度较大，但裂缝的规模较小，容易产生层间缝和层间脱空，特别是夹于厚层中的薄层更易如此；厚层状碳酸盐岩中裂缝的密度较小，但裂缝的规模较大，且以立缝和高角度斜裂缝为主。

白云石化作用使石灰岩变为白云岩，晶粒由细变粗，会增加岩石的脆性，使裂缝易于发生。

2. 裂缝发育的构造因素

控制裂缝的构造因素主要是作用力的强弱、性质、受力次数、变形环境和变形阶段等。一般情况是受力强、张力大、受力次数多的构造部位裂缝发育，相反则差；同一碳酸盐岩中，在常温常压的应力环境下裂缝发育,在高温高压环境下则发育较差;在一次受力变形的后期阶段,裂缝的密度大、组系多,前期阶段则相应较小或少。这些条件的时空配合,控制着裂缝的分布规律。

总的来说,裂缝发育最主要的构造部位是构造轴部、端部、翼部挠曲以及与断层有关的牵引褶曲处。与背斜一样,向斜(或鞍部)中岩石产状要素陡变的地方也应视为裂缝发育的有利地带。

三、碳酸盐岩储集层的类型

碳酸盐岩储集层非均质性强,孔隙系统复杂,储集空间类型和物性主要受沉积作用、溶蚀作用、白云石化作用和构造作用等控制而形成。因此,对碳酸盐岩储集层的分类,既可以从储集层成因角度进行划分,也可以从储集空间及其组合类型的角度进行划分。根据储集空间类型的不同,可将碳酸盐岩储层划分为以下四种类型。

孔隙型储集层:主要发育粒间孔隙、晶间孔隙、生物格架孔隙。世界上许多特大油田的储集层都是这种类型。

溶蚀型储集层:主要发育有各种溶蚀孔隙,尤其是岩溶发育地区,溶洞、溶沟连通,成为一个洞穴系统。此类储集层多发育在不整合及大断裂带附近,地下水沿不整合或大断裂带向下渗透淋溶,形成洞穴发育的溶蚀带。

裂缝型储集层:主要在致密、性脆、质纯的碳酸盐岩中发育各种构造裂缝,它们既可作为油气储集空间,也可成为渗滤通道,尤其是当储集层是由纵横交错的裂缝构成时,更是良好的储集层。

复合型储集层:多数碳酸盐岩储集层属于复合型的,即原生孔隙、溶蚀洞穴、构造裂缝三者同时在这种储集层中出现,或同时发育其中的两种。这种原生孔隙、溶蚀洞穴都可以成为油气储集空间,裂缝起到渗滤通道作用,构成统一的孔隙—洞穴—裂缝系统,这更有利于形成储集量大、产量高的储集层。

第四节 其他岩类储集层

其他岩类储集层是指除碎屑岩和碳酸盐岩以外的各种岩类储集层,如岩浆岩、变质岩、泥质岩等。这类储集层的岩石类型尽管很多,但在世界油气总储量中只占很小的比例,故其研究价值远不如碎屑岩和碳酸盐岩储集层。但不论国内还是国外,在这类储集层中确实也获得了一定数量的油气,这就为研究油气储集层扩大了领域。到目前为止,我国已经在火山岩、结晶岩、泥质岩里获得了工业性油气流,并具有一定的生产能力。

一、火山岩储集层

火山岩储集层是除碎屑岩与碳酸盐岩以外一类重要的储集层,主要是指由火山喷发岩及火山碎屑岩形成的储集层。火山岩储集层不具岩石类型的专属性。不论是基性岩、中性岩还是酸性岩,不论是熔岩还是火山碎屑岩,都可以形成好的储集层。火山岩储集层岩石类型多样,熔岩主要包括玄武岩、安山岩、英安岩、流纹岩、粗面岩等;火山碎屑岩主要包括集块岩、火山角砾岩、凝灰岩、凝灰角砾岩、熔结火山碎屑岩等。火山碎屑岩是与油气关系最为密切的一类火山岩,是指由火山作用形成的各种火山碎屑物经压实固结而成的岩石,是介于火山熔岩与沉积岩之间的岩石类型。

通过对火山岩储集层油气藏的勘探实践,认识到火山岩储集层含油气性的好坏与下列因素有关:

(1)发育于油层附近的火山岩储集层,由于具备了充足的油源,所以对油气储集有利;

(2)火山岩储集层储油物性的好坏是决定其含油气程度的基本条件。火山岩储集层的裂缝、孔隙发育与否对含油气程度影响甚大。

二、结晶岩储集层

结晶岩是指各种岩浆岩和变质岩类,由于它们都有不同程度的结晶,故也称结晶岩系。在含油气盆地中这种结晶岩系往往构成了沉积盖层的基底。当这些结晶岩受到长期而强烈的风化时,其表层常形成一个风化孔隙带,致使岩石的孔隙性和渗透性大大增加,成为油气储集的良好场所,因而这类储集层多分布在基岩侵蚀面上。

我国酒泉盆地的鸭儿峡油田基岩油藏,其产油层为志留系的变质岩基底,由板岩、千枚岩及变质砂岩组成,基岩孔隙度为2.5%以下,渗透率接近于零,但裂缝发育,平均裂缝密度大于40条/m,这些裂缝提供了油气储集空间,高产井多沿断裂分布,井间有干扰现象,断层附近裂隙率高,连通性好。

结晶岩类储集层的储集空间,主要是风化孔隙、裂隙,以及构造裂缝,故这类储集层多发育在不整合带,在盆地边缘斜坡以及盆地内古地形突起上,位置较高,风化孔隙更发育些。

三、泥质岩储层

泥质岩和碎屑岩在沉积剖面上往往呈互层出现,其分布也很广泛。但由于泥质岩的孔隙很小,属微毛细管孔隙,流体在地层压力条件下不能在其中流动。有些比较性脆的泥质岩(如页岩、钙质泥岩等),在构造力的作用下产生了比较密集的裂缝,或者有些泥质岩中含有极易溶解的成分(如石膏、盐岩等),经地下水的溶蚀而形成溶孔、溶洞,从而形成了泥质岩储集层。其中富含有机质黑色页岩是形成页岩油气的主要岩石类型,主要包括黑色页岩和碳质页岩两类。页岩油气的开发利用是化石能源领域的一次重大革命,特别是页岩气,已经成为全球非常规天然气勘探开发的热点方向和现实领域。

由此可见,这类致密岩石之所以能够在一定条件下成为油气储集层,主要是由于次生作用(风化、溶蚀、构造运动等)形成一系列缝洞的结果,同时还与组成该泥质岩储集层的矿物组成及含量、有机碳含量及有机质成熟度等有关。由于泥质岩储集层的岩性致密,储集空间形成条件复杂,因而不易掌握储集物性的规律。

以上介绍了不同岩石类型的储集层,但应指出的是:在自然界中对形成油气的储集层来说,岩石类型并不是主要的,关键在于是否具有孔隙性和渗透性,或者经人工压裂改造后是否具有渗透性。任何岩类的岩石只要具有一定的孔隙性和渗透性,都可能成为油气储集层。因此,在油气勘探过程中,固然应该注意一些常见的已知储集层岩类,但也不能忽视一些具有孔渗性的其他岩类储集层,否则将会遗漏或推迟油气田的发现。

总之,储集层是石油和天然气储存、聚集的场所。储集层的有无和发育程度,往往影响一个地区油气的有无及远景好坏,是评价一个地区、一个构造含油气性的重要条件,是油气勘探开发工作中的核心问题之一。所以在油气勘探开发的各个阶段,对储集层的研究,历来就是油气地质学家的一项十分重要的任务。

第五节 盖 层

油气都是流体,其密度比水小。在浮力的作用下,地下储集层中的油气具有向上运动的趋势,如果在储集层之上没有不渗透的地层盖住,则油气会一直向上运移以至于最后散失掉。因此,在任何一个含油气盆地,要想把油气封闭在储集层中而不致逸散,就必须具备不渗透的地层将储集层盖住,这样的不渗透地层就是盖层。因此,盖层就是位于储集层之上能够封盖储集层使其中的油气免于向上逸散的保护层。

在自然界中,任何盖层对气态烃和液态烃只有相对的隔绝性。在地层条件下的烃类聚集,都具有大小不同的天然能量,它能驱使烃类向周围逸散。因此,必须有良好的盖层封闭才能阻止油气逸散,使油气聚集起来形成油气藏。

一、盖层封闭油气机理

随着对油气在地下运移机制及相态的深入研究,人们对盖层封闭油气的机理的认识不断加深和完善。根据目前的研究成果,盖层封闭油气主要有三种封闭机理,即毛细管封闭油气机理、超压封闭油气机理、烃浓度封闭天然气机理。

(一)毛细管封闭油气机理

地下沉积岩中的孔隙通常是被水所饱和的,游离相的油气要通过盖层,就必须排替其中的孔隙水,否则,油气就无法通过盖层运移。由于岩石一般为亲水的,油(气)—水—岩石三相接触角小于90℃,产生的毛管力指向油(气)相。因此,油气要通过盖层运移,必须克服毛细管阻力。

盖层之所以能封闭住储集层中的油气,是因为盖层岩石与储层岩石之间存在明显的物性差异,即盖层岩石较储层岩石具有更小的孔喉半径。根据排替压力的定义,岩石中润湿相流体被非润湿相流体排替所需要的最小压力,在数值上近似等于岩石中最大连通孔道的毛细管力,它可由式(10-6)来确定:

$$p_C = \frac{2\sigma \cdot \cos\theta}{r_0} \quad (10-6)$$

式中 p_C——岩石排替压力,Pa;
θ——润湿角(°);
σ——油(气)—水界面张力,N/m;

r_0——岩石中最大连通孔喉半径,m。

盖层较储集层具有更大的排替压力,即盖层与储层之间存在着排替压力差,其差值大小为

$$\Delta p_C = 2\sigma \cdot \cos\theta \left(\frac{1}{r_{01}} - \frac{1}{r_{02}} \right) \quad (10-7)$$

式中　Δp_C——盖层与储层的排替压力差,Pa;
　　　r_{01}——盖层中最大连通孔喉半径,m;
　　　r_{02}——储层中最大连通孔喉半径,m。

这种排替压力差会产生盖层对储层中的油气封闭作用,这种封闭作用称为盖层毛细管封闭作用,也有人称为物性封闭。

(二)超压封闭机理

在砂、泥岩剖面中,厚度大的泥质成分在沉积成岩过程中,由于快速沉积,使得泥岩上、下与储层邻近部分首先被快速压实,排出孔隙水;孔隙度减少,渗透率降低,形成致密带,阻止了中间部分泥岩内部孔隙水的排出;压实成岩速度缓慢,从形成了欠压实泥岩段。欠压实泥质岩具有异常高的孔隙度,其颗粒之间未达到紧密的接触,因此其中的孔隙流体承担了在正常压实情况下本应由骨架颗粒承担的上覆地层的一部分载荷,造成欠压实泥质岩比相同深度的正常压实泥质岩具有更高的孔隙压力,从而产生高的异常流体压力,造成泥岩具有超压封闭油气的能力。

泥质岩盖层中超压越大,表明其下致密层越致密,孔渗性越差,毛细管封闭能力越强;反之毛细管封闭能力则越弱。同时,盖层的超压本身也是除盖层毛细管力之外阻止油气进入盖层孔隙的附加力。

(三)烃浓度封闭天然气机理

天然气在地下扩散速率的大小主要取决于天然气扩散系数和烃浓度梯度的大小,在地下对已确定的泥岩盖层来讲,天然气扩散系数是固定不变的。此时,天然气扩散速率大小主要取决于烃浓度大小。

在正常情况下,地层孔隙水中含气浓度的大小主要受温度、压力等条件的影响。地层水的含气浓度是向上递减的,天然气在此浓度梯度作用下向地表进行扩散。然而,当上覆泥岩盖层为烃源岩时,其本身生成的天然气溶解于地层孔隙水中,从而增大了含气浓度,使盖层和储层两者之间天然气浓度减小,扩散作用减弱,这样对下伏呈扩散相运移的天然气就起到了封闭作用。

作为油气的封盖层,除了具有较强的微观封闭能力外,还必须在空间上具备一定的分布面积,才能在整个成藏系统范围内对油气构成良好的封盖条件。然而,盖层空间展布范围只能借助宏观地质特征来间接认识。这些地质因素主要有盖层的岩性、盖层的累计厚度和单层厚度、沉积环境和成岩程度等,它们不仅影响盖层空间展布面积的大小,而且是决定盖层封闭能力的最主要影响因素。

盖层的厚度与封闭能力间的关系,尚待进一步研究。松辽盆地的经验表明,当泥岩厚度小

于 20m 时一般不能作为盖层,而川南的长垣坝和高木顶两气田的石膏层仅 6～10m 厚就可作为良好的盖层。所以盖层的厚度对于油气封盖不起决定作用,关键在于排替压力的大小和裂缝的发育程度。当其具有足够大的排替压力,而又无裂缝存在,即使厚度不大也可成为良好的盖层。但从另一方面来讲,对于排替压力不够大的盖层,油气尚可缓慢进入,它不能隔绝油气,只能起障碍作用。这时盖层越厚,油气运移的速度受影响越大,它就可以成为一个临时的盖层。所以,当盖层的排替压力不够大时,盖层厚度大仍有一定的封隔作用。

二、盖层的类型

(一)按盖层岩性分类

常见的盖层岩石类型有页岩、泥岩、石膏、盐岩及泥灰岩、石灰岩等。按盖层的岩性,盖层可以划分为膏盐类盖层、泥质岩类盖层和碳酸盐岩类盖层三类。

膏盐类盖层主要包括石膏、硬石膏和盐岩三种。其中,石膏埋藏较浅,一般在 1000m 以内;硬石膏埋藏较深,一般在 1000m 以下,是由石膏在成岩作用下转化而成。世界上的天然气储量约有 35% 与膏盐类盖层有关,它们是质量最好的盖层岩类。

泥质岩类盖层主要包括泥岩、页岩、含粉砂泥岩和粉砂质泥岩,是油气田中最常见的一类盖层,分布最广,数量最多,几乎产于各种沉积环境。世界上大多数油气田的盖层均属此类。

碳酸盐岩类盖层主要包括含泥灰岩、泥质灰岩和石灰岩等。碳酸盐岩能否为盖层不取决于其形成条件,而取决于其后期改造条件,如果裂缝不发育便可作为盖层,否则便是储集层。

泥岩、页岩常与碎屑岩储集层并存,石膏、盐岩层常与碳酸盐岩并存。美国石油地质学家克来姆统计了世界 334 个大油气田的盖层,其中以页岩、泥岩作盖层占 65%;盖层为盐岩、石膏的占 33%,致密灰岩充当盖层占 2%。松辽、华北、西西伯利亚等多以泥岩为盖层;四川、江汉、沙特阿拉伯等地油气田多以盐岩、石膏为盖层。

(二)按盖层分布范围分类

盖层可以按分布范围划分为区域性盖层和局部盖层两类。

区域性盖层指遍布在含油气盆地或坳陷的大部分地区,厚度大、面积广且分布较稳定的盖层。区域性盖层对含油气盆地或坳陷内的油气聚集和保存起重要作用。

局部盖层指分布在某些局部构造或局部地区某些部位上的盖层。局部盖层只对一个地区或构造的油气局部聚集和保存起控制作用。

(三)按盖层纵向分布位置分类

盖层可以按盖层与油气藏的空间位置关系划分为直接盖层和上覆盖层两类。

直接盖层指紧邻储集层之上的盖层。直接盖层可以是局部盖层,也可以是区域性盖层。

上覆盖层指直接盖层之上的所有非渗透性岩层。上覆盖层一般是区域性盖层,对区域性的油气聚集和保存起重要作用。

第六节　生储盖组合及其类型

在地层剖面中,紧密相邻的生油层、储集层和盖层的一个有规律的组合,称为一个生储盖组合。

根据生油层、储集层和盖层三者在时间和空间上的相互配置关系,可将生储盖组合划分为四种类型(图10-7)。

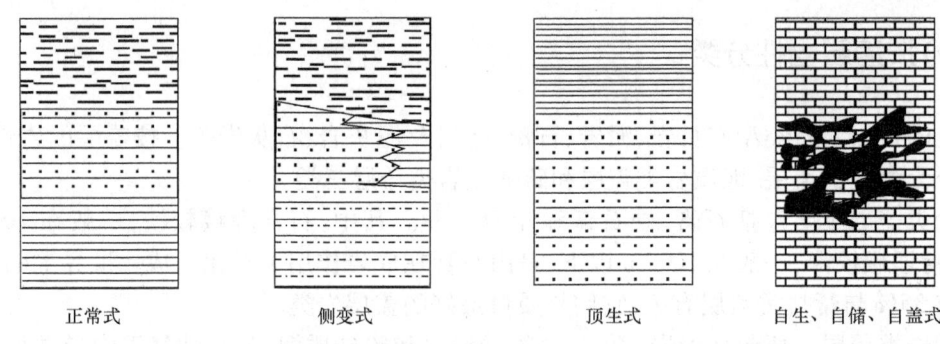

图10-7　生储盖组合类型示意图

正常式生储盖组合:指在地层剖面上,生油层位于组合的下部,储集层位于中部,盖层位于上部。这种组合类型又根据时间上的连续或间断细分为连续式和间断式两种。油气从生油层向储集层以垂向运移为主。正常式生储盖组合是我国许多油田最主要的组合方式。

侧变式生储盖组合:由于岩性、岩相在空间上的变化而导致生油层和储集层在横向上组合而形成。这种组合多发育在生油凹陷斜坡带或古隆起斜坡带上,由于岩性、岩相横向发生变化,使生油层和储集层同属一层,二者以岩性的横向变化方式相接触,油气以侧向同层运移为主。

顶生式生储盖组合:生油层与盖层同属一层,储集层位于其下的组合类型。

自生、自储、自盖式生储盖组合:生油层、储集层和盖层属于同一层。石灰岩中局部裂缝发育段储油、泥岩中的砂岩透镜体储油和一些泥岩中的裂缝发育段储油都属于这种组合类型。

根据生油层与储集层的时代关系,可将生储盖组合划分为新生古储、古生新储和自生自储三种形式。较新地层中生成的油气储集在相对较老的地层中,为新生古储;较老地层中生成的油气运移到较新地层中聚集,属古生新储;而自生自储乃是指生油层与储集层都属于同一层位。以上三种形式的盖层都比储集层新。

根据生油层、储集层、盖层组合之间的连续性亦可将其分为连续沉积的生储盖组合和不连续沉积的生储盖组合。

思　考　题

1. 什么是储集层?什么是非常规储集层?储集层的类型有哪些?
2. 什么是孔隙?孔隙的类型有哪些?

3. 什么是绝对孔隙度和有效孔隙度？有效孔隙度和绝对孔隙度有什么关系？
4. 什么是渗透性？什么是绝对渗透率、有效渗透率和相对渗透率？
5. 孔隙度与渗透率之间的关系是什么？渗透率与饱和度之间的关系是什么？
6. 碎屑岩储集层的储集空间有哪些？影响碎屑岩储集层储集性质的因素有哪些？
7. 碳酸盐岩储集层的储集空间？影响碳酸盐岩储集层储集性质的因素有哪些？
8. 碎屑岩储集层与碳酸盐岩储集层的主要区别是什么？
9. 其他岩类储集层主要包括哪些类型？
10. 什么是盖层？盖层的类型有哪些？
11. 盖层封闭油气的机理是什么？
12. 什么是生储盖组合？生储盖组合有哪些类型？

第十一章 石油和天然气的运移

油气在烃源岩中生成,并储集在储集层中。那么,油气又是如何从烃源岩层"运"到储集层并聚集起来的呢?石油和天然气的运移是油气藏形成过程中三大阶段之一。因此研究油气运移问题,对研究油气藏的形成以及油气勘探具有重要的理论意义和实际意义。油气运移要研究的问题很多,主要包括油气运移的概念、方式、动力、初次运移的机理和二次运移的过程等。

第一节 油气运移的概念及方式

一、油气运移的概念

石油和天然气是流体,因而具有流动的特性。油气在地层条件下的流动称为油气的运移。

实际上,油气从生油层到储集层是一个漫长的地质过程,并不是像在输水管中那样畅通无阻地"跑",而是要受到地层岩性及组构,特别是孔隙结构等种种因素的限制,拐弯抹角、缓慢地向前移动。油气藏与一般固体矿藏明显的不同就是其分布不在它的原生之地。例如铁矿和煤矿等固体矿藏的产地就是其生成的地方,而油气藏则往往不是。因为刚刚生成的油气呈分散状态分布于岩石之中,只有经过运移遇到适于油气聚集的场所,才聚集起来成为油气藏。从油气的生成、聚集到散失这一自然发展的过程来看,运移是贯穿全过程的纽带。运移作用对油气的散失和破坏是绝对的,而对它的保存和聚集则是相对和暂时的,也即是有条件的。

为了表征油气生成后在不同环境、不同阶段的运移特点,将油气从生油层向附近储集层中的运移称为初次运移;将油气进入储集层以后的一切运移成为二次运移。二次运移既包括了油气成藏以前油气在储集层内的运移,也包括了油气成藏以后由于地质条件的改变所导致的油气再运移过程。

油气运移的概念,产生于实践。人们在勘探和开发石油的实践中发现,地表上许多地方出现的石油和天然气的露头,即所谓的"油气苗",都是地下油气沿断层或不整合面等通道运移到地面上来的。在勘探中发现,油气常常聚集在背斜构造之中,而且在构造顶部按气、油、水的不同密度作有规律的分布,即气轻在顶部,水重在下部,油居中间。在油田开发过程中还发现,油气从油层流到井底,再被采到地面上来等等。这些事实说明油气在地下是经过流动了的。其运移方向、距离和规模等等,则决定于外界条件及其所处的地质环境。

二、油气运移方式

渗滤和扩散是油气运移的两种基本方式,但两者的条件和效率不同。

流体在孔隙介质中的流动称为渗滤,它是一种机械运动方式。流体在渗流过程中遵守能量守恒定律,它总是由机械能高的地方向机械能低的地方流动;渗滤是一种整体流动方式,在流动中表现出一定的相态,在达到吸附平衡以后各种组分的浓度基本不改变。

渗滤是油、气在地下运移的主要方式。因为地下岩层,无论是碎屑岩还是碳酸盐岩,都具有一定的相互连通的孔隙、裂缝或溶洞,都是油气在地下渗滤的良好通道。油气渗滤可以用达西定律来描述。

物质的分子运动,使各个方向上的浓度都趋于平衡的现象,称之为扩散。当物质存在浓度差时,扩散方向总是从高浓度向低浓度进行,扩散作用服从菲克定律。在自然界里,气体与气体之间、气体与液体之间、气体与固体之间、液体与液体之间和液体与固体之间等等,都可以进行扩散,只是液体和固体的扩散速度比气体小得多而已。因此,扩散也是石油特别是天然气进行运移的一种方式。

总之,在岩层中油气运移以渗滤和扩散两种方式表现出来。前者是由于压力差的存在,而后者则是由于浓度差所引起的。对油气藏的形成来说,显然渗滤作用是重要的。然而,由于致密盖层的隔绝作用,尽管气体的扩散速度很小,但在漫长的地质年代中,其对油气藏的破坏作用也不可忽视。

第二节 油气的初次运移

油气自烃源岩层向储集层的运移称为油气初次运移。油气的初次运移与油气的生成紧密地联系在一起,因此,研究初次运移的过程和生油过程是不可分割的。

一、油气初次运移的相态

由于油气是由烃源岩中分散的原始有机质生成的,因此,刚刚生成的油气本身也是呈分散状态存在于生油层中的。要形成有工业价值的油气藏,就必须经过运移和聚集的过程,而初次运移是这一运移过程的第一步。对于烃源岩来讲,油气的初次运移过程就是烃源岩中生成的油气从烃源岩中排出的过程。因为油气初次运移的环境是烃源岩环境,而烃源岩最重要的特点就是低孔低渗、非常致密,其孔隙十分细小和狭窄。油气在其中不能自由移动。在这种环境中,油气是以何种相态从这么致密的岩石中运移出来的呢?

初次运移的相态指的是油气在地层中发生运移时的物理相态。由于石油与天然气性质的差异,在初次运移时它们的相态也有区别。

一般认为石油的初次运移相态有水溶相运移(包括分子溶液和胶束溶液)、游离相运移(包括分散状和连续状油相运移)、气溶相运移和扩散相运移等相态。每种相态都有其依据,但也存在一定的问题。水溶相虽然解决了运移过程中毛细管阻力问题,但存在着油在水中的溶解度和水源等问题;游离油相虽然解决了油在数量上物质平衡的要求,但存在着在运移过程中的毛细管阻力及连续油相饱和度等问题;气溶相解决了凝析油和轻质油的问题,但存在原油中的重组分不能在甲烷气体中充分溶解的问题;由于液态石油尤其是 C_{10} 以上组分的分子的扩散系数很小,因此,扩散相运移对石油初次运移几乎没有意义。一般认为石油初次运移主要是游离相,其次是气溶相。

天然气也存在水溶相、油溶相、游离相和分子扩散相这四种基本运移相态。由于天然气在水中和油中的溶解度都很大,而气态烃的扩散系数又远比液态烃大,因此,一般认为,这四种相态在烃源岩中完全可以存在,但其重要性有差异。

油气究竟以何种相态运移,取决于温度、压力、孔隙大小及油、气、水的相对含量等。表现在有机质演化的不同阶段,油气运移的相态可能不同。在未成熟阶段,由于烃源岩含水量大,生成的烃类少,胶质、沥青质含量高,油气运移的相态应以水溶相为主;在成熟阶段,油气大量生成,而孔隙水含量较少,油气主要呈游离相运移,水为载体,生成的气部分或大部分溶于石油中运移;在高成熟阶段,气溶相运移,气为油的载体;在过成熟阶段,气以游离相运移(图11-1)。

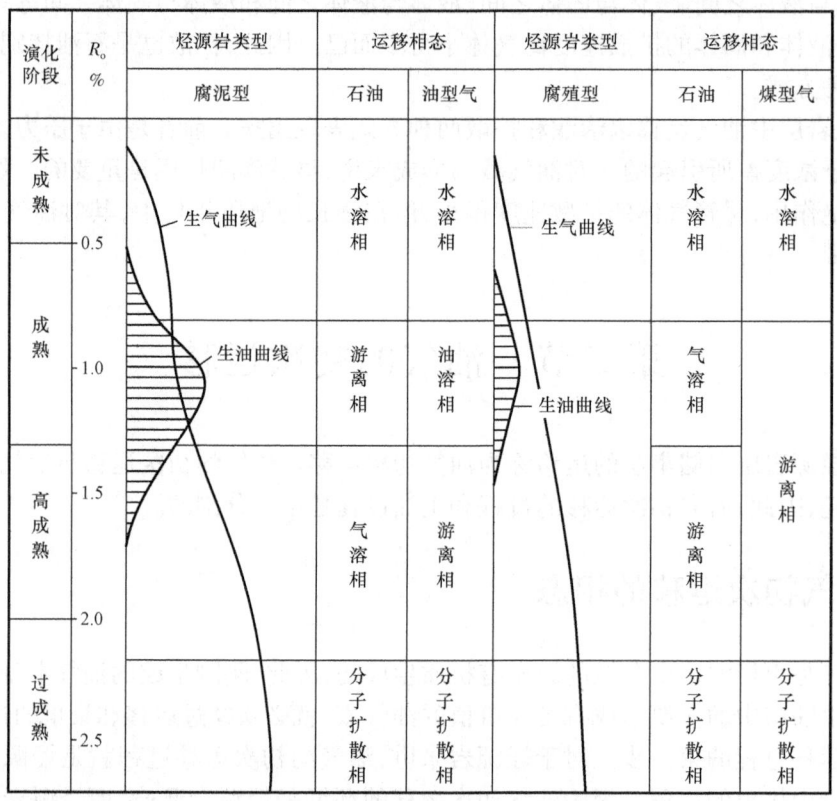

图11-1 油气初次运移过程中的相态的演变(据李明诚,2004)

二、油气初次运移的主要动力

油气要从烃源岩中运移出来,必须存在驱动力。目前一般认为,烃类从烃源岩层中排出的原因是烃源岩内部存在剩余压力。剩余压力是指岩层的实际压力超过相应的静水压力的部分;由于不同点的剩余压力不同,在烃源岩内外形成剩余压力差,从而驱动孔隙流体(包括油、气、水)沿剩余压力变小的方向运移。除剩余压力差外,烃源岩内外的烃浓度差也是天然气初次运移的一种动力。在烃源岩演化的不同阶段,油气初次运移的动力不同。

(一)压实作用

如果一套地层处于压实平衡状况,当其上又沉积了一层厚 Δh 的沉积物时,新沉积物的负荷就要传递给下伏地层的孔隙流体中,结果使孔隙流体产生了超过静水柱压力的剩余压力。

在这种压力下,孔隙流体排出,孔隙体积缩小,沉积物得到压实。当流体排出一部分后,又恢复平衡。就这样,上覆沉积物不断沉积,下覆孔隙流体不断排出。这个过程可以是连续进行,也可能是间断进行。

(二)欠压实作用

泥质岩类在压实过程中,由于压实流体排出受阻或未及时排出,泥岩得不到正常压实,导致孔隙流体承受了部分上覆地层的静压力(或沉积负荷),出现孔隙压力高于其相应的静水柱压力的现象称为欠压实现象,欠压实现象会导致异常压力的产生。

当欠压实程度进一步加强,异常压力(孔隙的剩余压力)超过泥岩顶底板的抗张强度,则会出现大量的微裂缝,此时烃源岩内部的流体就会快速排出,压力得到释放,恢复到正常压实状态,微裂缝闭合;随着埋深的继续增大,然后随上覆压力的加大又会形成超压,加上有机质的热降解、蒙脱石脱水、流体热膨胀等因素作用,异常压力又会重新出现,直到下一次的岩石破裂和流体排出。这种过程可以循环进行,形成循环出现的幕式(脉冲式)排烃作用(图11-2)。

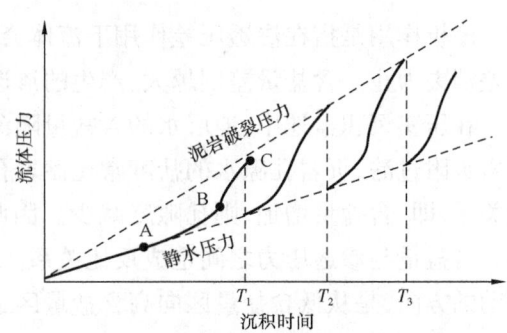

图11-2 烃源岩内部流体压力演化与幕式排烃机理

(三)蒙脱石脱水作用

蒙脱石是一种膨胀性黏土,结构水较多,一般含有四个或四个以上的水分子层,按体积计算,这些水可占整个矿物的50%,按重量计可占22%。这些结构水在压实作用和热力作用下会有部分甚至全部成为孔隙水,这些新增的流体必然要排挤孔隙内原有的流体,起到排烃的作用。

蒙脱石在脱水过程中转变为伊利石再向绿泥石转化,这一过程跟温度压力有关,其含量随深度加大而不断减少,其转化率增加较快的深度大约是3200m。在泥岩排液困难的情况下,蒙脱石的脱水作用可加大异常孔隙流体压力。

(四)有机质的生烃作用

干酪根成熟后可生成大量油气(包括水)。这些油气(包括水)的体积大大超过原干酪根本身的体积,这些不断新生的流体进入孔隙后,必然不断排挤孔隙内已存在的流体,驱替原有流体向外排出。流体排出不畅时,也会增加流体超压。

因此,烃源岩生烃过程也孕育了排烃的动力。由此也可推断,石油的生成与运移是一个必然的连续过程。

(五)流体热增压作用

当泥岩埋藏比较深时,地层温度增加,流体发生膨胀,增大剩余压力,促进流体流动。水随温度增加,体积也会发生膨胀,产生水热增压作用。随埋藏深度加大,地温梯度增大,水的比容增大。水的这种膨胀作用促使地下流体的运移,当然也有助于烃类的运移。

当烃源岩层处于欠压实状态时,欠压实段有非常高的孔隙度及孔隙水含量。由于水的热导率低,水本身又不能流动,这不利于地下深处的热流向上传导,造成异常高的地温。这种异常高的地温及异常大的水体积,必然表现出更大的热膨胀体积。显然欠压实段泥岩的热增压现象要比正常压实段更明显。

(六)渗析作用

渗析作用是指在渗透压差作用下流体会通过半透膜从盐度低向盐度高方向运移,直到浓度差消失为止。含盐量差别越大,产生的渗透压差也越大。

在压实沉积盆地中,地层水的含盐量随深度和压实作用的增加而增加。由于盐离子易被页岩吸附过滤,页岩孔隙水的盐度常比砂岩孔隙水高。页(泥)岩中水的含盐量与孔隙度成反比关系,即:含盐量增加,则孔隙度减少。因此,含盐量以每层页(泥)岩的中间部分向边部增高。含盐量与渗透压力之间也成反比关系。盐量高则渗透压力低,反之则高。因此,渗透流体运动的方向,是从低含盐量区向高含盐量区运移。所以渗析作用也能促进烃类从页(泥)岩向砂岩运移,是烃类初次运移的动力之一。

(七)其他作用

构造应力作用能导致岩石产生微裂缝系统,这利于岩石和有机质吸附烃的解吸作用,特别是对于致密的烃源岩以及煤系烃源岩的排烃更为重要。另一方面,在导致地层变形过程中,部分侧向构造挤压力应力可传递到孔隙流体上,从而促使流体运移。

毛细管力的作用一般表现为阻力。仅在烃源岩层与储层的界面上才表现为动力。由于两者的毛细管压力差的(合力)指向储层,从而推动油气向储层排出。

碳酸盐岩的固结和重结晶作用使其孔隙变小,可促使已存于孔隙中的油气压力增大,最终导致岩石破裂,油气排出。

扩散作用(分子运动)也是油气运移的动力之一。它是在浓度梯度作用下进行的。扩散作用是低分子烃类,主要是天然气的运移方式,它主要造成烃类散失,但在一定条件下也可形成油气聚集。

促使油气初次运移的动力是多种多样的,但在有机质热演化生烃过程中,各种作用力的类别、作用时间和大小是不同的。总体来说,在中—浅层,压实作用为主要动力。此时,烃源岩孔隙度高,原生孔隙水较多,成岩作用以压实作用为主,生成的生物甲烷气及少量的未熟、低熟石油在压实作用下随水排出。在中—深层,因大量原生孔隙水被排出,泥岩的孔隙和渗透率变小,流体渗流受阻,而此时有机质开始大量生烃,蒙脱石大量脱水,加上高温流体增压,造成了孔隙压力不断增加,形成异常高的孔隙压力,而这种压力超过烃源岩的强度时,就会产生微裂缝,排出流体。所以,此阶段的排烃主要动力为异常孔隙流体超压。它是欠压实、生烃作用、流体增压、蒙脱石脱水的综合效应。

三、油气初次运移的通道、时期、方向和距离

(一)初次运移的通道

油气初次运移的通道主要为相互连通的孔隙、微裂缝、缝合线、微层理面和干酪根网络。由于烃源岩原始沉积具有非均质性,后期演化也具有不均一性,从而烃源岩内部的原始孔隙、次生孔隙、裂缝、微裂缝、缝合线、层理面和干酪根网络组成的排烃通道和网络也存在较大差异,尽管不同的通道所起的作用不同,但它们在时空上可以相互转换、相互补充。

在未熟—低熟阶段,运移的通道主要是孔隙和微层理面;但在成熟—过成熟阶段油气初次运移的通道主要是微裂缝;缝合线被认为是碳酸盐烃源岩初次运移的通道。

(二)初次运移的时期

油气初次运移是发生在地质历史时期中的一种过程,今天不可能直接观察和研究。因此要确定油气初次运移的时间是比较比较困难的,目前尚无可靠的方法。但是有一点可以肯定,那就是初次运移必须发生在油气生成以后,否则就不是油气的初次运移了。油气的生成有早期和晚期之说,油气的初次运移时期就有早期和晚期的问题。目前普遍以干酪根晚期生油理论为指导,如果说大量生成油气的深度在 1500～4500m 之间(晚期压实阶段),那么油气初次运移的时期也就主要发生在 1500～4500m 的深度段上(晚期压实阶段)。

实际上探讨的运移初次时期是指油气发生大量运移的时期即所谓的主要运移期,这样就必须与油气运移的相态联系起来考虑问题。对于石油来说,由于水溶相、气溶相和扩散相都不能构成石油的大量运移,只有游离相运移才有意义。因此具备能发生游离相运移条件的时期就应当是石油初次运移的时期,显然油相运移主要发生在大量生油阶段,那么,石油的初次运移也就发生在大量生油时期。对于天然气来说,由于它在任何深度上都可以生成,而且任何一种运移相态(水溶相、油溶相、气相、扩散相)都可以形成大量天然气的运移,因此天然气的初次运移可以发生在天然气生成之后的任何一个时期。

初次运移和二次运移是一个连续发生的自然过程。因此,初次运移发生的时期除受生油层内部各种条件的制约外,还受储集层中的二次运移控制。一旦二次运移在某个时期受阻或终止,那么初次运移时期实质上也就在那个时期停滞或终止了。

(三)初次运移的方向

细粒生油层的孔隙度和渗透率一般都低,外界水动力的影响很小。因此,流体的运移基本上不受外界水势的控制,而主要是决定于压实过程中产生的剩余压力或异常高压力。所以初次运移的方向主要是朝着剩余压力减低的方向运移。即:在正常压实过程中,流体沿着剩余压力降低的方向由下而上运移;在不平衡压实过程中,流体由生油层中部形成的异常高压力向两边递减方向运移。

(四)初次运移的距离

初次运移的距离从宏观上来说取决于生油层的厚度、渗透率、动力、地层吸附等因素。由于受到各种因素的制约,烃源岩所生成的油气并不是全部都能排出烃源岩,而是有一部分会残留在烃源岩中。特别是在厚度很大的烃源岩层中,一般是靠近烃源岩顶底界面、距离渗透性地层较近的部位生成的烃类能够比较多地排出烃源岩,而位于烃源岩层中部的烃类,由于距离渗透性地层较远,一般比较难排出来。只有与储集层相接触的一定距离内的烃源岩生成的烃类才能排出来,这段距离就是烃源岩的有效排烃厚度,一般认为是 30m 左右。如果烃源岩的单层厚度超过了有效排烃厚度,则烃源岩中部生成的烃类不能有效地排出,因此这一部分能够生烃但不能有效排烃的岩层就是无效的。不同地区烃源岩有效排烃厚度有所不同,往往与烃源岩类型、成熟度和岩性组合有关。

但是上述看法也不一定正确,目前多数人所倾向的微裂缝方式排烃,则不存在排烃有效厚度的问题。因为微裂缝很可能是从厚生油层异常压力最大的中部首先裂开而排出。由此看来生油层还是厚一些好,这样在很长的时间里都能有烃类的补给和排出。

根据油气初次运移相态、动力、通道等在烃源岩不同演化阶段的特征,可以将油气初次运移过程概括为三个基本的模式:压实排烃模式、异常高压微裂缝排烃模式和扩散排烃模式。三者在运移相态、运移动力、运移路径(通道)等方面均有差异,可分别用来描述烃源岩在不同演化阶段的排烃特点。

第三节 油气的二次运移

石油和天然气进入储集层后的一切运动统称为二次运移。它包括了油气在储集层内部、沿断层或不整合面所进行的运移,也包括了原生油气藏破坏后所发生的运移。二次运移是初次运移的继续。

二次运移环境较初次运移环境改变较大,储集层往往具有比烃源岩层更大的孔隙空间,孔隙度和渗透率较大,自由水多。这些条件的改变,必然影响到油气在其中的运移特点。

一、油气二次运移的相态

储集层作为二次运移的主要载体,其空间比初次运移的空间大得多,而储集层中一般是充满水的,由于石油在水中的溶解度极低,很难溶解于水中,因此,一般认为石油在二次运移过程中主要呈游离相态。在二次运移的不同时期,游离相石油的状态也有所差异。在初期,油粒较小,显微的和亚显微的油粒比较多。随着运移过程发展,这些分散的小油粒逐渐相连,最终形成连续的油珠或油体进行运移。

与石油相比,天然气具有两个独特的物理性质,即天然气的水溶性和扩散性,这两个性质直接影响天然气二次运移的相态。因此,一般认为天然气既可以呈游离相态运移,又可以呈水溶相态运移,还可以呈分子扩散状态运移。在运移过程中,由于温压条件的改变,天然气的相态也会发生变化。例如呈水溶相态运移的天然气,从深层运移至浅层或地层抬升后,由于温压的降低,会从水中析出,成为游离的气相;而游离的天然气由于地层埋藏深度的增加、压力的增大,也会溶解于水中。二次运移过程中,天然气也可以溶解于油中,呈油溶相运移。

二、油气二次运移的主要动力

促使油气运移的因素和动力很多,但可归结为如下三个方面。

(一)浮力

石油和天然气的相对密度小于水,游离相的油、气会在水上漂浮运移,其浮力大小为:

$$F = V(\rho_w - \rho_o)g \qquad (11-1)$$

式中　F——浮力;
　　　V——油相体积(排开水的体积);
　　　ρ_w、ρ_o——水、油的密度;
　　　g——重力加速度。

浮力的方向垂直向上,在水平地层条件下,油气垂直向上运移至储盖层界面;在地层倾斜情况下,油气则沿地层上倾方向运移(图11-3)。油气受浮力作用而进行运移的条件是浮力一定要大于毛细管阻力。

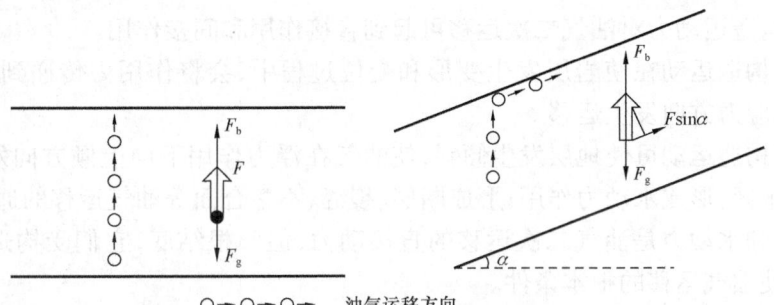

图11-3　油气质点在浮力作用下的运移方向
F_b—油在水中的浮力;F_g—油的重力

(二)水动力

储集层内充满着水,充满水的地层孔隙空间中的流体将受到地层压力的作用。如果在连通的地层中的两个点之间存在地层剩余压力差,则在这一压差的作用下,地层水将发生流动,将促使地层水流动的这一剩余压力差称为水动力。

储集层中的水如果是静止的,油气不受水动力影响;如果水是流动的,则受水动力影响。地层中的动水流可以是压实水流,也可以是地表渗水流。压实水流是从盆地中心流向边缘,渗水流则是在水压头作用下由盆地边缘流向盆地中心。若地层水平,则动水流做水平运动;若地层倾斜,动水流可向上倾方向运动也可向下倾方向运动。

在水平地层情况下,水动力与浮力垂直。因油气受浮力作用上浮于储层顶部,如果水动力大于毛细管阻力时,油气则沿水流方向在储层顶部运动。

在地层倾斜情况下,存在水动力沿地层上倾或下倾方向运动两种情况,其作用亦可表现为阻力或动力两种结果。

如图11-4所示,在地层上倾方向与水流方向相同的背斜一翼,水动力方向与浮力方向一致,即水动力起动力作用;而在背斜的另一翼,水动力方向与浮力方向相反,即水动力向下,浮力向上,水动力起阻力作用。

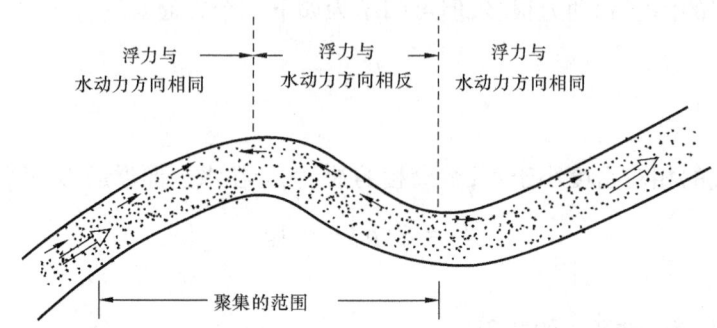

图11-4 背斜地层中水动力与浮力的配合情况及有气运移方向(据张万选,1981)
低流体位能及水流方向 ⇒ 由于浮力使石油进入和流动方向 →

(三)构造运动力

在地壳运动过程中,无论是挤压运动或升降运动,都会在岩层内部表现出大小和方向各异的应力作用。构造运动力对油气二次运移可起到直接作用和间接作用。

直接作用:构造运动在使岩层发生变形和变位过程中,会将作用力传递到其中所含的流体,驱使油气沿应力方向发生运移。

间接作用:构造运动可使地层发生倾斜,使油气在浮力作用下向上倾方向发生运移;可形成供水区与泄水区,形成水动力作用;形成断层、裂缝、不整合面等油气运移的通道。

总之,浮力和水动力是油气二次运移的直接动力,但归根结底,它们受构造背景的控制。地壳运动是促使油气运移的根本条件。

三、油气二次运移的通道、时期、方向和距离

(一)通道

从微观角度讲,油气是通过地下岩石中的孔隙空间发生运移的,这些孔隙空间包括相互连通的孔隙、裂缝和孔洞。从宏观角度讲,在沉积盆地中具有比较发育的、相互连通的孔隙空间并且作为油气二次运移宏观通道的地质体主要有渗透性地层(输导层)、断层和不整合面。因此,油气二次运移的主要通道为储集层的相互连通的孔隙、裂缝、断层和不整合面。油气在纵向上的运移通道主要为裂缝和断层,横向上的通道主要为不整合面及储层相互连通的孔隙。

(二)时期

二次运移是初次运移的继续,初次运移和二次运移常常是连续的过程,也就是说,油气生

排烃时期与二次运移时期几乎是同时发生的,但是在一般情况下,大规模的二次运移时期,应该是在主要生油期之后或同时所发生的第一次构造运动时期。因为这次构造运动使原始地层发生倾斜,甚至发生褶皱和断裂,破坏了油气原有力的平衡。在这种情况下,进入储集层中的油气,在浮力、水动力及构造运动力作用下,向压力梯度变小的方向发生较大规模的运移,并在局部受力平衡处聚集起来。如果当油气聚集起来后,该区又发生一次或多次构造运动,则每次构造运动对油气的再次运移和聚集均有一定的作用。作用的大小,取决于对原有圈闭的改造或破坏程度。若对原有圈闭影响不大,或仅使其继承性发展,则一般不会引起油气大规模的区域性运移。若对原有圈闭的破坏或改造很强,油气就会再次发生大规模运移。可见,研究油气运移的主要时期,必须首先研究生油的主要时期及该区的主要构造运动史。油气运移的主要时期,也就是油气聚集和油气藏形成的主要时期。

(三)方向

地壳中的石油和天然气,总是沿着阻力最小的方向运移,这是油气在储集层中运移的基本规律。油气二次运移的主要方向受多种因素控制,油气一方面受油气运移的力的控制,另一方面受盆地地质条件特别是油气运移通道类型、特征和分布的控制。其中最主要的是区域构造背景,即凹陷区与凸起区的相对位置及其发育历史。在一般情况下,位于凹陷附近的凸起带及斜坡带,常成为油气运移的主要指向,特别是其中长期继承性的凸起带最为有利。与此同时,油气运移的方向还要受储集层的岩性岩相变化、地层不整合、断层分布及其性质、水动力条件等因素的影响。因此,在判断油气运移的主要方向时,必须综合分析以上各种条件,采用地质分析法、流体势分析方法、地球化学方法等多种方法进行综合研究,才能得出比较符合实际的结论。

(四)运移距离

油气二次运移的距离取决于动力大小、通道延伸情况、构造条件、岩相变化、油气流体性质、烃源岩供油气情况等多因素控制。如果岩相变化较大,而又缺乏其他合适的运移通道,则油气不能长距离运移。如果烃源岩供油气充足,动力条件足以克服各种阻力,运移通道好,油气就可以长距离运移。只要上述任一条件不足,就可阻止油气的长距离运移。另外,气比油易流动,运移相对远一些,轻质油比重质油易流动,运移远一些。

正是由于油气运移受多种因素控制,实际上油气运移距离一般不会太长。我国陆相沉积盆地中的油气运移距离一般在50km左右,最大的也只有80km。陆相盆地地层中的油气运移距离较短,可能与岩性不稳定、横向相变较大有关;同时,与断层发育、水动力条件差也有关系。

思 考 题

1. 什么是油气运移?初次运移、二次运移的概念分别是什么?
2. 油气运移的基本方式有哪些?
3. 油气初次运移的相态有哪些?

4. 试叙述油气初次运移的动力。
5. 油气初次运移的时期、方向、距离和通道分别是什么?
6. 油气二次运移的相态有哪些?
7. 试叙述油气二次运移的动力。
8. 油气二次运移的时期、方向、距离和通道分别是什么?

第十二章 油气藏形成和油气藏类型

石油和天然气的生成、运移和聚集是油气藏形成过程中密切联系的三个阶段。前几章已经介绍了有关油气的生成和运移等问题,本章将介绍油气的聚集和油气藏类型等有关问题。

第一节 圈闭和油气藏的概念

一、圈闭

(一)圈闭的概念

油气生成以后,常常呈分散状态分布于地层中,若不能集中起来是形成不了油气藏的。只有当这些分散的油气在剩余压力的作用下运移到储集层中,在储集层中受浮力和水动力等作用继续运移,遇到适宜的地质场所聚集起来才能形成油气藏。这种适合于油气聚集、能够形成油气藏的场所,称为圈闭。

形成圈闭需要三个基本条件,即储集层、盖层和阻止油气继续运移、造成油气聚集的遮挡条件。这三个基本条件称为圈闭的三要素。实际上在组成圈闭的三要素中,储集层提供了圈闭储存油气的空间;盖层位于储集层之上,对油气的向上运移起阻止作用;遮挡条件起阻挡油气在储集层中继续运移的作用。

圈闭主要是根据其遮挡条件的不同进行成因分类的,根据目前已经发现油气圈闭的成因,可以将圈闭的遮挡条件分为四类(图12-1):

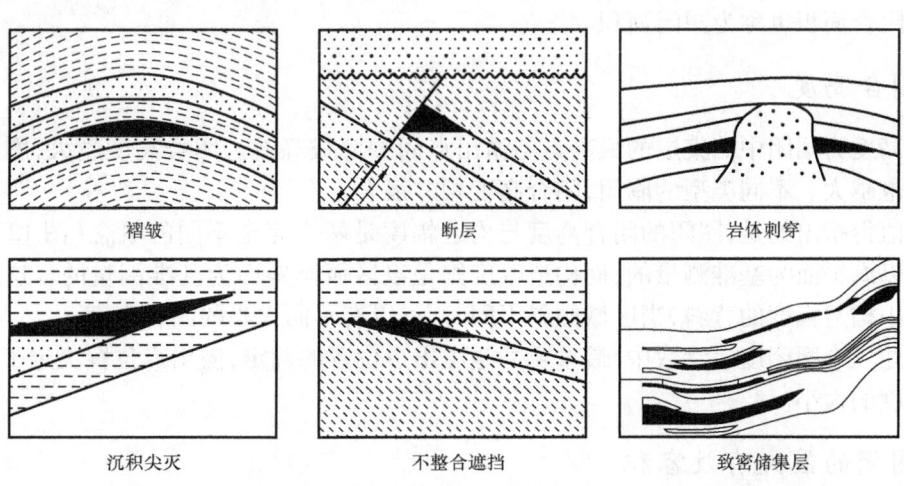

图 12-1 形成圈闭的几种遮挡条件(据柳广弟,2018)

(1) 构造遮挡：由构造运动形成的遮挡条件，主要包括盖层的弯曲（背斜等）、断层、岩体刺穿等；

(2) 不整合遮挡：以不整合面上下的不渗透岩层作为遮挡；

(3) 岩性变化遮挡：渗透层相变为非渗透层形成的遮挡；

(4) 致密储集层遮挡：由于致密储集层本身具有的较大的排替压力（毛细管力）或储集层对油气的吸附作用，使油气进入其中后难以发生侧向运移而聚集起来，这种主要由致密储集层的毛细管力和对油气的吸附力形成的遮挡称为致密储集层遮挡，这里指的致密储集层，包括致密砂岩、致密页岩、致密碳酸盐岩和煤层等。

圈闭的基本功能就是聚集油和气。在具备充足油源的前提下，圈闭的存在是形成油气藏的必要条件。圈闭只是一个具备了捕获油气而使其发生聚集的一个有效的地质场所，它可以有油气，也可以无油气。因此，研究圈闭的形成和类型及其与油气聚集的关系是很重要的。

（二）圈闭的度量

圈闭的大小和规模决定着圈闭储集油气的能力，圈闭的大小主要与圈闭的溢出点、闭合面积和闭合高度等参数有关。以背斜圈闭为例（图12-2），说明有关参数的概念。

1. 溢出点

溢出点为流体充满圈闭以后，开始溢出的位置。不同形状（不同类型）的圈闭，决定溢出点位置的因素不同。对于由背斜构成的圈闭，其溢出点位于紧邻背斜最低一条闭合等高线的一条不闭合等高线的开口处；而以断层作为封闭条件的圈闭，其溢出点在断层位置最低的封闭点处。

2. 闭合面积

闭合面积为通过溢出点的构造等高线所圈闭的面积。闭合面积越大，圈闭的有效容积也越大。闭合面积一般由目的层顶面构造图量取（图12-2）。不同类型的圈闭，其闭合面积相差很大。闭合面积也称为圈闭面积。

3. 闭合高度

闭合高度为圈闭中储集层的最高点与溢出点间的海拔高差。闭合高度越大，圈闭的最大有效容积也越大。不同类型的圈闭，闭合高度相差很大。

这里值得指出的是，圈闭的闭合高度与构造幅度是两个完全不同的概念（图12-3）。闭合高度是以海平面为基准测量的，而构造幅度则是以区域倾斜面为基准测量的。这就是说具有同样大小构造幅度的背斜，当区域倾斜不同时，可以有不同大小的闭合高度。

在上述三个圈闭度量参数中，最重要的是溢出点位置的确定，溢出点位置决定了闭合面积和闭合高度的大小。

4. 圈闭的最大有效容积

圈闭的最大有效容积取决于圈闭的闭合面积、储集层的有效厚度及有效孔隙度等有关参数。具体确定方法，可用下列公式来计算：

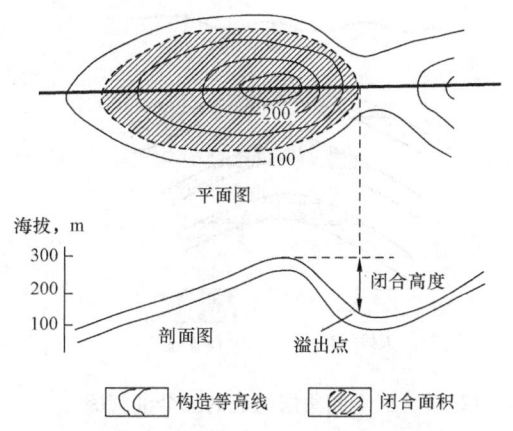
图 12-2 圈闭容积有关参数示意图

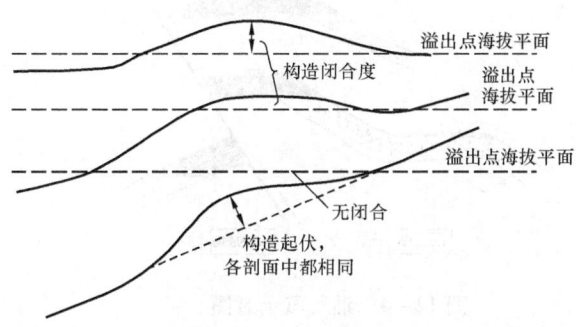
图 12-3 构造闭合高度与构造幅度区别示意图

$$V = F \cdot H \cdot \phi_e \tag{12-1}$$

式中　V——圈闭的最大有效容积，m^3；
　　　F——圈闭的闭合面积，m^2；
　　　H——储集层的有效厚度，m；
　　　ϕ_e——储集层的有效孔隙度，%。

二、油气藏

(一)油气藏的概念

油气藏是油气在圈闭中的聚集，即圈闭中聚集了油气就是油气藏。油气藏是地壳中最基本的油气聚集单元。如果圈闭中只聚集了石油，则称为油藏；如果只聚集了天然气，则称为气藏；如果二者同时聚集，则称为油气藏(图12-4)。显然，油气藏的构成要素不仅包括圈闭，还包括油气等流体。如果一个圈闭中没有油气，则它只是一个空圈闭，而不是油气藏。当然，空圈闭中并不是没有流体，在一般情况下其中应该有水。

根据油气藏的定义，圈闭中聚集了油气就是油气藏。在传统的油气藏概念中，强调了"单一圈闭中油气聚集"这一基本特征。"单一圈闭"是指受单一要素所控制，在单一的储集层中，具有统一的压力系统、统一的油气水边界。如图12-5所示，同一背斜中有三个储集层，分别组成三个圈闭、三个不同的压力系统，具不同的油气水边界，就应该认为是三个油气藏。

当油气聚集的数量达到一定时，即油气聚集的量应达到工业性油气藏标准，则称为工业性油气藏。"工业性油气藏"是指在目前经济、技术条件下开采油气藏的投资低于所采出油气经济价值的油气藏。

近年来，致密储集层中油气聚集被发现之后，人们曾经认为这些油气聚集没有规则的边界，没有统一的油气水界面，甚至也不一定具有统一的压力系统，似乎不符合油气藏的基本特征，因此不能称为油气藏。如果从油气藏的原始定义出发，即圈闭中聚集了油气就是油气藏，那么这些聚集在由致密储集层毛细管力和吸附力作为遮挡条件形成的圈闭中的油气聚集，只要达到工业油气藏标准，就具有开采价值。而那些具有规则的边界、统一的压力系统和统一的油气水界面的油气藏只不过是油气藏中的一些"特例"罢了。

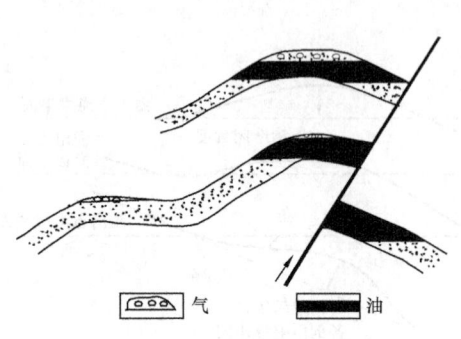
图 12-4 油气藏示意图

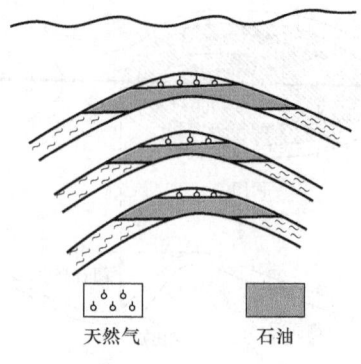
图 12-5 三个储集层组成的三个油气藏

(二)油气藏内油、气、水分布

在油气藏中,油、气、水是按密度大小呈有规律分布的,即气在上,油居中,水在下(图 12-6)。在油气勘探开发过程中,为了说明油气藏的规模和油、气、水在平面上的分布,需要掌握几个知识点,现以背斜为例,说明如下:

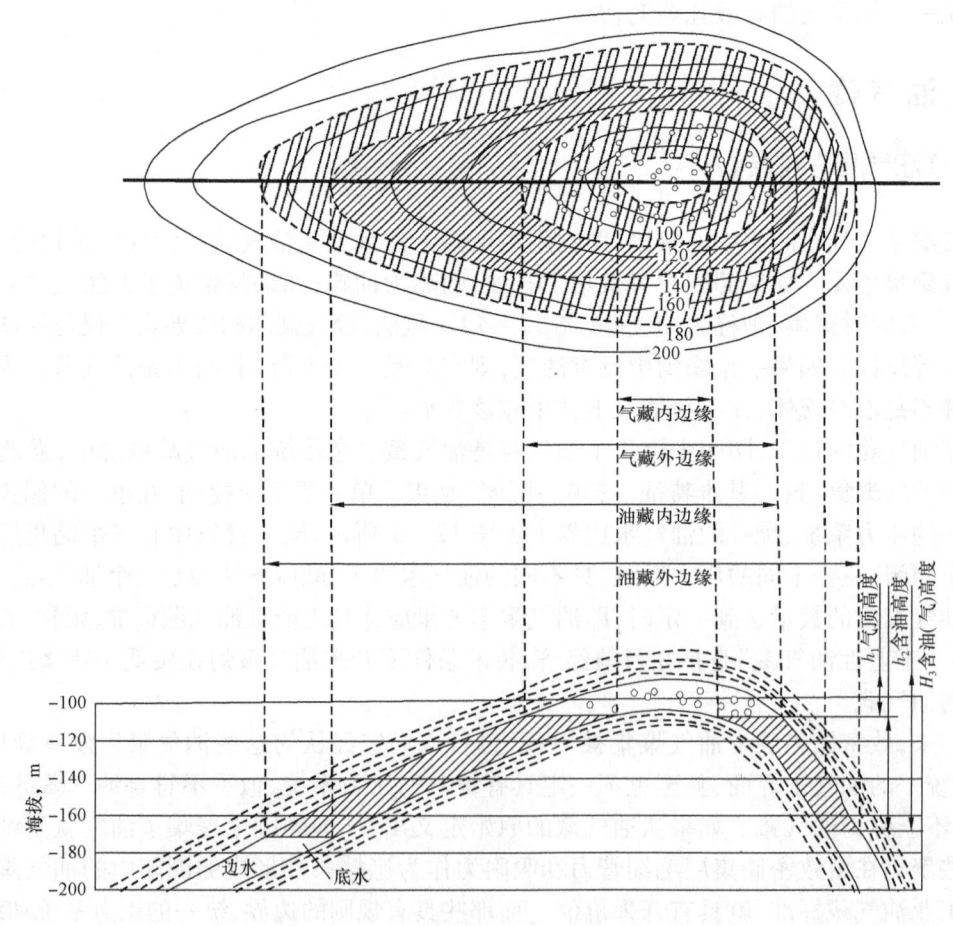

图 12-6 背斜油气藏中油、气、水分布示意图

(1)油(气)水界面:油(气)与水体之间的接触面。实际上,油(气)水界面并非严格的水平面,也并非一个油(气)、水截然分开的面。

(2)含油(气)高度:油水接触面与油气藏最高点之间的海拔高差,称为含油(气)高度。当有气顶时,则含油高度为油水接触面与油气接触面的海拔高差;而油气接触面与油气藏最高点之间的海拔高差则称为气顶高度。

(3)含油边缘:又称含油外边缘,是指油水界面与含油层顶面的交线,它是水和油的外部分界线,在此线以外只有水没有油。对于气顶来说则是气顶边缘。

(4)含水边缘:又称含油内边缘,是指油水接触面与含油层底面的交线。它是油和水的内部分界线,在此线以内只有油没有水。

(5)含油(气)面积:是指含油边缘所圈定面积,对气顶来说则称为含气面积。

(6)油水过渡带:是指含油边缘与含水边缘之间的地带。

(7)底水和边水:在含油边缘内的下部支托着油藏的水称为底水;而在含油边缘以外衬托着油藏的水则称为边水。

第二节 油气藏形成

油气藏是地壳上油气聚集的基本单元,是油气勘探的对象。油气藏的形成,是石油地质研究的核心问题。阐明和掌握油气藏形成的基本原理,不仅具有科学的理论意义,而且对油气资源的勘探与开发具有十分重要的实际意义。

一、油气成藏要素

油气藏的形成过程,就是在各种成藏要素的有效匹配下,油气从分散到集中的转化过程。能否有丰富的油气聚集,形成储量丰富的油气藏,并且保存下来,主要取决于是否具备生油层、储集层、盖层、圈闭、运移、聚集和保存及其相互之间的配置关系等成藏要素,以及上述各成藏要素的优劣程度。油气藏的形成和分布,是成藏要素综合作用的结果。只有在上述要素都存在时,油气藏才存在。上述要素中任意一个要素不存在,则油气藏不存在。换言之,油气藏存在与否受成藏要素当中最弱的因素控制。

二、油气藏形成的基本条件

油气藏富集油气的基本条件,包括充足的油气来源、有利的生储盖组合、有效的圈闭和良好的保存条件等四个方面。

(一)充足的油气来源

充足的油气来源是形成储量丰富的油气藏的物质基础。油气来源丰富程度,取决于盆地内烃源岩系的发育程度及有机质的丰度、类型、热演化程度,以及排烃条件等。生油凹陷面积大、沉降持续时间长,可形成巨厚的多旋回性的烃源岩系及多生油气期,具备丰富的油气源,良好的排烃条件,是形成丰富油气藏的物质基础。从国内外大型及特大型油气田分布看,它们都分布在面积大、沉积岩系厚度大、沉积岩分布广泛的盆地中。

(二)有利的生储盖组合

油气田的勘探实践证明,生油层、储集层、盖层的有效匹配,是形成丰富的油气聚集,特别是形成巨大油气藏必不可少的条件之一。有利的生储盖组合是指生油层中生成的丰富油气能及时地运移到良好的储层中,同时盖层的质量和厚度又能保证运移至储集层中的油气不会逸散。这是形成大油气藏的必备条件。

不同的生储盖组合,具有不同的输送油气的通道和不同的输导能力,油气的富集条件就不同。例如,当生油层和储集层为互层状的组合形式(图12-7),由于生油层与储集层接触的面积大,储集层上、下生油层中生成的油气,可以及时地向储集层输送,对油气生成和富集都最为有利。当储集层中有背斜存在时,则油气可从四周向背斜中聚集,形成丰富的油气聚集。当生油层和储集层呈指状交叉的组合形式时(图12-8),生油层与储集层的接触局限于指状交叉地带,在这一地带的输导条件好,有利于排烃和聚集,与互层相似。而在面向盆地远离交叉带

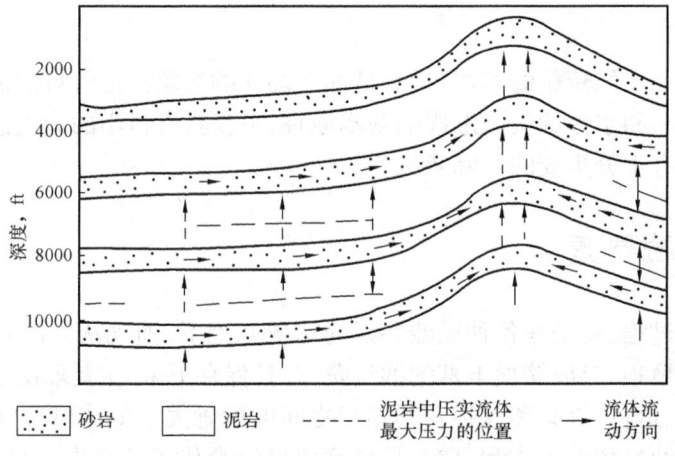

图12-7 烃源层与储集层为互层式组合时油气运聚示意图

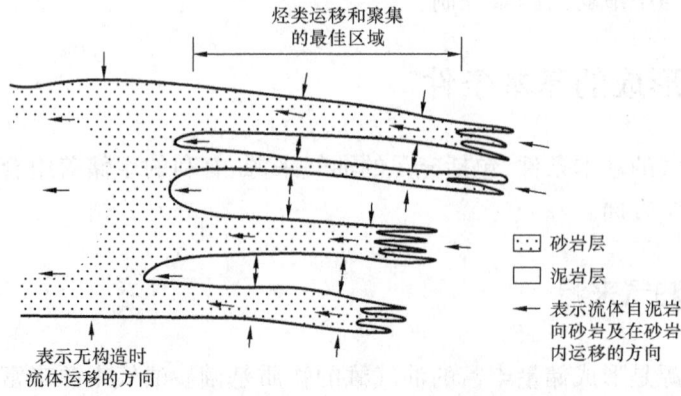

图12-8 烃源层与储集层指状交叉组合时油气运聚示意图

的一侧，由于附近缺乏储集层，输导能力受限；在另一侧，则只有储集层，缺乏生油层，油气来源也受到一定限制。故其输导条件和油气富集条件都较互层差。当烃源岩层中存在砂岩透镜体时，从接触关系来看，应该是油气的输导条件最为有利。但是，由于油气在向透镜体充注的同时，必须有等量的水被排出，并且砂岩透镜体一般分布在盆地中心深拗陷区，储集层发育较差，透镜体的规模一般较小，因此油气聚集的效率一般不高。

（三）有效的圈闭

油气勘探的实践业已证明，在有油气来源的前提下，并非所有的圈闭都能聚集油气。有的圈闭聚集了油气，有的圈闭只含水，属于所谓的"空"圈闭，这表明它实际对油气聚集而言是无效的。圈闭的有效性就是指在具有油气来源的前提下，圈闭聚集油气的实际能力。

影响圈闭有效性的因素很多，有圈闭形成时间的早晚、圈闭相对位置的远近和水动力影响因素的大小等等。

石油和天然气只有在圈闭形成以后才能在其中聚集起来。在一个沉积盆地内，有的圈闭是在最后一次区域性油气运移以后形成的，它形成时，油气早已运移过去了，这种圈闭对油气的聚集显然无效。只有那些在油气区域性运移以前或同时形成的圈闭对油气的聚集才是有效的。因此，在对圈闭有效性进行分析时，需要对圈闭的形成时间和区域性油气运移时间进行分析。

国内外油气勘探实践已经证明，沉积盆地中的生油坳陷控制着油气的分布。一般长期继承性发育的深坳陷是盆地内最有利的生油区。油气生成后，首先运移至油源区内及其附近的圈闭中聚集起来形成油气藏，多余的油气则依次向较远的圈闭运移聚集。如果油源有限，不能满足盆地内所有圈闭的总有效容积时，则距油源区远的圈闭通常成为无效的圈闭。所以，一般情况下，圈闭所在位置距油源区越近越有利于油气聚集，圈闭的有效性越高。

由于盆地构造格局、沉积体系的分布、断裂的分布以及水动力条件等因素的影响，油气在盆地内的运移是不均衡的，致使在有些方向上的流量要大于其他方向的流量，从而形成盆地内的优势运移方向。显然，位于这些油气运移优势方向上的圈闭对于油气的聚集比非优势方向上的圈闭更加有利，圈闭的有效性就更高。

油水界面或气水界面倾角的大小取决于水动力强度和流体的密度，在水动力和流体密度差的作用下，圈闭对油、气聚集的有效性不同。

综上所述，有效圈闭一般是那些圈闭形成早于或同时于油气区域性运移时间的、位于油源区较近的、在油气运移优势方向上的和水动力冲刷影响不大的圈闭。它们不仅具有聚集油气的实际能力，而且有条件形成油气藏。

（四）良好的保存条件

在漫长的地质历史过程中，地壳运动为油气藏的形成创造了很多有利条件。然而，油气藏形成以后，能否保存至今，还取决于油气藏是否遭到各种因素的破坏及其破坏的程度如何。因此，良好的保存条件，也是油气藏保存至今的必要条件。

油气藏在形成过程中与形成以后的保存条件，主要与盆地区域性盖层的条件、构造运动的强度以及水动力条件有关。

区域性盖层是保护盆地中的油气免遭散失的重要屏障，对一个盆地能否形成丰富的油气聚集至关重要。世界上油气丰富的盆地中都有一套甚至多套良好的区域性盖层,而区域性盖层条件的优劣主要与盖层的岩性、厚度和在区域上的稳定性有关。

盆地的大地构造条件对油气藏的形成与保存具有重要影响。在油气藏的形成与保存过程中,盆地的构造运动具有二重性,适度的构造运动有利于油气聚集,而强烈的地壳运动则会造成油气藏的破坏。强烈地壳运动是油气藏破坏的主要原因。其一,地壳运动可以造成大规模的抬升,储集层遭到剥蚀风化,油气会大量散失,造成大规模的地面油气显示,油气则不能聚集或造成原有油气藏的破坏。其二,地壳运动可以产生一系列的断层,会破坏圈闭的完整性,油气沿断层流失,油气藏破坏。其三,地壳运动会伴随岩浆活动,高温岩浆侵入油气藏,会把油气烧掉,把圈闭破坏,在这种情况下,大规模的岩浆岩活动对油气藏的保存是不利的,最终导致油气藏的破坏。比较而言,相对稳定的大地构造环境对油气藏的形成与保存都是有利的。世界上许多油气资源丰富的沉积盆地都发育在稳定的大地构造环境中,稳定的大地构造环境有利于大型油气田的形成。

水动力环境对油气藏的保存条件有重要影响。活跃的水动力环境可以把油气从圈闭中冲走,导致油气藏破坏。因此,相对稳定的水动力环境,是油气藏保存的重要条件之一。

综上所述,油气藏形成最基本的条件是充足的油气来源、有利的生储盖组合、有效的圈闭以及良好的保存条件,只有具备了这四个条件,油气藏才能够形成与保存。

三、油气藏形成原理

油气在圈闭中积聚形成油气藏的过程称为油气聚集。油气聚集和油气藏形成过程实际上就是运移着的油气从分散到集中的过程,也是运移着的油气从运动到相对静止的过程。运移着的油气质点能否停止运动并聚集形成具有一定规模的油气藏,受三个基本定律的支配,即力平衡原理、物质平衡原理和相平衡原理。

(一)力平衡原理

油气在地下孔隙空间中受到的各种力的作用,包括宏观尺度上由浮力和重力共同形成的上浮力、地层压力异常造成的剩余压力,还有微观尺度上由油水(或气水)界面张力引起的毛细管力、吸附力和黏滞力等。在不同地质条件下,孔隙空间中油气质点受到的力的组合不同,导致不同条件下控制油气聚集的力也不尽相同。

1. 常规储集层中的力平衡

常规储集层具有较大孔隙空间,在这种多孔介质的孔隙空间中存在大量的可动水,油珠和气泡主要与岩石孔隙中的可动水接触,呈自由上浮状态。

连续烃相在自由上浮状态下主要受浮力(F_b)、重力(F_g)和孔隙喉道发生变化时的毛细管力(P_c)的作用。浮力(F_b)与重力(F_g)的合力上浮力(F_{nb})促使油气自由向上运动(图12-9),与此同时,可动水被向下排驱。在烃类向上运动的过程中,当油气从大孔隙向小孔隙运动时,孔隙直径的变化形成的毛细管力差将阻止油气继续向上运动,起阻力作用。如在这一过程中遇到地下水的流动,则水动力叠加在上述各力之上,形成新的平衡状态。可见,上述各力的相互关系(平衡状态)是决定油气是"运"还是"聚"的关键。

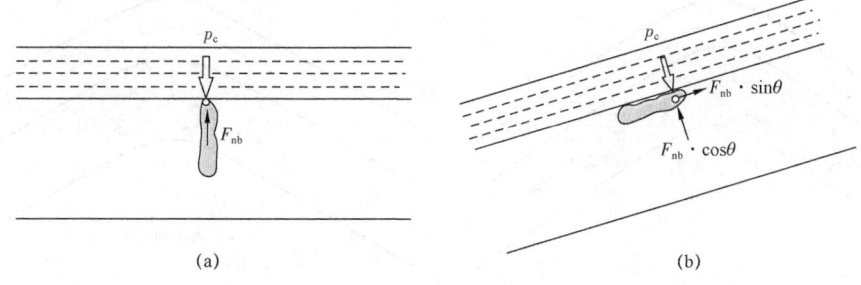

图 12-9　自由上浮条件下的烃类垂向运移的受力示意图（据柳广弟,2018）

在水平储集层中,油气的垂向运动主要受油在水中的浮力、油气的重力、储集层与盖层之间毛细管力差形成的阻力的作用。当油气的上浮力小于储盖层孔径变化引起的毛细管力差（p_c）时,油珠或气泡在孔隙空间中即达到了力的平衡,从而在盖层底面下停止上浮。因此,自由上浮条件下,促进油气运移的动力为烃—水密度差导致的上浮力,阻力是由毛细管直径变化所导致的毛细管力差[图 12-9(a)]。烃—水浮力和毛细管力的平衡是决定油气聚集的关键因素,油气之所以能够被盖层所封盖,并聚集在盖层之下,就是这个道理。

对于倾斜地层而言,油气垂向运动的受力状况要复杂一些[图 12-9(b)]。油气在上浮力与垂直方向储集层孔径变化产生的毛细管力差达到平衡致使油气停止垂向运移后,仍可在上浮力沿地层上倾方向的分力的作用下向地层上倾方向运移。这时,仍需存在与上浮力分力（$F_{nb} \cdot \sin\theta$）平衡的力,才能令油气在倾斜地层中停止运移并聚集起来。事实上,盖层的弯曲、断层的遮挡等条件就发挥了这样的作用。

以储盖层弯曲形成的背斜为例（图 12-10）,由于背斜两翼地层倾向相反,导致上浮力平行于盖层底面的分力（$F_{nb} \cdot \sin\theta$）在背斜两翼均指向背斜顶部,背斜左翼的浮力驱动圈闭内的油气向右翼移动,右翼的浮力则驱动油气向左翼移动。在静水条件下,连通的储集层内具有统一的烃水界面,这就意味着背斜左翼和右翼具有相同含油气高度。因此,背斜两翼净浮力大小相等,并从相反方向指向背斜顶部,则油气在两翼的净浮力分力达到平衡状态,油气停滞在圈闭中,最终形成油气聚集。

在存在区域水动力（F_d）或者异常地层压力（p_a）的动水条件下,水动力和剩余压力将叠加于上浮力和毛细管力构成的力场之上,导致烃类自由上浮过程中力学平衡变得更为复杂。在水动力的作用下,地层水流入一侧的烃水界面将向另一侧产生 ΔL 距离的水平移动,同时界面抬高 Δh;地层水流出一侧除了产生同样距离的水平移动外,烃水界面高度将下降 Δh。油气藏通过水平移动 ΔL 距离来平衡水动力在水平方向的分力,而背斜两翼间含油气高度差（烃水界面倾斜）所形成的附加浮力平衡了水动力在垂向上的分力。通过位置移动和烃水界面倾斜最终达到了力的平衡,油气停止运移形成聚集（图 12-11）。

2. 致密储集层中的力平衡

致密储集层具有低孔、低渗和高排替压力特征,以微米—纳米级孔喉为主。这类孔隙系统中,孔隙空间中的自由水少,岩石颗粒表面的束缚水比例增大,浮力作用减弱。即使在局部"甜点"仍存在明显的浮力作用,但在致密储集层大面积分布的条件下,分布于"甜点"中的浮力不能相互传递,不能成为油气大规模运移的动力。

因此,在致密储集层中,油珠和气泡受到的主要的力是重力和毛细管力,由油珠和气泡界

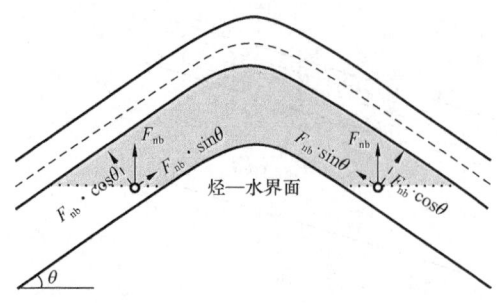
图 12-10 静水条件下背斜油气藏中的力平衡
（据柳广弟,2018）

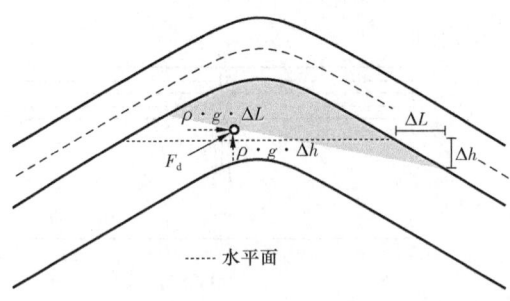
图 12-11 动水条件下背斜油气藏中的力平衡
（据柳广弟,2018）

面张力所导致的附加黏滞力、流体充注作用和其他作用形成的异常地层压力也是主要作用力。在致密储集层中,油气运移的动力主要是与异常高压有关的剩余压力差,阻力主要为毛细管力和黏滞力;二者之间的平衡关系决定了油气的运移与聚集。一般情况下,在烃源岩与致密储集层呈大面积"广覆式"或"三明治式"直接接触时,烃源岩排出的油气在异常高压的作用下克服黏滞力和毛细管力,发生向储集层顶面或底面移动为主的运移,当充注动力降低,与黏滞力和毛细管力达到平衡时,油气就停止运移;或者油气一直运移到致密储集层的顶底界面,由于盖层高的毛细管阻力的阻挡而停止运移。油气的持续充注,可以导致致密储集层中油气饱和度的增高,形成油气聚集。

（二）物质平衡原理

盖层是阻挡油气向上渗漏的封闭层,如果没有盖层的保护,油气将无法聚集成藏。但盖层的封闭性也是相对的,在漫长的地质历史过程中,由于地质作用的复杂性,或多或少的油气都会通过盖层发生逸散。油气通过盖层逸散的速率与油气的性质、盖层的性质和散失机理有关。如果油气向圈闭充注的速率小于圈闭中油气散失的速率,则圈闭不能聚集油气,就不能形成油气藏,或者圈闭已聚集的油气会逐渐减少以至枯竭,油气藏遭到破坏。如果油气向圈闭充注的速率大于圈闭中油气散失的速率,则圈闭中的油气就会不断聚集,形成油气藏。因此,油气向圈闭充注的速率与圈闭中油气散失速率的平衡关系也控制着圈闭中油气的聚集与散失,这就是油气藏形成过程中的物质平衡原理。

油气藏中烃类的散失主要包括烃类微渗漏和扩散两种机理,而油气因盖层被剥蚀或遭断裂的破坏导致的大规模散失则属于油气藏破坏的范畴。

物质平衡是油气藏形成的必要条件之一。油气成藏的物质平衡原理可以理解为油气聚集在时间尺度上的聚集条件。快速的油气充注弥补了油气的散失,使聚集条件不佳的圈闭中形成了油气聚集,而导致油气藏的形成;而油气快速的渗漏和扩散也会导致油气的散失,无法形成油气藏。对物质平衡原理在油气聚集中作用的认识有助于理解油气藏寿命的概念,也有助于理解油气聚集的历史。

（三）相平衡原理

在地下储集层孔隙空间中,烃类与水可以呈不同的相态存在。在常温常压条件下,水呈液态，C_5 以上烃类也呈液态，C_4 及以下烃类呈气态。如果三种流体处于同一孔隙空间中，在一定的温度压力条件下，三者可以相互溶解而呈不同的相态存在。在一定的条件下，当孔隙系统中油气水的相态达到稳定时，就达到相平衡状态。油气藏的形成受油气水相平衡条件的控制，相态的变化直接影响油气藏的形成。如果天然气全部以溶解于水的状态存在，将不能形成气藏；如果在地层中液态石油反溶于天然气中，则形成凝析气藏；如果石油或天然气均呈独立的相态存在，则形成油藏或气藏。

四、油藏形成过程

地质条件下油气聚集条件千差万别，不同的圈闭机理和封闭条件、不同的储集层性质、不同的油气组成和性质、不同的温度压力条件将导致不同的油气聚集机理，造成在油气聚集过程中力平衡、物质平衡和相平衡的差异，而形成不同类型、不同状态的油气聚集。

(一)浮力作用下的油气聚集

在常规储集层油气藏中，油气在储集层中所受到的力主要是浮力、重力、毛细管力的作用。在满足油气充注与散失的物质平衡前提下，在浮力与重力相互作用形成的上浮力与储—盖岩石的毛细管力差相互平衡制约下，油气在圈闭中不断富集，形成油气藏。构造油气藏、地层油气藏、岩性油气藏的形成都服从这一基本原理。

1. 油气在背斜圈闭中的聚集

背斜圈闭是由储集层和盖层形成向周围倾伏的背斜构造而形成。储—盖岩石的毛细管力差阻挡了油气经盖层的散失，两翼方向相反的上浮力分力使油气静止于背斜中。背斜油气藏的聚集过程存在明显的阶段性，力平衡和物质平衡决定了各个阶段的状态。

单一背斜圈闭中的油气聚集可以分为四个阶段：

充注初始阶段：油气质点仍位于背斜一翼，未到达圈闭最高点。这一阶段，油气质点受到的力不平衡。上浮力平行于盖层底面的分力将驱动油气向岩层上倾方向运移。此时油(气)水界面尚未形成，含油气高度为零，油气仍以分散形式存在于储集层内。

开始聚集阶段：当第一个油气质点到达圈闭最高点时，油气质点受到的上浮力与储—盖岩石的毛细管力差方向相反，但这时上浮力远小于毛细管力差，油气被盖层封闭。由于背斜最高点处地层倾角为零，故油气质点水平方向的动力为零。此时，位于圈闭顶端的油气处于力平衡状态，将不再运移，进而油气开始聚集。

持续充注阶段：在圈闭的顶部，油气质点在垂向上仍受到储—盖岩石的毛细管力差阻挡，无法继续向上运移。到达背斜顶端的油气作为一个整体受到的来自两翼的上浮力分量大小相等、方向相反，在空间上处于力平衡状态，它将停滞在背斜顶部。在油气藏的底部油水界面处，存在指向油气聚集内部的上浮力，油气在上浮力的作用下向圈闭顶部运移，向下排驱置换地层水，从而使含油气高度增加。

力平衡与物质平衡阶段：随着油气继续充注，含油气高度持续增加。当油气柱高度产生的油气上浮力与储—盖岩石的毛细管力差相等时，圈闭中的油气柱高度达到极限。继续进入圈闭中的油气通过盖层渗漏，如充注的油气的量与渗漏油气的量相等时，油气柱高度保持不变，这时油气藏达到动态的力平衡与物质平衡状态。

背斜圈闭中油气的聚集除受力平衡和物质平衡原理支配外,也会发生相态的转变。这种转变主要与烃类密度差异有关,其形成过程分成三个阶段(图12-12)。第一阶段,圈闭中聚集了油气,原来占据着圈闭的水被排出一部分,由于重力分异,气体占据圈闭的顶部,油在中部,油气并未充满整个圈闭,其下部为水。第二阶段,油气数量继续增加,油水界面一直降到溢出点,但油气数量还在继续增多,一部分石油便从溢出点沿上倾方向溢出。第三阶段,油气继续进入圈闭,天然气向圈闭上部聚集,把石油推向溢出点,石油不断地被排出;当天然气的数量显然足够占据整个圈闭时,石油便不可能再进入圈闭,而是沿溢出点向上倾方向溢去。在这种情况下,这个圈闭就完全被天然气所充满了。

如果在区域性的倾斜构造背景下,连通的储集层存在一系列溢出点海拔依次增高的圈闭,则会形成油气差异聚集现象。假如在静水压力条件下,同一渗透层相连通的圈闭的溢出点海拔依次递增,而且没有局部支流运移和溶解气体的影响,就会出现如图12-13所示的油气差异聚集情况。图中的(a)表示第一阶段,油气从盆地中油源区沿区域性上倾方向运移,首先进入圈闭1,这时圈闭1尚未装满;(b)代表第二阶段,油气继续供应,圈闭1中的油水界面下降至溢出点,石油开始从圈闭1中溢出而进入圈闭2,但天然气仍在圈闭1中形成气顶;(c)代表第三阶段,油气仍在继续供给,使圈闭1完全充满天然气,油气则通过溢出点向圈闭2运移,此时在圈闭1中已形成纯气藏,圈闭2则形成有气顶的油藏;如此继续聚集,如果油气供给比较充足,则通过(d)、(e)阶段,最终的结果可能是圈闭1为纯气藏,圈闭2为带气顶的油气藏,圈闭3、4、5可能为纯油藏。

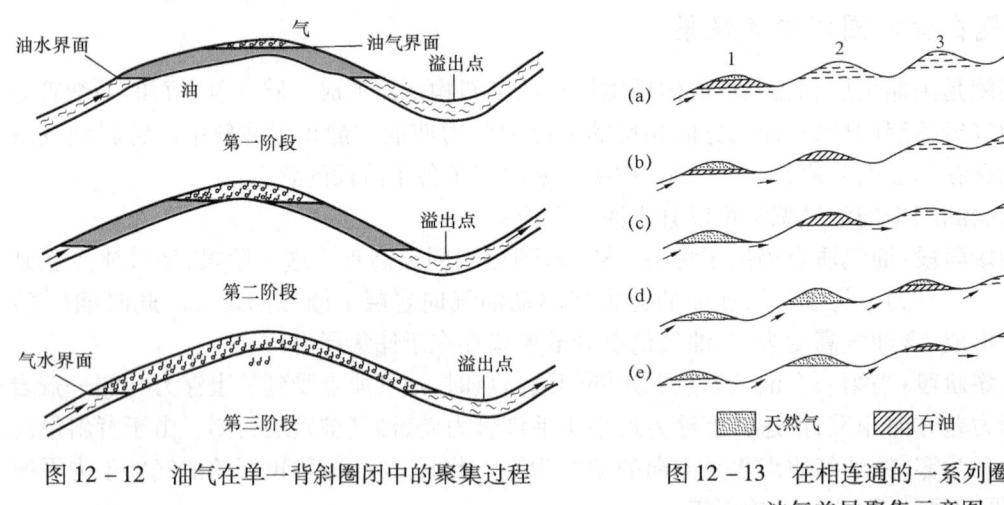

图12-12 油气在单一背斜圈闭中的聚集过程

图12-13 在相连通的一系列圈闭中的油气差异聚集示意图

2. 油气在断层圈闭中的聚集

断层圈闭是以断层作为遮挡条件的圈闭。地质体中的断层不是一个几何面,而是一个由断层岩构成的破碎带(图12-14)。这一破碎带就像一般地层中的岩石一样,具有一定的孔渗性和一定的排替压力。油气进入断裂带后,受到断层岩孔隙形成的毛细管阻力的作用而被封闭在断层之下。这时,储集层中油气柱高度产生的上浮力与储集层和断层岩的毛细管力差之间的平衡关系控制着储集层中油气的聚集与散失。

当上浮力小于储集层与断层岩之间的毛细管力差时,油气不能进入断层岩发生渗漏,这时断层起封闭作用,油气在断层圈闭中聚集成藏。随着油气进一步向断层圈闭中充注和油气柱高度的进一步增加,当上浮力等于储集层与断层岩之间的毛细管力差时,二者达到力平衡状态(图12-15)。进一步充注进入圈闭的油气将突破断层的封闭,通过断裂带渗漏,断层圈闭中的油气进入物质平衡阶段。

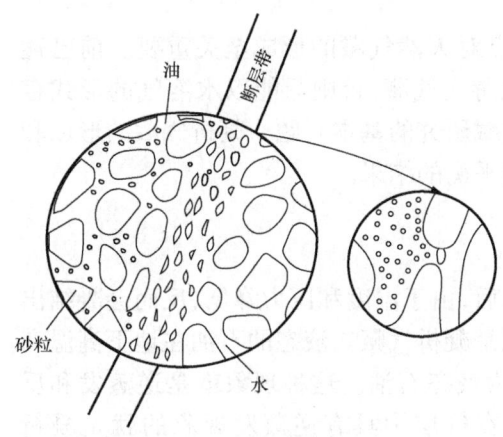
图12-14 断层毛细管封闭示意图

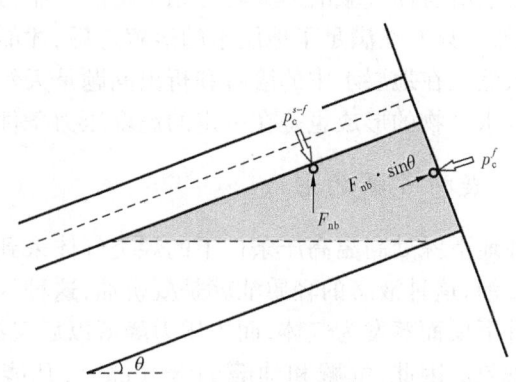
图12-15 断层油气藏中的力平衡

F_{nb}—浮力与重力的合力(上浮力);p_c^{s-f}—储集层和盖层之间的毛细管压力差;p_c^f—储集层和断层岩之间的毛细管压力差;θ—储集层倾角

3. 油气在透镜体圈闭中的聚集

当高孔渗性的砂岩四周被具有生烃能力的泥岩所包围时,便构成了砂岩透镜体圈闭。由于高渗透性砂岩四周均被低渗透的泥页岩所包围,砂岩透镜体空间形成了一个封闭区域。砂岩透镜体成藏过程的关键是"物质平衡"问题,即在油气进入透镜体后,原本占据砂岩透镜体孔隙中的地层水要被排出。一种观点认为油气一旦进入透镜体,油气则自由上浮,到达透镜体顶端。油气受到储—盖毛细管力差的作用被滞留在透镜体的顶端。与此同时,由于不受毛细管力差作用,水将在剩余压力差的驱动下从透镜体上部排出;而另一种观点则认为在成藏初期,砂岩透镜体中的水是从透镜体顶部排出的,而随着油气逐渐在透镜体顶部聚集,则透镜体中的地层水则沿着油水界面与透镜体相交的边缘处排出。

(二)非浮力作用下油气的聚集

前已述及,浮力在致密储集层的油气成藏中不起主要作用,油气藏的形成主要受异常高压与毛细管力和黏滞力之间的力平衡、油气充注与散失之间的物质平衡所控制。

对于一般的致密砂岩气藏,其形成过程主要受天然气充注动力与储集层毛细管力之间的力平衡、充注气量与散失气量之间的物质平衡的控制。天然气充注动力大于致密储集层的毛细管力、充注量大于散失量时,致密砂岩气藏的范围就会逐渐扩大,致密砂岩储集层中天然气的饱和度就会逐渐增高,气藏就会逐渐形成或保持;反之,若天然气充注动力小于致密砂岩储集层的毛细管力,天然气则无法进入致密砂岩储集层,气藏就不能形成。如果天然气的充注量等于天然气的散失量,则即使天然气能够向储集层充注也不能形成气藏,或者只能使已经形成的气藏范围保持不变;如果天然气的充注量小于天然气的散失量,则不能形成气藏,或者使已形成的气藏逐渐消亡。

(三)相平衡控制的油气成藏过程

几乎所有油气藏的形成均受相平衡的控制,这一点对天然气藏的形成至关重要。前已述及,天然气只有在满足了地层水的溶解之后,才能形成游离气藏,否则只能以水溶气的形式存在。天然气在地层水中的溶解和析出问题是天然气成藏研究的基本问题。凝析气藏的形成和天然气水合物的形成也是在一定的温度压力条件下相平衡的结果。

1. 凝析气藏的形成

在地下深处高温高压条件下的烃类气体采到地面后,由于温度和压力降低,反而会凝结出液态石油,这种液态的轻质油就是凝析油,这种气藏就是凝析气藏。液态的石油在地下高温高压条件下反而蒸发为气体,而当压力降低以后又凝结为液态石油。这种现象就是逆蒸发和反凝结现象。因此,气藏和油藏的含气部分,凡能确认在气层中具有逆蒸发现象的就是凝析气藏。

凝析气藏的形成必须具备两个条件:① 在烃类物系中,气体数量必须胜过液体数量,才能为液相反溶于气相创造条件。② 地层埋藏较深、地层温度介于烃类物系的临界温度与临界凝结温度之间、地层压力超过该温度时的露点压力的物系,才可能发生显著的逆蒸发现象。

2. 天然气水合物的形成

天然气水合物是一种在一定条件下,主要由甲烷气体(也有某些挥发性液体)与水相互作用形成的白色固态结晶物质。天然气水合物也称为固态气体水合物、水合物、冰冻甲烷、水化甲烷、可燃冰等。有时乙烷、丙烷、异丁烷、二氧化碳及硫化氢也可与甲烷一起形成固态混合气体水合物。这类固态气体水合物既可以成为深部气藏的良好盖层,又可以形成气体水合物气田。

天然气水合物的形成要求压力随温度升高而呈指数增加,如图 12-16 所示,只有在温度较低、压力较高时(图中左上方区域)才能形成天然气水合物,在温度较低压力也低或温度较高压力也较高时(图中左下方区域)不能形成甲烷水合物。天然气水合物在 21~27℃ 温度下都将分解,因而形成天然气水合物的温度上限是 21℃。如果温度超过 21℃,即使多高的压力也无法形成天然气水合物。天然气水合物的形成需要高的压力,因而在大多数沉积盆地中,压力增加的幅度都远远无法满足这个要求。

根据天然气水合物分布的区域,可将天然气水合物分为大陆型水合物气藏和海洋型水合物气藏两类。

五、油气藏破坏与再形成

地壳运动为油气藏的形成创造了很多有利的地质条件,但也有可能使已经形成的油气藏遭到不同程度的破坏。

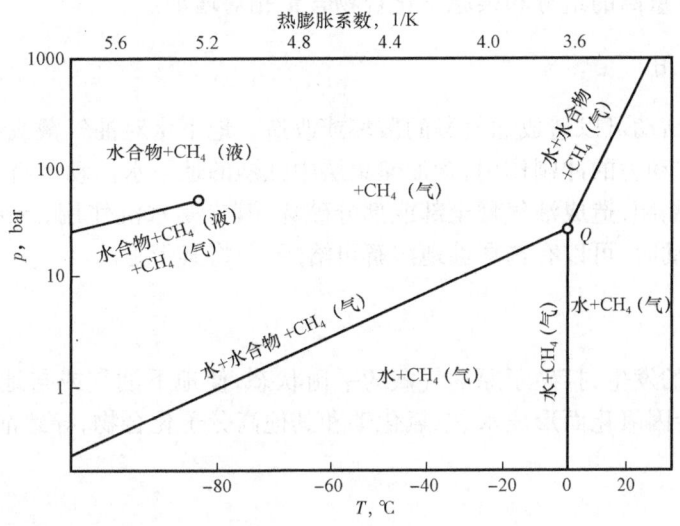

图 12-16　天然气水合物形成的压力—温度图解(据史斗等,1999)

(一)引起油气藏破坏的原因

在漫长的地质历史中,引起油气藏破坏的原因很多,归纳起来主要有剥蚀作用、水动力冲刷作用、氧化作用和扩散作用等等。

1. 剥蚀和断裂作用

地壳运动造成地层的抬升,使油气藏的盖层甚至储集层遭到剥蚀,是对油气藏最强烈的破坏作用。油气藏遭受剥蚀的结果,可以使整个油气藏在空间上被剥蚀掉而完全消失,油气藏被完全破坏;或者油气藏没有被完全剥蚀掉,但油气藏的盖层或部分储集层遭受剥蚀而使储集层出露地表,油气大量散失,油气藏被破坏。

地壳运动还可以形成断裂而断穿油气藏的盖层和储集层,使油气藏的封闭条件被破坏,圈闭中的部分或全部油气沿开启的断层向上运移到圈闭外,原来的油气藏遭到部分或完全破坏。断裂对油气藏的破坏虽然不如剥蚀作用那样强烈,但却是更为常见的一种破坏作用,并且可以发生在任何深度。

2. 热蚀变作用

地下油气藏中的油气在高温作用下发生热裂解和热变质的作用。地下的高温可以来自油气藏深埋过程中地温的升高,也可以来源于地下的岩浆活动。油气藏中的石油在高温的作用下可以发生热裂解作用,使得高相对分子质量的烃类裂解为低相对分子质量的烃类,最终产物是甲烷和碳质沥青残余物,甚至在极高的温度下,甲烷也被破坏。

3. 生物降解作用

生物降解作用主要发生在近地表环境中,是微生物的生物化学作用对石油的一种破坏作用。石油被生物化学作用降解后,密度变高,黏度变大,低相对分子质量烃类组分含量减少甚至消失，相对分子质量高的组分和杂原子化合物含量相对增加。

4. 水动力作用

强烈的地下水活动可以造成油气藏的破坏或改造。地下水对油气藏或石油的破坏主要有两种途径：其一是水动力的冲刷作用，含油储集层中强烈的地下水活动可将聚集在圈闭中的油气部分或全部冲出圈闭，造成油气藏全部或部分破坏；其二是水洗作用，当未被烃类饱和的地下水沿油水界面运动时，可以有选择性地溶解可溶烃，并将其带走。

5. 氧化作用

由于构造运动的发生，打破了原油气藏的平衡状态，使地下油气或与地下水接触，或沿断裂升上到地表，都会因氧化而形成水、二氧化碳和其他高分子化合物，导致油气藏的破坏。

6. 扩散作用

天然气通过盖层扩散也能导致散失、破坏。

(二)油气藏破坏的结果

原油气藏被破坏后的结果，不外乎有两种情况：
一是原油气藏被破坏以后，油气完全散失或被氧化而形成油气苗或沥青等；
二是原油气藏的平衡被打破以后，油气再次进行运移，遇到新的圈闭聚集起来重新形成油气藏，人们常把这种油气藏称为"次生油气藏"。
次生油气藏一般具有两个主要特点：
(1)由于油气经历了再次运移，一般距油源区相对较远；
(2)原油性质变化很大，一般是密度和黏度变大，含蜡量降低以及自喷能力变差等。

第三节　油气藏类型

据已有资料表明，世界上已发现的油气藏可达数万个，类型多种多样，特点各异。为了更有效地研究和指导油气田的勘探和开发，有必要对以发现的油气藏进行科学分类。

一、油气藏类型划分

目前国内外使用的油气藏分类方法很多，归纳起来有六种。

(一)按产量大小分类

(1)高产油气藏：日产量大于100t者为高产油气藏。
(2)中产油气藏：日产量10t～100t者为中产油气藏。
(3)低产油气藏：日产量小于10t者为低产油气藏。

(二)按储集层岩性分类

(1)砂岩油气藏:组成油气藏的储集层为砂岩的油气藏。
(2)碳酸盐岩油气藏:组成油气藏的储集层为碳酸盐岩的油气藏。
(3)火成岩或变质岩油气藏:组成油气藏的储集层为火成岩或变质岩的油气藏。

(三)按油气藏的形状分类

(1)层状油气藏:油气藏中油气呈层状分布,如背斜油气藏。
(2)块状油气藏:油气藏中油气呈块状分布,如古潜山油气藏。
(3)不规则状油气藏:油气藏中油气分布无一定形态,如断层油气藏和岩性油气藏等。

(四)按油气藏内烃类组成分类

(1)油藏:圈闭中只有以液态石油的形式存在的称为油藏。
(2)气藏:圈闭中只有以天然气存在的称为气藏。
(3)油气藏:圈闭中既有液态的石油,也有游离天然气的称为油气藏。
(4)凝析气藏:在高温高压的地层条件下,烃类是以气态形式存在的,当开采到地面上来时,随着温度和压力的降低,成为凝析油的称为凝析气藏。

(五)按圈闭成因分类

(1)构造油气藏:油气聚集在由于构造运动而使地层发生变形或变位所形成的圈闭中,称为构造油气藏(表12-1)。

表12-1 圈闭成因油气藏分类表(据柳广弟,2018)

大类	类型
构造圈闭与构造油气藏	背斜圈闭与背斜油气藏
	断层圈闭与断层油气藏
	岩体刺穿接触圈闭与岩体刺穿接触油气藏
地层圈闭与地层油气藏	地层不整合圈闭与地层不整合油气藏
	地层超覆圈闭与地层超覆油气藏
岩性圈闭与岩性油气藏	储集岩上倾尖灭圈闭与储集岩上倾尖灭油气藏
	储集岩透镜体圈闭与储集岩透镜体油气藏
	生物礁圈闭与生物礁油气藏
	成岩后生岩性圈闭与成岩后生岩性油气藏
致密储集层圈闭与致密储集层油气藏	致密砂岩圈闭与致密砂岩油气藏
	页岩圈闭与页岩油气藏
	煤层圈闭与煤层气藏

续表

大类	类型
复合圈闭与复合油气藏	地层—构造圈闭与地层—构造油气藏
	岩性—构造圈闭与岩性—构造油气藏
	地层—岩性圈闭与地层—岩性油气藏
	水动力圈闭与水动力油气藏

(2)地层油气藏：油气聚集在由于地壳升降运动引起地层超覆、沉积间断或剥蚀风化等（即地层纵向沉积连续性中断，与地层不整合有关）形成的圈闭中，称为地层油气藏。

(3)岩性油气藏：油气聚集在由于沉积条件的改变导致储集层岩性发生横向变化而形成的圈闭中，称为岩性油气藏。

(4)致密储集层油气藏：油气聚集在致密储集层中且大面积连续分布，称为致密储集层油气藏。这种油气藏的边界不甚明显，其共同特点是圈闭条件为致密储集层的毛细管阻力封闭形成遮挡条件。

(5)复合油气藏：油气聚集在由两种或两种以上因素共同起封闭作用而形成的圈闭中，称为复合油气藏。

（六）油气藏开发地质综合分类

油藏开发地质分类应以能充分反映控制和影响开发过程，从而影响所采取的开发措施的油藏地质特征为原则，使其所划分的油藏类型既有科学性，又简便实用，能概括地反映油藏总体的地质特征，有效地指导油藏的开发。分类时既不能随意命名，引起混乱，又不能考虑过细，过于繁琐。裘怿楠（1996）等采用分级命名的原则对油藏进行开发地质分类。

(1)首先以决定开发方式最重要的开发地质特征命名油藏基本类型。以原油性质、构造条件、储层渗透率、储层岩石类型依次作为油藏基本类型命名的第1~4判别标志。如原油性质已进入必须进行热采的稠油范围，则首先命名为稠油油藏；若油藏构造条件已属非常破碎的断块则首先命名为断块油藏；若油藏储层已进入低渗透率范围，则首先命名为低渗透率油藏等。对于常规油藏，则以储层岩石类型为基本名称。若同时考虑多种判别标志，可据判别标志的级次进行命名，如砾岩稠油油藏、砂岩低渗透率油藏、低渗透断块油藏等。基本分类共14类，如图12-17所示。

(2)基本类型确定后，对于其他的油藏开发地质特征，可视重要程度依次在基本类型名称前作为形容词。如按原油饱和程度分为高饱和油藏（原始饱和压力/原始油层压力大于0.5）、低饱和油藏（原始饱和压力/原始地层压力小于0.5）；如按油气水接触关系分为层状边水、块状底水、带气顶油藏；如按储集空间分为孔隙型、裂缝型、双重介质型等；按油层原始压力系数分为异常高压油藏（压力系数大于1.2）、异常低压油藏（压力系数小于0.9）、正常压力油藏（压力系数1.0左右，一般情况下可以不参与命名）。

(3)作为常规油藏特征，不必在命名中出现，以简化命名。如孔隙型砂岩油藏，则在命名中可略去"孔隙型"描述；如常规黑油油藏，则在命名中可略去"原油性质"的描述；如常规非高倾角的背斜、单斜、鼻状等构造圈闭油藏，则"构造条件"不必在命名中出现等。

(4)根据我国基本石油地质规律和基本开发方针，考虑油藏分类标准，已发现和投入开发的

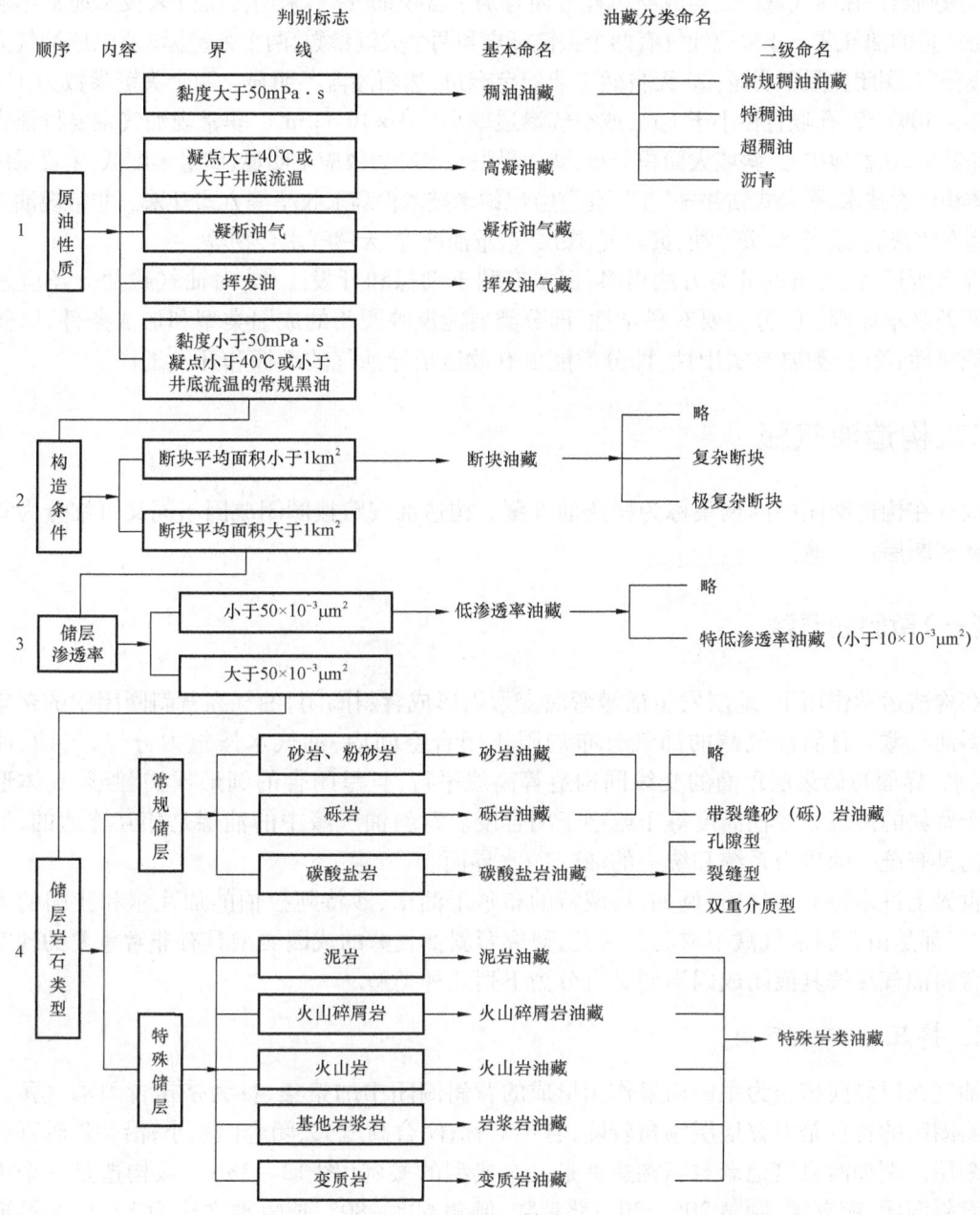

图 12-17 油藏综合分类命名流程图（据裘怿楠，1996）

油藏绝大多数储存于陆相含油气盆地，以碎屑岩储层为主，因此对碎屑岩储层油藏分类应较细，对海相碳酸盐岩和其他岩类为储层的油藏分类可较粗。我国以注水为油田开发的基本方式，因此应着重考虑影响注水开发的油藏地质特征作为油藏的分类依据。按照这些原则，将中国陆相油藏划分为 10 大类：多层砂岩油藏、气顶砂岩油藏、低渗透砂岩油藏、复杂断块砂岩油藏、砂砾岩油藏、裂缝型潜山基岩油藏、常规稠油油藏、热采稠油油藏、高凝油油藏、凝析油气藏。

在油气田勘探开发工作过程中，还经常用到隐蔽油气藏和非常规油气藏的概念。隐蔽油气藏是泛指任一勘探阶段用常规的勘探思路和方法在认识上和勘探技术上难以识别的油气藏；而非常规油气藏则是指在油气藏特征与成藏机理方面有别于常规油气藏、采用传统开采技术通常不能获得经济产量的油气藏。非常规油气有两个关键标志和两个关键参数,两个关键标志为:① 油气大面积连续分布,圈闭界限不明显;② 无自然工业稳定产量,达西渗流不明显。两个关键参数为:① 孔隙度小于10%;② 孔喉直径小于1μm或空气渗透率小于$1\times10^{-3}\mu m^2$。非常规油气主要特征表现为源储共生,在盆地中心、斜坡大面积分布,圈闭界限与水动力效应不明显,储量丰度低,主要采用水平井体积压裂技术、平台式钻井—"工厂化"生产、纳米技术提高采收率等方式开采。非常规油气主要类型有致密油、致密气、页岩油、页岩气、煤层气、重油沥青、天然气水合物等。

综上所述,油气藏的分类方法很多,但要有利于勘探和开发工作,对油气藏的分类应遵循如下两条基本原则:① 分类要有科学性,即分类要能反映圈闭的成因类型和形成条件,以便于寻求规律性;② 分类要有实用性,即分类能更有效地指导油气的勘探和开发工作。

二、构造油气藏

油气在构造圈闭中的聚集称为构造油气藏。构造油气藏按圈闭成因不同又可细分为背斜油气藏和断层油气藏。

(一)背斜油气藏

在构造运动作用下,地层发生褶皱弯曲变形而形成背斜圈闭,油气在背斜圈闭中的聚集称为背斜油气藏。背斜油气藏的油气分布局限于闭合空间内,油气水按重力分异,气油、油水(或气水)界面与储集层顶面的交线同构造等高线平行,且呈闭合的圆形或椭圆形,具体形态取决于背斜的形态。烃柱高度等于或小于闭合度。背斜油气藏中的油层是相互连通的,油层范围内具有统一的压力系统和统一的油(气)水界面。

世界上许多特大油气田,例如,科威特的布尔干油田、沙特阿拉伯的加瓦尔和我国的大庆油田等,都是由背斜油气藏组成的。因此,研究背斜油气藏的成因类型具有非常重要的现实意义。背斜油气藏按其圈闭成因不同又可分为下列几种类型。

1. 挤压背斜油气藏

油气在以侧向挤压为主的褶皱作用形成的背斜圈闭中的聚集,称为挤压背斜油气藏。这种背斜圈闭的特点是两翼地层倾角较陡,且不对称;闭合高度大、闭合面积小;沿背斜轴部常伴生有断层。例如酒泉盆地老君庙构造就是一个典型的实例(图12-18)。该构造是一个不对称的背斜圈闭,南翼缓,倾角20°~30°;北翼陡,倾角60°~80°,长短轴之比为3:1,并被逆掩断层及横断层所切割。

2. 基底隆升背斜油气藏

油气在由盆地基底活动(隆起或差异沉降)而使沉积地层向上拱起所形成的背斜圈闭中的聚集,称为基底隆升背斜油气藏。由于盆地基地一般是刚性较强的岩体,其隆起或差异升降一般涉及的分布范围较广,因此基底隆升背斜的主要特点是:两翼地层倾角平缓,常形成短轴背斜或穹窿,圈闭闭合高度较小,但闭合面积较大,常形成大型油气藏。我国松辽盆地大庆长垣就是由7个基底隆升背斜组成的大型长垣构造带,南北长145km,东西宽6~30km,闭合面积2500km²,闭合高度390m。基底隆升背斜油气藏是大庆油田主要的油气藏类型(图12-19)。

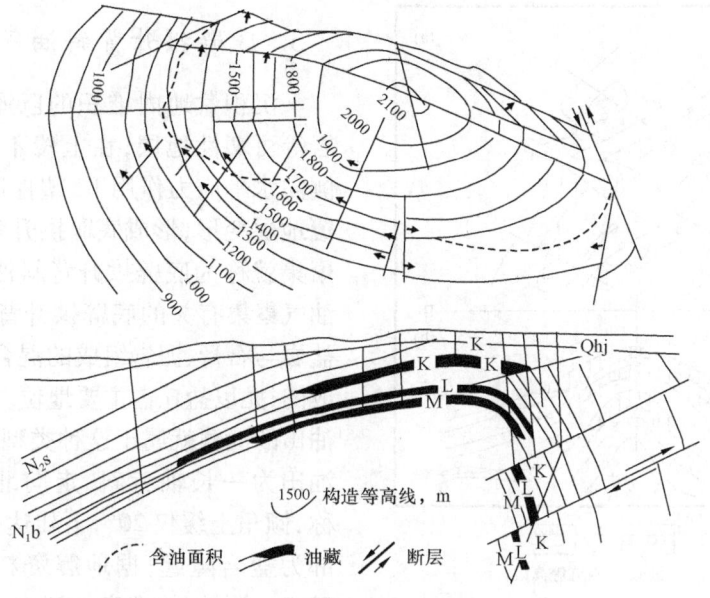

图 12-18 老君庙油田构造图及油田剖面图(据张万选,1981)

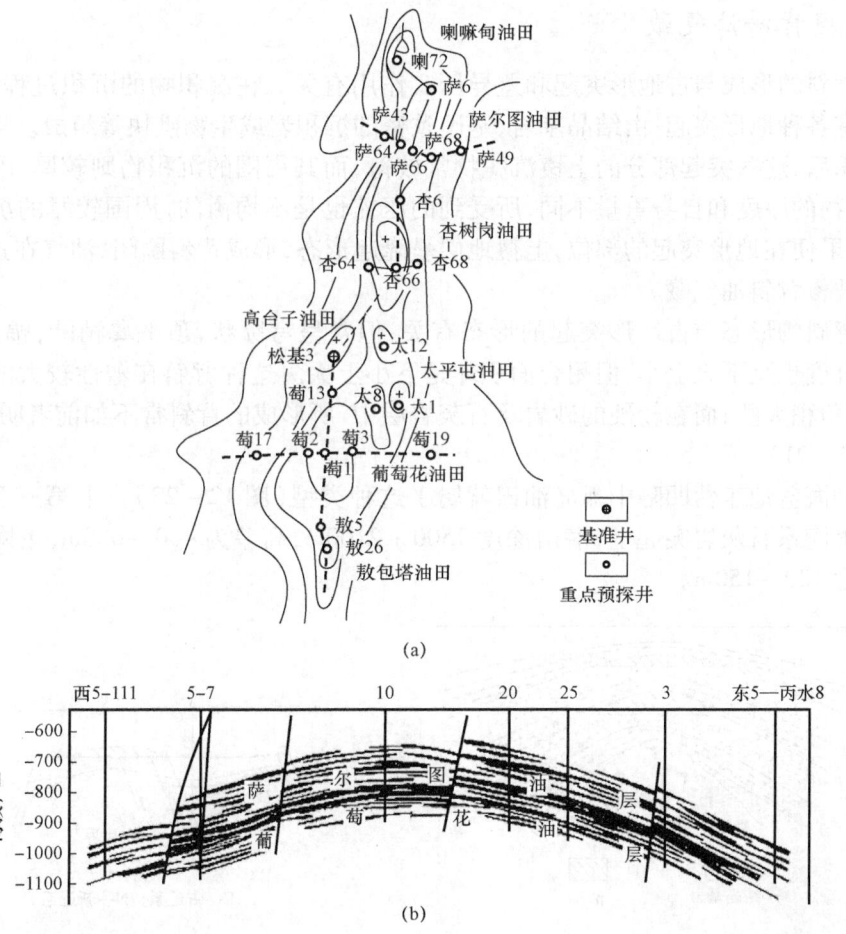

图 12-19 大庆长垣平面图(a)及剖面图(b)

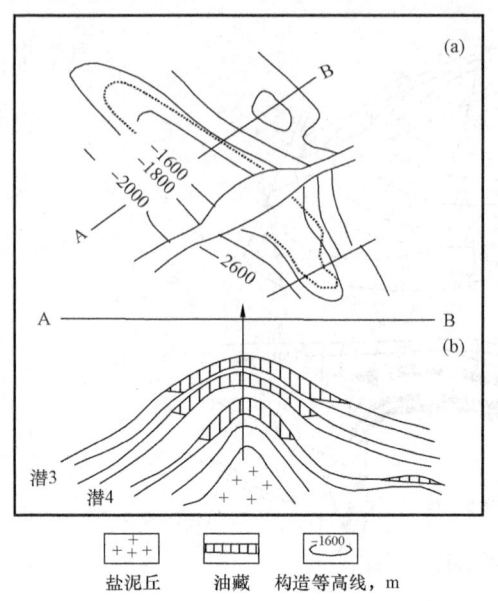

图 12-20 江汉王场盐丘油田示意图(据张万选,1981)

3. 底辟拱升背斜油气藏

沉积盆地内堆积的巨厚盐岩、石膏和泥岩等可塑性地层,在上覆不均衡重力负荷及侧向水平应力作用下,塑性层蠕动抬升,使上覆地层变形,形成底辟拱升背斜,油气在其中聚集就称为底辟拱升背斜油气藏。大多数与油气聚集有关的底辟拱升背斜是由盐岩或者盐岩与石膏、泥岩组成的混合层的塑性流动形成的,尤以盐丘占主要地位。国江汉盆地王场油田的油藏就属于这种类型(图 12-20)。该油田为一长轴背斜,走向北北西;两翼不对称,倾角上缓仅 20°,下陡达 60°~70°;地下核部为盐岩隆起;据地震资料,在地下 6000~7000m 深处,构造完全消失。

4. 披覆背斜油气藏

披覆背斜的形成与古地形突起和差异压实作用有关。在沉积物的沉积过程中,沉积基底上常存在有各种地形突起,由结晶基岩、坚硬致密的沉积岩或生物礁块等组成。当其上有新的沉积物堆积后,这些突起部分的上覆沉积物常较薄,而其周围的沉积物则较厚,因而在成岩过程中,沉积物的厚度和自身重量不同,所受到的压缩也是不均衡的,周围较厚的沉积物压缩程度较大,结果便在地形突起的部位,上覆地层呈隆起形态,形成背斜圈闭,油气在这种圈闭中的聚集称为披覆背斜油气藏。

这种背斜的形态与古地形突起的形态有关,但常呈穹窿状,顶平翼稍陡,幅度下大上小。圈闭的闭合度也是下大上小,但闭合面积却是下小上大。这种背斜在塑性较大的泥质岩层中较明显,倾角稍大些;而在较硬的砂岩及石灰岩层中,所形成的背斜常不如前者明显,倾角也较平缓(图 12-21)。

我国渤海盆地东营凹陷中孤岛油田就属于这种类型(图 12-22)。上第三系馆陶组储集层覆盖在奥陶系石灰岩突起上,潜山深度 1500~2100m,高差为 400~600m,馆陶组顶面构造闭合高度达 120~150m。

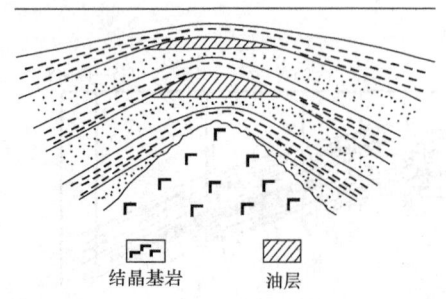

图 12-21 与古隆起有关的背斜油藏平面示意图

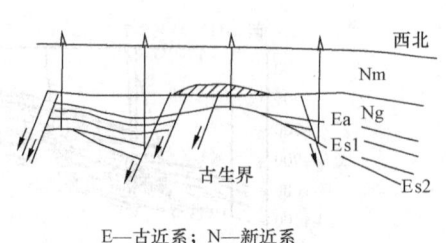

图 12-22 孤岛油田剖面示意图

5. 逆牵引背斜油气藏

逆牵引背斜也称为滚动背斜,是指在断块活动及重力滑动作用下,堆积在同生断层下降盘的砂泥岩地层沿断层面下滑,使地层发生弯曲而形成的背斜,油气在其中聚集就称为逆牵引背斜油气藏。

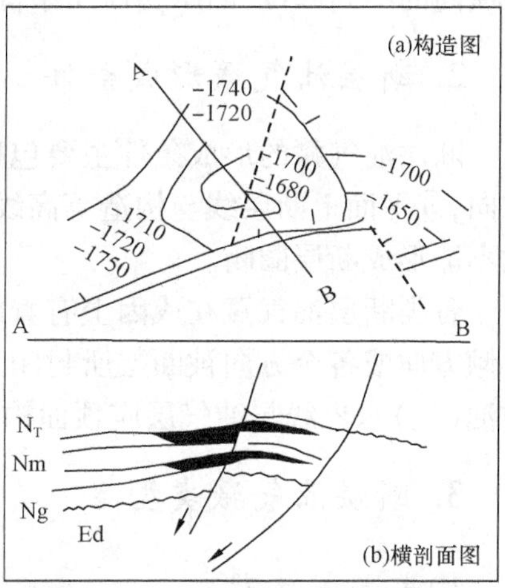

逆牵引背斜位于向坳陷倾斜的同生断层下降盘,多为小型宽缓不对称的短轴背斜,近断层一翼稍陡,远离断层一翼平缓。构造幅度中部较大,深层、浅层较小。背斜高点距离断层较近,且高点向深部层系逐渐偏移,偏移的轨迹大体与断层面平行。在平面上,背斜的轴向近于平行断层线,常沿断层成串珠状成带分布。

我国渤海湾盆地就有不少这种类型的背斜油气藏。例如山东胜坨油田,即是由逆牵引背斜油气藏组成的;河北羊二庄逆牵引背斜也是一个典型实例(图12-23)。

我国逆牵引背斜油气藏的主要特点如下:

(1)断层两盘地层厚度差别较大,下盘小,上盘大(下降盘),断层生长指数一般大于1.1;

(2)背斜轴线方向与断层线平行,且成串分布,即一旦发现,就不是一个,而是多个;

图12-23 羊二庄逆牵引背斜示意图

(3)断层两翼倾角不对称,靠近断层一侧陡、远离断层一侧缓;

(4)断层倾向面对生油凹陷,有利于油气运移与聚集。

(二)断层油气藏

断层油气藏是指沿储集层上倾方向受断层遮挡作用所形成的圈闭中的油气聚集。这类油气藏是世界各含油气盆地中广泛分布的一种类型,研究断层油气藏的形成条件和特点,对油气勘探开发工作有着重要的实际意义。

1. 断层在油气藏形成中的作用

断层破坏了岩层的连续性。断层的性质、封闭性,以及断层面两侧岩性组合的接触关系等,对油气运移、聚集和破坏都有密切联系。从油气运移和聚集的角度来看,断层对油气藏的形成主要有以下两方面的作用:

1)封闭作用

油气在运移至封闭性断层时,既不能穿过断层做横向运移,也不能沿断裂带做垂向运移,这样的断层是封闭的。断层的封闭作用取决于断层的性质及产状、断裂带内充填的物质、断层断穿地层的岩性特征等因素。

2)通道和破坏作用

在断层油气藏的形成过程中,开启的断层可成为连接源岩与圈闭之间的良好通道,也可与储层、不整合面一起成为油气长距离运移的通道。油气藏形成后,开启的断层可也使油气沿断层向上运移,在上部地层形成次生油气藏或直接运移至地表造成散失破坏。

断层对油气藏形成所起的作用具有两重性,既可以起封闭作用,也可以起通道和破坏作用。对一个沉积盆地内的断层,如何判断它们是起积极的封闭作用,还是起消极的破坏作用,应该从断层的发育史与沉积和聚油期关系来研究。有的断层在形成期或活动期一般是开启的,在非活动期亦可能是开启的,也可能是封闭的,这取决于它的影响因素。一条断层,在纵向和横向的不同部位,因所受地质条件的不同,可以是封闭的,也可以是开启的(指同一时刻)。

2. 断层油气藏形成条件

断层油气藏的形成条件主要包括:①断层在纵、横向是封闭的;②断层位于储集层的上倾方向;③平面上断层线与构造等高线或与岩性尖灭线必须是闭合的。反之,不具备上述条件,就不能形成断层圈闭。

各类断层油气藏在成因上有着内在的联系,其最基本的共同点,就是它们都是在储集层的上倾方向或各个方向被断层所封闭。对于仅在上倾方向受断层所限的油气藏来说,其下倾方向油(气)水界线与油气层应顶面构造等高线平行。

3. 断层油气藏类型

1) 断鼻油气藏

在区域倾斜的背景上,鼻状构造的上倾方向被断层所封闭,在其中聚集了油气就形成这种类型的油气藏(图12-24)。平面特征表现为弯曲的等高线抬高部位与断层线相交;剖面特征表现为储集层上倾方向被断层所封闭。

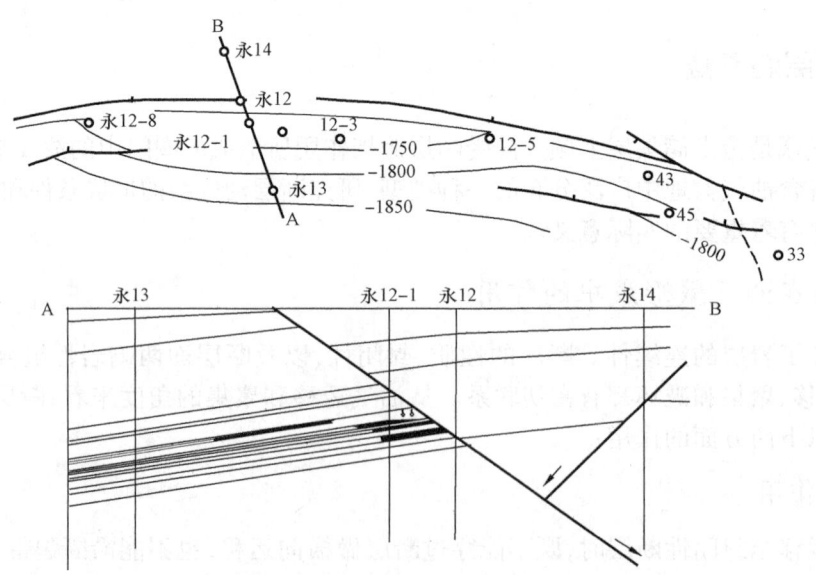

图12-24 永安镇油田永12断块构造及油藏剖面图(据王秉海,1981)

2) 断块油气藏

油气聚集在储集层被多条断层相互切割形成的各种形状的断块圈闭中,被称为断块油气藏。

断块圈闭的形成可以有不同的情况:在倾斜储集层的上倾方向,为一向上倾凸出的弯曲断层(弧形断层),在构造图上表现为较平直的构造等高线与弯曲断层线相交,可以形成圈闭条件(图12-25);在倾斜储集层的上倾方向,为两条相交叉的断层所包围,在构造图上表现为较平直的构造等高线与交叉断层相交,也可以形成圈闭条件(图12-26);在许多复杂断块区,往往有多组断层的交叉切割与地层相结合,组成各种几何形态的断块,储集层上倾方向及侧向被多条断层所封闭,构造图上表现为多条断层与构造等高线构成闭合区,形成复杂断块油气藏,实际上每个断块都可以称为一个独立的油气藏(图12-27)。

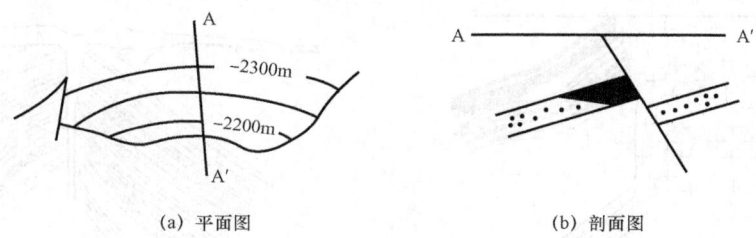

图12-25 坨庄—胜利村油田弧形断层构成的断块油气藏

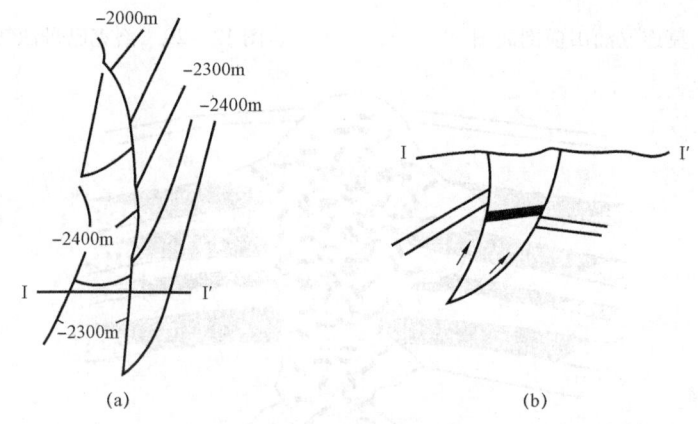

图12-26 冷湖油田某断层油藏构造图(a)和剖面图(b)

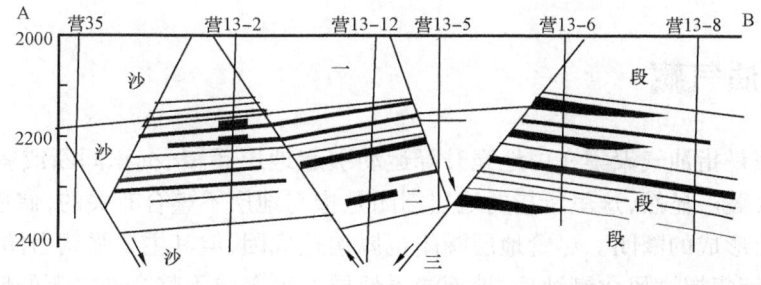

图12-27 东辛油田营13断块区油藏剖面图

(三)岩体刺穿油气藏

由于刺穿岩体接触遮挡而形成的圈闭称为岩体刺穿圈闭。岩体刺穿油气藏则是指油气在岩体刺穿圈闭中的聚集。

按刺穿岩体性质不同,可分为盐体刺穿、泥火山刺穿及岩浆柱刺穿等。

地下岩体(包括盐岩、膏岩、软泥以及各种侵入岩浆岩)侵入到沉积岩层,使储集层上方发生变形,其上倾方向被侵入岩体封闭而形成刺穿(接触)圈闭,与刺穿岩体有关的储集层上倾变形、变位(断裂),相应可形成背斜圈闭和断层圈闭(图12-28、图12-29、图12-30)。岩体刺穿油气藏的基本特点是油气在上倾方向一侧被刺穿岩体所限,其下倾方向油(气)水边界仍与规则等高线保持平衡。

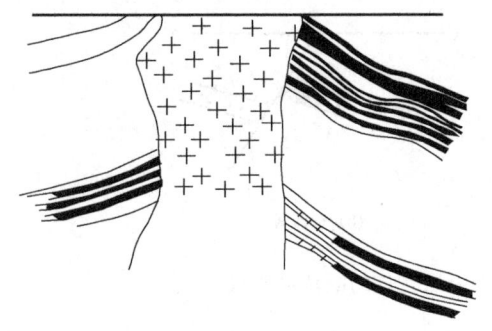
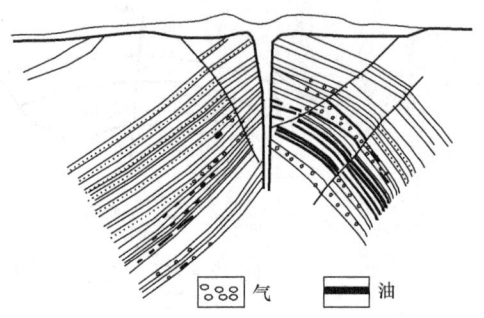

图12-28 莫连尼油田横剖面图　　　　　图12-29 洛克巴丹油气田横剖面图

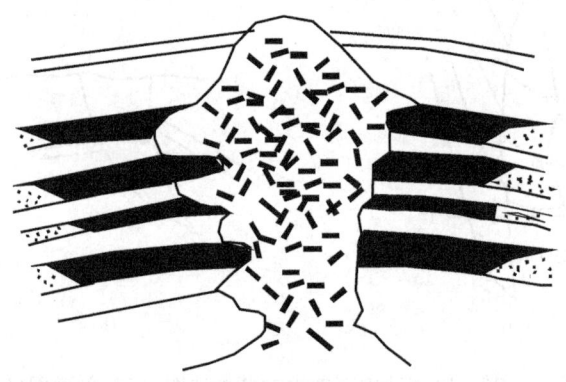

图12-30 墨西哥的岩浆岩体刺穿油田横剖面图

三、地层油气藏

地层油气藏是指油气聚集在由地壳升降运动引起地层超覆、沉积间断或剥蚀风化等形成的圈闭中的油气藏。显然,这里所指的地层圈闭是指与地层不整合有关的,储集层由于纵向沉积连续性中断而形成的圈闭。尽管地层圈闭也属构造成因,但其主要强调由储集层上、下不整合接触而形成,储集层遭风化剥蚀后,被不渗透地层所覆盖或不整合面之上的储集层被不渗透地层超覆覆盖。

根据储集层与不整合面的关系,地层圈闭和地层油气藏大致可以分为两大类,即位于不整合面之下的地层不整合遮挡圈闭与地层不整合遮挡油气藏、位于不整合面之上的地层超覆圈闭与地层超覆油气藏。而那些储集层在不整合面之上和之下未与不整合直接接触,由其他因素形成的圈闭,均不属于地层圈闭。

(一)地层不整合遮挡油气藏

地层不整合遮挡圈闭的形成,与区域性的沉积间断及剥蚀作用有关。在地质历史的某一时期,地壳运动使一个区域上升,受到强烈风化、剥蚀的破坏,在该区域尚未被剥蚀成为平原时,又重新下降,形成的剥蚀突起或剥蚀构造被后来沉积的不渗透地层所覆盖,就形成了地层不整合遮挡圈闭,油气在其中聚集就形成了地层不整合遮挡油气藏(图12-31)。

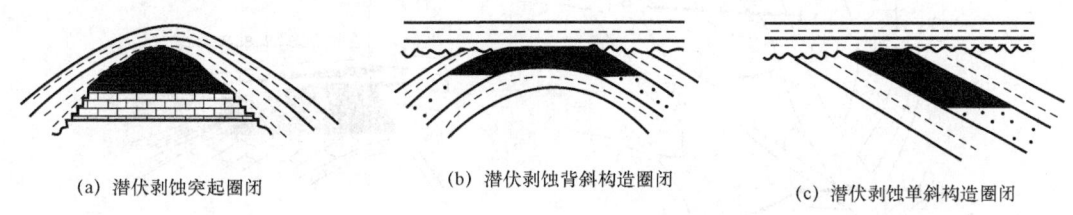

(a) 潜伏剥蚀突起圈闭　　(b) 潜伏剥蚀背斜构造圈闭　　(c) 潜伏剥蚀单斜构造圈闭

图12-31　地层不整合遮挡圈闭示意图

地层不整合遮挡油气藏的基本特点是油气藏上倾方向为不整合遮挡(封闭线)所限,下倾方向的油(气)水界面与油(气)层顶面构造等高线相平行或基本平行。

地层不整合遮挡油气藏中的储集层可以是层状,也可以是呈块状。一般地,潜伏剥蚀突起油气藏(古潜山油气藏)以块状为主,而潜伏剥蚀构造油气藏以层状为主。特别是由碳酸盐岩组成的潜山,常因侵蚀和溶蚀作用,在不整合面之下形成良好孔渗带。组成古潜山的岩石,可以是石灰岩、白云岩、砂岩、火山岩、岩浆岩及变质岩等,它们的共同特点是:坚硬突出,经过长期的风化、剥蚀和地下水的循环作用后,都具有良好的储集性质,为油气储集创造了良好条件。

1. 潜伏剥蚀突起油气藏

潜伏剥蚀突起油气藏又称为古潜山油气藏。这类油气藏是指古地形突起(没有明显的构造形态)被不整合面之上的不渗透地层所覆盖形成圈闭条件,油气聚集其中而形成的油气藏。按潜山储集层的岩性,可将这类油气藏分为碳酸盐岩潜山油气藏、碎屑岩潜山油气藏、结晶岩潜山油气藏(如花岗岩、变质岩)等,不同岩性潜山油气藏的形成特点不尽相同。

任丘油田,即属此类型油气藏。其剥蚀突起主要由中、上元古界雾迷山组硅质白云岩组成,围岩为寒武系、奥陶系的碳酸盐岩地层。该剥蚀突起自晚奥陶世到古近纪漫长的地质时期中,一直出露地表,长期遭受风化、剥蚀、溶解以及历次地壳运动的作用,使得裂隙、孔洞都很发育,具备极好的储集性能。后来被古近系巨厚的泥质岩所覆盖,成为良好的盖层,也是生油层,构成了良好的潜山圈闭。古近系生油岩生成的油气,进入该圈闭中聚集起来,形成了储量丰富的高产大油气田(图12-32)。

结合渤海湾盆地勘探开发工作的实践,总结古潜山油气藏的主要特点如下:
① 潜山油气藏的油气分布不受地层限制,呈"块状",具有统一的油水界面,规模较大。② 古潜山储集层发育、物性好、具有单井产量高的特点。③ 古潜山的油气一般来自上面的新时代,下面为储集层,具有新生古储的特点。

2. 潜伏剥蚀构造油气藏

潜伏剥蚀构造油气藏是原来的古构造(如背斜)被剥蚀掉一部分,后来又被新的沉积层不

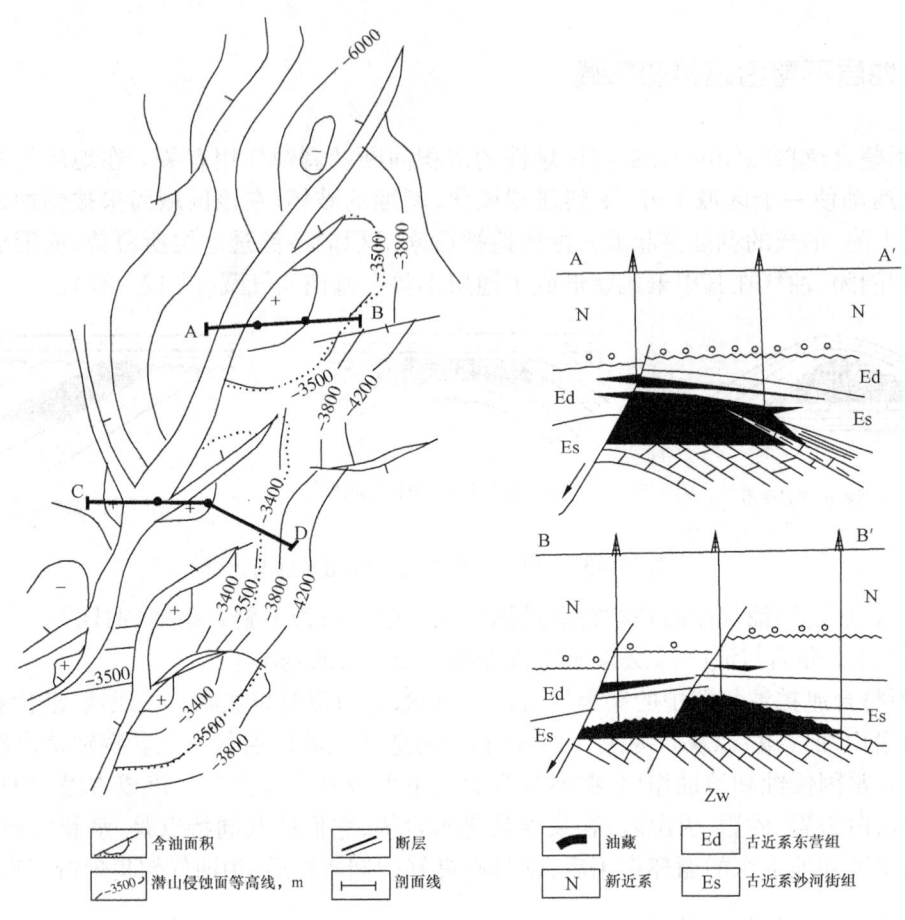

图 12-32 任丘油田构造图及剖面图

整合覆盖,形成圈闭条件,油气聚集其中而形成。根据构造形态,可分为潜伏剥蚀背斜油气藏和潜伏剥蚀单斜油气藏。

我国渤海湾盆地济阳坳陷金家油田沙河街组油气藏属于潜伏剥蚀单斜构造油气藏(图12-33)。该油田位于东营凹陷南坡,南接鲁西隆起,古近系由南向北倾斜。渐新世末的构造运动形成了沙一段与沙二段、沙三段之间、馆陶组与下伏地层之间的不整合。馆陶组底部发育10~50m厚的泥岩,与鼻状构造背景配合,形成了一系列的地层不整合油气藏。由于油气藏埋藏较浅,仅800~1200m,原油遭生物降解及氧化而变稠。

(二)地层超覆油气藏

地层超覆是指区域构造运动导致地层抬升剥蚀后,又发生地壳下沉,盆地再次接受沉积,当水体渐进时,沉积范围逐渐扩大,较新沉积层不断覆盖在不整合面上,与老地层侵蚀面形成不整合接触,其上被不渗透地层覆盖,就形成了地层超覆圈闭(图12-34)。地层超覆圈闭是砂岩地层超覆到不渗透的不整合面上又被不渗透的地层超覆覆盖而构成。从圈闭形成要素这个角度讲,并不是所有超覆地层均可形成圈闭。首先,超覆地层是能作为储集层的砂岩层,其次,不整合面下的老地层应该是不渗透层,这样才能形成遮挡,另外,砂岩体之上应该超覆沉积了不渗透泥岩作为盖层。油气聚集其中就形成地层超覆油气藏。

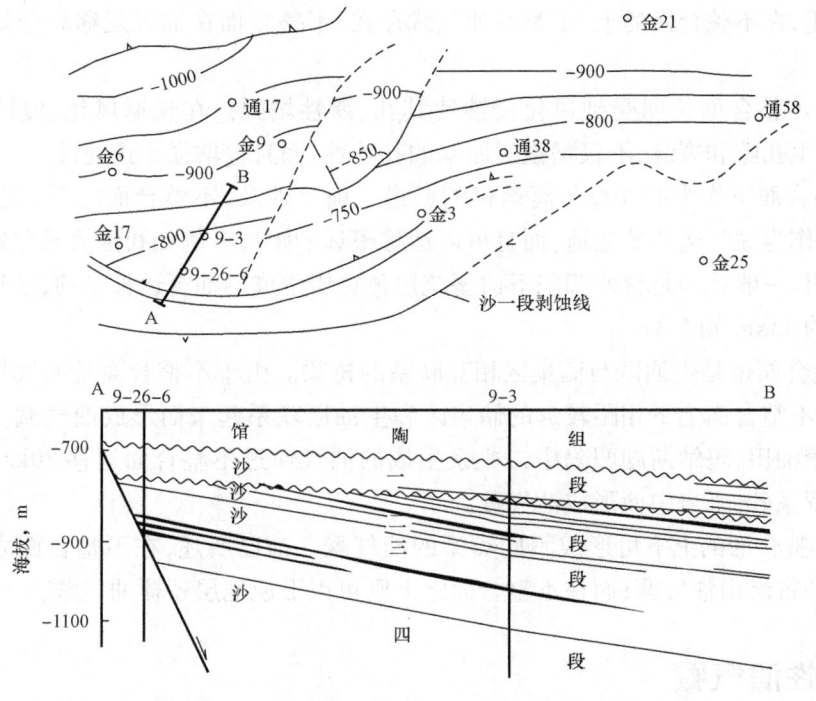

图 12-33　金家油田构造及油藏剖面图

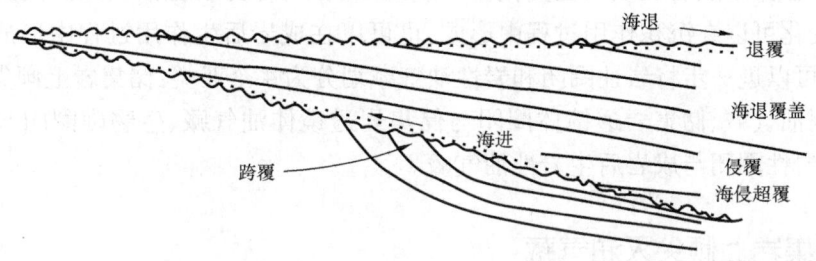

图 12-34　不整合上的超覆现象和地层超覆油气藏

我国东部各沉积盆地的边缘斜坡,以及大隆起的斜坡也发现有地层超覆油气藏,但规模都不大,如济阳坳陷单家寺油田的沙一段油气藏。单家寺油田是陡坡地层超覆油气藏的典型实例(图 12-35)。该油藏位于滨县凸起南坡,是由古近系超覆在基岩凸起古断面上并形成多层位地层超覆圈闭,它接收相邻的利津洼陷运移来的油气,因油源充足而形成多层系含油的油藏。

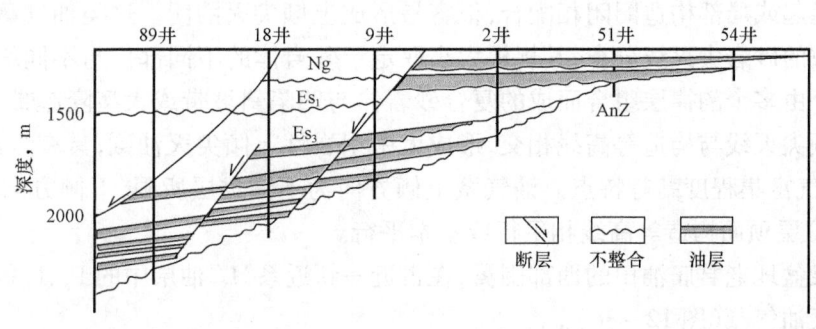

图 12-35　单家寺地层超覆油藏剖面图

综上所述,在不整合面的上、下都有油气藏存在,不整合面在油气运移和聚集中作用有以下几点:

(1)由于不整合面长期受到风化侵蚀使其孔、渗性增强。在长期风化、侵蚀和淋滤作用下,产生的次生孔隙和裂缝,不仅增强了原来的孔隙性,而且也增强了连通性。

(2)不整合面可作为油气长距离运移的通道。前已述及,不整合面之下岩层,由于孔、渗性的增强,常作为油气运移的通道,而且可以运移很远的距离。例如我国酒泉盆地老君庙油田和石油沟油田,一般认为是青西凹陷下白垩统黑色页岩生成的油气运移来的,油气沿不整合面分别运移了约35km和55km。

(3)不整合面也是生油区与储集区相互联系的桥梁。由于不整合面是油气长距离运移的通道,它能把不整合面上下相距较远的储集区和生油区联系起来而形成油气藏。例如准噶尔盆地克拉玛依油田,玛纳斯湖凹陷中二叠系生成的油气通过不整合面运移80km分别聚集在三叠系和侏罗系砂、砾岩中而形成油气藏。

(4)在不整合面的上下可形成不同类型的油气藏。前已所述,在不整合面之下可以形成不整合覆盖即古潜山油气藏;而在不整合面之上则可以形成地层超覆油气藏。

四、岩性油气藏

油气聚集在储集层岩性或物性变化所形成的圈闭中,称为岩性油气藏。储集层岩性或物性的纵横向变化可以在沉积作用过程中形成,也可以在成岩后生作用过程中形成。根据形成机理的不同,可以进一步将岩性圈闭和岩性油气藏划分为4个亚类:储集岩上倾尖灭圈闭与储集岩上倾尖灭油气藏、储集岩透镜体圈闭与储集岩透镜体油气藏、生物礁圈闭与生物礁油气藏、成岩后生岩性圈闭与成岩后生岩性油气藏。

(一)储集岩上倾尖灭油气藏

在储集岩上倾尖灭圈闭中,以砂岩上倾尖灭圈闭最为常见。砂岩上倾尖灭指砂岩体沿地层上倾方向厚度减薄直至为零(有些砂岩体沉积时就是上倾尖灭,而有些沉积时为下倾尖灭,后来由于反转作用形成上倾尖灭)。砂岩上倾尖灭圈闭的形成是储集层沿上倾方向尖灭或渗透性变差而形成圈闭条件,油气在其中聚集就称为上倾尖灭油气藏。

上倾尖灭砂岩主要分布在盆地的边缘或古隆起边缘。在陆相湖盆中各种类型砂岩体的前缘带与大型隆起或局部构造圈闭相配合,很容易形成上倾尖灭圈闭。这类油气藏往往沿盆地或古隆起斜坡的砂岩尖灭线分布,其规模大小取定于砂岩体的不同部位与不同级别构造的相互配置关系。由多个韵律层组合而成的复合砂岩体与凹陷斜坡带或大型隆起带相结合,使多个砂层组上倾尖灭线与构造等高线相交,形成大中型岩性上倾尖灭油藏,具有含油面积大、含油层组多、油气富集程度高等特点。油气藏上倾方向为不渗透层所限,下倾方向的油(气)水界面与油(气)层顶面构造等高线相平行或基本平行。

我国酒泉盆地老君庙油田的西部围翼,在古近—新近系"L"油层中的 L_5、L_6 等小层就是典型的岩性尖灭油气藏(图12-36)。

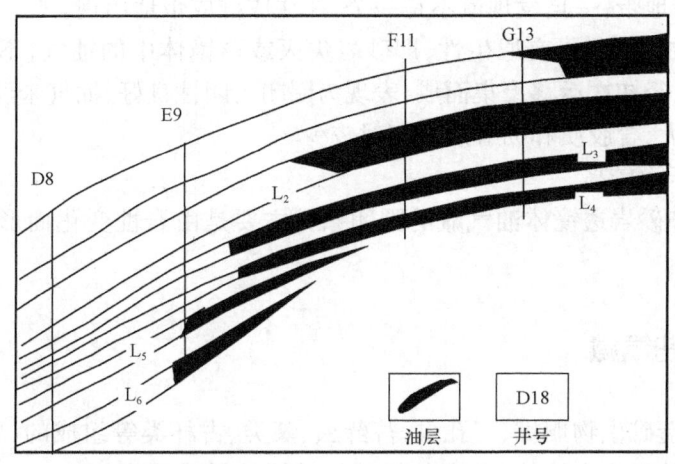

图 12-36 老君庙油田西部围翼剖面图

(二)储集岩透镜体油气藏

由透镜状或不规则状的渗透性储集层,周围被不渗透地层所限制,组成圈闭条件而形成此类油气藏。

储集岩透镜体一般是沉积环境的产物,透镜状砂岩体分布广泛,各种环境都有分布。透镜体油气藏的储集层(孔隙、渗透性岩体)连续性差(透镜状或楔状),一般情况下,难以形成大型油气藏,但不同层位储集体可以叠合连片,形成中小乃至较大的油气藏。不同环境下的透镜体大小变化较大,它们有时可以多期叠置,成带分布。因此,此类油气藏一旦发现一个,就有可能发现一群。

储集岩透镜体油藏具有以下基本特征:

(1)透镜体被泥、页岩分开,泥、页岩作为油气的有效封闭层;

(2)油气藏完全受储集体分布的控制,潜伏的含油气砂岩体通常成组出现,组成单独的油气聚集带,其形态、规模和走向取决于沉积的古地理环境;

(3)相变形成的断续条带状砂岩体或透镜状砂岩体,因周围为泥岩所割,砂岩体彼此之间不连通,每一个砂岩体可以单独成一个油藏;

(4)透镜体油气藏规模一般较小,数量多,厚度一般较薄,横向变化大,纵向上叠置,砂岩体的长轴方向和洼陷长轴方向及物源方向一致。

我国准噶尔盆地南缘的独山子油田(图 12-37)和辽河高升油田都可作为这种类型的实例。

我国陆相含油气盆地颇多,上倾尖灭和砂岩透镜体油气藏具有下列特点:

(1)从圈闭的成因和分布来看,大都是形成于湖(海)盆地的古斜坡、古河道、三角洲沉积

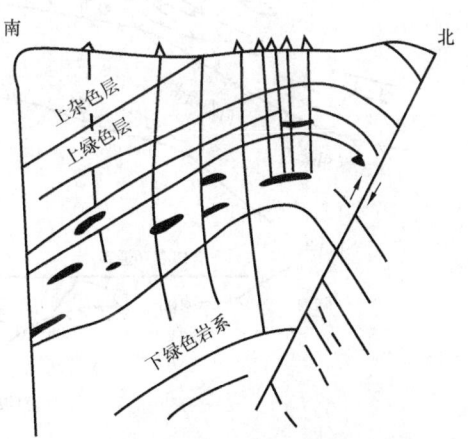

图 12-37 独山子油田砂岩透镜体
油气藏横剖面图

的砂、泥岩相互交错地带,一旦发现就不是一个,往往成群成带地出现。

(2)油气藏的油气聚集具有原生性,即砂岩尖灭或透镜体中的油气,不需经过二次运移,直接来自烃源岩,只经初次运移聚集而成,表现为圈闭封闭性良好,油气未经氧化,原油性质较好,即密度、黏度不大,含胶质和沥青质也相对较少。

(3)原始油层压力较高。

(4)岩性尖灭和砂岩透镜体油气藏的圈闭条件主要是由岩性变化而形成的,一般不受构造因素控制。

(三)生物礁油气藏

生物礁是指由造礁生物珊瑚、层孔虫、苔藓虫、藻类、古杯类等组成的、原地埋藏的碳酸盐岩建造。生物礁中除造礁生物外,尚掺有海百合、有孔虫等喜礁生物。

生物礁圈闭是指礁组合中具有良好孔隙—渗透性的储集岩体被周围非渗透性岩层和下伏水体联合封闭而形成的圈闭,油气聚集其中,就形成了生物礁油气藏。

生物礁分为前礁、主体和后礁相,最为有利的储集体为主体和前礁相,其原生孔隙和次生孔隙均发育,构成良好的储存空间;而且除其本身具良好的生油条件外,邻近的油源可提供充足的油气来源。生物礁油气藏储量较大、烃柱高,特别是以高产著称。世界上有10口日产量达万吨以上的高产井,其中生物礁油藏占有4口。

我国碳酸盐岩沉积广泛分布,华北、西南和新疆等广大地区,发现生物礁块油气藏的前景很大。例如,渤海湾盆地济阳坳陷已发现的滨南平方王油田生物礁块油气藏(图12-38)。

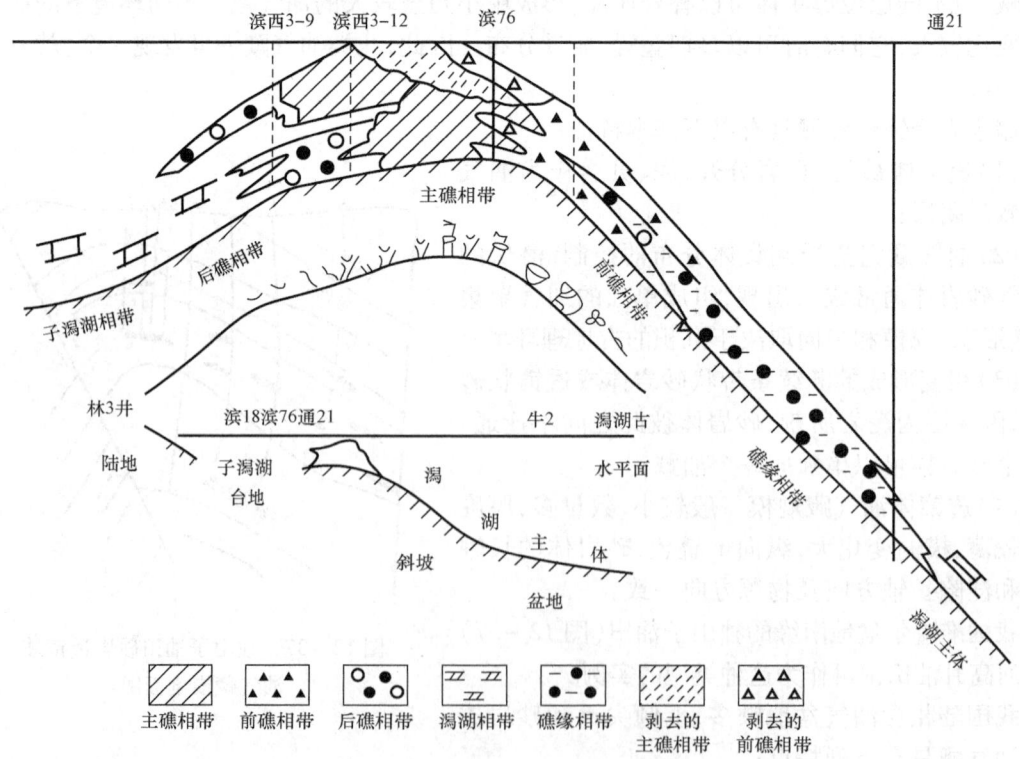

图12-38 平方王油田生物礁块油气藏剖面图(据张万选,1981)

(四)成岩后生岩性油气藏

岩石在成岩后生作用期间,由于次生作用,使地层的孔渗性发生改变——或者使渗透性岩层的一部分变为非渗透性岩层,或者使非渗透性岩层中的一部分变为渗透性岩层,或者使不渗透性岩层形成裂缝从而具有储集性能,这样形成的岩性圈闭可称为成岩后生岩性圈闭,其中聚集了油气,就形成了成岩后生岩性油气藏(图 12 – 39)。

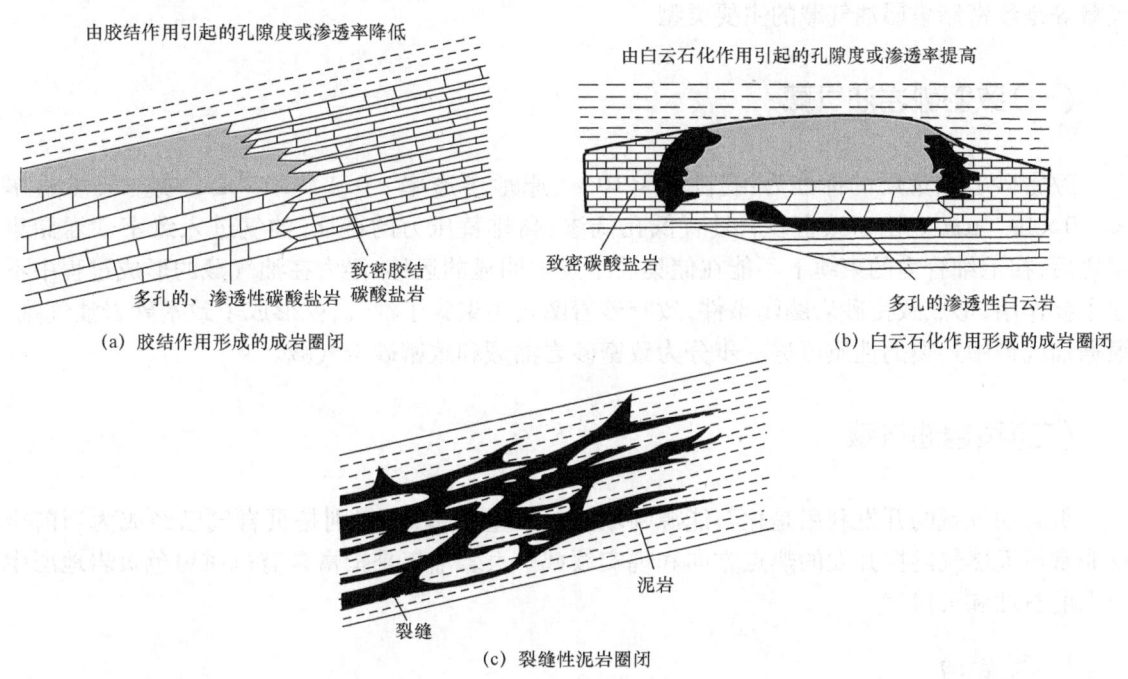

图 12 – 39 成岩后生岩性圈闭的不同成因类型

成岩后生岩性圈闭的形成主要包括三种机理:(1)渗透性岩层发生胶结作用造成局部的不渗透而形成遮挡条件;(2)不渗透性岩层由于白云石化作用、溶蚀作用等形成局部的渗透性而形成遮挡条件;(3)不渗透性岩层由于成岩作用或后生的构造作用形成裂缝而局部成为渗透性岩层而形成圈闭。第一种和第二种情况是在成岩作用过程中,由成岩作用造成岩层渗透性的改变而形成的圈闭,也可以称为成岩圈闭。特别是在碳酸盐岩地区,易于发生溶蚀和次生作用,容易在成岩阶段形成成岩后生岩性圈闭。第三种情况则主要以泥岩裂缝性油气藏为主,构造或成岩作用形成的裂缝使得原来不具备储集条件的泥岩具有储集性能,并且周围裂缝不发育的泥岩作为遮挡条件而形成成岩后生岩性圈闭。

成岩圈闭形成的油气藏油(气)水界面比较复杂,多具有倾斜油(气)水界面的特点。而泥岩裂缝油气藏单体偏小,泥岩油藏油层压力高,产量通常不稳定变化大,油井初产高,下降快,井间产能悬殊。

五、致密储集层油气藏

致密储集层圈闭是指致密储集层具有比较强的毛细管力或储集层吸附力等,使进入致密储集层的油气不能自由运移而形成的圈闭,其中聚集了油气,就形成了致密储集层油气藏。

致密储集层圈闭与常规圈闭不同,往往不受构造控制,而与储集层的岩性和物性分布有关,往往大面积连续分布,且没有明显的边界。形成致密储集层圈闭的前提是储集层致密,致密储集层以纳米级、微米级孔喉为主,微观孔喉结构复杂,决定了其具有低孔、低渗和高排替压力特征。致密储集层岩性复杂,既有砂岩、石灰岩,也有泥页岩、煤以及混积岩类等多种岩石类型,可以形成致密砂岩圈闭与致密砂岩油气藏、致密碳酸盐岩圈闭与致密碳酸盐岩油气藏、泥页岩圈闭与泥页岩油气藏、煤层圈闭与煤层气藏等。其中致密砂岩油气藏、页岩油气藏和煤层气藏等是致密储集层油气藏的主要类型。

(一)致密砂岩油气藏

致密砂岩储集层的标准为:孔隙度<10%、原地渗透率<$0.1\times10^{-3}\mu m^2$或空气渗透率<$1.0\times10^{-3}\mu m^2$。由于致密砂岩具有低孔低渗、高排替压力的特征,油气进入致密砂岩储集层之后,在毛细管力的束缚下不能在储集层中发生明显的运移,浮力在油气藏的形成过程中不起主要作用,形成致密砂岩圈闭条件,致密砂岩圈闭中聚集了油气,就形成了致密砂岩油气藏。根据油气藏中烃类的性质可进一步分为致密砂岩油藏和致密砂岩气藏。

(二)页岩油气藏

页岩油气藏的开发利用是化石能源领域的一次重大革命,特别是页岩气已经成为当前全球非常规天然气勘探开发的热点方向和现实领域。页岩油气是指富含有机质黑色页岩地层中产出的石油和天然气。

1. 页岩油

页岩油是指以页岩为主的页岩层系中的石油聚集,包括泥页岩孔隙和微裂缝中的石油,也包括泥页岩层系中的致密碎屑岩或致密碳酸盐岩邻层和夹层中的石油聚集。

2. 页岩气

页岩气是以吸附状态、游离状态和其他状态赋存于富有机质页岩中的自生自储的天然气。由于富有机质页岩大面积区域分布,页岩气资源规模一般很大。

(三)煤层气藏

煤层气是一种储集在煤层中的自生自储式的天然气聚集。煤层气以煤作为气源岩和储集层,主要靠煤对天然气的吸附作用在煤的孔隙空间中形成天然气聚集。

六、复合油气藏

圈闭的形成往往受多种因素的控制。当某种单一因素起主导作用时,可用单一因素归类油气藏;但当多种因素的作用大体相同时,就成为复合圈闭。如果储集层上方和上倾方向是由构造、地层、岩性和水动力等因素中的两种或两种以上因素共同封闭而形成的圈闭,可称为复合圈闭。在其中形成的油气藏称为复合油气藏。

在实际地质情况中,既存在受单一因素控制形成的油气藏,也存在大量由构造、地层、岩性等因素控制形成的复合油气藏,它们的成因和油气勘探方法不尽相同。复合油气藏的特点有别于单一因素形成的油气藏,因此划分出复合油气藏,将复合油气藏作为独立的一大类,对油气勘探有一定的实用价值。

复合油气藏主要有构造—岩性、构造—地层、岩性—地层等复合油气藏,以及水动力油气藏。

思 考 题

1. 什么是圈闭?圈闭的(要素)组成、圈闭的类型有哪些?
2. 以背斜为例,图示圈闭的溢出点、圈闭的面积、闭合高度。并解释他们的概念。如何度量圈闭?
3. 什么是油气藏?常规油气藏和非常规油气藏的区别是什么?描述油气藏的参数有哪些?
4. 油气成藏必备的地质要素有哪些?
5. 油气藏富集的基本石油地质条件有哪些?
6. 油气藏的形成原理是什么?请简述油气成藏的形成过程。
7. 什么是差异聚集?油气差异聚集的过程是怎样的?油气差异聚集规律(结论)是什么?
8. 引起油气藏破坏的原因有哪些?油气藏破坏的结果是什么?
9. 什么是次生油气藏?它是如何形成的?次生油气藏的特点有哪些?
10. 油气藏类型是如何划分的?有哪些类型?
11. 构造油气藏有哪些类型?每种类型的特点是什么?
12. 地层油气藏有哪些类型?每种类型的特点是什么?
13. 岩性油气藏有哪些类型?每种类型的特点是什么?
14. 致密储层油气藏有哪些类型?每种类型的特点是什么?
15. 复合油气藏有哪些类型?每种类型的特点是什么?

第十三章 非常规油气

在世界油气工业的勘探开发领域,正持续从占油气资源总量20%的常规油气向占油气资源总量80%的非常规油气延伸。近年来,"非常规油气革命"在全球迅速展开,非常规油气在全球油气产量中的作用和地位不断加强。2017年,全球石油产量为43.9×10^8t,其中,非常规石油占14%;全球天然气产量为3.69×10^{12}m^3,其中,非常规天然气占25%,页岩气产量为493×10^8m^3。非常规油气主要类型有致密油气、页岩油气、煤层气、重油沥青和天然气水合物等。

第一节 致密油气

致密油气即致密储层油气,是指赋存于覆压基质渗透率小于或等于0.1×10^{-3}μm^2(空气渗透率小于1×10^{-3}μm^2)的致密砂岩、致密碳酸盐岩等储集层中的石油及天然气,单井一般无自然产能或者自然产能低于工业油气流下限,但在一定经济条件和压裂、水平井、多分支井等技术措施下,可以获得石油或天然气工业产能。目前,致密油储层有致密砂岩、致密碳酸盐岩两种类型;致密气一般发育于致密砂岩中,所以通常称为致密砂岩气。致密砂岩气大多分布在盆地中心或者盆地构造的深部,呈大面积连续分布,故又称为深盆气、盆地中心气、连续型气。

一、致密储层

致密储集层的孔喉以纳米级、微米级孔喉为主,结构复杂,具有低孔、低渗和高排替压力等特点,其岩性既有砂岩、碳酸盐岩,也有泥页岩、煤以及混积岩类等,但前两者是主要类型。

(一)致密砂岩储层

与常规砂岩储层相比,致密砂岩储层在沉积环境与背景、成岩演化、孔隙类型、孔隙结构等方面均存在较大差异(表13-1)。我国致密砂岩储层,主要发育于陆相和海相两种沉积环境,有原生沉积型和成岩改造型两种类型,前者多发育于冲积扇与三角洲前缘相带,分选差、泥质含量高;后者又可细分为陆相和海相两种。陆相多埋藏深度大,成岩演化程度高、多演化到中成岩—晚成岩阶段,压实、压溶、胶结、充填作用比较强烈;海相一般发育于辫状河三角洲、沙坝、潮坪等环境。

表13-1 致密砂岩储层与常规砂岩储层特征对比(据邹才能等,2013)

储层特征	致密砂岩储层	常规砂岩储层
储层岩石成分	长石、岩屑含量相对较高	石英颗粒含量高,长石、岩屑含低量
成岩演化	中、晚成岩	多为中成岩B期以前
孔隙类型	次生孔隙为主	原生、次生混合孔隙

续表

储层特征	致密砂岩储层	常规砂岩储层
孔喉连通性	席状、弯曲片状喉道、连通差	短喉道,连通好
孔隙度,%	3~10	12~30
覆压基质渗透率,$10^{-3}\mu m^2$	≤0.1	>0.1
含水饱和度,%	45~70	25~50
岩石密度,g/cm^3	2.65~2.74	<2.65
毛细管压力	较大	小
储层压力	多为高异常地层压力	一般正常至略低于正常
压力敏感性	强	弱
气原地采收率,%	15~50	75~90

我国致密砂岩储层成分、结构成熟度一般比较低,泥质含量高,孔隙类型以粒间及粒内溶孔、粒间微孔、微裂缝等次生孔隙为主,原生孔隙少,孔隙度、渗透率低、物性差。使储层变致密的主要原因包括沉积作用、构造运动和成岩作用,其中沉积作用是形成低渗透储层的最基本因素;成岩作用是形成低渗透储层的关键;构造作用一般将致密砂岩储层改造成低孔低渗储层或低孔高渗储层。

(二)致密湖相碳酸盐岩储层

湖相碳酸盐岩储层多为裂缝—孔隙双重介质(图13-1),物性较差,以基质孔隙为主,基质孔隙发育程度决定储层的有效性,裂缝发育程度决定产能的高低。按储集空间类型,可分为4种。(1)孔隙型:常见孔隙类型有粒间孔隙、晶间孔隙、生物格架孔隙等,储集性能较好;(2)溶蚀孔洞型:孔隙类型以溶蚀孔隙及溶洞为主,物性条件好;(3)裂缝型:多见于较薄的脆性碳酸盐岩,裂缝既是储集空间,又是油气运移通道,多属于中、低孔隙度储层,分布面积有限;(4)复合型:原生孔隙、次生孔隙和裂缝三者同时出现或出现其中的两种。

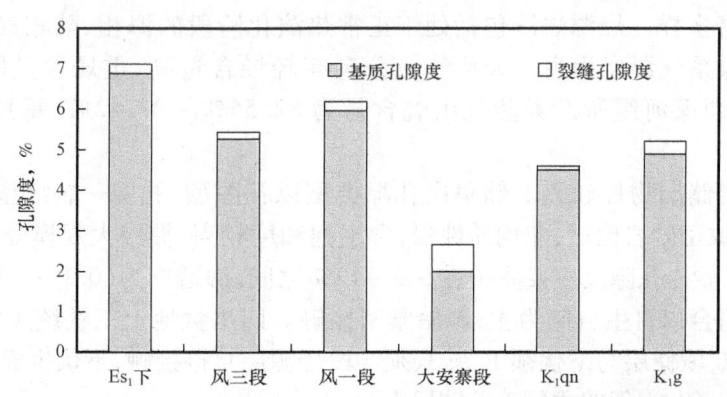

图13-1 中国部分地区湖相碳酸盐岩储集空间构成

湖相碳酸盐岩多形成于水动力条件较弱的湖湾环境。在陆源碎屑供应不足的湖湾区,水深较浅的斜坡和水下古隆起易形成各种类型的生物灰(云)岩、颗粒灰(云)岩和礁灰(云)岩,半深水至深水区可形成泥晶灰岩和泥灰岩。

二、致密油气特征

(一)致密油特征

(1)致密油原油性质比较好,地下流动状况较好,多为轻质油,比重多小于0.85。

(2)致密油聚集区多存在异常高压。由于储层致密,运移进来的油气驱替致密储层中的水,导致地层压力增大,加上油气难以散失,使得储集空间内的压力难以释放,从而形成异常高压。

(3)油气以短距离运移为主,持续充注,非浮力聚集;油层压力系数高、油质轻;生油岩成熟区($0.6\% \leq R_o \leq 1.3\%$)气油比高,易高产。

(4)源储共生,圈闭界限不明显,优质生油岩区致密油大面积分布。

(5)主要发育致密湖相碳酸盐岩、致密砂岩两类储层。储层物性差,基质渗透率低,孔喉半径小,纳米级孔喉系统发育,主体直径40~900nm;毛细管压力高,储层致密,水敏、酸敏、速敏严重,导致储层在开采过程中易受伤害。

(6)油层砂泥交互,非均质性严重,由于沉积环境不稳定,砂层的厚薄变化大,层间渗透率变化大,有的砂岩泥质含量高,地层水电阻率低,给油水层划分带来很大困难。

(7)天然裂缝相对发育,岩性坚硬致密,存在不同程度的天然裂缝系统,一般受区域性地应力的控制,具有一定的方向性,对油田开发的效果影响较大,裂缝是油气渗透的通道,也是注水窜流的条件,且人工裂缝多与天然裂缝方向一致。

(8)油层受岩性控制,水动力联系差,边底水驱动不明显,自然能量补给差,产量递减快,生产周期长,稳产靠井间接替,多数靠弹性和溶解气驱采油,油层产能递减快,一次采收率低,只能达到8%~12%,采用注水保持能量后,二次采收率可提高到25%~30%。

(二)致密气特征

(1)源岩丰富多样。烃源岩既包括处于正常热演化阶段的海相、陆相气源岩,也包括煤系气源岩,但以煤系气源岩为主。天然气成分具有轻烃含量高、重烃含量低的特点。如四川盆地上三叠统须家河组所产天然气甲烷含量为82.55%~93.42%,重烃含量常在10%以下。

(2)致密砂岩储层物性较差。储集层孔隙类型以孔隙型、孔隙—裂缝型为主,多为低孔渗—特低孔渗—致密砂岩储层,非均质性强,含水饱和度较高,储层大规模分布。如鄂尔多斯盆地苏里格气田,砂岩孔隙度主要集中在5%~12%之间,渗透率为$(0.1 \sim 0.82) \times 10^{-3} \mu m^2$。

(3)生储盖组合以自生自储为主,源储紧密接触。四川盆地上三叠统须家河组致密砂岩气,须2、须4、须6段储层与下伏须1、须3、须5段烃源层直接接触,下伏生成的天然气可通过垂向运移向上注入须二、须四或须六段储层中。

(4)油气运移以一次运移或短距离二次运移为主,油气聚集主要靠扩散方式,浮力作用受限;油气渗流以非达西流为主;也可依靠连通下部烃源层的断裂及其裂缝进行垂向运移。

(5)油气多期充注聚集。根据四川盆地上三叠统须家河组烃源岩演化史、储层演化史以及储层发育史,结合薄片镜下观察,确定川中—川南过渡带须家河组油气存在3次运聚期。已经形成的天然气由于构造活动的影响,经历重新调整、再分配和转移的再聚集,或者散失。

(6)无统一流体界面与压力系统。流体分异差,无统一流体界面与压力系统,饱和度差异大,油、气、水共存,压力系统常压、低压、高压、异常高压均有分布,以常压为主。

(7)油气分布不受构造控制。致密砂岩气在斜坡带、坳陷区均可以成为有利区,分布范围广,局部富集。

三、致密油气形成条件及分布规律

致密油与致密砂岩气在形成条件、分布规律和"甜点区"控制因素等方面存在异同(表13-2),二者最根本的区别在于致密油与生油岩共生,致密气多与煤系气源岩伴生。

表13-2 致密油与致密砂岩气形成分布与"甜点区"优选对比(邹才能等,2013)

条件与指标类型			致密油	致密砂岩气
形成条件	构造背景	原始地层倾角	构造平缓,坡度较小	
		同背景构造区面积	分布面积较大	
	沉积条件	盆地类型	坳陷、克拉通为主	坳陷、前陆、断陷为主
		沉积环境	陆相、海相	陆相、海陆过渡相、海相
	烃源岩	类型	Ⅰ型、Ⅱ型	Ⅱ型、Ⅲ型为主
		TOC	多数2%以上	较好—好含煤地层
		R_o	0.6%~1.3%	含煤地层大于1.0%,Ⅰ型、Ⅱ型干酪根大于1.3%
		分布面积	较大	
	储层	渗透率	空气渗透率小于$1\times10^{-3}\mu m^2$的储层所占比例大于70%	空气渗透率小于$1\times10^{-3}\mu m^2$的储层所占比例大于89%
		分布面积	较大	
	源储组合		源储一体或紧密接触	
	运聚条件	运移特征	一次运移或短距离二次运移为主	
		聚集动力	扩散为主,浮力作用受限	
		聚集时期	可能有多期充注	持续充注
		渗流特征	以非达西渗流为主	
分布规律	聚集特征	分布特征	大面积低丰度连续分布,局部富集,不受构造控制	
		边界特征	无明显圈闭界限	
		油气水关系	不含水或含少量水	含气饱和度差异大,气水关系复杂
		油气水、压力系统	无统一油气水界面,无统一压力系统	
	分布位置	平面位置	盆地斜坡和坳陷中心区,或后期挤压构造的褶皱区	
		纵向分布	与成熟的Ⅰ型、Ⅱ型烃源岩共生	与成熟或高成熟含煤地层共生
		深度	中浅层为主	不同深度均有发育
	流体特征	油气性质	以轻质油或凝析油为主	以有机成因甲烷气为主
		油气水共生关系	以束缚水为主	气水可共生,关系复杂

续表

条件与指标类型			致密油	致密砂岩气
"甜点区"优选	烃源岩	质量与厚度	Ⅰ型、Ⅱ型烃源岩 TOC 大于 4% 的累计厚度较大	含煤地层累计厚度较大;或Ⅰ型、Ⅱ型烃源岩 TOC 大于 3% 的累计厚度较大
		R_o	0.8%~1.2%	含煤地层大于 1.1%,Ⅰ型、Ⅱ型干酪根大于 1.3%
	储层		厚度较大,物性相对较好,或裂缝、微裂缝发育	
	油气饱和度及储量丰度	油气饱和度	致密砂岩、致密湖相碳酸盐岩的含油饱和度与该区对应储层的平均含油饱和度之差分别大于 8%、5%	含气饱和度与该区致密砂岩气平均含气饱和度之差大于 5%
		储量丰度	高于该区平均储量丰度的 2 倍以上	
满足上述条件的分布面积			较大,能满足经济规模建产条件	

(一)形成条件

(1)广覆式优质成熟烃源岩。致密油烃源岩以Ⅰ型、Ⅱ型烃源岩为主,多数 TOC 大于 2%,热演化成熟度 R_o 为 0.6%~1.3%,分布面积较大;致密砂岩气源岩若以含煤地层Ⅱ型、Ⅲ型烃源岩为主,热演化成熟度 R_o 一般大于 1.0%;若以Ⅰ型、Ⅱ型烃源岩为主,TOC 一般大于 1.5%,热演化成熟度 R_o 一般大于 1.3%。致密油气烃源岩通常分布面积比较大。

(2)致密储层主要发育纳米级孔喉,空气渗透率小于 $1 \times 10^{-3} \mu m^2$ 的储层所占比例大于 70%,分布面积较大。致密油储层主要是致密砂岩或致密湖相碳酸盐岩,而致密气储层主要是致密砂岩。

(3)源储一体或紧密接触。优质成熟烃源岩内部或与其紧密接触的致密储层组成有效生储组合,由于致密储集层孔渗性差、排替压力高,油气很难通过长距离运移进入致密储集层。因此,源储一体或源储紧密接触是形成致密油气的基本条件。

(4)油气运移以一次运移或短距离二次运移为主,油气聚集主要靠扩散方式,浮力作用受限;油气渗流以非达西流为主;也可依靠连通下部烃源层的断裂及其裂缝,作为烃类垂向运移的主要途径。生烃增压和浓度差是油气的主要运聚动力,生油期与储层致密化期可能有多种,致密油可能有多期充注,而致密砂岩气则表现为持续充注。

(5)大面积持续沉降沉积环境,主要包括大型陆相湖盆中坳陷、前陆和断陷盆地连续沉积沉降环境,海相及海陆过渡相沉积环境。

(6)大型宽缓构造背景。原始沉积时构造平缓,坡度较小,现今地层一般较平缓,但前陆冲断带附近等区域地层倾角可以较大;处于同一构造背景的区域应有较大分布面积。

(二)分布规律

(1)油气分布不受构造控制,斜坡带、坳陷区均可成为有利区,大面积连续分布,局部富集。含油气面积一般可达几百到几万平方千米,油气储量丰度和产量不受构造控制,局部"甜点"富集。

(2) 无明显圈闭界限，无统一油水或气水界面，无统一压力系统，含油气边界受岩性及物性控制，圈闭边界不明显，可存在多个油水、气水界面和压力系统。

(3) 平面上主要分布于盆地斜坡区和坳陷中心区，或后期挤压构造褶皱区。持续沉降盆地的斜坡带和坳陷中心区，或受后期挤压作用形成的构造褶皱带，是致密油气发育有利区。

(4) 致密油纵向上主要分布于与成熟的Ⅰ型、Ⅱ型烃源岩共生的致密储层中，以中浅层为主；优质成熟烃源岩内部或与之相邻的致密湖相碳酸盐岩、致密砂岩是主要分布层系。致密砂岩气纵向上主要分布于与成熟或高成熟煤系地层共生的致密砂岩中，或高过成熟的Ⅰ型、Ⅱ型烃源岩内部或与其紧密接触的致密砂岩中，不同深度均有发育。

（三）"甜点区"优选原则

"甜点区"应是致密砂油气优先勘探开发的对象，应同时满足以下4个条件：

(1) 有效烃源岩厚度大于一定值。致密油要求Ⅰ型、Ⅱ类有效烃源岩 TOC 大于4%的地层累计厚度较大，热演化成熟度 R_o 在 0.8%~1.2% 之间。致密砂岩气要求含煤地层累计厚度较大，热演化成熟度 R_o 大于 1.1%；或Ⅰ型、Ⅱ型烃源岩 TOC 大于3%的地层累计厚度较大，热演化成熟度 R_o 大于 1.3%

(2) 储层厚度较大，物性相对较好，或裂缝、微裂缝发育。致密油要求致密砂岩基质空气渗透率大于 $0.8 \times 10^{-3} \mu m^2$，孔隙度大于8%，累计厚度较大；或致密湖相碳酸盐岩基质空气渗透率大于 $0.5 \times 10^{-3} \mu m^2$，孔隙度大于5%，累计厚度较大。致密砂岩气要求储层基质空气渗透率大于 $0.5 \times 10^{-3} \mu m^2$，孔隙度大于8%，裂缝或微裂缝较发育的致密砂岩储层累计厚度较大，可局部发育低幅度构造。

(3) 含油饱和度及储量丰度相对较高。致密油要求致密砂岩饱和度一般与该区致密砂岩平均含油饱和度之差大于8%；或致密碳酸盐岩含油饱和度一般与该区致密湖相碳酸盐岩平均含油饱和度之差大于5%；储量丰度一般高于该区平均储量丰度2倍以上。致密砂岩气要求储层含气饱和度与该区致密砂岩气区平均含气饱和度之差大于5%，储量丰度高于该区平均储量丰度2倍以上。

(4) 符合上述条件的致密油区或致密砂岩气区有较大分布面积，也就是说单个区域或邻近的多个区域分布面积较大，能满足经济规模建产条件。

第二节 页岩油气

页岩油气开发利用是化石能源领域的一次重大革命，特别是页岩气，已经成为全球非常规天然气勘探开发的热点方向和现实领域。所谓页岩油气，是指从富有机质黑色页岩地层中产出的石油和天然气。传统石油地质理论认为，富有机质黑色页岩主要是提供油气来源的烃源岩，或阻止油气继续运移、逸散的封盖层，而非油气储集层，长期未被纳入主要油气勘探对象之列。但在大量钻遇富有机质黑色页岩层段的井中，发现了丰富的油气显示甚至工业油气流，但都因储层致密、储集物性差而常常被忽视，只有在裂缝非常发育的情况下，才能形成页岩裂缝型特殊油气聚集。

20世纪80年代以来,特别是进入21世纪后,北美地区页岩气成功规模开发后,人们逐渐认识到,富有机质黑色页岩可以形成源储一体型油气聚集,尤其是页岩中有机质孔、粒间孔及颗粒内孔等发育,可以有效储集油气。目前,富有机质黑色页岩已成为全球油气勘探开发的新目标,尤其是天然气勘探开发的重要类型。

一、富有机质页岩成因及地化特征

(一)富有机质页岩成因

页岩(shale)是指由粒径<0.0039mm的碎屑、黏土、有机质等组成具页状或薄片状层理、容易碎裂的一类细粒沉积(表13-3),而美国一般将粒径<0.0039mm的细粒沉积岩统称为页岩。

表13-3 常用碎屑岩分类简表(据姜在兴,2003)

颗粒粒径 (2的几何级数制),mm	>2	2~0.0625	0.0625~0.0039	0.0039	
				无纹理、无页理	有纹理、有页理
岩石类型	砾岩	砂岩	粉砂	泥岩	页岩

常见的页岩类型主要有黑色页岩和碳质、硅质、铁质页、钙质页岩等。其中,钙质页岩和硅质页岩等易于压裂,是主要的含气页岩类型。当页岩中混入一定砂质成分时,可形成砂质页岩。富有机质黑色页岩是形成页岩油气的主要岩石类型,主要包括黑色页岩和碳质页岩两类。富有机质黑色页岩含有大量的有机质与细粒分散状黄铁矿、菱铁矿等,有机质含量通常为3%~15%或更高,常具极薄层理。碳质页岩含有大量细分散状的碳化有机质,有机碳含量一般为10%~20%,黑色、染手,含大量植物化石。

页岩可以形成于海相、海陆过渡相和陆相沉积环境中。富有机质黑色页岩的形成一般需具备两个重要条件:一是表层水中浮游生物发育,生产力高;二是具备有利于沉积有机质保存、聚积与转化的条件。缺氧、富H_2S的闭塞海湾、潟湖、滞流海(湖)盆、湖泊深水区、欠补偿盆地及深水陆棚等贫氧或缺氧沉积环境,有利于富有机质黑色页岩的形成。

(二)富有机质页岩地化特征

页岩中油气含量一般与总有机碳(TOC)含量成正比,较高有机碳含量的页岩地层通常具有较高的油气含量和页岩油气资源,有经济开采价值的页岩油气远景区带的页岩必须富含有机质,最低总有机碳(TOC)含量一般在2.0%以上。如美国主要产气区页岩TOC含量为0.45%~25%,含气量为0.4~9.91m^3/t。

目前研究认为,氢含量较高的有机质主要生油,氢含量较低的有机质主要生气,且不同类型干酪根在不同演化阶段生烃产物有较大变化(图13-2)。海洋或湖泊环境下形成的有机质以Ⅰ型和Ⅱ型为主,易于生油,并随热演化程度增加,原油可裂解成气;海陆过渡相和陆相煤沼环境下形成的有机质以Ⅱ型和Ⅲ型为主,产气潜力大;当热演化程度较高时,所有类型有机质都能生成大量天然气。

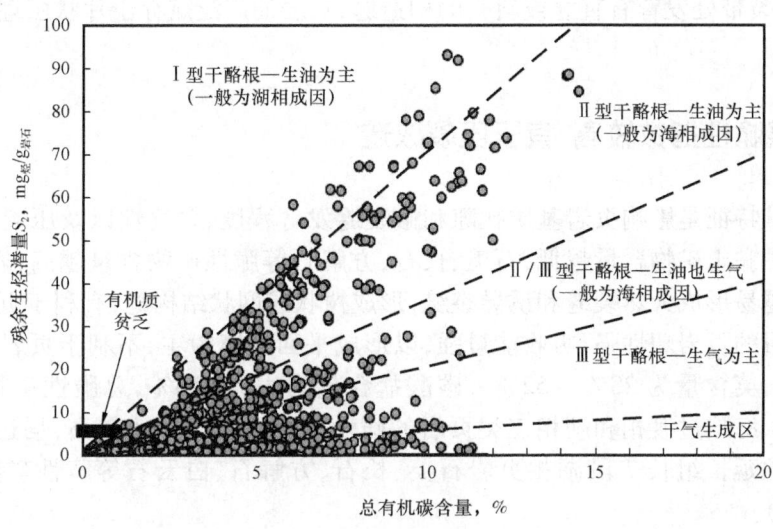

图 13-2　北美页岩总有机碳含量、有机质类型与残余生烃潜量之间关系（据 Core Lab.，2006）

依据有机成因理论，通常成熟度指标 $R_o \geqslant 1.0\%$ 为生油高峰，$R_o \geqslant 1.3\%$ 为生气阶段，有机质向烃类转化的整个过程中都可以形成页岩气，包括有机质生物降解、干酪根热降解、原油热裂解以及它们的混合等多种类型。但从页岩含气量与产量参数对比看，有机质成熟度越低，页岩含气量和产气量越小；成熟度越高，含气量和产气量越大，说明页岩气以干酪根热降解、原油热裂解等热成因为主。中国古生界海相页岩成熟度普遍较高，R_o 一般为 2.0%～4.0%，处于高—过成熟、生干气为主阶段；而中新生界陆相页岩成熟度普遍偏低，R_o 一般为 0.8%～1.2%，处于成熟—高成熟、生油为主阶段。

与常规油气形成一样，要形成工业性页岩油气，需要富有机质黑色页岩的有效厚度达到一定界限，以保证有足够的有机质及充足的储集空间。有效页岩是指总有机碳含量 >2%、处于热成熟生油气窗内、石英等脆性矿物含量 >40%、黏土矿物含量 <30%、空气孔隙度 >2%、渗透率 $>0.0001 \times 10^{-3} \mu m^2$ 的页岩。经证实，有效页岩厚度大于 30～50m 时足以满足工业开发要求。有效页岩厚度越大，尤其是连续有效厚度越大，有机质总量越大，天然气生成量越多，页岩气富集程度越高。

二、页岩油气特征

（一）储层致密，以纳米级孔隙为主

页岩储层致密，以发育多种类型纳米级微孔为特征，包括颗粒间微孔、黏土片间微孔、颗粒溶孔、溶蚀杂基内孔、粒内溶蚀孔及有机质孔等，大小以纳米级为主，从 1～3nm 至 400～750nm 不等，平均为 100nm，比表面积大，结构复杂，普遍具有低孔、超低渗、致密的特点，孔隙度、渗透率具有明显的正相关性，是页岩含气性的重要控制因素。美国主要产页岩储集层总孔隙度为 4.22%～6.51%，渗透率一般小于 $0.1 \times 10^{-3} \mu m^2$。我国威远地区筇竹寺组页岩孔隙度为 0.34%～8.10%，平均为 3.02%。50～300nm 孔喉系统一般是页岩油储层主要的储集空间；微裂缝在页岩油储层中也非常发育，类型多样，以未充填的水平层理缝为主，次

为干缩缝,近断裂带处发育有直立或斜交的构造缝,页岩油广泛赋存于片状层理面或与其平行的微裂缝中。

(二)储层脆性指数较高,宜于压裂改造

页岩岩石学特征是影响页岩基质孔隙和微裂缝发育程度、含气性以及压裂改造方式的重要因素。页岩中黏土矿物含量越低,石英、长石、方解石等脆性矿物含量越高,岩石脆性越强,在外力作用下越易形成天然裂缝和诱导裂缝,形成树状或网状结构缝,有利于页岩气开采。而高黏土矿物含量的页岩塑性强,吸收能量强,以形成平面裂缝为主,不利于页岩体积改造。美国产气页岩中石英含量为 28% ~ 52% ,碳酸盐含量为 4% ~ 16% ,总脆性矿物含量为 46 ~ 60%;中国海相、海陆过渡相和湖相三类页岩的脆性矿物含量总体比较高,均达到 40% 以上,如鄂尔多斯盆地延长组长 7 段湖相页岩石英、长石、方解石、白云石等脆性矿物含量平均达 41%(图 13 - 3)。

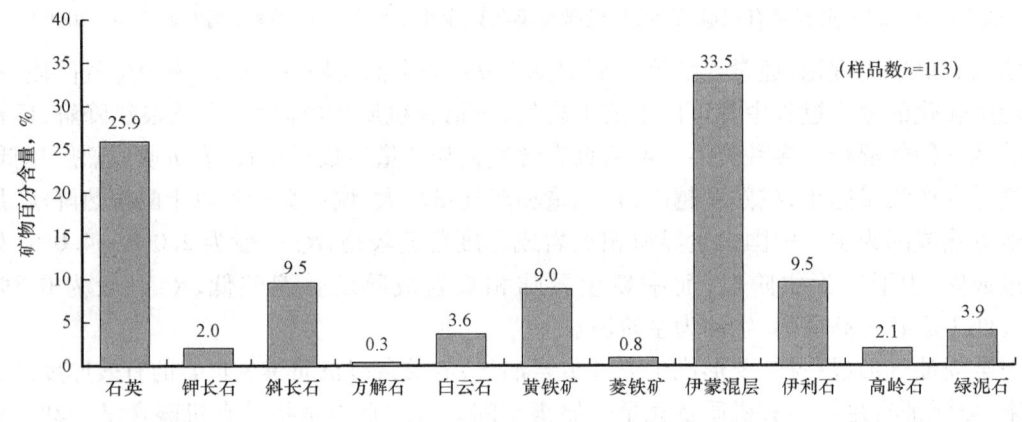

图 13 - 3　鄂尔多斯盆地延长组 7 段页岩矿物含量

(三)源储一体,滞留聚集

富有机质页岩既是源岩,也是储集岩和盖层。在有机质成烃演化的过程中,只有自身饱和后才向外溢或运移,因此页岩油气没有或仅有极短距离运移,为典型的源储一体、原位滞留聚集。依据有机质生烃理论,页岩气可以形成于有机质演化的各个阶段,表现为形成早、持续充注、连续聚集的特点。与页岩气不同,页岩油主要形成在有机质演化的液态烃生成阶段,处在液态烃生成阶段的富有机质页岩可能聚集页岩油。

(四)较高成熟度富有机质页岩,含油气性较好

据有机质生烃理论和北美产气页岩热成熟度统计,高产气页岩成熟度 R_o 大于 1.4%,尤其以 R_o 大于 2.0% 为主体,说明页岩气以热降解与原油热裂解气等热成因气为主;有利页岩油成熟度 R_o 介于 0.7% ~ 2.0%,形成轻质油和凝析油,有利于开采。

(五)无明显圈闭界限,富集仍需要良好封闭

页岩油气的形成、聚集都在页岩中,源储一体,含烃范围与有效气源岩基本相当,没有明显圈闭界限,无统一油水或气水界线,不存在传统意义上的圈闭,含水少,大面积层状连续分布,较易保存。页岩油气较易保存主要有三方面原因:一是富有机质黑色页岩一般形成于构造低部位或盆地中心,封闭条件有得天独厚的优势;二是不间断生烃供给、连续聚集,即使某个时期局部有所散失,后期仍有大量气源持续供气;三是大量的油气以吸附状态赋存,即便有抬升、散失,也很难完全被破坏。但要形成高产富集,仍需要良好的保存条件,区域盖层或封闭条件仍必不可少。

(六)以游离态与吸附态两种主要方式赋存

页岩气组成以甲烷为主,乙烷、丙烷等含量少,可以存在 N_2、CO_2 等非烃气体,极少有 H_2S 气体;气体赋存方式以吸附态、游离气两种方式为主,吸附气占总气量的比例为 20%~80%,吸附气主要与有机质、黏土矿物相关,游离气主要与基质孔隙相关,页岩吸附能力与有机质含量呈现正相关关系(图13-4)。地层条件下,油在页岩中一般有干酪根内分子吸附相、亲油颗粒表面分子吸附相和亲油颗粒网络游离相三种类型,具有滞留聚集的特征。页岩油主要以吸附态存在于有机质内部和表面、以吸附态和游离态到泥页岩基质孔隙与裂缝中,溶解相非常少,游离相是目前压裂开采的主要对象,吸附相还没有有效的开采手段。

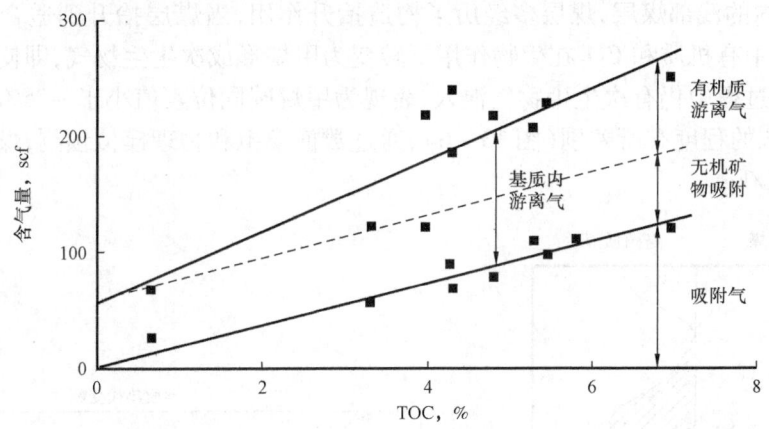

图13-4 Barnett页岩含气量与总有机碳(TOC)含量关系(据Jarvie,2004)

(七)大面积分布、资源潜力大

页岩油气分布不受构造控制,没有明显的圈闭界限,含油气范围受富有机质页岩分布控制,大面积连续分布于盆地坳陷或斜坡区。据统计,烃源岩形成的油气一般仅有 10%~20% 的资源赋存在常规储层中,其余 80% 以上的资源储存在非常规储层中,其中烃源岩内资源约占 50%。由于富有机质黑色页岩大面积区域分布,页岩气资源规模很大。据 Rogner 1997 预测,全球页岩气资源量为 $456.2 \times 10^{12} m^3$,相当于煤层气和致密气的总和。

第三节 煤 层 气

煤层气是一种生成并储存于煤层中,以吸附状态为主的烃类气体,主要成分为甲烷。在煤矿开采中俗称为"瓦斯"。煤层气与常规天然气在气体成分上相似,但在储集机理、富集过程、气藏特征和流体赋存状态上有着自身的特点。

20 世纪 80 年代以来,美国、加拿大等国家煤层气勘探开发取得了重要进展。2010 年,美国煤层气年产量已超过 $564 \times 10^8 m^3$,中国为 $14.5 \times 10^8 m^3$。据国际能源机构估计,全球煤层气资源量大约为 $256 \times 10^{12} m^3$,中国地质资源量为 $36.81 \times 10^{12} m^3$,具有巨大的发展潜力。

一、煤层气的成因及赋存

(一)煤层气的成因

煤层气主要有生物成因和热成因两种成因机制。低煤阶泥炭和褐煤具有较高的孔隙度,含水量较高,在低温条件下形成生物成因甲烷和少量其他流体。随着煤岩成熟度增加,水被排出,孔隙度减小,温度上升到细菌生存的上限而使得生物成因甲烷减少,同时复杂有机质裂解作用释放出甲烷和重烃,并伴有部分非烃气体的形成。当煤岩成熟度达到 $R_o = 0.6\%$ 时,热成因烃类气开始生成,并一直贯穿整个煤化作用过程(图 13-5)。目前开发的煤层气均位于深度在 1500m 以内的浅部煤层,煤层多经历了构造抬升作用,当煤层抬升到适合生物生存的温度范围时,煤层中有机质和 CO_2 在生物作用下转变为甲烷形成次生生物气,即使是高演化程度的煤岩,在抬升过程中仍有次生生物气混入,表现为甲烷碳同位素值小于 $-55‰$,不同盆地、不同构造背景混入的程度有所差别(图 13-6),通过数值模拟和物理模拟预测,煤的生气潜力范围为 $100 \sim 300 L/kg$。

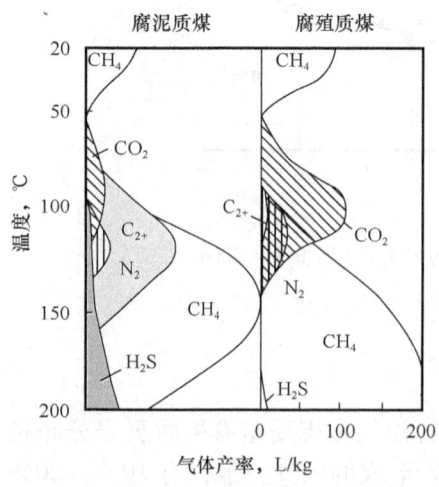

图 13-5 煤化作用过程中不同组分的天然气产率(据 Clayton,1998)

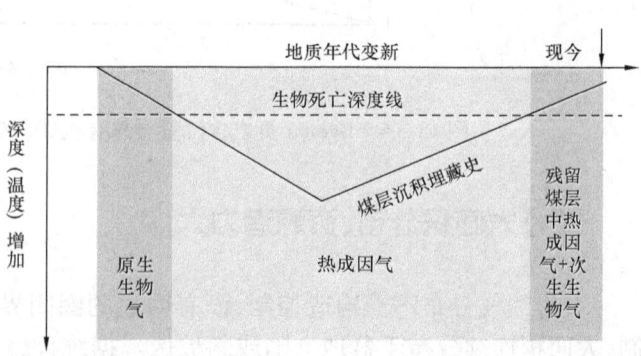

图 13-6 煤层沉积埋藏和抬升过程中不同成因煤层气的形成

(二)煤层气的赋存

煤层气是一种储集在煤层中的自生自储式的天然气。它是以煤作为气源岩和储集层,主要依赖煤对天然气的吸附作用在煤的孔隙空间中而形成天然气的聚集。煤层气的赋存状态有吸附态、游离态、溶解态,但以吸附态为主,可占70%~95%,因此煤层气的形成机理主要是煤层对天然气的吸附作用。煤基质内表面分子的吸附力在煤的表面产生吸附场,将甲烷气吸附在基质表面与基质块所含的孔隙内。吸附量的大小与煤储集层中的压力呈非线性函数关系,通常用Langmuir等温吸附方程来描述煤层气的吸附特征:

$$V_{\text{吸}} = V_{L}p/(p + p_{L}) \tag{13-1}$$

式中 V_L——Langmuir体积,反映煤体的最大吸附能力,m^3/t;

p_L——Langmuir压力,在此压力下吸附量达到最大吸附量的50%,MPa;

p——煤储集层压力,MPa。

从吸附模型看,压力对吸附量的影响是积极的,随压力升高,吸附量增加;温度对吸附能力的影响是消极的,温度对脱附起活化作用,温度越高,游离气越多,吸附气越少。因此,随温度的增加,煤的吸附能力减小,在相同压力下吸附气体的量也越少。恒温时,煤对甲烷的吸附能力随压力的增加而增加,当压力升到一定值时,煤的吸附能力达到饱和;再进一步增加压力,吸附量不再增加(图13-7)。因此,煤层气藏不受构造控制,只要有较好的盖层条件,能够维持相当的地层压力,使得煤层能"吸附住"一定量的气体,无论在储集层(即煤层)的构造高部位还是低部位都能形成气藏。

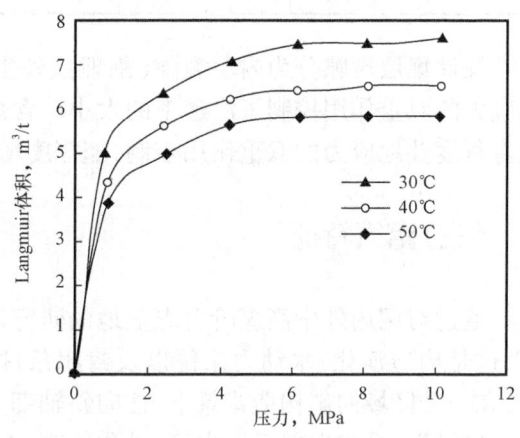

图13-7 不同温度的等温吸附曲线

二、煤层气特征

(一)化学组分

煤层气一般为干气,组分以CH_4为主(表13-4),含量变化范围为66.55%~99.98%,一般在85%~93%之间;CO_2含量在0~35.58%之间,一般小于2%;N_2的含量变化很大,一般小于10%;重烃气含量随煤级不同而变化。在碳同位素组成上,与相同成熟度的常规煤型气相比,煤层气(甲烷)碳同位素比值明显偏轻。

(二)储层特征

煤储集层是由孔隙、裂缝组成的双重孔隙系统,煤中的基质孔隙是吸附态和游离态煤层气的主要储集场所,气体的吸附量与煤的孔隙发育程度和孔隙结构特征有关。褐煤($R_o \leq 0.5\%$)的孔径大小分布较为均匀,其中$9 \times 10^3 \sim 9 \times 10^4$nm 的大孔和 2~10nm 的微孔占多数,具有较高的孔隙度,分布范围 5%~25%;高变质煤,如瘦煤、无烟煤($R_o > 2.5\%$)微孔占大多数,中孔、大孔仅占 10% 左右,孔隙度较低,一般小于 6%。高煤阶煤岩中次生孔隙发育,能够形成介孔和微孔,使得高阶煤的孔隙度增加。

表 13-4 国内外煤层气化学组成

盆地		气田	主力气层	储集层	组成							碳同位素 $\delta^{13}C_1$
					CH_4	C_2H_6	C_3H_8	nC_4H_{10}	nC_5H_{12}	CO_2	N_2	
中国	沁水	晋城	P	煤岩	98.87%	0	0	0	0	0.15%	0.94%	-31.95‰
	阜新	刘家	K	煤岩	97.76%	0.02%	0	0	0	0.79%	1.43%	-46.40‰
	淮南	新集	P	煤岩	99.75%	0	0	0	0	0.20%		-49.65‰
美国	粉河	粉河	E	煤岩	98.60%	0	0	0	0	1.40%		-62.33‰
	圣胡安	圣胡安	K	煤岩	97.00%	0	0	0	0	3.00%		-41.12‰
	黑勇士	黑勇士	C	煤岩	99.64%	0	0	0	0			-43.33‰

煤储集层裂隙分为内生裂隙(割理)、外生裂隙和继承性裂隙三类。煤裂隙的发育程度及地应力的双重作用控制了渗透率的大小。含煤盆地煤储集层渗透率变化较大,一般受裂隙的发育程度及地应力的双重作用控制,随深度增加而呈指数递减。

(三)富气特征

通过对国内外中高煤阶含煤盆地的研究发现,煤层气在大的区域背景下具有向斜富集特征,这是构造演化、水动力条件以及封闭条件综合作用的结果。向斜富气模式如图 13-8 所示,在一个区域向斜构造背景下,往向斜轴部方向,由于大气渗入水沿着边缘露头向轴部低水势方向汇聚,形成向斜区汇水区,矿化度高,在边缘隆起区可形成侧向水封堵,形成良好的保存条件环境;向斜轴部比边缘部分煤层上覆地层厚度大,煤层维持更高的地层压力,煤层气吸附量大;向斜轴部沉降幅度大、热演化程度大,有助于生气;轴部构造活动稳定,断裂、裂缝不发育和盖层稳定,均有利于煤层气的富集。因此,在向斜构造中,一般具有轴部高含气量、往边缘隆起含气量降低直至风氧化带的分布特点。

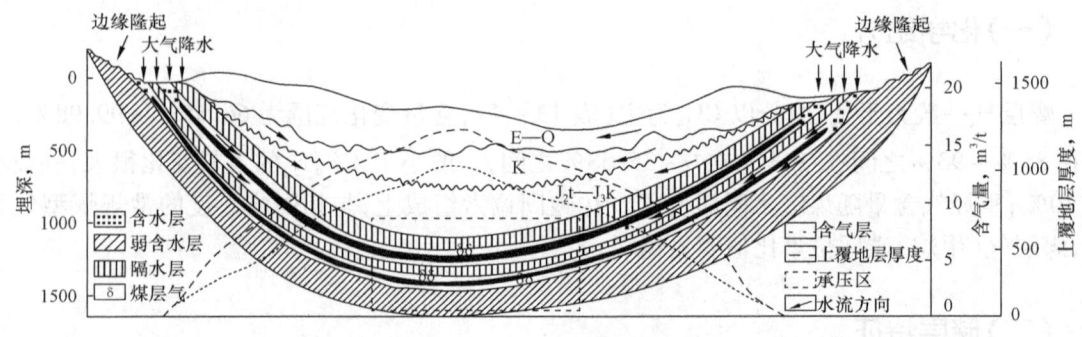

图 13-8 煤层气向斜富气特征

(四)资源分布

世界上的煤层主要分布在石炭—二叠纪、三叠—侏罗纪和白垩—古近纪3个时期,99%以上的煤炭资源分布在这些层系。据统计,大约40%煤炭资源来自石炭—二叠系,10%来自三叠—侏罗系,50%来自白垩—古近系。多数古生界的煤层成熟度较高,往往形成热成因气,而更年轻的煤层成熟度较低,形成的煤层气中生物气和次生生物气占有较大比例。

三、煤层气富集控制因素

煤层气的富集主要与煤本身的特性有关,如煤的孔隙发育、吸附能力等,而这些特性则主要受控于煤的组成(显微组分、水分、灰分等)和变质程度,其次是煤层所处的环境条件(如围岩封闭性、压力、温度等)及构造运动的影响。

(一)煤的组成

煤的组成指的是煤的显微组分、灰分和水分。煤的组成不仅对煤的产油气潜力有影响,而且影响到煤的孔隙特征、吸附能力及机械性能等。丝质组孔隙发育,有较多的宏孔存在,尤其是未被充填的植物胞腔孔保存较多时更是如此;镜质组孔隙发育不如丝质组,以介孔、微孔为主;腐泥组和壳质组孔隙最不发育。煤的吸附能力与煤的孔隙发育程度密切相关,孔隙发育者吸附能力也大。煤的孔隙发育程度是煤层含气多少的基础。水分含量的多少直接影响到煤的水溶气量,同时水会减少煤的有效孔隙,降低煤的储集性能。灰分主要充填于煤的孔隙中,对煤的孔隙发育、吸附能力均有不利影响。

(二)煤的变质程度

煤的变质程度是决定煤层甲烷生成、储集的主要因素。这就是说,煤的变质程度对煤层甲烷含量的影响是多方面的。生气热模拟实验表明,随着煤变质程度的增高,累计生气量不断增加,但对煤的孔隙发育有一定的控制作用,进而影响煤对天然气的吸附量。由此可见,煤的变质程度从生气和储集两个方面控制煤层甲烷含量。总体上,甲烷含量随煤层变质程度的增高而增大。

(三)煤层的厚度

煤层的厚度对煤层甲烷含量有着较为明显的影响,一般表现为煤层厚度越大,甲烷含量越高。其机理可能是:煤层越厚,煤层自身的封闭能力越强,致使煤的含气量增高。但并不是说煤层甲烷含量随煤层厚度的增加而持续升高,而是到一定厚度后煤层甲烷含量的增加则不是十分明显,从现有资料来看,这一厚度值很可能在6~8m。

(四)煤层的埋藏深度

煤层的埋藏深度是煤层甲烷富集的又一个控制因素,一般情况下,随着埋深的增加,煤层甲烷含量也在增加,但并非简单的线性关系。煤层埋深对煤层甲烷含量的影响,实质上,煤层压力和变质程度变化造成的压力增大会使煤的吸附能力增强,煤的变质程度增高也会增加煤的含气量,二者双重作用使煤层甲烷含量随埋深增大而增加的规律更加显著。煤层埋深的不同,也可影响到煤层甲烷的保存,浅部保存条件较深部差,这也是对煤层甲烷含量随深度变化的影响因素之一。

(五)盖层及围岩

盖层在煤层气系统中至关重要,不但维持地层压力,同时防止气体解吸和逸散。而煤层的直接盖层即为煤层的围岩。煤层顶底板是封堵煤层气的第一道屏障,是煤储集层围岩组合中最重要的岩层,其主要的岩石类型有碳酸盐岩、砂岩、泥岩、油页岩和砂泥岩互层。煤层围岩在煤田地质学中称为煤层顶板和底板,其封闭性越好,越有利于天然气封存。封闭机理可以分为薄膜封闭、水力封闭、压力封闭和浓度封闭等多种类型,封闭能力与岩性、韧性、厚度、连续性和埋深有关。

第四节 其他类型非常规油气

一、重油和沥青

重油和沥青,不同国家有不同的定义标准。本书对重油和沥青的定义为:油层温度条件下,黏度大于 1.0×10^4 mPa·s,相对密度大于 1.0 的石油为沥青,又名为油砂;油层温度条件下,黏度为 $50\sim1.0\times10^4$ mPa·s,相对密度为 $0.934\sim1.0$ 的石油为重油。

重油和沥青资源量巨大,甚至可能超过常规油气资源量,在目前世界烃类资源中占有重要地位。据 CNPC(2011)评价,全球重油地质资源量为 42712×10^8 bbl,可采资源量为 7147×10^8 bbl;沥青地质资源量为 66945×10^8 bbl,可采资源量为 7095×10^8 bbl。

与常规原油一样,重油和沥青也主要由碳、氢、氧、氮、硫元素组成,以碳和氢为主,含有微量的镍、钒、铁、铜等金属元素,但是氢含量较低,氢碳比较小,大多在 1.7 以下。物理性质的特点是密度大、黏度高和馏分组成偏重。

重油和沥青的成因主要有原生型和次生型两种成因类型。其形成首先需要有广泛分布的优质烃源岩,只有大规模分布的优质烃源岩才能大规模生排烃,生成的石油进行长距离运移并遭受降解和水洗等稠变作用形成重油和沥青,达到一定规模才能满足经济性开采。其次是需要大规模优质储集层,一般分布广、规模大、成岩程度低,大多处在未固结或未压实阶段。第三是油气保存条件较差,盖层缺失或封闭性能不够,不能形成常规油气藏,经历生物降解和水洗作用,原油稠变程度高,最终形成重油和沥青,导致重油和沥青通常分布在盆地边缘凸起部位或者浅层等保存条件较差的部位。

重油和沥青的成藏一般有斜坡降解型和抬升破坏型两种模式,一般分布于边缘斜坡带、凸起带、凹陷中央断裂背斜带。根据埋深的大小,有不同的开采方式:当重油和沥青层出露地表或埋深不超过 75m,且厚度大于 3m 时,一般采用露天开采法;埋藏大于 75m,一般采用原地开采技术,包括携砂冷采、注水开发、注蒸汽开发、火烧油层、微生物处理和原地催化等,其中蒸汽辅助重力驱、蒸汽吞吐和冷采在目前油砂开采中应用范围比较广。

二、油页岩

油页岩(又称油母页岩)是一种高灰分的固体可燃有机矿产,通过干馏可获得油页岩油,含油率大于 3.5%,一般灰分含量大于 40%,有机质含量较高,主要为腐泥型、腐殖腐泥型和腐泥腐殖型干酪根,其发热量一般不小于 4.18MJ/kg。

油页岩作为一种重要的非常规能源,储量巨大。据不完全统计,全球 42 个国家共有油页岩油地质资源量 $4540 \times 10^8 t$,可采资源量约 $1500 \times 10^8 t$,主要分布于美国、中国、俄罗斯等 11 个国家,其中美国油页岩油资源量最大,占全球总资源量的 71%。

油页岩是一种沉积岩,固体有机质充填于无机矿物质的骨架内,颜色一般呈灰褐色、褐黄色、深灰色、灰黑色,少数呈灰绿色或杂色,一般为暗淡光泽、油脂光泽或沥青光泽,参差状或贝壳状断口,致密块状构造,通常含油率越高,颜色及色调越深、且光泽也相对越强。油页岩质地细腻,密度较碳质页岩轻,干燥的油页岩密度只有 $1.3 \sim 1.8 g/cm^3$,具有弹性,坚韧而不易破碎,用指甲刻划呈光滑条痕,火烧冒烟,并带有浓烈的沥青味。

含油率、灰分、发热量等工业指标是评价油页岩的重要参数,三个指标越高说明油页岩品位越高、质量越好。国内根据中国油页岩特征,选择含油率与灰分成分作为指标,建立了工业—成因分类方案(表 13 – 5)

表 13 – 5 中国油页岩工业—成因性质分类(据赵隆业等,1990)

成因分类 级、组、种	腐泥质	腐殖腐泥	腐泥腐殖
发热量,MJ/kg	高发热量 12.5	中发热量 8.4 ~ 12.5	低发热量 6.3 ~ 8.4
亚级——焦油产率	高焦油率 有机质(40% ~ 50%) 低灰分(<60%)	中焦油率 中有机质(40% ~ 50%) 中灰分(60% ~ 70%)	低焦油率中 中有机质(30% ~ 40%) 高灰分(>70%)
组——T/Q 比	>6	5 ~ 6	<5
亚组——煤岩显微组分	结构藻类体无结构藻类体	结构藻类体 腐泥腐殖混合组分 胶质藻类体+壳质体+镜质体	镜质体 – 腐泥腐殖混合组分 镜质体+壳质体+胶质藻类体
种——矿物质	碳酸盐质(CaO + MgO = 20%) 硅铝—碳酸盐质 (CaO + MgO = 10% ~ 20%)	硅铝质(CaO + MgO < 10%)	硅质($SiO_2 + Al_2O_3 > 70\%$)
亚种——硫	低硫,<2%	中硫,2% ~ 4%	高硫,>4%
伴生组分	稀有分散元素高,可工业利用 Al、K、Na、Ca、P 等		
工业利用方向	化学工业、能源工业、建材工业		化学工业(硫化工产品)、能源工业

油页岩开采方式主要有直接开采和原地采收两种方式。直接开采包括露天和井下两种开发类型,露天开采适合于埋藏较浅的油页岩矿床开采,成本低,安全系数高;井下开采有竖井、水平坑道采矿两种方式,适合于埋藏较深的油页岩矿床,如爱沙尼亚采用坑道式挖掘开采方式,但直接开采对生态环境的破坏也十分严重,目前不鼓励。原地采收包括垂直原地采收(MISR)、水平原地采收、油井原地采收、原地干馏(ICP)技术四种开采方式。前三种方法与技术较为成熟,但收油率太低,基本难以大规模工业化应用;ICP技术正在进行试验,已见到初步效果,应是今后原位开采主要发展的开采技术。

油页岩除了通过干馏、热解等方法从中获取的油页岩油之外,还可用于发电、化工、医药、建筑、农业等方面,可以形成炼油—提取化学物品—发电—多金属—建筑建材一条龙产业链(图13-9)。

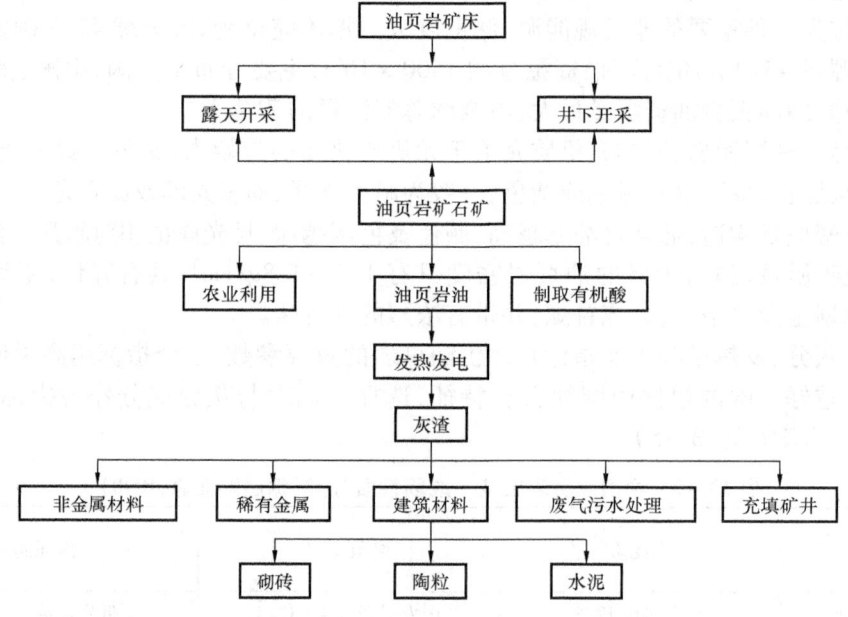

图13-9 油页岩综合开发利用流程

三、天然气水合物

天然气水合物(又名可燃冰、固体瓦斯、汽冰,化学式为 $CH_4 \cdot nH_2O$),是指由水分子和甲烷、乙烷等烃类气体分子及氮气、二氧化碳等非烃类气体分子在低温(-10~+28℃)、高压(1~9MPa)条件下,通过范德华力相互作用而形成的结晶状笼形固体络合物。其中,水分子借助氢键形成结晶网络,天然气分子充满在网络中的孔穴内。水合物具有极强的储载气体能力,一个单位体积的天然气水合物可储载100~200倍于该体积的气体量。

在自然界发现的天然气水合物多呈白色、淡黄色、琥珀色、暗褐色亚等轴状、层状、小针状结晶体或分散状,外形如冰雪状。它可存在于零下,又可存在于零上温度环境。从所取得的岩心样品来看,气水合物可以多种方式存在:① 占据大的岩石粒间孔隙;② 以球粒状散布于细粒岩石中;③ 以固体形式填充在裂缝中;④ 大块固态水合物伴随少量沉积。其燃烧后几乎不产生任何残渣,污染比煤、石油、天然气都要小得多,是一种燃烧值高、清洁无污染的新型能源,分布广泛而且储量巨大。

天然气水合物的成藏需具备四个基本条件：① 足够低的温度,一般温度低于10℃；② 较高的压力,一般压力大于10MPa；③ 有利的储集空间,一般存在于粗砂岩的孔隙中、细砂岩的团块中、固体充填裂缝中和由少数含有固体天然气水合物的沉积物组成的块状单元中；④ 足够的水和气,水则是来自于海洋和陆地沉积物中的水,气源主要是微生物成因和热分解的烃气。然而,甲烷在海水中的溶解度很低,只是水体积的0.045,因此天然气水合物在自然界中只能形成于甲烷来源丰富的富有机质沉积物或油气富集区。

天然气水合物形成有两种模式,一种是溶有甲烷的水从水合物稳定带下面运移进入,随着甲烷从水中脱溶出来及沉积物孔隙中水合物的形成,甲烷相对富集;另一种是甲烷以独立气泡相沿断裂或孔渗性良好的沉积层由下部运移而来,断裂和砂层既发挥通道的作用又为水合物提供发育的空间。

天然气水合物在自然界广泛分布在大陆永久冻土、岛屿的斜坡地带、活动和被动大陆边缘的隆起处、极地大陆架以及海洋和一些内陆湖的深水环境。在地球上大约有27%的陆地是可以形成天然气水合物的潜在地区,而在世界大洋水域中约有90%的面积也属这样的潜在区域,初步估算,全球水合物中聚集的天然气量约$2.8 \times 10^{15} \sim 8 \times 10^{18} m^3$,98%分布在海底。我国天然气水合物主要分布在南海海域、东海海域、青藏高原冻土带以及东北冻土带,初步估算技术可采资源量约$(50 \sim 70) \times 10^{12} m^3$。

天然气水合物除少部分分布在陆上寒冷的永久冻土带外,绝大多数分布在300~3000m水深的海底沉积物中,勘探开发非常困难。近十几年来,天然气水合物的勘探技术日趋成熟,对评价预测全球天然气水合物的资源潜力有重要的作用。目前,主要的评价预测技术有地震技术、测井技术、地球化学技术、标志矿物技术等。

从已经形成天然气水合物的地层中开发天然气,实际上是满足天然气水合物发生分解反应的过程。降低地层压力或者升高温度,均可使天然气水合物中的甲烷分子和水分子之间范德华力减弱,从而使固态的天然气水合物释放出大量的甲烷气体。天然气水合物传统的开发方法有三类,分别为热激发法、降压法和化学抑制剂法;新型的开采技术有CO_2置换开采法、压裂开采法、固体开采法。2018年5月10日,中国地质调查局对南海神狐海域天然气水合物采用降压法首次试采成功,达到了日均产气一万方以上以及连续一周不间断的国际公认指标,标志着中国在这一领域的综合实力达到世界顶尖水平。

思 考 题

1. 什么是非常规油气,有什么特点?
2. 致密砂岩储层与常规砂岩储层有什么异同?
3. 致密油的有什么特征? 形成条件和分布规律是什么?
4. 致密砂岩气的有什么特征? 形成条件和分布规律是什么?
5. 致密油和致密砂岩气"甜点区"优选原则是什么?
6. 致密油和致密砂岩气形成和分布有什么异同点?
7. 富有机质页岩有什么典型特征?
8. 页岩油气的典型特征是什么?

9. 煤层气的成因和赋存机理是什么？
10. 煤层气的典型特征是什么？
11. 煤层气富集控制因素有哪些？
12. 天然气水合物的成藏条件是什么？
13. 重油和沥青是如何形成的？
14. 页岩油和油页岩有什么差异？

第十四章 油气分布规律

地壳中只要有油气源、储集层和盖层存在,且油气运移因素和圈闭条件匹配恰当,就能形成油气藏,而这些因素的特性及其匹配关系常受地壳中不同级别的地质构造单元所控制,即受区域构造及岩相条件变化的控制而使油气聚集有级次、有规律地分布。油气藏是地壳中最小的油气聚集单元;在同一面积内由若干个油气藏可组成一个油气田;而油气田并非是孤立存在的,常常受一定地质条件控制成群、成带出现,形成了油气聚集带;有些油气聚集带往往具有相同的油气来源,处于同一个含油气区内,具有相似的油气生成、运移和聚集过程;油气藏、油气田、油气聚集带和含油气区又都发育并形成于含油气盆地中。因此,地壳中含油气盆地是油气分布的基本单元,含油气区、油气聚集带、油气田和油气藏是含油气盆地中不同级次的油气聚集单元。

不同类型含油气盆地的形成机制、演化历史不同,其烃源岩、储集层、盖层和圈闭等油气成藏要素的发育以及烃源岩演化、油气生成、油气运聚的历史和油气保存条件也不相同,从而造成了不同类型盆地油气资源丰度和油气分布规律的差异。掌握不同类型含油气盆地的石油地质特征和油气分布规律,对于认识不同盆地的油气藏形成条件、评价盆地的油气资源前景、高效勘探和发现油气田具有重要意义。

第一节 油 气 田

一、油气田的概念

石油和天然气之所以能够聚集起来,是由于在局部地质单元控制下形成了各种类型的圈闭。这类局部地质单元可以是穹窿、背斜、生物礁、古潜山等,在它们所控制的范围内往往伴生多种类型的圈闭,从而形成多种类型的油气藏,这些受同一局部地质单元所控制的同一面积内的油藏、气藏和油气藏的总和,就构成了一个油气田。如果在这个局部地质单元范围内只有油藏,称为油田;只有气藏,称为气田。

石油地质学上的油气田和通常说的大庆油田、长庆油田等概念是不同的,后者是一个经济、地理上的概念。术语"油气田"应该包括下列内涵:

(1)油气田是指油气现在聚集的场所,而非它们原来的生成地点。

(2)一个油气田是受单一局部地质单元控制的。这个"局部地质单元"可以是穹窿、背斜、单斜、盐丘或泥火山刺穿构造等构造单元,也可以是受生物礁、古潜山、古河道、古沙洲等控制的非构造单元。这些"局部地质单元"控制范围内所有各种不同类型的油气藏构成一个油气田。

(3)一个油气田分布在同一面积内,同一油气田内不同油气藏的含油面积可以叠合连片。这个面积大小相差悬殊,小者只有几平方千米,大者可达上千平方千米,不论它的面积大小,这个面积总是受单一局部地质单元所控制。而有些油气田的若干单个产油气面积并不是直接相连,只是位置接近,但产油气层位、储集层类型和特征以及圈闭和油气藏形成机理都相似,也常被看作一个油气田。

(4)一个油气田可以包括一个或若干个不同类型、不同储集层时代的油藏或气藏。

二、油气田的类型

形成任何一个油气田,单一的"局部地质单元"是最重要的因素。它不仅决定了油气田面积的大小,更重要的是它直接控制着该范围内各种圈闭的形成,同时也控制了油气藏的类型。因此,在进行油气田分类时,往往以"局部地质单元"的成因条件作为基础。根据控制油气田形成的"局部地质单元"的性质及其中主要油气藏类型的不同,油气田可以分为构造型、地层型、岩性型和复合型四大类,各类可进一步划分为若干亚类。

(一)构造型油气田

构造型油气田是指受单一构造因素控制而形成的油气田,如褶皱和断层。若以背斜控制为主,则称为背斜油气田;若以断层控制为主,则称为断层(或断块)油气田。

背斜油气田中控制油气田形成的局部地质单元是褶皱变形所形成的背斜构造。在背斜范围内的储集层只要上方被盖层所封闭,都可以形成背斜圈闭。因此,多油气层在垂向上叠合,形成巨厚的含油气层组,常常是背斜油气田最显著的特征之一。背斜油气田的储集层可以是碎屑岩,也可以是碳酸盐岩;形态可以是强烈褶皱,甚至倒转,也可以是中等至平缓的褶皱。但必须指出,并不是所有的背斜构造在垂向上不同深度的形态都是一致的,背斜的高点位置及褶皱的形态也可以随深度而改变。背斜油气田由于具有巨厚的含油气层组,常可形成大型油气田,在世界油气储量分布中占有极为重要的地位,如大庆萨尔图油田和伏尔加—乌拉尔含油气盆地的库列绍夫油田。

断层油气田是主要由断层油气藏组成的油气田,断层油气田常见于断陷盆地中或盆地斜坡带或挠曲带。这种类型的油气田由于断层的发育使油气藏复杂化,构造断裂带内的油气藏被断层切割为许多断块,分隔性强,各断块内油水系统复杂,含油层位、含油高度、含油面积很不一致。在我国东部渤海湾盆地发育大量的断层油气田,这些断层油气田的背景可以是单斜,有时也可以是在背斜的构造背景上被断层所复杂化,如黄骅坳陷的港东油田(图14-1)。断层油气田一般以中小型为主,储量达到大油气田的寥寥无几。

(二)地层型油气田

地层型油气田是受不整合因素控制而形成的油气田,包括地层不整合油气田和地层超覆油气田。

地层不整合油气田的油气藏类型多数为潜伏剥蚀构造油气藏,如果一个油气田仅由古潜山油气藏组成,也属于地层不整合油气田(古潜山油气田);地层超覆油气田一般发育在区域性单斜的构造背景上,其地层的沉积环境往往位于盆地边缘。在这种区域构造背景和沉积条件下,不整合油气藏和地层超覆油气藏发育。

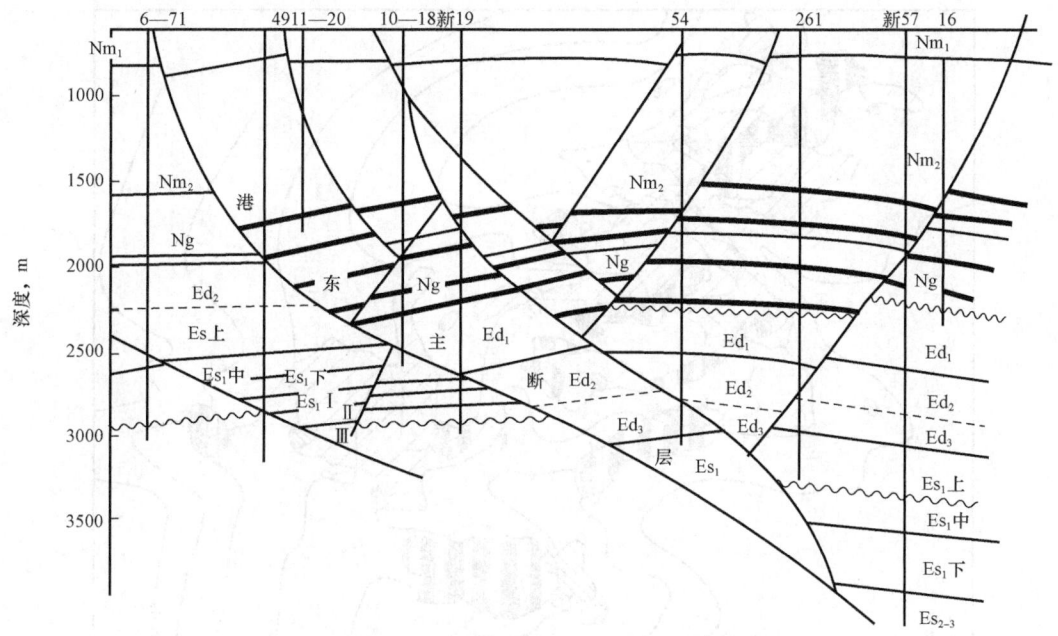

图 14-1　港东油田构造横剖面示意图(据潘钟祥,1986)

(三)岩性型油气田

岩性型油气田是受岩性因素控制而形成的油气田,包括砂岩透镜体带状油气田以及岩性尖灭油气田。

在沉积盆地古河道发育区,往往形成一系列沿古河道发育的砂岩透镜体,可以形成一系列砂岩透镜体油气藏。这些砂岩透镜体油气藏的油气聚集条件和控制因素相同,并且其分布受古河道的控制,尽管有时其含油面积不一定完全连片,但彼此接近,形成一个油气田,这类油气田可以称为透镜体带状油气田(图14-2)。

盆地的斜坡地区在沉积过程中往往可以形成一系列的砂岩尖灭,有些在沉积时就是上倾尖灭;有些沉积时为下倾尖灭,后来由于反转作用形成上倾尖灭。因此在这种背景下,可以形成一系列的砂岩上倾尖灭油气藏。主要由砂岩上倾尖灭油气藏组成的油气田称为岩性尖灭型油气田(图14-3)。

只由生物礁油气藏构成的礁型油气田也属岩性型油气田,这样的油气田称为单一生物礁油气田。

(四)复合型油气田

复合型油气田是指在油气田范围内不同层位和不同深度油气藏的圈闭条件受构造、地层、岩性和水动力诸因素中两种或多种因素控制,但这些控制因素的形成一般与形成油气田的"局部地质单元"具有某种成因上的联系,如地层岩性复合型油气田、生物礁复合型油气田、潜山复合型油气田等。

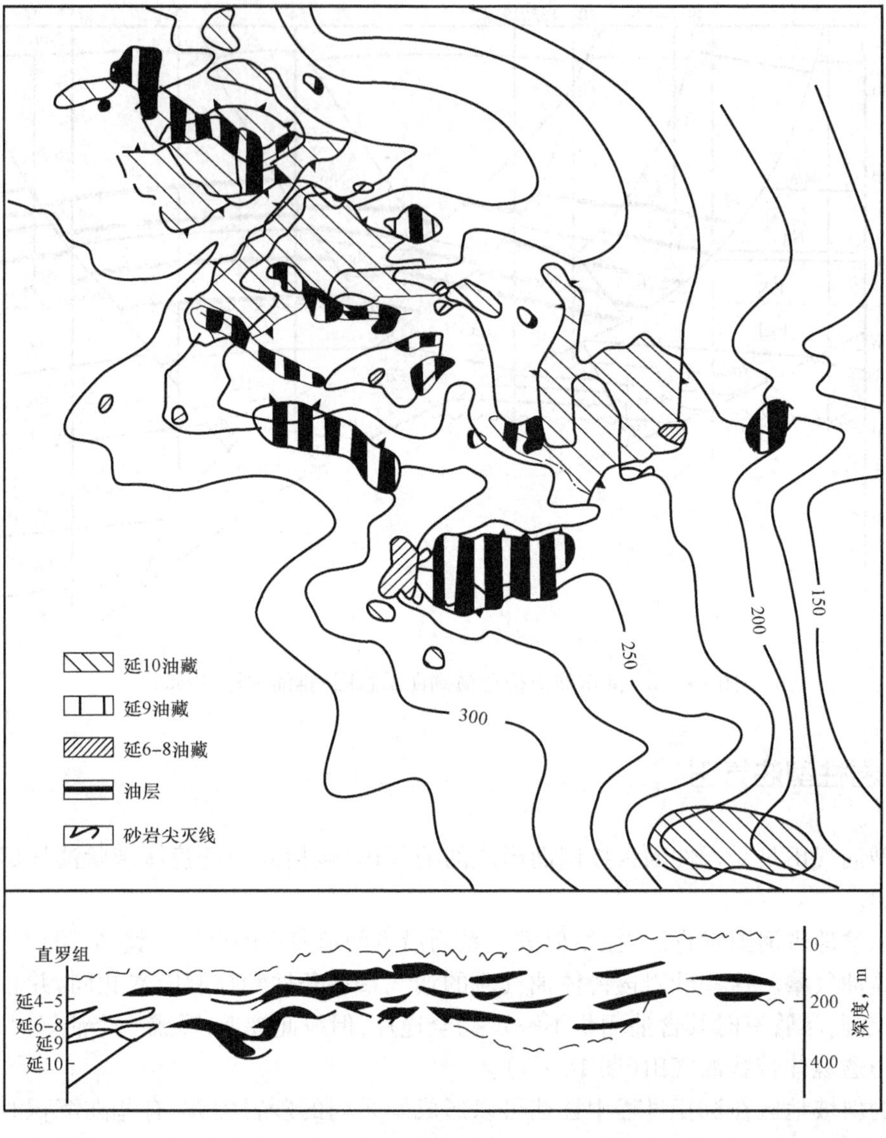

图 14-2 马岭油田油气藏分布图(据胡见义、黄第藩等,1991)

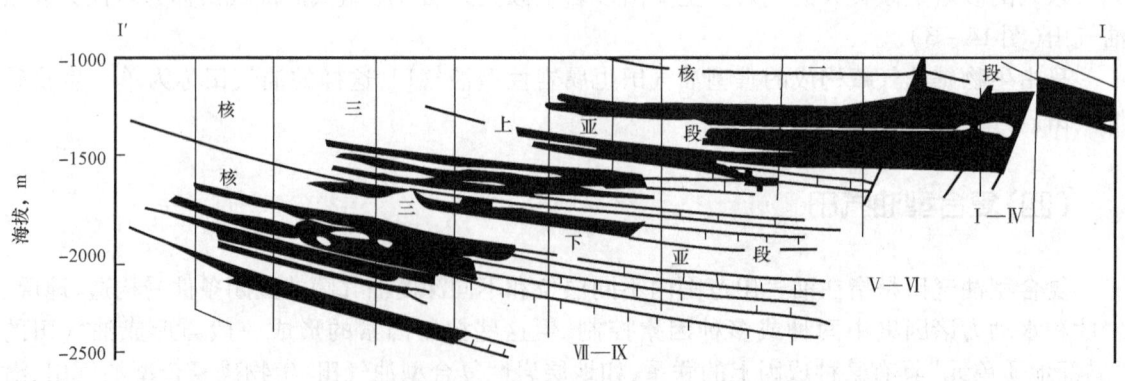

图 14-3 泌阳凹陷双河砂岩上倾尖灭油气藏平面图及剖面图(据胡见义等,1991)

第二节 油气聚集带及含油气区

一、油气聚集带

(一)油气聚集带的概念

油气勘探实践已经证明,油气田在地壳上不是孤立存在的,当发现一个油气田后,经常会在其邻近区域内找到一串新的油气田。这是因为油气的运移和聚集是一种区域性的,即运移指向常常受二级构造带所控制,当这些二级构造带与油源区连通较好或相距较近时,随着油气源源不断供给,整个二级构造带各局部构造的一系列圈闭都可能形成油气藏,造成油气田成群成带出现,成为油气聚集带。这些油气藏在成因上是相联的,油气聚集条件是相似的。所以,油气聚集带是在同一个二级构造带中,互有成因联系,油气聚集条件相似的一系列油气田的总和。

(二)油气聚集带的类型

在地壳上不同大地构造单元的沉积盆地中,由于区域地质构造条件和沉积条件的差别,可以形成各种类型的二级构造带和地层岩相变化带,因此,油气聚集带也呈现各种类型。根据控制油气聚集带的基本地质条件是构造的还是地层岩性的,可以把油气聚集带划分为两大类:构造型油气聚集带和地层岩性型油气聚集带。每一大类油气聚集带又可以根据控制因素特征的不同进一步进行划分。

(三)有利的油气聚集带

油气聚集带在盆地中油气分布的控制作用,对寻找石油和天然气资源具有重大的意义。在明确了油气聚集带的分布规律及其特点后,就可按其分布规律找寻和追索适于储油的局部构造。值得强调的是,在同一油气聚集带上的构造,并不一定全都含油气,有的可能成为油气田,有的可能条件较差而未形成油气田。因此,在研究油气聚集带分布规律的基础上,根据构造形成时间早晚、圈闭条件好坏、距油源区远近及后期保存情况等方面分析局部构造的含油气性,选择含油气远景最大的构造优先部署勘探。

从地质发展的观点分析,有利的油气聚集带应当是:

(1)沉积盆地油源区或其附近长期继承性隆起的背斜型油气聚集带。该带离油源区近,储集岩相带发育,构造圈闭形成早,在隆起过程中,已生成的油气便可就近聚集。

(2)在地质历史发展过程中,一般形成较早的油气聚集带含油气较为有利。但也要具体分析,有的后期形成的构造带,隆起幅度较高,油气重新分布,使形成时间较晚但隆起幅度较高的构造含油气远景变大。

(3)沉积盆地边缘的大单斜带,往往是有利的储集相带发育区,且易形成各种地层、断层和岩性圈闭,在区域性油气运移过程中,是油气运移指向区,有利于形成有利的油气聚集带。

(4)生物礁、盐丘、古潜山及滨海沙洲发育地带,都可以形成各种特殊类型的有利油气聚集带。

二、含油气区

在沉积盆地中,由于地壳升降的差异性,总是有相对隆起区和相对坳陷区。坳陷区长期沉降,接受细粒沉积,形成生油坳陷。有利的油气聚集带主要分布在这些坳陷中。同一坳陷中,地质发展历史和沉积岩系发育特征具有统一性,油气生成过程和聚集过程也有共同规律。因此,石油地质工作者将上述属于同一大地构造单元,有统一的地质发展历史和油气生成、聚集条件的沉积坳陷,称为含油气区。

第三节 含油气盆地

没有盆地就没有石油,找油必须先找盆地。这种认识是经过长期的勘探实践得来的,从找盆地到找烃源岩、储集岩、圈闭并研究油气的保存条件,反映了找油认识由浅入深的过程。含油气盆地是油气生成、运移、聚集和油气分布的基本单元,含油气盆地的特征控制了油气在剖面和平面上的分布。

一、含油气盆地的基本特征

(一)含油气盆地的概念

从不同的角度,"盆地"一词有不同的含义。地理上,四周被高地围绕的低洼地区,称为"地貌盆地",主要是指地形而言,如四川盆地、准噶尔盆地、塔里木盆地、柴达木盆地等。沉积物堆积之后,由于地壳运动改造而形成的盆地,称为"构造盆地",又称"沉积后盆地",如大型的向斜、地堑等。

在某一特定地史时期,长期不断下沉接受沉积物堆积,沉积物的厚度比周围地区的沉积物厚,这样的区域称为"沉积盆地"。沉积盆地强调了盆地的三个基本属性:第一,盆地是由一定的物质组成的,即它应该至少含有1km厚的沉积岩层;第二,盆地都是发育在一定的地质时代的,盆地可以是现代的,也可以是地质历史中的;第三,盆地具有一定的空间形态,它应或多或少地保留了它原有的盆状形态。

含油气盆地则是必须具有良好的生储盖组合和圈闭条件,并且已经发生油气生成、运移和聚集过程,形成工业性(商业性)油气聚集的沉积盆地。因此,含油气盆地是具备油气田的沉积盆地。

实践证明,不同类型盆地的油气分布规律是有差别的。因此,研究盆地类型,掌握类似盆地的特点和油气聚集规律,可以指导新区油气勘探,也为老区寻找新的储量提供理论依据。

(二)含油气盆地的结构

世界上存在众多的沉积盆地,它们大小不一、形态各异。盆地的结构包括三个部分,即盆地的基底、盆地的周边和盆地的盖层。

1. 盆地的基底

盆地的基底是指接受沉积物之前的坚硬底盘,是盆地接受沉积物堆积的凹形基座。含油气盆地是某一地质时期沉积物堆积的区域,盆地的基底应该由盆地形成以前各个地质时代的岩石组成。基底岩性、形态上的差异强烈地控制着后期沉积物的分布方式。

古生代及以后形成的沉积盆地的基底一般由前震旦系变质岩系组成,属结晶变质岩基底。它们大部分发育在稳定克拉通地区,由于刚性较大,构造活动性较小,因此其上的含油气盆地一般都具有较大规模,形态上大都呈椭圆形。覆于底盘之上的沉积盖层以古生界和中生界为主,一般厚度不大,褶曲平缓巨大,断裂不发育。烃源岩层系稳定且广泛分布,储集层类型较多,除砂岩储集层外,石灰岩储集层和白云岩储集层也较发育,油气运移缓慢,油气藏的含油气面积大,油气藏保存条件较好。

中—新生代的沉积盆地,多发育于板块边缘活动带和板内活动带,基底多以年轻的褶皱浅变质岩系和沉积岩系为主。由于褶皱带往往成长条形,所以盆地大都呈长条形,规模相对较小,面积不大;由于刚性小,基底下降深而沉积厚度大,褶皱和断裂比较剧烈;盆地中的烃源岩层系和含油岩系因多次沉积旋回而多次出现,并且厚度较大但不稳定;油气运移条件较好;圈闭类型多;油气藏形成较快,但保存条件受构造影响较大;油气显示普遍,如我国东部的大多数断陷盆地和西部的前陆盆地。

盆地的基底岩石也可以跨结晶岩系和沉积岩系,即为"双基底"。如我国的准噶尔盆地,南部基底为天山古生界褶皱带,北部基底为前震旦系变质岩系,由于二者基底的时代和性质不同,导致其生储盖组合时代及圈闭条件都有显著差别。

2. 盆地的周边

盆地的周边也就是盆地的边界,主要涉及盆地内的沉积岩层与盆地周围岩层的接触关系。边界条件往往与基底类型有密切的关系。

典型的盆地周边接触关系可分为超覆式接触和断层式接触(图14-4)。超覆式接触的盆地一般位于稳定克拉通地区,以前震旦系结晶岩为基底,呈坳陷型,沉积中心与沉降中心一致;但超覆式接触边界的确定常常有人为性和灵活性,这是因为原始沉积盆地受后期地壳运动改造、叠置和解体,其沉积过渡边界已不易恢复原来的轮廓和形态,人们总是以比最年轻的含油层系更老的地层出露为界。断层式接触的盆地以某一大断层为界,往往为深大断层,盆地以断陷为主,平面上为长条形,剖面上为槽状。而事实上,盆地四周同边界地质体的接触关系,在不同地质时期可以有不同的表现形式,如渤海湾盆地在古近纪以断陷为主,其边界为断层式接触;而在新近纪,盆地周边为超覆式接触。盆地的两侧也可以表现为不同的接触方式,如盆地的一边为超覆式接触,另一边为断层式接触,即所谓断超式接触盆地,其发展兼有断陷和坳陷的特征。通过对盆地周边地质体的研究,可以了解基底的时代、性质和构造特征。因此,地质学家们在含油气盆地研究中,对盆地周边的研究给予了很大的重视。

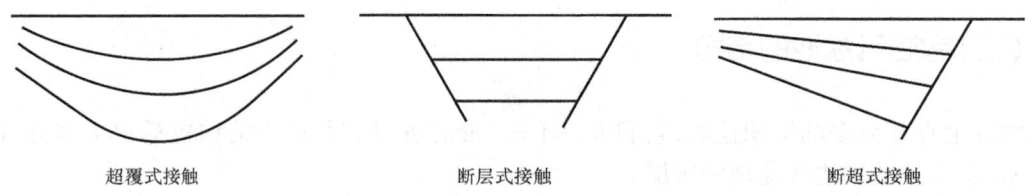

图14-4 盆地的周边接触关系类型示意图

3. 盆地的盖层

盆地的盖层是含油气盆地内覆于基底之上的沉积岩层，它是盆地的核心。一个盆地往往由于其周期性的升降运动，使沉积盖层形成由粗到细再到粗的旋回性。一个沉积旋回，往往形成一套生储盖组合。一个含油气盆地可以只有一次周期活动，存在一个沉积旋回和一套生储盖组合；也可以存在多个周期活动，使沉积具有多旋回性，形成不同时期的一系列生储盖组合，成为多烃源岩层系、多含油层系的沉积盆地。可见，盆地的沉积盖层与盆地的发育历史密切相关。

盆地的基底、周边和盖层三者有机结合，共同组成一个沉积盆地，缺一不可。而含油气盆地与沉积盆地的不同之处是，含油气盆地具有油气生成、运移并聚集成工业油气藏的特征，即必须具有至少一个生烃坳陷（或中心）。缺少生烃坳陷的盆地不能称为含油气盆地。

（三）含油气盆地的内部构造

含油气盆地是一种沉降大地构造单元，但由于基底结构的不同以及构造活动的差异性，盆地沉降时，其基底有的部分沉降较快形成坳陷，有的部分则沉降较慢，坳陷较浅，成为相对隆起，甚至局部露出水面成为剥蚀区。隆起以相对上升占优势，基底埋藏浅，其沉积盖层厚度较薄且常发育不全，沉积间断较多，沉积物较粗，与坳陷相连接的翼部常有地层超覆和岩性尖灭出现。坳陷是盆地在地质历史上大面积相对下降占优势的负向单元，基底埋藏深，沉积盖层厚，地层发育全而连续，沉积物细，与隆起常以大断裂为界，是盆地内有利于油气生成的区域。斜坡是坳陷向盆地周边抬升的部分，与隆起的翼部相似，常存在地层超覆和岩性尖灭等圈闭，是油气运移聚集的良好场所。

隆起、坳陷和斜坡都是基底起伏而形成的构造，是盆地内最高一级的构造，通称为一级构造。盆地内的沉积盖层因褶皱和断裂活动而形成的构造，如背斜、向斜、断层等，是盆地最低一级的构造，通称为三级构造，三级构造是油气聚集的基本场所。三级构造在盆地的展布并不是孤立的和杂乱无章的，而是按一定的规律成群、成带出现，这些群和带的规模处于一级构造和三级构造之间，通称为二级构造，有背斜褶皱带、单斜挠曲带、断裂构造带等，二级构造控制着油气区域性运移和聚集。

在含油气盆地的构造划分上，一般的含油气盆地多包括上述三级构造单元。在我国存在一些地质构造较复杂的大型含油气盆地，如渤海湾盆地，则在隆起或坳陷等一级构造单元内部又划分出次级单元—凸起和凹陷，其规模大于二级构造而小于一级构造，实际上是从一级构造分化出来的，一般称之为亚一级构造。这种构造单元划分方法被称为三级四分法（表14-1）。

表 14-1　含油气盆地构造单元划分表

盆地	隆起	凸起	背斜带 潜山带 断裂带 ……	背斜 断层 鼻状构造 ……
		凹陷		
	斜坡			
	坳陷	凹陷		
		凸起		
级别	一级	亚一级	二级	三级
与油气聚集关系	生成运移(含油气区)(含油气亚区)		聚集(油气聚集带)	油气田
渤海湾盆地	济阳坳陷	东营凹陷	坨—胜—永断裂带	胜坨油田

二、含油气盆地的类型

含油气盆地的形成和发展是受大地构造条件控制的，含油气盆地的分类存在许多方案，这主要是由于各个学者所持的大地构造观点不同造成的。固定论认为，盆地的形成是由于软流圈的热流动引起地壳的垂直运动，即槽台学说。活动论认为，盆地的形成是由于岩石圈在软流圈上的水平运动，即板块构造学说。

以槽台学说为基础，可以将将含油气盆地分为地台平原型盆地、山前坳陷盆地、山间坳陷盆地和复合盆地。地台平原型盆地可进一步分为地台内部坳陷盆地和地台内部断陷盆地(单断、双断)，复合盆地包括山前坳陷—地台边缘斜坡和山前坳陷—中间地块两种。

以板块构造理论为基础可以将盆地分为裂谷型盆地和造山型盆地(表 14-2)。裂谷型盆地以离散板块运动和地壳张裂作用为主，地壳变薄引起了下沉作用，根据拉张裂开的部位和阶段可分为 8 种类型。造山型盆地以聚敛板块运动和压性构造作用为主，由于板块俯冲引起地壳下沉，也可能由于沉积负荷加大而促使地壳下降，随着构造运动的发展和位置也可分为 8 种类型。

表 14-2　含油气盆地的板块构造学分类表(据 Dickinson，1976)

	盆地	特征
裂谷型盆地	内克拉通盆地	大陆内部的裂谷盆地，盆地基底变薄
	边缘拗拉槽	大陆边缘凹入部分向大陆内部延伸的夭折裂谷，基底为洋壳或过渡壳
	原始大洋裂谷	在两个大陆陆块之间开始形成的狭长洋壳，沉积作用仍受两侧大陆的影响
	冒地斜沉积棱柱体	沿大陆与海洋过渡壳的陆阶、陆坡及陆隆上发育的沉积复合体，覆盖了张裂的大陆边缘
	陆堤	在张裂大陆边缘外沿形成的逐渐向海洋推进的沉积物
	新生大洋盆地	在大洋中脊与大陆陆块之间，大洋岩石圈增长和下沉形成的新生盆地，浊积岩组成的深海平原发育在洋壳之上
	扭张性盆地	沿着复杂的转换断层系，在地壳局部变薄的部位发育的拉张盆地或楔形断陷盆地
	弧间盆地	由于岩浆弧裂开，在不活动的残留弧与继续活动的前弧之间洋壳下降形成的小洋盆

续表

盆地		特征
造山型盆地	海沟	在板块俯冲的消减带形成的深海槽
	斜坡盆地	在海沟轴与海沟斜坡折点之间的断陷盆地,其沉积物与上述海沟沉积物一起合并到消减杂岩体中
	弧前盆地	在海沟斜坡折点与岩浆岛弧之间的盆地
	周缘前陆盆地	在大陆陆块周缘,与碰撞造山缝合线带相接处形成的褶皱—冲断带毗邻的前陆盆地
	弧后前陆盆地	在大陆陆块边缘岩浆弧后面,与弧后造山带相邻的褶皱—冲断带毗邻的前陆盆地
	破裂前陆盆地	造山带的前陆盆地,无论周缘环境还是弧后环境,由于基底变形和块断所形成的构造凹地
	扭压性盆地	沿着复杂的转换断层系,可以形成扭动褶皱和断坳盆地
	残余海洋盆地	沿着岛弧—海沟系一侧,由于老岩石圈的消减而产生的收缩海洋盆地

每一个分类方案都是对一定阶段盆地研究结果的归纳和总结,有其分类依据和原则,但都受到当时大地构造观点的限制,存在一定的局限性和不完善性。目前通常应用的含油气盆地分类则是按照板块构造观点,根据盆地发育的地球动力学环境,将盆地分为裂陷盆地、压陷盆地、走滑盆地和克拉通盆地四大类,再依据不同构造演化阶段形成的盆地序列和所处的大地构造位置进一步划分亚类(表14-3)。

表14-3 沉积盆地类型(据刘和甫,1987;陆克政,2001)

盆地序列	盆地类型	实例
裂陷盆地序列	大陆裂谷盆地	北海盆地
	陆间裂谷盆地	红海
	张裂陆缘盆地	大西洋近海盆地
	边缘海—弧后盆地	安达曼海盆地
	拗拉谷盆地	南俄克拉何马盆地
压陷盆地序列	深海沟盆地	秘鲁—智利海沟
	弧前盆地	大谷盆地
	残留盆地	黑海盆地
	前陆盆地	艾伯塔盆地
	山间盆地	费尔干纳盆地
走滑盆地序列	走滑—拉分盆地	美国死谷、中国依兰—伊通盆地
	走滑—挠曲盆地	中国百色盆地、柴达木盆地西北坳陷
克拉通盆地序列	克拉通内部盆地	西西伯利亚盆地、鄂尔多斯盆地
	克拉通边缘盆地	

(一)裂陷盆地

裂陷盆地是指与岩石圈拉伸减薄作用(裂陷作用)有关的一类盆地。裂陷作用是板块活动导致的引张力作用于整个岩石圈并导致地壳和岩石圈发生大规模开裂和断陷的地质作用过程。在这一过程中,地壳和岩石圈发生裂陷而形成的沉积盆地就是裂陷盆地,也称为裂谷。根据裂陷发展阶段和板块构造环境的不同,裂陷盆地可进一步分为大陆裂谷盆地、陆间裂谷盆地、张裂陆缘盆地、边缘海—弧后裂谷盆地和拗拉谷盆地。

(二)压陷盆地

压陷盆地是在挤压作用下地壳和岩石圈收缩变形过程中形成的沉积盆地。压陷盆地受逆冲断层控制,是在挤压作用下断层上盘上升并引起下盘发生挠曲变形而形成。在板块构造运动过程中,板块俯冲、大陆碰撞或板块的构造作用都会造成岩石圈的某些部位受到垂直载荷作用,使岩石圈发生向下弯曲的挠曲变形,从而形成沉积盆地。依照盆地在板块构造中的位置和与板块构造运动的关系,压陷盆地可以进一步划分为深海沟盆地、弧前盆地、残留盆地、前陆盆地和山间盆地。其中有些类型的压陷盆地是短命的,仅存在于现代板块构造系统中,而在地壳表面被较好保存下来的古代压陷盆地是前陆盆地。前陆盆地是与油气关系最密切的一类压陷盆地。

(三)走滑盆地

走滑盆地是指在近水平的扭动剪切作用下,地壳或岩石圈走滑变形过程中形成的沉积盆地。控制走滑盆地形成的主要因素是走滑断层作用。走滑断层是指沿断层面走向,一盘相对于另一盘水平运动的断层。走滑盆地的形成与大型走滑断层的走滑作用有关,其规模可大可小,从几百平方米到几百平方千米不等。单纯的走滑断层不能形成盆地,由于强烈走滑运动使地壳弯曲,常伴有一定倾向滑动分量,在走滑断层一侧为沉降中心,形成走滑盆地。按其弯曲特征和走滑方向形成伸展弯曲或压缩弯曲,分别发育走滑—拉分盆地和走滑—挠曲盆地。

(四)克拉通盆地

克拉通盆地是在克拉通基础上形成的面积广泛、形状不规则、沉降速率相对较慢并以坳陷为主的沉积层序。根据克拉通盆地所处的位置,又可以进一步划分为克拉通内部盆地和克拉通边缘盆地。这里指的克拉通盆地为克拉通内部盆地,而克拉通边缘盆地通常被划归为前陆盆地。

第四节 油气资源分布特征

一、世界油气资源

在人类生活和经济建设涉及的五大能源中,石油和天然气占有十分重要的地位,人们在日常生活中每天都离不开它们。地球上到底有多少石油和天然气,历来都是人们关心的问题。从油气工业发展的历史来看,随着油气勘探活动的不断推进、新油气田的不断发现,估算的世界常规油气资源总量和探明可采储量是持续增长的。由于不同时期、不同研究者或单位所依据的资料不同,估算的资源量会有所变化,有时变化会很大。

20世纪40年代预测的世界石油资源量是$500 \times 10^8 t$。1983年在伦敦召开的第11届世界石油大会估算的全球石油资源是$2460 \times 10^8 t$。1994年在挪威召开的第14届世界石油大会预计的石油资源量是$3113 \times 10^8 t$。2000年在加拿大的第16届世界石油大会上,美国联邦地质调查局公布的评估结果是:全球石油资源量为$4138 \times 10^8 t$,累计产出量$972.61 \times 10^8 t$;天然气资源量是$436 \times 10^{12} m^3$,累计产出量将近$50 \times 10^{12} m^3$。

根据美国《油气杂志》的年终统计,2016年全球石油(包括原油、凝析油和油砂)产量接近$39.2 \times 10^8 t$,天然气产量为$35386 \times 10^8 m^3$($31.995 \times 10^8 t$油当量)。2016年全球石油和天然气剩余探明储量分别为$2254.6 \times 10^8 t$和$188.3 \times 10^{12} m^3$。目前全球剩余的探明石油还可开采57年,天然气还可开采55年。随着全球油气勘探工作的进行,剩余的油气探明储量还会逐渐增加,可开采年限实际上可以更长。

重油、油砂、致密油、油页岩、页岩气、致密气和煤层气是目前投入开采的主要非常规油气资源。据估计,全球非常规油可采资源量为$4421 \times 10^8 t$,全球非常规气可采资源量为$227 \times 10^{12} m^3$(王红军等,2016)。随着非常规油气资源的大规模开采,在未来的100年或者更长的时期内,世界油气资源能够满足人类的基本需求。

全球范围内,现已发现的天然气水合物的聚集区域超过300处。近20年,关于天然气水合物的工作仍然集中于远洋钻探科考活动,至今尚未对天然气水合物进行商业开采。现已发现具可采价值的区域超过30处,主要分布在美国墨西哥湾北部和俄勒冈州近海、加拿大的温哥华、印度、日本、韩国、中国东海和南海等地区。

据Johnson(2011)估算,除南极洲以外的海洋和大陆中约蕴藏着$23940 \times 10^8 t$天然气水合物资源。其中,分布在大陆冻土带的资源量约$266 \times 10^8 t$(约占总资源量的1.11%),海上大陆架部位的资源量约为$838 \times 10^8 t$(约占总资源量的3.5%),而深海中的资源量约有$22836 \times 10^8 t$(约占总资源量的95.39%)。

二、油气资源的地理分布

根据2016年6月英国BP公司统计结果,剩余探明石油储量在世界不同地区分布极不均衡。由于波斯湾盆地是目前世界上最富含油气的盆地,所以,中东地区剩余石油探明储量为$1087 \times 10^8 t$,占到世界总量的47.3%;中南美洲剩余探明石油储量为$510 \times 10^8 t$,占19.4%;北美洲石油探明储量$359 \times 10^8 t$,占14%;欧洲及欧亚大陆拥有石油探明储量$210 \times 10^8 t$,占9.1%;非洲石油探明储量$171 \times 10^8 t$,占7.6%;亚太地区最少仅有$57 \times 10^8 t$石油探明储量,占2.5%。在不同国家或地区的剩余石油探明储量中,居于前10位的分别是委内瑞拉、沙特阿拉伯、加拿大、伊朗、伊拉克、俄罗斯、科威特、阿拉伯联合酋长国、美国、利比亚、尼日利亚和哈萨克斯坦,剩余石油可采储量占全球的89%。其中前8位的剩余石油探明储量都超过了$100 \times 10^8 t$。南美洲的委内瑞拉剩余可采石油储量为$470 \times 10^8 t$;沙特阿拉伯剩余可采储量为$366 \times 10^8 t$;加拿大剩余可采储量为$278 \times 10^8 t$;伊朗剩余可采储量为$217 \times 10^8 t$;伊拉克剩余可采储量为$193 \times 10^8 t$;俄罗斯剩余可采储量为$140 \times 10^8 t$;科威特剩余可采储量为$140 \times 10^8 t$;阿拉伯联合酋长国剩余可采储量为$130 \times 10^8 t$;美国剩余可采储量为$66 \times 10^8 t$;利比亚剩余可采储量为$63 \times 10^8 t$;尼日利亚剩余可采储量为$50 \times 10^8 t$;哈萨克斯坦剩余可采储量为$39 \times 10^8 t$;我国位居第12,石油剩余可采储量为$25 \times 10^8 t$。

世界天然气剩余探明可采储量的分布与石油有所不同,两个明显富集天然气的地区分别位于中东、欧洲及欧亚大陆。中东储量仍然最丰富,为 $80 \times 10^{12} m^3$,占世界的 42.8%,可见中东既是最富集石油的地区,也是最富集天然气的地区。欧洲及欧亚大陆天然气剩余探明可采储量为 $56.8 \times 10^{12} m^3$,占 30.4%,这与俄罗斯西西伯利亚盆地丰富的天然气富集有关。亚太地区和非洲也是富集天然气的地区,剩余天然气探明可采储量分别为 $15.6 \times 10^{12} m^3$ 和 $14.1 \times 10^{12} m^3$,分别占世界的 8.4% 和 7.5%。北美洲剩余天然气可采储量为 $12.8 \times 10^{12} m^3$,占 6.8%。中南美洲剩余探明可采天然气最少,仅为 $7.6 \times 10^{12} m^3$,占世界的 4.1%。在不同国家或地区的剩余天然气探明可采储量中,居于前 10 位的分别是伊朗、俄罗斯、卡塔尔、土库曼斯坦、美国、沙特阿拉伯、阿拉伯联合酋长国、委内瑞拉、尼日利亚和阿尔及利亚,其剩余天然气探明可采储量占全球的 79.5%。居于前 3 位的国家的天然气可采储量占世界天然气的总量都超过了 10%,储量超过了 $24.5 \times 10^{12} m^3$,它们的储量之和占到全球的 48.6%。其余 6 个国家或地区也都超过了 5×10^{12}($5 \times 10^{12} \sim 17.5 \times 10^{12} m^3$ 之间)。中国位居第 11 位,天然气可采储量为 $3.8 \times 10^{12} m^3$,占世界天然气总量的 2.1%。

非常规石油可采资源主要集中分布在 54 个国家,列前 10 位的是美国、俄罗斯、加拿大、委内瑞拉、巴西、中国、白俄罗斯、沙特阿拉伯、法国和墨西哥,占全球总量的 82.4%(王红军等,2016)。其中,美国非常规石油可采资源量为 $926 \times 10^8 t$,占全球总量的 21%,以油页岩、重油和致密油为主;俄罗斯非常规石油可采资源量为 $892 \times 10^8 t$,占全球总量的 20.2%,以油页岩、油砂和致密油为主;加拿大非常规石油可采资源量为 $397 \times 10^8 t$,占全球总量的 9%,以油砂和致密油为主;委内瑞拉非常规石油可采资源量为 $353 \times 10^8 t$,占全球总量的 8%,以重油为主;中国非常规石油可采资源量为 $212 \times 10^8 t$,占全球总量的 4.8%,以油页岩和致密油为主。美国、俄罗斯和加拿大 3 个国家非常规石油可采资源量占全球总量的 50%。油页岩占全球非常规石油可采资源比例最大,为 47.5%;其次为重油,占全球总量的 28.7%;油砂和致密油分别占全球总量的 14.5% 和 9.4%。

非常规天然气可采资源主要集中分布在 37 个国家,列前 10 位的是美国、中国、俄罗斯、加拿大、澳大利亚、伊朗、沙特阿拉伯、阿根廷、利比亚和巴西,其可采资源占全球总量的 76.8%(王红军等,2016)。其中,美国非常规天然气可采资源量为 $39 \times 10^{12} m^3$,占全球总量的 17.4%,以页岩气为主;中国非常规天然气可采资源量为 $31 \times 10^{12} m^3$,占全球总量的 13.9%,以页岩气、煤层气和致密气为主;俄罗斯非常规天然气可采资源量为 $29 \times 10^{12} m^3$,占全球总量的 12.6%,以页岩气和煤层气为主;加拿大非常规天然气可采资源量为 $16 \times 10^{12} m^3$,以煤层气和页岩气为主;澳大利亚非常规天然气可采资源量占全球总量的 6.4%。美国、中国、加拿大和澳大利亚 4 个国家的非常规天然气可采资源量占全球总量的 57.2%。页岩气占全球非常规天然气可采资源比例最大,为 71.1%;其次为煤层气,占全球总量的 21.7%;致密气可采资源量占全球总量的 7%。

三、油气资源的盆地分布

不同沉积盆地的大地构造环境、沉降、沉积历史、构造运动史、生储盖配置与保存条件等都有所不同,因而所含油气资源丰富程度差别很大。根据 Halbauty(1984)对全球 650 个沉积盆地的统计,产油气的有 160 个,有 240 个盆地经勘探未发现商业性油气田;油气储量超过 $100 \times 10^8 bbl$(油当量)的盆地有 25 个,其油气储量占世界油气总储量的 86%。

根据20世纪90年代对全球沉积盆地已探明油气可采储量当量统计,超过1×10^{12}bbl的有波斯湾盆地、西西伯利亚盆地和墨西哥湾沿岸盆地,共计3个。已探明油气$(400\sim1000)\times10^8$bbl的有北海北部盆地、伏尔加—乌拉尔盆地、雷福马—坎佩切盆地、马拉开波盆地、锡尔特盆地、尼日尔三角洲盆地、北美二叠盆地、阿纳达科盆地、艾伯塔盆地,共计9个。已探明油气$(100\sim400)\times10^8$bbl的盆地有北海南部盆地、第聂伯—顿涅茨盆地、大阿尔及利亚盆地(包括伊利济和古达米斯,即三叠盆地)、东委内瑞拉盆地、坦比哥盆地、渤海湾盆地、松辽盆地、阿拉斯加北坡盆地、圣华金盆地、巴库(库拉)盆地、卡拉库姆和中里海盆地、北高加索盆地、曼格什拉克和滨里海盆地,共计13个。已探明油气$(50\sim100)\times10^8$bbl的盆地有伊利诺伊盆地、苏伊士盆地、吉普斯兰盆地、北加里曼丹盆地(文莱—沙巴)、阿巴拉契亚盆地、洛杉矶盆地、中苏门答腊盆地、提曼—伯朝拉盆地和安加拉—勒拿盆地,共计9个。这些盆地只占全球517个主要盆地总数的6.6%。

非常规石油可采资源主要富集在全球的216个盆地内,列前10位的依次为艾伯塔盆地、西西伯利亚盆地、伏尔加—乌拉尔盆地、皮申斯盆地、东委内瑞拉盆地、尤因塔盆地、第聂伯—顿涅茨盆地、东西伯利亚盆地、中阿拉伯盆地和巴黎盆地,占全球总量的57.2%(王红军等,2016)。艾伯塔盆地非常规石油可采资源量为405×10^8t,占全球总量的9.2%,以油砂为主;西西伯利亚盆地非常规石油可采资源量为312×10^8t,占全球总量的7.1%,以油页岩和致密油为主;伏尔加—乌拉尔盆地非常规石油可采资源量为305×10^8t,占全球总量的6.9%,以油页岩和油砂为主;皮申思盆地非常规石油可采资源量为301×10^8t,占全球总量的6.8%,以油页岩为主;东委内瑞拉盆地非常规石油可采资源量为262×10^8t,占全球总量的5.9%,以重油为主。

非常规天然气可采资源主要富集在全球147个盆地内,列前10位的依次为艾伯塔盆地、扎格罗斯盆地、阿巴拉契亚盆地、东西伯利亚盆地、海湾盆地、中阿拉伯盆地、三叠—古达米斯盆地、库兹涅茨克盆地、坎宁盆地和巴拉纳盆地,占全球总量的43.3%(王红军等,2016)。艾伯塔盆地非常规天然气可采资源量为16×10^{12}m³,以煤层气和页岩气为主;扎格罗斯盆地非常规天然气可采资源量为12×10^{12}m³,以页岩气为主;阿巴拉契亚盆地非常规天然气可采资源量为11.5×10^{12}m³,以页岩气为主;东西伯利亚盆地非常规天然气可采资源量为10.3×10^{12}m³,以页岩气和煤层气为主。

四、油气资源的地层分布

目前全球几乎在所有地质时代的地层中都发现了油气田,但分布很不均匀。全球常规油气储量按层系分布统计,中生界石油储量占54%,天然气储量占44%;古近系、新近系石油储量占32%,天然气储量占27%。世界大油气田储量按层系分布统计,中生界大油气田储量占51%,新生界大油气田储量占41%。Klemme等(1991)根据美国地质调查局1987年的统计数据指出,22000×10^8bbl油气储量中,占地层时代35%时间的6段地层的烃源岩形成了91.5%的油气聚集。按烃源岩时代分,新元古界和下古生界占10.2%,上古生界占16.7%,中生界占57.8%,新生界占15.3%。从储集层的时代划分,新元古界和下古生界占2.4%,上古生界占18.1%,中生界占52.3%,新生界占26.9%。以油气聚集形成的时代划分,80%发生在阿普第期以后,而且近50%发生在渐新世以后。

单从全球大中型油气田中石油和天然气储量时代分布来看,石油多数集中在中—新生界,占全部储量的92%~94.88%,只有8%~5.13%分布在古生界。天然气则以中古生界为主,占总储量的90%,古生界所占比例明显高于新生界。这主要与近源的烃源岩演化与运移条件有关。

全球常规待发现油气资源量以白垩系为最高,为$5273×10^8$bbl,占全球待发现资源量的31.2%,侏罗系、新近系和古近系,比例分别为15.8%、12.8%和11.9%,古生界和前寒武系等层位油气资源量较低,合计为1.7%,总体上白垩系以下地层油气资源量呈现逐渐减小的特征(田作基等,2014)。

根据中国石油资源量在地层时代上的分布统计结果来看,新生界为$466.05×10^8$t,约占总资源量的一半(50.1%);中生界为$336.63×10^8$t,约占总资源量的36.2%;上古生界为$82.49×10^8$t,占总资源量的8.9%;下古生界及前寒武系为$45.15×10^8$t。这些数据显示了时代越新资源量越大的基本趋势。天然气在新生界为$11.26×10^{12}$m^3,占总资源的29.7%;中生界为$7.39×10^{12}$m^3,占总资源的19.5%;上古生界为$11.29×10^{12}$m^3,占总资源的29.8%;下古生界及前寒武系为$7.98×10^{12}$m^3,占总资源的21.0%。这些数据说明,天然气资源主要在新近系、古近系、石炭系、奥陶系,其他各时代地层中的资源量大体呈均势分布。

非常规石油可采资源主要富集在中生界和新生界(王红军等,2016)。古近系—新近系、白垩系和侏罗系的非常规石油可采资源为$3418×10^8$t,占全球总量的77.3%。其中古近系—新近系潜力最大,非常规石油可采资源量为$1433×10^8$t,占全球总量的32.4%,以重油和油页岩为主;白垩系非常规石油可采资源量为$1120×10^8$t,占全球总量的25.3%,以油砂、重油和油页岩为主;侏罗系非常规石油可采资源量为$865×10^8$t,占全球总量的19.6%,以油页岩和重油为主;泥盆系非常规石油可采资源量为$379×10^8$t,占全球总量的8.6%,以油页岩和致密油为主;前寒武系非常规石油可采资源量为$164×10^8$t,占全球总量的3.7%,以油页岩为主。

非常规天然气广泛分布于中生界和古生界。主要分布在侏罗系、白垩系、志留系、石炭系和二叠系,以页岩气和煤层气为主。侏罗系非常规天然气可采资源量为$44×10^{12}$m^3,占全球总量的9.6%,以页岩气为主,其次为煤层气和致密气;白垩系非常规天然气可采资源量为$36×10^{12}$m^3,占全球总量的15.8%,以页岩气和煤层气为主;志留系非常规天然气可采资源量为$30×10^{12}$m^3,占全球总量的13.1%,以页岩气和致密气为主;二叠系和泥盆系非常规天然气可采资源量均为$18×10^{12}$m^3,各自占全球总量的8%,以页岩气为主。

五、油气资源的深度分布

油气田勘探的实践证明,从地表到地下深处都发现有油气藏。已探明油藏的最大深度近6000m,凝析气藏的最大深度达7000m,气藏最大深度可达8000m。中国石油资源49.57%分布在埋深2000~3500m的范围;其次为3500~4500m范围,占23.26%;其余主要分布在浅于2000m深度的范围。应当指出的是,新疆南、北区资源埋深一般多在3500~4500m,塔里木盆地有$40.45×10^8$t的石油资源量埋藏深度大于4500m。中国中部和海域的天然气资源多在2000~3500m深度范围之内。

油气储量沿埋藏深度分布具有不均一性,许多学者对世界若干主要产油区的油气田或油气藏进行过统计,统计结果表明,油藏平均埋藏深度为1465m,80%的油气储量分布在深度600~3000m处,以800~1900m处储量最多。随着埋藏深度的增加,凝析气藏和干气藏逐渐增多。在5000m以下,主要为气层,油层仅占油气层总数的1/5。目前,国内外深层油气勘探发展很快,全球已开发了 1000 多个目的层埋深超 4500~8103m 的油气田(孙龙德等,2013)。美国墨西哥湾 Kaskida 海上砂岩油气田目的层埋深 7356m(从海平面算起则达 9146m),可采储量(油当量)近 1×10^8t;美国墨西哥湾的列克油田是世界上已开发最深的油藏,埋深 6511~6540m;中东地区寒武纪后的沉积岩中发现超大型气田,埋深超过 10000m(张冬玉,2006);美国西内盆地的米尔斯兰奇气田是已开发最深的气田,埋深达 7663~8103m。我国塔里木油田的塔深 1 井完钻井深 8408m,在 8000m 左右见可动油并产微量气;四川老关庙含气构造产层深度达 7153~7175m;塔里木盆地库车坳陷的博孜 9 井,井深达 7880m,产天然气 $41.82 \times 10^4 m^3$、凝析油 115.15m^3;塔里木盆地的托普 39 井是最深的工业油流井,6950~7110m 井段日产油 95t;中国深层油气资源主要分布在碳酸盐岩、碎屑岩和火山岩三大领域,以天然气资源为主,主要分布在塔里木、鄂尔多斯、四川、准噶尔、松辽、渤海湾等盆地。至今,已有 70 多个国家在深度超过 4000m 的地层中进行了油气钻探,80 多个盆地和油区在 4000m 以下层系发现了 200 多个油气藏,共发现 30 多个深层大油气田(大油田的可采储量大于 6850×10^4t,大气田的可采储量大于 $850 \times 10^8 m^3$),在 21 个盆地中发现了 75 个埋深大于 6000m 的工业油气藏。预计不久的将来,深层将为人类提供更多的油气资源。

六、油气分布的控制因素

地球上油气的分布是极其广泛的,但不论在时间上还是空间上又是很不平衡的。同样,在一个盆地内部,油气的分布也是不均衡的。

在全球范围内和在地质历史上,油气分布主要受一些宏观因素的控制,如大地构造条件、岩相古地理及古气候条件等。不同的大地构造条件导致了不同的地壳活动性和活动方式,导致沉积盆地类型、沉积速率、演化历史的不同;不同的古地理和古气候条件导致生物繁殖、有机质保存和转化条件的不同。这些条件的差异决定了在地壳上大的构造单元之间、不同盆地之间以及不同地质时代的地层中油气分布的不均衡性,这些条件决定了一个盆地油气资源的富集程度。

盆地内部油气分布的不均衡性主要与盆地内部不同构造单元之间油气生成、油气运移、油气聚集和保存条件的差异有关。盆地内部的油气分布在盆地内部烃源岩条件、二级构造带的分布、局部构造和沉积相带的分布、断裂和不整合的分布以及盖层的发育特征等因素控制下具有一定的规律性。

(一)烃源岩和生排烃中心对油气分布的控制作用

烃源岩是形成油气藏的第一控制因素。没有油气来源,就不能形成油气藏。国内外大量的油气勘探实践表明,一个盆地内油气藏的分布与烃源岩的分布及生排烃中心具有密切的联系,盆地内的主要油气藏都与烃源岩的层位有密切关系,并分布在主要生油区内部和周围。有效的烃源岩分布区基本控制了油气田的大致分布范围,油气自烃源岩生成排出后,就近聚集在生油有利区或其邻近地带,这就是"源控论"。

(二)二级构造带和古隆起对油气分布的控制作用

油气藏的分布与二级构造带关系密切。盆地中的二级构造带,特别是位于生排烃中心内部或附近的继承性二级构造带,对盆地内储集层的发育、圈闭的发育以及油气运移和聚集有重要的控制作用。

二级构造带都是盆地中构造高部位,并常位于生油凹陷之中或在两凹陷之间,诸如基岩凸起构造带、古潜山构造带、背斜构造带、断阶构造带及牵引构造带等,这些二级构造带往往都是盆地油气运移的主要指向和油气聚集的有利场所。众所周知,在深坳陷中丰富的油气生成之后,由于深坳陷内沉积物厚度大,地层剩余压力高,所以油气在浮力和剩余压力差的作用下总是从坳陷深部向高部位运移聚集。而且,不论是自生自储,还是新生古储、古生新储,油气都是首先向距离较近的有利圈闭运移聚集,而位于生油凹陷之内及其边缘的二级构造带上局部构造发育,可为油气聚集提供场所,从而形成各种类型油气藏。

(三)局部构造和沉积相带对油气分布的控制作用

局部构造和沉积相带是继烃源岩和生排烃中心、二级构造带和古隆起之后第三层次的控制因素,它们控制着油气田的位置和范围。局部构造控制着构造油气藏的位置,有利的沉积相带控制着岩性油气藏的分布。

(四)断裂对油气分布的控制作用

断裂是含油气盆地中最常见的构造现象之一,它与油气的生成和油气藏的形成具有千丝万缕的联系,但这一关系通常也是最复杂和最具争议的。断裂与油气藏形成的关系已成为近年来石油地质领域研究的热点问题之一。前已述及,断裂既可作为遮挡条件形成各种断层圈闭,也可以作为油气运移的通道;断裂带既控制着一些类型盆地的生烃中心和油气的生成,也控制着油气藏或油气田的集中分布,断裂带常形成断裂型油气聚集带。

(五)地层不整合对油气分布的控制作用

不整合代表了长期的抬升和风化剥蚀,以及大气水溶解淋滤,使半风化岩石层形成风化裂缝,增强原地层的孔隙性,可以作为油气输导通道;由于长期暴露风化,在风化地层之上形成风化黏土层,其渗透性较差,可以作为盖层,形成上部遮挡,由此具备油气保存的储盖条件,有利于形成各类地层油气藏。不整合对油气分布有重要的控制作用,世界上有大量油气聚集在不整合附近,特别是在不整合面之下。

(六)区域性盖层对油气分布的控制作用

区域性盖层是控制盆地油气富集程度和油气纵向分布的重要条件之一,盆地中的大部分油气都分布在最浅一套区域性盖层以下。区域性盖层与储集层组合控制着盆地中不同层位油气的聚集和保存。区域性盖层对天然气的富集更是至关重要,与烃源岩排烃史在时间上相匹配的优质区域性盖层(盖层封闭能力形成期早于或相当于烃源岩的大量排烃期)决定着大中型气田的形成及天然气聚集系数的大小。

思 考 题

1. 什么是油气田？油气田有哪些主要类型？
2. 砂岩油气田和碳酸盐岩油气田有哪些特征？
3. 什么是油气聚集带？油气聚集带有哪些类型？
4. 具备哪些条件才能够形成有利的油气聚集带？
5. 什么是含油气区？油气区有哪些主要类型？
6. 沉积盆地与构造盆地的主要区别是什么？
7. 什么是含油气盆地？含油气盆地必备哪些基本条件？含油气盆地有哪些类型？
8. 如何划分含油气盆地的构造单元？其划分依据是什么？
9. 含油气盆地构造单元与油气聚集单元的有什么对应关系？
10. 世界油气分布有哪些特征？
11. 中国油气分布有哪些特征？
12. 油气分布受哪些因素控制？

第十五章 油气田勘探地质

油气田勘探是以石油地质学中的油气生成、油气藏形成、油气田分布规律理论为基础,通过采用科学的勘探程序、利用合适的技术方法、实施先进的勘探管理,以达到经济、有效、高速地寻找、发现油气田,探明油气地质储量并查明油气田的基本情况,取得开发油田所需的全部数据,为油气田全面开发做好准备为目的的一项系统工程,同时也是一项资金密集、技术密集、风险巨大、利润丰厚的高科技产业。

第一节 油气田勘探研究内容

一、研究对象和任务

油气田勘探是一项地区性和探索性很强的研究,研究对象是含油气盆地。多种地质因素控制和影响着含油气盆地内的油气藏形成与分布,其中最主要的是构造演化特征、沉积地层特征、油气生成与运聚特征、油气成藏期后的改造与破坏等,在不同地区虽然具有相似性,但同时也表现着差异性。另外,勘探的对象与范围随着世界石油工业的发展也是不断变化的,常常面临新的问题与挑战。因此,油气田勘探主要任务是尽快找到油气田,增加油气资源的后备储量,并要查明油气田的基本地质情况,取得开发油气田所需要的全部地质数据,为制定一个合理的开发方案做充分的准备。

油气田勘探首先通过地质调查,物探、化探、钻井等多工种联合作业,系统采集反映勘探对象地质特点的资料,然后利用地层学、沉积学、构造地质学、储层地质学、石油地质学、地球物理学、地球化学、勘探经济学、管理学等多学科专门知识,对勘探对象进行地质评价、资源评价。主要涉及以下5个方面的研究内容:油气形成与分布规律,油气勘探方法与技术,油气勘探程序与阶段划分,油气勘探设计与综合评价,油气勘探决策与管理。

二、油气田勘探工作的特点

油气田勘探是一项系统性工程,是具有一定区域性及强烈探索性的科学研究活动。同时又具有一定的特殊性与复杂性。可以说区域性、循序性、综合性强,资金密集,技术密集,风险巨大,利润巨额构成了油气勘探的基本特点。

区域性:油气藏的存在不是单个独立的,往往是成群、成带的分布的,油气的生成、运移和聚集条件都是受大地构造背景、古地理、古气候和古沉积环境所控制,而这些条件只能是存在于大区域内,而不是局部的。因此,油气田勘探必须从盆地的整体入手,才能找出油气聚集的有利区带,来进一步开展油气勘探工作而减少盲目性。

循序性:油气田勘探的循序性主要体现在工作程序的循序性及工作方法的循序性,要先查明区域的生油气条件,然后在生油有利区及其周围进一步寻找储油层及油气圈闭,最后在最有利的圈闭上钻探以便发现油气藏。只有这种由面到点、由浅入深、循序渐进的工作方法，步步深入地遵循勘探程序才能提高勘探效率。

综合性：随着科学技术的不断进步，油气田调查与勘探的方法和手段越来越多，综合性越来越强。方法和手段各有所长，因此在调查与勘探工作中，必须根据不同地质条件，选择一两种方法为主，辅以其他方法，做到互相配合，综合利用，以达到用最短的时间，最少的投资，取得最大的效果。

经济性：油气田调查与勘探工作讲求经济效益，要用最少的投资，取得最大的经济效果。油气田勘探的资金投入具有以下四个方面特点：

(1)资金密集：油气勘探需要从采集多方面的地下地质信息，取得各种各样的数据，必须投入多种先进的设备仪器，因此，勘探的资金投入很大。

(2)技术密集：油气田勘探需要多技术工种的联合作战，如地质调查、物探、化探、钻井等；同时需要多学科的专门人才以及采用各种高科技手段，以及高精尖的仪器设备和功能强大的计算机软、硬件系统。可以说油气田勘探的科技含量之高绝不亚于任何其他高科技产业。

(3)风险巨大：油气田勘探涉及的因素复杂，情况多变，头绪众多，它必然面临各种各样的风险，主要包括地质风险、技术风险、工程风险、自然灾害、政治风险及经济风险等，其中地质风险是油气勘探工作中面临的最主要风险。

(4)利润巨额：油气田勘探虽投资大，风险高，但其巨额经济回报也是其他行业不能比拟的。

第二节　油气田勘探程序和阶段划分

一、油气田勘探程序

勘探程序是指油气田勘探各个阶段之间的相互关系和工作先后次序。因为油气田勘探是一个连续的逐步深入的过程，在这个过程中，往往根据勘探工作的性质和勘探管理的要求，将油气勘探过程划分为若干个阶段，即油气勘探过程中在任务上相对独立，时间上相对集中，各个勘探阶段既相互独立，同时又保持一定的连续性。

勘探程序不仅明确界定了油气勘探的阶段划分(包括各个阶段的勘探对象、工作任务、资源储量目标)，而且也规定了各个阶段应采用的主要勘探技术，勘探地质综合研究和资源评价方法等。因此，勘探程序在一定程度上是一种规范，也是从事油气勘探工作人员必须遵守的一种条例或者准则。它是长期勘探实践中总结出来的找油步骤，更是勘探管理工作的客观要求。但是不同国家、不同油公司由于勘探管理体制，勘探对象、勘探自然地理条件、勘探程度、勘探地质背景等差异，所制定的勘探程序也不尽相同。同时勘探程序也不是一成不变的，它随着勘探技术的发展而变化，随着勘探技术方法的进步而不断进行修订，不断适应新形势下油气勘探工作的需要。

二、勘探阶段划分

勘探阶段的划分主要依据是针对不同的勘探对象、勘探任务及勘探技术和方法等三个方面来划分勘探阶段。我国的勘探程序有一个共同的特点,就是按照区域勘探到局部目标勘探的顺序划分勘探阶段。地质勘查部门将油气勘探划分为普查阶段和勘探阶段,普查阶段划分为区域概查、面积普查、构造详查三个亚阶段,该阶段的任务是发现油气田;勘探阶段的任务是探明油气田;石油部门将勘探阶段划分为盆地区域勘探、圈闭预探、油气藏评价勘探三个阶段。勘探范围由大区域到小区域,逐步到局部目标;前一阶段为后一阶段做准备,又是后一阶段工作的基础,后一阶段验证前一阶段成果;资源量和储量逐步升级;各个阶段勘探对象明确,勘探任务和采用的勘探技术、方法有机结合。

在进行每一个重大勘探项目之前,通常要编制勘探项目的单项勘探工程设计,如钻井、地震等的施工设计及综合性的整体设计。它是在一定的时间内,以特定的地质单元为对象,以完成不同勘探阶段的地质任务及落实油气资源储量为目标,由物探、化探、钻井、录井、测井、试油和综合研究等单项工程所构成的系统工程。根据不同的勘探对象,地质任务及勘探技术方法可划分为三个勘探阶段。

(一)区域勘探

区域勘探是指从盆地的石油地质调查开始到优选有利含油气区带的全过程。勘探对象是含油气盆地和含油气系统。

(1)区域勘探阶段主要解决以下问题:基底岩石性质、时代、埋深及起伏情况;盆地周边地质情况;沉积岩时代、厚度、岩性、岩相及分布;建立完整的综合地层剖面;区域构造特征、单元划分、构造演化史及主要构造、断层分布与规模;生油凹陷的分布及生油气能力、生储盖组合;区域水文地质,温度、压力特征;地面、地下油气显示情况,油气物理、化学性质及全区含油气远景评价。

(2)区域勘探阶段可进一步划分为大区勘探和盆地勘探两个阶段:大区勘探任务主要是通过大区调查,识别和优选含油气盆地,估算盆地远景资源量;盆地勘探的主要任务是划分含油气系统,搞清远景资源量空间分布,优选有利含油气区带。

(二)圈闭预探

圈闭预探阶段是从盆地区域勘探优选出的有利含油气区带进行圈闭准备到圈闭预探获得工业油气流的全过程,勘探对象是圈闭。预探阶段分为区带勘探和圈闭勘探两个亚阶段:区带勘探的任务是计算潜在资源量,优选出供预测的圈闭;圈闭勘探的任务是对优选的圈闭,在圈闭描述基础上进行预探井钻探,直到获得工业油气流,并计算预测储量。

(三)油气藏评价勘探

油气藏评价勘探阶段是指从圈闭预探获得工业油气流开始到探明油气田的全过程。勘探对象是油气藏。

(1)评价勘探阶段主要解决各主要目的层的构造形态,断裂在平面上的分布和纵向上所切割的层位、局部高点和断块分布等级油气藏类型和驱动类型;不同含油气层段油、气、水在纵向上的组合关系、产状情况;油气层在平面上的分布情况,含油面积和有效厚度及探井油气产能;试油期间产量、压力变化情况。该阶段主要任务是探明油气田,提交控制储量和探明储量,并进行技术经济评价,为油气田开发准备条件。

(2)油气藏描述评价是油气藏评价的综合方法,它是以油气藏概念为依据,计算机技术为手段,综合应用地震、录井、试采和分析化验等资料,进行圈闭、储集层、盖层和油气分布的精细描述,建立油气藏地质模型,计算油气藏控制储量和探明储量,预测空间变化,进行油气藏综合地质评价和技术经济评价。

(3)通过油气勘探阶段划分可以使得油气勘探的任务和目标具体、明确,特别突出不同阶段的主要矛盾;做出继续、放弃或者及时调整勘探的决策,部署的依据更加充分;有利于合理调配勘探力量和勘探资金,及时补充勘探新区人力、物力。

三、滚动勘探开发和油气勘探开发一体化管理

滚动勘探开发是针对地质条件复杂的油气田而提出的一种简化评价勘探、加速新油田产能建设的快速勘探方法。在油气藏描述评价的基础上,对已有控制或探明储量的含油气区块进行流动开发,并用生产资料井代替完成评价井的任务,加深对油气田地质特征的认识,正式提交探明储量。以此发现新的含油气层系或区块,然后对该层系或区块实施滚动开发,最终搞清整个油气田。这种"勘探中有开发,开发中有勘探"的勘探开发程序称为滚动勘探开发。

勘探开发一体化管理是油气勘探开发科学管理的一种新模式,其主要目的是进一步提高油气藏评价水平,提高油气探明储量的经济性和开发动用程度,加快对经济储量的动用时效,实现勘探开发业务的良性循环。

第三节 油气田勘探技术方法

油气从生成、运移、聚集到破坏,是一个十分复杂的过程,油气藏存在的地质条件千变万化,如何快速而准确地找到它们,加快利用和开发油气资源的速度,一直是摆在地质科学工作者面前的一道难题。需要综合的勘探技术与勘探方法。目前,油气勘探的技术众多,充分体现了人类油气地质勘探的智慧。

一、野外地质调查

野外地质调查是找油找气的开端,也是为实施其他技术奠定基础的工作。野外地质调查的主要任务和工作方法是:搞清一个地区的地层状况,发现地质圈闭和调查其他地质构造状况,发现和调查油气苗状况,采集样品,提出有利的找油地区及可供钻探的地质圈闭。该方法是在地层出露区或者薄层覆盖区找油的一种经济有效的方法。作为联系盆地地下地质与地面地质的纽带,其作用是目前不可替代的。在确定盆地的地层层序、生储盖组合及其分布,进行生储盖层评价,建立盆地早期地质模型过程中,它是一种不可缺少的重要环节。

二、油气资源遥感

遥感技术是指从远距离、高空或外层空间平台上,利用可见光、红外、微波等相关探测仪器,通过摄影、扫描,对电辐射(包括发射、反射、吸收和透射)能量的感应、传输和处理,从而识别目标物的性质和运动状态的系统技术,进而判认地球环境和资源。它是20世纪60年代,在航空摄影和判读基础上,伴随航天技术和电子计算机技术的发展,而逐渐形成的综合性感测技术。尤其是地球资源卫星给地面拍摄的相片,能够把地形和各种岩石分布、地质形象、构造现象等一览无余地记录下来。这些照片经过绘制工作和地质解释,就成为勘探人员所需要的重要图件。因此,遥感技术成为险恶地形、高寒缺氧地带等生命禁区地质勘探的良好技术手段。

三、非地震物探

非地震物探是重力、磁法和电法勘探的总称。它们以岩石密度差、磁性差、电性差为主要依据,通过在地表或地表上空地球重力场、电场、磁场的特性变化来反映地下地质特征。

重力勘探是通过在地球表面上观测的地球重力值(严格地说是重力加速度)的大小来推断地下地质构造特征的一种物探方法。它是研究由于地下岩石密度差异所形成的地表重力场变化的一种方法。重力勘探包括野外采集和室内资料整理:野外资料采集是根据地质要求布置重力测线,按要求测量的网点在野外测取各个网点的重力值记录到数据表上;室内对测取的重力值进行必要的校正,消除与地下岩石密度变化无关的干扰因素的影响,这被称为"重力异常校正"。经过校正而得出的重力值,就是与地下岩石密度变化有关的地质信息。

磁力勘探是利用地磁现象进行勘探,与重力场一样,地球周围存在磁场,在地磁场作用下,地壳岩石中的岩层、岩体和其他地质体都会不同程度地被磁化而具有磁性,并产生自身的磁场。磁力勘探的原理与重力勘探相似,但在应用中要复杂得多,因为在同一地点上的磁场强度每天在不同时间都有变化,是多种原因引起的长期变化和短期变化之和。重力场一般没有这种现象。磁力勘探中的观测值减去正常磁力值和日变值,便是通常所说的磁力异常值。利用仪器测定这些磁异常,研究它与地质构造的关系,根据磁异常特征作出关于地质构造及矿产分布的预测,这就是磁力勘探的实质和主要任务。磁力勘探包括地面磁测、航空磁测和井中磁测等。磁力勘探也要根据地质要求部署测线,测量测线上各点的磁力值,并据此编制磁力异常图。勘探家对地质、地震、重力、磁力、电法等各种图件进行综合性分析,得出必要的结论,以指导勘探。磁力共振在确定火成岩分布和区域地质结构上有较好的效果。精度磁力勘探可以确定地质构造,和地震勘探寻找圈闭有异曲同工之处。

电法勘探的技术方法种类很多,主要是利用岩石的电阻率特性,其次是利用岩石的电化学特性和介电特性(储存电荷的能力)。有些电法勘探技术是应用天然场的,如大地电磁法、大地电流法、自然电位法等;有些电法勘探技术是应用人工场的,如垂直电测深法、偶极测深法、可控源声频大地电磁法、激发极化法等。20世纪50年代至60年代,以研究区域构造,基底形态和埋深为主要目的,大多采用垂向电测深法和大地电流法进行普查。20世纪80年代以来,引进了宽频带、大地电磁法(MT)和可控源声频大地电磁法(CSAMT)逐步替代了老方法。目前在电法勘探中不断出现了一些新的技术方法,还出现了直接油气检测为目的的方法和技术,见到一些效果。

重力勘探、磁法勘探和电法勘探等非地震方法,虽然不如地震勘探的精度高,但其成本低,且效率高,故多用于勘探初期阶段研究区域性结构,用来划分凹陷和凸起,确定基底埋深等,指出下一步地震勘探的方向;在某些有利的地质条件下,还可以研究局部构造,甚至揭示储油圈闭的分布范围。

四、地震勘探

地震勘探技术是油气勘探中一种应用广泛的重要方法。它的原理是由人工震源(如钻眼放炮等)所引起的地震波,在地面或井下接收和观察地震波在地层中传播的信息,以查明地质构造、地层等,为寻找油气田(藏)或其他勘探目的服务的勘探方法。它是勘探工程中最重要的勘探方法之一,其优点是精度高、分辨率高、探测尝试大、勘探效率高。地震勘探是沿着地面上事先设计好的测线,在放炮的同时,在地面利用精密的仪器将来自地下各个地层分界面的反射波引起的地面震动情况记录下来,一段一段地进行观测,并对观测结果进行处理后,可以得到反映地下岩层分界面的埋藏深度起伏变化的地震剖面。在地震剖面上根据不同反射波振幅极大值连线(同相轴)的起伏变化,反映地下岩层的起伏,结合地质、钻井以及其他的物探资料,综合分析,绘制地下不同反射层位的构造图,就能够查明地下可能的储油气构造。地震勘探基本上由3个过程组成,即地震资料的采集、处理、解释。与其他物探方法相比,地震勘探具有精度高的特点。与钻探相比,它又具有成本低、可以大面积了解地质结构的特点,因此已经成为油气勘探中一种最有效的勘探方法。但是,地震勘探毕竟是一种间接手段,因影响因素较多,其解释具有多解性。要正确地揭示地下构造特征,必须了解区域地质背景和地质构造规律,并充分利用其他资料综合分析。

五、地球化学勘探

地球化学勘探法简称油气化探,是利用化学分析方法对岩层、土壤、气体和水中的各种成分进行分析,测定地下油气扩散所引起的各种化学变化,分析地下油气存在与分布的情况,通过地球化学异常的线索,寻找油气矿产资源的一种方法。20世纪80年代,地球化学油气检测曾一度成为热门,国内外各大油田和勘探部门都成立了地球化学勘探队伍,发现了大量的地球化学异常,为诸多油气田的发现作出了贡献。

地球化学勘探方法有烃类和非烃类检测两大类,烃类检测可分为游离烃、吸附烃、酸解烃(包括CH_4、C_2H_6、C_3H_8、C_4H_{10}等气态烷烃和C_6H_6、$C_6H_5CH_3$、$C_6H_5C_2H_5$等低环芳香烃)及噬烃微生物等检测方法;非烃检测分为微量元素(V、Ni、Co、I、Hg等)、放射性元素(Th、U等)及蚀变碳酸盐等检测方法。

国内外的大量实践表明,地球化学勘探可用于含油气性普查,寻找最有利的构造带;也可用于油田滚动开发,为钻井部署提供参考。若地表烃类异常指示该地区存在油气,实际上油气化学方法不能完全确认是否成藏;另外,在地面观测的烃类异常与油气藏的平面位置不一定完全对应,特别是构造、断层等地质因素的影响使得油气藏的化探异常变得更加复杂。因此,利用烃类检测技术要十分注意应用的条件。同时与地球物理勘探方法相互结合,进行综合分析与解释,提高油气检测的准确性。

六、石油钻井技术

油气勘探、开发的各个阶段都离不开钻井,为了寻找油气,就要寻找有可能储存油气的地质构造。为此在进行地质普查时,要钻地质井、参数井等;在地质普查之后的区域勘探阶段,要确定前阶段所找到的地质构造中是否含有工业性油气流,就要钻预探井等,进一步明确其油层性质、含油气情况、面积、储量等;当一个油区已经被发现,决定进行开发时,需要钻采油井、注水井、资料井等。因此根据石油钻井类型与用途,可以将各种钻井分为五类。

地质井:是在勘探初期,为了了解盆地和凹陷中地层的沉积年代,岩性、厚度、生储盖组合等,评价盆地的含油气远景,或者解决一些重大的地质疑难问题和提供详细的地质资料而部署的区域探井,也可以说是区域勘探阶段初期部署的一些重点参数井。

参数井:在地震普查基础上,以查明一级构造单元的地层发育、生烃能力、储盖组合,并为物探、测井提供参数为主要目的的探井。

预探井:在地震详查和地质综合研究的基础上所确定的有利圈闭范围内,为了发现油气藏,计算控制储量(或预测储量)为目的所钻的井。在已知油气田范围内,以发现未知新油气藏为目的所钻的井也称为预探井。

评价井:是在已经证实具有工业油气发现的圈闭构造上,在预探所证实的面积上,进一步查明油气藏类型,确定油气藏特征(原油性质、油气水界面、构造细节、油层厚度),评价油气田规模、生产能力、经济价值,落实探明储量为目的所钻的探井。

开发井:包括开发油气田所钻的采油、气井;为合理开发油气田,保持油气田压力所钻的注水井及已经开发油气田内,为了研究开发过程中地下情况变化所钻的资料井。

七、地质录井技术

钻井过程中收集地下地质资料的工作称为地质录井,简称录井。地质录井是配合钻井勘探油气的一种重要手段,是随着钻井过程利用多种资料和参数观察、检测、判断和分析地下岩石性质和含油气情况的方法。录井是油气田勘探中不可缺少的一项基础工作,其任务是在探井中及时准确地获得反映井下地质情况的各种信息,为找油找气和安全钻井服务。

录井技术主要方法包括岩屑录井、岩心录井、钻井液录井、荧光录井、气测录井、钻时录井等。它们从不同角度反映了地下油气地质的情况。它们的相互配合和联合使用,为油气勘探提供了丰富的地质信息,也为钻井工程的安全与高效施工提供了依据。

(一)岩屑录井

地下的岩石被钻头破碎后,随钻井液携带到地面上,这些岩石碎块称做岩屑。随着井眼不断加深,地质人员按照一定的取样深度间距在井口钻井液槽内捞取岩屑。通过系统的岩屑收集整理工作,可以建立井下的地质剖面。

(二)岩心录井

钻井时用专门的取心工具,从井内钻取的圆柱状岩石称为"岩心"。岩心是认识油气层最直观、最重要的资料,根据它可以了解油层的岩性、厚度、含油性、岩石结构、构造特征以及油气层物性等。但取心钻井成本高,降低了钻井速度,一般只在少数井和需要研究的井段取心。各种探井应取心的井段包括:

(1)预计可能有油气层的井段,目的是证实油气层的存在,将岩心进行肉眼及实验鉴定,取得油气层性质的各项参数;

(2)主要地层分界线或标准层井段,目的是及时校正设计的剖面,达到预期目的;

(3)需要解决地下构造问题的井段,如预计断层附近,证实断层是否存在;

(4)完钻井底取心,证实是否钻到设计井深。

油气田详探和开发阶段,要钻资料井以便了解被开发油气层的物性,为开发提供资料,一般是在拟定油气层中取心,还要通过钻检查井来了解油气层在开采过程中油、气、水在地下运动的状态,如了解边水、底水或注入水推进情况,注水开发油田的水洗油层厚度变化、水驱油效率等,以便及时掌握开发、开采动态,为油田开发方案的调整提供依据。

取到岩心后,需要对岩心进行描述,其内容主要包括岩性、含油气性、岩石结构、构造、古生物化石、岩石胶结情况、分层厚度、缝洞发育情况以及与上下岩层的接触关系等。对含油气岩心应在岩心取出后立即观察、记录,以防因油气散失而导致含油气岩心描述失真,同时,要确定岩心含油级别,因为含油级别是岩心中含油多少的直观标志。含油级别主要以含油面积大小和含油饱满程度来确定,一块岩心沿其轴面劈开,新劈开面上含油部分所占面积的百分比,称为该岩心含油面积的百分数。通过观察含油岩心光泽、污手程度、滴水试验等可以判断含油饱满程度。根据储集层储油特性不同,分为孔隙性含油、缝洞性含油,并分别划分含油级别。

含油饱满程度与岩石渗透性及原油性质有关。轻质油易渗出、易挥发、岩心含油显示比含重质原油者弱。渗透性好则原油易散失,所以,高渗透率的岩心含油显示比低渗透率的岩心弱。因此,在利用岩心含油饱满程度来预测油层产油能力高低时,要考虑上述情况,对含油饱满程度所反映的产油能力做具体分析。

(三)钻井液录井

钻井液在钻遇油、气、水层和特殊岩性地层时期性能将发生各种不同的变化,根据钻井液性能变化及槽面显示,来判断井下是否钻遇油、气、水层和特殊岩性的方法称为钻井液录井。

有人称钻井液是钻井的"血液",可见钻井液在钻井中的重要作用。概括说,钻井液在钻井中有以下三方面作用:

(1)通过不断循环钻井液,将岩屑携带到地面保持井底清洁;

(2)钻头的高速旋转与岩石摩擦生热,通过钻井液循环冷却钻头,延长钻头寿命;

(3)井筒内钻井液液柱支撑了井壁,压住了高压油、气、水层,保证钻井施工顺利进行。

为了使钻井液具有上述三方面作用,必须对钻井液性能有一定的要求。在长期实践中人们积累了一套评价钻井液性能的指标。

当钻头钻穿油、气、水层时,油、气、水混入钻井液中,使得钻井液性能发生改变。钻井中应定时测定钻井液性能的各指标值,判断是否钻遇油、气、水层。某些岩层对钻井液性能的影响归纳如表15-1所示。如当钻遇高压油气层时,油气侵入钻井液造成密度降低、黏度升高。

表15-1 特殊岩层对钻井液性能的影响

钻井液性能＼岩层	油层	气层	盐水层	淡水层	黏土层	石膏层	盐岩层	疏松砂层
密度	减	减	增→减	减	增	—	增	略增
黏度	略增	增	增→减	减	增	剧增	增	略增
失水量	—	—	增	增	减	剧增	增	—
切力	略增	略增	增	减	增	剧增	增	—
Cl^-含量	不变或增	不变或增	增	减	增	—	增	—
含砂量	—	—	—	—	—	—	—	增
滤饼	—	—	增	增	增	增	—	—

钻井液录井还包括对钻井液槽、池内变化情况的观察和记录。如钻遇油气层时,井口返出的钻井液中有油花和天然气泡;当钻遇高压水层时,会发生钻井泵停止循环钻井液,井口外溢钻井液,钻井液池的液面上涨等现象。井口地质人员应当与钻井人员密切配合,及时调整钻井液性能,防止井喷、遗漏油气层等事故发生。

(四)荧光录井

当钻遇油层时,一部分油、气进入钻井液,另一些仍留在岩屑中。除在钻井液中能观察到油气显示外,用荧光分析也可发现含油的岩屑。经深度校正,就可以确定油层的存在和深度。原油在紫外光照射下发出一种光亮,称为荧光。荧光录井,就是在暗室内用荧光灯鉴定岩屑是否含有石油。岩屑洗净后在荧光灯下观察,含轻质油的岩屑呈现蓝白—浅黄色,含重质油呈现黄—褐色;含油饱满则光强,含油少则光弱。

在观察时要注意区别矿物发光及岩屑被钻井液混油后污染显现的荧光。矿物发光,如方解石发出亮白色光,石膏则为乳白、天蓝色,盐岩为亮紫色等等,当停止紫外光照射后,光亮逐渐消失;而石油沥青类光泽柔和,拿开荧光灯其光泽立即消失,这样就不难从发光的岩样中找出含油岩屑。当钻井液中由于混入油而污染岩屑时,因其在紫外光照射下都有固定的发光颜色,只要细心观察比较,就可以与原油区别。

为了能对岩屑含油量进行初步确定,常采用荧光系列分析法。具体作法是:取岩样1g或0.5g,研碎放入试管内,注入10mL或5mL氯仿,封口放置一定时间后在荧光灯下与预先配制好的标准系列对比,确定其含量级别。配制标准系列最好用本地区的原油,这样便于对比和定级。

(五)气测录井

在钻穿油气层时,有大量的天然气混入钻井液中。这些气体的主要成分是甲烷、乙烷、丙烷、丁烷等烃类气体,另外还有少量的其他非烃气体,如氢、氮、二氧化碳、硫化氢等。一般将甲烷称为轻烃,将乙烷以上的气态烃称为重烃。气测井时,将甲烷和甲烷以上的气态烃统称为全烃或总烃。

全烃和重烃都是可燃气体,但它们的燃烧点不同,当气体通过半自动气测仪工作臂燃烧时,在微安表上显示的数值也不同。非烃气体显示的数值变化值近似一个定值,通常称为基值。烃类气体燃烧时显示的数值往往高出基值几倍至几十倍,凡超过基值的数值称为异常。

全自动色谱气测仪利用气相色谱法将天然气的各组分逐个分离后,进行测定和记录。它可以分别测定天然气中全烃及甲烷、乙烷、丙烷、异丁烷、正丁烷等组分含量,也可测出非烃类气体组分含量;还可以沿井身连续自动记录钻时、全烃、甲烷、乙烷、丙烷、丁烷及非烃气体等变化曲线。

(六)钻时录井

钻时录井是记录每钻进一定进尺所需要的纯钻进时间。一般来说,钻时的大小反映了岩层的可钻性。岩层的可钻性与其岩性、压实程度、硬度等有关。所以钻时的改变间接地说明钻穿地层岩性的改变,为定性解释岩石类型提供了可能,但有一定的局限性。因为在钻进过程中,种种主客观因素对应用钻时解释井剖面的可靠性有影响。在技术条件方面,如钻头的类型、钻头的新旧程度、钻井参数(转速,排量,钻压)的配合、钻井液性能以及操作状况等,都能影响钻时的大小。有时岩石类型不同,钻时差别也可能很小,这给解释工作带来困难。尽管如此,但在钻井过程中尚未获取电测资料之前,借用钻时资料对识别岩性、建立地层剖面就显得更为重要。

一般每钻进 1m 记录一次钻时,单位是 min/m。还需记录钻头类型、钻头尺寸、磨损程度、钻井泵排量、钻压以及转速等技术资料,作为解释钻时曲线的参考。

精确的钻时录井可用于解决以下问题:

(1)利用钻时曲线与邻井的电测曲线对比,校正原设计的取心深度并确定取心钻头开始取心的井深。

(2)与岩心及岩屑录井资料对比,确定岩性及划分地层界线;在石灰岩地区应用钻时录井还可以判断缝、洞发育层段。

(3)小段的钻时录井(如 20cm 记录一次)可以划分出薄夹层。

除上述录井方法外,还有井壁取心、地球化学录井等,前者是用井壁取心器在井壁获取岩心样品,后者是对岩心特别是岩屑中的油气进行地球化学分析。

八、地球物理测井

地球物理测井(简称测井)是用专门的仪器沿井身测量岩石的各种物理性质、流体性质,根据不同岩石及其内部流体的特征差异,间接划分地层,判别岩性和油、气、水层的测试方法。岩石的地质特征与其物理性质存在密切的关系,当岩石的地质性质发生变化时,它的物理性质也相应发生变化。人们通过对地下岩石的各种物理性质的测量分析,辅以必要的标定,可以间接认识岩石的各种地质性质及其变化。

在油气田勘探与开发过程中,研究储集层的物理性质及其变化规律和其中油气水关系的技术是地球物理测井的基础,取得这些物理性质需测量已钻井井壁以外的地层物理特性,包含岩层的电化学性、导电性、声学特性、放射性及中子特性等。岩层的这些物理特性称为地球物理特性。而岩层的孔隙度、渗透率、饱和度等称为岩层的结构特性,可以通过岩层的几种物理特性来综合计算求得。

目前按照物理方法分,主要分为电法测井、声波测井、放射性测井、磁测井、力测井、热测井等。另外不同的测井仪器有不同的性能和作用,在某种地质条件下,根据一定的地质或工程目的,将多种有针对性的测井仪器组合起来进行测井,称为达到这种目的的测井系列。

(一)电法测井

不同的岩石和岩石孔隙中所含的流体不同,它们的导电性也不同,利用这一特点认识岩石性质,进而寻找油气层的测井方法称为电法测井。电法测井有很多种,这里简要介绍几种。

(1)自然电位测井:根据油井中存在着扩散吸附电位进行的,即测量自然电位随井深变化的数值,用以研究地下岩层性质的测井方法。在沉积岩区,井内的自然电位的产生是由于钻井液与地层水之间离子扩散与吸附电化学活动作用造成的。自然电位是电法测井中必不可少的一项测井内容,它的主要用途是判断地层岩性,划分渗透层;求取地层电阻率等。

(2)电阻率测井:各种物质的导电性可以用电阻率来表示,电阻率小的物质导电性好,电阻率大的物质导电性差。地下各种岩石的电阻率不同,若相同岩石孔隙度中所含流体不同(含油、气、水等比例不同),电阻率也不相同。含油砂岩的电阻率高,含水砂岩的电阻率低。所以可以用测量电阻率法来寻找地下油气层和了解岩石性质。

(3)感应测井:感应测井是利用电磁感应原理来研究地层电导率的一种测井方法。前述的电阻率测井需要井内有导电钻井液,使得供电电极电流通过它进入地层,在井内形成直流电场。然后测量井轴上的电位分布,求出地层电阻率。有时为了获得原始含油饱和度资料,需要油基钻井液,此时井内无导电介质,就不能使用普通电阻率测井方法。感应测井就是为了测量油基钻井液电阻率需要而产生的。它比普通电阻率测井法优越,受高阻临层的影响小,对低电阻率地层反应灵敏,根据其随深度变化的导电率曲线可以确定地层岩性和判断油气水层。

(二)声波测井

组成岩石的矿物成分、密度、岩石的孔隙、裂缝及其充填的流体都会对声波的传播的特性产生影响。由于声波在不同岩石中的阻抗不同,因此声波通过地层的传播速度、能量衰减或声波的相位等会发生变化。利用岩石的这种物理量的改变,设计一种能发射及接收发射、折射声信号的仪器,研究沿井剖面的异常来测定各种岩石性质的测井方法。目前常用的方法有以下几种:一是按照声波速度研究岩石性质的深度速度测井;二是按照声波幅度的衰减反映岩性的声波幅度测井;三是利用声波在孔壁上的反射特征研究井壁结构的声波电视测井。

(三)放射性测井

放射性测井又称核测井,它是利用元素的核物理特性而进行工作的一种测井方法。各种岩石都能或多或少地反射伽马射线,这种伽马射线在各种岩石中穿透能力是不同的。此外如果用中子区轰击岩石,也可以接收到伽马射线,而且在各种岩石中所接收到的伽马射线不同。因此,放射性测井可以分为两大类,即自然伽马测井和中子测井。自然伽马测井的原理是测量地层和流体中不稳定元素的自然放射性而发出的伽马射线,用以判断岩石性质,特别是泥岩和黏土岩;中子测井的原理是用中子源向地层中发射连续的快中子流,这些中子与地层中的原子核碰撞而损失一部分能量,用探测器测定这些能量用以计算地层的孔隙度并辨别其中流体性质。

九、地层测试与试油

地层测试与试油是对有油气显示的可能油层进行产油气能力、流体性质和油气层特征的测定与试验,此工作是油气勘探中能及时、准确、直接地评价油气层的关键环节。

在油气田勘探过程中,应用钻井方法钻穿油气层后,通过地质录井及地球物理测井取得各种地质和地球物理资料,这些资料能直接或间接地指示油气层的层位。但在发现油气层后,如何定量了解油气层内流体特征,为油气田开发和开采提供可靠的科学依据,就需要测试油气层产量、压力、产液性质、地层渗透率、流体样品等资料。如果测试时间长,还可以探测油气藏边界,这种测试工作称为地层测试。

探井的地层测试与试油的重要性主要体现在两个方面:一是它是发现或者证实油气藏存在与否、能否获得油气流的最后结论。但是该项工作做得不好,就可能推迟油气田发现的进程,甚至与它失之交臂。第二,它是取得油气藏、油气层基本地质资料的重要手段,是认识和评价油藏,进行油气藏开发设计的基本依据。地层测试和试油取得的数据主要包括:(1)日产油、气、水量;(2)油、气、水性质参数,包括油分析数据、天然气分析数据和地层水分析数据;(3)原始地层压力与油层渗透率数据资料;(4)高压物性油、气、水分析数据等。

十、实验室分析测试

实验室分析测试技术是油气系统工程的重要组成部分,与地质调查技术、井筒技术不同的是,它是以实验室仪器设备、测试工具、模拟装置为手段,对油气勘探过程中所采集的岩石、沥青、油气水等样品进行直接分析,这些分析数据可为地质研究提供资料。随着仪器仪表工业的发展,为油气勘探提供越来越多的研究手段。目前,国际上石油地质实验测试仪器自动化,计算机化和多机联机(显微镜、计算机图像处理)得到广泛应用。近些年来相继发展了一系列新的分析测试技术。

第四节 油气田勘探实例——松辽盆地勘探

一、松辽盆地地质简况

(一)构造区划

松辽盆地是我国东北部一个大型的中、新生代沉积盆地。面积约 $26 \times 10^4 \text{km}^2$,是我国目前最大的含油气盆地之一。盆地内可进一步划分为6个一级构造单元,即中央坳陷区、西部斜坡区、北部倾没区、东北隆起区、东南隆起区及西南隆起区(图15-1)。其中中央坳陷区位于盆地中部,是盆地发展过程中沉降相对占优势的大型负向构造单元,长期为盆地的沉降、沉积中心。现今构造形态为略有起伏的大型复向斜。地层发育齐全,发育多套生储盖组合,油气成藏条件好,是盆地中最重要的油气源区和油气田分布区,目前发现的油气田主要集中在中央坳陷区内,例如著名的大庆油田、吉林油田等都在这里。

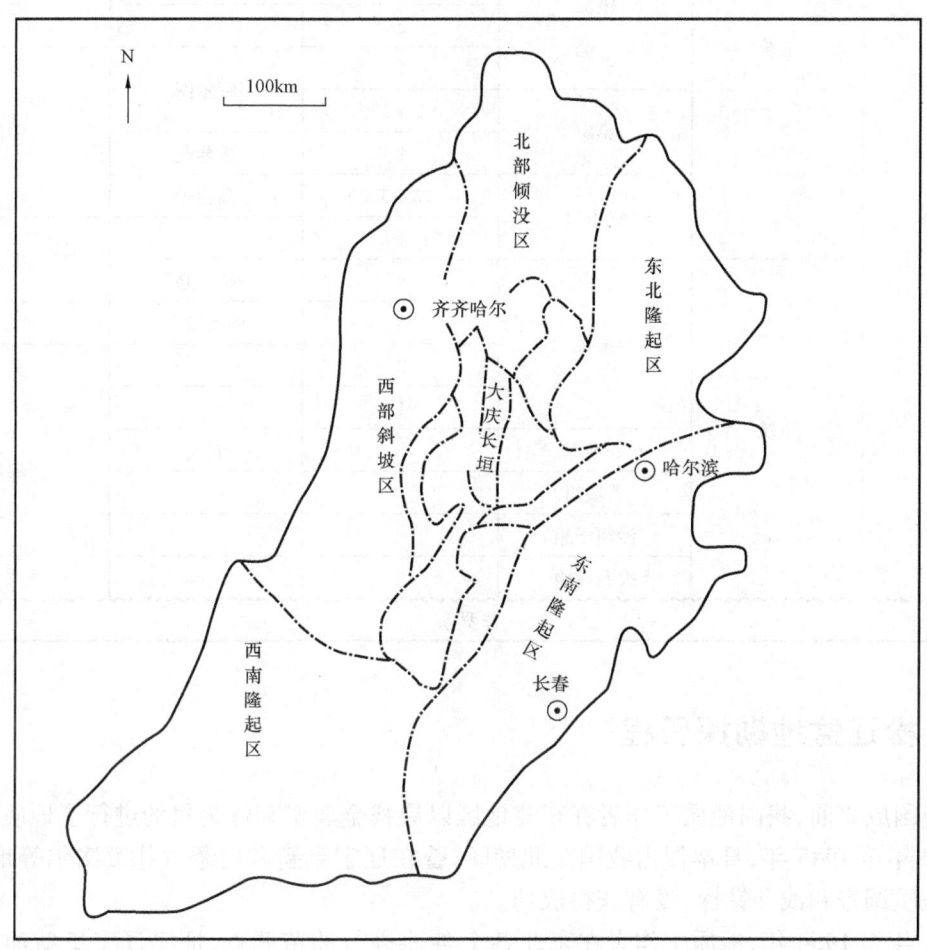

图15-1 松辽盆地构造区划简图(据大庆油田研究院,2009,有简化)

(二)地层与油层

松辽盆地的基底主要是古生代及前古生代不同时期的变质岩和火成岩系组成的复合基底。上覆巨厚的沉积盖层,从侏罗系至新生界均有不同程度的发育,总厚度可以达到10000m以上。其中白垩系是盆地主要发育时期沉积的,地层厚度大(约4000~5000m)、分布广,是盆地的主要含油气层系。古近—新近系沉积时期,盆地已开始上升,有的地区地层缺失,分布不全。该盆地地层与油层关系见表15-2。

表 15-2 松辽盆地地层与油层关系对照表(据大庆油田研究院,2009,有简化)

地层				油层	含油组合
系	统	组	段		
白垩系	上统	明水			
		四方台			
		嫩江	5		
			3+4	黑帝庙	上部
			2		
			1		
		姚家	2+3	萨尔图	中部
			1	葡萄花	
		青山口	2+3	高台子	
			1		下部
	下统	泉头	4	扶 余	
			3	杨大城子	
			2		
			1		
		登娄库		农安	深层
		营城组			
		沙河子组			
		火石岭组			
侏罗系					

二、松辽盆地勘探历程

新中国成立前,我国地质工作者在东北地区以寻找金属矿和煤为目的进行了地质调查。

1939年至1945年,日本侵占我国东北期间,曾在辽宁阜新和内蒙古扎赉诺尔等地区进行过石油地质调查和浅井钻探,没有获得成功。

1951年至1954年,地质工作者在东北各个各地进行油苗调查,证实辽宁阜新油苗,辽宁义县油苗,吉林安图沥青,黑龙江依兰县达连河油页岩、内蒙古扎赉诺尔沥青等的存在,为油气勘探提供了依据。

1955年秋季开始,地质部东北局组织了一个石油踏勘组,首先在盆地东部边缘露头区进行了地质调查工作。

1956年至1957年松辽石油普查大队,先后在盆地东部和南部进行了路线踏勘和部分浅钻工作,原石油工业部石油地球物理勘探局在盆地南部和周围进行了重力预查和航空磁测。1957年石油工业部组织了一个综合研究队,进行了油苗调查和资料收集、整理工作,认为远景有望。

1958年石油工业部组建了松辽石油勘探局,对盆地东北部进行了地质详查,在东部进行了重力和磁力详查,并开展了深井钻探。同年地质部也在盆地内开展了大规模的综合勘探,并在南17孔首次钻遇含油砂岩。

1959年加强了勘探力量,对松辽盆地展开了全面的石油普查工作,进行了重力、航磁、电法和钻井等综合勘探。初步查明了盆地的构造轮廓、基底起伏和埋藏深度,并划分了盆地一级构造单元;发现了42个局部构造,查明了位于中央坳陷区的大庆长垣;建立了以白垩系为主的地层层序并了解了生、储、盖组合情况,确定了中央坳陷区为盆地内含油气最有利的地区。1959年9月26日,原石油工业部松辽石油勘探局在大庆长垣高台子构造上钻探的松基三井喷出工业油流,因当时正值建国十周年前夕,故起名"大庆油田"。

从1959年10月起,仅用一年零三个月的时间,就钻探证实了大庆长垣上有7个局部构造均含油、气,并初步圈定了含油面积,探明了油田储量。其后,又在其他地区继续进行石油勘探工作,也都取得了可喜的成果。

松辽盆地经过60余年的勘探经历与勘探成果,不仅发现了举世闻名的大油田,彻底甩掉了我国贫油的"帽子",而且在实践中首次证实了陆相地层中也可以形成大油田的认识,极大地推动了石油地质学理论的进步,同时也形成并发展了相应的勘探配套技术。

三、发现大庆油田的基本经验

松辽盆地油气田勘探,仅用了四年左右的时间就发现了大庆油田,其主要经验有三点。

(一)多工种综合运用开展区域勘探

每种勘探方法,都有其所长,也有其所短。因此,必须综合运用,才能取得较好的勘探效果。例如,地面地质调查虽然仅限于盆地边缘露头区,但是它能使人直接观察到地层、岩性等地质情况,对了解盆地内部情况有一定帮助。重力、磁力、电法和地震等物探方法,虽然只能定性地解释某些地质问题,但是通过它们可以了解覆盖区之下盆地的轮廓、基底起伏、埋藏深度和沉积盖层中主要地层界面的构造情况等等。钻探虽然范围比较局限,但是它可以直接了解地下地层剖面的情况,包括生、储条件等等。因此,按照勘探程序进行综合勘探,不仅较快地查明了盆地结构、分区特征,而且肯定了白垩纪地层中具有良好的生、储条件,同时也发现了大庆长垣、扶余构造带等一批潜伏构造。

(二)在区域勘探的基础上加强综合研究对比评价,选定有利的含油远景区

在搞清盆地大地构造条件和有利生、储条件的基础上,对盆地内的一级构造单元进行了综合研究对比评价,认为中央坳陷区是盆地内含油、气远景最有利的地区,其依据是:

(1)根据钻井资料,认为其为生油条件最有利的地区,其中白垩系青山口组一段和嫩江组一段是最有利的生油层段;

(2)通过重力和磁力普查发现在有利的生油凹陷附近有潜伏构造存在,如大庆长垣和扶余隆起等;

(3)钻探基准井过程中,在白垩系姚家组葡萄花油层内发现良好的油、气显示,试油获工业性油流。

(三)基准井兼探油提前发现大油田

国外一般常规基准井的主要任务是获取地层、生油层和储层等参数资料,要求按设计井深一打到底,不准中途完钻。然而,在大庆长垣高台子构造上的松基三井,原设计井3200m,要打到基底。但是,当打到1170m姚家组(中部组合葡萄花油层)时,发现良好的油、气显示。在当时中途测试技术尚未掌握的情况下,要进行试油,必须完钻下套管才行。为了尽快发现油田,及时完钻试油,结果喷出工业性油流155.58t/d,提前发现了大庆油田。

总之,大庆油田的发现,其勘探速度和效率是世界少有的。

思 考 题

1. 油气勘探的对象和任务是什么?
2. 油气勘探具有哪些特点?
3. 什么是勘探程序?我国油气勘探阶段划分哪几个阶段?各阶段的主要任务是什么?
4. 油气勘探有哪些主要技术?试简述其特征。
5. 简述地震勘探的主要方法及其在油气勘探中的作用。
6. 探井包括哪几种类型,不同类型探井的主要作用是什么?
7. 简述测井的种类及其在油气田勘探中的作用。

第十六章 油气田开发地质

油气开发地质是指以油气田(藏)为对象,研究油气田(藏)内油气水分布以及开发过程中影响流体(油、气、水、注入剂等)运动与所采取的开发措施的所有地质因素与特征的石油地质分支学科。油气勘探地质与油气开发地质已成为石油地质的两大分支。

第一节 油气田开发地质研究内容

油气开发地质与油气勘探地质的研究对象、任务与内容明显不同,其所用研究方法及基础资料也有所不同。

一、开发地质的研究对象和任务

由于油气勘探地质与油气开发地质研究针对的油气勘探、开发阶段不同,决定了其研究对象和任务不同。油气勘探地质的对象是含油气盆地;主要任务是发现油气田,即充分利用现有资料,查明并掌握石油地质特征与油气分布规律,经济快速地发现油气田、探明盆地内主力油气田。

油气开发地质研究的对象是油气田(藏),主要任务是油藏描述,揭示油气藏的开发地质特征。油气藏开发地质特征是指油气藏所具有的那些控制和影响油气开发过程,从而也影响所采取的开发措施的所有地质特征。

根据我国大中型油田开发的实践,从油田发现以后,油田开发一般分为以下几个阶段:① 开发评价阶段;② 开发设计阶段;③ 开发实施阶段;④ 开发监测阶段;⑤ 开发调整阶段;⑥ 三次采油阶段;⑦ 油田废弃。值得注意的是,不同开发阶段,或者采取不同开发措施时,开发地质特征不同。

二、开发地质的研究内容

由于油气藏类型(构造、地层、岩性、复合型)、油气层岩类(碎屑岩、碳酸盐岩、火山岩等)、开发阶段与方式等不同,开发地质研究内容及其侧重点也不同,其研究范畴也很宽泛。对我国常规注水开发油田而言,开发地质研究内容主要包括以下几个方面的内容。

(1)油层构造:主要研究含油层系顶面、底部、内部层面的构造类型、形态、倾角等;断层分布、产状、断距、性质、封闭性等;裂缝发育部位与程度、规模、产状、类型、充填程度等。

(2)小层划分与对比(油层层序):主要研究含油层系内的小层划分与对比,即含油层系、油层组、砂岩组、小层的划分与其各井间的对比,属油层层序范畴。

(3)储集层:主要研究储集层的类型、岩性、物性、厚度、几何形态、连续性、成因类型或沉积微相;微观孔隙结构,储油能力和渗流能力的空间变化,即储层各项属性的非均质性等。涵盖岩石学、成因类型、几何学、储集物性、微观孔隙结构、储层非均质性特征等方面。

(4) 隔层、夹层：主要研究隔层、夹层的岩性、厚度、空间变化、封隔性等。开发前期注重隔层研究，高含水期及以后薄夹层对油气水及注入剂渗流也起到重要影响。

(5) 流体分布：主要研究油气田（藏）内油、气、水的空间分布及在各储层内分布与相互关系。

(6) 流体性质及变化：主要研究油、气、水的物理与化学性质及其在油田的变化。

(7) 油气藏的压力、温度场：主要研究油气藏开发前的原始压力场、温度场以及不同开发阶段的压力场、温度场变化。

(8) 驱动方式及能量：主要研究底水、边水类型，水体大小，天然驱动方式及能量；不同开发阶段的驱动方式及能量等。

(9) 油气储量：研究储量参数界限的选定、参数分布和计算方法等，可以以原始地质储量为目标，也可以以不同开发阶段的剩余地质储量或剩余可采储量为目标。

(10) 与油气开采有关的其他地质问题：研究油田注水开发过程中油水井套管变形、疏松砂岩油层注水开发中的出砂、致密砂岩油层体积压裂效果等现象的地质控制因素。

上述研究内容属于构造、地层（层序、储集层、隔层与夹层）、流体、油藏（温压能）等范畴，尽管研究内容较多，不同开发阶段研究侧重点不同，但因油气储集在储层内，油气水及注入剂的流动也发生在储层内，因此，储集层是开发地质研究的核心。

即使同一油田在不同开发阶段，其开发地质研究内容及侧重点或研究层次也有所不同。如在油（气）田发现之后、投入开发以前，更注重油气层分布范围、厚度、物性、数量及埋深，隔层，圈闭类型，断层分布，油气田的驱动能源及可能建立的驱动方式，油、气、水的物理—化学性质，油气田（藏）储量等内容，以便制定合理的油田开发方案。油气田投入开发以后，随着开发井的增加及开采过程中反映出来的动静态问题，注重小层划分与对比、储层分布与连通性、注水突进油层、隔层封隔性等研究。注水油田高含水期，注重储层连通性基础上的渗流差异、高—中—低渗流单元、薄夹层分布、微幅度构造及小断层等影响油层水淹程度及剩余油分布的地质因素的研究。随着油田开发的推进，对油田开发地质认识的要求也更高、更准确与更精细，也更接近地下地质特征，以指导油田开发方案的调整。

因开发地质研究内容较多，涉及课程面较广，本章重点介绍油层对比、储集层非均质性、油层水淹特征、剩余油研究。

三、开发地质的研究方法

油气开发地质的研究内容较为广泛，也决定了其研究方法的多样性，主要包括以下六大类。

（一）地质学方法

地质学方法包括高精度地层学、沉积学、构造地质学、油藏地质学、储层地质学等研究方法，是开发地质的关键研究方法。地层学方法以高精度地层学为主解决含油层系内的高精度划分与对比；沉积学方法主要研究沉积地层特别是储集层、隔（夹）层的成因、分布、储集性、非均质性等内容，如沉积微相、岩石物理相、储层构型分析方法；构造地质学方法主要研究油层构造、断层等特征;油藏地质学方法主要研究油气藏地质与流体分布及特征。值得注意的是,相对勘探地质而言,开发地质研究对象以油气田(藏)内部为主,范围、尺度更小,研究方法更精细。

(二)地球物理学方法

地球物理学方法包括重力、磁力、电法、地震、测井等多种方法,但在油田开发阶段,以地球物理测井方法、三维地震方法为主,因油田多为覆盖区,油田开发以钻井为主,但开发取心井极少,为此,地球物理学成为开发地质重要研究方法,且进展快速。地球物理测井方法主要对井筒与其附近地层及其内部流体的相应地球物理特性进行连续测量与解释,包括地层序列及其相应地球物理特性测量,即岩性、储集物性、流体类型及饱和度、地层元素构成、沉积构造、地层产状等,按开发阶段可分为首批开发井测井(原始油藏状态)、加密调整井测井(当时开发状态)、首批三次采油井测井(三采前油藏状态);按测井阶段可分为裸眼测井(钻井中途测井、完井测井)、套管井测井(套管检测、产液剖面监测、射孔检查、验窜等)。地震方法包括二维地震、三维地震、开发地震监测、微地震等方法,特别是三维地震广泛应用于开发地质研究,井震层位标定与追踪、构造精细解释、储层边界刻画、物性预测等技术对构造、储层等井间验证与三维展布起到重要作用。

(三)油藏工程方法

油藏工程方法主要包括开发动态法、物质平衡法、水动力学法、试井法、含水率法、示踪剂法、油藏数值模拟法等。

(四)实验方法

实验方法包括地质实验分析、开发实验分析等,如储层微观孔隙结构分析及其物理模型驱油实验分析法、储层构型物理模型及其驱油实验分析法。

(五)数学、人工智能及计算机等方法

这类方法包括多元地质统计学法、人工神经网络法、有限元法、分形理论等数学方法及人工智能、三维地质建模、油藏数值模拟法等。

(六)多学科综合方法

除上述研究单学科研究方法外,实际研究工作中应用更多的是多学科综合方法,如地质—地球物理学综合方法、油藏工程—数学—计算机综合的油藏数值模拟法、地质—数学—计算机综合的储层相控地质建模法等。在油气开发地质研究中,尽管综合研究方法很多,但需强调的是静态与动态相结合的综合研究方法即静动结合法,地质静态成果需要开发动态去验证,开发动态特征需要从地质静态角度去分析,这样才能更全面、客观地认识地下油层的开发地质

特性。

尽管开发地质研究内容多、研究方法多样，开发地质工作在原"三步工作程序"基础上扩展为"井孔—井间—空间—时间"的一维至四维的四步程序。第一步建立井孔柱状剖面（一维，点），至少包括3个方面9项参数，即：地层——渗透层、有效层、隔层；流体——产（含）油层、产（含）气层、产水层；参数——渗透率、孔隙度、流体饱和度。第二步建立分层井间等时对比关系（二维，面），即由一维井孔柱状剖面到多井连井剖面的含油层系至小层的地层单元细分与井井等时精细对比，以建立单井上某小层（砂层）与其他各井的对应关系，即由点到面。第三步建立油藏属性空间分布（三维），在井间地层等时对比后，在储层分布格架内进行各种属性空间分布的描述。其关键是如何利用井点的已知参数对井间参数做出合乎实际的预测。第四步建立不同开发阶段油藏地质特征特别是流体特征的空间变化（四维），即地质、流体特征与分布随时间的变化，其中最主要的是油层中剩余油饱和度、分布随时间的变化，或注水开发油田油层水淹程度的变化，其次，是储层物性、微观孔隙结构、隔（夹）层封隔性、断层封闭性在不同开发阶段（时间）的变化。

由此可见，井柱一维剖面各类开发地质属性准确确定，尽可能小的地层单元的井间等时对比，由已知井点对井间广大体积的原始油藏属性、不同开发时期油藏属性的客观预测等方法是开发地质研究的永久课题。

四、开发地质研究的基础资料

开发地质研究的基础资料是多方面的，从资料的不同角度可分成不同类型。例如，按资料类别可分为地质类、地球物理类、工程类资料；按资料性质可分为直接资料、间接资料或静态资料、动态资料；按资料来源可分为野外资料、钻井资料、井筒测试资料、实验室分析资料等。常用的油气开发地质研究基础资料有以下几类。

地质录井资料：主要包括岩心、岩屑、钻井液、荧光、气测、钻时、地球化学录井等资料，特别是岩心录井、岩屑录井资料成为其他资料无法代替的最重要的第一手资料。

矿场地球物理测井资料：视电阻率测井、微电极测井、自然电位测井、感应测井、侧向测井、放射性测井、声波时差测井、密度测井、井径测井、地层倾角测井、成像测井等资料。

地震资料：主要有二维地震、三维地震、开发地震监测、微地震等资料。

试油（气）资料：包括分段试油和单层试油资料。

油藏工程资料：包括开发动态、试井、油藏检测、开发措施等资料。如注水井的注入压力、注水量等，还包括采油井的日产油、气、液，综合含水率，压力等动态资料。

其他资料：实验室化验分析资料等。

第二节　油层对比

一、油层对比的概念

油层对比是指在一个油田范围内，以油层（包括气层）为研究对象，在区域地层对比已确定的含油层系内部进行的分层对比工作。它是在大区域的大套地层如界、系、统、阶、组进行地层对比后,对某段含油层系内进行更细(最小地层单元以下)的划分与对比。油气田进入详探阶段后,人们把地质研究的重点转移到油(气)层研究上来,详细划分油层并了解其分布范围是开发油气田的需要。因此,油层对比是地层对比工作在油田开发阶段的延续和深入。大庆油田发现后,通过反复实践,将油层细分至单一砂层,建立了"油砂体"的概念。在此基础上于1960年代初总结出"旋回对比,分级控制"的陆相碎屑岩油层对比方法,利用沉积旋回成功地解决了湖相碎屑岩的单砂层等时对比问题,是该领域的一个重大创举,为油田开发地质研究、分层开采奠定了地质基础。

油层对比以"同一沉积范围内,同一时代沉积物具有相似的沉积特征"作为分层对比的地质理论依据。这些沉积特征包括岩性、岩石结构、构造、古生物化石、电性、放射性和声学性质等。这些对比标志应用在地层对比和油层对比时又有主次之分。以古生物化石为例,在地层对比时,化石是对比的重要标志,但在油层对比中,由于层分得很细(厚度可以小于1m),在很短时间单元里生物演化差异不明显,因此,也就无法依靠化石划分、对比油层。由于油层对比直接为油田开发、开采服务,开发层系的划分及层间连通情况,很大程度取决于油层的隔层条件,因此隔层的厚薄以及平面上的稳定性,是油层划分的重要考虑因素之一。

油气田开发地质研究的大量资料来源于测井工作,所以各种测井曲线就成为间接研究岩性和获取岩石物性的重要手段。通过大量探井和资料井的综合录井工作,解决地层的岩性与电性、放射性等物理特性的对应关系。这些工作一般在详探初期已经完成。

油层对比是油气田地质研究工作的基础,本节将介绍碎屑岩、碳酸盐岩的油层对比的一般方法原理。

二、碎屑岩油层对比方法

(一)开发阶段含油气地层划分

据石油天然气行业标准《油气层层组划分与对比方法 碎屑岩部分》(SY/T 6616—1995)规定,在油气开发阶段,将含油气地层划分为油(气)层组、砂岩组和小层。

1. 含油层系

一级沉积旋回内的连续沉积,同一含油层系内的油层,其沉积成因、岩石类型相近,油水特征基本一致,并有厚层泥岩为盖层。含油层系的顶、底界面与地层时代分界线具有一致性,一个含油层系可由若干个油(气)层组组成。

2. 油(气)层组

二级沉积旋回中,油(气)层沉积环境、分布状况、岩石性质、物性特征和油气性质比较接近的含油气层段划分为一个含油(气)层组,一个油(气)层组可由一个或若干个砂岩组组成。在油(气)层组之间应有相对较厚且稳定分布的隔层分隔开,其分界线应尽量与沉积旋回分界线一致。

3. 砂岩组

油（气）层组内相邻的油气层集中发育段划为一个砂岩组（又称砂层组、复油层）。划分的砂岩组应尽量与三级沉积旋回的层位一致。一个砂岩组内可包含数个小层。砂岩组之间应有比较稳定的隔层分隔开。

4. 小层

以非渗透性岩层分隔开的油气层划为一个小层（又称单层、单油层）。同一小层内可包含数个单层。

关于我国含油气地层命名，经历了多次修订和不断演变的过程，在含油气地层单元使用上，各家不统一，表 16-1 是我国含油气地层单元名称使用情况。

表 16-1　中国含油气地层单元名称使用情况一览表

级别[①]	油田用名			油矿地质学用名		行业标准推荐名[②]
	例一	例二	例三	徐本刚等	吴元燕等	SY 5363—1997
第一级	—	—	—	含油气层（岩）系	含油层系	含油气层系
第二级	油层	油组	油组油层组	含油气层段	油层组	含油气层组
第三级	油层组	油层组	—	含油气层组	砂层组	含油气段
第四级	单油层（小层）	单油层	单油层（小层）	含油气层	单油层	含油气层
第五级	油砂体	—	—	油砂体	—	—

① 同一级别各单元名称在含义上并不完全相同。
② SY 5363—89《含油、气岩系的划分》；SY/T 6166—1995《油气层层组划分与对比方法 碎屑岩部分》；SY/T 5363—1997《含油气岩系划分》。

（二）对比依据

1. 标准层

标准层是指油层剖面上岩性稳定，厚度不大、特征明显（颜色、岩性、化石、特殊矿物、地球物理特性等）、分布面积较广的岩层。它是油层对比最重要的依据。油层对比，首先是标准层的对比，其他次之。显然，标准层越多，油层对比就越容易进行。选择标准层时，首先要研究整个剖面中稳定沉积层分布规律，然后按层逐井追踪，确定其分布范围。一般来说，稳定沉积层多形成于盆地均匀下沉、水域最广的较深水的沉积环境。因为此时沉积物分布面积最大，岩性和厚度较为稳定，在时间上也是等时层。如陆相湖泊沉积中的黑色页岩，三角洲沉积中水进阶段的石灰岩、页岩薄层等。有时大套同类岩性的地层中某些特殊岩性的薄层，也常常是较好的标准层。如陆相碎屑岩剖面中的石灰岩、油页岩、碳质页岩、火山碎屑岩以及岩石类型虽然相似，但具有特殊结构、构造、颜色和化石的岩层都可以选作标准层。

选择标准层时，尽量使其在剖面上分布均匀，以便保证对比的精度。

根据标准层的分布范围、稳定性及特征明显性，可将标准层分为两级：

（1）一级标准层：岩性、电性特征明显，在三级构造范围内稳定分布；一般为黑色泥岩、页岩、介形虫钙质砂岩（或石灰岩），稳定程度达 90% 以上。用它基本可以确定油层组界线。

(2)二级标准层(辅助标准层或标志层):岩性、电性特征较突出,在三级构造的局部范围具有稳定性;岩性一般为钙质粉砂岩与灰绿色、深灰色泥岩组合,稳定程度在50%～90%。在已确定油层组界线的基础上,配合一级旋回特征划分砂岩组和单油层。

在钻井剖面中,利用标准层的电性特征是认准标准层的关键。标准层的电性特征一般有两种表现方式,即单一岩性特征和组合电性特征。

单一岩性特征:标准层在电测曲线上具有明显特征,很容易与上下邻层区别,如大庆油田葡Ⅰ组底灰色介形虫石灰岩或钙质粉砂岩,在微电极曲线和2.5m底部梯度视电阻率曲线上呈明显细长"尖峰"[图16-1(a)]。

组合电性特征:不同岩石类型组成的稳定层组在电测曲线上的反映如图16-1所示。如图16-1(b)所示为大庆油田嫩一段萨零—萨Ⅰ组灰黑色泥岩内夹三层油页岩或三层介形虫层,在视电阻率曲线和微电极曲线上出现三个平缓的"小凸起"。萨Ⅰ—萨Ⅱ组间夹层的底部标准层,为灰黑色薄层泥岩,上下被含介形虫的黑色泥岩和介形虫泥岩、泥灰岩所夹持,在视电阻率曲线上形成一"U"字形的弯曲[图16-1(c)]。

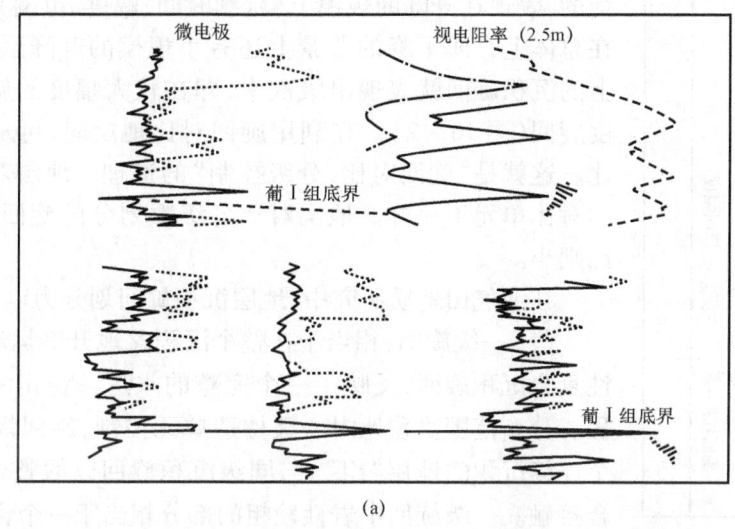

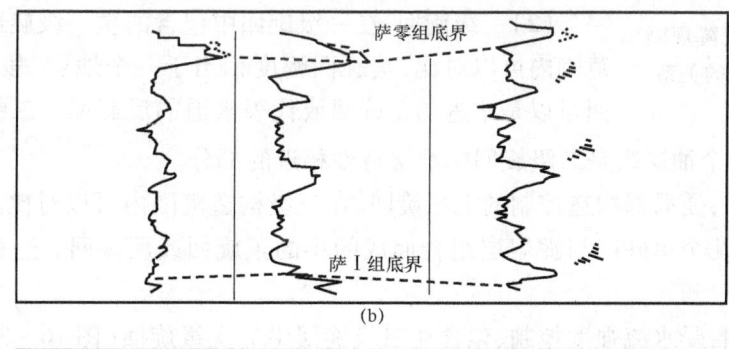

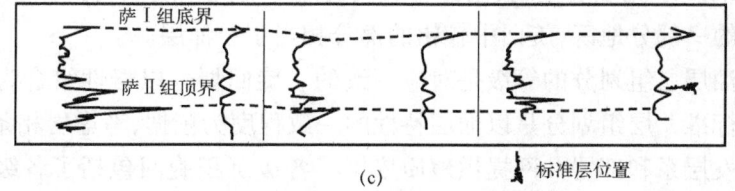

图16-1 标准层电性特征示意图

一个地区中符合条件的标准层是客观存在的,但需要经过深入细致的地质录井和地层对比才能发现。对那些厚度小的标准层,岩屑录井不易发现,需要在大量对比中从曲线形态上找出某些特征,然后再查找岩屑或岩心的第一手资料验证核实。总之,对一个地区的标准层的认识有个过程,随着勘探程度的提高、地层研究工作的深入以及对比方法的多样化,标准层将被陆续发现。

2. 沉积旋回

油层对比的第二个依据是沉积旋回。沉积旋回的形成原因,在此不赘述。地壳运动的区域性,使得同一次升降运动所涉及的范围内,其沉积旋回特征是相同的,这就是利用沉积旋回划分对比地层的理论依据。

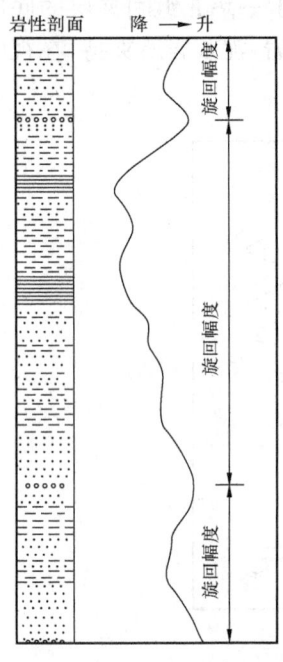

图 16-2 地壳升降规模与沉积旋回幅度的关系

地壳升降规模越大,其影响范围越广,在地层剖面上体现的旋回幅度也越大,旋回在平面上可对比范围也越大。相反,地壳升降规模越小,旋回幅度也越小,可对比范围也越小。地壳运动是不均衡的,表现在升降的规模上(延续时间、幅度、范围)有大有小,并且在总体上升或下降的背景上还有小规模的升降运动。因此,剖面上的沉积旋回就表现出级次来,即在较大幅度的旋回内套有小幅度旋回(图 16-2)。在利用旋回对比地层时,可从大到小进行对比。这就是"旋回对比,分级控制"的道理。地层对比和油层对比的对比单元不一样。地层对比各级次划分的旋回幅度大,油层对比则小。

在油气田地质研究中,地层沉积旋回划分为以下四级:

(1)一级旋回:相当于在整个沉积盆地升降运动背景下的区域性复合沉积旋回,反映了一个完整的水进-稳定-水退的沉积过程。分布范围受盆地内一级构造单元控制,旋回幅度相当于 1~2 个连续沉积的地层"组",与同级沉积旋回以假整合或微角度不整合接触。一级旋回中岩性较粗的部分相当于一个含油层系。

(2)二级旋回:在一级旋回中包含的次一级旋回。在二级构造范围内可以对比,其旋回幅度相当于一个地层"段"。每个二级旋回可以是水进的正旋回或代表水退的反旋回。二级旋回中可以包括几个油层组,每个油层组是二级旋回中油层特性相近的部分。

(3)三级旋回:受局部构造控制的沉积旋回,在三级构造范围内可以对比。旋回幅度相当于地层"段"内由几个单砂层与泥岩层组合而成的小的正旋回或反旋回。这种旋回组合又称砂岩组。

(4)四级旋回:受水流强度控制、包含在三级旋回中的次级旋回(图 16-3)。其稳定范围局限于三级构造的一部分地区,旋回中较粗的部分相当于单油层。

旋回划分和油层层组划分的等级是对应一致的。旋回划分以岩性组合为依据,目的在于提供单层对比的标准。层组划分是以油层特性的一致程度为依据,考虑岩相条件和隔层条件,目的是为研究开发层系和部署井网提供地质依据。各级沉积旋回包括了各级层组,各级层组只是各级旋回中含油性能相近的部分或具有含油性能的部分。

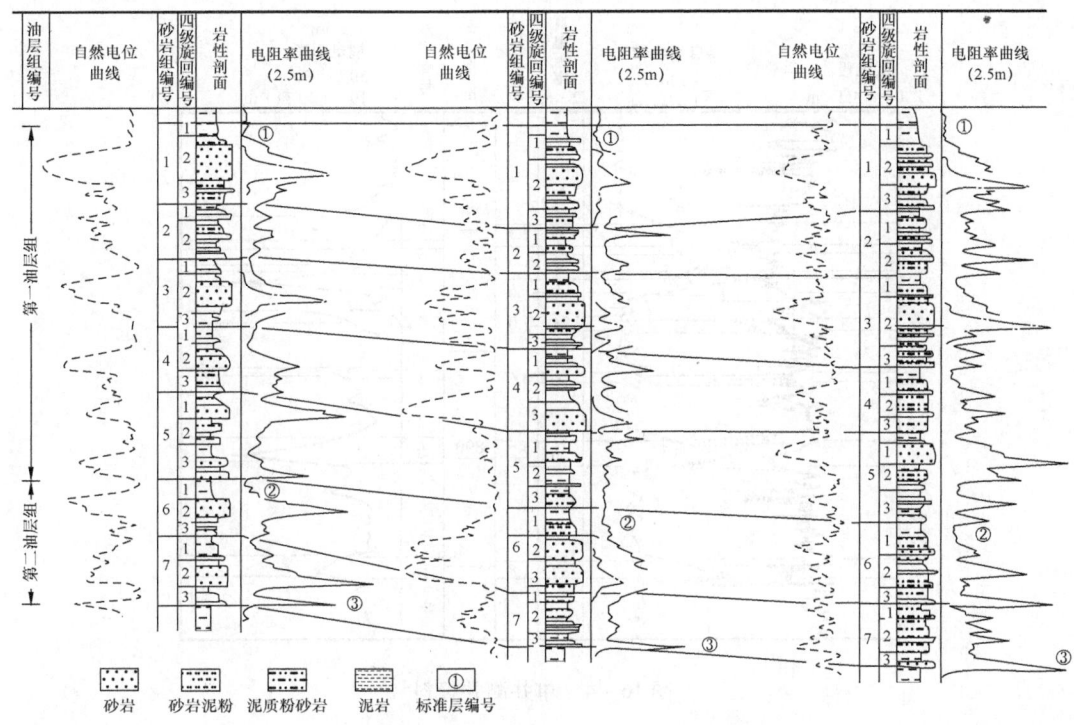

图 16-3 三级和四级旋回示意图

(三)对比方法

这里介绍"旋回对比,分级控制"的对比方法。

1. 单井准备工作

油层对比主要是在搞清岩性—电性关系的基础上,大量应用地球物理测井曲线进行油层分层与对比。各油田地层特征不同,采用的测井系列不同,通常使用 2.5m 底部梯度视电阻率、自然电位和微电极测井曲线。在一口井完钻后,将油层部分的上述测井曲线汇编成单井电测资料图,作为油层对比基础资料,图幅格式如图 16-4 所示。

2. 对比程序

在某三级构造上钻井比较多时,为了掌握油层横向变化规律,先挑选沿构造轴线或顺源沉积方向的各井进行对比,再适当选几条垂直构造轴线或垂源方向上的井对比,以达到各剖面层位一致、不穿层。然后以这些井为骨干,分区进行对比,达到分区层位一致;经过多次反复,直到各井层位统一为止。

在纵向上选择对比单元时,按沉积旋回级次由大到小逐级进行。油层组的划分一般与地层单元一致,因此,完全可以运用区域地层对比方法。砂层组和单油层是更小的对比单元,因岩性、古生物、矿物等在剖面的小层段内变化不大,其对比标志已不明显,故主要是在油层组的对比线控制下,根据岩性、电性所反映的岩性组合特点及厚度比例关系作为对比依据。最后做

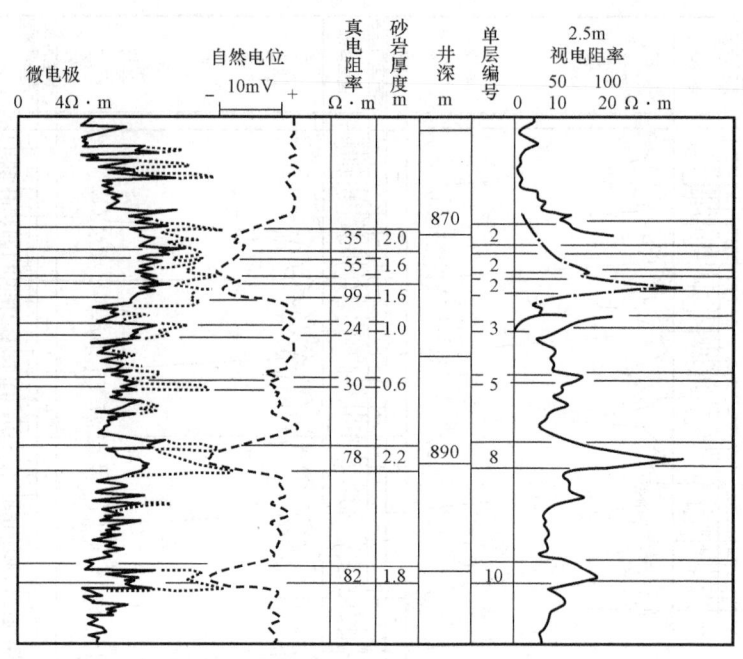

图 16-4 单井测井资料

到油层组、砂岩组、小层三级控制,使其层位一致。

3. 建立标准剖面

标准剖面是在对比中建立起来的,所谓标准是指剖面上油层特征(岩性、电性)在全区具有代表性,且油层发育好。以此剖面为样板,进行新井的油层分层工作,以便于在全区"统层"。

为了使标准剖面在全区有代表性,可在几口井挑选有代表性的油层组和砂岩组汇编成标准剖面。随着钻井数量的增加和对比工作的深入,标准剖面也在不断完善。

4. 对比步骤

(1)用标准层划分油层组:图 16-3 列举了三口井的部分剖面。剖面的顶部和底部都有大段泥岩层,其中顶部灰黑色泥岩和介形虫泥岩为区域地层对比标准层(①号标准层)。底部有一层厚 20cm 的深灰色介形虫泥岩层,紧接其下为一层钙质砂岩,电性特征极为明显,该层在三级构造内普遍存在,也作为标准层(③号标准层)。在剖面中部有一层灰黑色泥岩层,层位稳定,但因邻层电性不稳,该层只作为辅助标准层(②号标准层)。剖面上油层组数量多少取决于二级旋回的数量。每个二级旋回就相当于一个油层组。二级旋回的性质要参考一级旋回的性质而定。由于该区整个含油层系是在一个一级正沉积旋回背景上沉积的,因此该剖面以②号标准层为界,上下各有一个二级正旋回,即分成两个油层组。

(2)利用沉积旋回对比砂岩组:在油层组内应根据岩性组合规律进一步划分若干三级旋回(相当于一个砂岩组)。在二级旋回背景上,各三级旋回均按水进型考虑,即水进开始作为三级旋回的起点,水进结束作为砂岩组的顶界。在剖面上各砂岩组顶部均有一层分布稳定的泥岩层,该层是对比时确定层位关系的具体界线。

(3)利用岩性和厚度对比单油层:在局部范围内,同一时期形成的单油层的岩性和厚度是相近似的。因此,在每个三级旋回内,应进一步分析其岩性组合规律,细分为若干个四级旋回(图16-5)。在四级旋回内较粗的部分就是单层(含油者称单油层)。按岩性、厚度相似的原则,对比各单油层。由于四级旋回内各单层数量不尽相等,单层厚度可能相差也悬殊,所以在连接对比线时,应视具体情况做层位上的合并、劈分或尖灭(图16-6)。

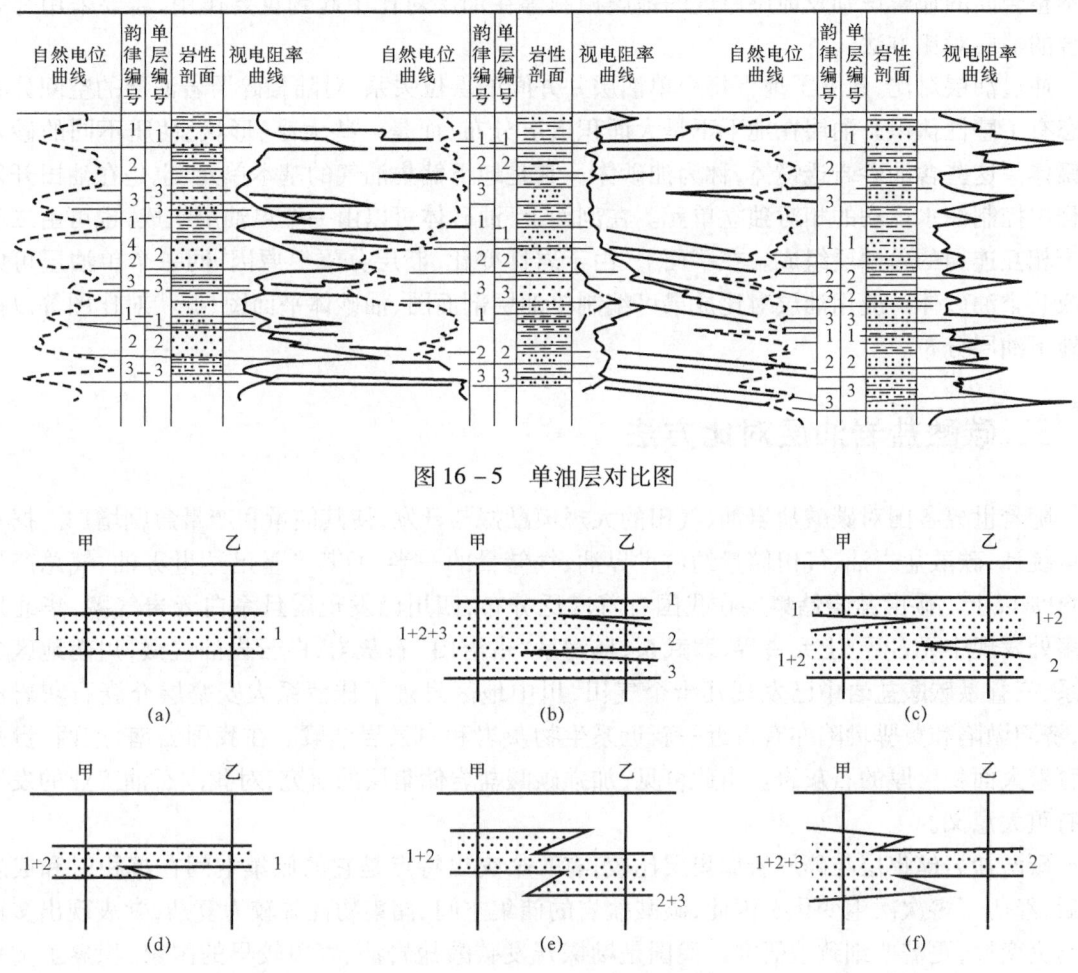

图16-5 单油层对比图

图16-6 砂层的连线形式
(a)单层与单层连线;(b)单层与多层连线;(c)交错层位的连线;(d)单层的单向尖灭连线;
(e)单层间的相互尖灭连线;(f)单层间双尖灭连线

(4)连接对比线:在对比的基础上,将相同层位的顶、底界线分别连接起来。油层对比连线不仅表示各井剖面油层的层位关系,同时还表示油层厚度变化和连通情况。必须强调的是,只能在现有井距情况下讨论两口井(甲井和乙井)剖面层位(1,2,3层)对应关系连线问题。由于砂岩体形态变化的复杂性,连线结果完全可能与地下的真实情况不符,这只能通过加密钻井或开发动态进行验证。常见的连线形式如图16-6所示。

5. 制表

根据油层对比成果,将每口井的分层数据,分别记录在统一的表格上,内容包括:小层编号、砂岩厚度、有效厚度、渗透率、地层系数、与邻近井连通情况、小层储量等。这些基础资料是为下一步编绘油层剖面图、油砂体平面图、栅状图、计算储量、油井动态分析和开发方案调整提供依据。

上述为沉积相对稳定的坳陷盆地的传统油层对比方法。对于断陷盆地及复杂断块油藏、地层不整合油藏等,断层不但可能控制沉积,还影响沉积后储层的连续性,断层、层面构造、地层不整合面的地震识别及地层厚度的地震控制等在油层对比中起到重要作用,需要采用井震结合的油层对比方法。

通过油层对比,建立了地下每个单油层井井间的层位关系,对陆相碎屑岩油层的空间分布状态有了感性认识。油层在地下不是大面积成层分布,而是一些大小、形状、性质不同的砂岩透镜体。这些含油砂岩透镜体,称为油砂体。它是地下储集油气的基本单元,也是在油田开发过程中控制油水运动的相对独立单元。在剖面上,油砂体可以由一个单油层组成,也可由二至三个相互连通的单油层组成。在平面上,由于岩性变化、断层分隔等原因,同一个单油层可以分成几个油砂体。应用油层对比成果可编制单油层剖面图、油砂体平面图、栅状对比图等以揭示地下油层分布。

三、碳酸盐岩油层对比方法

随着世界各国对碳酸盐岩油、气田的大规模勘探与开发,使其储量和产量急剧增加。据不完全统计,碳酸盐岩油、气田储量约占世界油、气储量的一半,而其产量已达世界油、气总产量的60%以上。碳酸盐岩储集层在我国有着广泛分布,四川已发现震旦系白云岩气藏,华北地区多处发现中元古界、上元古界、寒武系、奥陶系"古潜山"石灰岩、白云岩油气藏,川南地区二叠系、三叠系碳酸盐岩中已发现几十个气田,川中地区发现了侏罗系大安寨层介壳石灰岩油藏,济阳坳陷和黄骅坳陷亦有古近—新近系生物灰岩和白云岩油藏。在我国云南、广西、贵州发育着大面积巨厚的石灰岩。由此可见,加强碳酸盐岩储集层的研究,对我国石油工业的发展具有重大意义。

碳酸盐岩储集层与碎屑岩储集层比较,有一个突出特点是它的储集空间在沉积时和成岩以后,经历了多次次生变化。因此,碳酸盐岩的储集空间、储集物性等较为复杂,常表现出多样性与突变性,更需要细致地研究。我国是勘探开发碳酸盐岩油、气田较早的国家,积累了宝贵的经验。下面以川南气田生产科研实践为基础,介绍碳酸盐岩油层对比方法。

(一)储集单元的对比

所谓储集单元,是指在碳酸盐岩地层剖面中能封闭油气的基本岩性组合。它是碳酸盐岩储集层对比的基础。一个储集单元是由储、产、盖、底层组成。其中产层和盖层最为重要,前者决定储集单元的产出能力,后者决定储集单元的封闭能力。

储、产层和盖、底层的岩性是根本不同的。可塑性的石膏、岩盐层,通常是良好的盖、底层,性脆易溶的石灰岩、白云岩通常是良好的储、产层。储集单元的稳定性,取决于储、产、盖,底层岩性分布的稳定性。储、产、盖、底岩类序列的出现又取决于沉积旋回。因此沉积旋回是划分储集单元的基础。

1. 储集单元的划分

在单井地层剖面上,通常从分析岩性出发,以沉积旋回特征着手划分储集单元。主要应考虑以下原则:

(1)具有储、产、盖、底层的岩性组合;

(2)具有独立的水动力系统。

以图16-7川南某气田三叠系嘉陵江组储集单元为例。根据上述岩性组合原则,嘉陵江组剖面上共划分为4个储集单元:即嘉一、嘉二、嘉三和嘉五。对嘉三单元而言,由于嘉四^{2}底

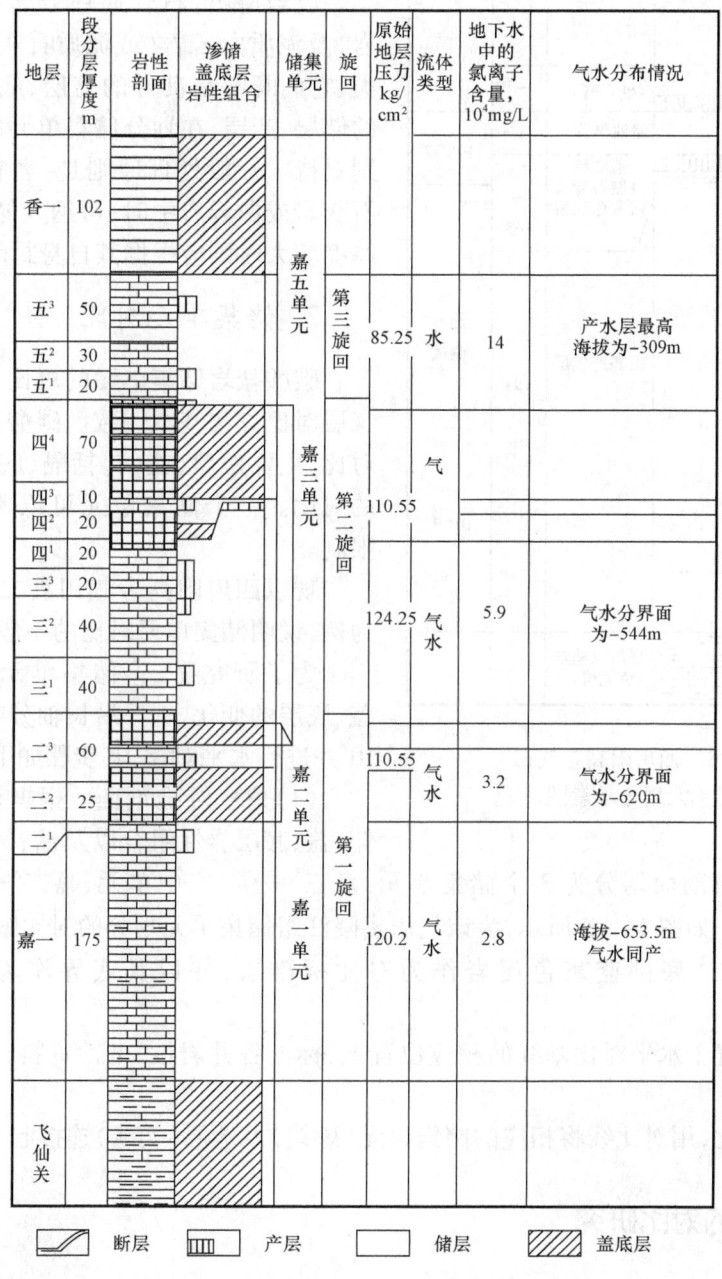

图16-7 川南某气藏三叠系嘉陵江组储集单元的划分

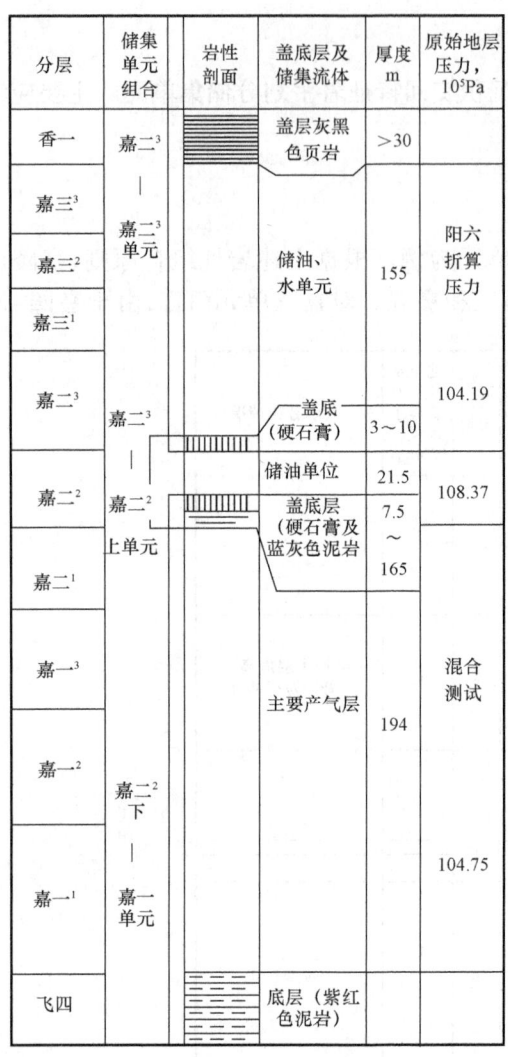

图 16-8 四川阳高寺气田
储集单元划分示意图

层被断层切割,使嘉四^{3}与嘉三同属一水动力系统,所以嘉四^{3}与嘉三同为一个储集单元。再以原始压力,流体性质等资料验证,以岩性组合划分储集单元。上述 4 个储集单元的原始地层压力不同,气、水界面有高低(气藏高度和含气面积等),地下水的氯根含量差别大。这充分说明 4 个单元各自为一个独立的水动力系统。可见上述两原则,在划分储集单元时缺一不可。

应当指出,石膏质白云岩(或石膏质石灰岩)及泥质白云岩(或泥质石灰岩)等过渡性岩类,它们既不是良好的盖层、底层,又不是良好的储层、产层,在划分储集单元时要具体分析区别对待。一般处理原则是:当它们以薄层夹于石灰岩或白云岩中时,可纳入储集层中;当它们厚度较大时则应根据其自身封闭能力而定。

2. 储集单元对比

碳酸盐岩储集单元的对比方法与碎屑岩油气层对比方法基本一致。碳酸盐岩储集单元的对比,主要是储、盖(包括隔、底层)层岩性组合的对比。一个储集单元可以不受地层界限的限制。

现以四川阳高寺气田嘉二^{2}储集单元对比为例,说明储集单元对比的一般方法。

为了研究嘉二^{2}储集单元沿长轴方向储、盖、底层的变化,选择沿长轴分布的 12 井、9 井、10 井进行水平对比,其步骤如下:

(1)建立标准剖面。根据该气田嘉陵江组储、盖、底层岩性组合以及油、气、水分布和原始地层压力资料,将剖面划分为 3 个储集单元:嘉三^3—嘉二^{3}中单元、嘉二^3—嘉二$^2_上$单元、嘉二$^2_下$—嘉一单元。如图 16-9 所示,为该气田嘉陵江组储集单元划分的对比图。

(2)选择嘉二^{2}底部蓝灰色泥岩作为对比标准层,并以其底界作为水平对比基线(图 16-9)。

(3)将各井置于水平对比基线的相应位置上,标上各井岩性、电性资料,并划分出各井储集单元。

(4)逐井对比,用对比线将相应的储集单元(虚线)及地层(实线)连接起来。

(二)产层的对比研究

产层是指储集单元中具有产出工业性油、气流能力的层段。它也是储集单元中的高渗透

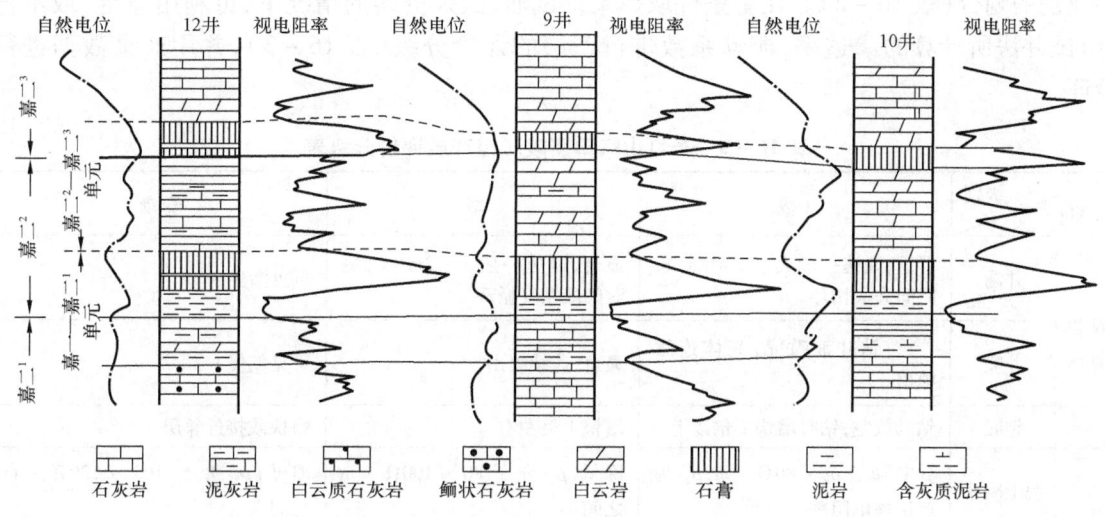

图 16-9　四川阳高寺气田嘉二² 储集单元对比图

层段。从生产意义上讲,研究产层的目的是了解产层的渗滤空间类型、物性、形成条件及控制因素,从而进行产层评价、对比,寻找油气井高产规律。

1. 产层的细分

碳酸盐岩储集层的渗滤空间多数是裂缝性的。控制裂缝发育的基本因素是岩性和构造应力。因此,在同一构造上的同一储集单元,其裂缝发育程度和部位是不同的。为了搞清每个储集单元的产层特征及其变化情况,首先必须对产层进行细分。

油田一般采用产层段、产层组、产层带等产层单位。它们反映了岩性、厚度、岩类组合关系特征。

(1)产层段是产层的基本单位。同一产层段的岩性一致。产层段的厚度及其间的隔层(低渗透层)的厚度都很小,分布不够稳定。在同一构造上,相邻几口井可以进行对比。

(2)产层组的岩性基本一致,本身厚度及其间隔层(低渗透层)的厚度都比较大,由若干个产层段组成。它的分布较稳定,是在同一构造范围内进行对比的基本单位。

(3)产层带由若干个产层组(或组、段混合)组成。它本身厚度和其间隔层厚度(低渗透层)都很大,是一个储集单元中较大的产层单位。在一个产层带中,各产层的岩性、产能等都可能不一致。

划分产层时,各地区应根据其地质条件具体分析后进行划分。

2. 产层的评价

在对产层细分的基础上,为了搞清一个储集单元中哪些是主要产层,哪些是次要产层,从而为合理开发油、气田提供依据,有必要进行产层评价。

产层评价,常以产层组为单位,也可以产层带或产层段进行评价。

产层评价的依据是产层的渗透率大小及其相应产能差别。但是到目前为止,碳酸盐岩产层渗透率的测定方法,还没有完善解决。用实验室测定的参数,往往不能反映地下产层的客观情况。为此,可以利用地质录井、地球物理测井、油、气、水显示及试油、试采等资料,将产层定性地划分为不同等级予以评价。现以川南圣灯山气田嘉陵江组产层的评价分级为例,说明产层级别的划分(表 16-2)。在有条件取得系统试油、试采资料的情况下,可利用稳定(或不稳定)试井法所计算的渗透率、流动系数进行产层的评价分级(表 16-3),并用产量数据进行验证。

表 16-2 圣灯山气田嘉陵江组产层评价分级表

项目	级别	一级	二级	三级
录井显示	井漏	严重,漏速一般大于 $2m^3/h$,长时间失去循环	显著,漏速一般 $1\sim2m^3/h$,短时间能恢复循环	可见漏失
	井喷	严重,钻井液喷完,流体连续喷出	显著,连续喷出	可见气侵
	钻时	钻具放空,钻时增快 1 倍以上	增快 1 倍左右	略快或接近邻层
测井	视电阻率	异常降低 $\rho_k < 80\Omega \cdot m$,$\rho_k$ 为产层视电阻率	降低,ρ_k 介于 $80\sim100\Omega \cdot m$ 之间	略低,ρ_k 介于 $100\sim120\Omega \cdot m$ 之间
	自然电位	负异常	负异常值偏低	负异常值最低
	井径	小于钻头直径 1cm 以上,小于邻层	小于钻头直径 1cm 以上,均小于邻层	近于或大于钻头直径,小或近于邻层
试油	产气	$2\times10^4 m^3/(d \cdot m)$ 以上	$0.2\times10^4 \sim 2\times10^4 m^3/(d \cdot m)$	$0.02\times10^4 \sim 0.2\times10^4 m^3/(d \cdot m)$
	产水	$6m^3/(d \cdot m)$	$0.6\sim6m^3/(d \cdot m)$	$0.06\sim0.6m^3/(d \cdot m)$

表 16-3 用试井资料对产层的评价分级

项目	级别	一级产层	二级产层	三级产层
渗透率(K)		$>100\times10^{-3}\mu m^2$	$100\times10^{-3} \sim 10\times10^{-3}\mu m^2$	$<10\times10^{-3}\mu m^2$
流动系数$\left(\dfrac{Kh}{\mu}\right)$		>50	$50\sim1$	<1

应当指出,由于各油、气藏的地质条件不同,特别是岩性和裂缝发育程度不同,油、气产能差别甚大,所以产层分级评价尚无统一标准,各地区各油、气藏应根据具体条件而定。

3. 产层对比

产层对比是在地层对比、储集单元对比的基础上进行的。因为只有在搞清楚了地层层位关系的前提下,才能确定产层在层位上的相当位置。由于碳酸盐岩裂缝性产层并不像碎屑岩裂缝储集层那样较规则地沿地层横向延伸和变化,在纵向出现的部位也往往不一致。解决这一问题的关键,一是储集单元对比的可靠性,二是在储层内部有一定数量的对比标准层。

产层对比方法与储集单元的对比相同,考虑的原则是:

(1)在标准层控制下,岩性相同的层段,逐井逐层连接对比线。具有产能的小层相当于一个产层组,一般厚度为 $40\sim60m$。

(2)各井层位相当,即使岩性不同,或渗透层段出现的部位不同,若有试采资料证明两井之间连通,也可连线对比。若两井不连通,只能将两井之间暂做尖灭或断层处理,待进一步取得资料后,予以补充修正。

第三节 储集层非均质性

储层非均质性是油气田开发地质的最重要研究内容之一,其研究贯穿于油田的各个开发阶段,且随着油田的不断开发,其研究精度、深度、难度逐渐增大。近几年来,国内外针对老油田的提高采收率技术,极大地推动了储层非均质性研究的发展。

一、储层非均质性的概念及分类

储层非均质性是指储层性质(岩性、物性、厚度、孔隙结构、润湿性等)在三维空间上的变化。在实际工作中,多指储层岩性、物性(特别是渗透率)在空间上的变化。它是随着油田开发实践及油田地质研究的深入而提出的。

在油田开发初期,由于多为天然能量开采,储层非均质性对油田开发的影响,尚未暴露出来。但在二次采油注水、注气以后,出现了开发中的层间、平面、层内三大矛盾。人们开始意识到这是由于油层非均质性引起的,它包括层间非均质性、平面非均质性、层内非均质性、微观非均质性对油田开发的影响。其具体表现在注水开采时,水不按照人们的预想流动。例如,最早发现在老君庙油田的边外注水,中心很难见效;大庆油田转入二次开采阶段以后,上述问题普遍存在。

以往,非均质性是对储集层这一静态地质体而言,近年来,在此基础上又提出了流体非均质性的概念,即油层中流体类型(油、气、水)、性质(黏度、溶解气量等)、饱和度、可动性、流体压力等在三维空间上的变化。油层不同时期的流体非均质性将很好地反映油田开发动态过程,特别是剩余油的形成、演化及分布,其综合研究将地质静态和流体动态紧密地结合在一起。

油层非均质性可根据研究着眼点不同分成不同类型,如张朝琛、王文祥等将非均质性分为油田级非均质性、成因单元级非均质性和微观级非均质性(图16-10)。美国学者按决定石油采收率的基本地质因素将非均质性分为沉积非均质性、构造非均质性、成岩非均质性和流体非均质性。裘亦楠(1992)将碎屑岩储层非均质性由大至小分成层间非均质性、平面非均质性、层内非均质性和孔隙非均质性四类,本章采用裘亦楠的分类方案,该方案中前三者又称为宏观非均质性,孔隙非均质性又称为微观非均质性。这样既和油田开发中的层间、平面、层内"三大矛盾"相对应,又符合非均质性研究三维化趋势。对单油层而言,平面和层内非均质性,相当于单油层的三维表述;而对一个开发层系而言,建立在各单油层平面、层内非均质性及其间夹层研究基础上的层间非均质性相当于开发层系的三维表述;微观非均质性揭示了储层微观特征差异及对流体在孔喉中流动的影响。

二、层间非均质性

层间非均质性是对一套砂、泥岩间互的含油层系的总体研究,属层系规模的储集层描述。由于一个含油层系在纵向上包括多个油层及油层之间的隔层,因此主要研究各种环境的砂体在剖面上交互出现的规律性,垂向各砂体特征及其之间的差异性,以及作为隔层的泥质岩类的发育和分布规律等。其具体研究内容包括以下几方面:

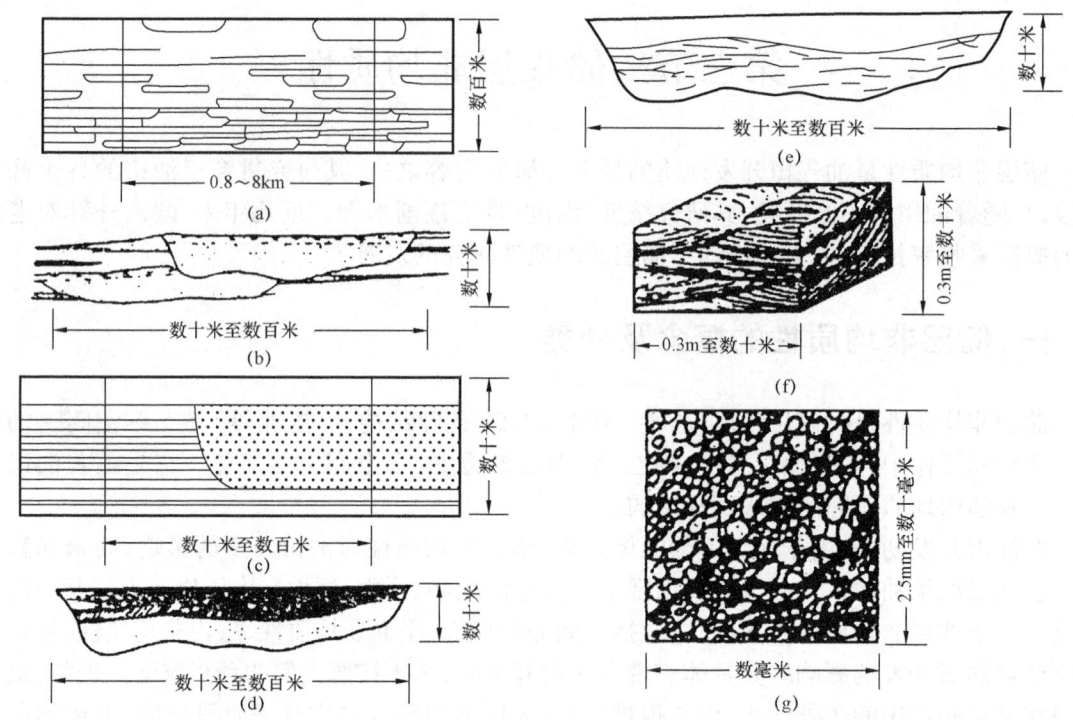

图 16-10 沉积非均质性分类(据张朝琛、王文祥等,1995,有修改)
(a)油田级非均质性(砂体连续性与连通性);(b)~(f)成因单元级非均质性;(b)成因单元之间的边界;
(c)成因单元的侧向相变;(d)成因单元内的渗透率分带;(e)成因单元内不渗透隔层;
(f)纹理及交错层理;(g)微观非均质性(岩石孔隙结构的非均质性)

(一)分层系数

分层系数 N_s 是指一定层段内砂层的层数。以平均单井钻遇砂层层数表示,即钻遇砂层总层数 $\sum_{i=1}^{m} N_i$ 与统计井数 m 之比,其计算公式为:

$$N_s = \frac{\sum_{i=1}^{m} N_i}{m} \tag{16-1}$$

对一定层段,当砂岩总厚度一定时,垂向砂层数越多,则分层多,隔层也多,且易产生层间差异。从这一意义上讲,分层系数越大,层间非均质性越严重。利用这一参数时应谨慎,要注意层段厚度及砂岩总厚度相同或相近这一条件。

(二)垂向砂岩密度

垂向砂岩密度 K_n 是指油层剖面中的砂岩厚度(h_S)与地层总厚度(h_L)之比,以百分数表示:

$$K_n = \frac{h_S}{h_L} \times 100\% \qquad K_n \in [0,1] \qquad (16-2)$$

K_n实际是油层剖面中的砂岩含量,一般先求出每口井的K_n值,再对整个研究区所有井剖面的K_n值进行算术平均,求出研究区的K_n值。一般K_n值越接近于1,表示均质程度越好。

(三)各砂层间渗透率非均质程度

这一部分的研究内容相似于层内非均质性中的层内渗透率非均质程度,有渗透率变异系数V_k、级差J_k、突进系数T_k、均质系数K_p和渗透率统计分布(图16-11)。只是其中的K_i、h_i分别表示垂向上第i个砂层的渗透率和砂岩厚度,K_{min}和K_{max}分别表示垂向上n个砂层中的最小渗透率砂层和最大渗透率砂层的渗透率。

此外,还有各砂层渗透率垂向统计分布(图16-12),其横坐标为渗透率K,纵坐标为单砂层编号(或小层号)或深度h。对于单井而言,它可直观反映该井垂向各砂层渗透率的分布和差异。对于整个研究区,先计算出同一小层内各井砂岩渗透率之和,再除以砂岩井数,作为该小层的砂岩平均渗透率,然后再将各小层的砂岩平均渗透率画在图上。由此分析研究区各小层平均渗透率的变化及差异,为垂向油层差异分析奠定基础。

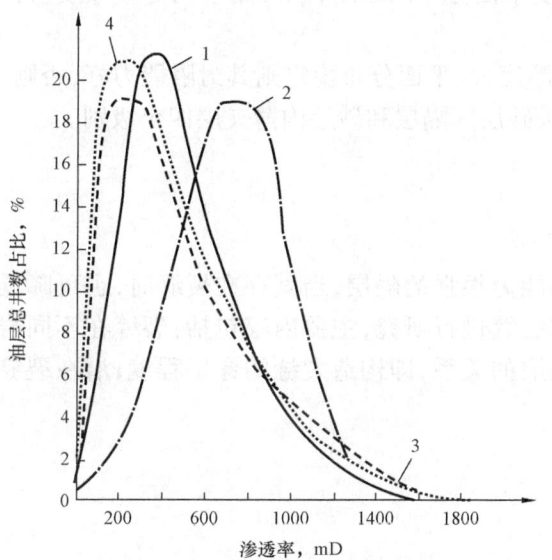
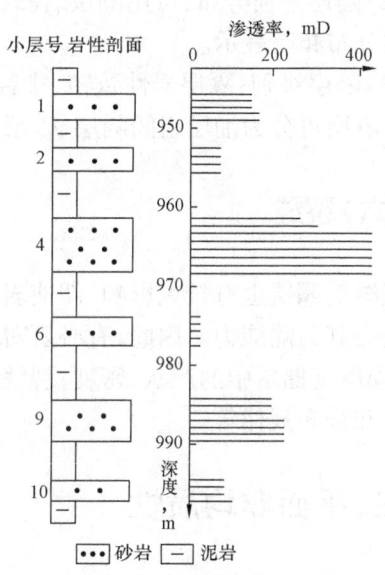

图 16-11　油层渗透率分布曲线
1—罗马什金油田 JI_1层;2—巴夫林油田 JI_1层;
3—杜马兹油田 JI_1层;4—什卡波沃油田 JI_1层

图 16-12　油层渗透率垂向统计分布

(四)主力油层与非主力油层的识别及垂向配置关系

主力油层是指在含油层系中分布面积大、厚度大、储油物性好、含油饱和度高、产能高的油层。主力油层与非主力油层在含油层系内是相对的,对不同油田而言,完全可以出现某一油田的非主力油层优于另一油田的主力油层的情况。

主力油层与非主力油的识别、划分、位置确定、相互关系及地质成因是层间非均质性研究的重要内容,因为主力油层产能大,注入剂注入量也大,又是开发生产与研究的重点,非主力油层是开发后期的重要接替资源和挖潜对象。

主力油层与非主力油层的划分是在各砂层平面及层内非均质性研究后,掌握各砂层特征,进行垂向各砂层差异的层间非均质性研究,再通过各砂层间的分布面积、厚度、储油物性、含油饱和度、产能等指标比较后而确定的。

以上四方面是对垂向砂层及砂层间差异进行的研究。

(五)层间隔层

层间隔层是层间非均质性研究的另一重要方面,对研究上下油层的非连通性、隔层对划分开发层系及在同一开发层系内阻挡流体的垂向渗流都具有重要意义。其主要研究内容分为3个方面。

(1)隔层的岩石类型:在砂岩和泥岩剖面中主要有泥岩、粉砂质泥岩、泥质粉砂岩、钙质砂岩等,不同类型隔层,其阻挡流体的能力也不同。

(2)隔层平面分布:可用隔层岩石类型与厚度平面分布图表示,也可用不同等级厚度所占井数的分布频率表示。

(3)隔层级别:隔层岩性致密、排替压力大、厚度大、平面分布稳定则其封隔能力好,否则,相反。隔层可分为油层组间隔层、砂层组间隔层、砂层间隔层和砂层内薄夹层四个级别。

(六)裂缝

裂缝对隔层也有较大影响,即使岩性上封隔能力很强的隔层,当其存在裂缝时,也可降低甚至失去其封隔能力。因此,有必要对隔层中的裂缝进行研究,主要内容包括:裂缝在不同岩性、不同厚度储层中的产状、密度;裂缝与泥质隔层的关系,即构造裂缝的穿层程度;潜在裂缝的特点和分布规律等。

三、平面非均质性

平面非均质性是指一个储集层砂岩体的几何形态、规模、连续性以及砂体内孔隙度、渗透率的空间变化所引起的非均质性。它属于砂体规模描述,直接关系到注入剂的平面波及效率。其主要研究内容介绍如下。

(一)小层平面沉积微相及砂体平面分布

平面非均质性研究应首先研究砂体的边界及砂体内部的遮挡边界或岩性、物性变化界线,它们决定着平面非均质性总体格架,并受砂体沉积时沉积亚环境、微环境控制。如果从非成因角度去研究砂体的分布及内部特征,将会漏掉钻井提供的大量成因信息,并且较难识别和控制砂体内部的遮挡边界或岩性、物性变化界线,甚至是砂体边界,更谈不上对在平面或垂向上相互连通的不同砂体的识别与区分。因此,小层平面沉积微相研究是平面非均质性研究的重要基础。它是在小层划分与对比基础上,通过对各井的同一小层进行沉积微相识别,最后进行平面微相组合分析而实现的。在此基础上,编制微相控砂体平面分布图。

(二)砂体几何形态及各向连续性

1. 砂体几何形态

砂体几何形态是砂体各向大小的反映,一般以长宽比进行分类:
(1)席状砂体:长宽比近于1:1,平面呈等轴状。
(2)土豆状砂体:长宽比小于3:1。
(3)带状砂体:长宽比在3:1~20:1之间。
(4)鞋带状砂岩:长宽比大于20:1。
(5)不规则砂体:形状不规则,一般有一个主要延伸方向。

砂体几何形态受沉积相控制,即使属同一大相,砂体几何形态及非均质性也有差异,如河流相中的高弯度河流与低弯度河流砂体就存在差异(表16-4)。

表16-4 高弯度河道和低弯度河道的形态和沉积特征

河道类型	河道充填物	河道形态			成层特征	与周围地层的关系
		剖面图	平面图	砂体等厚图		
高弯河道	非均质的,由砾石、砂、粉砂和泥组成	宽/深 中等 (5:1)	弯曲的	复杂,珍珠状、不连续豆荚状	侧向加积为主	漫滩沉积多于河道沉积,河道砂岩占30%左右
低弯河道	均质的,以砂为主	宽/深 大 (25:1)	顺直的或低曲度的	宽而长且连续	垂向加积为主	河道充填多于漫滩沉积,河道砂岩约占65%

在油田开发区,通过小层平面沉积微相研究,不但可以得到砂体几何形态,而且可以预测其分布位置及具体特征,且比非成因砂体分布图准确、可靠、全面。

砂体的几何形态与井网布置(席状砂体可用大而相等的井和排距;鞋带状砂体垂直鞋带方向井距小,沿鞋带方向井距大)、油水井设计、注入剂波及方向、渗透率平面分布(如沿鞋带方向渗透率变化小,垂直方向变化大)有着密切关系。

2. 砂体规模及各向连续性

砂体规模及各向连续性包括:砂体长度(m);砂体宽度(m)(或宽、厚比);砂体实际宽度相对既定井距之比;一定井网下的控制程度,用百分率表示。

这些参数本身都很简单,但是求得这些参数才是关键,且并非易事。如在油田开发之前,用相距几千米的探井。通过评价井获得较准确预测砂体的长度和宽度则需较深入的沉积学知识和经验;而这时砂体长度和宽度对正确确定井距、排距、油水井设计及注入剂波及方向都是至关重要的。

(三)砂体连通性

各种成因单元砂体在垂向上和平面上相互接触连通,扩大了储集层的连续性,进而影响到注入剂、油气的平面流路和平面波及范围。因此,这是平面非均质性的一个重要研究内容,它包括以下内容。

1. 砂体配位数

砂体配位数是指与某一个砂体连通接触的砂体数。如图 16-13(a)中 5 号砂体的配位数是 3(即 2,3,4 号砂体),2 号砂体配位数是 2(即 1,5 号砂体)。

2. 连通系数

连通系数是指上、下砂层连通区面积与连通体总面积之比,其计算式为

$$K_{连} = \frac{S_{连}}{S_{总}} \tag{16-3}$$

这一系数表示储集层纵向上的连通性。$K_{连}$越接近于1,表示储集层连通性越好。

3. 合流系数

合流系数是指 m 个小砂体中相邻小砂体的平均连通面积与最大连通体面积之比,其计算式为

$$C_c = \sum_{i=1}^{m-1} S_i / [S(m-1)] \tag{16-4}$$

式中　S——最大连通体面积;

　　　S_i——上、下两个相邻小砂体的连通面积, $i = 1,2,3,\cdots,m-1$;

　　　m——小砂体数。

C_c 越趋近于1,连通性越好。

4. 连通体大小

连通体大小是指一个连通体内包括多少个成因单元砂体。如图 16-13(a)所示,该连通体大小为5。连通后形成的连通体(复合砂体)有:

(1)多边式:不同成因单元砂体以侧向上相互连通为主,见图 16-13(b)和图 16-16 中的河道单元Ⅰ、Ⅱ。

(2)多层式(或叠加式):不同成因单元砂体以垂向上相互连通为主,见图 16-13(c)。

(3)孤立式:未与其他砂体连通,见图 16-13(d)。

由上可以看出,砂体连通性研究应首先在平面和垂向上识别并区分不同成因单元砂体,主要是在小层平面沉积微相研究基础上,进行更细致的成因单元分析。由于不同成因

单元砂体内部的岩性、物性、分布模式及规律不同,连通体又是由这些不同成因单元砂体连通而成,因此,若不识别和区分成因单元砂体,则很难弄清该连通体内的岩性、物性、厚度等变化,也无法深入研究平面非均质性。例如,由2个河道砂体垂向切割而连通的一个砂体[见图16-13(a)1井处],如果没有经过精细研究识别出2个成因单元砂体,而误认为是一个成因砂体,则将无法预测到因上一河道砂体的下部高渗透段而形成的该连通体中部注入剂突进和下一河道砂体的上部低渗透段形成的该连通体中部剩余油段。同理,也无法预测2个河道成因单元侧向连通(图16-16)造成的河道单元Ⅰ和Ⅱ夹层产状相反,从而导致注入剂段塞的形成与分布。

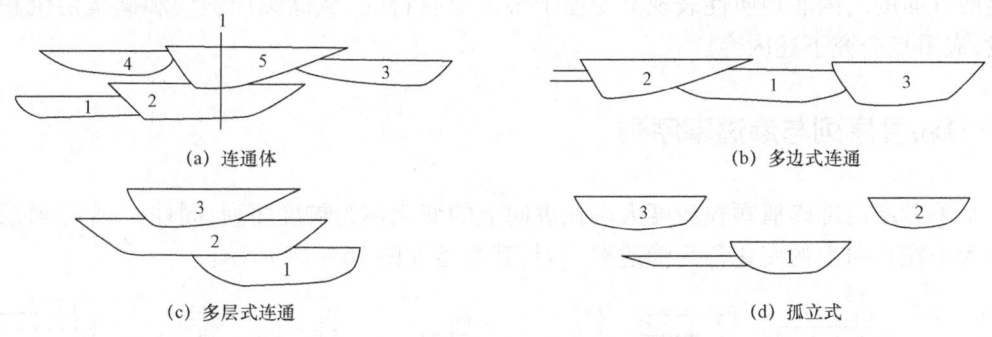

图 16-13 连通体及连通方式示意图

(四)平面遮挡性

平面遮挡性是指在地层压力差或生产压力差条件下,小层或沉积时间单元级地层内的地质体对储集层内流体流动形成的平面阻挡性。它与砂体连通性属同一问题的正反两方面。平面遮挡性可分为:(1)互不连通的砂体间平面遮挡;(2)连通砂体内的局部平面遮挡;(3)单砂体内部的平面遮挡三个级别。其平面分布范围、垂向厚度、遮挡能力都依次变差。

(五)砂体内渗透率和孔隙度平面非均质性

在对砂体格架和遮挡条件进行研究之后,对砂体内的渗透率和孔隙度平面分布研究成为平面非均质性研究的重点,特别是对渗透率平面非均质性的研究,因为渗透率平面非均质性的方向性及大小差异直接影响到流体流动的方向性、流动能力、注入剂平面波及范围和平面驱油效果。渗透率平面非均质性可分为3个方面。

(1)宏观渗透率方向性:指砂体内由岩性变化引起的宏观渗透率方向性,主要受沉积作用影响,如沉积时高能带与低能带差异、主体带与边缘带差异、砂体几何形态引起的方向性等,可用渗透率等值图表示。

(2)微观渗透率方向性:指砂体内沉积构造和结构因素引起的渗透率方向性,一般以各向渗透率之间的比值来表示。

(3)裂缝引起的渗透率方向性:指储层存在裂缝时,它会导致严重的渗透率方向性。应研究各种裂缝的产状,尤其是裂缝走向。常见的裂缝包括构造缝和层面缝。

四、层内非均质性

层内非均质性是指一个单砂层规模内部垂向上的储集层性质变化。它是直接控制和影响一个单砂层层内垂向上注入剂波及体积的关键地质因素,属于单层规模的描述。从油藏工程角度分析,储集层层内非均质性主要指两大方面:层内最高渗透率段所处的位置,以及层内各段间渗透率的差异程度;一个单砂层规模宏观的垂直渗透率和水平渗透率的比值,是决定流体垂向窜流的重要因素。

这两方面的层内非均质性表现又受控于很多地质特征,从储集层地质和储集层沉积学角度出发,应重点研究下述内容。

(一)粒度序列与渗透率序列

一个单砂层内部碎屑颗粒粒度大小在垂向上的变化称为粒度序列;同理,一个单砂层内部渗透率大小在垂向上的变化称为渗透率序列,其类型如图16-14所示。

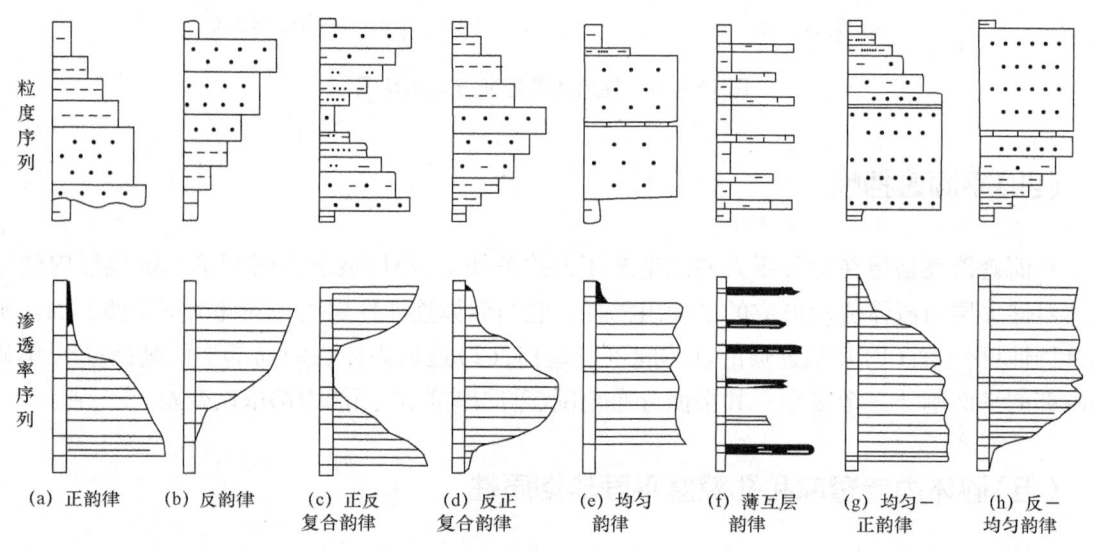

图16-14 粒度序列与渗透率序列类型

1. 正韵律

自下而上,粒度由粗变细为粒度正韵律,渗透率由大变小为渗透率正韵律,如曲流河道砂体。

2. 反韵律

自下而上,粒度由细变粗为粒度反韵律,渗透率由小变大为渗透率反韵律,如河口坝砂体。

3. 复合韵律

由正韵律与反韵律组成的韵律为复合韵律,有两种形式:正反复合韵律,即下部为正韵律,上部为反韵律;反正复合韵律,即下部为反韵律,上部为正韵律。

4. 均匀韵律

自下而上,粒度基本不变为粒度均匀韵律,渗透率基本不变为渗透率均匀韵律。

5. 薄互层韵律

在主要单砂层(如单一河道)垂向规模内,粒度(或渗透率)呈薄层状突变(增大或减小)且交互出现,如分流间薄层砂体。

6. 其他组合韵律

在主要单砂层垂向规模内,由以上韵律类型中的两种或几种组合而成,命名采用下部类型在前,上部类型在后。如下部为均匀韵律,上部为正韵律,则称为均匀—正韵律;如下部为反韵律,上部为均匀韵律,则称为反—均匀韵律。

一般情况下,粒度序列反映了能量序列,且粒度增大,渗透率增大,因此同一单砂层的粒度序列与渗透率序列类型基本相同。但是,由于粒度不是决定渗透率大小的唯一地质因素,除此还有粒度分选性、泥质含量、颗粒排列、成岩作用等,因此,粒度序列与渗透率序列也可不同。

粒度序列和渗透率序列对油田开发及调整具有重要意义。以油田注水开发为例,渗透率序列为正韵律的油层,因下部渗透率大,阻力小,加之注入水比油密度大,在垂向上趋于油在上、水在下,造成该类油层下部强水淹,中部中水淹,上部弱水淹或无水淹;注水达一定时间后,驱油效率很差,用含气复合驱及气驱调整有利。渗透率序列为反韵律的油层恰恰相反,因上部渗透率大,吸水能力强;又因为水密度大,在垂向上趋于向下运动而将下部相对低渗透率部分的油驱走。因此,对注水开发而言,在其他条件相同时,反韵律油层开发效果最好,正韵律油层开发效果最差,复合韵律油层居中。然而对反韵律油层注水达一定时间后,若采用与正韵律油层相同的气驱或含气复合驱调整则效果可能会很差,因为注气时只对驱动油层上部的油作用大。由此可见,采用哪种开采措施与地下地质特点密切相关。

(二)构造的垂向演变

层理是碎屑岩的主要沉积构造,由于层理类型不同,其不同粒度纹层的产状和排列组合也不同,从而影响渗透率垂向上的变化和渗透率的各向异性。

层理内的纹层是因颗粒成分、粒度或颜色的变化而形成的。其成分特别是粒度变化(如由砂质纹层到泥质纹层)在较大程度上控制着垂直和平行纹层方向上的渗透率比值,进而影响渗流方向。

由于层理类型不同,其内部纹层产状、组合关系及其分布规律也不同,为此,应主要研究不同类型层理对渗透率的影响,包括:(1)层产状及组合关系对渗流的影响;(2)最小渗透率方向和最大渗透率方向及方向数;(3)最小渗透率方向和最大方向渗透率比值。如平行层理有2个最小渗透率方向,即垂直纹层方向;而最大渗透率方向有无数个,即平行纹层方向。

一个单砂层在垂向上包括多种层理类型,由上可知,不同层理类型对渗流影响也不同。所以,单砂层垂向层理类型不同,可能使其垂向渗透率分布特征、最小与最大渗透率方向及比值不同。

单砂层内垂向沉积构造序列及其变化规律与沉积相密切相关,因此必须从沉积成因角度进行研究,在此不再赘述。

(三)层内不连续薄夹层

1. 层内不连续薄夹层的作用

层内不连续薄夹层,是比层理内的不渗透纹层更高一级的非渗透层或特低渗透层。它的作用是对流体流动可起到不渗透隔层作用或极低渗透的高阻作用,对驱油过程影响很大;直接影响一个单砂层从顶到底宏观规模的垂直,水平渗透率比值;直接遮挡注入剂段塞使驱油效果变差。

2. 层内不连续薄夹层类型

层内不连续薄夹层按岩性划分为泥质型、砂质泥岩—泥质砂岩等过渡岩性型及碳酸盐岩型三种;按石油运移产物划分为沥青或重油充填条带型;按成岩产物划分为各种胶结条带(硅质、钙质、高岭土胶结等)型和强压实引起的颗粒缝合线型。

3. 夹层产状与分布

单砂层内的连续薄夹层一般不能井间对比,因其薄(几厘米～几十厘米)、分布范围小,且分布复杂多变,目前在开发区准确预测其井间分布仍有较大难度。由于层内薄夹层的大小、产状、分布范围及规律严格受单砂层形成时的沉积微环境和沉积微过程控制,因此应首先在理论上研究其成因。该方面也是目前国内外现代沉积及古代野外露头精细研究的主要攻关内容。至今,对曲流河道砂体内的薄夹层认识较成熟,其成因为河流在曲流带向凹岸侧蚀并在凸岸沉积的侧积微过程中形成的侧积泥岩(图16-15和图16-16),其沉积于新月型凸岸坝表面,产状及大小受凸岸坝古地形控制,一般认为宽度为河宽的2/3左右。凸岸坝上部水动力小,易于保存;下部水动力强,易被下次洪水冲蚀掉。

4. 夹层分布频率和分布密度

不稳定泥质夹层对流体的流动起着不渗透或极低渗透作用,影响着垂直和水平方向上渗透率的变化。它的分布具有随机性,很难横向追踪,通常采用下述两个参数定量描述。

(1)夹层分布频率(P_k),即每米储层内非渗透性泥质夹层的个数,其计算公式为

$$P_k = N/H \tag{16-5}$$

式中　P_k——夹层分布频率,个/m;
　　　N——层内非渗透性夹层个数;
　　　H——层厚,m。

(2)夹层分布密度(D_k),即每米储层内非渗透性泥质夹层的厚度,其计算公式为

$$D_k = H_{sh}/H \tag{16-6}$$

式中　H_{sh}——层内非渗透性泥质夹层的总厚度,m;
　　　H——层厚,m。

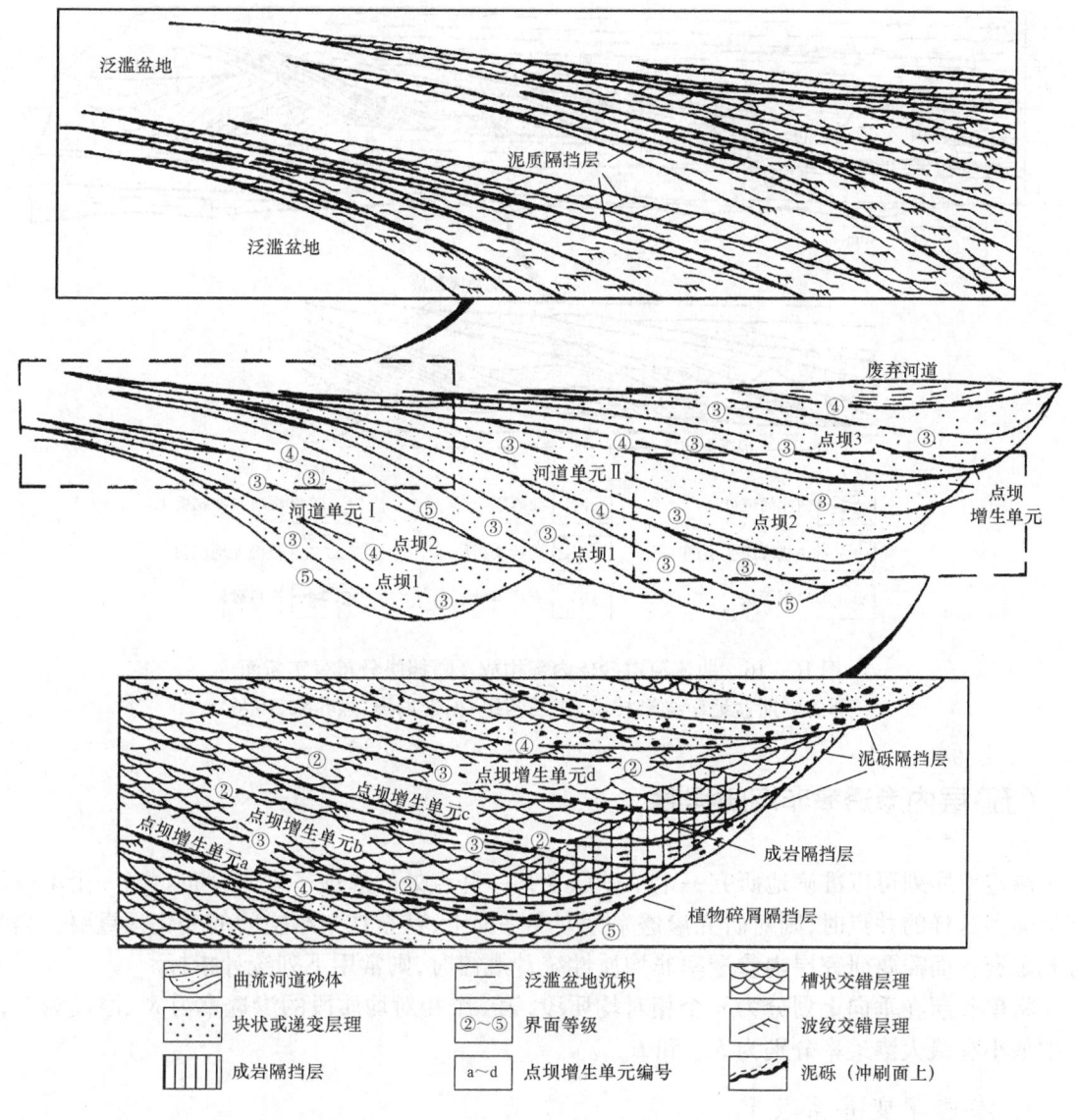

图 16-15　曲流河道砂体内部构成及隔挡层分布模式图(据李思田、焦养泉,1998)

应当指出,层内薄夹层研究应尽可能搞清上述各项内容,即确定每个薄夹层的确切空间分布。当有较大难度时,夹层频率和密度也可帮助建立统计意义上的夹层分布。

(四)微裂缝

各种层内规模(不穿层)的微裂缝会扩大某一方向的渗透率,改变流体在层内的渗流特征,对此,主要研究微裂缝的大小(长、宽)、产状、密度(即单位面积内裂缝的条数)、组系、成因等。

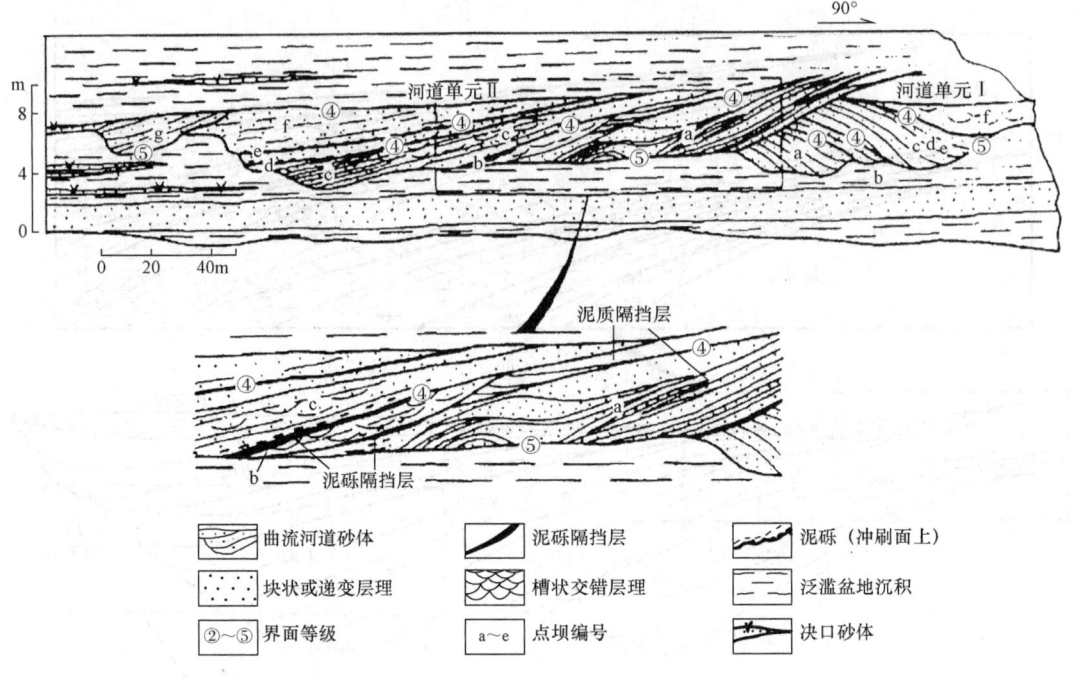

图 16-16　曲流河道砂体内部构成及隔挡层分布写实断面
（鄂尔多斯盆地南缘柳林镇，二马营组；据李思田、焦养泉，1996）

（五）层内渗透率非均质程度

渗透率序列可以准确地研究一个单砂层在某一井点处的渗透率垂向分布。当一个单砂层有足够多这样的井点时，则对研究渗透率序列在平面上，甚至在三维空间的变化很重要。当没有充足资料而需要研究层内渗透率非均质性统计规律时，则常用下列统计指标。

将单砂层在垂向上划分为 n 个相对均质段，第 i 个相对均质段的渗透率为 K_i、厚度为 h_i，n 段中最小和最大渗透率分别为 K_{min} 和 K_{max}。

1. 渗透率变异系数 V_k

变异系数是一个数理统计的概念，用于度量统计的若干数值相对于其平均值的分散程度或变化程度，渗透率变异系数用式（16-7）求解：

$$V_k = \frac{\sqrt{\sum_{i=1}^{n}(K_i - \overline{K})^2/n}}{\overline{K}} \tag{16-7}$$

式中　V_k——渗透率变异系数；

　　　K_i——层内某样品的渗透率值（$i = 1,2,3,\cdots,n$）；

　　　$\overline{K}$——层内所有样品渗透率的平均值；

　　　n——层内样品个数。

一般地说，当 $V_k \leq 0.5$ 时为均匀型，表示非均质程度弱。当 $0.5 < V_k \leq 0.7$ 时为较均匀型，

表示非均质程度中等。当 $V_k > 0.7$ 时为不均匀型,表示非均质程度强。

2. 渗透率突进系数 T_k

该系数表示砂层中最大渗透率与砂层平均渗透率的比值,其计算公式为

$$T_k = \frac{K_{max}}{\overline{K}} \tag{16-8}$$

式中 T_k——渗透率突进系数;

K_{max}——层内最大渗透率,一般以砂层内渗透率最高的相对均质段的渗透率表示。

当 $T_k < 2$ 时为均匀型,当 T_k 为 2 或 3 时为较均匀型,当 $T_k > 3$ 时为不均匀型。

3. 渗透率级差 J_k

该级差为砂层内最大渗透率与最小渗透率的比值,其计算公式为

$$J_k = \frac{K_{max}}{K_{min}} \tag{16-9}$$

式中 J_k——渗透率级差;

K_{min}——最小渗透率值,一般以渗透率最低的相对均质段的渗透率表示。

渗透率级差越大,反映渗透率的非均质性越强,反之非均质性越弱。

4. 渗透率均质系数 K_p

该系数表示砂层中平均渗透率与最大渗透率的比值,其计算公式为

$$K_p = \frac{\overline{K}}{K_{max}} \tag{16-10}$$

显然,K_p 值在 0 和 1 之间变化;K_p 越接近 1,均质性越好。

5. 渗透率统计分布

将 K_{min} 与 K_{max} 间分成若干渗透率区间(K_0, K_1, K_2, …, K_m),并将其作为横坐标,统计落在第 i 个渗透率区间(K_{i-1}, K_i)的(样品个数或砂岩厚度)频率(%),得到渗透率统计分布图(图 16-17)。由该图可知垂向渗透率范围(K_{min}, K_{max}),各渗透率区间的出现频率,最大频率渗透率区间,渗透率分选系数、歪度、峰态、峰值、峰位等。

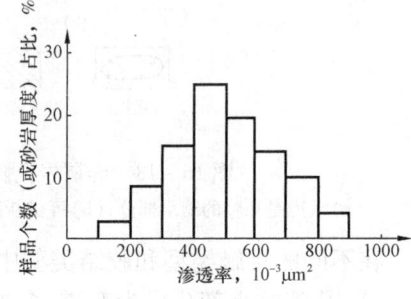

图 16-17 渗透率统计分布图

以上参数与渗透率序列结合,既能描述渗透层的统计分布,又能研究单砂层具体位置的渗透率层内非均质性。

五、微观非均质性

微观非均质性主要是指岩石孔隙结构的非均质性。其主要研究内容为:孔隙结构非均质

性及对其有影响的黏土基质、岩石结构特征、矿物学特征等。

(一)孔隙结构非均质性

孔隙结构是指孔隙和喉道的几何形状、大小、分布、相互连通情况以及孔隙与喉道间的配置关系等。

孔隙结构特征的研究是油气储层地质学的主要内容之一,它与储集层的认识和评价、油气层产能的预测、油气层改造以及提高采收率的研究都息息相关,孔隙结构特征的研究已成为最基础的研究工作。

储集层中的储集空间是一个复杂的立体孔隙网络系统,在该系统中,对流体储存起较大作用的相对膨大部分,称为孔隙(狭义);而另一些在扩大孔隙容积中所起作用不大,但在沟通孔隙形成通道中却起着关键作用的相对狭窄部分,则称为孔隙喉道,如碎屑岩孔隙与孔隙间的狭窄部分。流体在岩石中流动时必须通过喉道,而喉道的粗细特征必然严重地影响岩石的渗透性。对于同样大小的孔隙空间,由于孔隙空间的多少及宽窄不同,岩石渗透性能差别很大。孔隙喉道的几何形状是控制油气生产潜能的关键,也就是说,液体流动条件取决于孔隙喉道的结构(包括孔喉半径的大小、吼道的分选性、孔喉的连通性、截面形状等一系列参数,可采用压汞法来获取)以及石油与岩石的接触面大小等。即岩石孔隙结构的非均质性决定了岩石的储集和渗流特征及其差异,孔隙结构特征控制着流体微观渗流过程、注入剂微观驱油效果及剩余油和残余油的形成。

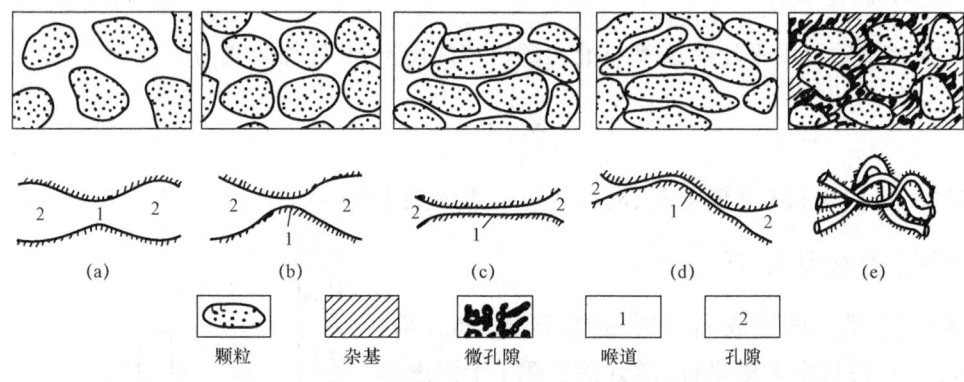

图 16-18 碎屑岩孔隙喉道的类型示意图(据罗蛰潭、王允诚,1986)
(a)喉道是孔隙的缩小部分;(b)可变断面收缩部分是喉道;(c)片状喉道;(d)弯片状喉道;(e)管束状喉道

在不同的接触类型和胶结类型中,常见有五种孔隙喉道类型(图16-18):

(1)孔隙缩小部分成为喉道:多见于颗粒支撑、无或少胶结物的砂岩,孔隙、喉道难分,孔大喉粗,喉道是孔隙的缩小部分,几乎全为有效孔隙,见图16-18(a)。

(2)可变断面收缩部分成为喉道:多见于颗粒支撑、接触式胶结的砂岩,压实作用使颗粒紧密排列,仍留下较大孔隙,但喉道变窄,呈孔隙较大、喉道细,而具较高孔隙度、很低渗透率,见图16-18(b)。

(3)片状喉道:多见于接触式、线接触式胶结砂岩,是较强烈压实作用使颗粒呈紧密线接触,甚至由压溶作用使晶体再生长,造成孔隙变小、晶间隙成为晶间孔的喉道,孔隙很小、喉道极细,见图16-18(c)。

(4)弯片状喉道:强烈压实作用使颗粒呈镶嵌式接触,不但孔隙很小、喉道极细,而且呈弯片状,见图16-18(d)。

(5)管束状喉道:多见于杂基支撑、基底式及孔隙式胶结类型的砂岩,当杂基及胶结物含量较高时,其内众多微孔隙既是孔隙又是喉道,呈微毛细管束交叉分布。孔隙度中等至较低、渗透率极低,见图16-18(e)。

此外,若张裂缝发育,则形成板状通道;从整体看,也可以把它们视为一种大的汇总的喉道。这种大喉道控制着它联系的各种微裂缝和孔隙。

(二)黏土基质

充填于碎屑岩储集层孔隙内的黏土基质可分为陆源和自生黏土矿物两大类,其含量、类型、产状及对流体敏感性等特征,对储集层的微观非均质性及流体渗流有着重要影响。

黏土含量是指岩石中粒径小于0.01mm的颗粒含量。一般情况下,储集层中黏土含量越高,则储集层孔隙和喉道越小,渗透率和孔隙度越小。

黏土类型可分为高岭石、蒙脱石、伊利石、绿泥石等,不同类型的黏土矿物具有不同的晶形和特征,而且对微观非均质性会产生不同影响,如蒙脱石因具有很强的吸水膨胀性而会造成孔隙堵塞。可分别测定各类黏土矿物的绝对含量或相对含量。

砂岩储集层中的黏土产状,按黏土晶体构造、黏土晶体在孔隙壁上的位置及在粒间孔隙及喉道内的位置,可分为三种类型(图16-19)。

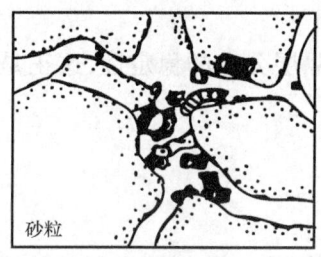
(a) 孔隙中分散质点式

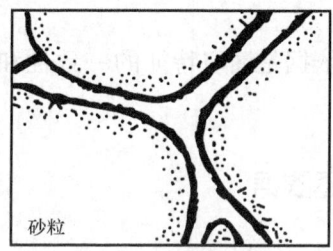
(b) 孔隙薄膜式

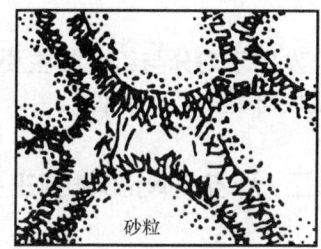
(c) 孔隙搭桥式

图16-19 孔隙内自生黏土矿物的产状类型

(1)孔隙中分散质点式:黏土矿物以晶体或集合体的分散质点形式分散附着于孔壁或占据部分粒间孔隙。以该类型为主的砂岩泥质含量最低、颗粒疏松且表面较干净、孔隙发育,具有较高的渗透能力及产油能力。

(2)孔隙薄膜式(或内衬式):黏土矿物以相对连续的薄层黏附在孔壁上形成"黏土套",且垂直孔隙壁的晶粒与颗粒表面有共生格架形成厚度多小于$5\mu m$的连续黏土层,具有丰富的微细孔隙空间。薄膜式为主的砂岩泥质相对增多,颗粒排列中等至较紧密,孔隙发育程度中等或较差,一般具中等渗透率和较低产油能力,因具"黏土套",阻止或减弱了注入油层的外来流体与碎屑颗粒起反应。

(3)孔隙搭桥式(或桥塞式):黏土矿物晶体自孔壁向孔隙空间生长,最终可直达孔隙空间的彼岸,形成黏土桥,而在孔隙中形成网络状分布,将粒间孔隙肢解切割为黏土矿物晶间微孔隙。搭桥式为主的砂岩则胶结物含量最高(泥质含量与薄膜式相近,但方解石含量明显增加),颗粒排列中等紧密,孔隙发育中等、较差或差,具有低的渗透性。

综上所述,在相同条件下陆源黏土对油层渗透性的影响程度一般要小于自生黏土。但纹层状的陆源黏土等对垂向渗流的屏蔽作用大。自生黏土矿物分布在粒间孔隙和孔隙喉道中,它不仅对孔隙结构和产能有重要的影响,而且具有很大比面,因此对油气勘探和开发中的各项增产措施都有重大的影响。

黏土矿物对流体敏感性包括速敏、水敏、酸敏、碱敏、盐敏等。

(三)岩石结构特征和岩石矿物学特征

岩石结构包括碎屑岩的颗粒粒度及其分选性、形态、表面特征、接触类型等,它对孔隙结构及储油物性会产生影响。岩石矿物学特征包括:岩石中矿物组成及其含量,基质成分、含量和分布状况;胶结物成分、含量及胶结类型;自生矿物和重矿物的组成及含量;各种自生矿物生成和消蚀的世代序列;生物和生物碎屑;原生孔隙和次生孔隙比例、孔隙演化及其矿物学证据;微裂缝发育程度、大小、分布特征及其与矿物成分和胶结程度的关系等。

除以上研究内容外,还有颗粒润湿性、毛细管作用、岩石微观渗流等内容。

应该指出的是,许多非均质性的宏观特征是大量微观非均质性的综合体现。另一方面,流体在储集层中的流动,包括注入剂驱油、剩余油与残余油形成都与微观非均质性密切相关。

六、油层非均质性的应用

(一)开发层系划分与组合的主要依据

开发层系划分与组合的主要依据是油层特征的一致性和隔层分布的稳定性,这正是层间非均质性研究的两大方面。

(二)开发井网部署的主要依据

开发井网部署(包括井排方位、井距、排距、注采井网类型等)主要依据开发层系的油层特征,特别是主力油层的分布(包括延伸方向、宽度、长度、几何形状、厚度、物性及含油性等),而主力油层与非力主油层的识别与划分是层间非均质性研究的内容,油层(特别是主力油层)特征则是平面非均质性研究的主要内容。如大面积分布的厚层高渗透主力油层可采用大井排距井网及行列注水,面积小而渗透率低的油层可采用相对小井排距及较密的面积注水开发。

(三)主力油层与非主力油层划分及单油层精细认识的主要方法

主力油层与非主力油层是油田开发过程中的主要矛盾,其划分与研究对油田开发尤为重要,并贯穿于平面、层内、层间非均质性研究中。平面、层内非均质性研究是单油层精细认识的主要方法。

(四)油田动态分析的基础与关键

油、气、水及注入剂在地下的流动是在储集层中进行的,储集层非均质性(如储集层的边界、几何形状、分布位置、内部的连续性及连通性、渗透率大小及方向性、层内遮挡等)对这些流体在其中渗流及其所表现出的动态特征,有着十分重要的控制作用。如上、下、左、右被泥岩包围的条带砂体中的油气,其本身是一个相对独立的油水运动系统,与其他砂体内油气渗流几乎没有关系。另一方面,在一个连通砂体内,注入剂的不均衡驱油(如某方向突进、局部未波及、波及区内剩余油等)及平面矛盾、层内矛盾都与该油层平面、层内、微观非均质性紧密相关,而不同油层间注入剂的不均衡性及层间矛盾与层间非均质性紧密相关。

(五)注水油田水淹层分析的重要地质依据

由(四)可知,水淹层形成受注采井网、开发过程及注采井间油层非均质性控制,且后者是水淹层形成的最重要地质依据。

(六)剩余油形成分析及预测

在众多剩余油类型中,有许多是由油层非均质性或与注采井网配合而形成的。图 16-20 和图 16-21 分别为分流河道砂岩的侧向相变及注水后的流体分布、砂体岩性尖灭及不同注采井网下形成单向受效型剩余油的例子。

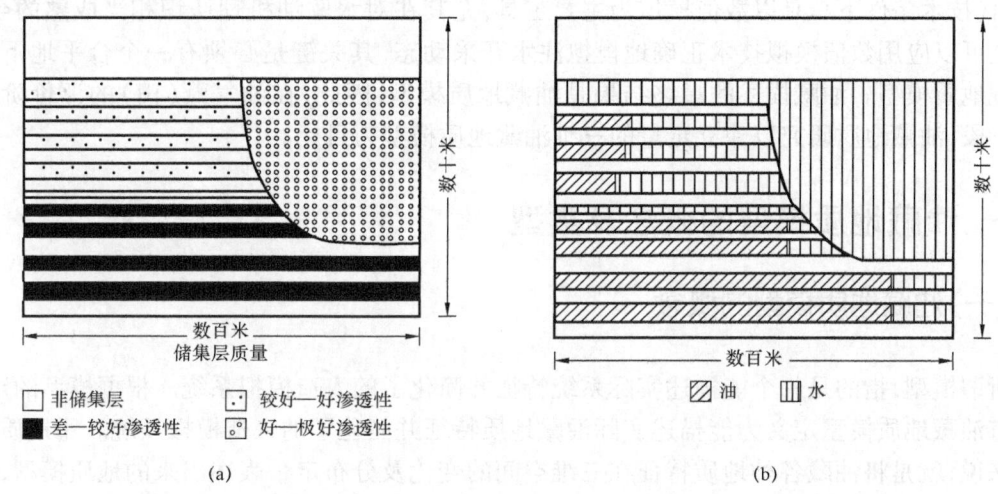

图 16-20 分流河道砂岩的侧向相变(a)及注水后的流体分布概念模型(b)

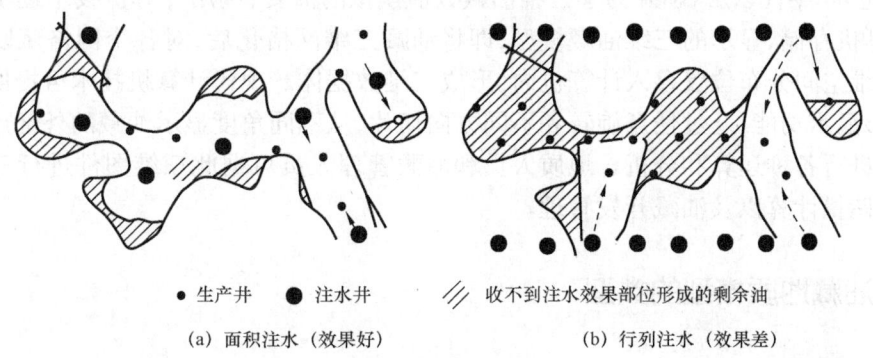

(a) 面积注水(效果好) (b) 行列注水(效果差)

图 16-21 油层平面非均质性(砂体分布与几何形态)及不同注采井网下形成的剩余油

(七)油田开发方案调整的重要依据

油田开发一定时期后,据出现的各种开发矛盾,需进行油田开发方案的调整。油层非均质性是确定调整部位、层位、措施的重要依据,如在剩余油处布署调整井和渗透率正韵律河道砂体油层在高含水期后的注气开发或三元复合驱开发等,其重要依据就是油层非均质性。

除上述应用外,在油层注入剂选择、三次采油、开发钻井,特别是调整井油层压力预测、试井分析等方面,也与油层非均质性有关。

第四节　油藏地质模型

现代油田开发以实现正确的油藏管理为标志,即用好可利用的人力、技术、财力资源,以最小的投资和操作费用,通过优化开发方法,从油藏开发中获得最大的利润。为实现这一目标,从技术上来说,必须正确预测各种开发方法下的油田生产动态,其研究一般包括6项内容:资料采集、油藏描述、驱替机理、油藏模拟、动态预测和开发战略。只有正确预测油田生产动态,才能作出正确的开发战略决策,优化开发方法。油田生产动态的预测一般通过油藏模拟来进行,现代技术条件下总是以数值模拟为主要工具,尤其在对水驱油机理认识相当成熟的今天,已完全可以应用数值模拟技术正确地模拟注水开采动态,其关键是必须有一个合乎地下实际的油藏地质模型。油藏描述的最终结果是油藏地质模型,因此,在油气藏(田)的评价阶段和开发阶段,油藏地质研究以建立定量的三维油藏地质模型为目标。

一、油藏地质模型的概念及类型

(一)油藏地质模型的概念

所谓模型,指的是一个能描述实际系统特征并简化了的人造模拟系统。根据模型的定义,可以将油藏地质模型定义为能描述实际油藏地质特征并简化了的人造模拟系统。用地质上的术语来说,就是将油藏各种地质特征在三维空间的变化及分布定量表述出来的地质模型,即反映油藏地质特征三维分布的数字化模型。

20世纪80年代以后,国外为了三维油藏数值模拟的需要,利用计算机技术逐步发展出一套利用计算机存储、显示的三维油藏模型,即将油藏三维网格化后,对各个网格赋以各自的参数值,按三维空间分布位置存入计算机内,形成三维数据体。现代计算机技术可提供十分完美的三维图形显示功能,通过任意旋转和不同方向切片,从不同角度显示油藏的外部形态及其内部特点,并进行各种运算和分析。地质人员和油藏管理人员可据此三维图件进行三维油藏非均质分析、储量计算以及油藏开发管理。

(二)油藏地质模型的类型

在油藏评价至油田开发的不同阶段,均可建立油藏地质模型,以服务于不同的勘探开发目的。随着油藏勘探开发程度的不断深入,基础资料不断丰富,所建模型的精度也越来越高。当然,与此同时,油田开发管理对油藏模型精度的要求也越来越高。据此,可将油藏地质模型分为三大类,即概念模型、静态模型和预测模型,体现了不同开发阶段、不同开发研究任务所要求的不同精细程度的油藏地质模型。

1. 概念模型

针对某一种沉积类型或成因类型的储层,将它具代表性的油气层(主要是储层)特征抽象出来,加以典型化和概念化,建立一个对这类油气层在研究地区内具有普遍代表意义的油藏地质模型,即所谓的概念模型。概念模型并不是一个或一套具体油藏的地质模型,而是代表某一地区某一类油藏的基本面貌,实际上在一定程度上与沉积模式类同,但加入了油田开发所需要的地质特征。

从油田发现开始到油田评价阶段和开发设计阶段,主要应用油藏概念模型研究各种开发战略问题。这个阶段油田仅有少数大井距的探井和评价井的岩心、测井及测试资料以及二维和三维地震资料,因此并不能详细地描述储层细致的非均质特征,只能依据少量的信息,借鉴理论上的沉积模式、成岩模式,建立工区储层概念模型。但是,这种概念模型对开发战略的确定是至关重要的,可避免战略上的失误。如在井距布置方面,席状砂体可采取大井距布井,河道砂体则需小井距,而块状底水油藏以采用水平井效果最好。

2. 静态模型

针对某一具体油田(或开发区)的一个油藏,将其油藏特征在三维空间上的变化和分布如实地加以描述而建立的地质模型,称为静态模型。

这一模型主要为编制开发方案和调整方案服务,如确定注采井别、射孔方案、作业施工、配产配注及油田开发动态分析等。

20世纪60年代以来,我国各油田投入开发以后都建立了静态模型,但大都是手工编制和二维显示的,如各种小层平面图、油层剖面图、栅状图等。20世纪80年代以后,利用计算机技术,逐步发展出一套利用计算机存储和显示的三维储层静态模型。

3. 预测模型

预测模型是比静态模型精度更高的油藏地质模型。它要求对控制点间(井间)及以外地区的油藏(主要是储层)参数能作一定精度内插和外推的预测。

实际上,在建立静态模型时,也进行了井间预测,但精度不高,这主要是受技术条件和资料精度所限。地震资料覆盖面广,但分辨率不足以确定三维空间任一点的储层参数绝对值;而井资料虽然垂向分辨率高,但由于井距的限制,不能代表整个三维储层。在目前条件下,采用的各种井间预测的地质统计学方法还不能确切表征井间任意一点的储层参数绝对值。

预测模型的提出,是油田开发深入的需求,因为在二次采油之后地下仍存在有大量剩余油需进行开发调整、井网加密或进行三次采油,因而需要建立精度很高的储层模型和剩余油分布模型。为了适应注水开发中后期及三次采油对剩余油开采的需求,需要在开发井网(一般百米级条件下)将井间数十米甚至数米级规模的储层参数的变化及其绝对值预测出来。

二、油藏地质模型建立步骤

三维建模一般遵循从点到面再到体的步骤,即首先建立各井点的一维垂向模型,然后建立油藏的框架(由一系列叠置的二维层面模型和断层模型构成),最后在油藏框架基础上建立储层各种属性及流体分布的三维地质模型。一般地,三维油藏建模过程包括四个主要环节,即数据准备、构造建模、储层建模、流体分布建模。根据三维油藏地质模型,可进行各种体积计算(如储量计算)。如果要将油藏地质模型用于油藏数值模拟,应对其进行粗化。

(一)数据准备

油藏地质建模是以数据库为基础的。数据的丰富程度及其准确性在很大程度上决定着所建模型的精度。从数据来源来看,在精细地质研究的基础上,获取建模数据,包括岩心、测井、地震、试井、开发动态等方面的数据。从建模内容来看,基本数据类型包括以下四类。

(1)坐标数据:包括井位坐标、地震测网坐标等。

(2)分层数据:包括两个方面,一方面为各井的油组、砂组、小层、砂体的划分对比数据;另一方面为地震资料解释的层面数据等。

(3)断层数据:断层位置、断点、断距等。

(4)储层数据:包括井眼储层数据、地震储层数据及地层测试储层数据。井眼储层数据为岩心和测井解释数据,包括井内相、砂体、隔夹层、孔隙度、渗透率等数据(即井模型),这些数据是储层建模最可靠的数据,俗称储层建模硬数据。地震储层数据主要为速度、波阻抗、频率等,是可靠程度相对较低的数据,俗称储层建模的软数据。地层测试提供的储层数据包括两个方面,其一为储层连通性信息,可作为储层建模的硬数据;其二为储层参数数据,因其为井筒周围一定范围内的渗透率平均值,精度相对较低,一般作为储层建模的软数据。

(5)流体分布数据:包括两个方面,一方面为井眼油(气、水、干层)解释、含油(气)饱和度;另一方面为油(气)水界面数据。

另外,二维平面和二维剖面的构造、储层、流体分布研究图件,以及相关的分布规律地质研究成果,也是建模的重要依据。

(二)构造建模

构造模型反映油藏的空间格架。因此,在进行储层及流体空间分布的建模之前,应首先进行构造建模。构造模型由断层模型和一系列层面模型组成。

断层模型实际为三维空间上的断层面,它在二维平面上的表现即为断层面等值线图。断层建模的主要资料包括:(1)井下断点数据;(2)地震资料解释得到的断层文件,即平面上的断层多边形文件,或剖面上的断层柱文件。建模方法主要为插值法。

层面模型为地层界面的三维分布,叠合的层面模型即为地层格架模型。建模的主要资料包括各井的分层数据、地震资料解释的层面数据等。建模方法主要为插值法,基本原理与平面构造图的编图相似。

(三)储层建模

在对构造模型进行三维网格化后,即可进行三维储层建模。建模的基本思路是利用井数据和(或)地震数据,按照一定的插值(或模拟)方法对每个三维网格进行赋值,建立储层属性(离散和连续属性)的三维数据体,即储层数值模型。一般地,首先建立相模型,然后在相模型的控制下建立参数分布模型,即"相控建模"。

按照储层模型所表述的内容,可将储层地质模型分为储层相(结构)模型、储层参数分布模型、裂缝分布模型等。

1. 储层相模型

储层相模型展现了储层内部不同相类型的三维空间分布。在三维相模型中,应表现不同级次的储集体、隔层、侧向隔挡层和夹层的三维空间分布。

2. 储层参数分布模型

储层参数分布模型展示了储层参数在三维空间上的变化和分布,主要为孔隙度模型和渗透率模型。

3. 裂缝分布模型

裂缝分布模型可分为两类:其一为二维裂缝密度模型,表征裂缝的发育程度;其二为三维裂缝网络模型,表征裂缝类型、大小、形状、产状、切割关系及基质岩块特征等。

(四)流体分布建模

流体分布模型主要为含油(气)饱和度模型,即含油(气)饱和度模型在三维空间上的分布模型。含油饱和度建模主要是井间饱和度的插值。除此之外,有两个重要的约束条件:其一为油水界面(或油水过渡段),井间插值主要在该界面之上(及油水过渡段),而在该界面(或油水过渡段)之下不需要插值;其二为含油饱和度的分布规律,如油柱高度与含油饱和度度的关系曲线、油水界面之上储层渗透率与含油饱和度的相关方程等。

三、建模主要方法

建立储层地质模型的关键技术是如何根据已知的控制点数据进行内插和外推的储层参数估计(预测),即需要寻找和选择最能符合储层地质变量实际空间变化规律的数值计算模型,来实现对储层特性的空间变化的正确定量描述。

井间预测方法很多,大体可分为两大类。即确定性预测方法(对应的建模方法称为确定性建模)、随机模拟预测方法(对应的建模方法称为随机建模)。

(一)确定性建模方法

确定性建模是对井间未知区给出确定性的预测结果,即试图从具有确定性资料的控制点(如井点)出发,推测出井间确定的、唯一的储层参数。

确定性建模的方法主要有储层地震学方法、储层沉积学方法及地质统计学克里金方法。其中,储层地震学方法主要应用地震资料,利用地震属性参数,如层速度、波阻抗、振幅等与储层岩性和孔隙度的相关性进行横向储层预测,继而建立储层岩性和物性的三维分布模型。储层沉积学方法主要是在高分辨率等时地层对比及沉积模式的基础上,通过井间砂体对比建立储层结构模型。地质统计学克里金方法则以变差函数为工具进行井间插值而建立储层参数分布模型。三者可单独使用,也可结合使用。

(二)随机性建模方法

所谓随机建模,是指以已知的信息为基础,以随机函数为理论,应用随机模拟方法,产生可选的、可能的储层模型的方法,即对井间未知区应用随机模拟方法给出多种可能的预测结果。

这种方法承认控制点以外的储层参数具有一定的不确定性,即具有一定的随机性。因此采用随机建模方法所建立的储层模型不是1个,而是多个,即针对同一地区,应用同一资料、同一随机模拟方法可得到多个模拟实现,即所谓可选的储层模型。通过各模型的比较,可以了解由于资料限制而导致的井间储层预测的不确定性,以满足油田开发决策在一定风险范围的正确性。

随机模拟方法很多,主要有示性点过程、序贯高斯模拟、截断高斯模拟、序贯指示模拟、分形模拟等。

四、油藏地质模型的精度

使用任何一种预测方法对储层参数进行定量预测时,其预测值与真值之间总会存在着一定的误差,评价一种预测方法的适用性及优劣,其客观标准就是符合程度,即通常所说的精度,一般采用成功预测值的百分数来表示预测精度。

为了检验预测方法的可靠性和适用性,可采用交叉验证的方法来检验油藏地质模型的精度。其原理是先删去若干个观测点(称为待估点),然后用其他的观测点(已知点)建立油藏地质模型,对待估点处的观测值进行预测,并把预测值和原来的观测值进行比较,以便决定其精度。油藏地质模型的精度至少应该达到70%以上,才能在油田生产中应用。

影响油藏地质模型的精度包括资料丰富程度及解释精度、赋值方法和建模人员的技术水平。

(1)资料丰富程度及解释精度:不难理解,资料丰富程度不同,所建模型精度亦不同。对于给定的工区及给定的赋值方法,可用的资料越丰富,所建模型精度越高。另一方面,对于已有的原始资料,其解释的精度也严重影响储层模型的精度。如沉积相类型的确定,涉及应用何种地质概念模式来建立储层三维相模型;储层孔隙度、渗透率、含油饱和度的测井解释精度则决定了储层参数建模所依赖的硬数据的可靠性。

(2)赋值方法:赋值方法很多,就井间插值(或模拟)而言,有传统的插值方法(如中值法、反距离平方方法等)、各种克里金方法、各种随机模拟方法等。不同的赋值方法将产生不同精度的油藏模型。因此建模方法的选择是油藏建模的关键。

(3)建模人员的技术水平:包括油藏地质理论水平及对工区地质情况的掌握程度、计算机应用水平及对建模软件的掌握程度等。

第五节 油藏开发过程中油层性质变化

油藏投入开发后,地下油藏内的流体就发生运动,外来流体(注入剂)加速了这种流动,一部分原油(天然气)流入生产井井底并被采出,一部分原油(天然气)仍滞留在油层内成为剩余油;随着开发过程的发展,油藏温压环境改变,储层岩石和流体与外来流体(注入剂)接触,从而发生各种物理或化学作用,使得原始油藏的储层性质和流体性质发生动态变化,这种变化又反过来对开发过程中的油水运动产生一定的影响。掌握油藏在开发过程中流体运动规律,分析储层与流体性质在开发过程中的动态变化及其对开发的影响,确定剩余油分布,为开发方案调整和提高油气采收率提供必要的地质依据,具有十分重要的意义。

一、油层内部油水运动机理

在地下油层中,油水分布和运动有其特殊的规律性;这些规律与具体油层的地质特征,共同决定着地下油水运动分布的过程和结果。因此,研究和掌握油层内部油水分布运动的机理,有着重要的意义。

(一)油层内部油水运动的动力

在油层内部,决定油水分布运动的动力有三种:注入水驱动压力、重力、毛细管力。主要由于这三种力的作用,决定了地下油气水的分布运动状况。

1. 驱动压力的作用

当油藏投入开发以后,或者由于注水形成的注采压差,或者由于降压开采形成的边底水压差,驱使地层流体沿压力降方向流动。决定其流量大小快慢的因素,则是油层渗透率的高低和注采压差的大小。由于油层渗透率的非均质性,在某一渗透率最大的方向,在注入水驱动压力的作用下,油水运动快、流量大;而在另一渗透率最低的方向,油水运动慢、流量小;在其余方向油水运动的大小快慢介于二者之间。在渗透率方向性较强的油层中,油水运动的这种表现尤为突出,注入水沿高渗透率方向指进十分明显。在油层高渗透率方向的采油井最先见水并快速水淹,而在垂直高渗透率的方向上,油井见水晚,见水后含水上升慢。可见,油层渗透率的方向性差异是造成油水分布运动的平面差异的主要原因。

2. 重力作用

由于油气水三者之间存在明显的密度差异,也由于油气水三者互不混相,密度最大的注入水在油层中总是存在下渗的倾向,而密度很小的注入气(或汽)在油层中总是存在向上超覆的倾向。在重力作用下,注入水在横向运动的同时将逐渐向油层下部运动,从而使得油层下部水洗较充分而上部水洗较差。如果注入的不是水而是气体或蒸汽,则注入气(或汽)在横向运动的同时,将在重力作用下向上超覆,从而使得油层上部易于洗到而下部则难于波及。这种注入水(气或汽)的重力作用在油层较薄时表现不明显,因为这时注入水(气或汽)上下运动的空间有限;但在油层厚度增大时,这种表现将益加明显。

3. 毛细管力作用

毛细管力作用普遍存在于地层流体与油层岩石的相互作用之中,在孔喉细小的低孔低渗油层中则更为强烈。在注水开发油层中,毛细管力的作用主要表现在以下两个方面:

(1)驱替作用:在油层岩石的主要流动孔道中,当岩石亲水而且注入水推进速度不是特别大时,毛细管力作用方向与注入水推进方向相同,毛细管力成为驱替动力可增强注入水的驱替作用。

(2)渗吸作用:在亲水油层细小的孔道中,毛细管力作用比较强烈,注入水在毛细管力作用下会自发进入这些细小孔道并驱替出其中的石油。

显然,对于亲水油层,毛细管力作用一般情况下对驱油是有利的,但对于亲油油层,则毛细管力作用常常是不利于驱油的。这就是亲水油层适于注水开发的原因。

(二)油层内部油气运动的阻力

就驱动条件来说,油层也是一个矛盾的统一体,既然存在着驱油动力,作为矛盾的另一方面,就必然存在着阻止石油流动的阻力。

油层内部石油流动时所遇到的阻力主要有以下几种。

1. 外摩擦力

外摩擦力表现为流体流动时与岩石孔隙喉道壁面的摩擦力。由于这种阻力的作用,流体在孔道壁面处的流速等于零,在孔道中心最大。在孔道中流线是按抛物线分布的。因此在油层中被润湿的岩石颗粒表面积的总面积越大,即岩石颗粒越小,石油的流动阻力也就越大。

2. 内摩擦力

内摩擦力是指流体流动时其内部分子间的摩擦力。石油在油层中流动的内摩擦力表现为石油的黏度。

3. 相摩擦力

相摩擦力是指油层中存在多相流体(油—气、油—水或油—气—水)混合流动时,各相流体之间的摩擦力。它表现为多相渗流时油相渗透率的大大降低。

以上三种阻力又称为水力阻力。水力阻力的大小决定于流体的流速,流速越大,则阻力也越大。水力阻力越大,则对油层能量的消耗也就越大,驱油效能因此而减弱。

4. 毛细管阻力

在油气储层岩石的孔道中,油—水、油—气或气—水混合流动时,则气体常呈气泡状或气柱状与原油一起流动；水则常呈液滴状或液柱状与原油一起流动（气层中的水则与气一起流动）。当流经孔道断面最窄的毛细管孔道（喉道）处时，由于气泡、液滴或液气柱的表面张力和毛细管作用的结果，形成一种流动阻力，阻碍油气的流动。

石油在油层中向井底流动，就是油层中各种驱油动力不断克服各种阻力的结果。这个过程便是能量消耗的过程，一旦油层能量不足以克服流动阻力，于是油流就停止了。

二、油水运动规律

在注水开发过程中，地下油水分布会发生很大的变化。下面从层内、层间、平面和微观4个方面介绍地下油水运动的控制因素及分布规律。

（一）层内油水运动规律

注水井吸水剖面和生产井产液剖面的实测资料证明，油层内不同部位在开采中吸水、产液等情况差异十分明显，注水井油层内的不同部位吸水能力差别很大，生产井中高产液段往往只是一小部分层段，其他层段产量较低，甚至不产液。层内油水运动规律受储层层内非均质性的控制，即主要受储层的韵律性、层理类型以及夹层分布等影响。

1. 不同韵律性油层油水运动特征

在垂向上储层层内有正韵律、反韵律、复合韵律和均质韵律四种韵律性，它们在开发过程中的水驱特征存在较大差别。

1) 正韵律油层

在开发的过程中，由于正韵律类型油层的相对高渗透段位于中下部，加上流体的重力分异作用，导致垂向上储层中下部首先水淹，随着开发的不断进行，其水淹程度也在不断变强；而上部由于相对渗透率低，所以水淹程度要明显低于下部（表16-5）。

表16-5 油层渗透率韵律特征与水淹类型和驱油效果的关系

韵律特征		水淹类型	驱油规律	油层开发效果
正韵律		底部水淹型	底部驱油效率高，含水上升快	渗透率极差大，水淹厚度小，易出现水窜
反韵律		上部水淹型	上部水淹严重	渗透率极差中等—大，产液多，利于注采
		均匀水淹型	全层驱油效率基本一致	渗透率极差小，利于注采
		下部水淹型	水淹厚度系数大，水洗作用强	渗透率极差小，常为亲水油层
复合韵律	复合正韵律	分段水淹型	水洗厚度不大	比正韵律好
	复合反韵律	分段水淹型	水洗较均匀	与反韵律相似
	复合反正韵律	中部水淹型	驱油效果中等	产液量大而快
	复合正反韵律	上下水淹型	驱油效果相对较差	复杂，通常水淹厚度小
均质韵律		下部水淹型	驱油效果取决于厚度	渗透率级差极小，采取效率高

2) 反韵律油层

在开发过程中，反韵律油层的垂向水淹规律受渗透率和流体重力分异作用的双重控制，因此其水淹程度在垂向上的分布较为复杂。当渗透率在垂向上的差异对油水的运动起主要控制作用时,反韵律储层的水淹程度自下而上逐渐加强;如果流体的重力分异作用起主要控制作用,那么反韵律储层的水淹程度自下而上逐渐变弱;如果渗透率的垂向差异和流体的重力分异作用对油水运动的贡献相当,那么反韵律储层的水淹程度在垂向上基本相同,较为均质。虽然反韵律储层的垂向水淹程度较为复杂,但是总体来讲其垂向上水淹程度的均匀性要比正韵律的好很多(表16-5)。

3) 多段复合韵律油层

就单个韵律层而言,多段复合韵律油层在开发过程中符合上述正韵律或反韵律的水淹特征,因此多段复合韵律层在垂向上存在多段水淹程度不均一的特点。

4) 均质韵律油层

在开发过程中,均质韵律油层的垂向水淹程度主要受流体重力分异作用的控制,因此下部水淹程度要较上部的稍高,但上下两部分的水淹层程度差别要较正韵律小得多,而较反韵律稍大。

2. 层理类型与层内油水运动

储层内部不同的层理类型对层内油水运动有明显的控制作用。层理构造因沉积物的粒度、成分、结构、颗粒排列方式等差异性而显示出来,对渗透率以及流体运动规律有重要影响,从而控制层内油水的运动及分布。

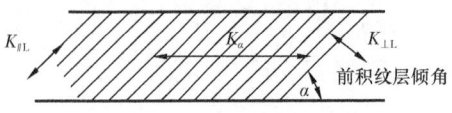

图 16-22 单向斜层理渗透率
优势方向示意图
$K_{//L}$—平行纹层方向渗透率;$K_{\perp L}$—垂直纹层方向渗透率;K_{α}—与纹层呈夹角 α 的渗透率

单向斜层理各纹层是基本平行的,颗粒的排列也是基本平行纹层界面。单向斜层理渗透率分布受颗粒排列方式的较大控制,所以油水的优势流动方向是沿着纹层流动(图16-22)。纹层界面和层系界面对油水运动起到一定的阻碍作用。

交错层理颗粒的排列也是基本平行纹层,但总体来讲,其排列方式较单向斜层理的复杂。纹层在各部位倾向不同,各层系间渗透率的方向存在差别。如槽状交错层理,在纵剖面上,渗透率的方向受颗粒排列的影响,基本平行于古水道;在横剖面上,渗透率优势方向呈弧形,各层系之间相交,比较复杂(图16-23)。

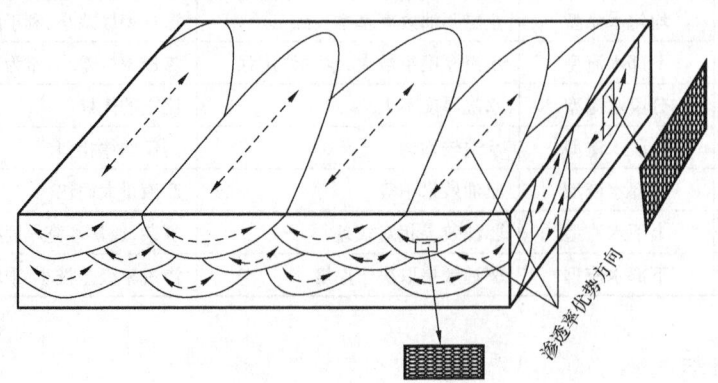

图 16-23 槽状交错层理渗透率优势方向示意图

3. 层内夹层对油水运动的影响

层内夹层对油水渗流普遍具有不同程度的影响和控制作用。

夹层对厚油层的开发效果影响比较大。对厚油层而言,从长期来看,分布相对稳定的夹层有利于油田的开发,夹层的存在将厚油层分割成几段,这样就抑制了水在垂向上的窜流,存在夹层的厚油层一般水淹速度慢,所以最终厚度波及系数要高于无夹层的油层,从而提高了厚油层的开发效果。

1)夹层发育部位对油水运动的影响

夹层在层内的发育部位不同,对油水运动的影响程度也不同。一般来说,中部夹层对油水运动的影响首先体现,这是因为中部夹层将厚油层分成基本相等的两部分,分隔作用明显,并且对流体的重力分异作用起到了较大程度的抑制作用,所以提高了油层的动用程度。底部夹层对油水运动的影响较小。到了高含水开发阶段,顶部夹层对油水运动的影响才能有明显体现,这是因为开发早期顶部夹层只是将厚油层分割成上下悬殊的两部分,夹层之上的油层基本不水淹;夹层之下较厚的油层段内流体重力分异作用影响明显,水淹越来越明显;到开发后期,夹层之上的油层成为剩余油的潜力层段。

2)夹层规模对油水运动的影响

夹层的规模大小可以从两个参数来表示:一是夹层的延伸范围,二是夹层的厚度。一般来讲,夹层的规模越大,对油水运动的影响也越大。夹层的厚度越大,在注水开发过程中,就越不容易被外部附加压力压穿,所以夹层的厚度越大,其分隔作用的效果也就越好。但是并不是夹层厚度越大越好,夹层厚度过大,就代表着沉积时水动力条件较弱,上下砂岩的泥质含量过高会降低渗透率,可能形成难以驱替的死油区。夹层延伸越远,其控制范围也就越大,那么其分隔作用的影响范围也就越大,所以夹层延伸范围越大对厚油层的开发越有利。总体来讲,适当的夹层厚度和延伸范围对厚油层的开发是有利的。

3)夹层产状对油水运动的影响

近年来运用储层构型分析方法对曲流河、辫状河以及三角洲的储层构型进行的大量研究表明,夹层的产状,特别是夹层倾角,对层内油水运动起到重要作用。由于夹层对油水运动起到屏蔽作用,所以在夹层存在倾角的情况下,油水的运动不是平行于层面,而是平行于夹层面(图 16-24)。

(二)层间油水运动规律

一个开发层系往往由多个含油小层组成,少则几个,多则十几个,每个小层的性质都不同,这就存在储层性质层间非均质,在注水开发过程中就表现出油水运动的层间差异。对层间油水运动起主要作用的是层间储层物性和压力状态的差异。

1. 注水井中的层间差异和层间干扰

1)层间吸水差异

注水井中层间差异的主要表现是:在同一压力笼统合注条件下,各油层的性质不同,吸水

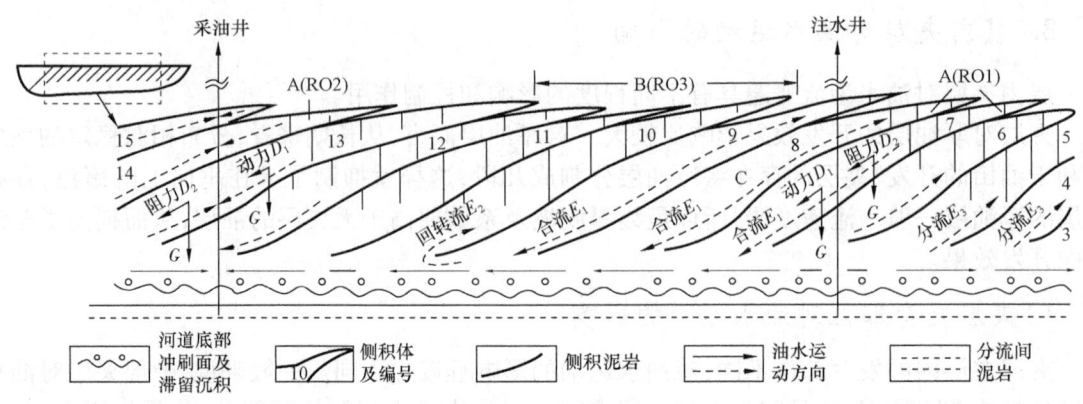

图 16-24　曲流河点坝侧积体在注水开发过程中对油水运动的影响（据马世忠，2008）

点坝内侧积砂体被上下侧积泥岩遮挡并形成上倾岩性尖灭（A、B），在注水井处形成有注无采型高压剩余油（RO1）；在采油井处形成有采无注型低压剩余油（RO2）；在井间形成仅与下点坝连通而不与采油井直接连通的侧积泥岩遮挡灭尖型剩余油（RO3）

能力相差悬殊。如某油田共射开 25 个层段，吸水剖面显示，吸水能力强的有 10 个层，微弱吸水的有 5 个小层，另外 10 个层根本不吸水。

层间吸水的差异程度受控于层系内层间的地层系数（有效厚度与有效渗透率的乘积）的差异。地层系数越大，吸水能力也越大。各单层之间的非均质性主要表现为渗透率的差异，并且渗透率级差可以达数倍或数十倍。所以层间地层系数的差异主要受控于渗透率的差异。这样，在注水井合注时，渗透率高的层相对吸水量很高，而渗透率差的层吸水很低（图 16-25）。

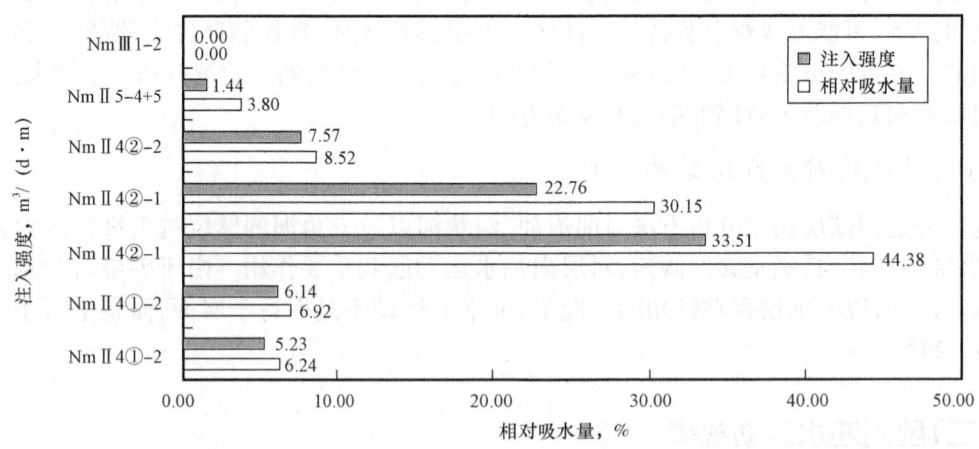

图 16-25　某油田不同单层间油层吸水差异（据吴胜和，2011）

2）注水井单层突进

注水井中不同层吸水状况不同的原因，除油层本身性质差异外，还有在笼统注水条件下层间干扰的影响。在多层合注的情况下，注水层段越多，层间差异越大。在油层性质不同和层间干扰的双重影响下，注水井中层间吸水差异悬殊，甚至有相当数量的油层不吸水。我国各油田都进行了大量的吸水剖面测试，取得了丰富的吸水资料，是研究注水井中层间差异状况的重要依据。

层间渗透率差异越大,层间干扰越严重。较高渗透层水驱启动压力低,容易水驱,而低渗透层不容易水驱。所以在多层合注的情况下,注水井水驱往往沿着高渗透层形成单层突进;其他低渗透层位流动阻力大,生产能力往往受到限制,水洗效果差。这种单层突进现象随着开发的不断进行,会变得越来越严重。因为随着不断的开发,高吸水层因吸水量多,受到的冲刷作用也越强,导致物性不断变好,更加剧了层间的非均质程度,所以越到开发后期注水井单层突进的现象越严重。

2. 产油井中的层间差异和层间干扰

1) 多层合采时的层间差异

生产井在多层合采时,由于层间地层系数和生产压差的差异,导致各个层之间的产液量存在非常大的差别。物性好、生产压差大的层一般产液量高,而物性差、生产压差小的层产液量低。从而造成各油层动用程度上存在较大的差别,有些层已经高含水,而另外一些层却未动用。所以在油气田开发时,要将储层性质相似的油层组合在一起,组成统一的开发层系。

2) 生产井流压与层间干扰

对于合采生产井,生产井的井底流压等于井筒附近各层流压最大者。如果生产井的井底流压大于某一层的油层压力,这时井筒中的流体就会倒流入油层压力小的油层中,发生倒灌现象。造成这种现象的主要原因是分层配水不当,某些层注水量特别大,导致该层地层压力升得很高。一般在开发层系的划分过程中,同一层系内的压力系统应基本保持一致。在同一口井中,合采时各层的流压不能相差太大。因为只有各层有大致相同的生产压差,才可以减缓层间干扰和防止流体倒灌现象(图16-26)。

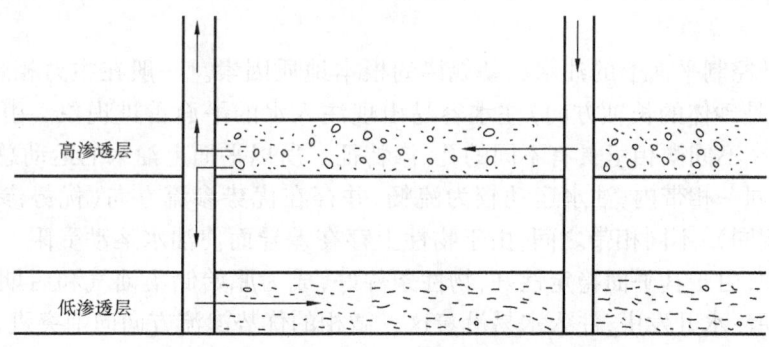

图16-26 井筒中流体倒灌示意图(据姜汉桥,2006)

综上所述,层间差异对油田注水开发最严重的影响是降低油层动用层数和水淹厚度。层间差异会造成注水井中各层吸水量存在很大差别,同时采油井中的各层产液量也存在很大的差别。通常情况下,如果注水井中某一层的吸水量很高,相应的,该层在产油井中的产液量也会很高。所以层间差异的存在就会造成层间开发的矛盾,使得高吸水层的开发程度特别高,而低吸水或不吸水层的开发程度特别低,降低了总体合采层系的水淹厚度,也就降低了开发效果。因此在开采过程中,要不断地通过改层、调剖、堵水等措施降低层间差异,提高各个油层的动用程度,使其得到较好的开发效果,最终提高采收率。

（三）平面油水运动规律

1. 注入水平面舌进

注入水平面舌进在油藏注水开发过程中是较为常见的,它反映的是储层平面非均质性和注采系统之间的不匹配。注入水平面舌进受砂体几何形态以及平面高渗透带等平面非均质性的严格控制。

1) 砂体几何形态

砂体的几何形态受沉积相控制。一般而言,即使属于同一个大相,砂体几何形态及非均质性也有差异。在冲积平原区沉积的砂体,长轴方向一般顺物源方向,与高渗透带的方向一致。在湖岸—浅湖区,受到两种水动力的控制：一是河流作用；二是湖浪作用。当河流起主控作用时,砂体的长轴方向与物源方向一致,颗粒的排列也受河流的影响,是顺物源方向排列的,所以砂体的长轴方向与高渗透带的方向一致；当湖浪起主要作用时,砂体的长轴方向垂直物源方向,同时砂岩颗粒在沉积时受湖浪的作用,排列方向平行于湖岸,所以此时高渗透带的方向仍然平行于砂体的长轴方向。所以一般情况下,砂岩的长轴方向容易形成注入水的平面舌进。

2) 平面高渗透带

平面高渗透带是影响流体平面运动最直接的因素,它是平面物性非均质性的一种反映。平面上,高渗透带地区渗流能力强,水线沿着高渗带推进的速度要比其他部位快得多,水洗好；在低渗透带,水线推进慢,水洗差。所以由于平面上渗透率的差异,使得注入水水线沿高渗透带首先到达油井,其水线前缘呈舌状。它造成油井过早见水,降低无水采收率,含水率上升过快。

沉积微相是控制平面上的油水运动规律的根本地质因素。一般在主力相带中,沿高渗透带的方向(一般是砂体的长轴方向)注水容易出现注入水的平面舌进现象。由于沉积时的水动力不同,导致在不同微相里具有不同的孔、渗特征。所以平面上油水的运动总体上受沉积相带的严格控制：同一相带内,油水运动较为流畅,并存在优势渗流方向(优势渗流方向一般与古水流的方向相同)；不同相带之间,由于物性上存在差异而使油水运动受阻。一般在发育砂岩的主要微相中,由于其平面稳定性好,物性条件好,成为原始储集油气和后期油气运动的主要场所。在后期注水开发中,注入水易沿着这一微相的优势渗流方向向前突进,从而造成平面上的注入水舌进。如在河流相中,顺着河道方向注水时,平面上主河道易被水淹,而天然堤和决口扇等孔渗性较差的微相中往往不易被水驱,所以往往导致平面上不同部位的砂体生产效果差别很大。处于主河道上的油井产能较高,生产效果较好；相反,处于边缘相(如天然堤、决口扇)上的生产井生产效果很差。

2. 渗透率的方向性与平面油水运动

1) 常规储层渗透率方向性

渗透率的方向性是指同一岩样不同方向所测得的渗透率不同,最突出的是平行于层理面方向的渗透率和垂直于层理面方向的渗透率不同,也就是垂直渗透率和水平渗透率的差异问题;同是水平渗透率,不同的方向,渗透率也不同,如顺古水流方向、层理倾向和颗粒排列等组构引起的渗透率各向异性。这是由于储集岩石都是在不同水流的条件下沉积的,再加上成岩作用和后生作用的影响,就造成了储层的各向异性。这种现象在河道砂体中相当普遍。不同方向储层物性和渗流特性显著不同,若沿着古流线的方向注水,注入水沿着古流线的方向舌进,而侧缘的储层水驱程度较低,使平面差异和矛盾更加突出。

2)断层和裂缝方向性

断层和裂缝对平面油水运动的影响很大。裂缝的存在使储层具有双重介质的特点,裂缝中的渗透率明显要高于孔隙中的渗透率。在开发过程中,裂缝中的流体首先通过生产井排出,而孔隙中的流体首先进入到裂缝中,再从裂缝进入生产井。裂缝的发育可以引起渗透率的方向性。油藏开发时,裂缝的存在使注入水沿着裂缝的走向快速推进,而垂直于裂缝方向的油则受效很差,动用程度低或无动用,所以在开发具有裂缝的油藏时,注水方向垂直于裂缝的走向时开发效果较好。

在油田注水开发过程中,油藏地层压力的变化或注入水使黏土矿物受水膨胀导致的地应力发生变化,有可能诱使某些断层复活,导致断层不密封、注入水沿断层发生垂向水窜,造成大量注入水的损失。

3. 井间干扰

在同一个油层上的油井或者注水井开井时,某一口油井或注水井改变工作制度,对相邻的油井或者注水井的产量、压力、注水量等都会产生产生影响,这种现象即井间干扰。井距越小,井间干扰越严重。一般在新井投产或者投注时,由于对油水运动的方向起到了调整作用,导致老井产量或者注水量下降明显。所以在油田注水开发过程中,必须选择合理的井距和工作制度,才能使井间干扰的程度降到最低。

4. 井网控制程度与平面油水运动

井网控制程度的好坏可以从两个方面进行判断:一是油藏内井网的分布均匀程度,另一个是井网密度。井网分布越均匀,井网密度越大,井网的控制程度越高;反之,井网控制程度越低。

油藏内井网不均匀时,如生产井和注水井集中在油藏的某一片区域,而油藏的另外一些区域并没有井网分布,在这种情况下,油藏的油水运动也是不均匀的,在开发井网区域油从生产井采出,动用程度高;非井区的油因为缺少井网,很难受到注水井的波及,成为未动用区,油基本上没有发生运动。而在井网分布均匀时,油藏中流体的动用较为均匀,油水运动的规律性也较强。

井网密度是指油田开发井网中油水井的密集程度。井网密度可以用两种参数表示:(1)油藏上平均每口井所控制的油藏面积,常称为单井控制面积,单位是 $km^2/井(口)$;(2)油藏单位面积上的井数,单位是井(口)$/km^2$。合理的井网密度要考虑地质和经济两大方面的因素。具体要考虑油层的岩石和流体性质、油藏非均质性、开发方式、油藏埋藏深度、采油速度以及裂缝等其他因素。一个合理的井网密度在采油时,常常可以使平面的油水运动在注水井和采油井之间较均匀,否则相反。

(四)微观孔喉中油水运动规律

在润湿性为亲水的岩石孔隙中,毛细管压力作用可以作为细小孔道中油水交换的动力,注入水主要沿亲水岩石颗粒表面迂回曲折运动,容易驱出亲水岩石孔隙中的石油,仅在较大孔道中的中间留下孤立的剩余油滴。在润湿性为亲油的岩石孔隙中,注入水的毛细管压力作用则常常成为驱油的阻力,注入水在亲油岩石中总是选择大孔道、高渗透通道指进,其岩石孔壁上的油膜与孔隙狭小处的石油则难于被注入水驱出,形成剩余油。

三、油藏开发过程中油层性质变化

在油藏过程中,尤其是在注入水的驱替下,油层物理性质将发生变化,经过长期注水冲刷,岩石粒间充填的黏土矿物,有的被水冲散,有的被水带走,岩石孔隙喉道半径将发生变化,渗透率可能增大,随着注入水饱和度的增加,岩石表面润湿性也将发生变化。当注入水温度低于油层温度时,长期吸水的油层温度也将局部降低。上述物理性质的变化,影响着油层内剩余油的分布状态。研究采油过程中这些变化,对提高最终采收率是十分重要的。

(一)含油性及油水分布的变化

在注水开发过程中,随着注入水不断驱替地层中的原油,油层的含水饱和度不断增加,剩余油饱和度不断降低,而且与水洗程度成正比。大庆油田根据水驱油岩心实验和试油资料统计分析表明,油层弱水淹时,原始含油饱和度下降约10%;油层中等水淹时,原始含油饱和度下降约20%~30%;油层强水淹时,原始含油饱和度下降30%以上。在水洗作用下,油层的黏土和泥质含量下降,粒度中值相对变大,随之也使原始束缚水饱和度相应降低。

随着注入水的不断增加,地层中的油水分布也随之发生变化。由于储集层的非均质性,显然注入水在非均质严重的中厚油层中并不是以同样途径、方式和速度均匀推进的,而是注入水首先将大孔隙中的油以较快速度沿着渗透性高的地带推进,直到高渗透性地带大孔隙中的大部分油被水驱走时,低渗透性地层或厚油层中低渗透部分的小孔隙中仍然保留着相当多的原油。这样,在高含水期原来的好油层变成强水淹层,原来的差油层变成"主力油层"。

油层水淹后的油水分布遵循沉积旋回的变化规律,正韵律油层底部发生强水淹,上部弱水淹或未水淹。油层水淹后,油(剩余油)分布在正韵律油层的上部。反韵律油层,注入水先沿顶部突进,由于受毛细管力和重力的影响,使注入水推进相对稳定,驱油效率较高,水洗强度自上而下由强变弱。

在注水开发过程中,油水界面也是发生变化的。尤其是底水油藏,由于水锥的形成,使油水界面上升。

(二)地层水矿化度和电阻率的变化

注水开发后,注入水与原始地层水相混合。混合后地层水矿化度和电阻率将取决于原始地层水和注入水的矿化度以及注水水量。

1. 注入淡水

混合后地层水矿化度变化最大。注水初期,在驱替前缘及附近地带内,混合地层水的矿化度常常接近于原始地层水矿化度;随着注水量增加,地层水矿化度淡化速度明显加快,混合地层水矿化度明显下降,故在远离驱替前缘地带,混合地层水的矿化度与注入淡水的矿化度很接近,混合地层水电阻率增加。

2. 注入地层水

注入地层水,混合地层水矿化度、混合地层水电阻率变化不大。

3. 注入污水

混合地层水矿化度有一定的变化,其大小视注入污水的矿化度及注入量而变,当污水的矿化度大于原始地层水矿化度时,混合地层水电阻率降低。当污水的矿化度小于原始地层水矿化度时,混合地层水电阻率增加。

(三)油层岩石润湿性的变化

在油田投入注水开发后,随着开发时间的延长和注入水量的增加,油层岩石孔隙中的含水饱和度将逐渐增大,而且随着注水时间的加长,油层岩石与注入水接触时间的增加,油层岩石表面的润湿性将出现变化,其亲水性将逐渐增加而亲油性将逐渐减弱(表16-6)。

(四)孔隙结构变化

大量实验资料和检查井取心资料表明,在油田投入注水开发后,主要由于注入水对黏土胶结物的物理化学作用,使得油层岩石的孔隙结构逐渐出现一些明显的变化。注入水同油层中黏土矿物的作用很复杂,它同注入水性质、黏土矿物的性质、分布形态及含量等有关。不同的油田,这种作用也不相同。有的是注入水使黏土矿物膨胀、破碎、堵塞孔隙喉道,使油层渗透率逐渐下降。而有的是注入水将黏土矿物冲散、冲走、部分喉道被打通,使油层渗透率增加(表16-6)。

表16-6 大庆油田主力油层注水前后物性变化

项目	渗透率 μm^2	面孔率 %	孔隙直径,μm			分选参数	黏土含量 %	渗透率变异系数	润湿性
			最小	最大	平均				
初始	0.34	8.27	17.2	190.7	69.9	0.665	5.32	0.167	偏亲油
注水后	0.389	9.14	17.6	248.3	71.7	0.679	4.92	0.172	亲水

(五)断层和裂缝的变化

在油田注水开发过程中,原始地层压力发生变化,引起岩石性质和地应力改变,原有断层会被诱发而复活。当然不是所有的断层都能复活。根据研究,断层复活必须具备两个条件:

(1)断层面充水,并有一定高的压力,断层面润滑有利于岩块活动;
(2)断层面两侧压力不平衡,达到足以移动岩块的能量。

断层和裂缝的活动,不是一开始就表现出来,它的表现形式是多种多样的,时间也有早有晚,归纳为两种情况。一是张性裂缝和油层窜通的断层,开始注水就有明显反映;二是微裂缝和闭口性裂缝,在较低的注水压力下裂缝不吸水,在较高的注水压力下裂缝开口吸水,吸水量猛增。控制断裂复活的主要方法是避免注水压力过高。在实际生产中,应防止因断裂复活对油井生产的破坏。

(六)油层压力变化

注水开发油田油层中的流体处于流动状态,流体压力是经常变化的。

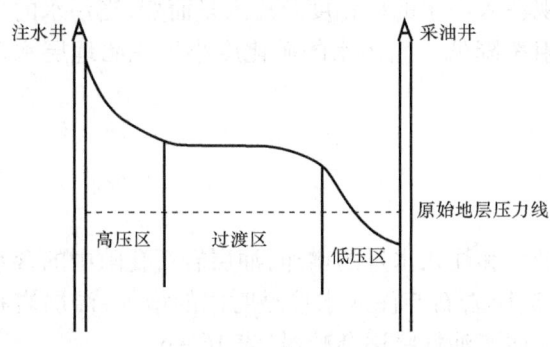

图16-27　注水井采油井平面压力分布示意图

平面上,注水井正常注水时,油层中任一深度上的压力相当于泵压加上静液柱压力,水注入地层后,压力很快消耗下降。因此在注水井附近形成一个反向的压降漏斗。而采油井在正常采油过程中,井底流动压力低于原始地层压力,在采油井周围形成一个正向压降漏斗,从注水井到采油井压力变化是逐渐变低,注水井一端压力高,采油井一端压力低,像一个横写的"S"型(图16-27)。

剖面上,由于油层组内单层的厚度、分布范围和渗透率不同,注入水在各油层中的推进速度也不相同,一些注采平衡的层位,孔隙压力接近于原始地层压力,形成常压区;注少采多的油层,孔隙压力低于原始地层压力,形成欠压区;注多采少或只注不采的油层或地区,其孔隙压力高于原始地层压力,形成高压层或憋压层。从而导致原始状态的油层变成了压力不等的油层,水淹层和油水同层相间并存,在纵向上形成一个憋压层、欠压层、常压层组成的多压力层系剖面。

(七)油层温度变化

油田注水多采用地表水或浅层地下水,其温度一般比油藏温度低很多。因此,在注水开发油田的过程中,长期向油层大量注入冷水,将在一定程度上引起油层温度下降,从而影响油田开发效果。

第六节　剩余油研究

目前,我国的大部分油田经过几十年的开发,先后经历了上产期、稳产期和递减期,已进入高、特高含水开发阶段,增储上产、稳产控水的难度越来越大,具体表现为:(1)勘探程度高,新增储量日益困难,剩余储量可动用性较差;(2)注水开发油田综合含水率高、采出程度高、采油速度高、储采比低、采收率低,矛盾突出;(3)油田地质情况复杂,水驱油过程不均匀,大部分油田仍有60%左右的剩余油残留在地下。因此,加强剩余油分布规律研究、搞清其分布特征,对于搞好油田的后续开发、稳定和提高采收率具有重要的现实意义。

剩余油研究,不仅要搞清楚剩余油分布的准确位置及数量,还要搞清楚剩余油的成因以及分布的特点,从而提出挖潜措施,其中剩余油分布位置和数量是剩余油研究的技术关键和难点。

一、剩余油概念

由于剩余油问题的复杂性、剩余油检测认识的困难性和剩余油研究方法的多样性,导致在剩余油研究领域存在一些含混模糊的概念,比如"剩余油""残余油""剩留油"等。剩余油研究的目的,在于搞清剩余资源的数量及分布,以便尽技术经济之所能予以最大限度的采出,以获取尽可能高的油气采收率。因此,可将剩余油定义为:在油田开发过程中尚未采出而滞留在油藏中的油。按存在方式,可将剩余油分为不可动的残余油和可动剩余油两部分。残余油,微观上是指在油层条件下当油的相对渗透率为零时的不可动油,宏观上是指产层的油水比达到开采经济极限时残存在水驱前缘后面的油。可动剩余油指的是注入剂未波及的"死油区",通过油藏描述加深对油藏的认识,改善油田开采工艺措施,进行方案调整后可被采出的那部分剩余油。

按照剩余油和地质储量的概念,可以用剩余地质储量、剩余可采储量和剩余油饱和度来定量度量剩余油。剩余地质储量是指油藏投入开发后地下油藏中尚未采出的油气地质储量,剩余可采储量是指在现有经济技术条件下可以开采而尚未采出的油气地质储量,剩余油饱和度为油藏产量递减期内任何时候的含油饱和度。

二、剩余油分布控制因素

剩余油与油田采收率呈负相关关系。采收率越高,则剩余油越少,反之亦然。油田采收率与波及体积系数与驱油效率有关,而波及系数又受控于油藏非均质性与注采状况。因此,油藏非均质性和开采非均匀性是导致油藏非均匀驱油的两大因素(图16-28),即剩余油形成的两大主要控制因素。

油藏非均质性包括构造、储层及流体非均质性。油藏构造主要制约了开发井网的布置,较大的封闭性断层往往就是油藏的边界;构造起伏影响油水运动方向,导致注水开发过程中剩余油分布零散。储层非均质性是控制剩余油分布的最重要的地质因素。储层非均质性成因主要为沉积作用与成岩作用,对于中高渗透储层更是主要受沉积作用影响。沉积作用引起的储层非均质性主要表现在储层岩性、物性、沉积结构构造、沉积相变、横向连续性、纵向连通性、孔隙结构、相渗特征、润湿性特征等方面。储层非均质性主要受沉积微相控制,不同沉积微相单元储层具不同的孔渗性、孔隙结构和渗流特征,也具有不同的水驱油效率和剩余油特征。在高含水开发阶段,沉积微相单元对剩余油分布的控制作用主要表现在储层物性的纵横向差异上。我国东部河流成因储层油田开发实际表明,在水驱油过程中,注入水总是就近优先进入物性好的河道,并沿着河道下游方向突进,然后才向河道上游和两侧扩展,致使非河道微相储层水驱状况差,剩余油饱和度较高。层内剩余油的形成和分布主要受储层层内非均质性的控制,在高

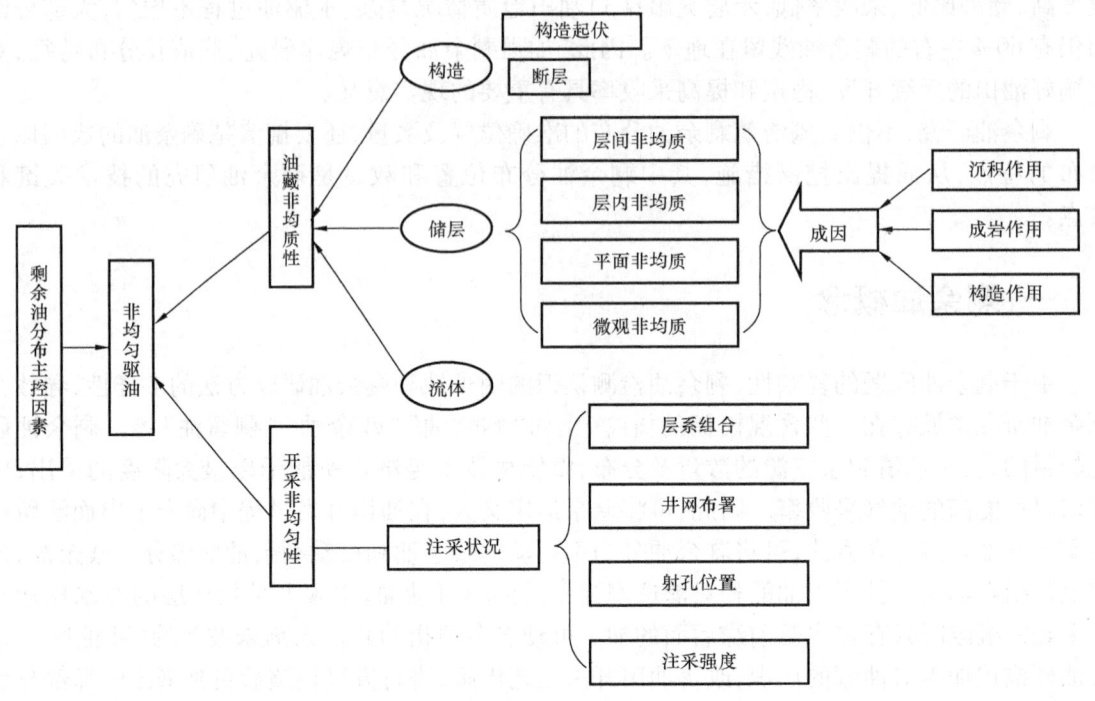

图 16-28 剩余油分布控制因素(据刘建民,2003)

含水阶段,层内夹层的影响尤为突出。

开采非均匀性主要为层系组合、井网布署、射孔位置、注采强度等导致的储层开采状况的非均匀性,为剩余油分布的外部控制因素,即外因。简单地讲,就是在注采过程中,由于层系组合、井网部署、射孔位置、注采强度等因素的影响,致使由采油井或注水井与采油井所建立的压力降未波及或波及较小的区域,原油未动用或动用程度低,从而形成剩余油富集区。

三、剩余油研究方法

目前,剩余油分布的研究方法有很多种。主要的研究方法有:微观模型实验法、生产测井分析法、水淹层测井解释法、剩余油测井法、检查井密闭取心检测法、数值模拟法、地质综合分析法、生产动态分析法等。上述方法各有特点,又都有其局限性,如何结合具体油藏,综合应用各种方法来确定剩余油的准确分布,是剩余油研究的核心与关键。

(一)微观模型实验法

该方法根据目的层典型铸体薄片资料,将孔喉系统复制刻蚀在玻璃表面,以再现地层孔喉网络情况,然后进行水驱油的实验,并在显微镜下观察或录像。实验中油与水均进行适当着色以增强观察效果。该方法可直观形象地看到水洗油过程和剩余油的微观分布情况。近些年来,我国在微观孔隙模型两相驱替实验方面进展很快,主要表现在实验模型的不断更新:最早是网状模型、手工随机刻蚀模型,后来发展到光刻模型、光刻复制模型,又发展到采用实际岩心制作孔隙模型、进行荧光分析。

(二)生产测井分析法

该方法主要采用注水井吸水剖面测试资料与采油井出液剖面测试资料,判定油层剖面动用状况及剩余油分布情况。在油层射开的有效厚度层段中:主要的吸水层段与主要的出油层段应当是储量动用好、剩余油最少的层段;多次测试不吸水不出液的层段,应当是动用最差、剩余油最多的层段;其余层段介于二者之间。国内油田生产测井资料一般较多,选取其中有历年多次测试资料的井,结合油藏静态资料进行分析研究,常能较好地判定剖面上主要的剩余油层(又称潜力层)所在。

(三)水淹层测井解释法

该方法利用在已注水开发多年的老油田中新钻的调整井、更新井、检查井等各类新钻井的完井电测曲线,与原来老井的完井电测曲线进行对比,如果某层段水洗较强,则其含水饱和度与含油饱和度都将发生相应变化,其电阻率、自然电位、声波时差等曲线也将较老井出现明显偏移。一般在距新钻井200m左右的距离之内,其岩性变化一般不大,上述出现测井曲线偏移的井段可以解释为主要水洗水淹层段。在有较多新钻井的完井电测资料时,上述解释具有更高的可靠性。由于此方法在判定剖面剩余油分布的同时,还可根据井网井距及井点的平面位置推测剩余油的平面分布,并且可以用分层试油手段检验和改进剩余油解释的准确性,因而具有更大的实用性。许多老油田近些年钻新井较多,资料较丰富,因此,这一方法在许多油田受到重视并得到较为广泛的应用。

水淹层测井的物理基础是基于这样一种事实,即由于长期注入淡水,将导致油藏储层的岩性、物性、电性、水性和含油性都发生变化,因而在测井曲线上必然出现独特的响应。

(四)剩余油测井法

直接检测剩余油的测井方法近年发展较快,主要有:碳氧比能谱测井、相位介电测井、示踪剂测井和中子测—注—测技术等。以上测井以检测油层剩余油为目的,可以定量求出剩余油在井筒剖面上的分布。这些测井方法,在地球物理测井课程中已有详细介绍。

(五)检查井密闭取心检测法

这是提取油层剩余油饱和度最权威最直接的方法。在老油田开发井网中选取有代表性的部位钻检查井,在目的层部位进行密闭取心并速送室内分析化验,以取得其含油饱和度数据。此即地下油层真实的剩余油饱和度资料,据此可以判定油层剖面剩余油的准确分布情况。再结合检查井的平面位置与注采井网的平面分布,还可推断剩余油的平面分布情况,并可用分段试油予以检验证实,因而具有相当的权威性。此方法也有其局限性:局限之一是一孔之见平面代表性不强,以至油田很难依据1、2口检查井资料概括平面广大区域的剩余油分布情况;局限之二是钻井取心费用高时间长,资料成本太高。此外,油层岩石强水洗后破碎厉害,常使岩心收获率降低,也会影响其应用。

(六)数值模拟法

将油藏或其中的某部分建立地质模型并数值化,在计算机上对其注采过程进行仿真模拟。可输出任意时刻、任何点面上的剩余油饱和度数值。其优点是数量、概念明确,其缺点是实用性较差,主要原因在于实际油藏相当复杂模糊,模拟所需参数太多,其中许多参数准确度太低(不少地质参数很难将误差降到10%甚至20%以下),其计算结果的累积误差必然很大。

(七)地质综合分析法

在综合分析微构造、沉积相、储集层非均质性等地质因素的基础上,结合生产动态资料对剩余油进行综合研究和分析,预测剩余油分布的一种研究方法,是研究和预测剩余油的有效手段之一。

(八)生产动态分析法

此方法主要依据油田生产动态资料,通过分析油井见水、见效及产量、压力、含水、气油比的平面分布变化情况,再结合油藏静态地质特征和生产测井资料,来推断地下油水分布运动状况和变化趋势,据此判断储量动用状况和剩余油分布情况。这种方法具资料丰富、可长时期连续追踪分析、费用低廉的优点,是现场应用的重要方法。

以上各种剩余油检测研究方法各有特点,又都有其局限性,任何单独一种方法所得出的剩余油数量及分布的认识,其可靠程度都可能不高,都应予以质疑并用其他方法进行检验、补充或修正。最好能够综合应用以上各种方法进行剩余油研究,这将大大提高剩余油研究认识的可靠程度。

四、剩余油分布类型

前已述及,剩余油形成受地质与开发两大因素的控制,地质因素主要包括构造、储层及流体非均质性,而开发因素主要包括注采井网(井排距、注采方式及配置、井网批次等)及井开发参数,包括注入剂类型、井别(水井及各种油井)、射孔情况、各生产参数及井的调整等。从研究的尺度出发,可将剩余油分布类型分为宏观和微观两种类型。

(一)宏观剩余油分布类型

1. 主要受地质因素影响而形成的剩余油类型

(1)层间干扰型:存在于纵向上物性相对较差的油层中,在原井网条件下虽然已经射孔,注采关系也相对比较完善,但由于部分油层比其他同时射孔油层的物性差得多,因而不吸水、不出油,造成油层不动用,形成剩余油。该类型是典型的层间非均质性所致。

(2)井网控制不住型:主要为在原井网虽然钻遇但未射孔,或是原井网未钻遇而新加密井钻遇的油层中的剩余油,主要受油层宽度及几何形状与原井网井排距大小控制。

（3）成片分布差油层型：油层薄、物性差，虽然分布面积大，原井网注采较完善，但由于井网井距较大，动用差或不动用而形成成片分布的剩余油。

（4）好油层中平面上的差油层部分型：在好油层中由于平面上某一部分物性变差，以致使注入水难于注入，使局部驱油效率较差，水绕过而形成的剩余油，这是平面非均质性所致。

（5）层内未水淹型：存在于厚油层中，由于渗透率向上变差，加之层内物性夹层存在，使油层底部严重水淹，而其顶部未水淹形成的剩余油，这是典型的层内非均质所致。

（6）断层遮挡型：由于封闭性断层的遮挡作用，使断层面成为流体流动边界，而在断层侧造成有注无采或有采无注或无注无采而形成的剩余油。

（7）单向受效型：只有一个注水受效方向，而另一方向油层尖灭或油层变差，或者是钻通油层但未射孔，形成的剩余油。

2. 主要受开发因素影响而形成的剩余油类型

（1）二线受效型：新加密井钻在原采油井的二线位置，因原来油井截流而形成的剩余油。

（2）滞留区型：主要分布在相邻两三口油井或注水井之间形成水动力滞留区，在厚层或薄层中都占一定比例，但分布面积相对较小。

（3）注采不完善型：原井网虽然有井点钻遇，但由于隔层、固井质量等方面的原因不能射孔，造成有注无采或有采无注或无注无采而形成的剩余油。

（4）隔层损失型：原井网射孔时，考虑当时的工艺水平，为防上窜槽，作为隔层使用而未射孔的层内分布的剩余油。

（5）停产型：开采中由于套管损坏等而停注、停采而新形成的动用不好部位的剩余油。

（6）分步开发型：分步开发，分批投产形成的剩余油。

（二）剩余油微观分布类型

微观分布的剩余油是指宏观上已被注水剂波及驱扫后的某一时间油层微观孔隙中的剩余油。储集层微观非均质性是普通存在于天然储集层中，同一储集层中不同孔喉半径的复杂孔喉网络系统及不同类型颗粒的表面孔壁和润湿性，使微观驱油机理及剩余油、残余油微观形成机理表现为多样化和复杂性。按形成原因将微观剩余油分为两种类型：

1. 微观指进与绕流而形成的微观团块状剩余油

此类剩余油因为没有被注入水波及，所以保持着原来的状态。微观水驱油模拟实验结果表明，岩石孔隙的大小、连通喉道的粗细和多少及其空间分布的非均质程度，都是形成微观团块状剩余油的客观因素。根据实验过程中对岩样的观察，在直径只有 2.5cm 的渗流断面内，驱替相沿着相对大的孔道弯弯曲曲地渗流，形成明显的微观水淹区和微观死油区。微观水淹区内岩石颗粒相对较疏松，孔喉较大而且连通较好；而微观死油区内的岩石颗粒则相对紧密，分选程度较差，呈相互镶嵌结构，使孔喉变小，孔道连通程度变差。

2. 滞留于微观水淹区内的水驱残余油

这部分微观剩余油与微观团块状剩余油相比，在孔隙空间上更为分散，形状也更为复杂多样。细分为如下类型：

(1) 单孔道截流型剩余油:因不同半径孔喉中的渗流速度不同出现微观指进,使单孔道油被截流而形成。其成因类似于上述第一类,但其仅在单孔道内,没有形成微观上连续分布的剩余油孔喉群。

(2) 油湿油层小孔道剩余油:因注入水压力小于油湿小孔道毛细管压力,使水不能进入孔道驱替油所形成的剩余油。

(3) 水湿油层大孔道中间滴状滞留油:因水湿油层注入水沿小孔道进入大孔道,而将大孔道中的油分割包围,最后在大孔隙中间形成滴状滞留油。

(4) 孔壁油膜型残余油:指在水驱孔道孔壁上残余的油膜,多形成于油湿大孔道孔壁上。

(5) 角隅残余油:由于孔壁角隅表面吸附作用及注水剂角隅未波及使之在孔隙角隅形成的残余油。

大庆油田微观水驱油模拟实验得到两个重要观察结果:一是凡注入水驱扫过的孔隙,其驱替效率较高,根据所占面积比例统计,微观水淹区内的驱油效率在53%~71%,平均64%左右;二是水驱剩余油主要存在于水淹区内注入水未能波及的小片孔隙群中。

思 考 题

1. 简述油气田开发地质研究的对象、任务、内容及核心内容。
2. 举例说明不同类型油藏或同一油藏不同开发阶段,开发地质研究内容、方法的不同之处。
3. 简述油气田开发地质研究方法。
4. 简述开发阶段碎屑岩含油气地层划分单元类型、油层对比依据、对比方法。
5. 简述开发阶段碳酸盐岩储集单元及产层单位划分类型、对比方法。
6. 简述储层微观非均质性研究内容及其对油水微观渗流的影响。
7. 简述储层层内、平面非均质性研究内容及其对油层内部渗流的影响。
8. 简述储层层间非均质性研究内容及其对垂向不同油层渗流差异的影响。
9. 什么是油藏地质模型?油藏地质模型有哪些类型?
10. 油藏地质模型建立的步骤是什么?有哪些建模方法?
11. 什么是油藏地质模型的精度?如何检验?
12. 油层内部油水运动有哪些动力?
13. 油层内部油气运动有哪些阻力?
14. 在注水开发过程中,油水运动的规律(层内、层间、平面、微观)是什么?
15. 油藏开发过程中油层性质有哪些主要变化?
16. 剩余油有哪些形成因素?
17. 剩余油研究有哪些方法?
18. 剩余油有哪些分布类型?

第十七章 油气储量计算

油气储量是石油和天然气在地下的蕴藏量,它是油气田勘探开发成果的综合反映。落实油气资源的探明程度、计算油气储量的大小是油气田勘探开发过程中必不可少的一项极为重要的任务。油气储量计算的准确性则关系到油田建设投资乃至国民经济规划等重大问题,因此可以说,油气储量是发展石油工业的基础,是石油公司的生命线。

第一节 油气储量及资源量分类

一、油气储量相关术语

为了对油气储量计算中有关术语的定义和概念标准化,综合分析现行标准 GB/T 19492—2020 和原标准 GB/T 19492—2004,综合二者信息,相互补充完善后,对有关术语进行以下介绍。

原地量:泛指地壳中由地质作用形成的油气自然聚集量,即在原始地层条件下,油气储层中储藏的石油和天然气及伴生有用物质,换算到地面标准条件(20℃,0.101MPa)下的数量。在未发现的情况下,称为未发现原地资源量;在已发现的情况下,称为已发现原地资源量或原地储量,特称为地质储量;未发现原地资源量和地质储量之和,称为总原地资源量。

可采量:是指从油气的原地量中预计可采出的油气数量。在未发现的情况下,称为可采资源量;在已发现的情况下,称为可采储量。

资源量:原地资源量和可采资源量的统称。

储量:地质储量和可采储量的统称。可采储量又是技术可采储量和经济可采储量的统称。

技术可采储量:指在给定的技术条件下,经理论计算或类比估算最终可采出的油气数量。

经济可采储量:指在当前已实施的或肯定要实施的技术条件下,按当前的经济条件(如价格、成本等)估算的可经济开采的油气数量。

不可采量:原地量与可采量的差值。

储量的经济意义是指油气藏(田)开发在经济上所具有的合理性。经济意义是在不同勘探开发阶段通过可行性评价所获得的,通常可以划分为经济的、次经济的和内蕴经济的三类。

经济的储量是依据当时的市场条件,按储量评估当时的油气产品价格和开发成本,油气藏(田)投入开采在技术上可行,环境等其他条件允许,经济上合理,即储量收益能满足投资回报的要求。次经济的储量是依据当时的市场条件,油气藏(田)投入开采是不经济的,但在预计可行的或可能发生的推测市场条件下,或预计投资环境得到改善的情况下,其开采将是有效益的。内蕴经济的储量是对油气藏(田)只进行了概略研究评价,由于对储层复杂程度、储量规模大小、开采技术的应用和市场前景都只有初步的推测,不确定因素多,无法区分是属于经济的还是次经济的。

剩余可采储量:指油气田投入开发后,可采储量与累积采出量之差。

单井可采储量:在现有经济技术条件下,单井可以采出的可采储量。单井可采储量取决于地质储量、井网密度以及现有经济技术条件下的油气最终采收率。

二、油气储量及资源量分类

为了避免盲目投资,做到有计划地进行油气勘探与开发,必须合理评价油气储量。资源量、储量的分类是在勘探开发各阶段,主要依据油气藏(田)的勘探开发程度、地质可靠程度和产能证实程度而进行的分类。

上世纪五六十年代我国采用的是 A、B、C 三级的油气储量分类系统;七十年代末到八十年代初,采用的一、二、三级油气储量分类系统;八十年代末期采用的是探明储量、控制储量、预测储量、潜在资源量、推测资源量分类系统;2004 年由国土资源部矿产资源储量评审中心石油天然气专业办公室根据国内外有关资料,在总结我国以往储量研究与计算工作经验的基础上,重点突出储量的可采性和经济意义,又提出了新的储量分类方案,见图 17-1。

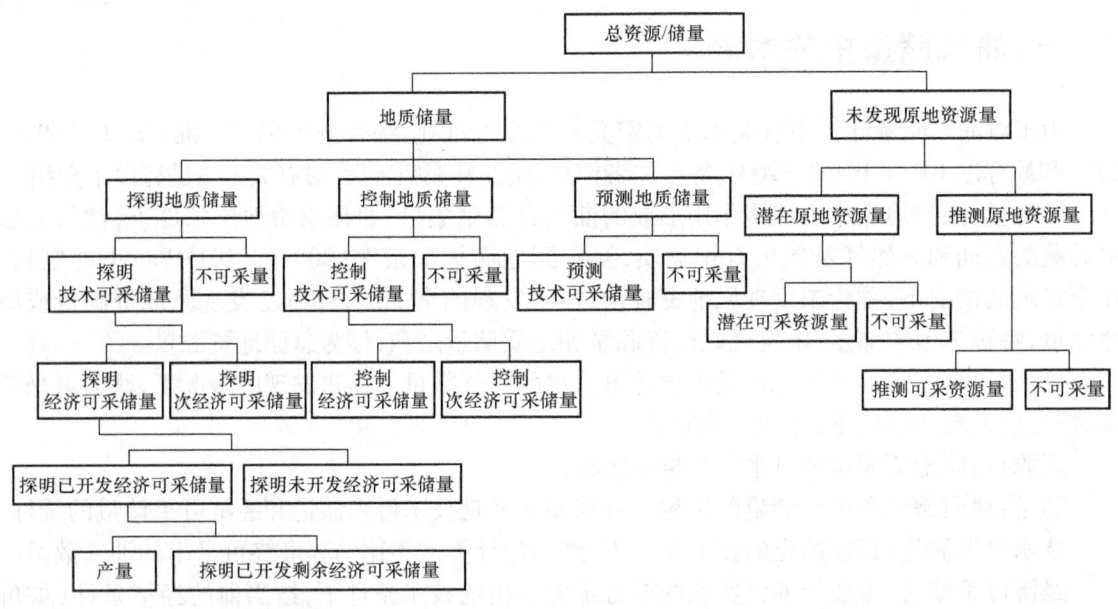

图 17-1 资源/储量分类框架(据国土资源部矿产资源储量评审中心石油天然气专业办公室,2004)

(一)原地量分类

1. 总原地资源量

总原地资源量是指已发现的和未发现的储集体中原始储藏的油气总量,根据不同勘探开发阶段所提供的地质、地球物理与分析化验等资料,经过综合分析,选择运用具有针对性的方法,估算求得的已发现的和未发现的储集体中原始储藏的油气总量。总原地资源量分为未发现原地资源量和地质储量。

2. 未发现原地资源量

未发现原地资源量是指对未发现的储集体预测求得的原始储藏油气总量。分为潜在原地资源量和推测原地资源量。

(1)潜在原地资源量:是指在圈闭预探阶段前期,对已发现的、有利含油气的圈闭或油气田的邻近区块(层系),根据石油地质条件分析和类比,采用圈闭法估算的原地油气总量。

(2)推测原地资源量:是指主要在区域普查阶段或其他勘探阶段,对有含油气远景的盆地、坳陷、凹陷或区带等推测的油气储集体,根据地质、物化探及区域探井等资料所估算的原地油气总量。推测原地资源量一般可用总原地资源量减去地质储量和潜在原地资源量的差值来求得。

3. 地质储量

地质储量是指已发现油气藏(田)中原始储藏的油气总量,又称已发现原地资源量,是在钻探发现油气后,根据已发现油气藏(田)的地震、钻井、测井和测试等资料估算求得的。地质储量分为预测地质储量、控制地质储量和探明地质储量。

(1)预测地质储量:是指在圈闭预探阶段预探井获得了油气流或综合解释有油气层存在时,对有进一步勘探价值的、可能存在的油(气)藏(田),估算求得的、确定性很低的地质储量。预测地质储量的估算,应初步查明了构造形态、储层情况,预探井已获得油气流或钻遇了油气层,或紧邻在探明储量(或控制储量)区并预测有油气层存在,经综合分析有进一步评价勘探的价值。

(2)控制地质储量:是指在圈闭预探阶段预探井获得工业油(气)流,并经过初步钻探认为可提供开采后,估算求得的、确定性较大的地质储量,其相对误差不超过±50%。控制地质储量的估算,应初步查明构造形态、储层变化、油气层分布、油气藏类型、流体性质及产能等,具有中等的地质可靠程度,可作为油气藏评价钻探、编制开发规划和开发概念设计的依据。

(3)探明地质储量:指在油气藏评价阶段,经评价钻探证实油气藏(田)可提供开采并能获得经济效益后,估算求得的、确定性很大的地质储量,其相对误差不超过±20%。探明地质储量的估算,应查明油气藏类型、储集类型、驱动类型、流体性质及分布、产能等;流体界面或油气层底界应是钻井、测井、测试或可靠压力资料证实的;应有合理的井控程度(合理井距另行规定),或开发方案设计的一次开发井网;各项参数均具有较高的可靠程度。

(二)可采量分类

1. 可采资源量

可采资源量是指从原地资源量中可采出的油气数量。分为潜在可采资源量和推测可采资源量,其采收率是经验类比估算的。

(1)潜在可采资源量:指从潜在原地资源量中可采出的油气数量。

(2)推测可采资源量:指从推测原地资源量中可采出的油气数量。

2. 可采储量

可采储量是指从油气地质储量中可采出的油气数量,按其地质可靠程度、技术可行性和经济意义可进一步细分。探明地质储量按其技术可行性分为探明技术可采储量和不可采量,前者据其经济意义又可分为探明经济可采储量和探明次经济可采储量;同理,控制地质储量的可采量包括控制技术可采储量、控制经济可采储量和控制次经济可采储量;预测地质储量是内蕴经济的,不划分经济可采储量,仅考虑预测技术可采储量。因此,油气地质储量中的可采储量可分为以下七类。

(1)探明技术可采储量,是指满足下列条件所估算的技术可采储量:
① 已实施的操作技术和近期将采用的操作技术(包括采油气技术和提高采收率技术,下同);
② 已有开发概念设计或开发方案,并已列入或将列入中近期开发计划;
③ 以近期平均价格和成本为准,可行性评价为经济的和次经济的。

(2)探明经济可采储量,是指满足下列条件所估算的经济可采储量:
① 依据不同要求采用评价基准日的,或合同的价格和成本以及其他有关的经济条件;
② 已实施的操作技术,或先导试验证实的并肯定付诸实施的操作技术,或本油气田同类油气藏实际应用成功的并可类比和肯定付诸实施的操作技术;
③ 已有开发方案,并已列入中近期开发计划;天然气储量还应已敷设天然气管道或已有管道建设协议,并有销售合同或协议;
④ 含油气边界是钻井或可靠的压力测试资料证实的流体界面,或者是钻遇井的油气层底界,并且含油气边界内达到了合理的井控程度;
⑤ 实际生产或测试证实了油气层的商业性生产能力,或目标储层与邻井同层位或本井邻层位已证实商业性生产能力的储层相似;
⑥ 可行性评价为经济的;
⑦ 将来实际采出量大于或等于估算的经济可采储量的概率至少为80%。

(3)探明次经济可采储量:是指探明技术可采储量与探明经济可采储量的差值,包括如下两部分:
① 可行性评价为次经济的技术可采储量;
② 由于合同和提高采收率技术等原因,尚不能划为探明经济可采储量的技术可采储量。

(4)控制技术可采储量,是指满足下列条件所估算的技术可采储量:
① 推测可能实施的操作技术;
② 可行性评价为次经济以上。

(5)控制经济可采储量,指满足下列条件所估算的经济可采储量:
① 可行性评价为经济的;
② 将来实际采出量大于或等于估算的经济可采储量的概率至少为50%。

(6)控制次经济可采储量:指控制技术可采储量与控制经济可采储量的差值。

(7)预测技术可采储量,指满足下列条件所估算的技术可采储量:
① 乐观推测可能实施的操作技术;
② 将来实际采出量大于或等于估算的技术可采储量的概率至少为10%。

(三)储量状态分类

储量状态分类主要是指探明经济可采储量按其开发和生产状态进一步分类,分为探明已开发经济可采储量和探明未开发经济可采储量两类。

(1)探明已开发经济可采储量:指油气藏的开发井网钻探和配套设施建设完成后,已全面投入开采的可采储量。当提高采收率技术(如注水等)所需的设施已经建成并已投产后,相应增加的可采储量也属于探明已开发经济可采储量。探明已开发经济可采储量是开发分析、调整和管理的依据,也是各级可采储量精度对比的标准。探明已开发经济可采储量应在开发生产过程中定期进行复核。扣除了累计产量后的探明已开发经济可采储量称为探明已开发剩余经济可采储量。

(2)探明未开发经济可采储量:是指已完成评价钻探或已经开辟先导生产试验区的油气藏(田),尚未部署开发生产井网的经济可采储量。

第二节 油气储量计算及评价

为了提供可靠的油气储量,不但要对油气田的地下地质规律有充分、正确的认识,并获得大量的、齐全的油气储量计算参数,而且还要从油气田的具体地质条件出发,选择适合该油气田实际情况的储量计算方法。

从油气田发现直至油气田废弃的各个勘探开发阶段,油气田的经营者,应根据勘探开发阶段,依据地质、工程资料的变化和技术经济条件的变化,分阶段适时进行储量计算、复算、核算和结算。

储量计算应包括对地质储量、技术可采储量和经济可采储量的计算。储量复算指首次向国家申报储量后开发生产井完钻后三年内进行的储量计算。储量核算是指储量复算后开发生产过程中的各次储量计算。储量结算指油气田废弃前的储量与产量清算,包括剩余未采出储量的核销。

目前,计算油气储量的基本方法有:(1)应用油气田静态资料和参数来计算油气储量的容积法、类比法、概率法等;(2)应用油气田动态资料和参数计算油气储量的物质平衡法、产量递减曲线分析法、水驱曲线分析法、矿场不稳定试井法等。本章只介绍容积法、类比法和概率法储量计算。

一、储量计算应具备的条件

储量起算标准(又称工业油气流标准)即储量计算的单井下限日产量,是进行储量计算的经济条件,各地区及海域应根据当地价格和成本等测算求得只回收开发井投资的单井下限日产量;也可用平均的操作费和油价求得平均井深的单井下限日产量,再根据实际井深求得不同井深的单井下限日产量。平均井深的单井下限日产量计算公式为

$$下限油或气产量(t/d 或 10^3m^3/d) =$$

$$固定成本(元/d)/(销售价 - 税费 - 可变成本)(元/t 或元/10^3m^3)$$

凡是具有工业油气流井的地区都应计算油气的储量。工业油气流的标准既取决于一个国家的政治经济政策及现代工业技术水平,又要考虑具体油气田所处的地理位置以及油气地质条件的复杂程度。目前,考虑到酸化、压裂等增产措施的有效应用,工业油气流的标准规定见表 17-1。

表 17-1 工业油气流标准

项目 井深, m	单井工业油流下限, t/d		单井工业气流下限, m³/d	
	陆地	海域	陆地	海域
<500	0.3		500	
500~1000	0.5	10	1000	10000
1000~2000	1.0	20	3000	30000
2000~3000	3.0	30	5000	50000
3000~4000	5.0	50	10000	100000
>4000	10.0		20000	

该标准是根据产油气层不同深度、合理生产压差下的单井稳定日产量来制定的探井工业油气流标准,而且是一个开发层系内的储集层产量。工业油气流的下限值是在现代技术经济条件下,衡量一口油气井是否具有实际开采价值的最低产油气量标准。高于此标准的油气井具有开采价值;低于此标准的油气井不具备工业开采价值。

油气井的产量下限受油气销售价格、钻井成本、勘探建设费用、开发建设费用、经营成本、利税等多种因素影响,而钻井成本取决于油气藏的埋藏深度、工艺技术水平,勘探基建费用和开发基建费用,又与是新区还是老区有关。因此,工业油气流的最低标准随着井深的增加而提高、地域的不同而有所变化;随着科技进步,工业性油气流标准可能会变化,原来不具工业开采价值的井可能变为工业油气流井。

值得注意的是,欧美一些国家和石油公司采用的是商业油气流,与我国的工业油气流还是有一些区别的。商业油气流反映的是在给定的投资回收期内一口井能够收回开发钻井投资、地面建设投资和操作费用(或称直接经营成本)并能盈利的初始油气井稳定日产量;工业油气流揭示的是一口井每天能盈利的最小产量,相对于商业油气流而言它并没有完全反映投资的回收问题。

油气井的工业油气流标准是油气储量计算的基点,没有达到工业油气标准的井点不能圈在探明储量的含油气面积之内。探明地质储量、控制地质储量和预测地质储量的计算,其勘探开发程度和地质认识程度均有不同的要求。

二、储量计算单元划分

储量计算单元是指储量计算时作为基本计算单元的横向范围和纵向地层单元。储量计算单元划分的合理性对储量计算精度影响很大。

在油(气)藏储量计算中,计算单元原则上为单个油(气)藏。在一些情况下,可适当细分或合并计算。

(一)平面上的储量计算单元

平面上一般按区块划分储量计算单元。面积很大的油(气)藏,视不同情况可细分井块(井区);受同一构造控制的几个小型的断块或岩性油(气)藏,当油(气)藏类型、储层类型和流体性质相似,且含油(气)连片或叠置时,可合并为一个计算单元。

(二)纵向上的储量计算单元

纵向上一般按油(气)层组或砂层组划分储量计算单元。已查明为统一油(气)水界面的油(气)水系统一般划为一个计算单元,含油(气)高度很大时也可细分亚组或小层;不同岩性、储集特征的储层应划分独立的计算单元;同一岩性的块状油(气)藏,含油(气)高度很大时可按水平段细划计算单元;尚不能断定为统一油(气)水界面的层状油(气)藏,当油(气)层跨度大于50m时视情况细划计算单元。

对于裂缝性油(气)藏,应以连通的裂缝系统细分计算单元。

在开发阶段,为开发方案调整而计算的地质储量(已开发探明地质储量、已动用地质储量),储量计算单元平面上可以划分为开发区块、井组和单井,纵向上可以划分为小层甚至单油层。

三、容积法储量计算

容积法是计算油气地质储量的主要方法,它是利用油气田的静态资料和参数来计算油气的地质储量,所以又称静态法。此法不仅适用于不同圈闭类型、储集类型和驱动方式的油藏,而且适用于不同的勘探开发阶段。从油田勘探初期开始,就可以根据静态资料利用容积法计算地质储量,到开发中、后期仍可利用容积法计算储量,它延用的时间长,是国内外储量计算中应用最广泛的一种方法。

(一)容积法计算石油地质储量的原理

容积法计算储量的实质是确定油气在储层孔隙中所占据的体积。按照容积的基本计算公式,在一定含油范围内的、地下温压条件下的油气体积可表达为含油气面积、有效厚度、有效孔隙度与含油气饱和度的乘积。

油层埋藏在地下深处,处于高温、高压条件下的石油往往溶解了大量的天然气,当原油被采到地面上以后,由于压力降低,石油中溶解的天然气便会逸出,从而使地面石油的体积大大减小。因此,在计算地面原油体积时,需要通过原油体积系数将地下原油体积换算成地面原油体积。原油体积系数为地下原油体积与地面标准条件下原油体积之比(其数值大于1),由地层流体高压物性分析得到。另外,石油储量以质量为单位时,还应用地面原油体积乘以石油的密度。

对于天然气藏而言,天然气体积严重地受压力和温度变化的影响。地下气层温度和压力比地面高得多,因而,当天然气被采出至地面时,由于温压降低,天然气体积大大膨胀(一般为数百倍)。如果要将地下天然气体积换算成地面标准温压条件下的体积,也必须考虑天然气体积系数(其数值一般为数百分之一)。

1. 油藏地质储量计算公式

油藏的石油地质储量的体积计算公式为

$$N = 100A_{o}h\phi S_{oi}/B_{oi} \tag{17-1}$$

式中　N——石油地质储量，$10^4 m^3$（取值位数：小数点后二位）；
　　　A_o——含油面积，km^2（取值位数：小数点后二位）；
　　　h——平均有效厚度，m（取值位数：小数点后一位）；
　　　ϕ——平均有效孔隙度，小数（取值位数：小数点后三位）；
　　　S_{oi}——平均原始含油饱和度，小数（取值位数：小数点后三位）；
　　　B_{oi}——平均地层原油体积系数，无量纲（取值位数：小数点后三位）。

若用质量单位表示石油地质储量，则有

$$N_z = 100A_o h\phi S_{oi}\rho_o/B_{oi} \tag{17-2}$$

式中　N_z——石油地质储量，$10^4 t$（取值位数：小数点后二位）；
　　　ρ_o——平均地面原油密度，t/m^3（取值位数：小数点后三位）。

地层原油中的原始溶解气地质储量（大于$0.1 \times 10^8 m^3$）可按下式计算：

$$G_s = 10^{-4}NR_{si} \tag{17-3}$$

式中　G_s——溶解气的地质储量，$10^8 m^3$（取值位数：小数点后二位）；
　　　N——石油地质储量，可由式（17-1）计算得到，$10^4 m^3$；
　　　R_{si}——原始溶解气油比，由高压物性资料取得，m^3/m^3（取值为整数）。

当油藏有气顶时，气顶天然气地质储量按气藏或凝析气藏地质储量计算公式计算。

2. 天然气藏储量计算公式

容积法也是计算天然气储量的基本方法，但主要适用于孔隙性气藏（及油藏气顶）。对于裂缝型与裂缝—溶洞型气藏，难以应用容积法计算储量。

容积法计算气藏和油藏气顶天然气地质储量公式为：

$$G = 0.01A_g h\phi S_{gi}/B_{gi} \tag{17-4}$$

式中　G——天然气地质储量，$10^8 m^3$；
　　　A_g——含气面积，km^2；
　　　h——平均有效厚度，m；
　　　ϕ——平均有效孔隙度，小数；
　　　S_{gi}——平均原始含气饱和度，小数；
　　　B_{gi}——平均地层天然气体积系数，无量纲（取值位数：小数点后五位）。

平均天然气体积系数为天然气地下体积转换为地面标准条件下的体积换算系数（我国地面标准条件指温度20℃即293K，绝对压力为0.101MPa），其数值受原始地层压力和温度、地面标准压力和温度以及原始天然气偏差系数的影响，其计算式为

$$B_{gi} = \frac{p_{sc}T_i Z_i}{T_{sc}p_i} \tag{17-5}$$

式中　p_{sc}——地面标准压力，MPa；
　　　T_{sc}——地面标准温度，K；

p_i——原始地层压力,MPa;

T_i——原始地层温度,K;

Z_i——原始气体偏差系数,无量纲。

据此,天然气原始地质储量计算公式(17-4)也可表达为

$$G = 0.01 A_g h \phi S_{gi} \frac{T_{sc} p_i}{p_{sc} T_i Z_i} \tag{17-6}$$

3. 凝析气藏天然气地质储量计算公式

在地层条件下,凝析气藏中的天然气和凝析油呈单一气相状态。当采出地面后,除天然气外还有凝析油析出。应用容积法计算凝析气藏储量时,应先计算气藏总地质储量,然后再按天然气和凝析油所占摩尔数分别计算天然气(即干气,为凝析气采至地面后经分离器回收凝析油后的天然气)和凝析油储量。

凝析气藏中凝析气总地质储量 G_c 可由式(17-6)计算,式中的 Z_i 为凝析气的偏差系数。凝析气藏中天然气(干气)的原始地质储量可由下式计算:

$$G_d = G_c f_d \tag{17-7}$$

$$f_d = \frac{n_g}{n_g + n_o} = \frac{GOR}{GOR + \frac{24056\gamma_o}{M_o}} \tag{17-8}$$

$$M_o = \frac{44.29\gamma_o}{1.03 - \gamma_o} \tag{17-9}$$

式中 G_d——天然气(干气)的地质储量,$10^8 m^3$;

G_c——凝析气藏的总地质储量,可由式(17-3)计算得到,$10^8 m^3$;

f_d——天然气(干气)的摩尔分数,小数;

n_g——天然气(干气)的摩尔数(即天然气分子物质的量),kmol;

n_o——凝析油的摩尔数(即凝析油分子物质的量),kmol;

GOR——凝析气井的生产气油比,m^3/m^3;

γ_o——凝析油的相对密度;

M_o——凝析油的相对分子质量。

凝析气藏中凝析油的原始地质储量的计算式为

$$N_c = 10^{-4} G_d / GOR \tag{17-10}$$

式中 N_c——凝析油的地质储量,$10^4 m^3$。

当气藏或凝析气藏中总非烃类气含量大于15%或单项非烃类气含量大于以下标准者,烃类气和非烃类气地质储量应分别计算:硫化氢含量大于0.5%,二氧化碳含量大于5%,氦含量大于0.1%。具有油环或底油时,原油地质储量按油藏地质储量计算公式计算。

(二)容积法公式中各参数的确定

在容积法储量计算公式中,含油(气)面积、有效厚度、有效孔隙度、原始含油(气)饱和度

为重要的油(气)藏地质参数。

1. 含油(气)面积

含油(气)面积是指具有工业性油(气)流地区的面积。含油(气)面积的确定,应充分利用地震、钻井、测井和测试等资料,综合研究油、气、水分布规律和油(气)藏类型,确定流体界面(即气油界面、油水界面、气水界面)以及油气遮挡(如断层、岩性、地层)边界,编制反映油气层(储集体)顶(底)面形态的海拔高度等值线图、砂体分布图和有效厚度分布图,圈定含油(气)范围,计算含油(气)面积。值得注意的是,按照储量规范的要求,不同类别的地质储量(探明、控制、预测),含油(气)面积圈定要求不同(图17-2),主要是油气边界的确定性程度有差别。

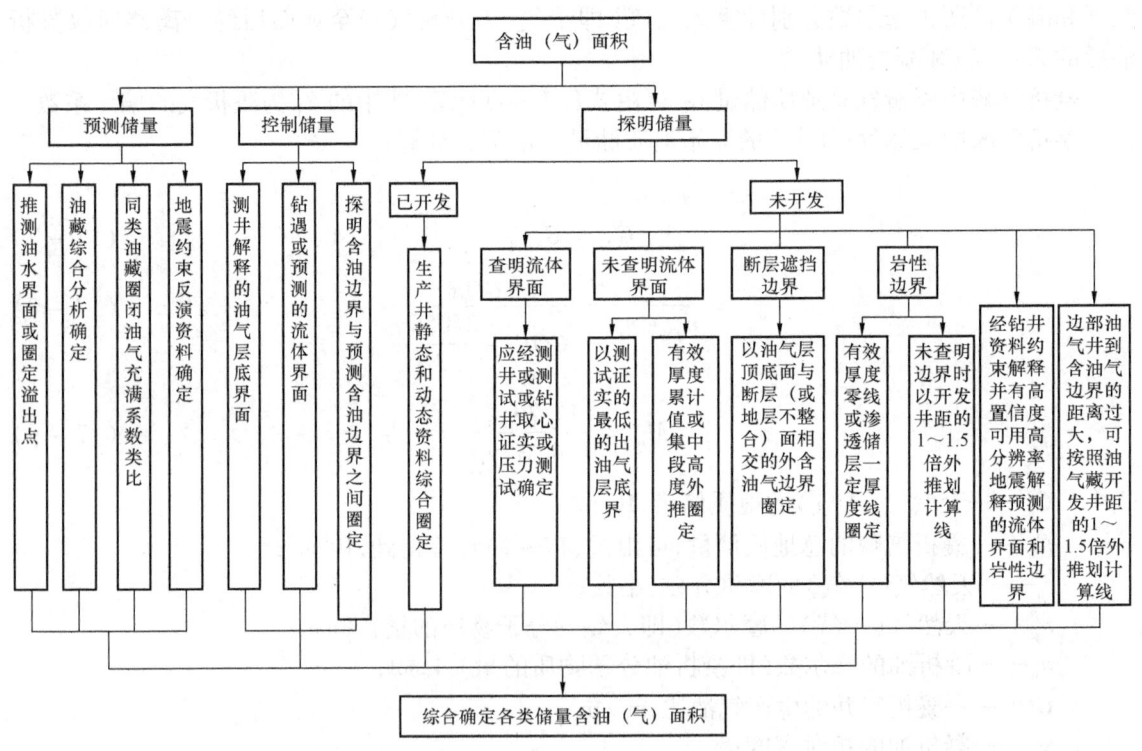

图17-2 含油(气)面积确定流程图

2. 有效厚度

有效厚度是油气层有效厚度的简称,是指在目前经济技术条件下,达到储量起算标准的含油气层系中具有工业产油气能力的那部分储层厚度,或者说是在工业油气流井内具有产油能力的储层厚度。油气层有效厚度必须具备三个条件:一是全井达到工业油气流标准;二是油气层内具有可动油气;三是在现代工艺技术条件下可供工业性开采。

有效厚度的确定是以岩心分析资料和测井解释资料为基础、测试资料为依据,在研究岩性、物性、电性与含油性关系的基础上,确定其有效厚度划分的岩性、物性、电性下限和夹层扣除标准,对有效厚度进行划分(图17-3)。

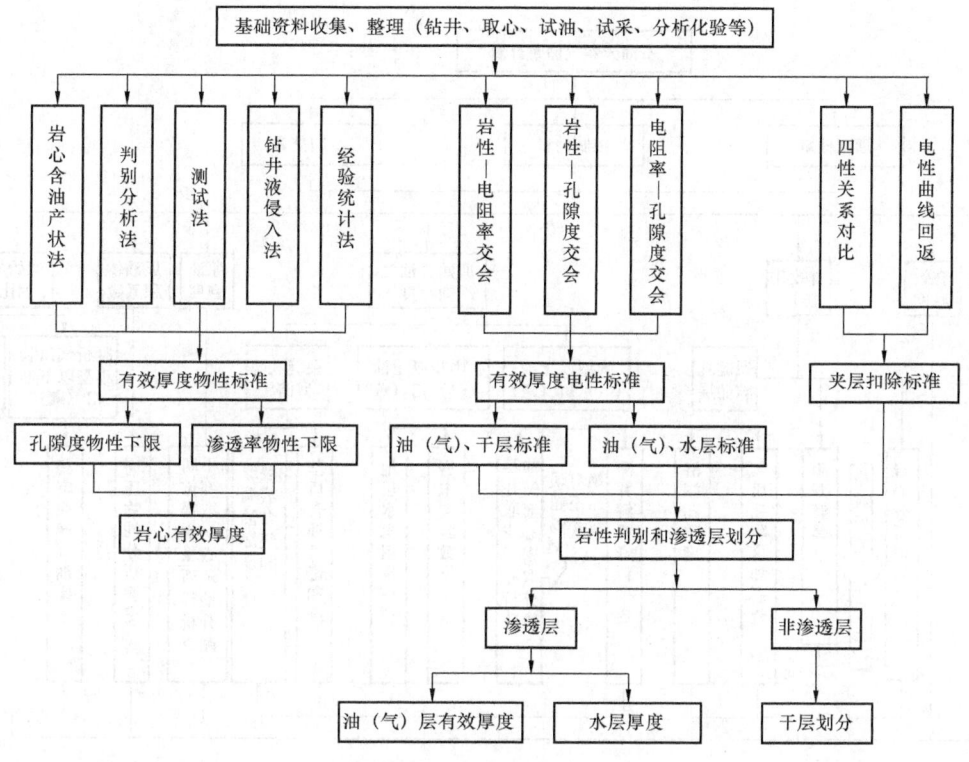

图17-3 有效厚度划分流程图

3. 有效孔隙度

储量计算中所用的有效孔隙度是指有效厚度段的地下有效孔隙度。有效孔隙度的确定应以实验室直接测定的岩心分析数据为基础,对于未取心井,也可采用测井资料求取有效孔隙度,并与岩心分析数据对比,以提高其精度。通过岩心标定测井,应用测井资料可确定储层的有效孔隙度(图17-4)。具有岩心标定的测井资料解释的有效孔隙度可用于探明储量的计算;若无岩心标定,测井解释模型未经证实,解释的有效孔隙度一般不用于探明储量计算,但可用于控制储量和预测储量的计算。

由于计算的地质储量为油藏内的原始储油量,故应使用地层条件下的孔隙度参数。当采用地面岩心分析资料时,应将地面孔隙度校正为地层条件下的孔隙度。

4. 原始含油(气)饱和度

原始含油饱和度是指原始条件下储集层中石油体积占有效孔隙体积的百分数。确定含油(气)饱和度的方法有岩心直接测定、测井资料解释、毛细管压力计算等方法。在确定油藏原始含油饱和度时,应使用多种方法,相互补充,综合选取。

对于大型以上油(气)田(藏)用测井解释资料确定探明储量含油(气)饱和度(%)时,应有油基钻井液取心或密闭取心分析验证,绝对误差不超过±5%。特殊情况除外;对于中型以上油(气)田(藏)用测井解释资料确定含油(气)饱和度时,应有实测的岩电实验数据及合理的地层水电阻率资料(图17-4)。

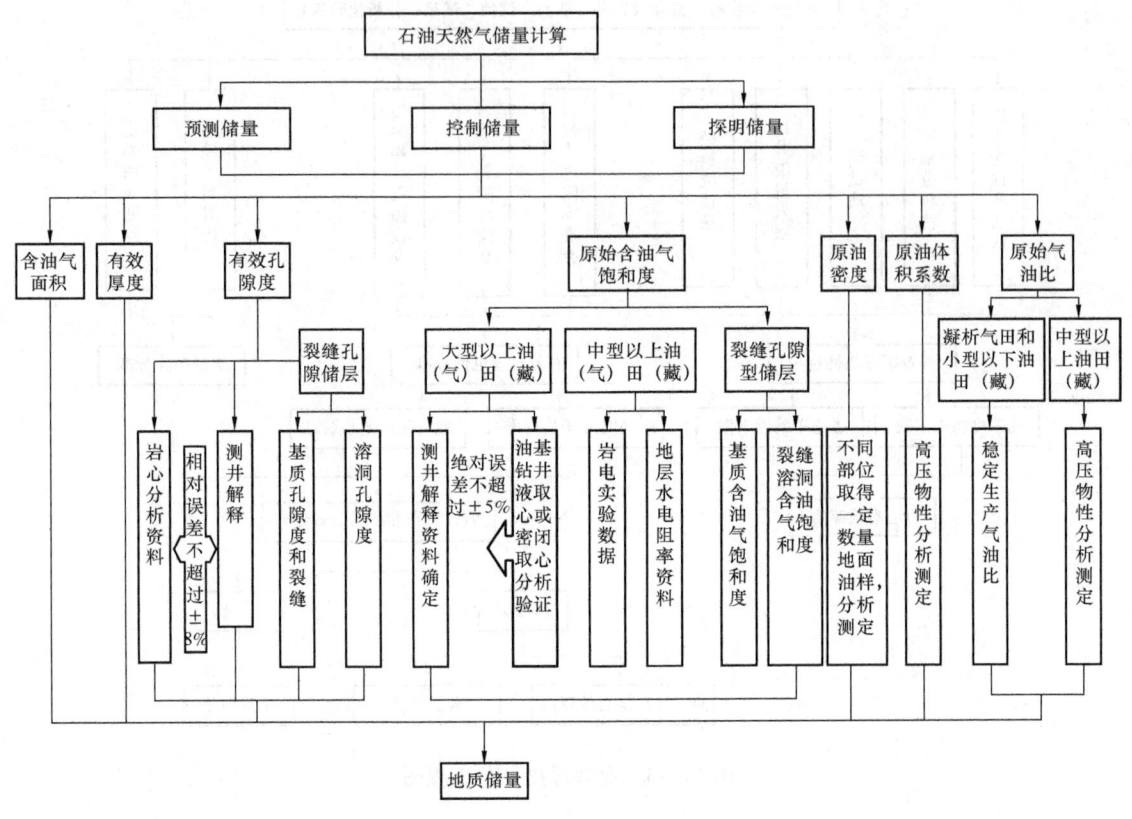

图 17-4 容积法储量计算流程图

(三) 容积法储量计算

在取得容积法储量计算公式中各项参数后,可采取平均值法、平面模型法、三维模型法、单井面积法对储量计算单元的地质储量进行计算(图 17-4)。

四、类比法储量计算

类比法又可称为统计对比法或经验分析法。在新探区,由于缺乏资料,通过类比已探明、已开发的油气储量参数(如单储系数)去推算新探区油气田储量。

(一) 油气层单储系数

油气层单储系数是指每平方千米面积内每米厚度的含油气层的地质储量值。

油层的单储系数 ω_{oi} 的计算式为

$$\omega_{oi} = \frac{N_z}{A_o h} = \frac{\phi S_{oi} \rho_o}{B_{oi}} \times 100 \tag{17-11}$$

气层的单储系数 ω_{gi} 的计算式为

$$\omega_{gi} = \frac{G}{A_g h} = \frac{\phi S_{gi} T_{sc} P_i}{P_{sc} T_i Z_i} \times 0.01 \qquad (17-12)$$

式中　ω_{oi}——油层的单储系数，$10^4 t/(km^2 \cdot m)$（取值位数：小数点后两位）；

　　　ω_{gi}——天然气层的单储系数，$10^8 m^3/(km^2 \cdot m)$（取值位数：小数点后两位）。

油气层的单储系数与该油气层的岩性、物性（孔隙度、饱和度和流体物性）有关。对于不同岩性和物性的油气田，其地层单储系数是不同的。通过对我国大量油气田的地质储量进行统计，我国油田和气田的地层单储系数见表17-2。

表17-2　我国油田和气田的地层单储系数表

类别	砂岩	石灰岩
油田地层单储系数，$10^4 t/(km^2 \cdot m)$	8~12	2~6
气田地层单储系数，$10^8 m^3/(km^2 \cdot m)$	0.4~0.8	0.1~0.3

在一个新探区，若已初步确定研究区含油气面积和平均油层厚度，但不知孔隙度、含油（气）饱和度、原油（天然气）体积系数，则可借用与研究区相邻的已探明油气田的单储系数，估算研究区的地质储量，即将该研究区预计的油气田面积和平均油层厚度乘以借用的单储系数，便得到估算的地质储量。应用这种方法计算的储量级别不高，一般为预测储量或潜在资源量。

在一个长期开发的老油田（如大庆长垣上的各油田），由于资料的限制，有效孔隙度和原始含油饱和度等参数不能准确确定，也可采用单储系数法来计算地质储量。

（二）类比法应用条件

由于类比法是利用已探明的或已开发的油气田的单储系数去推算新区或未查明地区的油气地质储量，因此，要求新区的地质特征，包括构造条件、油层岩性和物性，必须与已探明的地区或油气田基本相似。换言之，类比法仅适用于那些在构造、岩性、物性等方面具有相似特点的油气田，例如同一地区或同一盆地之中的油气田。

五、概率法储量计算

在传统的容积法计算油气储量中，要求各类储量参数是确定的值。只要各参数的值确定了，油气储量也就确定了。但是，油气藏是非常复杂的，而用于研究地下油气藏的资料又总是不完备的，因此，人们难以精确地确定油气藏的储量计算参数。也就是说，虽然人们给定了确定的储量参数，但实际上存在不确定性，也就是随机性，计算的储量也就具有不确定性或随机性，而在确定性的储量计算中又难以了解储量计算结果的不确定性。这样，便可能加大油气勘探开发的风险。

在概率法储量计算中，承认储量参数具有不确定性，并鉴于各地质参数本身的随机性特点，将其视为以一定的概率在实数域上随机取值的随机变量或随机参数模型。因此，计算出的储量值不是一个，而是多个，以便了解储量的不确定性，降低油气勘探开发的风险。

(一)概率法储量计算的原理

概率法是以容积法为基础的,主要应用蒙特卡罗模拟法进行储量计算。蒙特卡罗模拟法是一种概率统计方法,是应用随机技术进行模拟计算的方法的统称。它通常被用来模拟服从某种分布的随机变量,并实现随机变量之间的运算,最终结果以随机变量分布函数的形式给出。这种分布函数不仅表示了全部的可能结果,而且指出了各种结果出现的可能性即概率。

在蒙特卡洛储量模拟计算中,参与油气储量计算的各地质参数被看成是服从某种分布的随机变量,如图17-5所示。从图可以看出:储量计算公式中的各地质参数不再是一个确定的值,而是随机变量的分布函数,也就是说储量为随机变量分布函数之间的乘积。因此,油气储量也不再是一个确定的值,而是随机变量(储量)的分布函数。如果在油气储量分布函数曲线上取某一储量值时,就会有某一确定的概率与之相联系。相应地,储量计算公式为:

$$N_k = A_i h_j \phi_l S_{om} C \quad (17-13)$$

式中　N_k——石油地质储量的一个实现,$10^4 t$;
　　　A_i——含油面积分布函数的一个随机取值,km^2;
　　　h_j——有效厚度分布函数的一个随机取值,m;
　　　ϕ_l——有效孔隙度分布函数的一个随机取值,小数;
　　　S_{om}——油层原始含水饱和度分布函数的一个随机取值,小数;
　　　C——地面原油密度与原始原油体积系数倒数的乘积,在此假设为确定值,t/m^3。

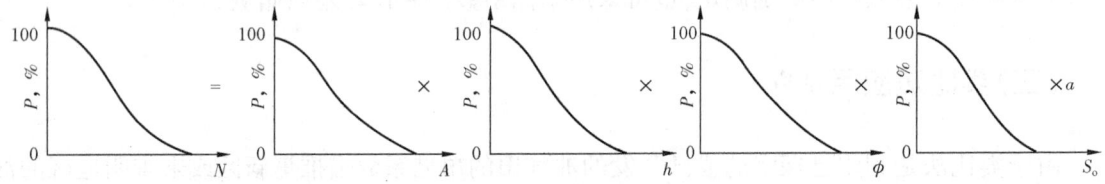

图17-5　蒙特卡洛模拟法计算油气储量公式的图解

(二)概率法储量计算的实施步骤

基于随机储量参数的概率法可分为三个步骤:首先,构建各随机储量参数的分布函数;之后,对随机变量分布函数进行随机抽样;最后,计算储量并构建储量的随机分布函数。

图17-6为某气藏天然气储量的分布函数曲线。从图上可看出,该气藏至少有$1.9 \times 10^8 m^3$天然气,但最多不会超过$5.1 \times 10^8 m^3$;天然气储量为$2.5 \times 10^8 m^3$的概率为90%,为$3.2 \times 10^8 m^3$的概率为50%。

概率法既可用于勘探阶段对预测、控制和探明储量的计算,也可用于开发阶段已开发探明储量的计算。

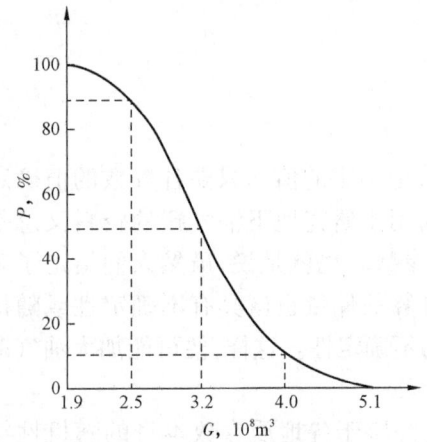

图17-6　某气藏天然气储量分布函数曲线图

随着资料的增多,油藏的不确定性减小,确定性方法的适用性越强。但是,即使到开发中后期,人们对油藏的认识仍存在不确定性,应用概率法了解储量的不确定性仍有必要。

六、储量评价

油气储量开发利用的经济效果不仅和油气储量的数量有关,还取决于储层的质量和开发的难易程度。油层厚度大、产量高、原油性质好、储层埋藏浅、油田所处地区交通方便的储量,相较于油层厚度薄、产量低、油稠、含水高、储层埋藏深的储量,建设同样产能所需开发建设投资必然少,获得的经济效益必然高。因此,分析勘探的效果不仅要看探明多少储量,还要综合分析探明储量的质量。主要对油(气)藏(田)储量规模和品位等进行地质综合评价。

(一)储量规模

按可采储量规模大小,将油(气)田(藏)分为五类,见表17-3。

表 17-3 储量规模分类

分类	原油可采储量,$10^4 m^3$	天然气可采储量,$10^8 m^3$
特大型油(气)田(藏)	≥25000	≥2500
大型油(气)田(藏)	≥2500 ~ <25000	≥250 ~ <2500
中型油(气)田(藏)	≥250 ~ <2500	≥25 ~ <250
小型油(气)田(藏)	≥25 ~ <250	≥2.5 ~ <25
特小型油(气)田(藏)	<25	<2.5

(二)储量丰度

按可采储量丰度大小,将油(气)田(藏)分为四类,见表17-4。

表 17-4 储量丰度分类

分类	原油可采储量丰度,$10^4 m^3/km^2$	天然气可采储量丰度,$10^8 m^3/km^2$
高丰度油(气)田(藏)	≥80	≥8
中丰度油(气)田(藏)	≥25 ~ <80	≥2.5 ~ <8
低丰度油(气)田(藏)	≥8 ~ <25	≥0.8 ~ <2.5
特低丰度油(气)田(藏)	<8	<0.8

(三)产能

按千米井深稳定产量大小,将油(气)田(藏)分为四类,见表17-5。

表 17-5　产能分类

分类	油藏千米井深稳定产量,m³/(km·d)	气藏千米井深稳定产量,10⁴m³/(km·d)
高产油(气)田(藏)	≥15	≥10
中产油(气)田(藏)	≥5～<15	≥3～<10
低产油(气)田(藏)	≥1～<5	≥0.3～<3
特低产油(气)田(藏)	<1	<0.3

(四)埋藏深度

按埋藏深度大小,将油(气)田(藏)分为五类,见表 17-6。

表 17-6　埋藏深度分类

分类	油(气)藏中部埋藏深度,m
浅层油(气)田(藏)	<500
中浅层油(气)田(藏)	≥500～<2000
中深层油(气)田(藏)	≥2000～<3500
深层油(气)田(藏)	≥3500～<4500
超深层油(气)田(藏)	≥4500

(五)储层物性

(1)按储层孔隙度大小,将储层分为五类,见表 17-7。

表 17-7　储层孔隙度分类

分类	碎屑岩孔隙度,%	非碎屑岩基质孔隙度,%
特高孔隙度储层	≥30	
高孔隙度储层	≥25～<30	≥10
中孔隙度储层	≥15～<25	≥5～<10
低孔隙度储层	≥10～<15	≥2～<5
特低孔隙度储层	<10	<2

(2)按储层渗透率大小,将储层分为五类,见表 17-8。

表 17-8　储层渗透率分类

分类	油藏空气渗透率,$10^{-3}\mu m^2$	气藏空气渗透率,$10^{-3}\mu m^2$
特高渗透率储层	≥1000	≥500
高渗透率储层	≥500～<1000	≥100～<500
中渗透率储层	≥50～<500	≥10～<100
低渗透率储层	≥5～<50	≥1.0～<10
特低渗透率储层	<5	<1.0

(六)含硫量

按原油含硫量和天然气硫化氢含量大小,将油(气)田(藏)分为四类,见表17-9。

表17-9 含硫量分类

分类	原油含硫量,%	天然气硫化氢含量,g/m^3
高含硫原油	≥2	≥30
中含硫原油	≥0.5~<2	≥5~<30
低含硫原油	≥0.01~<0.5	≥0.02~<5
微含硫原油	<0.01	<0.02

(七)原油性质

(1)按原油密度大小,将原油分为四类,见表17-10。

表17-10 原油密度分类

分类	原油密度(g/cm^3)
轻质原油	<0.87
中质原油	≥0.87~<0.92
重质原油	≥0.92~<1.0
超重原油	≥1.0

(2)地层原油黏度大于或等于50mPa·s,称为稠油;原油凝点大于或等于40℃,称为高凝油;其余称为常规油。

对于不同的储量单元进行储量评价时,可采用定性或定量的评价方法,确定其储量的差异,为勘探开发部署提供可靠的依据。

思 考 题

1. 什么是工业油气流?储量起算的标准是什么?
2. 什么是原地资源量?什么是地质储量?二者有何区别?
3. 什么是可采储量、技术可采储量和经济可采储量?
4. 我国油气资源量及储量是如何分类的?
5. 各级地质储量(探明、控制、预测储量)有什么差别?
6. 可采量的分类依据是什么?如何进行分类?
7. 油气储量主要有哪些计算方法?
8. 什么是储量计算单元?储量计算单元的划分原则是什么?

9. 容积法计算地质储量的基本原理是什么？各项参数有哪些确定方法？

10. 类比法计算储量的基本原理及适用条件是什么？

11. 概率法储量计算原理的原理是什么？

12. 油气储量综合评价包括哪些内容？

参考文献

蔡明俊,侯加根,2010. 高含水油藏复合驱剩余油分布[M]. 北京:石油工业出版社.

陈恭洋,2007. 油气田地下地质学[M]. 北京:石油工业出版社.

陈作全,1987. 石油地质学简明教程[M]. 北京:地质出版社.

戴金星,裴锡古,戚厚发,1992. 中国天然气地质学:卷一[M]. 北京:石油工业出版社.

戴金星,戚厚发,郝石生,1989. 天然气地质学概论[M]. 北京:石油工业出版社.

戴俊生,2006. 构造地质学及大地构造[M]. 北京:石油工业出版社.

《地震问答》编写组,1977. 地震问答[M]. 北京:地质出版社.

樊栓狮,刘锋,陈多福,2004. 海洋天然气水合物的形成机理探讨[J]. 天然气地球科学,5:524-530.

范存辉,王喜华,杨西燕,2018. 普通地质学[M]. 东营:中国石油大学出版社.

冯增昭,1989. 碳酸盐岩岩相古地理学[M]. 北京:石油工业出版社.

冯增昭,2013. 中国沉积学[M]. 2版. 北京:石油工业出版社.

傅家谟,1992. 天然气运聚、储集及封盖条件[M]. 北京:科学出版社.

何登发,董大忠,吕修祥,等,1996. 克拉通盆地分析[M]. 北京:石油工业出版社.

胡朝元,孔志平,廖曦,2002. 油气成藏原理[M]. 北京:石油工业出版社.

胡见义,黄第藩,等,1991. 中国陆相石油地质理论基础[M]. 北京:石油工业出版社.

胡明,周小军,2015. 构造地质学[M]. 2版. 北京:石油工业出版社.

汉布林 W K,1980. 地球动力系统[M]. 北京:地质出版社.

郝石生,黄志龙,杨家崎,1994. 天然气运聚动平衡原理及其应用[M]. 北京:石油工业出版社.

黄定华,2004. 普通地质学[M]. 北京:高等教育出版社.

贾承造,郑民,张永峰,2012. 中国非常规油气资源与勘探开发前景[J]. 石油勘探与开发,39(2):129-136.

贾承造,郑民,张永峰,2014. 非常规油气地质学重要理论问题[J]. 石油学报,35(1):1-10.

贾承造,邹才能,李建忠,等,2012. 中国致密油评价标准、主要类型、基本特征及资源前景[J]. 石油学报,33(3):343-350.

康玉柱,2014. 全球主要盆地油气分布规律[J]. 中国工程科学,16(8):14-25.

李道品,1997. 低渗透砂岩油田开发[M]. 北京:石油工业出版社.

李捷,2008. 岩浆岩与变质岩简明教程[M]. 北京:石油工业出版社.

李明诚,2012. 石油与天然气运移[M]. 4版. 北京:石油工业出版社.

李胜荣,2008. 结晶学与矿物学[M]. 北京:石油工业出版社.

李叔达,1983. 动力地质学原理[M]. 北京:地质出版社.

李亚美,陈国勋,1994. 地质学基础[M]. 2版. 北京:地质出版社.

李阳,刘建民,2007. 油藏开发地质学[M]. 北京:石油工业出版社.

李阳,吴胜和,侯加根,等,2017. 油气藏开发地质研究进展与展望[J]. 石油勘探与开发,44(4):569-579.

林承焰,2000. 剩余油形成与分布[M]. 东营:石油大学出版社.

刘吉余,2006. 油气田开发地质基础[M]. 4版. 北京:石油工业出版社.

刘招君,柳蓉,孙平昌,等,2020. 中国典型盆地油页岩特征及赋存规律[J]. 吉林大学学报(地球科学版),50(2):313-325.

刘招君,孙平昌,等,2016. 中国陆相盆地油页岩成因类型及矿床特征[J]. 古地理学报,18(4):525-534.

刘招君,杨虎林,董清水,等,2009. 中国油页岩[M]. 北京:石油工业出版社.
刘志宏,刘正宏,2011. 构造地质学[M]. 2版. 北京:地质出版社.
柳成志,等,2010. 地球科学概论[M]. 2版. 北京:石油工业出版社.
柳成志,冀国盛,许延浪,2006. 地球科学概论[M]. 北京:石油工业出版社.
柳广弟,2018. 石油地质学[M]. 5版. 北京:石油工业出版社,
陆克政,2001. 含油气盆地分析[M]. 东营:石油大学出版社.
陆廷清,2015. 地质学基础[M]. 2版. 北京:石油工业出版社.
吕延防,付广,高大岭,等,1996. 油气藏封盖研究[M]. 北京:石油工业出版社.
马建良,王春寿,2009. 普通地质学[M]. 北京:石油工业出版社.
穆龙新,周丽清,郑小武,等,2006. 精细油藏描述及一体化技术[M]. 北京:石油工业出版社.
诺斯 F K,1994. 石油地质学[M]. 高纪清,等,译. 北京:石油工业出版社.
庞雄奇,2006. 油气田勘探[M]. 北京:石油工业出版社.
潘钟祥,1986. 石油地质学[M]. 北京:地质出版社.
彭仕宓,黄述旺,1998. 油藏开发地质学[M]. 北京:石油工业出版社.
漆家福,陈书平,2017. 构造地质学[M]. 北京:石油工业出版社.
秦勇,2003. 中国煤层气地质研究进展与述评[J]. 高校地质学报,339-358.
裘怿楠,1991. 储层地质模型[J]. 石油学报,12(4):55-62.
裘亦楠,1996. 石油开发地质方法论(一)[J]. 石油勘探与开发,23(2):43-47.
裘亦楠,1996. 石油开发地质方法论(二)[J]. 石油勘探与开发,23(3):48-51.
裘亦楠,1996. 石油开发地质方法论(三)[J]. 石油勘探与开发,23(4):42-45.
裘怿楠,1997. 中国陆相油气储集层[M]. 北京:石油工业出版社.
石宝珩,2011. 石油工业通论[M]. 北京:石油工业出版社.
史斗,郑军卫,1999. 世界天然气水合物研究开发现状和前景[J]. 地球科学进展,17-26.
舒良树,2010. 普通地质学(彩色版)[M]. 3版. 北京:地质出版社.
宋骥衍,2018. 近五年油气藏开发的地质研究技术进展及未来趋势[J]. 中国战略新兴产业,4.
宋青春,邱维理,张振春,2005. 地质学基础[M]. 北京:高等教育出版社.
宋岩,张新民,柳少波,2005. 中国煤层气基础研究和勘探开发技术新进展[J]. 天然气工业,1:1-7,204.
孙焕泉,2002. 油藏动态模型和剩余油分布模式[M]. 北京:石油工业出版社.
孙赞东,贾承造,李相方,等,2011. 非常规油气勘探与开发(上册)[M]. 北京:石油工业出版社.
孙赞东,贾承造,李相方,等,2011. 非常规油气勘探与开发(下册)[M]. 北京:石油工业出版社.
陶世龙,万天丰,2010. 地球科学概论[M]. 北京:地质出版社.
汪新文,1999. 地球科学概论[M]. 北京:地质出版社.
王香增,2014. 陆相页岩气[M]. 北京:石油工业出版社.
巫建华,刘帅,2008. 大地构造学概论与中国大地构造学纲要[M]. 北京:地质出版社.
吴奇,胥云,王晓泉,等,2012. 非常规油气藏体积改造技术:内涵、优化设计与实现[J]. 石油勘探与开发,39
    (3):352-358.
吴胜和,2010. 储层表征与建模[M]. 北京:石油工业出版社.
吴胜和,蔡正旗,施尚明,2011. 油矿地质学[M]. 4版. 北京:石油工业出版社.
吴元燕,吴胜和,蔡正旗,2005. 油矿地质学[M]. 3版. 北京:石油工业出版社.
夏邦栋,1995. 普通地质学[M]. 2版. 北京:地质出版社.
夏位荣,张占峰,程时清,1999. 油气田开发地质学[M]. 北京:石油工业出版社.
谢丛姣,蔡尔范,关振良,2004. 石油开发地质学[M]. 武汉:中国地质大学出版社.
谢仁海,渠天祥,钱光谟,2007. 构造地质学[M]. 徐州:中国矿业大学出版社.
谢文伟,2017. 普通地质学[M]. 2版. 北京:地质出版社.

徐成彦,赵不亿,1988. 普通地质学[M]. 北京:地质出版社.
徐开礼,朱志澄,1989. 构造地质学[M]. 2版. 北京:地质出版社.
徐夕生,邱检生,2010. 火成岩岩石学[M]. 北京:科学出版社.
薛叔浩,刘雯林,薛良清,等,2002. 湖盆沉积地质与油气勘探[M]. 北京:石油工业出版社.
杨伦,刘少峰,王家生,1998. 普通地质学简明教程[M]. 武汉:中国地质大学出版社.
杨桥,2004. 地球科学概论[M]. 北京:石油工业出版社.
杨涛,张国生,梁坤,等,2012. 全球致密气勘探开发进展及中国发展趋势预测[J]. 中国工程科学,14(6):64-68,76.
杨通佑,范尚炯,陈元千,1998. 石油及天然气储量计算方法[M]. 2版. 北京:石油工业出版社.
游振东,王方正,1988. 变质岩岩石学教程[M]. 武汉:中国地质大学出版社.
俞鸿年,陆华复,1998. 构造地质学原理(修订版)[M]. 北京:地质出版社.
于兴河,2009. 油气储层地质学基础[M]. 北京:石油工业出版社.
云金表,庞庆山,方德庆,2002. 大地构造学与区域构造地质[M]. 哈尔滨:哈尔滨工程大学出版社.
张宝政,陈琦,1983. 地质学原理[M]. 北京:地质出版社.
张家环,1986. 普通地质学[M]. 北京:石油工业出版社.
张琴,2008. 地质学基础[M]. 北京:石油工业出版社.
张万选,张厚福,1981. 石油地质学[M]. 北京:石油工业出版社.
赵澄林,吴崇筠,1987. 油区岩相古地理[M]. 北京:石油工业出版社.
赵靖舟,2012. 非常规油气有关概念、分类及资源潜力[J]. 天然气地球科学,23(3):393-406.
赵文智,2006. 石油地质理论与方法进展[M]. 北京:石油工业出版社.
赵阳升,杨栋,胡耀青,等,2001. 低渗透煤储层煤层气开采有效技术途径的研究[J]. 煤炭学报,5:455-458.
中国科学院兰州地质研究所,等,1979. 青海湖综合考察报告[M]. 北京:科学出版社.
朱筱敏,2008. 沉积岩石学[M]. 4版. 北京:石油工业出版社.
邹才能,等,2013. 非常规油气地质学[M]. 2版. 北京:地质出版社.
邹才能,杨智,崔景伟,等,2013. 页岩油形成机制、地质特征及发展对策[J]. 石油勘探与开发,40(1):14-26.
邹才能,杨智,张国生,等,2014. 常规—非常规油气"有序聚集"理论认识及实践意义[J]. 石油勘探与开发,41(1):14-25,27,26.
邹才能,张国生,杨智,等,2013. 非常规油气概念、特征、潜力及技术:兼论非常规油气地质学[J]. 石油勘探与开发,40(4):385-399,454.